ハインツ・グデーリアン
大木毅［編訳・解説］
田村尚也［解説］

Achtung-Panzer!
戦車に注目せよ

❖グデーリアン著作集❖

作品社

戦車に注目せよ！（一九三七年）　009

＊

戦車部隊と他兵科の協同（一九三七年）　347

編訳者註釈

原書では、フランスの地名についても、ドイツ語の慣用に従って表記されていたり、ベルギーの地名がフランス語の名称で書かれていることがある。また、フランス語地域の固有名詞が、その他の言語の表記で示されていることもある。本訳書では、現地での発音に従ったカナ表記を用い、初出のみ〔 〕内に原書にもとづくカナ表記を併記した（たとえば、「リエージュ」〔リュティヒ〕）。ただし、「モスクワ」や「ベルリン」といった、日本語で定着していると思われる慣習的表記については、そちらを採用した（原音主義にもとづいた表記なら、それぞれ「マスクヴァー」、「ベァリーン」になる）。

部隊呼称についても、おおむね原書に従ったが、ドイツ軍軍団番号については、読みやすさを考慮して、ローマ数字ではなく漢数字で記した。

あきらかな誤記、誤植については、とくに註記することなく修正した。が、時代的制約による誤記（たとえば原著者はソ連戦車の型式を「T27」など、シングルハイフンなしで記している。これは今日では「T－27」が制式名称であることが判明している）は、本書の史料的な性格に鑑み、そのまま残した。

凡例

一、「編制」、「編成」、「編組」については、以下の定義に従い、使い分けた。「軍令に規定された軍の永続性を有する組織を編制といい、平時における国軍の組織を規定したものを『平時編制』、戦時における国軍の組織を定めたものを戦時編制という」。「ある目的のため所定の編制をとらせること、あるいは編制にもとづくことなく臨時に定めるところにより部隊などを編合組成することを編成という。たとえば『第○連隊の編成成る』とか『臨時派遣隊編成』など」。「また作戦（または戦闘実施）の必要に基き、建制上の部隊を適宜に編合組成するのを編組と呼んだ。たとえば前衛の編組、支隊の編組など」（すべて、秦郁彦編『日本陸海軍総合事典』東京大学出版会、一九九一年、七三二頁より引用）。

二、日本陸軍にあっては、戦闘序列内にある下部組織を「隷下《れいか》」にあるとし、それ以外の指揮下にあるものを「麾下《きか》」としたが、ドイツ陸軍の場合、その意味で「隷下」にあるのは師団以下の規模の団隊である。従って、軍団以上の組織の指揮下にある場合は「麾下」、師団以下のそれは「隷下」と訳し分けた。

三、本書に頻出する Aufklärung は、「偵察」（敵や地形についての情報収集）と「捜索」（敵の位置、兵力、行動等の解明）の二重の意味で使われている。本訳書では、適宜「偵察」と「捜索」に訳し分け、場合によっては「偵察・捜索」とした。

四、ドイツ語の Panzer は、「戦車」、「装甲」、「装甲部隊」等、いくつかの意味を持つ。本訳書では、文脈に応じて訳し分けた。

五、〔　〕内は編訳者の補註。

六、原語を示したほうがよいと思われる場合は、訳語に原語のカタカナ読みをルビで付し、そのあとに原綴を記した。おおむね初出のみであるが、繰り返したほうがよいと思われた場合にはその限りではない。

七、旧軍が翻訳したグデーリアン論文については適宜、旧字旧かなを新字新かなに直し、ルビを付した。固有名詞のカナ表記については、原訳文が発表された時代に鑑み、そのままにしてあるが、確定できる限りは初出の〔　〕内に本書で採用したカナ表記を付した。ただし、あきらかな誤記誤植は、とくに註記せずに修正した。

八、原文で、隔字体、斜体などで強調されている箇所には傍点を付した。

九、原書の参考文献表記は必ずしも一貫していないが、翻訳書では適宜統一した。

十、原書の地図は、原図に丸数字を付し、別にその番号に合わせてカナ表記、訳文等を記した。また、凡例に「軍隊符号」（「軍」をA．と表記するなど）の意味も補っている。

戦車に注目せよ！（一九三七年）

装甲部隊司令官ルッツ将軍と語る総統。総統の後ろにグデーリアン少将がいる

序文

戦闘の原則は、あらゆる兵科において同様である。

しかしながら、その運用は、使用可能な技術的戦闘手段によって大きく規定される。戦車の用法や作戦についての見解はなお、さまざまに分かれたままだが、それは驚くにあたらない。いかなる軍隊においても、惰性の力というのは（たとえ、そうした慣習の一部が正しいとしても）非常に強いものだ。なるほど、世界大戦の経験は、決勝点における戦車の集団突撃の威力を明白に示した。これは重点形成の原則にも相応している。だが、それらの実体験といえども、多くの者にとっては、まだまだ不充分だったようだ。この間に、対戦車防御手段が質量ともに著しく強化されたことを考え合わせれば、なおさらである。

一方、いかなる戦闘用の技術といえども（もちろん戦車も）、その可能性を限界まで汲みつくすべきだ。そうしなければならないのは当然のことであろう。そうした可能性が、旧態依然たるものへの配慮によって抑制されてはならないというのは、大前提である。むしろ、あらたな戦闘手段によってこそ、将来の方向が指し示されるべきなのだ。旧式のものも、新しく生まれてきた可能性に従い、さらに発展させ、必要とあれば改変されなければならない。

本書が、そうした意味で戦車が持つ展望について明快に説き起こすことを望む。

ルッツ❖一

❖訳註

❖一　この序文を寄せたオスヴァルト・ルッツ装甲兵大将（一八七六～一九四四年）は、両大戦間期にドイツ軍の機械化・自動車化を進めた人物である。詳しくは解説2「彼自身の言葉で知るグデーリアン」参照。

著者序

われわれは、兵火の響きがこだまする世界の住人である。すべての再軍備をなせ。自らの力を恃《たの》みとすることのできぬ、あるいはその意志のない国に災いあれ。天の配剤により、天然の要害がその国境防御に味方してくれる国民こそ幸いなるかな。彼らは、道なき高山の連なりや広大な海洋によって、敵の侵入から完全に、あるいは少なくとも部分的に守られている。けれども、隣国と接する国境のほとんどが開けた地形で、狭隘《きょうあい》な生存圏しか持たぬ国民のいかに不安定なことか。それら隣国の企図することは読み切れず、彼らの強大な軍備と相俟《あいま》って、脅威をかたちづくるのだ。多数の資源地帯や植民地を有し、それによって戦時であると平時であるとを問わず、高度に自立している国民がある。が、その一方で、生存能力があり、往々にして人口も多い国民が、ごくわずかな資源基盤しか持たず、植民地も少ないか、もしくは、まったく有していないということもある。当然、後者の国民は常に経済的に苦しんでおり、長期にわたって戦争を継続できる状態にない。

避けられぬ経済的困窮に対し、長期間にわたる戦争で対応する。歴史的経緯と有り余る物資を持った諸国の無理解により、そうした苦境におちいった国民にとって、そのような戦争は到底耐えがたいことなのである。ゆえに、彼らは、自分たちがやれる範囲で武力紛争を急速に終結せしめるには、いかなる手段が適切なのかと、考え抜くことを強いられる。当然のことだ。世界大戦〔第一次大戦〕、そして残忍なことに停戦後も続けられた封鎖〔停戦成立後も、一九一九年にヴェルサイユ条約が調印されるまで、連合国による封鎖とそれによる食料輸入統制は続いた〕が中欧諸国にもたらした食糧難は、ここでは詳述しないけれど、なお記憶に新しい。

一九一四年〔第一次世界大戦開戦の年〕にすみやかな講和を達成するほどには〔個々に犯された政治的・軍事的過誤はひとまず措くとして〕、わが陸軍の攻撃力は充分ではなかった。周知の事実である。つまり、われわれは、軍戦備や組織力において、敵の数の優勢とバランスを取れるだけの資源を対置することができなかったのだ。われわれは、敵に対して道徳的な優位を有していたことを信じていたし、その信念は正しかったと思いたい。だが、かかる優越だけでは、戦争に勝つには充分でない。国民の倫理的・精神的状態に決定的な意義があるのはたしかだ。ただ、それとは別に、将来に備えて、物質的な面にも適切な注意を払うのが、とにかく賢明なことだろう。圧倒的な敵に対して多正面で戦う覚悟を持たなければならぬ国民が、自らの苦難を軽減してくれるものを看過することなど許されはしない。

多数の軍事文献の記述のみからもわかる通り、一九一四年の軍隊の兵器、もしくは、せいぜい一九一八年〔第一次世界大戦停戦の年〕のそれで、新しい紛争に対応することができると、大方には信じられている。それは自明の理であると思われているようだ。多くの者が、大戦末期に生まれ、進歩した新兵器を、既存の手段に対する補助兵器とみなしている。しかしながら、彼らは、旧《ふる》いものに固執することによって、新兵器の最良の特性をうち捨てているのだ。陣地戦の記憶から自由になることができず、すべてを、そう、あらゆるものを迅速な決戦にかけるという意志を奮い起こそうとしないのである。こうした方針を支持する者はとくに、内燃機関の大規模な利用によって展望が広がってきたことになじもうとしない。「心身両面、そして意志力の点であらたな奮励努力を要求するような、あらゆる根本的革新に際して、抗議の声をあげる。その種の怠惰だ。そこまで言わぬとしても、安逸をむさぼる態度である」[1]よって、自動車化・機械化部隊が根本的に新しい何ものかであるとの意見は反駁《はんばく》される。それらは一九一八年に「一回限り」の成功を見込めただけにすぎず、その全盛期もたやすく乗り越えられてしまったし、今では充分満足できる防御手段もあるのだと、すぐさま言い返されるだろう。ほかにも、この種の安易な完全否定をみちびく紋切り型のせりふは多々ある。だが、真実はまったくちがう。「そこまではたしかだ。動物の力を、この新しい機械で代用することにより、これまで世界が経験してきたなかでも、もっとも圧倒的な技術的変革が、さらには、それによる経済的変革がみちびかれる。われわれは、端緒についてはいるが、けっして、その発展の頂点にいるわけではないと考えざるを得ない」[2]

経済の根底からの変化は、必然的に（常に）相応の軍事の変化をもたらす。技術的・経済的発展に、軍事が歩調を合わせていけるかどうかが問題なのである。ここで俎上《そじょう》に載せている発展を、外面的のみならず、内在的に肯定できる場合にのみ、それは可能なのだ。かかる内的是認を得るため、さらに、その発展をうながすためには、先の大戦における兵器の実効性、さよう、一九一四年に戦場に投入した兵器や兵種、さらには一九一八年にそれらが使用された際の効力（遺憾ながら、多くの場合、敵のほうが優れていた）をあきらかにすることが必要だ。ヴェルサイユ条約の押しつけにより、われらの軍備が制限されていた時代において外国で生じた進歩を概観し、最終的には、われわれの研究調査の結果から将来のための結論を引き出すことを要するのだ。

本書のテーマは、装甲兵科の技術的な発展の歴史を示すことではない。それには、玄人《くろうと》の筆による包括的な専門書が必要となろう。そこで、戦争の経緯を理解するために必要であると思われた場合にのみ、この新顔の兵器の技術的発展について触れることとしたい。本書が目的とするところは、装甲兵器を運用することになる軍人の立場から、それらの形成過程を描くことにある。よって、装甲兵器の戦術ならびに、その戦術的成功が、期待されていた作戦的戦果にいかに拡張されたかという点をもっぱら扱うことになろう。個々に示す戦術的教訓は、一九一四年から一九一八年にかけて西部戦線で生起した諸事象に立脚している。というのは、西部戦線においてこそ、最優秀の戦闘力を持った敵と対峙、戦争の勝敗を分けるような決戦が行われたからであり、また、われらが最強の敵が、そしてわれわれ自身も、最強最新の戦闘手段を使用したからである。この大戦で初めて登場した戦闘手段こそ、将来重要視しなければならない。それらは、細心の注意を払って観察するに値するものだ。

ただし、この新しい兵器に関する資料の信頼性や包括性について期待できることは、残念ながら、そう多くはなく、専門的な判断を難しくしている。ゆえに、公刊戦史〔ドイツの第一次世界大戦公刊戦史〕が、まもなくその運用についての叙述にかかるというのは、とくに歓迎されるべきことであろう。この兵器が初めて登場してきたときから二十年を経たのちになってのことではあるにせよ、だ。これまでは、非公式的の、従って、当然のことながら問題や欠落の多い諸研究で、その溝を埋めなければならなかったのだ。

本書は、わが軍の老若さまざまな軍人たちを、考察や研究、しかし、それ以上に目的意識のある行動へとうながすことをめざす。さらに、本書は、国防に任じる能力のある青少年に新しい装甲兵科の像を示し、われらの時代の技術的成果をマスター、祖国への奉仕に役立てることを教えるであろう。

原註

❖1　一九三七年の自動車見本市開催に際してのアドルフ・ヒトラーの言葉。

❖2　同右。

一九一四年　いかにして陣地戦に陥ったか

一、槍で機関銃に立ち向かう　地図1（二〇頁）および地図2（二八頁）参照

夏の陽光が、ムーズ〔マース〕川北岸リエージュ〔リュティヒ〕付近から、西方、ブリュッセル方向へと広がる丘陵の地表を無慈悲に灼《や》いていた。八月五日から八日までのあいだに、フォン・デア・マルヴィッツ将軍麾下の第二および第四騎兵師団は、オランダ・ベルギー国境のリクス付近でムーズ川を渡り、八月十日にティーネン〔ティルルモン〕東方・南東方で塹壕にこもった敵に遭遇、その北でこれを迂回せんとした。両師団は一度敵から離脱し、八月十一日にシント・トロイデン〔サン・トロン〕東方地域に後退、そこで休止した。戦役最初の数日の疲労は大きく、また、すでに八月六日以来燕麦《えんばく》〔馬の飼料〕が得られなくなり、不自由を感じるようになっていた。それまでの威力偵察によって、ベルギー軍諸部隊がリエージュからティーネンに退却していること、ルーヴェン〔レーヴェン〕とナミュールを結ぶ線よりも前方で戦闘を行う意志がベルギー

軍にないことがあきらかにされている。ディースト‐ティーネン‐ジョドワーヌ〔ヘルデナーケン〕を通るヘト〔ジェト〕川の線後方には、強力な部隊が配置され、陣地が構築されていた。

ティーネンより下流では、ヘト川そのものが、湿原と多数の灌漑用水路によって防御力を強化された天然の障害物となっている。この川はハーレンで、東からハッセルトを通って流れてくるデメル川に合流するが、その地点より下流では、水深二メートル、川幅十メートルほどだ。並木と生け垣で見通しが利かず、建物がある敷地や野原には鉄条網がめぐらされていた。デメル川の北では、ハッセルトからトゥルンハウトまで幅十メートル、水深二メートルの運河がおおむね北方向に流れ、また東から西に大ネーテ川と小ネーテ川が要塞化された大港湾都市アントウェルペンに注いでいるのである。

何よりも、こうした地勢と建築物のありようが、すでに街道上にいた騎兵の前進にとって、著しい障害となった。それが耐えがたい状況となり、すぐさま路外を騎馬で進む試みがなされる。

八月十二日、フォン・デア・マルヴィッツ将軍は、敵が配置されたヘト川戦区を迂回、ディースト方面に向かおうとした。そのため、第二騎兵師団はハッセルトを通過するように配置され、第九猟兵大隊〔十六世紀、困難な地形をも踏破する機動力を持ち、射撃に長けた軽歩兵部隊を編成する必要に迫られたドイツの諸侯は、領内の猟師たちを集め、一種の特殊部隊を創設した。彼らは、その平時の職業にちなんで、猟兵と呼ばれた。時代が下っても、この起源に従い、狙撃や側面掩護、後衛等にあたる軽歩兵部隊は「猟兵《イェーガー》」と呼称されたのである。ただし、第一次世界大戦のころになると、その本来の機能は薄れ、機動力に優れた歩兵ぐらいの役割になっている〕と第七猟兵大隊の自転車中隊を増援された第四騎兵師団は、アルケンとステーヴォールトを結ぶ線を越えて進軍、さらにヘヒテル‐ベリンゲン‐ディーストの線の向こうを捜索することとされたのだ。第四騎兵師団隷下第一八騎兵旅団は、左側面掩護の

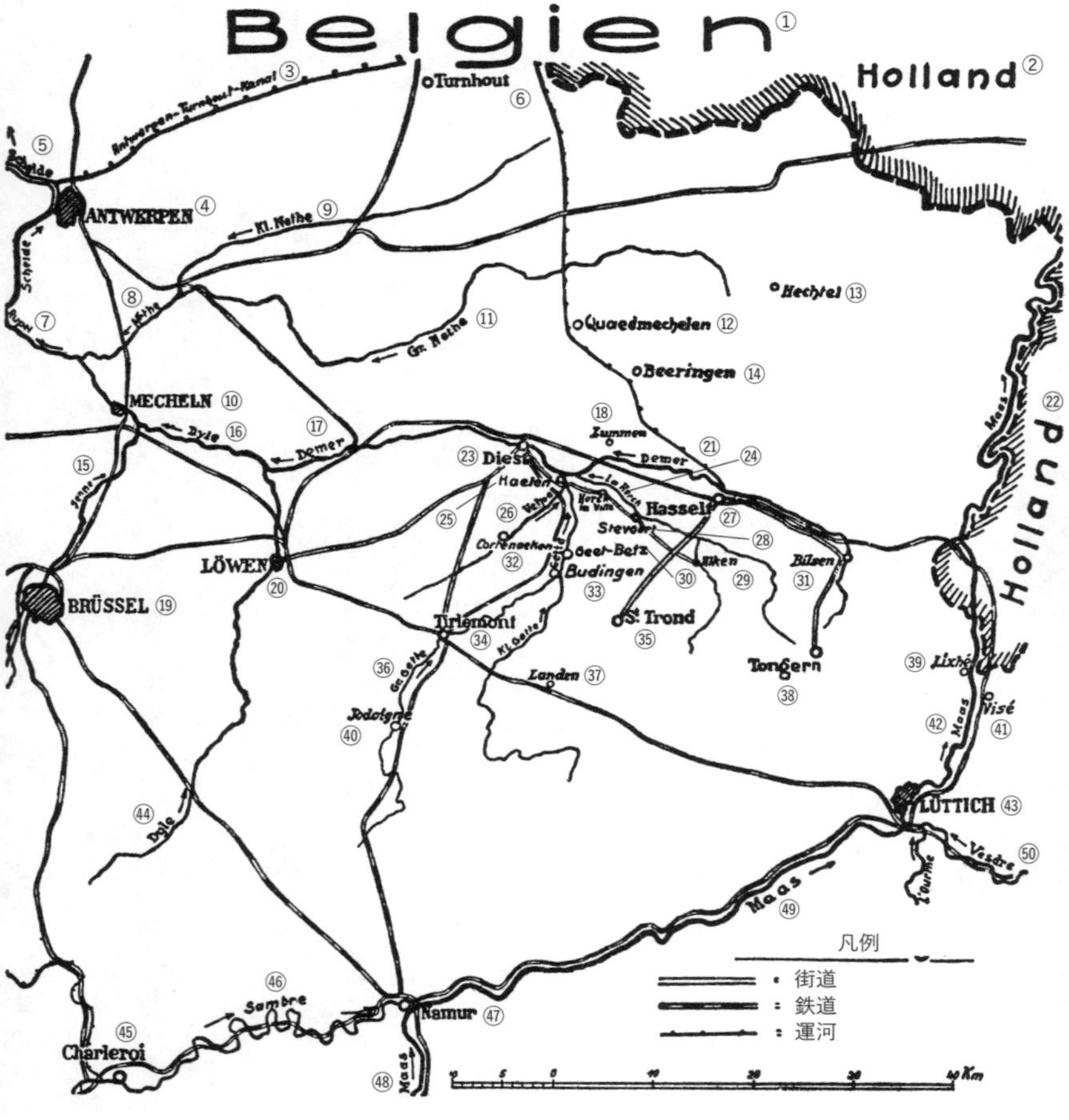

地図１

①ベルギー
②オランダ
③アントウェルペン＝トゥルンハウト運河
④アントウェルペン
⑤スヘルデ
⑥トゥルンハウト
⑦ロペル
⑧ネーテ
⑨小ネーテ
⑩メヘレン
⑪大ネーテ
⑫クワートメヘレン
⑬ヘヒテル
⑭ベリンゲン
⑮センネ
⑯ディル
⑰デメル
⑱ランメン
⑲ブリュッセル
⑳ルーヴェン
㉑デメル
㉒オランダ
㉓ディースト
㉔エルク
㉕ハーレン
㉖フェルペン
㉗ハッセルト
㉘ステーヴォールト
㉙アルケン
㉚ヘート＝ベツ
㉛ビルゼン
㉜コレンナーケン
㉝ブディンゲン
㉞ティーネン
㉟シント•トロイデン
㊱大ヘト
㊲ランデン
㊳トンゲレン
㊴リクス
㊵ジョドワーヌ
㊶ヴィゼ
㊷ムーズ
㊸リエージュ
㊹ディル
㊺シャルルロワ
㊻ソンブル
㊼ナミュール
㊽ムーズ
㊾ムーズ
㊿ヴェードル

ためにシント・トロイデンに留め置かれ、一個捜索中隊のみが南西、ランデン付近まで進んだ。

第二騎兵師団はハッセルトで敵の武器を鹵獲、小休止ののち、昼頃にはステーヴォールトに向かって、ハーレンに通じる街道を行軍する。その間、第四騎兵師団がすでにハーレンに到達していたため、両師団は、敵の戦線を前にしながら、相当密集した状態で同一街道上を相前後して進むことになった。フォン・デア・マルヴィッツ将軍は、第四騎兵師団にハーレンでヘト川を渡河するよう命じる一方、第二騎兵師団は、最初ヘルク＝デ＝スタット〔エルク＝ラ＝ヴィーユ〕まで前進、北方ランメンに向かい、同地を確保すべしとされた。ハーレンの渡河点は敵に押さえられているとの斥候の報告に接したフォン・ガルニエ将軍は、その砲兵をヘルク＝デ＝スタット西方の位置に置き、増強された第九猟兵大隊をハーレンへの街道両側に配し、さらに第三騎兵旅団に南方からハーレンを包囲する任務を与えた。午後一時ごろには、猟兵たちは、損傷してはいたものの、ヘト川に架かる橋を奪取、西岸を抜けてハーレンまで突進していた。今や、敵の砲も火蓋を切っており、火災が発生する。村の通りが縦射され、最初の損害が生じた。ハーレン西方の高地が敵に占拠されていることが判明する。

その間に、第三騎兵旅団〔第二胸甲騎兵〔選抜された大柄の兵士と馬で編成され、兜と胸甲を装備した重騎兵〕連隊および第九槍騎兵連隊〕は、ハーレン南方のドンクで、架橋車両の助けを借りてヘト川に橋を渡し、渡河しかけていた。第一七騎兵旅団〔第一七および第一八龍騎兵〔騎兵銃を携行し、歩兵として戦うが、移動は騎馬で行う騎兵の一種。龍騎兵という名称は、フランス龍騎兵が装備していた「ドラゴン」マスケット銃に由来する〕連隊〕は、ハーレン東方に長駆進出、第一八龍騎兵連隊第四中隊〔騎兵連隊の編制にあっては、連隊の下に中隊が直接隷属する〕は捜索中隊の役目を負い、ハーレン＝ディースト間の鉄道用築堤に増援され、射撃中の敵銃兵ならびにハウテム付近に

図１　1917年4月16日におけるエーヌ川沿いの戦場東部（繋留気球より撮影）
1. 105高地　2. サピニュール〔第一次世界大戦により消滅。のちコルミシーとして再建〕　3. ベリー＝オー＝バック　4. 至コレラ農場　5. 至ギニクール

図2　1914年10月から1915年4月までの砲撃の効果。第二次イープル戦前のイープル北部リゼルネ　1. リゼルネ　2. エイゼル運河

図3　1915年の砲撃の効果。第二次イープル戦後のイープル北部リゼルネ　1. リゼルネ　2. ステーンストラート　3. エイゼル運河

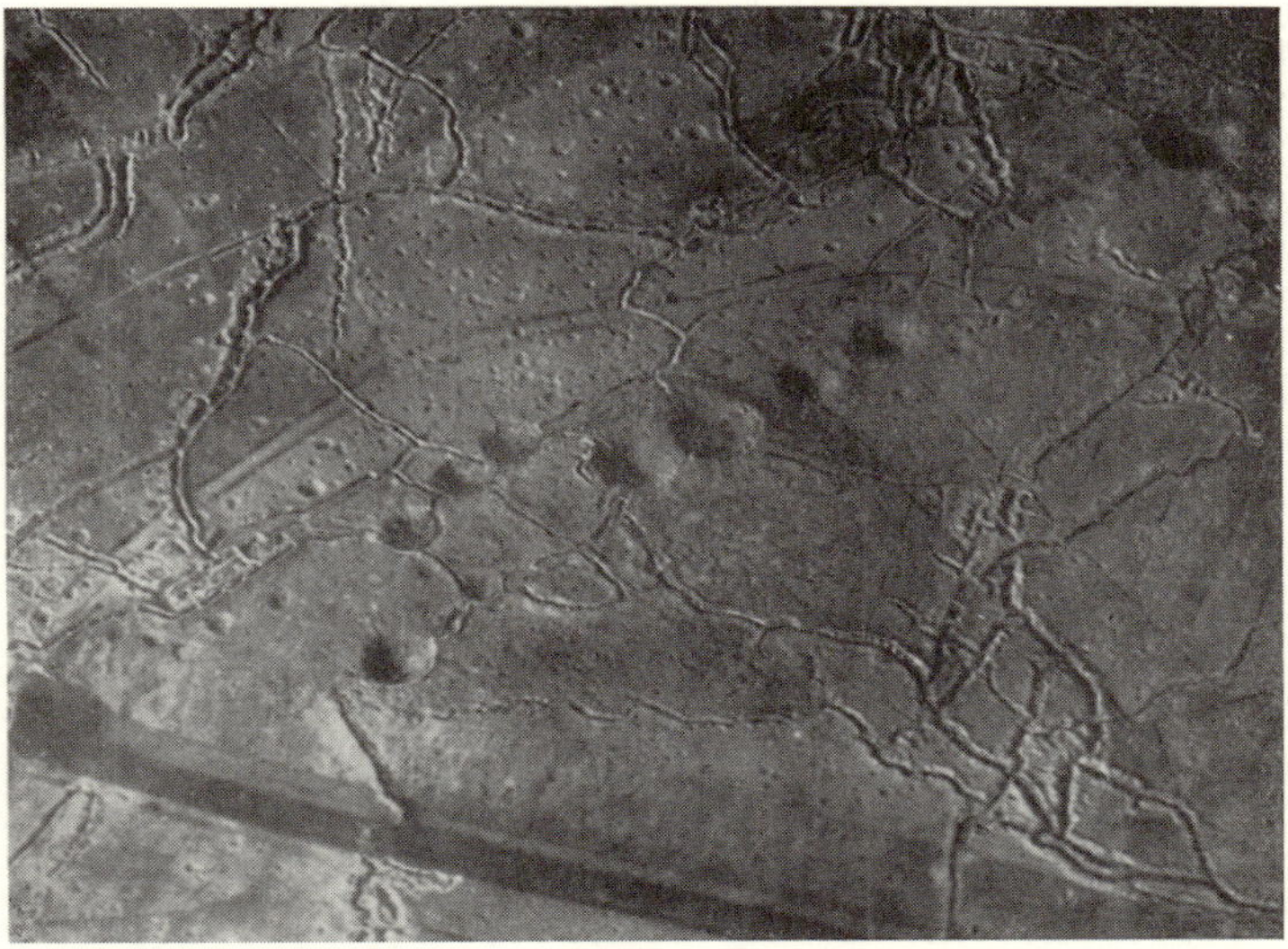

図 4　地雷の威力、1915 年。イープル付近の 60 高地

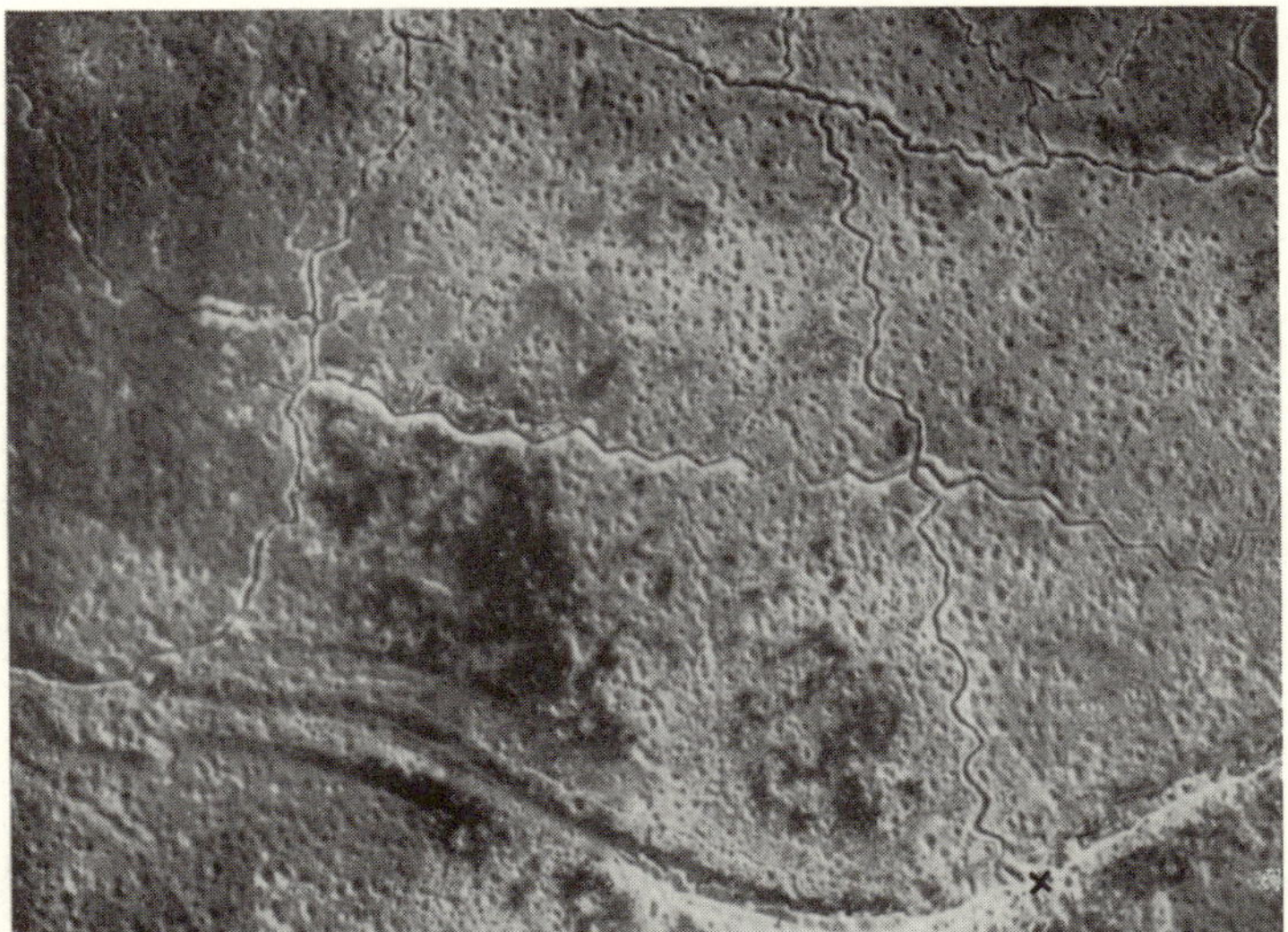

図 5　1917 年の砲撃の効果。1917 年 9 月 8 日、シャンパーニュのペルテュイ高地（ペールベルク）　×＝旧モロンヴィリエ村

あると認められた敵砲兵に対して派遣された。

これまでハーレン攻撃をよく支援していた味方砲兵は、さらなる前進に備えて、陣地転換を行った。予定された新しい砲兵陣地は、ハーレンのずっと西にあり、あらかじめ占領しておく必要がある。この任務は、第一八龍騎兵連隊第四中隊（捜索）に膚接《ふせつ》して後続していた第一七龍騎兵連隊が引き受けた。

すぐに、重要な諸事件が劇的に、しかも立て続けに生起した。

第一八龍騎兵連隊第四中隊は、その捜索任務を果たすべく、四列縦隊でハーレンを通り、西方に騎行していた。第一七龍騎兵連隊も、同じ行軍隊形で同じ場所を通っていく。しかるのちに、北西方向ディーストに向かう街道を利用するのだ。その前衛二個中隊と連隊本部は、藪《やぶ》や生け垣に展開を阻まれ、路上で四列縦隊のまま停止した。後方、三番目の梯隊となっていた中隊も、鉄条網と通行困難な地形につかまっている。そのとき、騎兵たちのゆくてに、巨大な硝煙の雲が舞い上がった。ハーレンから数珠《じゅず》つなぎになって馳駆《ちく》してきた騎兵中隊群に、ベルギー軍が、小銃と機関銃、さらに大砲の射撃を向けてきたのである。圧倒的な効果だった。敗残兵の一部はハーレン西端部、別の兵はその南部に集められた。馬を失った龍騎兵は、猟兵隊に組み込まれ、徒歩で戦うことになったのだ。

一方、砲兵はハーレン西方で陣地につき、ハウテムの敵砲兵隊に対する射撃を開始することができた。それによって、敵の砲撃効果が減少したのを利用し、第一八龍騎兵連隊は、同じくハーレンを通り、南西方向フェルペンに向かう道を退路に取ろうと、眼前の高地に突撃する。それは、彼らの前面、第二線にいた敵縦隊からの劇烈な小銃・機関銃火を冒して実行されねばならなかった。軍旗を風になびかせながら、二個中隊が第一陣となり、もう一個中隊が予備として左翼後方に配置された。彼らは進撃し、敵第一線の小銃兵を蹂蹦した。しかし、生け垣と鉄条網に阻まれ、猛烈な防御射撃を受けて、攻撃は失敗、大損害を出すはめになった。

この一件と同じころ、第三騎兵旅団の運命も定まっていた。同旅団は、ドンクでヘト川渡河に成功していたが、そこで敵砲兵陣地を奪取せよとの命令を受けたのである。彼らは、ただちに王妃付胸甲騎兵連隊〔プロイセン王妃付近衛連隊の意〕の三個中隊を前面に押し立てて、フェルペンを越えて突進した。この攻撃も、大損害を出して失敗した。未投入の最後の中隊と残兵が、連隊長のもとに統合されたものの、無駄であった。この勇敢な連隊による三度目の英雄的な努力も、戦果を挙げられずに終わったのである。

胸甲騎兵連隊の右翼では、第九槍騎兵連隊が二個中隊を先頭とし、一個中隊を予備にして、チュイルリー農場方面を攻撃していた。最初の遭遇戦で敗北したあとも、第二陣が騎馬突撃したけれど、同じ運命をたどった。この戦闘が終わったのち、徒歩戦闘のために下馬し、小銃兵となった直衛軽騎兵連隊の兵に支援された猟兵が、午後四時ごろからハウテムめざして攻撃を開始、北のリエブルクと南のフェルペンを占領した。

戦争初手での、近代的な火器に対する大規模な騎兵の白兵突撃の試みは挫折したのだ。

いったい、いかなる敵が相手だったのか?

八月十日午前五時以来、ヘト川戦区のブディンゲンとディーストを結ぶ線を遮断保持、さらに、トンゲレン－ビルゼン－ベリンゲン－クワートメヘレンの線の向こうを捜索する任務を帯びて、ベルギー軍の騎兵師団が配置されていた。ブディンゲン、ヘート＝ベツ、ハーレンの防備が整えられ、ハーレンとゼルクに至るまでのヘト川の諸橋梁は破壊された。また、この両市の諸施設を爆破する準備もなされていたのだ。敵の騎兵斥候は撃退されたのだが、ハッセルトめざして、八月十二日朝に、強力なドイツ軍騎兵が前進を開始した

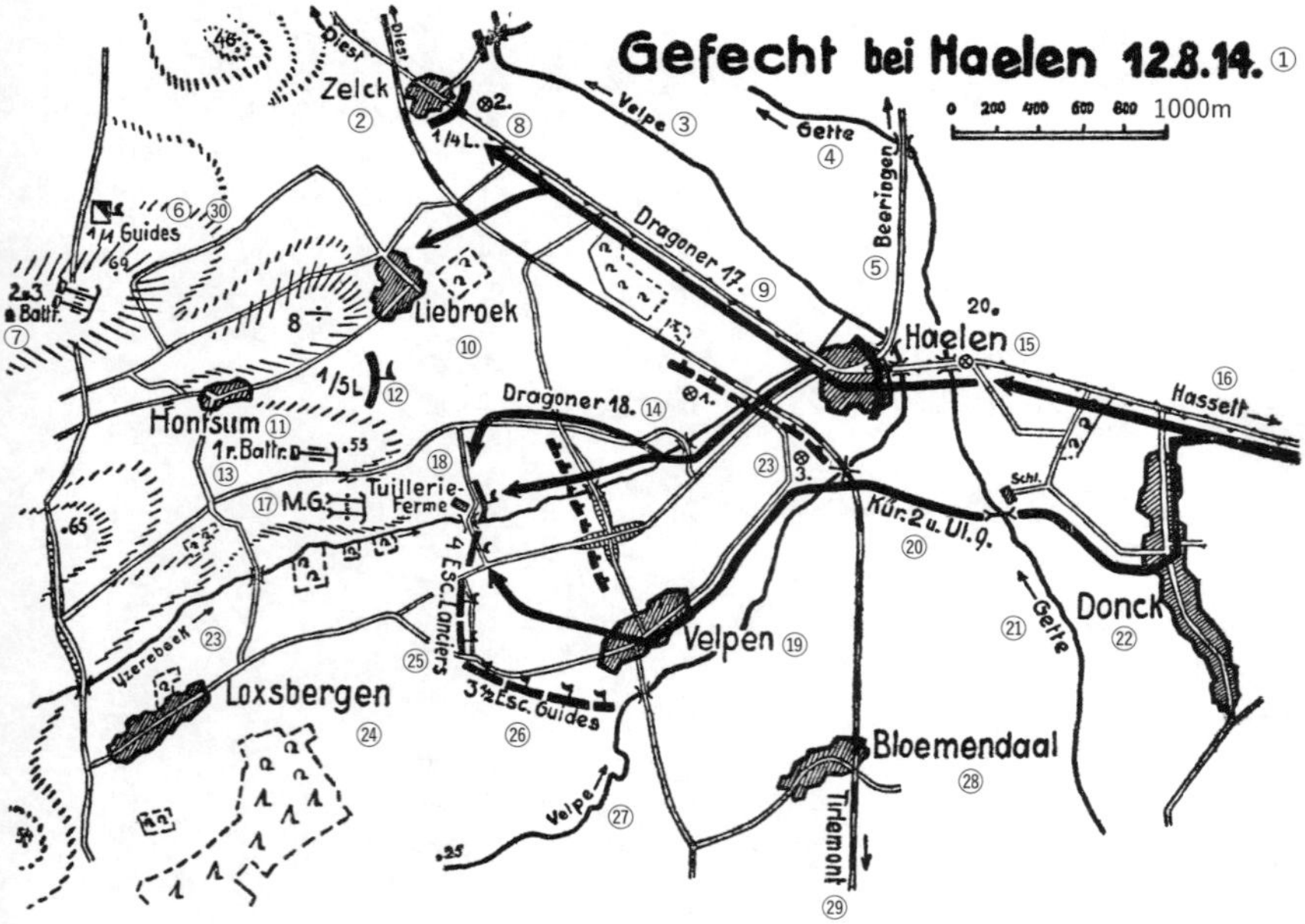

地図2

①ハーレンの戦い　1914年8月12日
②ゼルク
③フェルペ
④ヘト
⑤ベリンゲン
⑥第1嚮導連隊第1中隊
⑦第2および第3砲兵大隊
⑧第4槍騎兵連隊第1中隊
⑨第17龍騎兵連隊
⑩リエブルク
⑪ホンツム
⑫第5槍騎兵連隊第1中隊
⑬第1予備砲兵大隊
⑭第18龍騎兵連隊
⑮ハーレン
⑯ハッセルト
⑰機関銃
⑱チュイレリー農場
⑲フェルペン
⑳第2胸甲騎兵連隊および第9槍騎兵連隊
㉑ヘト
㉒ドンク
㉓アイゼレベーク
㉔ロクスベルヘン
㉕槍騎兵4個中隊
㉖嚮導連隊3個中隊半
㉗フェルペ
㉘ブルーメンダール
㉙ティーネン
㉚ギド

ことは察知されてしまった。そのため、ベルギー軍司令部に増援要請が出され、ドイツ軍の攻撃開始日には、前進中のベルギー騎兵師団支援のため、第四歩兵旅団が配置された。弱体の大隊四個および砲兵一個大隊を有する同旅団は、酷暑のさなか、まったく休止を取らずに急行軍で二十一キロを踏破、戦場に到着したのである。先着した砲兵大隊はロクスベルヘン周辺に陣地を設置、ドイツ軍相手の対砲兵射撃に入った。

戦闘開始時のベルギー軍の展開は、地図2〔二八頁〕に示す通り。午後四時までには、すべての予備が徒歩戦闘に投入された。第四歩兵旅団の到着後、ベルギー騎兵師団長デ＝ウィッテ将軍は、フェルペンの両側でハーレンめざす反撃を行う決意を固めた。この攻撃は、ドイツ軍猟兵、機関銃、直衛軽騎兵、砲兵の射撃を受けて、失敗する。

夕方、午後六時半ごろ、フォン・デア・マルヴィッツ将軍は戦闘を中止、麾下諸部隊にヘト川東方に集結せしめた。

この戦闘に参加したドイツ軍騎兵連隊四個の損害は、将校二十四名、下士官兵四百六十八名、馬八百四十三頭を数えた。一方、ベルギー軍のそれは、将校十名、下士官兵百十七名、馬百頭であった。

ハーレン戦で注目すべき点は、比較的強力な騎兵が、決然と防御を固めていた小銃兵と砲兵に対する乗馬突撃をかけたということにある。他の戦線での火器に対する大規模な攻撃、たとえば一九一四年八月十一日のラガルド〔西部戦線。現フランス領〕におけるバイエルン槍騎兵旅団〔ドイツ帝国は連邦国家であり、それを構成する諸邦国の多くは自らの軍隊を保有していた。そうした諸邦国の軍隊が戦時に統合され、ドイツ軍を形成する。バイエルンは南ドイツの有力邦国〕や一九一四年十一月十二日の第一三龍騎兵連隊のボジミエ〔東部戦線。現ポーランド領〕でのそれも、おおむね同様の結果に終わった。つまり、ハーレンの戦例は、他の多くの件にも通用するのである。

なぜ、フォン・デア・マルヴィッツ将軍は、本来の任務を遂行しようとしなかったのか。その任務とは、すなわちヘト川の背後にベルギー軍がいると判明したのちも、デメル川北方に延翼《えんよく》することにより、ベルギーに在るベルギー軍や英仏軍を拘束するため、アントウェルペン－ブリュッセル－シャルルロワの線に前進するという課題だ。今となっては、おおいに疑問である。ベルギー軍北翼を完全に拘束することに成功しても、第一軍麾下の諸軍団と協同してデメル川越えの包囲にかかることや、デメル川やディル〔ディレ〕川を渡河してのベルギー軍の撤退を遮断することまでできたかどうかはわからぬ。だが、少なくともアントウェルペンとブリュッセルを結ぶ線までの捜索に着手し、敵北翼に脅威を与えることができたはずだ。また、さらにいぶかしいのは、ハーレン奪取とヘト川渡河を目的とする攻撃を行うと決断したとしても、どうして騎兵軍団すべてを使い、広正面で同時に仕掛けなかったのかという点だ。また、充分な規模の橋頭堡を獲得するために、最初は下馬攻撃を行い、敵の組織的な抵抗をくじいたあとで、潰乱した敵を追撃するために快速の馬を利用すべきだったのではないか。

かかる問いかけへの答えは、騎兵の心性を解明したときにのみ得られる。先の大戦前に、ドイツ騎兵のみならず、他の諸外国の騎兵も、そうした精神のもとに装備をととのえ、教育訓練されていたのだ。それは、戦前、最後に出されたものとなった一九〇九年教範に、もっとも明白に語られていた。その戦闘規定は、つぎの一文ではじまっている。「乗馬戦闘こそ、騎兵が戦うべき主たる領分である」百五十年にわたって得られた戦争の教訓にもかかわらず、この教範の著者は、ザイトリッツ〔男爵フリードリヒ＝ヴィルヘルム・フォン・ザイトリッツ。一七二一～一七七三年。フリードリヒ大王のもとで、騎兵の名将として知られた〕の精神のみならず、その騎兵の戦闘方法にも固執しており、日進月歩の技術の発展により、この間に絶対的に要求されるようになっていた革新をも無視し得ると確信していた。装備や武装は騎兵の大戦闘という理想像に相応していたし、その訓練の圧倒的な部分が、馬術、密集隊形づくり、騎馬突撃に献げられていたのである。

こうして、騎兵部隊とその指揮官たちの第二の天性となっていたことが、世界大戦の最初の戦場で用いられたのはいうまでもない。ベルギー騎兵がハーレンを固守したというニュースが、敵はこれからも騎兵戦を行うだろうという誤解につながったとしても不思議はない。それは、下馬し、歩兵として戦闘したベルギー騎兵の抵抗力とその戦術的有効性を軽んじるという、感情に惑わされた評価につながった。そこかしこで、攻撃が大出血とともに失敗したことにより、わが軍諸部隊の指揮官に対する信頼は当然ゆらぎ、その一方で、敵は、得るいわれのないような力を持つことになったにちがいない。

フォン・シュリーフェン〔伯爵アルフレート・フォン・シュリーフェン元帥。一八三三〜一九一三年。ドイツ帝国第三代陸軍参謀総長で、西部戦線に兵力を集中して決戦に勝利したのちに、東部戦線で攻勢に出るという極端な作戦計画を立案したことで有名である〕は、早くも一九〇九年に適切な近代戦像を描きだしており、それは当時も今も正しい。「これから先は馬上の士など見られなくなる。騎兵は、他の二つの兵科〔歩兵と砲兵〕の領分以外に、自分の仕事を探さなければなるまい」後装銃と機関銃は、無慈悲にも騎兵を戦場から追い払ってしまったのである。

この騎兵の作戦的な偵察・捜索行動について、国家文書館《ライヒスアルヒーフ》（Reichsarciv）による公刊戦史は、以下のごとく結論づけている。「戦争が開始されるや、大規模な騎兵団隊による戦略的捜索活動にかけられていた平時の期待は過剰であったことが、すべての戦線で明々白々となった。敵の警戒線の確認はおおむね成功したものの、それを突破し、敵戦線背後で何が起こっているかについて情報を集めてくることは、いかなる地点においてもできなかったのだ」[1] 陸軍最高統帥部《オーベルステ・ヘーレスライトゥング》（Oberste Heeresleitung〔以下、ＯＨＬと略〕）は、作戦面での騎兵の捜索能力を過大評価し、その一方で航空機のような新しい捜索手段を軽視していた。この両者が結びついたため、一九一四年時点の陸軍総司令部は、当時すでに四百キロの航続距離を有していた航空機という新兵器を直接運用しようとはせず、各軍もしくは軍団に割り当ててしまった。結果として、敵の展開に関する総合的な像を描くことはできずじまいになったのである。[2]

二、歩兵の犠牲行

地図3（三六頁）参照

二か月後、一九一四年の秋の葉が落ちるころ、怒濤のごとくマルヌ川を越え、南へと押し寄せた世界最良の軍隊〔ドイツ軍〕は退潮におちいっていた。最高指導者たちの失策、大損害、補給の困難によって、フランス国境のリール付近からスイスの山岳地帯に至る長大な戦線に、力の均衡がもたらされてしまったのだ。十月になって、新手の兵力を投じて、最右翼、フランドル〔フランデルン〕地方において、あらたに強力な攻撃が行われることになった。膠着状態となるのをさまたげ、手から滑り落ちんとしていた勝利を再び確保するというのが、その目的である。

動員に際して、ドイツの熱狂的な青年と、より年輩ではあるけれど、いかなる犠牲をも厭わぬ壮年の男子が何十万も志願し、軍旗のもとに殺到していた。彼らは、たかだか六週間程度の緊急訓練しか受けてはいなかった。が、今こそとばかりに、新編された軍団や師団に配属されて、さまざまな戦線に急行することになったのだ。第二二、第二三、第二六、第二七予備軍団（当時のドイツ軍は、二十〜二十一歳の現役、二十二〜二十七歳の予備役、二十八〜三十一歳の第一後備役、三十二〜三十九歳の第二後備役の将兵より構成されていた。主として予備役を以て予備部隊、後備役により後備部隊を編成する）は、アントウェルペンより前進する、歴戦の第三予備軍団および第四補充師団、さらに当時としては比較的強力な重砲部隊とともに新編第四軍の編制下に置かれた。十月十七日、第四軍は、ブリュッヘ〔ブリュッゲ〕とコルトレイク〔クルトレー〕東方を結ぶ線から、エイゼル〔イジェール〕川のニーウポールト〔ニューポール〕とイープル〔イーペル〕間の線をめざして進撃した。この新鋭連隊の将兵ほどに高揚し、活気にみちみちて、敵に当たったドイツ兵はまずあるまい。

十月十九日、第四軍は全戦線にわたって敵と接触、二十日には、そうした交戦が第一次イープル戦として知られることになるフランドルの戦いに発展していた。メーネン〔メニャン〕-イープル街道北で第四軍が攻撃するばかりではない。ときを同じくして、第四軍の南に隣接している第六軍右翼のいくさに鍛えられた諸軍団（第四および第一騎兵軍団、第一九、第一三、第七軍団と第一四軍団の半分。その背後に第二騎兵軍団が控えていた）が、西に向かって突破をはかっていた。第四軍の新編諸軍団の前進を容易にしてやろうというのが、その目的だ。

攻撃対象地域の特徴となる地形は、ニーウポールトの海に注ぐ河口から上流ディクスムイデ〔ディクスミューデ〕を経て、ノールトスホーテ〔ノールショト〕に至るエイゼル川の流れと、それに並行してステーンストラート-ブージンゲ-イープル-ホレベーケ-コミーヌ〔コメン〕間を走るエイゼル運河である。ディクスムイデの北から海までは、エイゼル川の両側に、ところどころは海面下にある干拓盆地が広がっている。そこには、堀割や運河が四通八達していた。水門機構により（もっとも重要な水門はニーウポールトに在った）、水位が調整され、状況によっては海水を引き入れて氾濫を起こすこともできた。イープル南方には、高さ百五十六メートルのケメルベルフ丘があり、その連丘はゆるやかな弧を描いて、デイクスムィデ方面、ウェイツスハーテ＝ホレベーケ＝ゲルフェルト＝ゾンネベーケ＝ウェストローゼベーケ間の平野に広がっている。ほかはすべて平坦な地形のなかにあって、この丘陵は砲兵観測のために重要であったが、無数の農園、生け垣、林、村落があったため、その見通しは限られていた。こうした地勢により、戦闘指揮、とりわけ未熟な新編部隊のそれは多大な困難を来すこととなった。

十月二十日、新編された諸連隊は、ドイツ国歌を唄いながら、ディクスムイデ、ハウトフルスト、プールカペッレ、パッシェンデール〔パッセンダーレ〕、ベセラーレへの攻撃を開始した。損害は甚大だったが、戦果は不満が残るものだった。

二十一日にかけての夜に、エイゼル川越えの攻撃を継続せよとの命令が下った。その途上には、ランゲマルクとブロートセインデの十字路がある。殲滅《せんめつ》的な効果を発揮したと思われる砲兵射撃ののち、新編諸連隊はあらたな攻撃に着手した。予備役兵たちは前進し、薄くなった先頭の散兵線を補う。が、損害は増していった。敵陣地への侵入は、局所的にしか成功しなかった。将校が自ら陣頭に立っても、敵の銃火を軽減することはできぬ。犠牲者は数えきれぬほどになり、攻撃能力は消え去った。企図されていた二十二日中のランゲマルク占領は実現しなかったのだ。また、敵がたびたび逆襲を仕掛けてきたことから、守備にあたっている部隊の戦意はなおくじけていないことがあきらかになる。一方、ずっと北西では攻撃が成功し、ビクスホーテ東縁部に到達していた。さらにその北では、ディクスムイデの門前に迫っている。十月二十三日、戦闘はたけなわとなったが、さしたる戦果は得られず、恐ろしいほどの流血となった。将兵は塹壕を掘らなければならず、陣地構築資材を要請してきた。「四日間の戦闘ののち、十月二十三日晩には、新編された諸軍団の最初の突進は拒止され、膠着状態におちいった」[3]

比較的強力な砲兵支援を得られたにもかかわらず、歩兵の攻撃力は、かなり弱体の敵（ともかく最初の段階ではそうだった）を駆逐するのにも充分ではなかった。最大限の自己犠牲精神、燃えるような熱狂、力強い命令も、その助けとはなり得なかったのだ。かかる決戦戦区に、新編されたばかりの未熟な予備軍団を投入したことが誤りだったとする批判がはびこっている。彼らの一部は、年寄りすぎる指揮官に率いられていたし、あまりにも欠陥の多い装備しか持っていなかったのだ、と。従って、第一次イープル戦は、歩兵が攻撃する場合の衝力は、数に劣る敵に対したときでさえ不充分だとする主張の実証例としては不適切であるというのだ。戦闘に経《ふ》りた部隊なら、わずかな犠牲で同様の戦果を挙げられるだろうという点においては、そうした異論は一定の正当性を有している。が、それよりもずっと多くのことがやれるか、ましてや勝利が達成できるかというと、それは疑わしい。あの雨がそぼ降る十月の日々に、西部戦線における一九一四年最後の大攻勢を実行したのは、新編連隊だけではないのだ。彼らの右翼では優秀な第三予備軍団、左翼では第六軍麾下の歴戦の諸師団が戦っていた。これらの部隊が対していた敵はとくに優勢でも、戦闘力が高いわけでもなかった。にもかかわらず、その戦果は、訓練を終了したばかりの新部隊より、さして大きくなかったのである。

十月二十日の両陣営の状況を地図3（三六頁）に示す。

使用できたごくわずかの砲弾のほとんどを費消してしまったのち、十月二十四日からの戦闘行動は散発的な交戦に堕し、しまいには文字通り氾濫した水のなかに溺れてしまった。中核となっている旅団や軍団を戦線から引き抜いて、西部戦線の膠着という迫り来る悪夢を阻止せんとする試みが二度なされたが、それも流

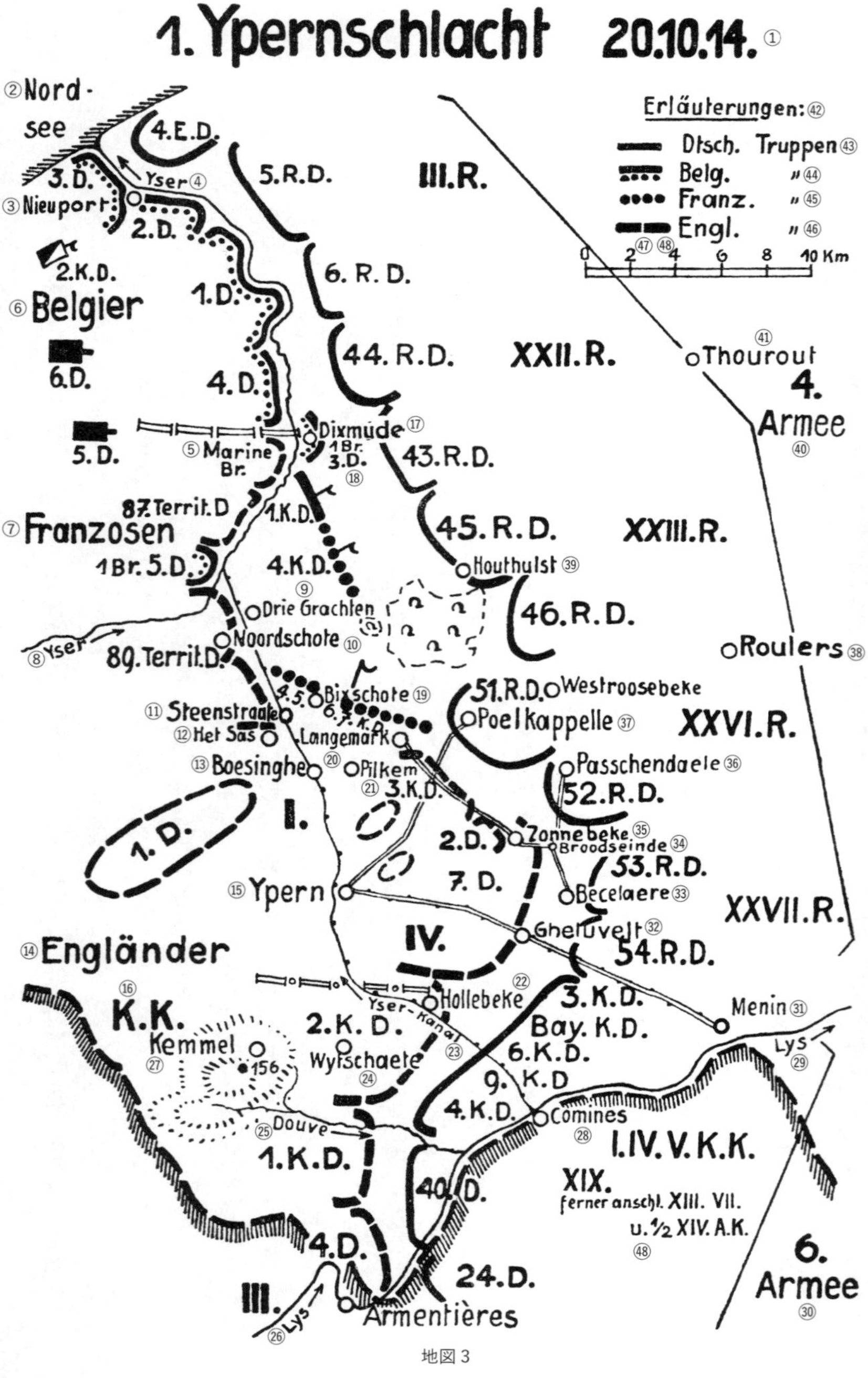

1. Ypernschlacht 20.10.14. ①
②Nord-see
③Nieuport
Yser④
⑤Marine Br.
⑥Belgier
⑦Franzosen
⑧Yser
⑨
⑩
⑪Steenstraate
⑫Het Sas
⑬Boesinghe
⑭Engländer
⑮Ypern
⑯K.K.
⑰Dixmude
⑱
⑲Bixschote
⑳Langemark
㉑Pilkem
Hollebeke ㉒
Yser-Kanal ㉓
Wytschaete ㉔
㉕Douve
㉖Lys
Kemmel ㉗
156
Comines ㉘
Lys ㉙
6. Armee ㉚
Menin ㉛
Gheluvelt ㉜
Becelaere ㉝
Broodseinde ㉞
Zonnebeke ㉟
Passchendaele ㊱
Poelkappelle ㊲
Roulers ㊳
Houthulst ㊴
4. Armee ㊵
Thourout ㊶
Erläuterungen: ㊷
Dtsch. Truppen ㊸
Belg. 〃 ㊹
Franz. 〃 ㊺
Engl. 〃 ㊻
㊼ ㊽
0 2 4 6 8 10 Km
4. E. D.
3. D.
2. D.
2. K. D.
1. D.
4. D.
6. D.
5. D.
5. R. D.
III. R.
6. R. D.
44. R. D.
XXII. R.
1 Br. 3. D.
43. R. D.
87. Territ. D
1. K. D.
4. K. D.
45. R. D.
XXIII. R.
1 Br. 5. D.
Drie Grachten
Noordschote
89. Territ. D.
46. R. D.
4.5.
6.7. K. D.
51. R. D.
Westroosebeke
XXVI. R.
3. K. D.
52. R. D.
I.
1. D.
2. D.
53. R. D.
7. D.
XXVII. R.
IV.
54. R. D.
3. K. D.
Bay. K. D.
2. K. D.
6. K. D.
9. K. D
4. K. D.
I. IV. V. K. K.
1. K. D.
XIX.
ferner anschl. XIII. VII.
u. ½ XIV. A. K.
㊽
40. D.
4. D.
24. D.
III.
Armentières

地図 3

地図3（前頁）

①第1次イープル戦　1914年10月14日
②北海
③ニーウポールト
④エイゼル
⑤海兵旅団
⑥ベルギー軍
⑦フランス軍
⑧エイゼル
⑨ドリー・グラハテン
⑩ノールトスホーテ
⑪ステーンストラート
⑫ヘト・サス
⑬ブージンゲ
⑭イギリス軍
⑮イープル
⑯騎兵軍団
⑰ディクスムイデ
⑱第3師団第1旅団
⑲ビクスホーテ
⑳ランゲマルク
㉑ピルケム
㉒ホレベーケ
㉓エイゼル運河
㉔ウェイツスハーテ
㉕ドーヴェ
㉖リス
㉗ケメル
㉘コメン
㉙リス
㉚第6軍
㉛メーネン
㉜ゲルフェルト
㉝ベセラーレ
㉞ブロートセインデ
㉟ゾンネベーケ
㊱パッシェンデール
㊲プールカペッレ
㊳ルーセラーレ〔ルーレル〕
㊴ハウトフルスト
㊵第4軍
㊶トルハウト
㊷凡例
㊸ドイツ軍部隊
㊹ベルギー軍部隊
㊺フランス軍部隊
㊻イギリス軍部隊
㊼D.歩兵師団
E.D.補充師団
R.D.予備師団
K.D.騎兵師団
Territ.植民地師団
ローマ数字は軍団番号を表す（たとえば、III.R.は第3予備軍団）
R.予備
Bay.バイエルン部隊
K.K.騎兵軍団
㊽これに隣接して、第13および第7軍団と第14軍団の半分があった

血の戦闘のうちに潰えた。十月三十日から十一月三日にかけて、第一五、バイエルン第二、第一三軍団（兵力の半数）は、ファベック攻撃支隊に編合され、五個師団が十キロ幅の戦線に投入された。結果は、いっそう深い失望をもたらすものだった。バイエルン第六予備師団、ポンメルン第三師団、騎兵部隊の一部を逐次投入するぐらいでは、事態をくつがえすことなどできなかったのだ。十一月十日より十八日のあいだに、戦功のある部隊を集めて、イープル突出部における最終的な戦闘が行われた。第九予備師団は、第四軍麾下第三予備軍団に配属された。第四歩兵師団と臨時編成されたヴィンクラー近衛師団が移送され、すでにメーネン－イープル間の街道で戦闘中だった第一五軍団とともに、あらたにリンジンゲン攻撃支隊を形成した。

十一月十日、新編の諸連隊はディクスムイデ奪取に成功、ドリ・フラハテンおよびヘト・サス方面で若干前進した。しかし、ずっと東方の第三予備軍団、とりわけ急ぎ配属された第九予備師団は、何ら戦果をあげていなかった。後者の損害は法外に大きかった。十一月十一日、近衛師団と第四歩兵師団がメーネン－イープル街道で攻撃を実施したが、わずかな成果が得られたのみ。こ

こでも損害は甚大だった。翌日になっても、言うに足る戦果はなし。攻撃にあたった二個軍は、さらに突撃を続行するには、新たな兵力の増援が大前提になると意見具申した。

その結果、OHLは、第七軍から第六軍に一個歩兵師団、また、第四軍に対し、第三軍から一個歩兵師団、シュトランツ軍支隊〔「軍支隊（Armeeabteilung）」とは、ある軍団司令部の指揮下に他の軍団を置き、臨時に軍同様の機能を持たせる大規模団隊の一種。一般に、司令官の姓が軍支隊名となる〕から一個歩兵旅団を抽出配転するように部署した。右記のうち、二個師団は砲兵なし、歩兵のみで投入し得たにすぎなかった。強力な重砲隊があるにはあったものの、弾薬不足の問題があり、司令部はその活動に制限を課さざるを得なかった。従って、こうして企図された攻撃も、最初から衝力を奪われていたのだ。この場合、砲弾は、歩兵の員数よりも重要であったろう。よって、第四軍は砲弾不足に鑑み、攻撃続行をあきらめた。第六軍方面でも、リンジンゲン支隊がかろうじて攻撃に出たが、大出血とともに挫折した。こうして、陣地戦に移行するという苦渋の決断が下されたのである。「十一月十八日には、海とドゥーヴェのあいだにドイツ軍歩兵師団二十七個半および騎兵師団一個が、敵の歩兵二十二個師団ならびに騎兵十個師団と対峙していた」[4]

十一月十日から十八日にかけて、ドイツ軍が攻勢を実行した戦域に置ける損害はおよそ二万三千五百名であった。十月なかばから十一月にかけて、第四軍は三万九千名の死傷者と一万三千名の行方不明者を出した。また、第六軍は、二万七千名の死傷者ならびに千名の行方不明者を出している。この二個軍で、合計八万名ほどを失ったのであった。[5] 第一次イープル戦全体では、ドイツ軍は十万以上の損害を出し、そのなかには、若人や多数の指揮官候補者が含まれていたのである。

敵の損害は、以下の通り。

フランス軍❖6　四万千三百三十名、うち行方不明者九千二百三十名
イギリス軍　五万四千名、うち行方不明者一万七千名
ベルギー軍　一万五千名

一九一四年八月から十一月の損害の総計は、左のようになる。

ドイツ軍　　六十七万七千四百四十名
フランス軍　八十五万四千名
イギリス軍　八万四千五百七十五名

三、陣地戦の有刺鉄線の背後で

一九一四年十一月なかばより、西部戦線全体が機動不能の状態になった。ヴォージュ〔フォゲーゼン〕山脈から英仏海峡沿岸まで、戦況が膠着したのである。この海岸地域においても、先立つ緒戦闘を経てなお残されていた両陣営の攻撃力が、十月と十一月の戦いで費消されてしまったのだ。
ドイツ側にあっては、この攻撃力は、あらたに続々と投入される歩兵、すなわち、第四軍の新編軍団、他

戦線から引き抜かれてきた軍団、師団、歩兵旅団のかたちで示されていた。彼らは当初、充分な数の砲兵を有していたが、戦闘が始まっても、使える砲弾の量は限られていたのだった。それゆえ、ドイツ軍攻撃の重点は、銃剣突撃の威力発揮に置かざるを得なかったのだ。一方、敵側が、こちらと同数の戦闘員をかき集めるには時間がかかったから、英仏ベルギー軍はすぐに防御戦に押しやられた。だが、かかる戦法によってこそ、機関銃と大砲は、白兵突撃にはるかに優る兵器に育っていったのである。八月の槍騎兵の攻撃同様、十月と十一月の銃剣突撃も、銃砲弾の雨のなかに潰えたのだ。敵側も弾薬不足を来したからよかったようなものの、さもなくば兵数の劣勢により（十一月なかばに、いくつかの軍団が東部戦線に引き抜かれていた）、ドイツ側は著しく不利になっていたことだろう。

両陣営ともに歩兵の大出血と弾薬不足が生起したこと、スイス国境から大西洋に至る戦線が布かれたこと、その条件下では包囲や運動戦遂行が不可能であることなどが相俟って、鋤《すき》を使い、障害物を構築するという方策が取られることになった。彼我ともに、こうしてはじまった陣地戦は、ほんの過渡的な一幕に終わるだろうと楽観していたのだ。敵味方とも、持続的な防御に適した地勢のところまで戦線を移すという決断を避けた。多大な出血によって勝ち取った土地を放棄することにより、敗北を認めたと思われるのを恐れたのである。

ゆえに、最後の戦闘が行われた場で、戦線は膠着してしまった。厖大な作業と多数の兵員を配置することが必要になり、局地的には重要であっても、ごく限られた範囲の陣地をめぐって、えんえんと続く戦いが誘発された。両軍ともに、まず、最前線にある戦闘部隊ならびに予備部隊のために、巧妙に構築され、長く延びた塹壕と、交代要員や補給物資の移送を可能とする連絡壕から成る防御システムを整えた。こうした陣地は、厚くなる一方の縦深全体にわたって、有刺鉄線でつくられた障害物により守られていた。当初、後方陣地が使用されることは、ほとんどなかった。砲兵が、敵歩兵・砲兵陣地を叩くことができるよう、かなり前方に配され、縦深後方には置かれなかったためである。最初は、砲兵のために特別な防護措置が取られることもなかった。

両陣営は、ついで兵器と装備の改良を考えはじめた。とりわけ、機関銃装備数の顕著な増大がみられ、それは戦争終結まで続くことになる。機関銃は、補助兵器から歩兵の主要装備となり、航空隊にも同様のことが起こった。また、砲兵も増強され、これまで想像だにしなかったほどの量の砲弾が供給されるようになったのだ。使えるものなら、どんな小銃でも、たとえ旧式であろうと、すべてが配備された。工兵も重要になってきた。彼らにもミーネンヴェルファー〔「爆雷投射器」の意。迫撃砲のことだが、この時期のドイツ軍のそれは、駐退復座装置があったり、砲身内に施条されていたりと、通常の大砲に近かった〕迫撃砲や手榴弾が装備されたのである。あらゆる種類のトーチカ、爆薬、増水による水濠、障害物によって、こうした陣地は、いよいよ要塞化されていく。

ドイツ側はその後もずっと、持続的な防御に適しているかどうかを顧慮することなく選ばれた陣地にあって、敵よりも苦労することになった。常に最前線に強力な兵力を張り付けておく必要があることから、予備として使える者の数は減り、その訓練も困難になったし、休暇も短縮せざるを得なくなった。何よりも、それによって、他の戦域で重要視されていた攻撃戦力も弱体化した。それがあれば、そうした別の方面で決定的な戦果を挙げられたかもしれなかったのだ。

一方、敵側では、状況が好転していた。副次的な戦線〔ガリポリ〔ガリポリはダーダネルス海峡西側に面する半島。

トルコ語発音に従えば「ゲリボル」。一九一五年二月、連合軍はこの半島に上陸したが、オスマン軍の激しい抵抗に遭い、作戦は失敗した〕）に強力な兵力を派遣するのを止め、あらゆる使用可能な予備（人員、装備、弾薬）をフランスに集めたのだ。むろん、その決断が作戦上最善であったというわけではない。何かとほうもない手段を用いなければ、西部戦線で勝利を得ることはできない。それは、両陣営ともに、はっきりとわかっていた。両軍とも、さまざまな方法でこの目標を追求したのである。

原註

❖1 公刊戦史〔国家文書館編纂の第一次世界大戦史〕、第一巻、一二六頁。
❖2 公刊戦史、第一巻、一二七頁参照。
❖3 公刊戦史、第五巻、三一七頁。
❖4 公刊戦史、第六巻、二五頁。
❖5 公刊戦史、第五巻、四〇一頁。
❖6 Les Armées Françaises dans la Grande Guerre〔世界大戦におけるフランス陸軍〕、第一巻第四分冊、五五四頁。

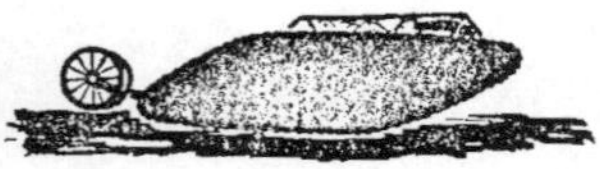

一九一五年　不充分な手段を以て

一、砲兵戦　地図4（四四頁）参照

一九一四年十一月に、ドイツ軍が攻勢の重点を東部戦線に移すと（残念ながら、決定的成功を収めるには、すでに手遅れになっていたが）、フランス軍指導部は、早くも一九一四年から一五年にかけての冬に攻撃を実行することに決めた。ドイツ軍がさらに東部戦線の兵力を増強するのを妨げ、同時にそれによって西部戦線のドイツ軍が弱体化した隙を利用しようという企図である。ジョッフル将軍〔ジョゼフ・ジョッフル。一八五二～一九三一年。当時少将、のち元帥〕の一九一四年十二月十七日付陸軍命令により、「この国から侵入者を打ち払う」ための決戦が実行されることになった。ドイツ軍の後方連絡線が脆弱で、動揺を起こし得る可能性があることから、シャンパーニュ地方が攻撃地域に選ばれた。この正面はまた、連合軍の連絡線確保には好都合であり、地形も平坦だったのである。

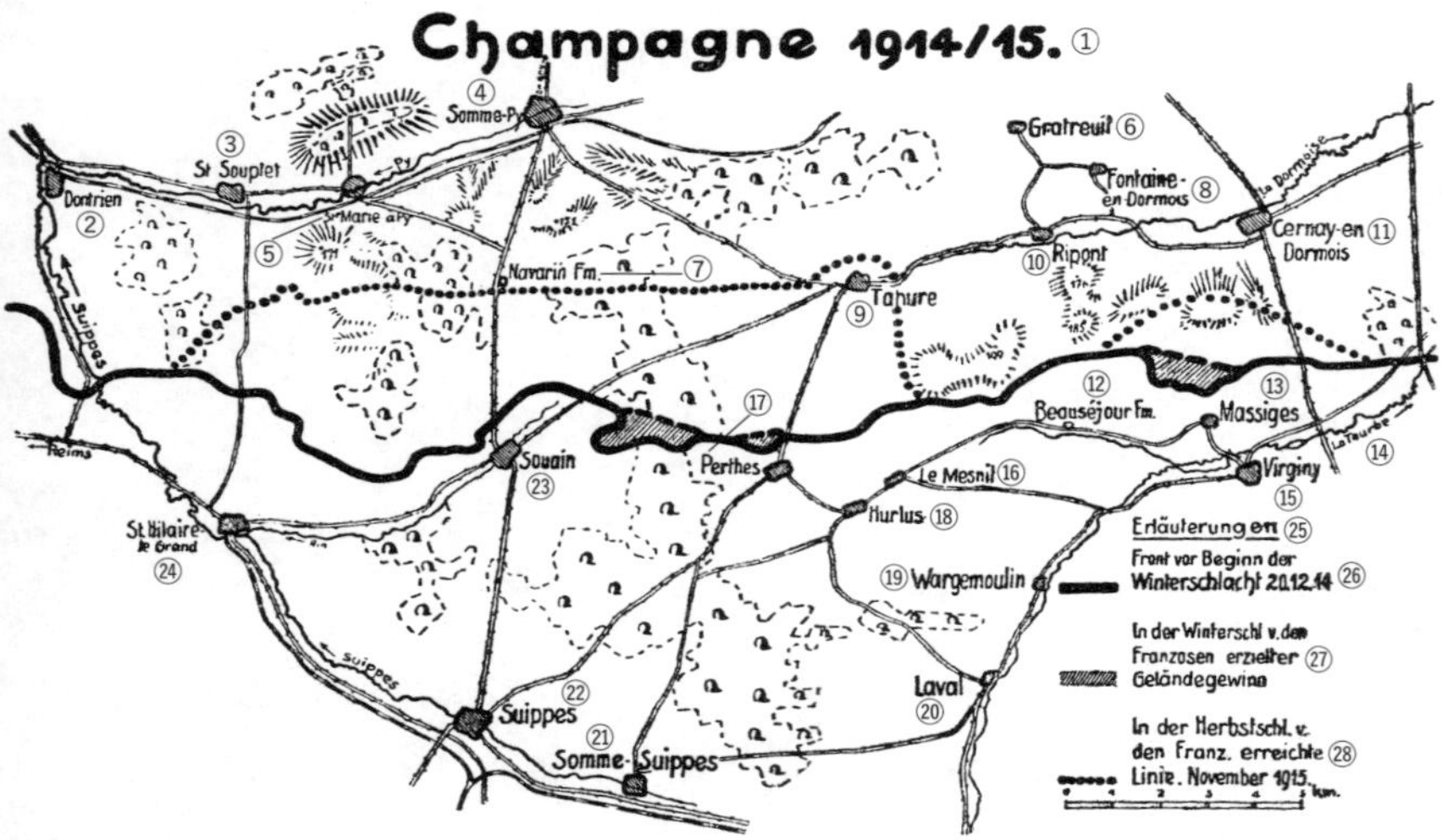

地図4

①シャンパーニュ戦　1914年～1915年
②ドントリアン
③サン＝スプレ
④ソムピー
⑤マリー
⑥グラトルイユ
⑦ナヴァラン農場
⑧フォンテーヌ＝アン＝ドルモワ
⑨タウール
⑩リポン
⑪セルネ＝アン＝ドルモワ
⑫ボーセジュール農場
⑬マシジュ
⑭ラ・トゥルブ
⑮ヴィルジニー
⑯ル・メニル
⑰ペルト
⑱ミュル
⑲ヴァルジュムーラン
⑳ラヴァル
㉑ソンム＝シュイップ
㉒シュイップ
㉓スーアン
㉔サン＝ティレール＝ル＝グラン
㉕凡例
㉖冬季戦開始前の戦線（1914年12月20日）
㉗冬季戦においてフランス軍が奪取を企図した地域
㉘秋季戦でフランス軍が到達した戦線（1915年11月）

四週間も準備を重ねたのち、十二月二十日に、フランス第四軍麾下の諸軍団は攻撃を開始した。前線に投入された三個軍団の後ろには、予備の一個軍団（第一）が控えている。この軍には、十九機の飛行機が配属されていた。フランス軍の計算によれば、この戦区ではドイツ軍に対して、十万人以上の数的優位を得ていたのだ。また、口径は大小さまざまではあるけれど、当時としては強力な七百八十門もの大砲が使用できた上、他の場合には砲弾の使用制限が課せられていたのに、このときには、それが外されたのである。よって、本戦闘の準備と遂行において、砲兵は従来よりもはるかに大きな役割を果たした。

これらの手段を以て、シュイップ－アティニー間の街道の両側で、ドイツ軍の戦線を突破することが企図された。だが、まず、攻撃する軍団の歩兵の同時投入に失敗した。その後の新年までの戦闘行動は、軍団・師団レベルの個別的な戦いに終始した。砲兵の威力が、ドイツ軍の塹壕前面の障害物を破壊したり、その機関銃を沈黙させるには不充分だったためである。強力な砲兵射撃に支援された歩兵突撃のはずが、何日間にもわたる純粋な砲兵戦に変わった。坑道・地雷戦〔坑道戦は、敵陣地・要塞などの直下までトンネルを掘り進め、地下から爆破する戦術〕はたえまなく続き、すぐに工兵の増強が必要になった。加えてドイツ軍は、敵の攻撃の間隙を逃さず利用して、失地回復のために猛烈な逆襲を加えた。

年が変わるころ、新しい軍団（第三）が予備としてフランス第四軍の戦線後方に配置され、これまでフランス軍全体の予備とされていた軍団（第二）が攻撃正面に押し出されてきた。悪天候とドイツ軍の激しい逆襲により、攻撃計画の実行は遅延した。フランス第四軍の攻勢は、「しかるべき協同がみられぬ小戦闘の連続に堕し、しばしば休止期間があったため、敵に対する衝力を失ってしまった」❖1軍司令官は砲兵に頼って、「攻勢はまだ終わっていないとの印象を敵に与えようとした」歩兵が攻撃行動に出られるように、騎兵が塹壕に入り、フランス第四軍団の砲兵が配置につく。だが、一九一五年一月五日および六日の局地的攻撃は、ドイツ軍の防御砲火に遭って、失敗した。一月七日、ドイツ軍は逆襲に出たが成功せず、八日と九日にはフランス軍が猛攻をしかける。十日から十一日にかけて、ドイツ軍も再び攻撃した。一月十三日にまたしても味方の攻撃が失敗したことから、フランス第四軍司令官ド・ラングル将軍は、攻撃中止の決断を下す。

フランス軍は、さしたる戦果が得られなかったことを、悪天候のせいにしようとした。❖2その主張は、ごく一部だけしか認められない。当時の陰鬱な冬にあって、両軍とも平等に、天候による悪影響を受けていたからである。より重要なのはおそらく、フランス軍がこの間ずっと圧倒的な砲兵の優越を有していながら、ドイツ軍障害物の破壊、ドイツ軍機関銃の制圧、ドイツ軍砲兵の無力化などに、ことごとく失敗したことであろう。

それが達成できなかった以上、数に優る歩兵の攻撃も成果なしとなった。この失敗は、フランス軍が、ドイツ軍陣地の特定地点を選んで個別的な攻撃を行うことを優先し、統一指揮のもと、軍の正面全体で同時に攻撃するのを放棄したために、いっそう深刻なものとなった。フランス軍の司令官は、こうした攻撃方法が正しいのかという疑いを抱きはじめていたが、より多くの物量を投入する以上に、目標に達する良い方法はないと考えた。ジョッフルも、もっと長期間にわたり準備砲撃を行い、さらに広い正面に強力な兵力を投入する必要があると指示していたのだ。彼は、攻撃再興と砲兵戦の継続、それと同時に第二線に防御陣地を構築するよう命じた。敵の突破が生起する可能性に備えて、予防措置を取ったのである。[3]

陣地戦における攻撃形態について、さまざまな議論が交わされた結果、フランス軍は一九一五年一月に、縦深を取って梯隊を構成した大量の歩兵を比較的狭隘な正面に投入、攻撃前・攻撃中に圧倒的な砲兵の射撃により、それを支援することを要求した。ド・ラングル将軍は、歩兵の大量投入とは、各攻撃につき「一師団あたり一個大隊」を当て、「その側面は助攻により掩護され、それによって敵を全正面にわたり拘束する」ものと理解していた。[4]

この新しい形態を取った攻撃は、準備が一九一五年一月十五日から二月十五日までかかり、折々の中断を挟んだものの、二月十六日から三月十六日まで実施された。攻撃開始時には第一線に二個軍団が配置され、うち一個軍団は一個師団、もう一個軍団は一個歩兵旅団で増強されていた。歩兵十五万五千、騎兵八千、百十門の重砲を含む砲八百七十九門が、ドイツ軍の歩兵八万千、騎兵三千七百、重砲八十六門を含む砲四百七十門に対峙したのである（フランス軍の推計による）。

攻撃側が兵力二倍の優勢であったにもかかわらず、初日の戦果はさほどのものではなかった。早くも二月十七日には、予備のフランス第四軍団を投入しなければならなくなる。十八日、このあらたに編合された攻撃軍に対して、ドイツ軍の反撃が指向され、前日に占領した土地の大部分が奪回されてしまった。二月二十二日のほとんど成果のあがらぬ戦闘ののち、ジョッフル将軍はフランス第四軍司令官宛に手紙を書いた。「貴官の攻勢の結果として、わが軍がいかに強力な手段を用いようと、敵防御線の突破は不可能であるとの印象がつよめられ、しかも、それによって西部戦線の敵兵力が最小限度にまで減らされるときが来るとすれば、由々しきことになろう」❖5 ついで、断固攻撃を継続せよとの指令が下された。

ごくわずかの控置されていた歩兵を増強して、二月二十三日にも攻撃が続けられた。戦果は貧弱なものにすぎなかった。

二月二十五日以降、フランス軍四個軍団が前線に押し出され、さらに一個軍団（第一六）が後方に予備として配置された。二月二十七日、その予備の軍団を基幹部隊として編合されたグロセッティ特別攻撃支隊が前線に配置される。もっとも、うち一個旅団が三月七日に攻撃に投入されただけで、残りはジョッフルにより予備として控置されたままだった。この第一六軍団所属の一個旅団は、野砲大隊十一個と五十門の重砲に支援されていたが、戦果は限定的だった。

今や、ジョッフルも第一六軍団の投入を決意する。ドイツ軍の前線を突破する、最後の試みがなされなければならない。歩兵が幾重にも梯隊を組んで配置されたことが、その顕著な特徴であった。フランス軍が狭隘な突破地点を選んでくることは、最初からあきらかだった。最前線の突撃部隊はすぐに後方の部隊と交代し、数日間にわたる連続攻撃を支えるのである。こうした攻撃部隊の構成は、広正面で圧力を加えることの放棄につながらざるを得なかった。防御側にとっては、狭い突破地点に兵力を集中、拒止することが容易になったのだ。

三月十二日から十六日にかけて、第一次シャンパーニュ戦の狂瀾《きょうらん》の最終幕が訪れた。新しく投入された第一六軍団の諸部隊も、すでに数週間来戦いつづけている部隊以上の戦果をあげることはなかった。予備兵力も逐次投入によって費消されていく。三月十四日、フランス第一六軍団長は以下のように報告したが、それは正当だった。「これだけの犠牲を払っても、突撃する部隊が敵の近距離からの側面射撃にさらされているかぎり、満足できぬ戦果しか得られないに決まっている」❖6 それはつまり、攻撃正面の幅が充分でなく、狙った目標に対する兵力部署が適切でないためだった。しかも、防御手段に対置できる攻撃手段も不充分だったのである。とくに精力的なことで定評があったグロセッティ将軍は、対抗策を提案した。彼が指定された第一次攻撃目標三個を、同時に遂行される局地的攻撃で奪取し、しかるのちに、そうして獲得された地点を土台として、北方へのより大規模で統合された攻撃に踏み切るのだ。軍司令官もこの意見具申に同意し、三月十五日に実行されたが、ドイツ軍の反撃に遭って進展をみなかった。三月十六日と十七日にも、フランス軍の攻撃が繰り返されたものの、取るに足らない程度の局所的成功を収めたにすぎなかった。軍司令官は攻撃中止の許可を求め、了承された。第四軍の正面から、軍団四個半と騎兵師団三個が抽出され、フランス軍全体の予備とされる。数日のうちに、戦闘は低調になり、陣地戦に変わっていった。しかしながら、ド・ラングル将軍は、「第四軍の三十二日間にわたる攻撃は、その明々白々な具体的成果を措くとしても、諸部隊の士気を固め、最終的勝利に確信を抱かしむるという利点があった」のは間違いないと確信していたのである。[7]

おそらく、この戦役のもっとも重要な実務的戦訓の一つは、敵が、防御空間の広さおよび縦深があたかも無限であるかとさえ思われる、一種の要塞を攻撃していたという事実だろう。攻撃する歩兵はごく緩慢な前進しかできず、それゆえ、敵は失った一部の陣地の背後に新しい掩体壕を構築することが可能だったから、得られた戦果を拡張したり、突破をはかることができなくなってしまったのだ。

フランス軍が具体的に得た戦果といえば、二千の捕虜、若干の兵器鹵獲（砲は一門も鹵獲できなかった）、そして、塹壕と陣地の一部を、およそ七キロ幅、〇・五キロの深さで占領したにすぎなかった。

フランス軍の損害は、将校千六百四十六名、下士官兵九万千七百八十六名を数え、[8]ドイツ軍のそれは将校千百名、下士官兵四万五千名となった。ドイツ軍は約二千七百名の捕虜を得た。ドイツ軍の陣地は、不完全な地下壕しか備えておらず、縦深も足らなかったが、現場の部隊の勇気、機関銃と砲兵の射撃効果、工兵のたゆまぬ働きのおかげで、二倍以上の優勢を誇っていた敵に対して、固守しぬくことができたのだ。しかも、その防衛は、これまでみられなかった規模の砲兵と弾薬の投入に抗しての成果であった。これ以降、こうした射撃は「連続集中砲撃《トロンメルフォイア》」〔Trommelfeuer. 直訳すれば「太鼓を乱打するがごとき砲撃」〕として、戦争が終わるまでのあらゆる戦闘において、脅威となっていった。砲兵や砲弾の効果が増大するさまは、図1〜図4を見れば、あきらかであろう。

両陣営ともに、最初の砲兵戦であるシャンパーニュの冬季戦役で勝ったのは自分たちだと、それぞれの公刊戦史で主張している。しかしながら、得られた占領地がわずかであるのに、攻撃側が莫大な数の犠牲者を出したことを考えると、その代償は高価に過ぎたものと思われる。一方、防御側は、西部戦線全体を保持する必要から、たとえ重要な陣地であろうとも、少数の予備と弱体の砲兵でやりくりして守らなければならなかった。けれど、彼らは自らの使命を立派に果たしたのだ。勝利の栄誉は、この戦区を堅持したドイツ第三軍に与えられなければならないだろう。

二、毒ガス戦

地図5（五九～六〇頁）参照

再びフランドルに眼を転じよう。そこでは、二月にフランス軍がドイツ軍に対して小銃発射の毒ガス擲弾を使用して以来、新しい戦闘手段、塩素ガスという科学的大量殺戮兵器の最初の投入が待たれていた〔一九一四年にフランス軍が小銃発射の催涙ガス擲弾を用いたことは確認されているが、致死性のガスは使われていない。最初に毒ガスを実戦に投入したのはドイツ軍である。従って、この一節は、人類史上最初に毒ガスを使った責をフランス軍に負わせるためのグデーリアンの歪曲だと思われる〕。「好適な天候を選んで、最前線の塹壕より毒ガスを放出すれば、敵は陣地放棄を強いられることになる」[9] ただし、OHLから下級部隊に至るまで、そう、実施部隊までも、指揮官たちはこの新兵器に「断固拒否するとはいわないまでも、不信を抱いていた」[10] そうした懸念から、第四軍において、小規模な実戦試験が行われた。第四軍は、ピルケム高地とその東方に隣接した地域を目標に選び、もっとも効果が発揮された場合には、敵をイープル突出部から撤退させ、味方はエイゼル運河まで到達できるものと期待した。

当時、化学兵器は二種類の形態、すなわち、射撃もしくは放射によって使用し得た。しかし、毒ガス弾の数は不足していたし、弾薬や砲もぎりぎりだったから、あらかじめ目標に対して充分に集中することは見込めなかった。それゆえ、応急手段として、毒ガス筒からの放出が選ばれた。砲兵大隊が最前線の塹壕に毒ガス筒を設置したのだが、それは、好都合な風向きと適切な天候を選んで放出されなければならなかった。つまり、風と天候に左右される度合いが大きいのである。重大な欠点だった。それによって、攻撃開始時間が確実ならざるものとなってしまう。この新兵器が信用されない、主たる原因であった。加えて、風向きが急変したり、敵の射撃で毒ガス筒が破損すれば、味方が損害を出しかねないということも否定できない。そのため、この少し前にガリツィア〔現在のウクライナ南西部〕で大規模な突破戦が生起したときにも使用をあきらめたし、フランドルにおいても限定的な試用で満足しなければならなかった。

塩素ガス十八万キロを詰めた毒ガス筒六千本が、第二三および第二六予備軍団の戦区正面およそ六キロ幅にわたって投入された。ただし、それ以前に設置済みだった施設は、風向を考慮して、さらに東方に位置を変更する必要があった。何度も実施が延期されたのち、一九一五年四月二十二日になって、ようやく待望の北風が吹いてきた。あいにく、この風は午後には止んでしまったから、払暁時に取られた準備措置は変更を余儀なくされた。しかも、毒ガスの雲の背後を進む歩兵には、白日の下にさらされて大損害を出す危険があったし、戦果を拡張する時間の余裕もなくなってしまう。午後六時、ドイツ軍工兵は毒ガス筒のバルブを開いた。人の背の高さほどのところに、濃密な黄白色の雲が生じ、六百から九百メートルほどの縦深に広がる。それは、秒速二ないし三メートルの風に乗って、フランス軍第八七植民地および第四五歩兵師団、さらには東に隣接するカナダ師団の左翼がいる塹壕にただよっていく。敵は恐慌を来し、微弱な射撃を加えたのみで、大損害を出しながら陣地を放棄した。敵の損害は一万五千名で、うち死者五千名である。二千四百七十名の捕虜が得られたが、そのうち千八百名は無傷であった。また、重砲四門を含む大砲五十一門、機関銃約七十挺がドイツ側に鹵獲されている。毒ガスに冒された捕虜二百名のうち、十二名、すなわち六パーセントが死亡した。

夜までに、ドイツ軍が獲得した地域は、幅十一キロ、縦深二キロの広さに至った。エイゼル運河とシント・ジュリアーン〔サン・ジュリアン〕のあいだに、およそ三キロ半の大穴が開いたのである。あいにく、この素晴らしい戦果を拡張するために第四軍が使用できたのは、ハウトフルストに在った第四三予備師団の半分だけだった。しかも、彼らは分散し、かつ弱体であったから、この好機を速やかに利用することができなかった。とはいえ、翌日も毒ガス使用が繰り返され、初動で戦果が得られた。イギリス軍は、結局イープル突出部の大半を放棄することを強いられたのだ。五月九日に戦闘が終わったときには、ドイツ軍の占領地は、幅約十六キロ、最大進出部で縦深五キロ以上に広がっていた。ただし、敵がパニックを起こすことはもはやなかった。彼らは、すぐに間に合わせのガスマスクで身を守るようになったのである。また、攻撃側の損害も、局所的には甚大な数に上った。

十三日にわたる攻撃期間中、ドイツ軍は総計三万五千名の損耗を出し、敵側のそれは七万八千名に上った。第二次イープル戦における彼我の損害、獲得された地域、鹵獲兵器数を、シャンパーニュ冬季戦の数字と比べると、その意義があきらかになる。近代的な装備を有する、歴戦の勇猛な敵に対してさえも、新兵器による技術的奇襲は効果を発揮したのだ。この新兵器に対する信頼が欠けていたこと（それ自体は無理もないことであるにせよ)、それゆえに、勝利を利用し、ただちに戦果を拡張するための充分な予備兵力が用意されていなかったことを、ドイツ人として嘆かざるを得ない。以後、この新しい手段のみによって奇襲を達成することは望めなくなった。できることといえば、毒ガスを使用する場所と時機、その種類や量(濃度)の選択ぐらいだった。ただ、すでに知られている古い攻撃方法と併用したならば、あらたな可能性もあった。もちろん、敵が防護措置を取ることも計算に入れておかなければならない。また、敵もまもなく毒ガスを使いだすことは確実であるから、毒ガスによる報復の危険に備えて、味方部隊のために防護措置をほどこすことも必要であった。

毒ガス放出方法の信頼性が低いことから、倦むことなく毒ガス砲弾が改良され、砲兵や特別の毒ガス投射機によって射撃できるようになった。その結果、一定地域を汚染し、直撃弾や砲弾の破片を受けなくとも、そこにある生物をマヒさせる戦闘手段が誕生したのである。とりわけ重要だったのは、それによって、敵砲兵を制圧する可能性が出てきたことだ。シャンパーニュ冬季戦中には、両陣営ともに、この課題を果たせなかったのである。

毒ガスの効力を防ぐことが求められ、ガスマスクが開発された。ガスマスクの着用は戦闘要員の負担になるけれども、それによって直接の汚染から無条件に守られたのだ。ゆえに、効果的な毒ガスを得るため、マスクの呼吸器部分に浸透することができたり、眼や呼吸器を刺激してマスクを外させてしまうような物質が探し求められた。

最初の毒ガスは攻撃を容易にする目的で使われ、比較的揮発性の高いものだった。だが、まもなく、長期的な効力を持つ毒ガスの使用がなされた。対象地域を一定期間汚染し、とくに防御側を利する毒ガスだ。そのために主として用いられたのは、いわゆる「黄十字」〔ボンベに黄色の十字が記されていたことによる〕、マスタードガス〔カラシに似た臭いがすることから、連合軍の将兵にこのように呼ばれた〕などとも呼ばれる硫化ジクロルジエチルであった。すぐに、化学兵器なしの戦場など考えられないようになった。

毒ガスとガスマスク、もしくは他の防護措置との競争は、大砲と戦車のそれを連想させる。いずれも、さまざまな成果を得ながら、執拗に続けられたのだ。攻撃側と防御側がおのおの、そうした兵器を使用した。ついには、航空機からの投下がなされるようになり、毒ガスの効力範囲はさらに広がったのである。

原註

❖1 Les Armées Françaises dans la Grande Guerre〔世界大戦におけるフランス陸軍〕, 第二巻、二二五頁、Paris, Imprimerie Nationale, 1931.

❖2 Les Armées Françaises dans la Grande Guerre, 第二巻、二三一頁ほか。

❖3 Les Armées Françaises dans la Grande Guerre, 第二巻、二三五頁。

❖4 同、二三九頁。

❖5 同、四四〇頁。

❖6 Les Armées Françaises dans la Grande Guerre, 第二巻、四六八頁。

❖7 同、四七四頁。

❖8 同、四八一頁。

❖9 公刊戦史〔国家文書館編纂の第一次世界大戦史〕、第七巻、五三頁。

❖10 公刊戦史、第八巻、三八頁参照。

図 6　イギリス軍 I 型戦車、1916 年

図 7　イギリス軍 V 型戦車（「雌」型）、1918 年

図8　エーヌを進むフランス軍シュナイダー戦車（1917年4月16日、ドイツ軍陣地より撮影）

図9　ドイツ軍戦線の内側で炎上するシュナイダー戦車

図10　フランス軍ルノー軽戦車、1917年

図11　フランス軍サン・シャモン戦車、1917年

図 12　イギリス軍A型中戦車（ホイペット）、1918 年

図 13　イギリス軍ヴィッカース 16 トン戦車、1929 年

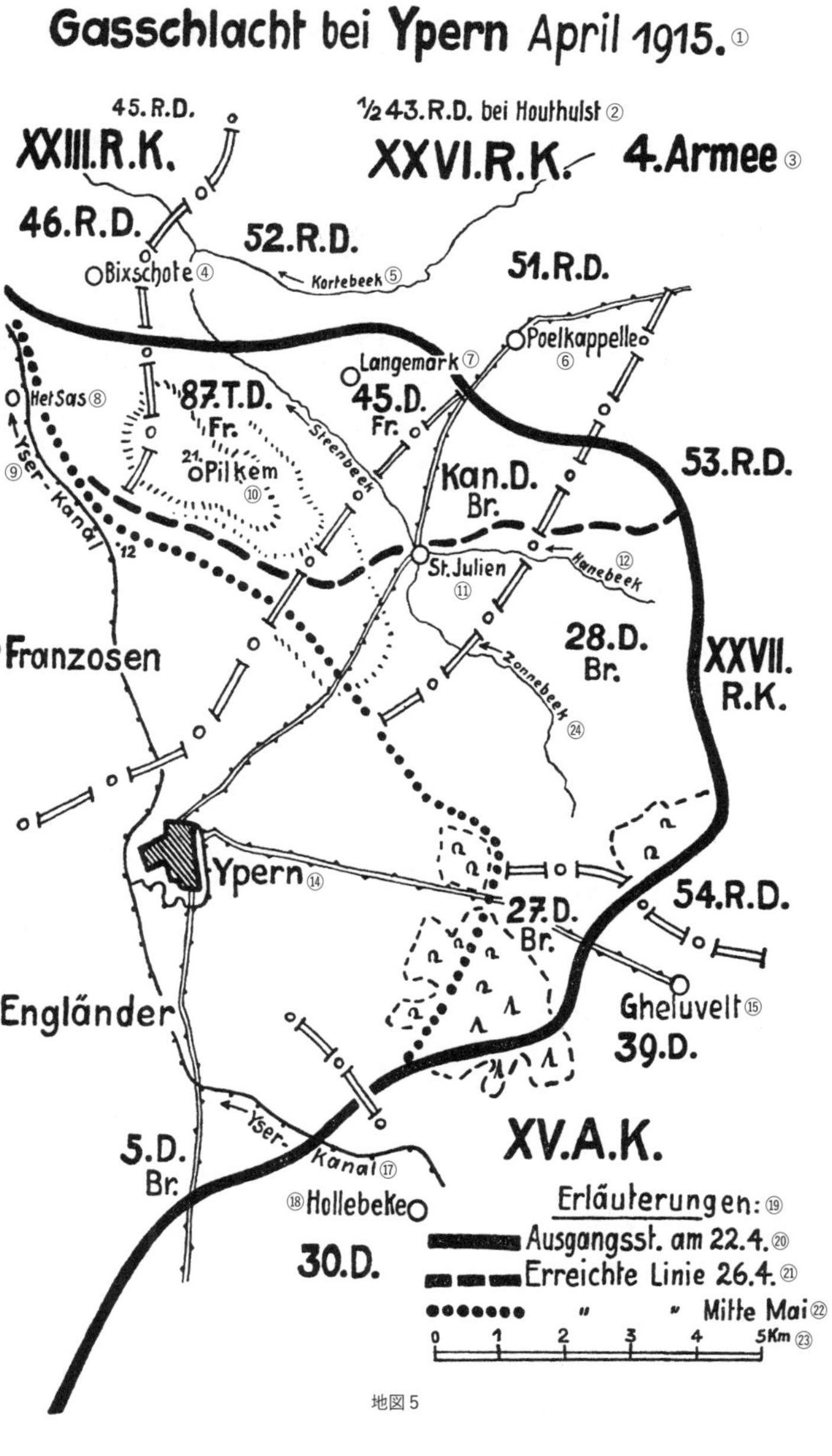
Gasschlacht bei Ypern April 1915. ①
45.R.D.
½ 43.R.D. bei Houthulst ②
XXIII.R.K.
XXVI.R.K.
4.Armee ③
46.R.D.
52.R.D.
Bixschote ④
Kortebeek ⑤
51.R.D.
Poelkappelle ⑥
Langemark ⑦
Het Sas ⑧
87.T.D.
Fr.
45.D.
Fr.
Yser-Kanal ⑨
21.
Pilkem ⑩
Steenbeek
Kan.D.
Br.
53.R.D.
12
St.Julien ⑪
Hanebeek ⑫
28.D.
Br.
⑬ Franzosen
XXVII.
R.K.
Zonnebeek ㉔
Ypern ⑭
27.D.
Br.
54.R.D.
Gheluvelt ⑮
⑯ Engländer
39.D.
Yser-Kanal ⑰
5.D.
Br.
XV.A.K.
⑱ Hollebeke
30.D.
Erläuterungen: ⑲
Ausgangsst. am 22.4. ⑳
Erreichte Linie 26.4. ㉑
" " Mitte Mai ㉒
0 1 2 3 4 5Km ㉓
地図５

地図5（前頁）
①イープルの毒ガス戦、1915年4月
②ハウトフルスト付近に第43予備師団（半個師団分の兵力）あり
③第4軍
④ビクスホーテ
⑤コルテベーク
⑥プールカペッレ
⑦ランゲマルク
⑧ヘト・サス
⑨エイゼル運河
⑩ピルケム
⑪シント・ジュリアーン
⑫ハネベーク
⑬フランス軍
⑭イープル
⑮ゲルフェルト
⑯イギリス軍
⑰エイゼル運河
⑱ホレベーケ
⑲凡例
⑳攻撃発起時の陣地（4月22日）
㉑到達した戦線（4月26日）
㉒到達した戦線（5月なかば）
㉓A.K.軍団
R.K.予備軍団
Fr.フランス軍
Br.イギリス軍
Kan.D.カナダ師団
T.D.植民地師団
㉔ゾンネベーケ

戦車の発生

一、イギリス

機関銃と鉄条網を組み合わせた防御の力に強く印象づけられた、何人かのイギリス人が、すでに一九一四年十月に、ホルト社のキャタピラを装備したトラクターをもとにして、装甲をほどこした車両を建造することについて言及している。[1]それは、無限軌道による駆動機構で、障害物を砕き、歩兵の塹壕を越える能力を持つとされていた。さらに、小銃弾をはねかえす装甲に守られて、それ以外の手段によっては撃破困難な機関銃を覆滅するような兵器を、敵陣奥深くに運んでいくこともできる。従って、味方の歩兵も、耐えがたい流血を被ることなしに、自由に前進する余地が得られるのだ。彼らは、ドイツ軍が毒ガスを用いたのとは、まったく異なる道を歩んだのである。また、毒ガスがすぐにも使えたのに対し、このイギリス人の発想がかたちとなり、実現に至るまでには、かなりの時間を要した。

まず、全能の陸軍大臣キッチナー卿〔ホレーショ・ハーバート・キッチナー。一八五〇～一九一六年。エジプトやスーダンへの遠征、ボーア戦争で戦功を挙げ、第一次世界大戦勃発とともに陸軍大臣に任命された〕が、「機関銃駆逐車」の構想を拒否した。最初に殺人的な自動火器〔機関銃〕が使用されたオムダーマンの戦いにおける勝利者でありながら、[2]戦時業務に追われてのことか、キッチナーはその殲滅的な効果をもう忘れていたものとみえる。キッチナーは、もしもイギリス人が、あの無防備な土着の敵がやったのと同様に、敵の機関銃に対して攻撃しなければならなくなったとしたら、どんなことが起こるだろうと、オムダーマン戦直後に懸念すら表明していたのだが……。ボーア戦争を経験しても、イギリスの指導的な軍人たちは、機関銃の威力について明確な洞察を得ることができなかった。世界大戦になって、ようやくその真価を知ったのだ。

一九一四年十二月、一通の覚書が、アスキス首相に提出された。無限軌道を備えた装甲機関銃運搬車建造をとくに訴えたものだ。第一海軍卿〔イギリス海軍の作戦のトップ。日本海軍の軍令部総長にあたる役職〕ウィンストン・チャーチル〔一八七四～一九六五年。イギリスの政治家。第二次世界大戦の戦時宰相として有名である〕が、この覚書のことを聞きつけた。その当時、彼は、ダンケルクにあった海軍航空隊の基地を装甲車で守るという経験を得たばかりであった。が、装輪車両はもっぱら道路上の機動しかできなかったから、ドイツ軍に破壊された道や塹壕を越えられるだけの架橋装備をそれに付けたいと、チャーチルは望んでいたのである。また、彼自身、蒸気機関で駆動されるホルト社のキャタピラ・システムを備え、機関銃と乗員を運ぶ装甲車両の建造を独自に提案していたのだ。海軍省の造船監の賛成を得て、この新しい戦争機械を支持する者の輪はしだいに広がっていった。

その間に、ヌーヴ・シャペルとラ・バセーでイギリス軍が実施した攻勢は、鉄条網と機関銃にはばまれて、失敗していた。ドイツ軍は、イギリス軍があらたな攻勢を取ることを予期し、大量の兵員、砲、弾薬をかき集めて、事前に備えていたのだ。シュリーフェンの言葉を借用するなら、「人力と銃剣によって、城門や弾丸に対する戦いを挑んだのであり、射撃手に対して標的を提供する」ようなものだった。[3]その結果、両軍ともに、より広範に障害物を設置し、塹壕やタコツボをより深く掘るようになった。戦争は、ますます要塞戦の様相を呈するようになった。すべての戦線の地下で、坑道戦が展開されたのである。

一九一五年六月初め、当時工兵中佐だったE・D・スウィントン〔アーネスト・ダンロップ・スウィントン。一八六八～一九五一年。イギリスの軍人で、戦車の開発と導入に努めた〕が、機関銃駆逐車建造とその運用についての覚書を、イギリス陸軍最高司令部に提出した。六月二十二日、元帥サー・ジョン・フレンチによって、その覚書は陸軍省に回された。この文書にはすでに、のちの建造開始に際しての重要な技術的・戦術的要求がおおむね含まれており、また、とくに機密保持と大規模な攻撃により奇襲効果を得ることが重要であると強調していた。「完成に至るまで、それら〔戦車〕の存在は知られてはならない。少数の車両を試験的に投入することも禁物である。そのようなことをすれば、この計画は無駄になってしまうだろう」[4]

一九一五年二月、全備重量のホルト式トラクターによって障害物を越える実験が失敗したのちに、イギリス陸軍省は、めったにない厳しい表現で「陸上船」建造計画は「問題外だ」とした上で、これを却下した。だが、スウィントンの覚書と海軍の努力が知られるに及んで、計画実行に新しい推力がもたらされた。海軍と、新規に設置された軍需省が協力して、さらなる開発にあたったのだ。

一九一五年九月、試作車「リトル・ウィリー」の実験は失敗した。それはまだ、スウィントンの要求をもとにした、あらたな視点に従ったものではなかったのだ。が、同じころ、新型車両の実物大木製模型「マザー」ができあがり、審査に供することができるようになっていた。のちにI型として制式採用され、一年後には戦場に初めて登場することになる戦車だ(図6)。それは、ウィルソン中佐の指示に基づいて、W・フォスター社により建造され、有名となった菱形《ひしがた》のフォルムをすでに取っていた。機動輪が前方に高く張りだされ、車体全周にキャタピラがめぐらされたかたちである。また、ドイツ軍から鹵獲した機関銃と銃弾による鋼板射撃実験がなされる。実験・演習場が探され、そこにドイツ軍の陣地に似せた障害物が設置された。早くも一九一六年一月には、試作車両による最初の走行・射撃実験が行われたのである。そのころ、ドイツ軍が自軍陣地の装甲砲塔に据えた五センチ砲が鹵獲されており、敵は、こうした装甲貫徹能力を有する小口径砲を使用し、対戦車防御能力を根本的に向上させるのではないかという懸念が生じていた。これに対抗する手段も考慮された。将来の戦車隊の基幹乗員には、すでに存在していた海軍の装甲車中隊の隊員があてられることになった。そのころ、この新兵器の秘匿名称が考案された。のちに世界的に知られるようになる「タンク」である。

一九一六年二月二日、キッチナー卿、バルフォア〔アーサー・バルフォア。一八四八～一九三〇年。イギリスの政治家で、当時、海軍大臣〕、ロイド＝ジョージ〔デイヴィッド・ロイド＝ジョージ。一八六三～一九四五年。イギリスの政治家で、当時、軍需大臣〕を含む高官たちが居並ぶなか、最初の戦車が披露された。文官大臣たちは熱狂したが、キッチナー卿は懐疑的だった。彼は、こんな機械で戦争に勝てるなどと信じようとはせず、そんなものはたやすく敵砲兵のえじきになってしまうだろうと考えていたのだ。けれども、前線部隊の代表者たちは、この新兵器を支持した。

同じ月に、不屈のスウィントンは、これからの戦車の運用に関する覚書をしたためた。その覚書は明快で、将来に対する洞察に富み、今日なお一読の価値があるから、この文書に示されたいくつかの見地について言及しておこう。

「戦車による攻撃が成功する見込みは、主として、その斬新さと奇襲の要素に左右される。それゆえ、同様の攻撃を繰り返したところで、敵に予想外の第一撃を加えたときのそれに匹敵するような成功を得られる可能性がないことはあきらかである。ゆえに、この機械は逐次投入されてはならないし（たとえ、その供給量が少ないとしても）、突撃する歩兵と大規模な協同作戦を実施できるだけの数量が揃うまでは、存在自体も可能な限り秘密にしておくべきである。

では、攻撃縦深はどのように決めるべきか。準備砲撃ののちに限られた前進を実行、目標となる地を確保したあとで、つぎの準備砲撃を行うための休止を取り、限定された目標にさらに突進するということを繰り返していくのか。それとも、敵の防御地域を一連の大規模な攻撃で突破するような急襲をなすべきなのか。それは、総司令官の決断と戦略的な状況から来る要求によるのだ。とはいえ、漸進的な攻撃には、脅威にさらされた戦区を増強する時間を敵に与えてしまうという欠点があり、推奨できる方法ではない。それは周知の事実だ。そうしたやり方こそ、われわれに失敗を強いるものである。現在われわれが有する歩兵支援兵器では、たとえ法外な犠牲を払ったとしても、幾重にも機関銃と鉄条網で守られた敵の防衛線に道を啓くことは不可能だ。それらは、わが砲兵が十二分に叩いて、ようやく破壊できる。

ただ戦車だけが、多くのなお無傷に近い状態で残っている防衛線を占領する力を持っていると思われる。そればかりか、攻撃が迅速かつ中断なしに実行されるほどに、戦車が生き残る見込みも高くなる。従って、敵の抵抗地域突破が可能となる日はごく近くなっていると提言し得るのである」❖5

スウィントンは、好適な地形なら一日十二マイル〔約十九・三キロ〕の前進が可能であるとし、敵の大砲を鹵獲することを目標とした。運動戦の目的を敵陣深くに置き、それに向けた攻撃準備をなすべきだと要求したのだ。彼は、砲兵こそが新兵器たる戦車の主敵となるだろうと正しい判断を下しており、ゆえに味方の砲兵と航空機によって、それを制圧することを求めたのである。毒ガスと煙幕の使用もすでに検討されていた。イギリス側は、最初からこの提案に沿ってことを進めると腹を決められなかった。ドイツ軍にとっては幸いであった。実験が成功し、査察がなされたあとになって、イギリス軍最高司令部はようやく四十両の戦車を発注した。しかし、スウィントンの抗議に遭って、陸軍省はすぐに注文を百両に増やし、これらは軍需省の管轄下で生産されることになった。

一九一五年から一六年に年が変わるころ、この新兵器は、今や大佐に進級したスウィントン〔実際には、スウィントンは一九一六年に中佐に進級している。ここで「大佐」とされているのは、戦時の臨時進級で得た階級か〕の指揮下、ビズリーの「シベリア」駐屯地の「自動車機関銃兵科重分隊」に装備された。三月初めには、基幹要員として、若干数の将校および乗員が集められた。その要員の多くは、自動車両の運転技術に関する知識を持っているることを要求されたが、機関銃の訓練を受けたのは一部だけだった。すでに戦車の開発に携わっていたスターンおよびウィルソンの両中尉は少佐に進級、同隊に配置された。

四月になると、戦車の生産予定数は百五十両に増やされ、うち七十五両は二門の大砲と三挺の機関銃、残り七十五両は機関銃のみで武装することになった。これらは、それぞれ「雄」型・「雌」型と名付けられる。砲弾としては、榴弾のほかに、近接戦闘に備えて榴散弾〔空中で爆発し、内部の散弾をまき散らす砲弾〕が積載された。

こうしてできた新しい兵科は、当初、各二十五両の戦車を有する中隊六個から成っていた。しかし、最初の戦車が走りだす前に、今や、在仏英軍総司令官となっていたサー・ダグラス・ヘイグが、自分が計画しているソンム攻勢に戦車を間に合わせるように要求してきた。それでは、新兵器が充分成長する前に逐次投入することになってしまい、奇襲効果を放棄することになる。その恐れが顕著になってきたのだ。

一方、その間に戦車隊を配置する準備も進められていた。のちに有名となるマーテル大尉〔ジファード・ル・ケーン・マーテル。一八八九～一九五八年。ソンム会戦で戦車の運用を経験し、その威力に着目、機甲戦の理論構築に努めた。第二次世界大戦にも従軍し、中将に進級している〕がエルヴデンに演習場を設置する任務を与えられた。工兵三個大隊の六週間にわたる作業により、ソンム戦区を模した演習場がつくられた。その幅は一マイル半〔約二・四キロ〕、イギリス軍の第一線と補助陣地、無人地帯、ドイツ軍の第一線から第三線までを包含する縦深を持っており、すべて障害物や被弾孔《ひだんこう》に至るまで再現されていた。

無線による情報伝達実験も行われ、電波到達範囲三マイル〔およそ四・八キロ〕の送信機が試された。発光信号による航空機からの連絡通信を可能にする努力もなされたが、これは失敗した。戦車間の通信は金属の円盤型標識と小旗によって実行されることになった。海軍の指導のもと、針路維持のためのコンパスも装備された。

六月初めには、完成した戦車がエルヴデンに到着し、それを使った訓練を実施できるようになる。彼らが訓練を行っているあいだにも、イギリス軍最高司令部はまたしても、ソンムにおいて、旧式化し、効果がないとわかっている手段を用いて、鉄条網と機関銃に突進しようとしていた。六個軍団を投入し、これまでになかった数の砲兵を用いての大規模な攻撃だったけれど、言うに足る戦果は得られなかった。

六月末に、フランス戦車隊の創設者であるエティエンヌ大佐〔ジャン・バプティスト・ウジェーヌ・エティエンヌ。一八六〇～一九三六年。フランスの軍人で、砲兵の技術改良や航空機、戦車の導入に功績があった〕が、初めてイギリス戦車隊を訪問した。彼は、奇襲効果を確保するため、フランス軍戦車隊の編成が完了するまではイギリス戦車を使用しないよう、強く要請している。

最初に百五十両の戦車を用いた一連の実験がなされたのち、問題が生じた。工場を休止させ、それによる不利益が生じるのを避けるため、さらに戦車の生産を発注すべきかどうかということである。しかし、イギリス軍最高司令部は、新しい発注を出す前に、限られた数の戦車を実際に戦場で使ってみようと決めていた。加えて、戦車にとっては、ソンムで成果をあげられるかどうかにすべてがかかっていたのである。それに成功すれば、わずかな戦果、多大な損害というこれまでのソンム戦の印象が緩和されるであろう。それゆえ、八月なかばには半個中隊が戦場に赴き、その中隊の残りはあとから続くということになった。分散使用のはじまりだ。また、その直後に、イギリス軍最高司令部は、これ以上戦車に無線機を装備しないよう命じた。それによって、既存の無線基地が妨害されるとの理由だった。方向を指示する気球を使用することも、射撃を受ける危険があると禁止された。新兵器の指揮統率を困難にするばかりの事態が多数起こり、負担を軽減するようなことはほとんどなされなかったのだ。

一九一六年八月、戦線後方に到着した最初の戦車中隊は、大なり小なり好奇心を刺激された者たちの視察を受け、その関心を満足させてやらねばならなかった。早くも機密保持を台無しにしかねない、危険なことだった。九月十三日に、二番目の中隊がフランスに到着したが、それは出撃のわずか二日前のことであり、中隊の半分はたった一日の射撃訓練を受けただけだった。九月十四日、第三の中隊がフランスに上陸した。けれども、十五日には、最初に到着した二個中隊が、すでにソンムで攻撃にかかっている。三番目の中隊を待っている時間がなかったのだ！

ソンムの戦いはもう十週間にわたっていたが、三十二両の戦車がそこに新しい息吹をもたらした。最初の戦車攻撃の結果、千両が追加発注されたのである。

同時に、大規模な流れ作業による生産の導入は、戦車の誕生に功績があったスウィントン大佐から影響力を奪ってしまった。前線における戦車の指揮はエリス大佐が執り、新戦車部隊の編成訓練は、これまで歩兵旅団長だった人物にゆだねられた。

二、フランス

イギリス軍同様、フランス軍においても、西部戦線全体が陣地戦におちいったのをみて、既存の兵器の使用量を増やしていくだけでは、本戦争の喫緊の問題に対して満足のゆく解決を得ることはできないとする結論に達した、少数の人々がいた。[6] その問題とは、いかにして衝力を得るかということであった。

イギリス人とはまったく別の流れで、フランス人もまた、鉄条網を排除できるよう、何らかのかたちで自動車両を利用するという発想にたどりついていた。代議士J・L・ブルトンは、ボワサン少佐と協力して、重量四トンの鉄条網切断機を備えたトラクターを建造した。これは一九一五年七月二十二日に試験され、ある程度の成功を収めていた。その後、工兵隊の技術部門が、四十五馬力の農業用牽引車、フィルツ型トラクターを機関銃運搬車に改装することを試みる。この改装トラクター十両を用いて、一九一五年八月に実用試験が行われたが、不整地走行性能が貧弱であることが暴露されてしまった。

フランス軍のこうした方面での努力が最初に成功するきっかけとなったのは、当時大佐で第六師団隷下砲兵隊の指揮官であったエティエンヌが、前線でイギリス軍の無限軌道牽引車、つまり、すでに触れたホルト式キャタピラ車を目撃したことであった。当時、ホルト式キャタピラ車は、重砲の牽引に使用されていたのである。これを実見したことにより、エティエンヌ大佐は、無限軌道を備えた戦車の建造を着想したのであった。

一九一五年十二月一日、エティエンヌ大佐は、フランス軍総司令官ジョッフル将軍に意見具申する機会をつくってくれるように乞う三度目の手紙を書いた。すでに二通の手紙を送っていたが、反応がなかったのである。そこには、こう記されている。「過去一年にわたり、小官は二度、歩兵のためにあらかじめ突破口を開くことを可能とする、機動力を持つ戦車の有用性について、閣下の注意を喚起せんと試みてまいりました。最近の攻撃成果に鑑み、より大きな兵力を用いて、かかる協同作戦を行うことには比類ない価値があるものと、ますます確信するしだいであります。この問題の技術的・戦術的全体をあらためて徹底的に分析した結果、内燃機関を推進力とし、障害物や敵の銃火に妨害されようとも、時速六キロで、武装した歩兵や物資、大砲を運搬できる車両を建造することが可能であると考えます」

その結果、一九一五年十二月十二日に、エティエンヌは、ジョッフルの参謀長ジャナン将軍と面会できた。成功を得るためには、使用できるだけの大量の戦車を同時に投入しなければならない。ただ、それによってのみ、敵に対して完全な奇襲を行うことが保証されるからだ、と彼は進言したのだ。エティエンヌは、パリで休暇を取ることになった。有力筋、とくに陸軍省の筋から支持を勝ち取り、かくのごときリスクをともなう建造計画を引き受ける工業家を探すためである。ルノーは最初否定的に対したが、シュナイダー工業のブリィエは、この仕事の必要性を確信するに至った。シュナイダー工業では、ホルト式トラクターを砲牽引車に使う実験に着手していたから、ブリィエがこれを引き受けるのも比較的容易であった。数日のうちに、シュナイダー工業の技師長ドルールと工場長クールヴィユの協力を得て、最初の設計図ができあがる。ただちに大量生産にかかっても大丈夫であると、保証されるような出来であった。軍の「自動車総監部」があらためてホルト式トラクターを試験したために、若干の遅延が生じたが、一九一六年一月にはエティエンヌはジョッフル将軍に面会することができ、彼の支持を獲得した。かくて、フランス軍最高司令部は、四百両もの戦車を要求することになる(図8および図9)。

ここでエティエンヌが傍流に追いやられたことは、特筆しておくべきであろう。彼は、再びヴェルダンの前線勤務に戻り、そこに数か月も押し込められていることになった。

また、陸軍省は、戦車四百両の第二次発注を、シュナイダー工業の競争相手であるサン・シャモン工業〔正式名称は「マリーヌ&ドムクール製鉄製鋼所(La Compagnie des forges et aciéries de la marine et d'Homécourt)」。サン・シャモンは所在地〕に振り分けた。その際、有名なリメイロ中佐〔エミール・リメイロ。一八六四〜一九五四年。フランスの軍人で、技術者としても著名。フランス軍が世界大戦中に多用した一九〇四型百五十五ミリ榴弾砲には、彼の名が付せられ、

「リメイロ砲」と呼ばれた」がこの課題を担当した。サン・シャモンの車両はきわめて大型で、シュナイダー戦車《シャール》のおよそ二倍の重量を有するものとなった。武装としては、最前方に突き出た長砲身野砲のほかに、四挺の機関銃を装備している（図11）。

一九一六年六月なかばに、フランス軍指導部は、イギリス軍も同様に戦車を建造していることを知った。彼らは、エティエンヌ大佐のことを思い出し、戦車建造の実状視察のためにイギリスに派遣した。エティエンヌが、奇襲効果を守るために、仏英両軍がこの新兵器を決定的かつ大量に投入できるようになるまで使用を差し控えるようにしようと努力したことは、すでに触れた。イギリスから帰国したのち、大佐は、戦車の大規模な共同投入に関する計画を立案した。それは、一九一八年に実行されることになる構想を、早くも確立していたのである。しかし、フランス軍が遅れを取り戻すのを待っていられるほどの忍耐心は、イギリス人にはなかった。

最初の戦車が完成に近づいたころ、エティエンヌは新設された「強襲砲兵」の司令官に任命され、「自動車総監部」の指揮下に入った。この間に彼は将官になっていたのだけれども、この人事は「左遷」とみなされ、まわりの人間たちは気の毒に思わなければいけないことと感じていたのだ。

一九一六年八月十五日、マルリィ・ル・ロワ近郊のトルー・ダンフェール城砦に最初の戦車隊が集結した。この隊の将校はごく若く、フォンテーヌブロー〔サンシール陸軍士官学校の意。フォンテーヌブローはその所在地〕を卒業したばかりのものさえいた。下士官兵も同様に若く、多くは騎兵出身で、エンジンを見たことさえないものも少なくなかったのだ。彼らはまずシャロンとリュプトの運転学校で、操縦手の訓練を受けなければならなかった。九月になると、最初にシュナイダー戦車、ついでサン・シャモン戦車が到着した。これで隊務が開始できるようになる。すぐに、第二第三の訓練所が必要となり、それらはオルレアン近郊セルコットとコンピエーニュの森南端にあるシャンリューに設置された。

エティエンヌは戦車四両を一個中隊とし、その中隊四個から成る大隊を大尉もしくは少佐の指揮下に置いた。この大隊を数個集めて、臨時支隊を編成するものとされた。一九一六年十二月には、最初のシュナイダー戦車大隊が創設され、ついで一九一七年一月には二番目の大隊が編成された。

急造につきものの、さまざまな技術的欠陥も克服されねばならなかった。加えて、最初に選ばれた装甲板は、ドイツ軍が普通使うS弾〔Spitzgeschoß. 尖頭弾〕は防げたが、SmK弾〔Spitzgeschoß mit Kern. 硬芯徹甲弾〕には貫かれてしまうことが判明したのである。そのため、装甲の改良が不可欠となった。約束の納期が守られなかったのも驚くにあたらない。とくに困難だったのは、サン・シャモン戦車の問題だった。その履帯幅はあまりに狭く、重戦車の接地圧を充分に分散できなかったから、柔らかい土壌のところでは地面にはまりこんで、動けなくなってしまったのだ。それゆえ、一九一七年の春季攻勢は、シュナイダー戦車だけで実行しなければならなくなった。

最初に投入される前に、エティエンヌ将軍はすでに、そのときフランス軍が有していた型の戦車は重すぎることに気づいていた。そのため、彼は、最大でも五ないし六トンで、機関銃もしくは軽砲を搭載できる、より軽量快速の戦車を導入する計画を立てたのである。一九一六年夏、エティエンヌは再びルノー社首脳陣と会談し、今度は自分の案を呑ませることができた。早くも一九一七年三月、ルノーは、その有名で大成功を収めた戦車の試作型を供覧に呈した（図10）。この戦車は五月に千百五十両発注され、うち六百五十両は三・七センチ・カノン砲、残りは機関銃を装備することになっていた。が、十月には、エティエンヌの圧力により、発注数は三千五百両に増やされ、千八百五十両分を担当したルノーだけでなく、ベルリェ（八百両）、シュナイダー（六百両）、ドローネー＝ベルヴィル（二百八十両）にも生産が割り当てられた。そのほか、アメリカ軍の提案により、同国でも千二百両が生産されたのだ。また、二百両の無線通信戦車も追加発注された。中戦車とは異なり、この軽戦車《シャール・レジェ》は五両で一個小隊の編制を採り、三個小隊十五両に予備戦車十両を加えて、一個中隊を構成した。

ここで、結果を先に述べておかねばならないだろう。「強襲砲兵」向け戦車が三分の一も供給されていない時点で、かつてイギリス軍の戦線で生じたのと同様の、戦車を実戦に投入せよとの声が、フランス軍にも澎湃《ほうはい》とわき起こり、軍指導部はこれを拒否できなかった。

結果として、一九一七年三月にブーヴレイニュで戦車を投入することが企図されたが、ドイツ軍がジークフリート陣地に撤退してしまったために実現しなかった。よって、フランス戦車が砲火の洗礼を受けるのは、一九一七年四月十六日、エーヌ川地区においてということになる。

三、最初の戦闘、失敗、懐疑

地図6（九〇頁）および地図7（一五〇～一五一頁）参照

以上、協商国〔連合国。以下、連合国、ないしは連合軍とする〕側の戦線背後で進められていたことをみてきたが、再び西部の戦闘に眼を向けよう。「冬季戦」の経験に鑑み、フランス軍は細心の注意を払って、「シャンパーニュ秋季戦」を準備していた。イギリス軍もアルトワで同様の用意をなしている。以前の攻撃方法とまったく異なっていたのは、砲兵が顕著に強化されていることだった。砲弾が大量に集積され、準備砲撃の期間も延長された上、敵後方にまで砲撃が指向されたのである。また、多数の航空機が砲撃の観測にあたることになった。

九月二十二日に集中砲撃、二十五日に攻撃が開始される。ドイツ軍の砲千八百二十三門と敵の四千八十五門が砲撃戦を繰り広げた。[7] シャンパーニュ方面ではドイツ軍六個師団がフランス軍十八個師団に、アルトワ方面ではドイツ軍十二個師団が英仏軍二十七個師団と最前線で対峙していた。敵は強力な予備を利用できたが、ドイツ軍のそれはごくわずかでしかなかった。シャンパーニュでは毒ガス弾が使用され、アルトワではイギリス軍が毒ガス筒による攻撃をかけた。猛烈な砲撃に膚接《ふせつ》して、敵が突撃にかかる。が、どちらの戦域においても、攻撃側が初日に進出したのは若干の距離でしかなかった。シャンパーニュ方面では、タウール－ナヴァラン農場間で四ないし三キロ、アルトワではロースで三・五キロ進んだにすぎなかったのだ。なるほど、ドイツ軍は深刻な予備兵力の不足から窮境におちいったが、大局的にみれば、連合国側が企図した突破は、いずれの戦場においても失敗したのである。かくて、多くは局地的な戦闘のかたちを取ることになったものの、戦いはアルトワで十月十三日、シャンパーニュでは十月十四日まで継続された。本防御戦におけるドイツ軍の弾薬消費量は三百三十九万五千発におよび、将校二千八百名、下士官兵十三万名の死傷者を出した。敵は、五百四十五万七千発もの砲撃を行った。この数字は、イギリス軍については、準備砲撃のそれを算入したのみで、戦闘中の砲撃に関する数字は不詳である。連合国側の損害は二十四万七千八百名にもなった。占領した地域は、とうてい、この犠牲に見合うものではなかった。

敵は、これらの戦闘から推論を進め、戦術的な教訓を引き出していた。「将来、突破を試みる際、ただ一度の攻撃では、まず成功は見込めない。たゆまず連続的に戦闘行動に出ることのみが目標を達成し得る」というものだ。[8]ほかにも、砲兵と弾薬をより集中することが必要であるとされた。が、戦闘に毒ガスを使用する効果については、いまだ不明確だとみなされた。ただし、一連の個別行動を段階的に重ねていくような攻撃を実行するという構想は、防御側に有利に働くことになる。奇襲効果を高めることをあきらめるばかりか、攻撃された正面後方に予備を招致し、新陣地を構築する時間を敵に与えることになるからだ。そうした欠点を糊塗するため、かかる手順を踏むことにより、しだいに敵の予備が費消され、ついには疲弊した敵の戦線突破に至るのだと強弁された。砲撃戦も、消耗・物量戦に堕していったのである。

ドイツ側のOHLも同種の思考を進めており、一九一六年春にヴェルダン要塞を奪取しようとして失敗したあとになっても、そうした構想を実行しようとした。「ヴェルダン要塞を急襲、占領するとの決断は、これまでに効果があると証明されていた重砲・超重砲の威力に頼ったものであった。かかる戦闘方式を採るために、有利な攻撃正面が選ばれ、砲兵も慎重に配置された。従って、歩兵の突入も成功するにちがいないと思われたのである」この「圧倒的な力による」攻撃は、まずムーズ川東岸にのみ向けられ、そこからコート・ロレーヌ北東角までに限定されていた。[9]

充分な弾薬集積がなされ、二百門の砲が配置される。しかし「奪取すべし」との企図にもかかわらず、早くも攻撃開始時において、漸進的な進捗しか見込めなくなっていた。これは、同時に下令されていた「攻撃は決して停滞させてはならぬ。あらたに後方陣地を固め、ひとたびは打ち破った抵抗を再組織させる機会をフランス軍に与えてはならない」との要求と著しく矛盾するもので、戦闘遂行中の諸部隊には不快に感じられた。かかる指令があったために、最高司令部と諸師団の命令は統一を欠いたものとなったのだ。攻撃五日目、二月二十五日のドゥオーモン堡塁《ほうるい》占領のごとき、指導部の期待を超えるような成果が達成されたのは、ひとえに自分たちに与えられた目標よりもさらに多くを得ようとした実施部隊の戦闘精神のたまものだったのである。命令に記されていたその日の目標や指定戦区などおかまいなしに、ブランデンブルク第二四連隊のハウプト大尉、フォン・ブランディス中尉、フォン・ラートケ予備少尉の独断専行により、ドゥオーモン堡塁への突撃が決まったのだ。

ただし、それによって、この攻撃は絶頂を過ぎ、「急襲戦」は消耗戦に道を譲った。ブランデンブルク第三軍団は勝利を得たものの、その後方予備はもうなかったのである。ムーズ川西岸に戦闘を拡張するため、第五軍は追加増援を要請したが、二月二十六日に拒否された。二月二十七日には、攻撃部隊消耗のきざしが眼につくようになる。敵の抵抗が激しくなり、損害は増した。この時点で、ドイツ軍は二十五キロ幅の正面にわたり、七日間で二万五千の損害を出しながらも八キロ前進し、一万七千の捕虜を得、八十三門の砲を鹵獲していた。けれども、そこから先は遅々たる前進しかできず、得られた戦果に比して、間尺に合わないほどの損害を出すようになったのだ。三月初めにはムーズ川西岸に戦闘が拡大され、六月二十三日にはフルーリー付近で毒ガス弾が集中使用されたものの、決定的な戦果は得られなかった。

物量戦がきわめて執拗に四か月も続けられたのち、敵は予想外に強力な攻撃をソンム付近でしかけてきた。ヴェルダンの消耗戦は、それまで残っていたドイツ歩兵部隊の基幹要員をも費消し、軍指導部に対する信頼を揺るがせた。結局、ドイツ軍四十七個師団（うち六個は二度ヴェルダンに配置された）は、千四百万発の砲弾を撃ち、六万二千の捕虜を得て、砲二百門を鹵獲したのである。同じ時期に、フランス軍は七十個師団を投入、うち十三個は二度、十個は三度ヴェルダンに配置された。フランス軍師団が四個連隊より成っていたのに対し、ドイツ軍の多くは三単位編制〔隷下に三個連隊を置く〕で、戦力の不均衡ははなはだしかった。ドイツ軍は死傷者・行方不明者あわせて二十八万二千を、フランス軍は三十一万七千を失った。[10] 消耗戦への兵力投入は、それによって得られる戦果と見合うものではない。ドイツ軍が西部戦線で使用できる兵力がヴェルダン攻撃に拘束されているというのに、イギリス軍の攻撃力はまったく弱められなかったし、フランス軍攻撃力の弱体化もある程度達成されたにすぎなかったのだ。いずれにせよ、ヴェルダン攻撃は、かねて敵が計画していたソンムの両翼での攻撃を中止させるほど強力なものではなかったのである。

一九一六年七月一日、ソンムにおいて、十二個師団半のドイツ軍に対し、英仏軍の攻撃が開始された。六月二十四日以来、三千門もの砲を投じた準備砲撃が荒れ狂っていた。第一波として十七個師団が攻撃にかかり、歩兵十四個師団と騎兵三個師団が予備として、その背後に控えていた。一線級の航空機三百九機が使用でき、それによって敵は空を支配した。「ドイツ軍の対抗措置は、味方の近距離偵察に頼るしかなかった」[11] ドイツ軍には、航空機百四機、砲八百四十四門しかなかったのだ。

砂塵に煙幕、朝霧によって、敵部隊の攻撃準備は隠蔽されていた。そこから、午前八時半に攻撃が開始される。攻撃初日に、敵は、ドイツ軍最前線陣地をおよそ幅二十キロにわたり、最大二・五キロの深さまで奪取した。七月五日から六日にかけての夜に、敵はこの戦果を拡張し得た。七月三日からは攻撃の勢いが衰えていたが、しだいにまた激しくなってきた。それを拒止するため、第二軍は、とくに機関銃中隊や機関銃狙撃兵部隊〔Maschinengewehrscharfschützentrupps. しばしば高級司令部直属の予備として、危機に瀕した戦区に派遣されたエリート機関銃部隊。「狙撃」と呼称されているのは、とくに射撃訓練を受けた将兵が配属されていることに由来する〕の増援を要求した。これらの部隊の突撃阻止能力は決定的であると証明されていたのだ。七月十四日、再び戦闘行動が活発になり、あらたな総攻撃がはじまる。だが、占領した土地はわずかであり、その一部は七月十八日のドイツ軍の反撃によって奪回された。ついで、七月二十日には、八個師団のドイツ軍に対し、十六個師団を以てする連合国側の攻撃が再開された。これもまた、徹底的に撃退されたのだ。局地的な戦闘が続いたのち、七月三十日には、ソンム北方で大規模な攻撃が発動される。が、さしたる成果は得られなかった。八月七日、十六日から十八日、二十四日に、激しい衝突と戦闘が生起したが、似たような経緯をたどった。

それまでに連合国側の部隊は二十七万、ドイツ軍は二十万の損害を出している。最大二十五キロ幅、深さ八キロまで進出したが、突破など問題外だった。このころ、ドイツ軍五十七個師団半に対し、敵百六個師団が戦闘を行っている。

歩兵がかくも困難な試練にさらされたことや世論に鑑み、イギリス軍指導部は、あらたな手段を用いなければ新攻勢の責任を負えないと考えた。攻勢再開は九月なかばまで延期され、到着した最初の戦車中隊群を投入する決断が下される。

九月十五日の朝霧のなか、戦車三十二両が最初の攻撃に向かった。このように数が少なかったにもかかわらず、戦車は、一部がローリンソン将軍の第四軍、別の一部はゴフ将軍の予備軍にと分散配置されていたのである。こうして分割され、また予想通りに何両かが脱落したのだけれども、かくも少数の戦車が、それまでイギリス軍があげたなかでも最大の勝利を得たのであった。それは、まさに新兵器の出現による奇襲効果によるものだったし、また、イギリス歩兵の戦闘精神を一時的に回復させる成果であった。そのことは、ある航空機からの通信によって証明されている。「戦車が一両、フレールの大通りを進んでいくと、イギリス軍部隊は歓呼し、あとに続いた」銃後の空気も、前線からの吉報を受けて、涌き立った。ただし、当然のことながら、ごくわずかな戦車では、十週間におよぶ大戦闘ののちに確保された防御側の戦闘正面を突破することはできなかった。その目標を達成するには、少なすぎたのである。

最初の実戦投入ののち、エリス大佐が野戦のイギリス戦車隊の指揮を執った。戦争の終わりまで、彼はその地位にあり、この兵科の発展に大きく貢献した。イギリス軍指導部は、さらに千両の戦車を生産するよう発注した。

九月二十五日と二十六日に、十三両の戦車が、被弾孔だらけの湿地を越えて、ティプヴァルをめざす攻撃に投入された。九両が被弾孔にはまりこみ、二両が故障、村にたどりついたのは二両だけだった。が、そのうちの一両は、航空機一機と協同し、千メートルもの歩兵の塹壕線を制圧、将校八名と下士官兵三百六十二名を捕虜にした。それに従い、イギリス軍歩兵は一時間と経たぬうちに、わずか五名の損害を出しただけで、この地区を占領したのである。

本戦闘も、続く秋の戦車作戦もみな同様に、少数の部隊によって遂行された。すでに相当数に達していた使用可能な戦車のすべてを単一目標に対して投入するというような、大規模な試みはなされなかったのだ。航空機を含む、他のあらゆる兵器については、いよいよ一つの戦場に集められるようになっていたというのに、イギリス軍司令部は、戦車に対しては、まったく逆の姿勢を取っていたのである。そもそも、スウィントンの提案では、集中使用のみが許されるということだったはずなのであるが……。ゆえに、スウィントンが述べていることは正しい。「ドイツ軍は、最初に毒ガスを使用する際、ごく狭隘な戦区に投入するという、ひどい過ちを犯した。そんな前例があるのを知っていながら、われわれは十六か月後に同じ間違いをしでかし、自ら奇襲効果を放棄してしまったのだ」[12] イギリス公刊戦史にも同様の記述がある。「この兵器が完備されないうちに攻撃したことにより、われわれの新しい攻撃方法が露見し、奇襲のチャンスは無駄づかいされてしまった。第二次イープル戦において、ドイツ軍が、初めて毒ガスを使うことによる効果を浪費してしまったのと同様に、一九一六年九月のソンムにおいても、戦車の初使用による効果はうち捨てられてしまったのだ」

いずれにせよ、すべては暴露された。フランス軍、とくにエティエンヌ将軍は度を失った。今となっては、ドイツ軍が強力な対抗措置、おそらくは自身の戦車による措置を取るであろうことを覚悟しなければならない。もっとも、その点については、彼らはドイツ軍を過大評価していた。なるほど、OHLは試作戦車の完成を急がせたし、最初にイギリス戦車を鹵獲したものには五百マルクの賞金を出すとも布告した。しかし、当面可能だったのは、それだけのことであった。徹甲弾も、歩兵のための装甲を貫徹するような兵器も、要求こそされたが、制式化されなかった。一九一六年十一月十七日、王太子ルプレヒト軍集団は、このような命令を出した。「歩兵が戦車に対して、ほとんどなすすべがないように思われたとしよう。だが、戦車が接近してくれば、ただちに砲兵が、その迫り来る脅威を排除してくれる。そう期待して間違いない。ゆえに、歩兵は、自陣を守りきれるとの信念を堅持すべし」つまり、ドイツ歩兵たるもの、士気を以て物質に対せよということである！

とはいえ、砲兵にあっては、ある程度の対抗手段が取られた。対戦車目的で、十二個歩兵砲中隊が配置され、また、それぞれ六門の野砲から成る近接戦砲兵中隊五十個が新設されたのだ。これらは、最前線後方に陣地を構え、被帽付徹甲弾〔尖端に鋼の被帽を付け、着弾時の跳弾を防いで、貫徹性能を向上させた砲弾〕により、戦車を叩くものとされた。

工兵も、対戦車壕や落とし穴を掘ったり、適切な地点に地雷原を敷設、さらには人工的に増水を起こして、一定の地域を湿地とする〔戦車が通行不能になる〕作業に従事した。迫撃砲についても、水平射撃を可能とする砲架が配備されたのである。

ソンム戦が終わったのち、仏英軍は、一九一七年春に大攻勢を行うための準備にかかった。アラス付近で仏英軍が攻撃をかけ、ドイツ軍の予備兵力の多くを拘束してから、ランス＝シュマン＝デ＝ダーム〔ダーメンヴェーク〕間でシャンパーニュ丘陵のドイツ軍戦線を突破、最終段階で強力な予備を投入して突破による戦果を拡張するという計画だった。そして、アラス攻撃がイギリス軍の戦車、ベリー＝オー＝バック攻撃がフランス軍のそれに支援されることになっていた。

四月九日のアラスの戦いでは、使用可能だったイギリス軍戦車六十両が攻撃を担当する軍団に配属された。しかし、戦車が分散されたため、個別的な勝利をあげたものの、大規模な戦果は得られなかったのだ。ただ、イギリス軍は、ドイツ軍は近接戦砲兵中隊の被帽付徹甲弾を除けば、真剣な対戦車防衛策を講じていないと確認することができた。一方、ドイツ軍は初めて、イギリス軍の戦車を鹵獲した。おそらく最初の生産分のうちの一両である。この戦車にほどこされた装甲については、歩兵は、SｍK弾、梱包爆薬〔一定量の爆薬を梱包し、信管を付けて、適宜起爆できるようにしたもの〕、迫撃砲の水平射撃で対応できると、ドイツ軍は結論づけた。

一九一七年四月十六日、フランス軍戦車はベリー＝オー＝バックに前進、砲火の洗礼を受けた。それらは二隊に分けて第五軍に配属され、一度の攻撃により、二十四時間、遅くとも四十八時間以内にドイツ軍戦線を突破、東方に旋回せよとの任務を与えられていた。この戦車隊は、ドイツ側に向かってしだいに高くなっているものの、おおむね障害のない地形に投入されたのである。この地域は、東はエーヌ川、西はクラオンヌ丘陵で区切られ、中央部を流れる三メートル幅のミエット川沿いにある草原や林で分けられていた。戦場の北東と北には、プルヴェ山とアミフォンテーヌ高地がそびえている。注意すべき障害は、彼我の陣地の塹壕と被弾孔のみであった。コルブニー＝ギニクール街道の北では、そうしたものもほとんどない。主な危険は、充分な観測を得た砲兵による火制のみだったのだ（図1、図8、図9、図11参照）。

五千三百五十四門の砲兵による十四日間の準備砲撃によって、攻勢は開始された。ドイツ側にしてみれば、攻撃正面・目標が拡張されたことを疑う余地はなく、その正面に重層的な防御陣を構築、新手の戦力、とくに強力な砲兵と予備の突撃部隊〔敵の火点など強力な防御拠点を迂回し、後方に浸透することによって、敵部隊の組織的な抵抗力を奪う訓練を受けた部隊〕を召致することが可能となった。四月四日、ベリー＝オー＝バック南東方にあるル・ソダで第一〇予備師団の作戦が成功、捕虜九百人のほかに、フランス軍の攻撃命令文書の多くがドイツ軍の手中に落ちた。同日、フランス軍は二百五十箇所のあらたな砲兵陣地から防御砲火を浴びせてくる。今回は、ドイツ軍が、以前よりも時機に応じ、多数の兵力を用いた砲兵戦を遂行した。ヒンデンブルク〔当時の陸軍参謀総長パウル・フォン・ヒンデンブルク。一八四七～一九三四年。最終階級は元帥〕とルーデンドルフ〔当時の陸軍参謀次長エーリヒ・ルーデンドルフ。一八六五～一九三七年。最終階級は歩兵大将〕の流儀による、目的意識を持った戦闘指導により、「ジークフリート機動」〔一九一七年二月から三月にかけて、西部戦線で行われた撤退作戦。これにより、ドイツ軍は戦線を短縮し、より守りやすいジークフリート陣地（ヒンデンブルク線）に収容された〕が順調に完了して以降、初めての西部戦線における大勝利が得られたのである。その際、奇襲効果があったことはいうまでもない。

フランス軍の攻撃兵力は、歩兵師団十六個、ロシア歩兵旅団二個〔一九一六年以来、ロシア帝国が西部戦線に派遣していた遠征軍の一部〕、騎兵師団三個から成っていた。また、本攻勢は、三千八百門の大砲、千五百門を超える迫撃砲、シュナイダー戦車百二十八両によって支援されている。これほどの数の戦車が、一戦場に集中されたのは初めてのことだった。フランス軍の戦車攻撃に関する最重要の指令は、以下の通りである。❖13

「戦車は攻撃する歩兵に随伴し、鉄条網による障害物を突破する進路を啓開、歩兵の前進を支援する。戦車は砲一門と複数の機関銃を有している。しかし、最強の戦闘手段は、その前進機動なのである。射撃は至近距離でのみ開始されるものとし、砲撃は最大二百メートル、機関銃射撃は三百メートル内で実行される。それ以上の距離での射撃は、例外とみなすべし。

戦車と歩兵は戦闘において緊密に協同するものとするが、前進が可能である場合には、戦車は歩兵を待たない。戦闘開始後は、戦車はその攻撃目標に突進、停止するのは車載装備を以てしても超越できない障害物に遭遇した場合のみ。味方歩兵は、そのようにして停止した戦車を回復させ、使用し得るあらゆる方策を以て、戦車の障害克服を助けるものとす。戦車が来着する前に、敵の抵抗により歩兵が停止させられた場合には、その場に匍匐《ほふく》、戦車との会同を待つべし。戦車は味方歩兵に先駆けて敵に突進、その射撃を制圧する。すなわち、戦車と歩兵は、共通の攻撃目標へ前進している間は相互に支援するのである。ただし、一方が他方を待つのは、自ら有する手段によってはさらなる前進が不可能である場合のみとす」

三月二十三日、右記の指令が誤解されるのをふせぐため、戦車を歩兵戦闘に従事させることはやめようとする追加命令が出された。

戦車十六両で一個「群」を編成、そうした「群」五個がボス支隊に編合され、ミエット川東方の第三二軍団の戦区で戦闘した。また、別の三個群がショーブ支隊として、第五軍団の戦区、ヴィーユの森〔ヴィラーヴァルト〕西方とミエット川流域で進撃する。最初のうちは縦隊で行軍し、戦闘時には四十五ないし五十メートル間隔の横隊に展開して前進した。障害物超越や近接戦闘の防御支援のため、各群ごとに随伴歩兵一個中隊が配属されていた。攻撃直前には、三分ごとに百メートルずつ前方に着弾をずらしていく弾幕砲撃〔移動弾幕射撃〕が実行される。

ドイツ軍第三線および第四線陣地への攻撃にあたっては、砲兵支援が乏しくなるのを代替し、前進する歩兵を掩護するために、戦車は真っ先に戦闘に投入されることになった。つまり、第三二軍団では攻撃開始四時間後、第五軍団では三時間半後に、戦車が投入されたのである。戦車隊は攻撃前日に、キュイリー・レ・ショダルド西・西南方に集結、攻撃前夜のうちにポンタヴェール南西のボス支隊およびクラオンヌ南東の森にあったショーブ支隊のもとで配置についた。前者が準備を完了したのは攻撃三十分前、後者は二十分前であった。そのもようは以下の通り。

ボス支隊は、一列縦隊でポンタヴェールを越えてコレラに向かい、そこで二列縦隊に分かれる。先鋒三個群から成る右縦隊は、コレラ－ギニクール街道とミエット川に進み、後続二個群を編合した左縦隊はコレラ－ギニクール街道を行軍、しかるのちにドイツ軍第一線陣地を越え、おおむねプルヴェ山の方向に向かう。ドイツ軍第二線陣地を越えたあとは、戦闘隊形に展開、弾幕射撃が終わるまで待機。攻撃開始からこの時点までで四ないし五時間が経過していたが、ここからドイツ軍第三線陣地を攻撃、さらにギニクールとプルヴェ山まで突進するのである。最後に、左縦隊の三個群がプロヴィズーを攻撃することになっていた。また、個々の群に攻撃目標が割り当てられている。攻撃後は、ギニクール北西方に再集結する予定だ。各群に一個の割合で修理隊が、そして一縦隊につき牽引回収隊一個が後続していた。

ショーブ支隊も一列縦隊でタンプル農場を越え、北東方のアミフォンテーヌに向かう。ドイツ軍第一線陣地を越えた時点で二列縦隊に、第二線陣地を抜けたところで戦闘隊形に展開、攻撃にかかる手はずだ。攻撃後の再集結地はアミフォンテーヌ西方とされた。

少なくとも司令部が練ったかぎりでは、作戦計画は右記のごとくであった。

強力な準備砲撃がドイツ軍第一線および第二線陣地に指向されたが、破壊効果は不充分だったし、さらにその後方には深刻な被害を与えることがなかった。四月十六日、戦車隊は命じられた時間に配置についた。ボス支隊は落伍車を出さなかったが、ショーブ支隊では戦車八両が湿地にはまり込み、放棄された。攻撃計画にもとづき、まず歩兵だけが移動弾幕射撃の背後を進んだ。ドイツ軍第一線陣地を奪取するのは比較的容易で、十時から十一時のあいだに、カエサル野営地跡からモシャン農場、ジュヴァンクール南方の旧製粉所に至る線に布かれた第二線陣地にたどりついた。だが、そこで激戦となり、多大な損害を出した。戦線はそこから後方に窪んだかたちになっており、フランス軍はその線を占領できなかったのだ。さらに西方では、攻撃は芳しくなく、ドイツ軍第一線陣地を越える戦果をあげられなかったし、クラオンヌ付近では完全に失敗した。

この間、六時半ごろに、ボス支隊は二キロの行軍長径にわたる縦隊で進発している。街道は歩兵・砲兵部隊でいっぱいになっていたため、彼らの行軍は遅々たるものだった。八時ごろになって、ようやく先頭がコレラ西方のミエット川に架かる橋にたどりつく。そこで、激しい砲火にさらされたが、命中弾を受けたのは戦車一両のみ。結局、戦車二両喪失、さらに二両が一時的に故障により脱落した。随伴歩兵が味方の第一線陣地に開いた通路を抜けて、戦車は順調に進んだものの、ドイツ軍第一線陣地に引っかかり、四十五分間の停滞を余儀なくされる。最初の戦車がコレラとフェルムのあいだに到達したのは、十時十五分になってのことだった。そこで随伴歩兵は敵の砲火を浴びて散り散りになり、戦車との連繫を失ってしまう。まさにこの瞬間、ボス少佐が乗っていた戦車が、上部に直撃弾を受け、乗員は戦死、同車は炎上した。決定的なときに、攻撃指揮官が失われたのである。数分後、最前方の戦車群がドイツ軍第二線陣地を越えた。その左翼では、フランス軍歩兵がジュヴァンクールめざして前進していたようだ。右翼には戦車に付き従うものはなかった。では、戦車隊自らの隊列には、というと、ごくわずかな歩兵が攻撃に従事しているだけだったのだ。七両の戦車がドイツ軍塹壕を越えたが、七両は故障で停止した。十二時直後に、生き残った七両はドイツ軍第三線陣地前面にある七十八高地に到達、そこで敵陣を抜いた。歩兵はそれに追随するよう求められたけれども、実行されなかった。さらに二両の戦車が戦闘不能になったが、その乗員がドイツ軍の包帯所を占領、いくばくかの捕虜を得た。午後一時十五分から一時半のあいだに、また二両の戦車が撃破された。結局、最後の戦車三両は、歩兵と再度合流するため、午後二時に後退した。そこで、彼らは後続の第六群の戦車九両と、修理されて稼働状態になった自群の戦車一両と邂逅する。後続第六群は、ドイツ軍第二線陣地を越える際に、故障で戦車二両を失っていた。同隊は、味方歩兵の前進を妨げていた敵狙撃兵の拠点を蹂躙し、その後、千八百ないし二千メートルの至近距離で放たれた砲兵射撃により、戦車五両を失った。第六群は最後に、最先頭（第二）群残存部隊の右翼に占位した。この先頭にあった両群の戦車十三両は午後二時半ごろまで、七十八高地においてドイツ軍の強力な反撃を拒止していた。両群を統合指揮していたシャノワーヌ大尉は、自分たちだけでは、これ以上前進できないと判断、同高地を放棄した。戦車隊の左右両翼にあった歩兵が前進できず、敵の砲火を避けるために、七十八高地南方に寄り集まってしまっていたからである。ややあって、シャノワーヌは、モシャン農場とミエット川のあいだに到着していた歩兵第一五一連隊の長と連絡、七十八高地奪取を目的とする限定攻撃を行うことで一致した。この攻撃は午後五時半から六時にかけて遂行され、歩兵が目標に到達した。その後、戦車隊は、歩兵連隊長の了解を得た上で、ミエット川沿いにコレラに後退した。この最後の攻撃で、砲撃を受けて一両が、四両が被弾孔にはまりこんだために失われた。

第三線陣地では、第五群の攻撃が続いていた。彼らは、第六群右翼を行軍、弾幕射撃が終わるのを待って、十二時ごろに攻撃を開始していたのだ。随伴歩兵は少数だったが、ドイツ軍第三線陣地の奪取と確保に成功する。九両の戦車により攻撃が続行され、占領した線の北東方にある森林の一部を通過、さらなる障害や砲火に遭うこともなく、ついにギニクール－アミフォンテーヌ間の鉄道線に到達したのである。そこで、一両の戦車が砲撃で、もう一両が故障により脱落した。この間に、第五群の指揮官は、追随してくる歩兵第一六二連隊長と連絡を取ったが、それも無駄だった。後者は、連隊は大損害を受けたため、これ以上前進できる状態にないと回答してきたのだ。午後五時を過ぎたあたりで、ドイツ軍が第一六二歩兵連隊に指向した反撃は、戦車によって拒止された。が、その後、夜になるにつれて、戦車は歩兵の背後に下がった。

第四線陣地を攻撃したのは、第九群だった。他部隊がコレラ付近を相当期間支えているあいだに、十三両の戦車を有する第九群はモシャン農場に到着し、そこから午後一時ごろに攻撃を開始したのだ。彼らは砲兵射撃を浴びせられ、線路の南方で消耗していった。この攻撃には、歩兵が随伴していなかったのである。

最後に第四群が二列縦隊で、ミエット川東縁部とエーヌ川地区西端を進んだ。この両縦隊はエーヌ川に沿ったドイツ軍第二線陣地で合流したが、相当の遅延を来し、また大損害を出していた。そののち、午後三時ごろに、陣地の北東六百メートルほどで動揺していた味方歩兵を支援するため、先頭の戦車五両が攻撃にかかった。戦車二両が命中弾を受けて炎上したものの、残りがドイツ軍の逆襲を撃退してから、引き返していく。午後三時半ごろには、この群の残存車両はエーヌ川沿いに前進し、ドイツ軍の塹壕を掃討することに成功していた。さらに戦車二両が戦闘不能になったけれども、第九四連隊の随伴歩兵が戦果拡張をなしとげる。この時点で、第四群は準備陣地に戻った。

一方、三個群を編合したショーブ支隊は、六時二十分ごろ、準備陣地から進発していた。だが、一列縦隊でタンプル農場まで行軍する途中、ドイツ軍航空機に発見され、また砲兵観測班からも通報がなされたため、組織的な射撃にさらされることになる。さらに随伴歩兵が、味方の塹壕および占領した敵のそれを超壕可能にするのに手間取ったため、進撃停止を余儀なくされた。先頭群の指揮官車両が被弾し、移動不能になると、後続群がそのかたわらを過ぎて、いちばん前に躍りでる。ドイツ軍の砲火も激しくなってきた。移動不能になった戦車の乗員も、車載機銃を取り外すと、匍匐を強いられている歩兵の戦闘に助勢したのだ。ショーブ支隊の戦車のうち、夜までに自力で準備陣地に戻れたのは九両だけだった。三ないし六キロ離れた位置にいたドイツ軍砲兵の間接射撃により、殲滅されてしまったのである。この砲撃には、野砲一個中隊、重野戦榴

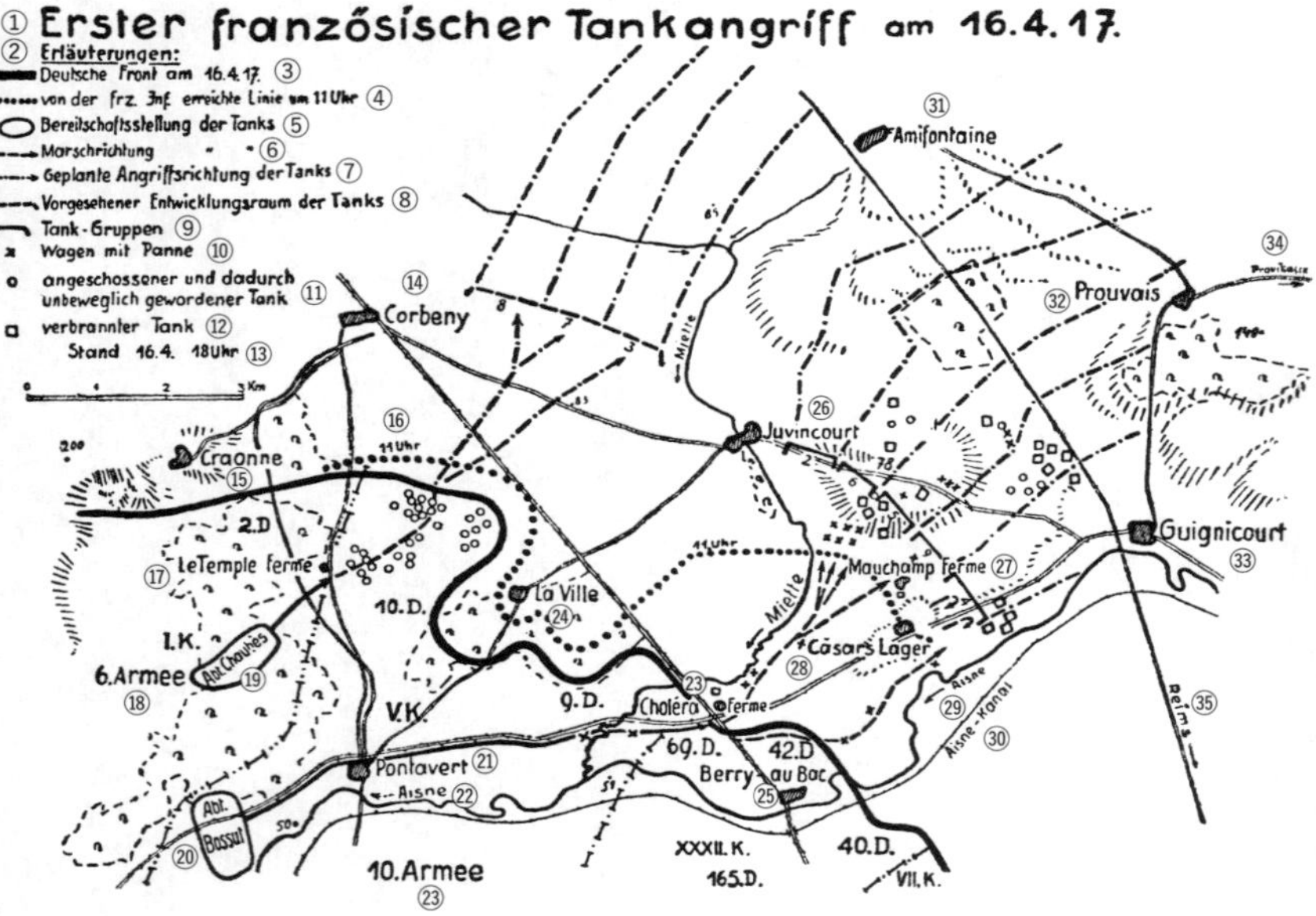

地図6

①フランス軍最初の戦車攻撃、1917年4月16日
②凡例
③1917年4月16日のドイツ軍戦線
④午前11時までにフランス軍歩兵が到達した線
⑤戦車の準備陣地
⑥前進方向
⑦予定されていた戦車の攻撃方向
⑧予定されていた戦車の展開地域
⑨戦車支隊
⑩故障を起こした戦車
⑪被弾し､行動不能となった戦車
⑫炎上した戦車
⑬4月16日午後6時の状態
⑭コルブニー
⑮クラオンヌ
⑯午前11時
⑰タンプル農場
⑱第6軍
⑲ショーブ支隊
⑳ボス支隊
㉑ポンタヴェール
㉒エーヌ
㉓第10軍
㉔ラ・ヴィール
㉕ベリー＝オー＝バック
㉖ジュヴァンクール
㉗モシャン農場
㉘カエサル野営地跡
㉙エーヌ
㉚エーヌ運河
㉛アミフォンテーヌ
㉜プルヴェ
㉝ギニクール
㉞プロヴィズー
㉟ランス

弾砲二個中隊、十センチ・カノン砲一個中隊、臼砲二個中隊が参加していた。戦車隊の前進も、随伴歩兵の歩調に合わせて、実行されたにすぎなかったのだ。

一九一七年四月十六日の攻撃は、甚大な損害を出して失敗した。戦車の乗員七百二十名のうち、百八十名が戦死、負傷、または行方不明となったのだ。実に二十五パーセントの損耗率である。準備陣地を進発した百二十一両の戦車のうち、八十一両が失われた。損害のうち、二十八両が故障、十七両が命中弾、三十五両が命中弾その他が起こした火災によるものであった。一部には、命中弾を受けていない戦車が火を噴いた例もある。最終的な損害は戦車七十六両、損耗率五十七パーセントだった。

当時、フランス軍は、この失敗から以下の教訓を引き出している。


ⓐ戦車の野外走行能力は不充分である。

ⓑ随伴歩兵の支援は事実上無きにひとしかった。

ⓒ当時のドイツ軍歩兵兵器により行動不能となった戦車は一両もない。装甲は期待通りであった。

ⓓ五十二両の戦車が砲撃によって戦闘不能となった。うち十五両が直撃弾、三十七両が至近弾によるもので、後者の多くは大口径砲弾を受けていた。ドイツ軍砲兵は良好な観測条件のもと、この戦果を達成したのである。ドイツ軍砲兵は、四月十六日の攻勢準備射撃にも、ほとんど影響されていなかった。防御側砲兵の覆滅と観測所の無力化をなせれば、大きな助けとなるであろう。

ⓔ損害の多くは、縦隊移動、渋滞による停止、展開の際に生じている。歩兵の突撃発起線近くに置いた

準備陣地より、展開済みの状態で進発することにより、損害は減少させ得るはずである。

ⓕ戦車攻撃の成果がささやかでしかなかったことの主たる原因は、攻勢全体の失敗にあるとみなされる。それによって戦車隊は、予想外の苦境におちいったのであった。前哨戦段階ですでに消耗し、損害を出して弱体化した歩兵には、ギニクール－プルヴェ山方面での戦車攻撃の戦果を拡張することができなかったのだ。

ⓖ移動中の歩兵に対する戦車の威力は、たとえ戦車単独であっても、きわめて大である。ギニクール西方において、ドイツ軍が逆襲を重ねても、たちまち破砕されてしまったことは、それをよく示している。

ⓗ一方、陣地にこもった歩兵に対しては、味方歩兵がただちに戦果拡張にかかれる位置にいる場合にのみ、連続的な成果があげられる。さもなくば、戦車がいかに多大な損害を出しながら前進したとしても無意味である。ここから、戦車隊が戦闘を行うのは、歩兵と緊密な協同を保っている場合のみという思想が、結論として出てくる。今日なお、フランス軍の戦術を支配している思想だ。

今日のドイツ側の視点からは、つぎのことを補足しなければならない。

ⓐ歩兵の行軍速度に合わせて、他部隊が占めている道路上を長距離行軍するというようなことは避けられた。つまり、それによって生じる渋滞も、本来無しで済ませられたのである。

ⓑミエット川と自軍塹壕に多数の超壕点をつくっておくべきであった。そうすれば、散開した状態で、

準備陣地から出撃できた。

ⓒ随伴歩兵には、ドイツ軍の塹壕を越える目的に合わせて、工兵を配置しておくべきであった。

ⓓこの攻撃では、十一時から午後三時にかけて、個々の戦車群が一時間ほどの間隔を置いて逐次投入されたため、ドイツ軍砲兵による集中射撃の好餌《こうじ》となってしまった。散開隊形で準備陣地から出撃し、他部隊が道を空けていれば、複数の戦車群による同時攻撃が可能になり、ドイツ軍砲兵の防御射撃も困難になったであろう。

ⓔより早期に、ドイツ軍第二線陣地への突撃にかかるあたりで戦車を投入していれば、長引く戦闘と損耗により歩兵が弱体化する前に、もっと緊密に協同できたはずである。

ⓕ弾幕射撃は、戦車を急進させる上での障害となることが判明した。砲兵支援については、別の方法が考慮されなければならない。

ⓖ本攻撃の準備・遂行段階で過誤があったにもかかわらず、戦車は、二ないし二・五キロ、歩兵に先駆けて進んでいた。敵の抵抗が微弱で、戦車の速度も遅かったというのに、歩兵は追随できなかったのだ。この事実から必然的に、以下の結論が導かれる。戦車は、攻撃における突進の主役である。また、戦車の迅速な攻撃に追随できるよう、他兵科を発展させることが課題となる。

ⓗ事情に即した戦車の運用がなされ、他兵科の部隊がこの新兵器の能力に適合した戦闘方法を取っていれば、四月十六日に突破がなされていた可能性が高い。


一九一七年には、この防衛戦の成功から、ドイツ側はまったくちがった推論を行っていた。戦車に対して、とくに効果があるとされていた近接戦砲兵中隊は、しだいに解隊されていった。近距離の戦闘では歩兵がSmK弾と梱包爆薬で、遠距離では砲兵、なかんずく重砲が戦車を防げると信じられたためである。

フランス軍では、四月十六日の失敗に対する失望から、この新兵器に激しい批判がなされた。しかし、その真価は、あらたな戦いであきらかになる。[14]

一九一七年五月五日と六日に、シャンパーニュに投入されなかったルフェーヴル支隊が戦闘に入った。同支隊は、シュナイダー戦車二個群とサン・シャモン戦車一個群から構成されており、マヌジャン農場およびラフォーの製粉所付近に投入された。この攻撃の目標は限定されたもので、第一五八師団、編合されたブルカー師団、第三植民地師団によって遂行され、シュマン＝デ＝ダーム高地の北縁部をめざすことになっていた。第一五八師団には、稼働戦車のうち、サン・シャモン戦車群と一個中隊（戦車四両）が、ブルカー師団にはシュナイダー戦車一個群が配属され、残りは予備として控置された。分散投入であるが、地勢上の困難があるとの理由で、この場合も正当化されたのである。戦車群・戦車中隊の任務は、あらかじめ詳細に指示されていた。第一七猟兵大隊が随伴歩兵に指定され、長期間にわたり戦車との協同についての訓練を受けていた。シュマン＝デ＝ダーム高地の頂上部の地形は野外走行に適していたし、その南斜面は、敵砲兵観測班が戦車の行動を捉えるのを困難にしたから、格好の待機場所となった。しかし、接近路が通行しにくい地形であることや被弾孔が多数深々と穿《うが》たれていることから、戦車の投入もまた難しくなっていた。フランス軍砲兵が、鉄条網を除去しようと遅発信管付の砲弾を撃ち込んだ〔鉄条網の支柱を根元から吹き飛ばすことを狙った〕のだが無駄で、これらの被弾孔だけが残り、ほとんどの戦車にとって深刻な障害となってしまったのだ。この攻撃の戦果は大きなものではなく、わずかな進撃がみられただけだったけれども、それはまさに戦車のおかげといえた。戦車と乗員の損耗は、エーヌのそれよりも著しく少なかった。司令部と他の兵科のものもこの成果に満足し、新兵科の存続が保証された。エーヌ同様、ここでも戦車の突進は、ただちに歩兵が追随したときにのみ、持続的な戦果を達成するということが明白になった。この場合でも、戦車が前もって決めておいた合図を示しても、歩兵が追ってこないということが起こったばかりか、掃討された敵陣地の占領を歩兵にうながすために戦車が引き返すという事態まで生じたのである。

一九一七年十月二十三日のラフォー突角部に対するフランス軍の攻撃は実り多いものとなったが、それには戦車の大量使用の与るところが大きかった。一九一七年の春季攻勢が大損害を出したことにより、フランス軍は秋には、アメリカ軍の到着を待つとの決断を余儀なくされていた。それまでに実行されるのは、戦線を整理し、新しい戦闘方式を実験するための一連の小作戦に限られる。加えて、フランス軍は一九一八年夏までに、保有重砲の数を二倍にし、二千ないし三千のルノー戦車を生産、毒ガス・煙幕弾の装備を改善することを意図していた。

計画された支作戦のなかに、シュマン゠デ゠ダーム奪取がある。これは、ラフォー突角部攻撃と同時に、十一キロ幅の正面で行われることになっていた。当該戦区にはドイツ軍の新着師団七個、新手の砲兵中隊六十四個があることを、攻撃側は戦闘開始前に察知していた。ドイツ軍陣地は入念に構築されており、ところによっては奥行き十メートルにもわたって鉄条網が設置されていた。兵員も、多数の待避壕やタコツボによって保護されていた。エレット川北岸に後方陣地が設置されていたが、これはフランス軍の攻撃目標からは外れていた。ただし、シュマン゠デ゠ダーム北斜面には切り立った崖があり、多くの地点で縦深を取った陣地を構築できず、また充分な射界を得ることも妨げられたし、砲兵観測班は第一線に出ることを余儀なくされていたのである。

フランス軍の攻撃にあたっては、最初の交戦で六個師団、続く交戦にもう六個師団投入すると決められていた。春季の戦闘以来、部隊の装備訓練は再び最高の状態に達していた。何よりも戦車が協同してくれるし、それまでの戦闘によって、攻撃地区の地形も熟知していたのだ。本攻勢のために、大砲千八百五十門と砲弾三百万発が用意され、戦車六十八両が突撃を実行することとされた。

戦車隊は、それぞれシュナイダー戦車十二両を有する群三個と各十四両のサン・シャモン戦車を持つ群二個に編成され、ほかに数両の戦車が予備とされた。どの群にも、戦闘補給段列と修理班が付けられた。また、この支隊には、修理・補充小隊が配されたのである。八月末には、胸甲騎兵〔この場合「胸甲騎兵」とは名前のみで、事実上歩兵として運用されている〕二個大隊が随伴歩兵として配属され、戦車との協同についての訓練を行った。彼らが、戦車とともに攻撃歩兵の役割を果たすのだ。たえまなく航空写真が検討されるとともに前進路の研究が進み、よりよいものが選ばれた。攻撃直前に、六日間にわたり準備砲撃を行うことも決まる。戦車の突入地点では、砲撃により障害物間に進路を啓開する必要があったが、深い被弾孔ができるのを避けるため、触発信管付の砲弾のみを使うこととされた〔触発信管付の砲弾は地面にめりこまず、表面で炸裂する〕。航空機は、歩兵・戦車攻撃の進捗を観測しなければならなかった。砲兵の観測機も、敵予備と対戦車砲の移動を監視するものと決められる。こうした目標を狙うための砲兵中隊群が別に置かれた。

戦車隊は、攻撃する六個師団中の五個師団に分散された。歩兵連隊長のもとには戦車隊の連絡将校が配属され、師団長と軍・軍団司令官のもとには戦車隊の高級将校が控えていた。

攻撃前夜に準備陣地に入る際、一連の損害が生じた。右翼第三八師団に配属された第一二戦車群の半数、十二両が故障とドイツ軍の砲火によって脱落したのだ。第四三師団に配属された第八群も同様だった。第一三師団の第一一群、第二七師団の第三一群（サン・シャモン戦車）、第二八師団の第三三群（サン・シャモン戦車）は、深刻な事故を起こすことなく、準備陣地に到達した。六十八両の戦車のうち、五十二両のみが攻撃発起陣地にたどりついたのである。この夜のドイツ軍は戦車の接近を察知しておらず、道路上に攪乱射撃を行っただけだったのに、敵砲兵の有効射界内で待機行動を取るのはきわめて危険であるということを証明する結果になったのだ。

五時十五分、まだ暗いうちに、戦車は歩兵に後続し、その歩調に合わせて前進した。右翼第一二群では、最初の攻撃目標に達するまでに、すべての戦車が戦闘不能になった。第八群は、第二攻撃目標へ向かう前進の際、弾幕射撃と第一波の歩兵突撃のあいだに生じた交戦に、六両の戦車を以て介入する。やがて、故障のために停止していた数両の戦車が追随してきた。十一時までに、この群の戦車八両が目標に到達し、そこに歩兵が再集結するのを支援した。第一一群は第一三師団に随伴し、予定通りに進発した。この師団があげた戦果は、この戦車群の与るところが大きかった。十二両の戦車が、その目標を占領したのである。第三一群もそこそこの成果を得たが、第三三群はドイツ軍第一線の塹壕につきあたり、攻撃に失敗した。

十月二十五日には、フランス軍は戦車の支援なしでエレット川の線まで進撃していた。一九一七年十一月一日までに、ドイツ軍はシュマン＝デ＝ダーム全域から撤退している。彼らは、多数の死傷者のほかに、一万二千の捕虜を取られ、砲二百門を失っていた。フランス軍の損害は八千、参加兵力のほぼ十パーセントである。

投入された六十八両の戦車のうち……

二十四両は準備陣地から出られなかった。

十九両は戦闘中に脱落した。うち、敵の攻撃による喪失は八両のみで、ほかは地形上の障害に遭って脱落した。

二十両はその任務を果たした。

五両は無線戦車として機能した。

戦車部隊の死傷者は八十二名、すなわち参加兵力の九パーセントにあたり、歩兵のそれに相応したものだった。死傷者の多くは、戦車外にいるか、針路確認のためにハッチを開けた際に生じていた。

フランス軍は、この戦闘から以下の戦訓を引き出した。

ⓐ被弾孔さえ処置されていれば、戦車は、堅固な陣地の攻撃に際して、絶大な威力を発揮する。
ⓑ左右両翼の部隊は、敵の逆襲にさらされることが多いから、特別の掩護を必要とする。
ⓒ戦車による縦深突破攻撃が必要である。戦車一両ごとに目標を与えるのではなく、常に隊ごとに、すなわち小隊もしくは群ごとに任務を授けることが必要とされる。
ⓓ信号旗による歩兵との連絡は機能しない。唯一、口頭での下令のみが有効である。
ⓔ敵の面前で戦車が停止することは大損害をもたらす。戦車を停止させるのは、緊急事態で、それが必

要な場合だけである。
ⓕ歩兵との緊密な連繫の真価があきらかになった。それは、今日までフランス軍戦車戦術の原則となっている。❖15

最後の点についていえば、一九一七年十月二十三日に戦車隊が殲滅をまぬがれたのは、歩兵との密なる協同があったためだけではなく、ドイツ軍に対抗手段がなかったという要因も注目されるべきである。当時唯一の対戦車防衛手段とみなされていた砲兵は、劣悪な観測条件のもとにあって、まったくといってよいほど戦闘に介入できなかった。そうでなければ、のろのろと進む戦車隊は格好の標的となり、四月十六日と同様の運命をたどったことだろう。将来、そんな戦術を取るようなことがあれば、それは自殺行為となるはずだ。

さて、フランス軍戦車の初陣について述べるのはこれぐらいにして、再びイギリス軍についてみてみよう。イギリス軍は、Uボート基地のあるフランドルに対して、大規模な攻撃を行うことを決めていた。だが、それは奇襲を狙うものではない。その正反対だった！　十二分に準備砲撃を加え、毒ガスを放ち、局所的には坑道戦により敵陣を爆破してから、漸次前進する企図だったのである。どんなものであれ、新しくても実験されていない方法を使うことは峻拒され、未熟な戦力による消耗戦を行うこととされた。予想外の戦果があがったとしても、その拡張などはもってのほかということになったのである。かくて、第三次フランドル戦が開始された。

一九一七年六月七日、イギリス軍はウェイツスハーテ屈曲部にあったドイツ軍陣地を爆破、ドイツ軍五個師団を撃滅して、リスに到達した。この第一撃によって、来るべき攻勢に備え、右側面を固めたのである。

攻勢に先立つ準備砲撃は、およそ四週間、十二月初旬まで続いた。この恐るべき戦闘の詳細を追うことは、本書の主題から外れる。イギリス戦車部隊は、繰り返し投入されはしたものの、ごく限られた目標に対し、少しずつ使われただけにすぎないからだ。また、それらはしばしば、雨と被弾孔によって湿地と化した、戦車には不適な地形で運用された。ウェイツスハーテでは七十六両、フランドルの戦いでは二百十六両の戦車が使用可能であったのに、欠点のある戦術を取ることを強いられたため、その戦果はわずかなものにとどまった。

しかし、多大な費用がかかる努力を傾注した他の兵科が、いかなる成果を実らせたというのだろう？　四週間にわたる集中砲撃で九万三千トンの砲弾を叩き込み、四か月の大戦闘で四十万の犠牲を払って得たものは、最大で奥行き九キロ、幅十四キロの土地でしかなかったのだ。ドイツ軍も二十万の将兵を失ったが、突破を拒止できたのである。そのUボート基地は手つかずのままだった。多大な浪費、無意味な行動だった。にもかかわらず、イギリス軍指導部は、その攻撃方法が間違っているという考えを持つには至らなかった。このような規模の攻勢準備を隠しおおせることは不可能で、敵の対抗措置を妨げることも絶対にできない。高価な代償を払って、少しばかり前進したところで、あらたな敵の戦線にぶつかり、潰滅的な打撃を被ってしまうだろう。このような戦闘方式では戦争をすみやかに終わらせることなど見込めはしない。そんなこともわからなかったのである。

奇襲や快速性といった概念は、未熟な部隊が硬直した運用をなされ、適切ならざる方法が執拗に繰り返されたために、消え失せてしまった。地勢、天候、軍隊、ひいては国民の物心両面における力も、絶え間ない戦闘にあっては、副次的な要素でしかなくなってしまった。このように指導部の見識が一面的なものでしか

型式	V型	ホイペット	ルノー
重量(トン)	31	14	6.7
武装	5.7センチ・カノン砲2門、機関銃4挺	機関銃3挺	3.7センチ・カノン砲1門、または機関銃1挺
最高時速(キロ)	7.5	12.5	8
航続距離(キロ)	72	100	60

なかったことから、別のことも説明される。戦術の変更はまかりならぬ！　新兵器などもってのほかだ！　この時期のイギリス戦車隊は、フランスの強襲砲兵同様、解散の危機にさらされていたのである。フランドルの泥まみれの戦いにおいて、歩兵と同じく、決定的な役割を果たさなかったというのが、その理由であった。

四、大量生産

イギリス軍指導部が、いかなる戦術的革新も受け付けなかったとはいえ、英仏の兵器廠は、戦車の大量生産のためにフル稼働していた。技術的・戦術的領域に関連して、一九一七年の諸戦闘の経験が検討された。一九一八年夏までには、イギリスで千両、フランスで三千五百両の戦車が実戦投入可能になる計画だった。さらに、アメリカも、二十五個大隊に編成された千二百両の戦車を供給するとした。一九一八年にはまだ供給上の問題があったから、戦車隊は、こうした数字を計画に含めているわけではなかった。だが、部隊が多数新編されることは間違いなかったから、戦車隊はこれまでの限られた戦術的な枠を超えて、作戦的に大きな成果をあげ得る状態になったのである。新たに完成した新型戦車は、これまでのものより大幅に改良されていた。野外行動能力、航続距離、速度、装甲、武装、測遠機が改善された。

また、中隊・大隊編制を採ることで、より密接な指揮が可能となった。

上掲の、一九一八年時点の戦車に関するデータから、その戦術的・作戦的な利用価値を明快に理解することができよう。

しかし、最高指導部が攻撃と防御における戦車の使用に関して考慮できるようになる前に、一九一七年晩秋には早くも、戦車の価値について新しい光を投げかける成果が得られる。それは今日なお看過できない意味を持っているのである。

原註

❖1 この節の記述は、主として、スウィントン少将の著作に依っている。Sir E. D. Swinton, „Eyewitness"〔『目撃者』〕, London, Hodder and Stoughton Limited. 1932, 八〇頁以下。

❖2 一八九八年、ナイル上流域のオムダーマンにおける戦いで、キッチナー卿率いるイギリス軍は、マフディー軍に勝利した。

❖3 Schlieffen, Cannae. Vierteljahreshefte für Truppenführung und Heereskunde〔部隊指揮・陸軍研究四季報〕, 1910, 二〇五頁。

❖4 Swinton, Eyewitness, 前掲頁。

❖5 Swinton, Eyewitness, 前掲頁。

❖6 この節の記述は、Heigl, Die schweren französischen Tanks; Die italienischen Tanks〔フランス重戦車、イタリア戦車〕, Berlin, Eisenschmidt, 1925 に依っている。

❖7 公刊戦史〔国家文書館編纂の第一次世界大戦史〕、第九巻、付録一。

❖8 公刊戦史、第九巻、一〇一頁。

❖9 公刊戦史、第一〇巻、五八頁。

❖10 公刊戦史、第一〇巻、四〇五頁。

❖11 公刊戦史、第一〇巻、三四七頁。

❖12 Swinton, Eyewitness, 前掲頁。

❖13 „Revue d'Infanterie“〔『歩兵評論』〕一九三六年四月一日号所収、ペレ中佐「フランス戦車の初陣」〔„Le premier engagemant des chars français“ par le lieutenant-colonel Perré〕より引用。

❖14 もちろん、その指揮ぶりは、公式にはつぎの命令によって称賛された。「ジュヴァンクール前面の敵第二線陣地へ一番乗りし、そこを確保したのは戦車であった。彼らは、戦友たちとともに名誉ある地位を勝ち取り、将来的に強襲砲兵に何を期待できるかを示したのだ」一九一七年四月二十日付総司令部一般命令第七六号。

❖15 „Revue d'Infanterie“〔『歩兵評論』〕, ペレ司令官「マルメゾンの戦いにおける戦車」〔Les Chars á la bataille de la Malmaison, par le commandant Perré〕。

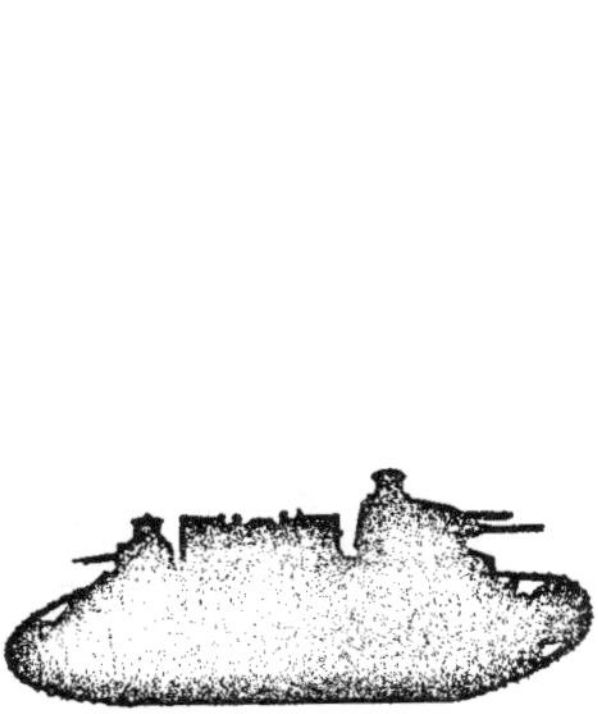

新兵科の誕生

一、カンブレー　地図8（一一四〜一一五頁）および地図9（一一四〜一一五頁）参照

一九一六年九月に初めて投入されて以来、イギリス戦車部隊は、保有車両の数が増すとともに、何度も編制と人員配置の変更を行ってきた。創設時には六個中隊だったのが、九個大隊になり、一九一七年七月からは「戦車兵団《タンク・コーア》」と呼ばれるようになった。そして、それぞれ三個大隊を有する旅団三個が編成される。各大隊は三個中隊より成り、一個中隊は四個小隊を隷下に置く。一個小隊あたり、四両の戦車が配備されていた。ほかに、移動修理廠一個が使用できた。

一九一七年秋に使われた戦車はⅣ型である。この戦車は外見は一九一六年秋のⅠ型に似ていたが、ＳｍＫ弾に耐えられる装甲をほどこし、歩兵の塹壕から自ら脱出することを可能とするような、登攀用角材をキャタピラ上部に搭載した。重量二十八トンで、ダイムラー社の百五馬力エンジンにより、平均時速三キロ、最

高時速六キロ程度の速力が得られていた。乗員は将校一名と下士官兵七名で、「雄」型の武装は五十八ミリ〔原著者の誤記ないし誤認で、正確には五十七ミリ〕・カノン砲二門、機関銃四挺、「雌」型のそれは機関銃六挺だった。航続距離は二十四キロ〔正確には約三十八キロ〕になる。十一月には、Ⅳ型戦車三百七十八両、補給戦車とされた旧型九十八両が投入可能になっていた。

戦車兵団を指揮していたのは、エリス将軍だった。その幕僚には、作戦参謀フラー（のち将官）、通信参謀マーテル（のち中佐）とホットブラック（のち大佐）がいる。

フランドル戦の失敗があきらかになったのち、戦車兵団の指揮官たちは、イギリス軍指導部に対し、彼らの企図に沿い、目的に合った方法で戦車を運用させるべしとの要求を通した。その提案は、一九一六年二月にスウィントン大佐が覚書に記した構想に沿っていた。この構想は当時軍上層部にも認められていたのだが、何年も顧みられることがなかったのである。

それは、戦車攻撃成功の大前提として、適切な地形の選択、大量投入、奇襲といった要件を満たさなくてはならないというものだった。この三要件は論評に値するだろう。

戦車部隊は、しばしば批判されてきた。それは、いかなる地形でも使用できるというわけにいかない、高山、急斜面、水深の深い湿地や河川で停止させられるのだ、と。いまだ、そのような障害を越えられる車両はないのだから、こうした批判も正しい。とはいえ、そんな車両が存在したためしはないし、かかる障害の克服は他兵科にもできない。それ以上優れたものはないのだから、戦車は使用されなければならないのである。上記の障害を排除しようと思えば、通行手段や飛行手段を生み出さなければならない。当たり前のことながら、技術者たちは、軍用車両、とくに戦車の野外走行能力を改善しようと常に努力してきた。最近、この領域では多くの成果がみられるから、これまでよりもずっと大きな機動力が得られることは確実である。にもかかわらず、地形はなお考慮に入れなければならない要因なのだ。

とても前進できないような地形に戦車攻撃を指向するのが誤りであることは明白である。戦車攻撃の前に過剰な弾幕射撃をほどこすのも、同じく間違いだ。地形を月世界のごとくに荒らし、最良の自動車両、それどころか、輓馬車両でさえもはまりこんで動けなくなることは必至といった状態にしてしまうからだ。戦車を迅速に進撃させるには、攻撃に際して、極端な高低差のある地形を踏破しなければならぬはめになるのを避けることも重要である。ドイツ軍は、山や谷、川や森といった地形を組み入れた戦闘帯を設定するのを好んだが、それは許されない。むしろ、戦車を活用するのに適した地形や植生を選ばなければならないのだ。歩兵や砲兵の視点から、それが実行し得ないのであれば、そうした地点から戦車のみが、歩兵の攻撃方向に合流するように、ただし、車両走行に適した地形に向けて攻撃させることが必要となるだろう。だが、最終的に重要となるのは、戦車が敵を捕捉することである。

戦車の大量使用は、好適な地形を選ぶという問題と密に結びついている。これまでに言及してきた戦史の実例すべてから、少数の戦車隊では決定的な成果をあげられないということが確認できた。もともとわずかな数しか手元になかった場合でも、一九一七年四月十六日のように、比較的多数の戦車が使用可能でありながら戦闘に逐次投入された場合でも、同様の結果が出たのだ。どの例においても、対手は適宜対抗手段を講じていったのである。世界大戦時の戦車は低速だったから、集中砲火を浴びせれば、戦車攻撃をしりぞけることができた。

多くの戦車が同時に攻撃すれば、敵の砲撃も分散する。それは、世界大戦当時の砲兵でも、今日の対戦車砲でも同じことだ。とはいえ、大量の戦車を投入するには、まず何よりもそれに適した地形を選ぶことが必要なのである。

決定的な戦果を得るための第三の前提は奇襲だ。それは機略と自信にみちた将帥にとっては頼りになる手段であり、少数の側が勝利を得る方策、絶望的な状況を好転させる手立てなのだ。もちろん、奇襲という手段が彼我の部隊に与える精神的な影響には、計算しきれないものがある。奇襲をもとにした作戦を立てるのはためらわれるものだが、その理由は、かかる不確実性にある。旧式兵器では不充分であることが暴露されたときにさえ、新兵器の導入が緩慢にしか行われない理由も、そうした不確実性にあるといえよう。

戦争の手段がまったく新しい種類のものであれば、奇襲を達成し得る。そうした兵器を敢えて最初に使おうとする将帥には、めったにない大胆さが要求される。だが、それだけに、成功した場合の奇襲効果は高い。ここまでみてきたように、ドイツ軍は毒ガス使用、イギリス軍は戦車投入において、まったく新しい兵器の大量使用による奇襲を行うというリスクを冒すことをためらったのである。この、ただ一度かぎりの好機が過ぎ去ったのちは、それまでの兵器使用でありふれたものとなっていたのと同様の方法で奇襲効果を得るしかなくなる。そんなやり方も、見込みがないとか、不可能だということはない。

表面的にはごくささいな技術の進歩が、敵にとっては手痛いことになるような奇襲効果をみちびくこともあり得る。前装式小銃から後装式の「撃針銃《ツュンデンナーデルゲヴェーア》（*Zündennadelgewehr*）」〔撃針が紙製の薬莢を貫いて、弾底の雷管を撃発させる機構を備えていた。従来の、銃口から弾丸と弾薬を装塡する前装式小銃では、伏せた姿勢での次弾装塡が困難だったが、この撃発機構の導入によって、それが可能となり、著しい優位が得られた。発明者の名前から、ドライゼ銃とも呼ばれる〕への移行は、この技術が導入されてから二十五年後、一八六六年の戦争〔普墺戦争〕におけるプロイセン軍の勝利を保証した。敵はその意味を認識していなかったから、撃針銃のずばぬけた性能に驚倒したのだ。四十二センチ臼砲の意味は、従来知られていた砲種の口径を拡大しただけにとどまらない。この臼砲は、一九一四年に敵の諸要塞の装甲・ベトン掩蓋を貫く砲撃を実行、これまでは考えられなかったようなあり方での要塞陥落をもたらした。撃針銃同様、四十二センチ臼砲も、実戦に投入されるまでは、射撃演習場で実験を行っただけにすぎなかった。列強にあっても、このような兵器が戦争で実地試験されるのを待っていようとは考えもつかなかった。また、他国がそんなものを有していることなど疑いもしなかったのである。もし、そうしていれば、奇襲効果は失われたであろう。が、事実は逆で、四十二センチ臼砲の秘密は細心の注意を払って保たれていたから、完全な奇襲が達成されたのだ。以後みていくように、戦車攻撃における奇襲効果は、その存在が知られたというだけで消えはしなかった。もっとも、戦車が登場してからの一年間に、ドイツ軍が戦闘形態や方法に大規模な改良を加えている可能性はあった。奇襲の望みは、いささか少なくなっていた。それがどの程度になるかは、ドイツ軍しだいだったのだ。

旧来の兵器、そして、誤用された戦車兵科（その創設者たちは誤用に異議を唱え続けていたのだが）の失敗ののちに、ようやくイギリス軍指導部は決断を下した。戦車隊指揮官の自由を認め、フランドルの大消耗戦を経てなお残っている戦闘可能な部隊をまかせることにしたのだ。史上最初の機甲戦のために、ビング将軍麾下英第三軍に左の兵力が配備された。

各三個師団から成る軍団二個

五個騎兵師団から成る騎兵軍団一個

各三個大隊を有する旅団三個から成る戦車兵団
砲千門および有力な航空戦力

これですべてだった。これでは、期待されていた奇襲効果に恵まれ、うちのめされた敵師団に対して突撃するような状況になったとしても、大規模な突破をはかるには兵力不足である。加えて、この攻撃軍には、必要とされる予備兵力がなかった。攻撃命令の文言によれば、問題となるのは「戦車の支援を得て、ゴネリュー＝アヴランクール間の二個軍団正面で突破、敵防衛陣内に騎兵が通過できる進路を啓開、騎兵により歩兵が得た戦果を拡張できるようにすること」だった。カンブレー奪取が企図されていたことは、ほぼ間違いない。が、それ以上の目標となると、あいまいなままだったのだ。

ゴネリュー＝アヴランクールの線から北東の地勢は攻撃に適していた。傾斜に乏しく、ほとんど木も生えていない、なだらかな丘陵がスヘルデ〔エスコー〕川に向かって下っていく。スヘルデ川は、ゴネリューの東にあるバントゥーからクレーヴクールに流れ、攻撃軍の右側面を掩護していた。流れは、そこから急なカーブを描いて北東方から北西方へと向きを変え、マスニエール、マルコアン、ノワイエルを通って、攻撃予定地域をすぎると、また緩いカーブとなり、北東のカンブレーに向かう。スヘルデ川とそれに並行するスヘルデ運河を越せるのは、いくつかの渡河点においてのみであった。左翼には、フォンテーヌ＝ノートル＝ダムとブルロンの村落があり、その両者の中間にあるブルロン森とともに、戦車で奪取するのは困難な、強力な堡塁となっていた。この堡塁群とスヘルデ川に至るまで、攻撃側の障害になるのは、いくつかの村落ぐらいだったが、防御側はその家々の壁の陰や地下室に隠れて、戦車から身を守ることができる。これらの村の奪取と掃討には、特別の措置を取らなければならなかった。攻撃戦区を守っているのは、主としてドイツ第五四歩兵師団のみであることが判明しており、歩兵と砲兵だけでも六倍の優位を確保できると予想された。そこに、戦車兵団が加わるのである。

イギリス第三軍団は、第一二、第二〇、第六師団を以て東方を、第四軍団は第五一および第六二師団を以てリベクール西縁部とボワ・デ・ヌフ西縁部を結ぶ線の西方を攻撃することになっていた。最初の目標は、ラ・ヴァケリーからリベクール北方の鉄道、そしてアヴランクールの線であった。第二目標はル・パヴェ－フレスキエール北部を結ぶ線、第三目標はラ・ジュスティス－カンテン南西部－グレンクールの線である。第三軍団はスヘルデ地域の前進において右翼側の掩護を引き受け、第四軍団はフォンテーヌ＝ノートル＝ダムの方向にさらに進撃する予定だ。ドイツ軍陣地に接する左翼では、第五六師団がケアン－アンシー地区で欺瞞・牽制攻撃を実行することになっている。また、攻撃正面右翼、ブュルクール左方のジルモン農場付近で、別の陽動攻撃が命じられていた。第二九師団は予備として第三軍団に追随し、マスニエール－リュミリー－マルコアンの線を固める。しかるのち、騎兵が戦果を拡張するのだ。第二および第五騎兵師団がカンブレーの南・東方、第一騎兵師団が西方から包囲攻撃する。その途上で、第一騎兵師団は、カンテンとフォンテーヌ＝ノートル＝ダムの奪取にあたって歩兵を支援し、北東からブルロンを占領、最後に東から迫る騎兵部隊と合流して、カンブレーとその北東にあるサイイと北のティヨワを奪取するのである。加えて、ドイツ軍の後方連絡線を攪乱するため、一部をセンセー川の北に前進させることも計画されていた。

砲兵は、長期間にわたる準備射撃や正確な照準射撃をあきらめた。攻撃直前に短切な砲撃を実行することにしたのである。その目標は、ドイツ軍砲兵隊の指揮観測所の制圧、煙幕による視界遮蔽、ドイツ軍戦線後方の前進路、村落、駅にある大砲であった。加えて、攻撃前には準備砲撃もなされた。砲兵は、自らの位置を隠蔽することに成功していた。

戦車とほぼ同じ数の航空機もあった。敵予備兵力の配置を探り、反撃が指向されるのを適宜報告することが、とくに重視された。

戦車も、この攻撃計画に従って配備された。その編合は以下の通り。

第三軍団

第一二師団に二個大隊。うち戦車四十八両が第一次交戦、二十四両が第二次交戦で攻撃し、十二両が予備車両とされた。

第二〇師団に二個大隊(一個中隊欠)。うち戦車三十両が第一次交戦、三十両が第二次交戦で攻撃し、十両が予備車両とされた。

第六師団に二個大隊。うち戦車四十八両が第一次交戦、二十四両が第二次交戦で攻撃し、十二両が予備車両とされた。

予備として後続した第二九師団に一個中隊。戦車十二両が第三次交戦に投入されたが、そのうち二両が予備車両とされた。

第四軍団

第五一師団に二個大隊。うち戦車四十二両が第一次交戦、二十八両が第二次交戦に投入された。

第六二師団に一個大隊。うち戦車四十二両が第一次交戦、十四両が第二次交戦に投入された。

各隊に一定の任務が与えられ、最小戦術単位は小隊とみなされた。一部は、もっとも危険な敵である砲兵にまっしぐらに突進するよう定められた。敵砲兵に対しては、そのほかに爆撃機も差し向けられている。

一部の部隊は、歩兵との協同攻撃訓練を事前に行うことができた。幅のあるドイツ軍塹壕を越えるために、粗朶束《そだたば》が準備され、戦車に搭載された。ドイツ軍の陣地を蹂躙するのに、特別の戦術が用いられた。大砲で武装した「雄」型戦車が敵陣まで先行し、障害物を破壊し、敵の兵員を射撃で制圧する。その一方で、「雌」型機関銃戦車が塹壕に粗朶束を投げ込み、戦車小隊が当該地点を超壕できるようにするのだ。つぎの陣地でも、こうした行動が繰り返される。占領した塹壕は、味方歩兵が確保するまで、戦車が火制することになっていた。

攻撃準備は細心の注意を払って進められ、自軍部隊に対しても秘密にされた。戦車兵団は、冬季演習の名目でアルベールに集結し、攻撃の二晩前に戦線近く、主としてアヴランクールの森にあった準備陣地に移動、攻撃前夜に、最前線の後方奥深くに置かれた攻撃発起陣地に前進したのだ。十一月の曇天が、ドイツ軍の航空捜索を困難にしていた。かくて、完全な奇襲が達成されたのである。

一九一七年三月以来、ドイツ軍はジークフリート陣地に拠っていた。これは、他の戦線の陣地のように、それに先立つ戦闘の結果、偶然に布かれたものではない。注意深い調査のもとに計画され、二年間の陣地戦経験をもとに構築されたのである。まず初めに、敵は鉄条網でつくられた障害物に守られた前哨陣地に引き寄せられる。そこと第一塹壕線のあいだには、一連の抵抗システムが仕込まれているのだ。第一塹壕線は三メートル以上の幅があり、多数の地下壕を含んでいる。ここから二百ないし三百メートル後方にある第二塹壕線も同様で、平均三十メートル幅の鉄条網によって守られていた。両塹壕線とも良好な射界を確保している。また、多数の連絡壕があり、掩蔽されたまま陣地内を往来することを可能にしていた。この第一線陣地のおよそ二キロ後方に、中間陣地も設置されていたが、こちらはいまだ完成していなかった。第二線陣地は、敵側からみてブルロンからボワ・デ・ヌフにあり、一部は、さらにスヘルデ川北岸に沿って構築されはじめていた。その作業のための労働力が不足していたから、かかる事態になったのである。カンブレーは平穏な戦線で、フランドルの戦闘で消耗した師団が休養し得るところとみなされていた。

一九一七年十一月、この静かな戦線では、ドイツ第一三軍団麾下のコドリー方面支隊が、カンブレー－バポーム街道の両側に置かれた第二〇後備師団、アヴランクール－ラ・ヴァケリー間の八キロ正面を守る第五四歩兵師団とともに配されていた。南に隣接していたのは、第九予備師団である。第五四歩兵師団隷下の三個連隊は、肩を接するようにして配備されており、各連隊は持てる三個大隊のうち、二個大隊を交代で最前線に出して、残る三番目の大隊を休養させるようにしていた。兵員が配置されていたのは、第一線陣地のみで、中間陣地は空だった。一九一七年十一月十六日になっても、上級組織の第二軍は、近々、大規模な攻勢があるとは思われないとの所感を抱いていた。十一月十八日にも、既知の敵、英第三六師団がトレスコーにいることを斥候が確認している。ここで取られた捕虜の申し立てによれば、彼らの師団は英第五一師団と交代することになっており、またアヴランクールの森で戦車を見たという証言も得られた。さらに、彼らは、十一月二十日に予定されている攻撃のため、数時間にわたる準備砲撃が行われるとも述べている。十一月十九日には、やはり既知の敵である英第二〇師団が前面にいることが、捕虜の情報により確認された。航空機

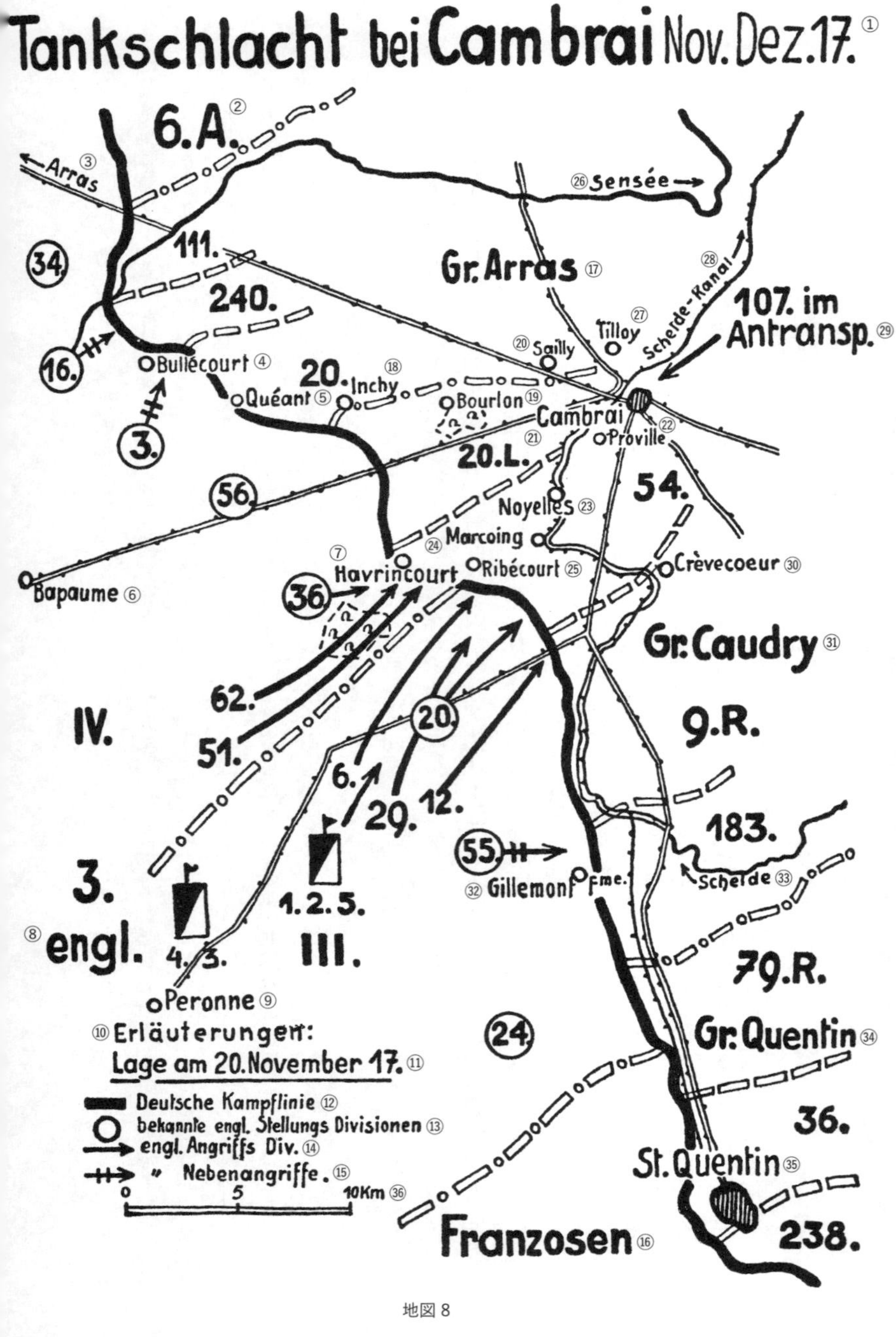
Tankschlacht bei Cambrai Nov. Dez. 17. ①
6.A. ②
Arras ③
34
111.
240.
16.
Bullécourt ④
3.
Quéant ⑤
20. Inchy ⑱
Bourlon ⑲
Cambrai ㉑
20.L.
Proville ㉒
Sailly ⑳
Tilloy ㉗
Gr. Arras ⑰
Sensée ㉖
Schelde-Kanal ㉘
107. im Antransp. ㉙
56
Noyelles ㉓
Marcoing ㉔
54.
Bapaume ⑥
Havrincourt ⑦
Ribécourt ㉕
Crèvecoeur ㉚
36
Gr. Caudry ㉛
62.
51.
IV.
20
9.R.
6.
29.
12.
183.
55
Gillemont Fme. ㉜
Schelde ㉝
3.
⑧ engl.
4. 3.
1. 2. 5.
III.
79.R.
Peronne ⑨
24
Gr. Quentin ㉞
⑩ Erläuterungen:
Lage am 20. November 17. ⑪
Deutsche Kampflinie ⑫
bekannte engl. Stellungs Divisionen ⑬
engl. Angriffs Div. ⑭
" Nebenangriffe. ⑮
0 5 10Km ㊱
36.
St. Quentin ㉟
238.
Franzosen ⑯

地図 8

地図8（前頁）
①カンブレー戦車戦（1917年11月〜12月）
②第6軍
③アラス
④ビュルクール
⑤ケアン
⑥バポーム
⑦アヴランクール
⑧英第3軍
⑨ペロンヌ
⑩凡例
⑪1917年11月20日の状況
⑫ドイツ軍の戦線
⑬陣地を守備していた既知の英軍師団
⑭攻撃をかけた英軍師団
⑮毒ガス攻撃
⑯フランス軍
⑰アラス方面支隊
⑱アンシー
⑲ブルロン
⑳サイイ
㉑カンブレー
㉒プロヴィル
㉓ノワイエル
㉔マルコアン
㉕リベクール
㉖サンセ
㉗ティヨワ
㉘スヘルデ運河
㉙輸送中の第107師団
㉚クレーヴクール
㉛コドリー方面支隊
㉜ジルモン農場
㉝スヘルデ
㉞カンタン方面支隊
㉟サン・カンタン
㊱R.予備
L.後備

の活動や地上の往来も、普段より活発になっていた。だが、その他の点では、十一月十九日は平穏なままに終わったのである。さしたるイギリス軍の砲撃もなかった。

従来のかたちでの大攻勢が行われることを示す兆候はなく、また他の地点で得られた捕虜も自分の戦区で攻勢が企図されていると語ったのだが、すでに述べたような情報から、ドイツ軍は一連の対抗措置を取った。十一月十九日の夜、一段上の警戒態勢を布くべしとの指示が出される。第五四歩兵師団は敵の最前線に破壊・擾乱《じょうらん》射撃を浴びせかけ、アヴランクールの森とトレスコー、敵の前進路に急襲射撃の砲弾が降り注いだ。最高司令部は、アヴランクール戦区を占めていた第二〇後備師団の左翼連隊を、予想される戦闘地域での指揮統合のために、第五四歩兵師団麾下に置いた。軍予備からコドリー方面支隊に、第二七予備歩兵連隊と野砲兵大隊本部と二個砲兵中隊が分遣され、後者の指揮下に入る。また、増強された重砲兵一個中隊が十一月二十日に到着するとの予告もあった。第二七予備歩兵連隊は、第五四師団の右翼二個連隊の背後に置かれ、突撃兵力に指定された。同連隊の第一大隊の一部は第八四歩兵連隊の麾下に入り、フレスキエールに押し出した。別の一部はフォンテーヌ＝ノートル＝ダムに移される。第三大隊が支隊予備としてカンブレーに控置される一方、連隊本部は第二大隊とともにマルコアンに陣取った。さらに第五四歩兵師団も、東部戦線から到着したばかりの第一〇七歩兵師団から、野砲兵二個大隊を受け取った。この両大隊は、グレンクールとフレスキエール付近で配置についた。

ドイツ側では、イギリス軍の大攻勢があると真剣に考えていたわけではなかった。ジークフリート陣地の力を確信していたからである。それゆえ、第二軍、コドリー方面支隊、第五四歩兵師団が迅速かつ決然と防衛措置を取ったことは、いっそう注目に値する。だが、目前に迫った戦車攻撃に対応するためのとくに重要な措置は、遺憾ながら手つかずとなった。つまり、戦車を撃破する目的で、防御用の砲が近距離での充分な射界を備えた陣地に配置されることはなかったのだ。歩兵がタンク出現の可能性があることに気づくのも遅れ、従って、攻撃が開始されたときに彼らの手元にあったＳｍＫ弾の数はごくわずかだったのである。

十一月二十日の朝、空が白んできた午前六時ごろに、時ならぬ騒音が響いた。アヴランクール付近に弾幕射撃が行われたのである。その後、再び静穏になったが、七時十五分にドイツ軍陣地に対するイギリス軍の砲撃が開始された。総員、待避壕に隠れ、哨兵だけが外に残った。これまでの経験から、敵歩兵が攻撃するまで、まだ数時間はあるものと考えたのだ。ドイツ軍砲兵も、朝の光を曇らせる砲煙と霧を衝いて、前哨壕前方にささやかながら突撃阻止射撃を行う。そのとき、えたいのしれない黒い影の大軍が哨兵たちの眼に飛び込んできて、彼らを驚愕させた。それらは銃砲射撃をまきちらしながら、縦深に配置された強力な障害物を、まるでただのマッチ棒であるかのように踏みにじっていく。警告を受けた塹壕の兵員たちは機関銃に飛びつき、身を守ろうとした。それも無駄なことであった！　現れたのは、個別に投入された戦車であったろうか。否、戦車は一キロにもおよぶ横隊でやってきたのである！　ＳｍＫ弾も効果がないことがあきらかになった。砲兵の突撃阻止射撃の着弾も前哨壕前方地域から下がることはない。少しばかりの手榴弾で射撃してくる戦車を損傷させることができたが、それは例外だった。すなわち、ドイツ軍にはなすすべもなかったのだ！　ドイツ軍歩兵は、敵の圧倒的な物質力の前に無力にさらされる、恐るべき事態になったと確信した。戦死するか、投降するかの選択しかない。後方に突破脱出しようとしても、この猛射の前では見込み薄だった。

予備の逆襲によってのみ、息をつくことができる！　第五四歩兵師団は、失われた第一塹壕線を奪回するため、二個大隊を以て逆襲に移るよう、第二七予備歩兵連隊長に命じた。教範通りの任務である。だが、歩兵戦闘を遂行中だった第一〇八歩兵旅団のみは、逆襲は中止すべきであると意見具申した。それはもう実行不可能となっていたのだ。使用できるのは、支隊予備としてカンブレーに控置されていた第二七予備歩兵連隊第三大隊のみだった。

同じころ、第一〇七歩兵師団が到着し、九時四十分にその二個大隊をマスニエール経由で、また別の一個大隊をクレーヴクールに向けて進発させた〔この三個大隊は同じ連隊に所属する〕。それぞれが第五四歩兵師団や第九予備師団の麾下に置かれた。同師団の別の歩兵連隊一個が、コドリー方面支隊の指揮下に入り、フォンテーヌ－カンテン－プロヴィルの線に展開、三個目の連隊は軍予備に指定され、カンブレーに向かった。

前線からの報告は断片的で、航空捜索も地表を覆った霧のために不可能だった。また、英軍の弾幕射撃がとどめようもないありさまで進められてきて、視界をとざしてしまう。

そうしているあいだにも、下級部隊は、防御戦のための指示に従い、逆襲に出ようとしていた。第二七予備歩兵連隊第二大隊は、フレスキエールからアヴランクールへの連絡壕を通って前進する。戦況に関する正確な情報がなく、負傷者が、無数のタンクがいると報告したのみだった。隷下諸中隊は少しずつ塹壕を離れ、展開していった。だが、前方に出ようと努めているうちに、この大隊は戦車に攻撃され、大部分が撃滅されることになった。第八四歩兵連隊左翼では、第三八七後備歩兵連隊が蹂躙され、突破を許してしまった。隣接する第九〇予備歩兵連隊の戦況も、それよりましとはいえなかった。連隊本部自体が、まるまる捕虜になってしまったのである。視界が開けてくるなか、マルコアンにある砲兵の射界内に敵戦車が入ってきた時点でようやく、わずかながらの救いが得られた。

第九予備師団では、右翼の第一九予備歩兵連隊が戦車攻撃に遭い、同様に殲滅されてしまった。ただし、バントゥーと運河の線の保持は成功したのだ。

全攻撃正面で、たちまち陣地網が覆滅された。戦車を先頭に立ててのイギリス軍の攻撃は、洪水のごとく中間陣地を越えていく。フレスキエールの村だけは保持できたが、それは例外だった。この村の家々が堅牢なつくりになっていたのと、兵員が地下室を掩体壕として使えたために、ある程度戦車に抵抗できたというのが、その成功の理由である。また、フレスキエールでは、第二七予備歩兵連隊長クレープス少佐が九時ごろに命令を受けて、適切な措置を取っていたのだ。彼は、第一線陣地で戦車に対して無防備な歩兵が意味もなく損害の多いばかりの逆襲をかけるのを止めさせた。クレープスは、第二大隊の残兵、少なくとも機関銃中隊と小銃中隊の一部、まさに前進してきた第一大隊の半分をかき集め、フォンテーヌ＝ノートル＝ダムからトラックでカンテン南西に運ばれてきた第一大隊の残り半分と併せて、フレスキエール村に向かわせた。第八四歩兵連隊の一部と第一〇八歩兵連隊もその麾下に入り、集束手榴弾〔複数の手榴弾を束ね、効果を増したもの。対戦車兵器としても威力を発揮した〕がつくられた。かかる明快な指揮、六百名の守備隊の献身、そして何よりも砲兵隊、第一〇八および第二八二砲兵連隊の諸中隊の卓越した支援が功を奏して、この村は黄昏時まで保持することができたのである。

このフレスキエール防衛戦から、状況を正しく判断し、地形やそれによって得られる掩体効果を利用すれば、歩兵といえども戦車に対して、多くの地点を確保できること、戦車単独では防御にあたる歩兵を完全に殲滅することはできないという戦訓を引き出すことができる。この点については、のちにまた確認しよう。

十時五十分、その予備である第五二予備歩兵連隊を投入したコドリー方面支隊は、麾下第五四および第一〇七師団に、現在位置にある陣地を死守せよと命令、これ以上の逆襲は不可とした。トラックが歩兵の収容に差し向けられ、司令部の乗用車までも同様に使われた。夜までに、さらに増援を送り込む見込みはなかった。ゆえに、情勢はきわめて深刻なものになっていた。これについて、ルーデンドルフ将軍は記している。「部隊輸送用の自動車縦列の不足があきらかになったのは、痛感の極みであった」[1]攻撃された師団の後方訓練所から大急ぎで新兵が集められたばかりか、第五四師団司令部からも三十名が警戒要員としてスヘルデ運河に送り出された。

このような危機にあるにもかかわらず、第一八予備歩兵旅団長（第九予備師団隷下）フォン・グライヒ大佐は冷静沈着で、のちの反撃に備え、スヘルデ運河の橋頭堡をなお確保していた。バントゥーとオネクールも、ドイツ軍が保持している。第九予備師団も、運河西岸、バントゥーの北からクレーヴクールにかけて、薄い戦線を布くことができた。

マルコアンでは、いくつかの砲兵中隊が勇敢に防御戦を展開していたが、やがてイギリス軍の手に落ちた。英戦車隊は、ここで運河を渡った。守備隊の残余はカンテンに後退したけれども、本格的な攻撃を受けたら、それを拒止する見込みはなかった。ノワイエルもまた陥落したものの、そこに架かっていたスヘルデ川の橋梁爆破に成功した。他の地点では、どれもうまくいかなかったことである。第二七予備歩兵連隊第三大隊の残兵は、運河の東岸、砂糖工場とデュ・フロー農場のあいだを占めた。その南では、第一〇七歩兵師団第二二七予備歩兵連隊が、マスニエール付近で運河を渡ろうとする敵を拒止し得た。カンブレーに向かって前進していたカナダ騎兵一個中隊が味方砲兵一個中隊を攻撃したが、接近してきた第五四師団徴集兵訓練所の要員によって、大損害を出して撃破された。ここでもまた、イギリス軍の強力な攻撃を、手持ちの貧弱な兵力で支えられるという望みはなかった。ところが、まったく理解しがたいことではあるものの、そのような攻撃は実行されなかったのだ。

カンテンの第一〇七歩兵師団は、午後遅くになってようやくさらなる増援を得た。これが間に合って、騎馬で北へ突出しようとしていたイギリス第一騎兵師団を撃退できたのである。今や、アヌーとカンテンのあいだに、薄い抵抗線が形成されつつあった。十一月二十一日午前四時十五分、果敢にフレスキエールを守っていたクレープス少佐も、カンテンに向かって後退する。敵の妨害はなかった。

ドイツ軍は、先が見えない不安におののきながら、十一月二十日から二十一日にかけての夜を過ごした。敵は、この状況を認識しており、戦果拡張に利用するだろうか? 彼らは、戦略的突破を可能とする予備兵力を持っているのか? ドイツ軍は最前線の状況をあきらかにし、散り散りになった部隊をまとめようと努力した。

さて、こうしてドイツ側の事情をみてきたが、今度は攻撃側のようすに眼を向けてみよう。

すでに触れた、攻撃にあたる師団群への戦車の配分からもわかるように、戦車は二個梯隊に分かれて攻撃する予定で、予備として第二九師団に従う戦車一個中隊のみが第三線となっていた。しかし、これらの梯隊は、それぞれに割り当てられた歩兵の梯隊に膚接して行動することになっていたため、第二梯隊は、そくざに第一梯隊を助けて戦果を拡張できるような状態になかったのである。攻撃隊形はおおむね横一線で、縦深配備も予備戦車の控置もなかった。よって、持てる力をすべて戦闘に投入してしまったあとには、戦車兵団司令部は手をこまぬいているしかなかったのだ。軍司令部も同様である。エリス将軍にできることといえば、中ほどに位置した旅団の最先頭の戦車に乗って、自ら攻撃を指揮するぐらいであった。

午前七時十分、千メートルほど離れた敵陣の突撃発起陣地から、戦車の攻撃が開始された。七時二十分、戦車が第一線陣地を越えると同時に、イギリス軍砲兵隊の砲撃がはじまり、それはすぐに弾幕を形成した。榴弾と煙弾の混合砲撃である。煙幕がドイツ軍砲兵の視界をさえぎったが、戦車の行動もある程度妨げられた。多くの戦車がコンパスで針路を定めるはめになったのだ。これまではその堅固さを誇っていた西部戦線の野戦築城のたまものが、短時間で難なく奪取された。障害物は粉砕され、塹壕は粗朶束で超壕されてしまう。最前線陣地の兵員は、撃滅されるか、捕虜になった。逆襲にかかったドイツ軍予備も、最前線の戦友たちを助けることはできず、彼らと同じ運命をたどることになった。イギリス軍が長時間の弾幕射撃ののちに前進するというお決まりのやり方を取ったにもかかわらず、十一時までには、フレスキエールを除いて、ドイツ軍の陣地網全体がイギリス軍の手に落ちた。砲兵中隊の戦闘も敗北に終わった。ただ、敵の攻撃が緩慢だったおかげで有効な中隊指揮ができたから、決断力に富む砲兵中隊長がいた地点ではどこでも、個々の陣地から各個直接射撃〔観測班の測定により射撃諸元を確定しつつ、一斉砲撃するのではなく、個々の砲の砲員が自ら直接観測し、砲撃を加えること〕を加え、戦車に相当の損害を与えた。

昼ごろまでに、決定的な勝利が目前に迫っていた。クレーヴクールからラ・フォリ南方まで、スヘルデ運河南岸はその橋梁の大部分も含めて、イギリス軍の占領するところとなっていた。クレーヴクール－マスニエール間、そしてカンテンとフレスキエール間で、ドイツ軍の戦線に大穴が開いたのだ。ムーヴル東方では、攻撃側がドイツ軍第二〇後備師団を北へ圧迫しはじめていた。正面幅十二キロにわたって、もうドイツ軍の陣地はなく、いくつかの孤立したドイツ軍部隊が抵抗しているだけだった。突破は成功したのである。攻撃側がこの戦果を拡張できるかどうかに、すべてがかかっていた。いかなる遅疑逡巡も、防御側が予備兵力を召致して新しい戦線を築き、かくも容易かつ迅速に得られた勝利を揺らがせることにつながりかねない。ここで投入できる新手の歩兵は第二九師団のみであり、戦車は同師団に配属された十二両のみだった。しかし、イギリス軍司令部は、五個師団から成る騎兵軍団まるまる一個を有していた。快速で、とりわけ戦果拡張に適した兵科の部隊が用意されていたのである。騎兵のために、ドイツ軍の障害物のあいだに広い通路が啓開され、この任務のために補給戦車三十二両が付せられた。また、騎兵用の渡河資材を積んだ予備戦車二両が随行する。午後一時半から、戦闘用の戦車三十両がマスニエール付近で騎兵を待った。第二九師団もマルコアンで、ドラマの最終幕が上がるのを待機していたのだ。だが、こうして待ち焦がれられていた騎兵のうち、マスニエール近くに最初に現れたのは一個中隊のみであった。午後四時半のことである。主力はなおカンテン付近にあり、ドイツ軍第五四および第一〇七歩兵師団のわずかな兵力によって拒止されていたのだ。騎兵を戦車と協同させ、西部戦線で長らく無聊《ぶりょう》をかこっていた馬を大規模かつ機動的に運用しようとする、最初の試みは失敗した。成功を得ることが可能であった時間は過ぎ去り、それが利用されることはなかったのである。五個師団もの騎兵は、機関銃と小銃の薄い膜を切り裂くこともできなかったのだ。

十一月二十日の晩に、史上最初の戦車戦は終わった。数時間のうちに、西部戦線最強の陣地が、およそ幅十六キロ、縦深九キロにわたって突破されたのだ。捕虜数は八千にのぼり、砲百門が鹵獲された。イギリス軍の損害は兵員四千名、戦車四十九両だった。カンブレーは、イギリス側の大勝利となった。この戦争で初めて、ロンドンにおいて祝福の鐘が鳴らされた。戦車は圧倒的な成果をあげ、その存在意義を証明してみせたのである。スウィントンとエリスは互いに祝電を送り合った。

しかし、これまでにないほどの大きさになったドイツ軍戦線の湾曲部をどう活用するのか？　すぐに強力な第二次攻撃を繰り出さねばならぬのではなかったか？　なるほど、イタリアに送られることになっていた二個師団の兵力が、ビング将軍に与えられはした。また、フランス軍もたしかに、ドグット将軍が指揮する予備支隊の二個歩兵師団および二個騎兵師団を、鉄道と自動車でペロンヌ地区に運んではいる。ところが、イギリス軍の予備は逐次投入されるのみだったし、フランス軍のそれに至ってはまったく使われなかった。戦車兵団自体も、続く数日の戦闘において、ごく一部しか投入されなかったのだ。

この間、ドイツ軍はたゆまず増強に努めていた。十一月二十一日には、きわめて危機的な状況が訪れていた。午前中にはもうコドリー方面支隊の司令官が報告している。「強力な砲兵が到着する前に敵が戦車攻撃を継続したならば、突破口は拡大されるばかりで、大突破に至るのを防ぐことは不可能であります。この事実について、口をつぐんでいることは許されないと考えました」　第二〇後備師団はその兵力の三分の二を失い、第五四歩兵師団はほとんど殲滅されかけていた。いくさ女神は、再びイギリス人にマントの端をさしかけていたのである。もしもフランドルの戦いがなかったならば！　もしも、そこで消耗戦の犠牲となった師団が健在で利用できたならば！　その戦闘で浪費された砲弾に使った二千二百万ポンドの予算を、代わり

Tankschlacht bei Cambrai Nov./Dez. 1917. ①

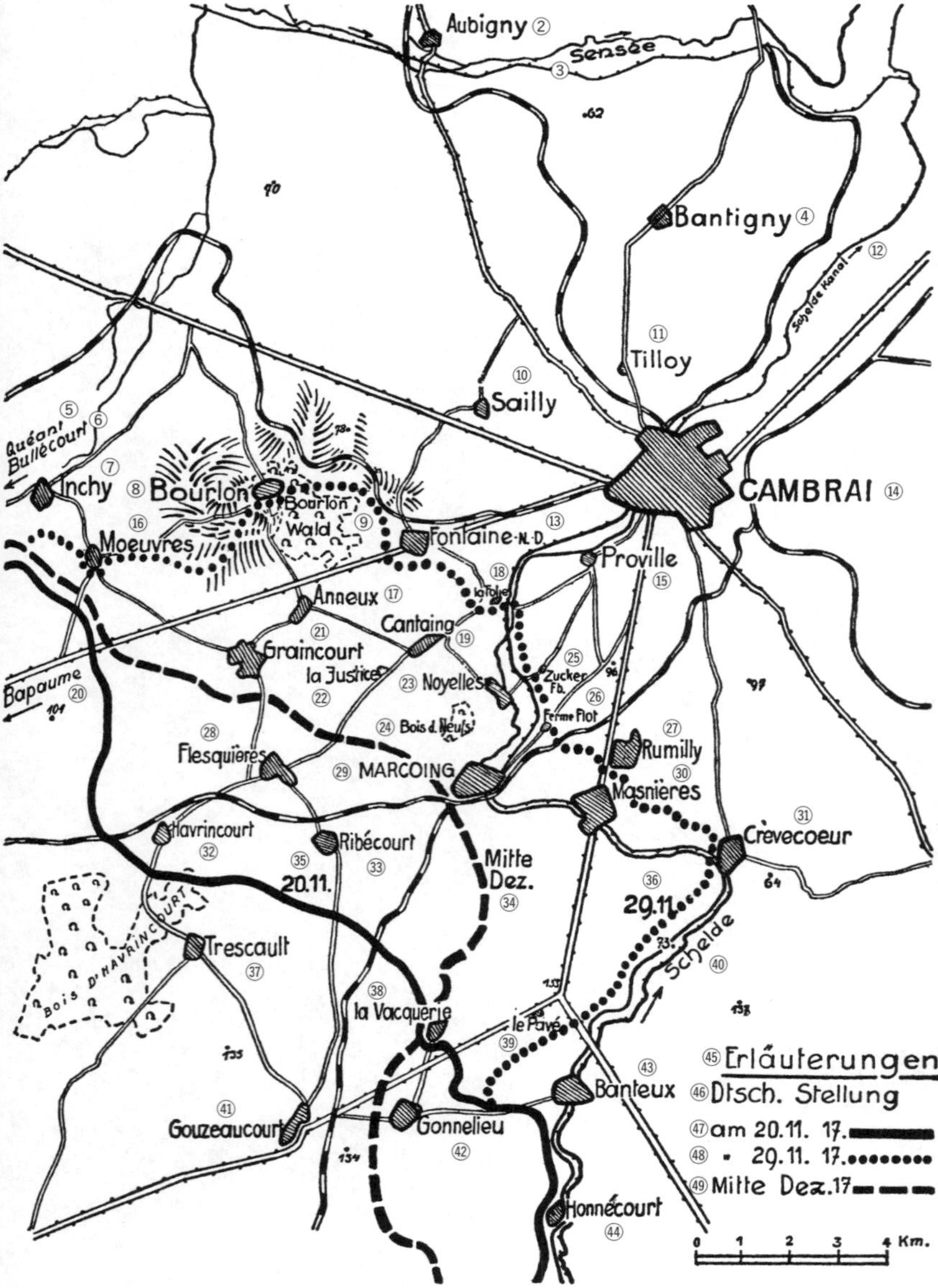

地図 9

地図9（前頁）
①カンブレー戦車戦（1917年11月～12月）
②オービニー
③サンセ
④バンティィニー
⑤ケアント
⑥ビュルクール
⑦アンシー
⑧ブルロン
⑨ブルロン森
⑩サイイ
⑪ティヨワ
⑫スヘルデ運河
⑬フォンテーヌ＝ノートル＝ダム
⑭カンブレー
⑮プロヴィル
⑯ムーヴル
⑰アヌー
⑱ラ•フォリ
⑲カンテン
⑳バポーム
㉑グレンクール
㉒ラ•ジュスティス
㉓ノワイエル
㉔ボワ•デ•ヌフ
㉕砂糖工場
㉖フロー農場
㉗リュミリー
㉘フレスキエール
㉙マルコアン
㉚マスニエール
㉛クレーヴクール
㉜アヴランクール
㉝リベクール
㉞12月なかばの線
㉟11月20日の線
㊱11月29日の線
㊲トレスコー
㊳ラ•ヴァケリー
㊴ル•パヴェ
㊵スヘルデ
㊶グゾークール
㊷ゴネリュー
㊸バントゥー
㊹オネクール
㊺凡例
㊻ドイツ軍陣地
㊼1917年11月20日の線
㊽1917年11月29日の線
㊾12月なかばの線

に戦車につぎこんでいたなら！　十一月二十一日の午前中いっぱいが、統一的ならざる攻撃準備に費やされた。午後になって、戦車四十九両の支援を受けて攻撃が実行されたが、その支援は不充分で、わずかな戦果しか得られなかった。それでも、二十一日の午後には、騎馬の士官に率いられたイギリス軍の歩兵大隊群が隊列を組み、軍楽を奏でながら、グレンクールとマルコアンのあいだで前進した。ドイツ軍の砲撃を受けることはなかった。戦車がカンテンを奪取し、フォンテーヌ＝ノートル＝ダムに突入する。けれども、歩兵がこの戦車の成功を充分に活用することはなかった。十一月二十一日から二十二日にかけての夜には、この二つの村とブルロンの森のあいだに戦線の穴が口を開いていたにもかかわらず、である。数両の戦車がマルコアンの駅からカンブレーに前進しようとしたものの、まさにそのとき到着したドイツ軍の砲兵中隊によって、損害を出して撃退された。

十一月二十三日以降の数日間、六十七両の戦車が攻撃に参加し、主としてブルロン山系周辺で戦闘が展開された。十一月二十七日になっても、ドイツ軍はブルロンとフォンテーヌ＝ノートル＝ダムを保持していたが、イギリス軍はブルロンの森を占領していた。最後の攻撃は、わずかな戦車を以て実行されたにすぎなかったが、防御側をひどく緊張させた。パニックの発生を防ぐために、冷静沈着な指揮官が何度となく叱咤激励しなければならなかったが、恐慌が起こらなかったことは参戦諸部隊の名誉であったといえよう。

一九一七年十一月二十七日、イギリス軍は、総点検と整備のため、戦線の後方に戦車を下げた。各隊ごとに鉄道で運ばれていく。同日、ルーデンドルフ将軍は、ル・カトーの会議において、即刻反撃に移ると決断した。その準備はきわめて速やかに遂行されたため、早くも二十九日にはブルロンの森に毒ガス攻撃がなされ、三十日には一時間の準備砲撃をともなう攻撃を実行し得たのだ。攻撃は（とくに南部では）、イギリス軍にとっては虚を突かれたものとなった。騎兵を投入しなければならなくなったばかりか、すでに輸送されはじめていた戦車も大急ぎで呼び戻されたのである。十二月四日から五日にかけての夜に、ブルロンの森は、激戦ののちにドイツ軍に奪回された。十二月六日までに、失われた地域は再び占領され、ラ・ヴァケリー以南では、かつてのドイツ軍の戦線よりも相当程度前進することができた。このイギリス軍の攻勢が大戦果をあげられなかった理由は、予備兵力の不足、個々の師団における戦力の欠如、不充分な補給組織といったことに帰せられる。ドイツ軍は捕虜九千を得、大砲百四十八門と戦車百両を鹵獲した。これらの戦車は、十一月二十日以来、多かれ少なかれ損傷して、戦場に放置されていたのである。これに対し、イギリス軍は一万五百名の捕虜を取り、大砲百四十二門を鹵獲したと報じられている。十一月二十日の刃こぼれは、輝かしいかたちで研ぎ直されたのであった。

この戦闘から教訓を引き出す前に、一九一七年十一月二十日から三十日にかけてのイギリス軍の損耗を概観しておこう。

第三軍団　将校六百七十二名、下士官兵五千百六十名
第四軍団　将校六百八十六名、下士官兵一万三千六百五十五名
騎兵　将校三十七名、下士官兵六百七十四名
戦車兵団は十一月二十日のみで、将校百十八名、下士官兵五百三十名を失った。
第二戦車旅団は、十一月二十日から十二月一日のあいだに、将校六十七名、下士官兵三百六十名を失っている。

フランドルにおいて戦車を投入することにより、比べものにならないほどわずかな犠牲で、きわめて短時間に、以前と同じほどの地域が占領された。右記の数字はそのことを証明していた。また、弱体の九個大隊を持つだけだった戦車兵団が、偉大なる献身を以て戦い、戦勝を得るためには犠牲をいとわなかったことも確認される。

ここで、攻撃側と防御側がこの戦闘から学んだこと、そして、学び得たはずのことを調べてみよう。

イギリス軍は、戦車がその責を立派に果たしたものと結論づけた。ただし、技術的な観点からは、ただ一人だけであやつることができる戦車の操縦装置〔初期の戦車は左右のギアチェンジを行うために各一名ずつ配置され、操縦要員は計三名であった〕、より強力なエンジン、より大きな超壕能力が求められた。ほかにも、敵の陣地網を抜いたのちに、得られた戦果を拡張するために、新型の高速戦車が必要であるとされた。この要求のうち

最初の三つは、一九一八年に、のちにA型中戦車と呼ばれることになるV型、いわゆる「ホイペット（グレーハウンド）」（図12）と路上走行する装甲車によって実現された。戦車兵団の編制も、五個旅団十三個大隊に拡張され、冬のあいだに新型車両を装備、訓練も充分になされた。

また、春にはドイツ軍の攻勢が予想されることから、それに対する防衛に戦車を用いるべきかという問題が生じた。ドイツ軍の主攻方面が判明するまで、戦車は軍予備として後置し、集団的に反撃に用いる。カンブレーでの集中使用の成功、そして、それまでの小部隊運用の成果の乏しさを考えれば、そうした策こそ正当であると思われた。危険な箇所に小集団ごとに投入する局地的な予備として、戦線の背後に配備しておく手もあるが、それでは、攻撃されていない戦線に戦車が分散された状態で、危機に対することになってしまう。主たる突破正面で、敵を拒止するための戦車が充分にないという事態になりかねないのだった。ところが、イギリス軍指導部は後者を選び、防衛戦において局所的な成功しか得られなかった。こうした誤った措置から、イギリス軍が戦車の戦闘価値は不充分であると考えていたことがみて取れる。何人かの批判者たちは賢《さか》しらに、カンブレーにおける「ただ一度かぎりの」奇襲による勝利は再び得られないものだったと断言し、その証左として、ドイツ軍春季攻勢に対する防衛で戦車が効果を発揮しなかったとされていることを引き合いに出す。だが、この戦車の無能力は、イギリス軍自らが招いたものだったのである。予定されていた戦車兵団の拡張は停滞し、それどころか、歩兵の損耗を補充するために、いくつかの隊は解散させられることになったのだ。一九一八年七月四日のアメルの戦いが起こって、ようやく戦車の価値評価にあらたな動因が得られたのである。

かくのごとく、イギリス人が自らの勝利からあまり多くを学ばなかったことはわかった。しかし、われわれは、以下のごとく観察する。第一に、十一月二十日に戦車が初めて広正面において集中使用されたカンブレー戦において、それは驚くほど成功した。第二に、以下の条件が満たされれば、はるかに大きな勝利が得られたはずであったといえる。つまり、戦車の攻撃が幾重にも梯隊を組んでなされ、機動力・戦闘力をともに備えた予備を持つこと、ドイツ軍の第一線陣地網の奪取のみで満足するのではなく、より後方の目標をも追求すること、最初から防御側を全縦深にわたって捉え、砲兵中隊や予備兵力、司令部を排除すること、戦車のほかに空軍をも広範な戦術行動に動員することなどである。しかし、しだいに戦車の出現に備えるようになってきた敵に対し、個々の車両、あるいは小集団ごとに戦車を投入するよう強いられるとともに、その戦果は急速に減少していった。戦車の損害が累積し、その数が少なくなればなるほど、戦車の戦果を利用して、歩兵が敵の左右両側面に回り込むこともできにくくなったのだ。旧来の兵科のうち、かなりの数の者が、戦闘における戦車の価値、とりわけその攻撃力は不充分であるとの印象を持っており、また、こうしたイメージに固執した。その結果、古い兵科の部隊が大量投入され、多大の流血を招きながらも、さしたる戦果が得られなかったのである。近代の発達した火力の前に、そのような兵科の集団使用は不可能になっていたのだ。逆に、新しい兵科は、局所的な戦闘で個別的にしか使われなかった。こんな逐次投入と分散使用によっては、過剰なまでになっていた期待に応えられるはずがなかったのだが、当時はなぜそれが達成されぬのかと、ひとびとは首をかしげたのである。

ドイツ軍は十一月二十日に、したたかな一撃をくらった。続く数日間、戦車は個別的に使われたにすぎなかったというのに、戦闘による損害は著しい数にのぼった。従来の対戦車障害物は効果がなくなり、砲兵戦術も使いものにならなかった。敵が準備砲撃なしにドイツ軍陣地を奇襲、蹂躙してしまうと、ずっと後方の砲兵陣地からの阻止射撃も効力を無くした。敵味方が入り交じってしまったためである。行方不明者の数は、歩兵がもはや戦闘意欲をなくしてしまったことを示している。一部には、前線から武器を捨てて後退してきた諸連隊の敗残兵を、後方でかき集めるということもあった。

カンブレーで集中使用されたことで、戦車には、戦闘を決するような価値があることが証明されたといわざるを得ない。敵側が、一九一八年には、より大量の戦車、それも改良された新型を使用できるとあってはなおさらだった。対抗手段は二つあった。第一に、あらゆる有効な方法を以て、部隊の防御力を強化しなければならない。つぎに、こちらから攻撃に出たいのであれば、味方の戦車部隊を創設することだ。

防御用に、十三ミリ口径の単発対戦車銃および対戦車機関銃が製造された。しかし、対戦車銃は一九一八年には前線にゆきわたらなかったし、対戦車機関銃の完成は間に合わなかった。迫撃砲は、水平射撃用の砲架を装備した。西部戦線の各軍は、民間トラックに載せた対戦車砲十門を配備されている。対戦車壕が掘られ、場所によっては地雷原が敷設された。あらたな陣地を構築する際には、よりいっそう対戦車効果に注意が払われるようになったのだ。対戦車用に、個々の大砲も防御陣のずっと前方に置かれた。攻撃に際して、歩兵連隊に随伴する砲兵中隊の配備方法も変わり、砲兵戦術の変化を知らしめた。直接照準による各個射撃のほうが、統制された集中砲撃よりもずっと重要になったのである。

こうした防御措置ではさしたる効果が得られないことはもうわかっていたのだが、より徹底的な措置、自らの戦車部隊の創設という動きは低調だった。なるほど、陸軍省は、すでに生産が開始されていたA７V戦車（図14）を緊急優先リストの筆頭に指定していたし、カンブレーで鹵獲した英軍戦車も修理して使用した。その限りでは準備も進んでいたのだが、A７V戦車十五両、鹵獲戦車三十両に、ごくわずかな予備戦車を加えた程度では、一九一八年に決定的な打撃を加えることはできなかったのだ。ドイツ軍指導部は、十一月三十日のカンブレーで歩兵攻撃があげた戦果を物差しにしたため、戦車の攻撃能力を軽視していたのである。そこで生じた補給の困難は、新しい兵科に対する不信と相俟って、戦車の代わりではなく、野外走行性能に優れた補給車両のほうがはるかに望ましいという主張をみちびいた。すでに完成していた戦車の車台が一部流用され、そのように改造された。いわゆる「マリーエン車《マリーエンヴァーゲン》」〔名称は、ベルリンのダイムラー社マリーエンフェルト工場で製造されたことに由来する〕の誕生だったが、これも充分な数はなかった。

十一月三十日のカンブレーにおける攻撃の成功が、ドイツ軍指導部の以下のごとき確信を強めたことは疑いない。彼らは、必要な正面幅と縦深を整えた奇襲攻撃を行えば、西部戦線においても、歩兵と砲兵の攻撃力は敵陣地を突破するのに充分な威力を備えていると信じていたのである。かかる信念は正しいと、広く認められていた。けれども、ただ一点、一九一八年の春季大攻勢の準備において見過ごされていたことがあると思われる。現存の諸兵科によって、敵の防衛地域に迅速に突入し、その戦果を拡張することが見込めるとしても、突破はなしとげられるだろうか? 今、自由にできる手段だけで、戦術的成功を、作戦的に意義のある勝利へと拡張できるか? 敵が取り得る方策に鑑みれば、せっかく開いた空隙も、自動車で運ばれる部隊によって埋められてしまうこともあり得るではないか? さらに、速度と後続距離を増していると予想された新型戦車多数に直面するのではないか?

一九一八年には、これらすべての疑問に、明快な回答が突きつけられたのであった。

二、一九一八年　ドイツ軍の攻撃　ソワソンとアミアン　地図10（一五二～一五三頁）、地図11（一五六～一五七頁）、地図12（一七〇～一七一頁）、地図13（一八〇頁）、地図15（三四二～三四五頁）を参照

一九一八年のドイツ軍春季攻勢は、周到な準備のもとにドイツ陸軍の全力を傾注したもので、戦場での軍隊の勝利により、他の手段を以ては打開できない膠着状態から抜け出すことを企図していた。当面、無制限潜水艦戦〔第一次世界大戦において、ドイツは、敵国の艦船と確認されなくとも無警告で攻撃する「無制限潜水艦戦」を実行、中立諸国の批判を浴びた。また、アメリカ参戦の原因の一つともなった〕を展開してきたものの充分な効果はあがらず、外交努力も実を結ばなかったとあっては、西部戦線で武器にものを言わせて成功をもぎとり、敵の撃滅意志をくじく以外に方法がなかったのである。ＯＨＬにとって、眼の前の課題が困難であることはあきらかだった。とくにルーデンドルフ将軍は、事前の作戦会議において、何度もその点を指摘していた。彼は、不屈の実行力と飽くことをしらぬ勤勉さを発揮し、攻撃成功に必要とみなした諸措置を進めていった。戦闘に突入した際には、将兵すべてがＯＨＬに全幅の信頼を寄せていた。各部隊に、指導部と一体化し、ほとんど超人的とさえ思われる使命を達成すべく、ともに邁進する用意があったのだ。

当時支配的であった戦術思想によれば、短期間に限定された砲撃戦によって行動を開始、戦争の実体験に合わせて改善された歩兵戦によって勝利を得るということになっていた。アメリカ軍部隊が続々と到着していることに鑑み、早期の攻勢開始が必要であると思われたため、フランドルで第一撃を加える策は放棄された。湿地と化したその大地は、四月にならなければ通行できなかったのである。夏の戦闘でできた被弾孔だらけではあったが、サン・カンタンの左右両側の正面が攻撃対象地として適当であるとされた。イギリス軍

をフランス軍から分断して各個撃破、あらかじめ準備された一連の攻撃を相接して実行することにより、最終的に敵に講和を強いるという企図で、この攻撃地点が選ばれたのだ。むろん、この南寄りの攻撃計画は、フランス軍予備の介入を早め、また容易にするにちがいない。だが、攻撃部隊を巧みに控置し、集結の秘匿に細心の注意を払ったおかげで、攻撃開始の時と場所について敵を欺瞞することに成功した。運動戦に向けて、約五十個師団が機動力を調えた。ただし、残りの二十個師団からの要求は、装備と馬匹の不足から、さして満たされなかった。

三月二十一日、およそ六千門の大砲による集中砲撃に支援され、第一波三十七個師団がソンム川の両側を強襲した。第一撃に続き、四月六日にはオアーズ、四月九日にはアルマンティエールに攻撃が行われ、イープル突出部とケメルの制高地点はドイツ軍に奪取された。このドイツ軍の攻勢により、イギリス軍は約三十万の損耗、六万五千の捕虜を出し、七百六十九門の大砲を鹵獲された。さらに、もっと多くの大砲やその他の兵器が破壊された。塹壕戦がはじまって以来の西部戦線で得られた勝利としては、最大級のものであった。イギリス軍はわずか十四万の兵員しか補充できず、中東パレスチナでの攻勢をあきらめ、そこから二個師団、またイタリアから二個師団を引き抜いて、西部戦線に送り込んだ。ついには、徴兵年齢の引き下げさえも実行されたのである。

ドイツ側はなお主導権を握っていたが、企図された突破は、この時点では達成されていなかった。攻撃する歩兵が、古い被弾孔でほじくりかえされた地面に引っかかって前進が遅滞するのに対し、敵は主として自動車輸送部隊を使って対抗兵力を送り込むことができたから、攻勢はしだいに拒止されるようになった。ドイツ側に快速部隊があったなら、大望の突破を実現することができたかどうか。はっきり断言することはできないだろう。しかし、本戦闘を顧みる際に、この問題を検討しないわけにはいかない。ドイツ軍戦線後方の道路事情が悪く、歩兵師団と砲兵の補給段列で混雑していることを考えれば、成功の見込みがあったのは、おそらく路外走行可能で装甲をほどこされた車両を持つ部隊のみであったろう。敵が弱体化し、混乱しているときには、その戦果はきわめて大きかったはずだ。

四月末に、アミアン方面を突破しようとする第二の試みは失敗した。ルーデンドルフ将軍は、シュマン＝デ＝ダームを越え、パリ方面に向かう攻勢を行うことを決断した。この攻撃はフランス軍に指向されることになったから、イギリス軍は一息つくことができたし、しかも、その休止期間を最大限に利用したのであった。五十五キロ幅の正面にドイツ軍四十一個師団と砲兵中隊千百五十八個が展開し、五月二十七日から六月一日にかけて、シャトー＝ティエリー＝ドルマン間でマルヌ川流域を猛進、五万の捕虜を得、大砲六百門を鹵獲した。ノワイヨン付近にあった第七軍右翼側の負担を軽減する企図を有する第二次攻撃は、六月九日になってようやく開始することができたが、激烈な抵抗に遭って頓挫した。ソワソン付近の第七軍側面、およびアミアン付近の突出部も、これを守るとなれば憂慮の種となった。一方、シュマン＝デ＝ダーム攻撃は顕著な成果をあげた。が、マルヌ川の諸橋梁とヴィエル・コトレの森で、フランス軍戦車と自動車輸送された新しい師団群に遭遇、攻撃が停滞してしまったことは特記すべきであろう。ルノー軽戦車が初めて出現したのは、この一九一八年の諸戦闘だったのである。

さし迫ったアメリカ軍の介入と休養を終えた別の敵〔イギリス軍〕によって主導権をもぎ取られないようにするため、今一度攻勢をかける。ルーデンドルフ将軍は、そう決断した。マルヌ川沿いの突出した屈曲部を確保するため、ランスの両側で第七、第一、そして第三軍の一部が攻撃する。この打撃に膚接して、フランドルでの攻勢再開も計画された。二千個砲兵中隊をともなう四十七個師団が、これまで同様の攻撃手順を踏んで、マルヌ川を越え、ランスを奪取、フランス軍に対して状況を安定させた。ただし、この攻撃は事前に察知されており、奇襲はできなかった。敵は攻撃地域の東部に退いた。ランスの西では、困難な地形を利用し、手つかずだった部隊と戦車の支援を得て、そこを保持している。七月十七日、ルーデンドルフ将軍は、攻撃中止を下令、続いてフランドルへの兵力移送を命じた。だが、その輸送が完遂されることはなかった。

ドイツ軍戦車は、この陸軍の攻撃戦において、活発な働きを示した。むろん、戦車四十五両で、決勝を得ることは不可能ではあったが。ドイツ戦車は、五両ごとで一隊を組んだ。ごくわずかな数しか使用できないのであるから、前進に際しては、地形がさしたる障害にならず、かつ迅速に決定的打撃を与えることが期待できる地点に集中使用するのが当然であったろう。だが、遺憾なことに、カンブレーの経験がありながら、そうした決定はなされず、各隊ごとに歩兵に分散配備された。それどころか、一両ずつに分けて配備されることもしばしばだったのである。戦車はあちこちで個別的な成果をあげたものの、全体の展開には何の影響も与えなかったのだ。戦争終結まで、ドイツ軍の戦法の特徴となっていたのは、砲兵戦にかける時間の短縮であった。一九一八年の実戦が示したように、この戦術は、攻撃においてはいまだ有効だった。しかし、ひとたび防御にまわって、まったく別の手段と方法で攻撃してくる敵に対したとき、その効果は無くなった。

実は、六月初頭から、敵があらたな戦闘方式を取っているという、愉快ならざるきざしが見えはじめていたのだが、当初はもちろん、ごく狭い枠でしか用いられていなかったため、ほとんど注意を引かなかったのである。

一九一八年五月三十一日になると、オアーズとマルヌのあいだでは、ドイツ軍九個師団半（そのほとんどが、何日も攻撃戦を遂行して、消耗しきっていた）が、おおむね新手であるフランス軍十一個師団半と対峙していた。この日、ドイツ第七軍は、クレピ＝アン＝ヴァロワとラ・フェルテ・ミロンの方向に攻撃したが、頑強な抵抗に遭った。場所によっては、あらたな敵が攻撃してきて、成功を収めた。ミシーからショダンのあいだでは、第九歩兵師団が、いくつもの梯隊に分かれたルノーの新型軽戦車の攻撃にさらされ、第一四予備師団の右翼も捕捉された。砲兵が戦車を視認するのが遅れたため、一時は危機的状況となった。このフランス軍の攻撃を拒止することはできたが、それを受けたドイツ軍二個師団の衝力はくじかれてしまったのである。この日の第七軍の進撃は、自動車で戦場にやってきたフランス軍のあらたな兵力のおかげで、ごくわずかなものとなった。ドイツ軍も予備兵力の投入を余儀なくされる。

右記の攻撃地点の南では、シュイからおおよそ南西方向に攻撃する任務を帯びた第二八予備師団が前進していたが、その際、相当の混乱が生じた。六月一日、同師団はカヴィエール川を渡河、西岸に足場を築くことに成功する。しかし、その左翼、とくに戦車三両によって守られたトロエヌを奪取することはできなかった。攻撃は停滞した。六月二日、広正面で困難な状況におちいりながらも戦闘を続けていた同師団は、ヴィエル・コトレに取りつく。だが、午前中にはもう、戦車に先導された敵の逆襲を受けた。砲兵が注意を払っていてくれたから、これを撃退することができたものの、損害は甚大だった。第二八予備師団の左翼側に隣接して新手の師団が投入されたため、前者の負担は軽減され、師団予備を分派できる可能性も出てきた。

六月三日には、敵の逆襲に戦車が投入される例が増え、重大な損害をもたらした。第二八予備師団にあっては、午前五時半に右翼で第一一一予備歩兵連隊、左翼で第一一〇予備歩兵連隊がコルシー＝ヴティー＝ファヴロール間で攻撃に出た。最初は、厄介な側防射撃〔突進してくる敵の側面を狙えるよう配置された陣地の火器による射撃〕を封じてくれる朝の霧に助けられて、進撃は順調だった。が、そのあとは機関銃と砲兵、さらには戦闘機の防御射撃に遭った上、六時半にはヴティ北方の森から五両の戦車が第一一一予備歩兵連隊に向かって進んできた。同連隊第三大隊の第一線が突破され、一部は退却を強いられたのである。迫撃砲が戦車を二両停止に追い込んだけれども、残る三両は射撃を続けながら北に転じ、第二大隊を駆逐する。コルシーは失われた。この三両の戦車に立ち向かったのは、第一一一予備歩兵連隊第二大隊の小銃兵のほか、第一一一予備歩兵連隊第一〇九予備歩兵連隊第一および第三大隊、第一五〇歩兵連隊第三大隊であった。この五個大隊は、ついにこれらの戦車を無力化し、乗員を捕虜としたのである。考えてみればよい。わずか十人の乗員が五両の戦車を以て〔ルノー軽戦車の乗員は二名〕、まるまる一個師団を混乱におとしいれたのだ！この二時間半の戦闘で、第一一一予備歩兵連隊だけで、将校十九名と下士官兵五百十四名を失った〔うち行方不明は将校二名、下士官兵百七十八名〕。同師団は、これ以上の攻撃を中止せざるを得なかった。第二八予備師団のほか、近衛第二師団も戦車の前に同様な困難を味わっている。同師団隷下のアウクスタ連隊は、同じ日に将校十二名と下士官兵六百名の損耗を出していたのである。六月四日には、三両の戦車が、成功しかけていた突撃部隊《シュトーストルッペ》の作戦成果を水泡に帰させてしまった。

この数日間、フランス軍戦車を投入しても、きわめて限定された目標を追っているだけにみえた。つまり、ドイツ軍がヴィエル・コトレの森に進入するのを妨げ、計画されていた反攻のために自らの出撃陣地を保持するということである。その企図は実現された。では、ドイツ歩兵の戦車に対する防御能力は、どのように整えられていたか。一九一六年九月十五日に、この新兵器が初めて現れて以来、一年九か月、カンブレーから数えても半年の時を経ていた。そのあいだに何か歩兵の助けとなるようなものが生じていただろうか？何か戦訓を学んでいたか？　歩兵の戦闘力は数か月にわたる攻撃戦で著しく弱まっていたのだが、その彼らに何を要求したのか？

ドイツ軍が突進してくるごとに、フランス軍の前線では戦車の出撃を求める悲鳴があがっていた。にもかかわらず、フランス軍は六月初めに戦車をひきあげた。しかし、フランス軍戦車部隊の指揮官たちは、ドイツ軍の攻勢を前にして、そうした要請には決して応じないという方針を定めていた。一九一六年九月のイギリス軍の過誤を繰り返したくなかったのである。彼らは戦車の大量使用ばかりか、攻撃軍全体、その師団すべてに戦車が行き渡ってから投入することを企図していたのだ。ただし、戦車の装備は、工場側の諸困難があり、期待通りには進まなかった。一九一八年五月一日の時点で、フランス軍はシュナイダー戦車十六個群およびサン・シャモン戦車六個群のほかに、二百十六両の軽戦車を有していたが、そのうち、ただちに使用できるのは六十両のみだった。これでは多いとはいえない。供給側と戦車部隊の関係者が、好んで口にしたのは、敵に対して早急に戦車を投入せよと声高に叫んでいる者のたいていが、以前はその導入を妨げていた人種であるのは、まったく奇妙なことだというせりふだった。

周知のごとく、フランス軍下級士官たちはおおむね、戦車隊指揮官の原則に従った。ただ、個々には、違背した例もある。四月五日、ソヴィエル＝モンジヴァルの限定された目標への攻撃支援に、六両の戦車が投入されている。が、一両の戦車が目標に到達したのみで、攻撃は失敗した。

四月七日、戦車六両が歩兵一個中隊と協同して、グリヴヌ公園を攻撃することになった。歩兵は戦車の威力を徹底的に利用することができず、公園を奪取しても保持できなかった。だが、四月八日には、十二両の戦車がモレイユとモリゼルの北西にある二つの森の占領を支援し、これは成功した。五月二十八日には、戦車十二両のおかげで、アメリカ軍はカンティニーを占領することができた。戦車の損害は皆無である。五月三十一日には、軽戦車六個小隊がモロッコ師団の一部とともにショダン付近で攻撃に出たが、それは進軍路から東にそれたもので、歩兵による事前の偵察や協同のための連絡なしで行われたのだ。攻撃は昼ごろに開豁地で実行されたものの、砲兵支援もなければ、霧に隠れるでもなく、航空機の協同もなかった。それどころか、味方歩兵が追随してくることさえなかったのである。戦車は歩兵を随伴させるために取って返し、その後に攻撃が再開された。戦車はそうした行動を何度も繰り返したけれど、無駄であった。戦車は幅二キロ、縦深二キロほどの土地を占領したが、歩兵がついてこなかったために奪回されてしまった。歩兵は消耗しきった状態にあり、狭い正面の両側に残っていた敵機関銃の側防射撃により追随できなかったのである。

翌日、すでに述べたカヴィエール川とヴィエル・コトレ東縁部の戦闘が演じられ、攻防がめまぐるしく入れ替わる激戦となった。最終的には、戦車九個中隊が顕著な働きを示して、フランス軍にとっては最大の脅威となっていた、パリをめざすドイツ軍の進撃を拒止したのだ。

六月九日、ノワイヨン地区でコンピエーニュ方面に向けて発動されたドイツ軍「グナイゼナウ」攻勢に対して投入されたフランス軍戦車はずっと強力だった。六月十日、攻撃は、メリー－ベロイ－サン・モールの線に達し、最先鋒はアロンドにまで入っていた。六月三日早朝、フランス軍は、新手の四個師団と戦車四個大隊（群）を以て反撃に出ると決した。戦車大隊のうち、二個はシュナイダー、別の二個はサン・シャモン装備である。夜のうちの出撃陣地に入っていた百六十両の戦車は敵をマス谷まで撃退せよとの命を受けて、午前十時ごろ、クールセル－エパイエル－メリー－ワックムーランの線から奇襲攻撃を開始した。無数の機関銃が破壊され、ドイツ歩兵は大損害を受けた。しかし、戦車もまた、ドイツ軍砲兵の観測がゆきとどいている、もしくは直接照準射撃ができるところでは、多数の損耗を出した。戦車部隊の戦死者は四十六名、負傷者三百名、喪失した戦車は七十両に及んだ。攻撃開始が非常に遅くなり、日盛りに実行することになったために、歩兵が敵に視認され、機関銃・砲兵射撃を受けて、充分な速さで戦車に追随できなかったのである。戦車は、目標に到達したのち、最前線で長時間待機するはめになった。歩兵が適宜ついてこれなかったためだ。フランス軍は、大損害を出したのは右の二点ゆえであると説明した。得られた土地は正面幅八キロ縦深三キロほどになった。

戦車隊の数が増えるとともに、一九一八年、「戦車連隊」と「旅団司令部」が設立された。連隊は、そのつどの事情に応じて数個大隊を編合してつくられ、各旅団は三個連隊で構成された。

六月なかば以来、マルヌとエーヌのあいだでは、戦闘の性格が変わってきた。フランス軍の諸作戦により、つぎの目標を狙う攻撃のための出撃陣地が得られたためである。各戦車小隊・中隊は、これらの作戦に参加して成功を収めていたが、損害も甚大であった。それゆえ、戦車部隊の指導部は、戦車を投入するのに適しているのは多数の車両による攻撃であるとの確信を強めていたのだ。七月十六日および十七日には、ドイツ軍の攻撃を拒止する目的で、第五〇二連隊の戦車三個大隊が、マルヌ河畔のジョルゴンヌとドルマンの南方において、またも攻撃をしかけた。彼らは、その保有車両の五分の一を失った。しかし、ドイツ軍はなお、膨らんだマルヌ突出部から南・南東方をうかがっていたが、エーヌ－マルヌ間で激しい嵐が起こって、時間を空費せしめたのである。フランス軍指導部は、二個軍、マンジャンが指揮するウルク北の第一〇軍、その南にあるドグット麾下の第六軍に、準備砲撃なしで奇襲攻撃をかけるべしと指令した。しかし、これらの軍

第10軍

軍団	第1梯隊の師団	第2梯隊の師団	予備	使用可能兵器数		
				大砲	戦車	航空機
第1	第162 第11 第153	── }第72	── ── ──	野砲228門 重砲188門 ──	── ── シュナイダー戦車27両	}40機
第20	米第1 モロッコ 米第2	第69 第58 （軍予備）	── ── ──	野砲276門 重砲172門 （第69師団および第58師団の砲を含む）	サン・シャモン戦車60両 シュナイダー戦車48両 シュナイダー戦車48両	}50機
第30	第38 第48	第19 第1 （軍予備）	── ──	野砲216門 重砲112門 （第19師団および第1師団の砲を含む）	サン・シャモン戦車30両 ──	}50機
第11	第128 第41	第5	── ──	野砲114門 重砲128門	── ──	}40機
予備			第2騎兵軍団（第2、第4、第6騎兵師団およびトラック輸送される歩兵6個大隊）		ルノー軽戦車130両を有する第1、第2、第3大隊	}301機 （軍直轄）
合計	10個師団	6個師団	──	1545門	343両	481機

には、カンブレーの模範に倣って、多数の戦車隊が配属されていたのだ。

この攻撃を成功するための重要な前提として、準備の秘匿があった。それゆえ、第一〇軍の戦車部隊の指揮官は、七月十四日の真夜中に自隊の移送にかかるよう命じられた。自走で陸路を行けと指示された車両のほかは、十六日と十七日にピエールフォン、ヴィエル・コトレ、モリヤンヴァルで貨車から下ろされた。第六軍では、七月十五日に戦車の終結が実行された。七月十七日と十八日の夜に、戦車隊は、走行音までもかき消す激しい嵐を衝いて、出撃陣地に入った。

攻撃師団群に対する戦車の配属状況は、一四一頁と一四二頁の表に概略を示す。

第6軍

軍団	第1梯隊の師団	第2梯隊の師団	予備	使用可能兵器数		
				大砲	戦車	航空機
第2	第33	——	——	野砲144門	——	40機
	米第4(半個)	——	——	重砲108門	——	——
	第2	——	——	——	45両	——
		第63(軍予備)	——	——	30両	——
	第47	——	——	——	45両+12両	——
第7	米第4(半個)	——	——	野砲36門	——	30機
	第164	——	——	重砲84門	15両	——
米第1	第167	——	——	野砲84門	——	30機
	米第26	——	——	重砲84門	——	462機(軍直轄)
合計	7個師団	1個師団	——	588門	147両	562機

その他の配属

第9軍	軽戦車90両
第5軍第1騎兵軍団	軽戦車45両
第5軍(推定)	軽戦車45両
合計(推定)	軽戦車180両

こうしてフランス軍指導部は主攻勢のために四百九十両もの戦車を集めたのだが、その一方、百八十両という相当数が副次的な正面で遊兵と化していた。第六軍ならびに第一〇軍は同時に奇襲をかけることになっており、「シャトー・ティエリー突出部」の除去、もしくは少なくともソワソンの交通結節点をドイツ軍が使用できないようにすることを企図していた。西から東に向かう第六軍と第一〇軍の攻撃のほか、ヴェスル南方の第五軍もやはり西から東へと進み、アルシ＝ル＝ポンサールを攻撃することになっていた。しかし、その命令が第五軍に与えられたのは、やっと七月十五日、ドイツ軍攻勢が破綻したことがあきらかになったのちだった。

フランス第一〇軍は、七月十八日午前五時三十五分に、弾幕射撃に膚接して攻撃を開始する予定であった。最初の攻撃目標は、ベルジー＝ル＝セク－ショダン－ヴィエルジーの線である。この線に到達したのちは、第二騎兵軍団が戦果を拡張し、タイユフォンテーヌ（戦線後方十二キロの地点）にある第四騎兵師団はショダン－アルテンヌの線を越えてフェール＝アン＝タルドゥノワを、ヴォモワーズ（戦線後方十八キロ）の第六騎兵師団はヴェルト・フイユ－ヴィエルジー－サン・レミの線を越えてウルシー＝ル＝シャトーに前進、第二騎兵師団は軍団予備として第六騎兵師団に追随するのである。戦闘機が配備され、歩兵六個大隊と工兵がトラックに乗車して、モルト＝フォンテーヌおよびヴィエルル・コトレ付近で待機した。第一〇軍と同時に、第六軍も打って出た。

午前五時三十分、砲兵射撃とともに、戦車と歩兵の突撃が同時に開始された。薄い霧が前進を覆い隠している。ドイツ軍に対する奇襲が成功した。八時半にはもう第一〇軍の戦区では、幅十二キロ、場所によっては縦深三キロにもおよぶ土地を得ていたが、十二時には決定的な地点でドイツ軍陣地の縦深六キロまでも突入したのである。午後にはごくわずかしか進撃できなかったものの、夜にさしかかるころに新手の戦車部隊が到着し、再び衝力が得られた。彼らはヴィエルジーを越えて、さらに二キロ前進したのだ。第一〇軍は幅十五キロ、縦深では平均五ないし六キロ、ところによっては九キロも進んだ。南の第六軍も五キロほど進撃していた。

ドイツ側でこの攻撃を受けたのは、第九および第七軍の十個師団で、その背後には七個師団が控置されていた。フランス軍師団の攻撃正面が二キロ幅だったのに対して、ドイツ軍各師団は四キロ半ないし五キロの正面を守っていたことになる。各部隊の現勢はまったく不充分だった。先の攻撃戦闘における消耗は補充されておらず、大部分は陣地を構築し終えていなかった。補給も不足がちだったのだ。部隊の戦闘・抵抗力はもはや、かつての高い水準にはなかった。これらの部隊がフランス軍の奇襲を受けると、歩兵はその持ち場で殲滅され、砲は鹵獲されてしまったのである。

だが、戦闘は八時半ごろには、ほぼ終わっていた。どのようにして攻撃の衝力が尽きはて、フランス軍の前進もわずかな距離にとどまる結果に至ったのか。いかにして、ドイツ軍右翼のシュタープス支隊隷下第二四一歩兵師団の残余半分は、戦車によって南翼を撃滅されながらも、午後にほとんど妨げられることもなく、それまでのエーヌ河谷からソワソン方面に至る第一線陣地を奪回することができたのだろう。なぜ、フランス軍の砲撃は正午から止んでしまったのか（一部は完全に沈黙した）。バイエルン第一一歩兵師団の残兵はどのように、勝ち誇る敵に対して、ヴォービュアン西部丘陵の背部を占拠保持することに成功したのか。この師団、一時は二個砲兵中隊しか使えなかったというのに！　しかし、午後には増援が到着、七個砲兵中隊に増強され、夜には九個中隊になっていた。正午の時点で、バイエルン第一一歩兵師団の前面では、敵があらたな攻撃のために集結、砲兵の陣地転換がなされている上に戦車や騎兵までも存在するという事態が視認されたが、ドイツ軍には、諸部隊に堅固な防衛陣を整えさせるだけの一夜の余裕があった。

南部に隣接するヴァッター支隊の状況も同様だった。敵が砲兵射撃を開始するとともに、警戒警報が出され、予備が召致される。阻止射撃も実行された。敵攻撃の重点は、支隊右翼の二個師団のみに置かれている。午前八時二十分には、フランス軍はすでにミシーを占領した。第四二歩兵師団は全力をつくして、丈の高い穀物の畑に隠れてほとんど見えない戦車に抗したが、現在地点を長期間保持することはできなかった。午前八時半ごろには、ミシー＝ショダン間の陣地に配置されていた砲兵すべてが失われた。だが、この線でようやく組織的な抵抗がなされた。第一四予備師団の戦区では（そこには、第四六予備師団隷下の三個連隊も投入されていた）、防御側の予想に反して、敵の攻撃は、カヴィエール河床の森に覆われた急な斜面に手をつけなかった。この隘路は、砲兵射撃によって制圧されるのみで、攻撃はその南北にある高地に向けられていた。こうした行動を取った理由は、カヴィエール河谷は戦車が前進して威力を発揮するには不適切な地形だったことに求められるだろう。そんなところは、攻撃が成功したら、両翼からの包囲で陥落するにちがいないのである。フランス軍の攻撃手順を予想するにあたって、この地形を計算に入れていなかったために、敵の奇襲効果がより大きくなり、ヴォーカスティーユへの突破も容易になったかもしれない。カヴィエール河谷を頑強に守っていた第一五九歩兵連隊は、両翼包囲を受け、ほとんど殲滅されてしまう。その左翼に隣接していた第五三予備歩兵連隊隷下の一個大隊中、午後六時までに突破脱出に成功したのは、将校一名、下士官四名、兵六名のみであった。第一四予備師団の大砲も失われた。最後の予備（そのなかには後備中隊数個も含まれていた）が投入され、七時半にヴィエルジー地区を占拠する。

第一四予備師団左翼では、第一一五歩兵師団により、ごくささいな突破に至るまで、フランス軍の攻撃を撃退することができた。それができた理由は？　そこでは、敵は戦車を持っていなかったのである。しかし、この師団は両翼包囲を受け、夜には撤退せざるを得なくなった。

八時には、総司令部は、前線の苦境について、おおよそ現実に近いかたちで把握しており、ショダン＝ヴィエルジー＝モーロワの陣地について、これを保持せよと命じた。砲兵はない。この措置がいかに効果的であったかを考察すれば、多くの教訓が得られるだろう。というのは、とくに強力かつ迅速な敵の戦車攻撃がヴァッター支隊を見舞うことになったからである。

ⓐ第四二予備師団の麾下に置かれた第一〇九擲弾兵連隊（二個大隊）の到着は遅すぎた。九時半には、

敵は戦車を投入し、ショダン陣地を奪取している。この戦車隊のさらなる前進は、第一〇九擲弾兵連隊に随伴していた砲兵中隊、第一四野砲兵連隊第二中隊によって、くいとめることができた。

ⓑ第一四予備師団には、第四〇銃兵《フュジリーア》連隊〔マスケット銃を使用した時代に由来する名称で、ドイツ軍の歩兵連隊のなかにはこう呼ばれるものもあった〕が配属されていた。同連隊はヴィシニューからレシェルに向かい、猛烈な敵の砲撃を冒して、フランス軍の面前でショダン南東周縁部の丘陵に取りついた。随伴砲兵（第一四野砲兵連隊第三中隊）と対戦車小隊二個の助けもあって、第四〇銃兵連隊はここを維持できたのだ。午後一時半から敵の攻撃が再開されたが、連隊は秩序を保ち、隊伍を整えることも可能となった。攻撃が開始されたときにあったのは砲兵一個中隊だけだったものの、第四〇歩兵連隊と第一六予備歩兵連隊の随伴砲兵が戦闘の合間に増援され、その数は五個になった。

ⓒ第一一五歩兵師団には、第二予備歩兵連隊が配属された。同連隊は、軍団予備として戦線後方、モーロワの森に集結しており、七時半にはその二個大隊を以て戦闘に参入した。第三大隊も同様に待機する。この連隊は、戦車に攻撃されずに適宜陣地に就くことができた唯一の師団に属するもので、隷下砲兵のうち失われたのも一個小隊のみであった。

このころまでに、ヴァッター支隊は、一個連隊ずつヴィルモントワールとティニーに置かれていた軍団予備を使えるようになっていた。午後二時、同支隊は、補給段列と不要な車両をエーヌ川北岸に撤退させるよう命じる。この移動は支障なく実行された。敵は、午後と夜に、ばらばらに攻撃をしかけてきたが、第四二歩兵師団に拒止された。多くの戦車が砲兵のえじきになったのである。それに対して、午後八時半に第一四予備師団に向けられた大規模な攻撃は、新手の戦車隊が投入されていたこともあって、ヴィエルジーを抜き、すでに触れたような成果をあげていた。なぜ、フランス軍予備戦車隊の投入は、かくも遅れたのか？　その予備はピュイズー＝フルーリー間の準備陣地にあり、ヴィエルジーまでは十二キロほど、さほど遠くはなかったのである。

ヴァッター支隊左翼では、ヴィンクラー支隊が戦闘を行っていた。彼らは、隣接支隊同様の防御措置を取った。ここでも、敵は攻撃困難な地形、ビュイソン・ド・クレスヌの山頂を避けていた。そのため、支隊の北側にいた第四〇歩兵師団は戦車の攻撃を受けず、かなり長時間にわたって現在地を固守できたのだ。一方、第一〇バイエルン師団の正面では、午前九時半に戦車を投入したのちはフランス軍が突破に成功、ヌイイ＝サン・フロン方面に三キロ半進出した。だが、一連の下級指揮官たちの独断専行により、この突撃を止めることができたのである。同師団に向けられたのは敵の主攻であり、戦車をともなっていたことを考えれば、この功績はいっそう注目に値する。第一〇バイエルン師団に指向された百三十二両の戦車はさしたる戦果をあげられなかったのだ。いかにして、こんなことが可能になったのか？

戦車と歩兵の編合状態が、この疑問に答えを与えてくれる。第一〇バイエルン師団は、第一波のフランス第二および第四七師団、第二波の第六三師団に攻撃された。この第六三師団は攻撃初日には投入されない予定だったのに、三十両もの戦車が配置されていた。そのため、七月十八日には使用不可能だった。残る百二両の戦車のうち、四十五両は第二師団に、五十七両は第四七師団に配備されていたが、これらはまたしても歩兵の波状攻撃に合わせて分散投入されたのである。それゆえ、この戦車隊のごく一部のみが最初の突撃を実行しただけとなった。ドイツ軍は、敵砲兵陣地転換にともなう砲撃休止期間中に麾下諸部隊を立て直したから、午後五時四十五分に再開し得たフランス軍の攻撃も成果無しに終わった。こうした砲兵陣地転換によって攻撃が危殆に瀕したとしても、戦車を利用して困難を克服する目もあったのだが、そんなことも認識されていなかった。あるいは、それはあまりにも大胆に過ぎると思われていたのである。

南に隣接する第七八予備師団は、戦車の大なる脅威を直接受けていたわけではなかったけれど、北から側面を突かれる危険にさらされていた。彼らは、砲兵中隊の一部を失いつつ、後退しなければならなくなった。早くも午前七時半ごろには、ブヴァードから北西に行軍してきた第五一予備師団によって、ヴィンクラー支隊が本格的に増強されていた。この師団の先遣部隊は、午前十一時にはすでにアルマンティエールに到着していた。ウルシー＝ル＝シャトー南東、その時点の最前線より十一キロ後方の地点である。ここと、さらに北で数時間のうちに強力な予備を召致することが見込めたから、攻撃側は完全な奇襲に成功したというのに、突破を実現するのに使える時間はごく短くなってしまったのだ。一九一八年のドイツ軍は、ほとんどの場合、予備を徒歩行軍で投入するほかなかった。その年に、こんなことが起こったのである！　七月十八日には、第一〇歩兵師団のみトラックで、ブヴァードからナンプトゥイユ＝スー＝ミュレ＝ミュレ・エ・クルット＝ドロワジーの線に進められ、同日夜には戦闘に参加していた。もう予備が自動車や航空機で運ばれる時代であるから、攻撃の迅速な遂行という点には、以前よりも重きを置かねばならないのである。

サン・ジャングルフとシャトー・ティエリーのあいだに位置していたシェーラー支隊はその最右翼のみを攻撃され、クルシャンを失った。

七月十八日の夜までに、フランス軍は、四十キロ幅の攻撃正面全線にわたって進出に成功していた。相当数のドイツ軍師団が殲滅され、他の師団も大損害を被った。

だが、この進出は何故に突破につながらなかったのか？　この問いかけに対する答えは、将来の戦車兵科の運用や構成を考える上で重要な意味を持っている。かかる考察は、とりわけ左記の諸点を対象にしなければならない。

ⓐ攻撃に際しての兵力投入、とくに戦車のそれのタイミング
ⓑ採用された戦車戦術
ⓒ予備兵力の構成と運用

ⓐについて。フランス軍指導部は、マルヌ屈曲部にある強力なドイツ軍部隊の窮境、とりわけ、主としてソワソンに向かう補給線の脆弱性を正しく認識しており、ヴィエル・コトレの森西方から主攻を向けることに決めていた。その任にあたるのは第一〇軍である。また、彼らは従来の方法から脱却し、カンブレーの模範に倣った奇襲突撃とそのための戦車の大量投入をともなう攻撃を実行することも決断していた。ヴィエル・コトレ－ソワソンが確定すると、使用可能な全攻撃力、その主役となる戦車・航空戦力をこの攻撃軸に集中することが重視された。よって、第一〇軍を有利にするため、フランス第五、第九、第六軍における戦車の投入は断念する。第一〇軍が陣地戦で有効に使えるような他の兵器も集中していたとはいえ、使用できる戦車の数はさほどではなかったから、控置スペースの問題はなかった。ウルク南北の地形は同様に困難なものであったから、攻撃にあたる二個軍に戦車を分けたのは、決定的な問題ではない。全戦車部隊をウルク北部の第一〇軍隷下に置いたとしたならば、エーヌ河谷から南に走る深い溝状の地形、すなわちペルナン、

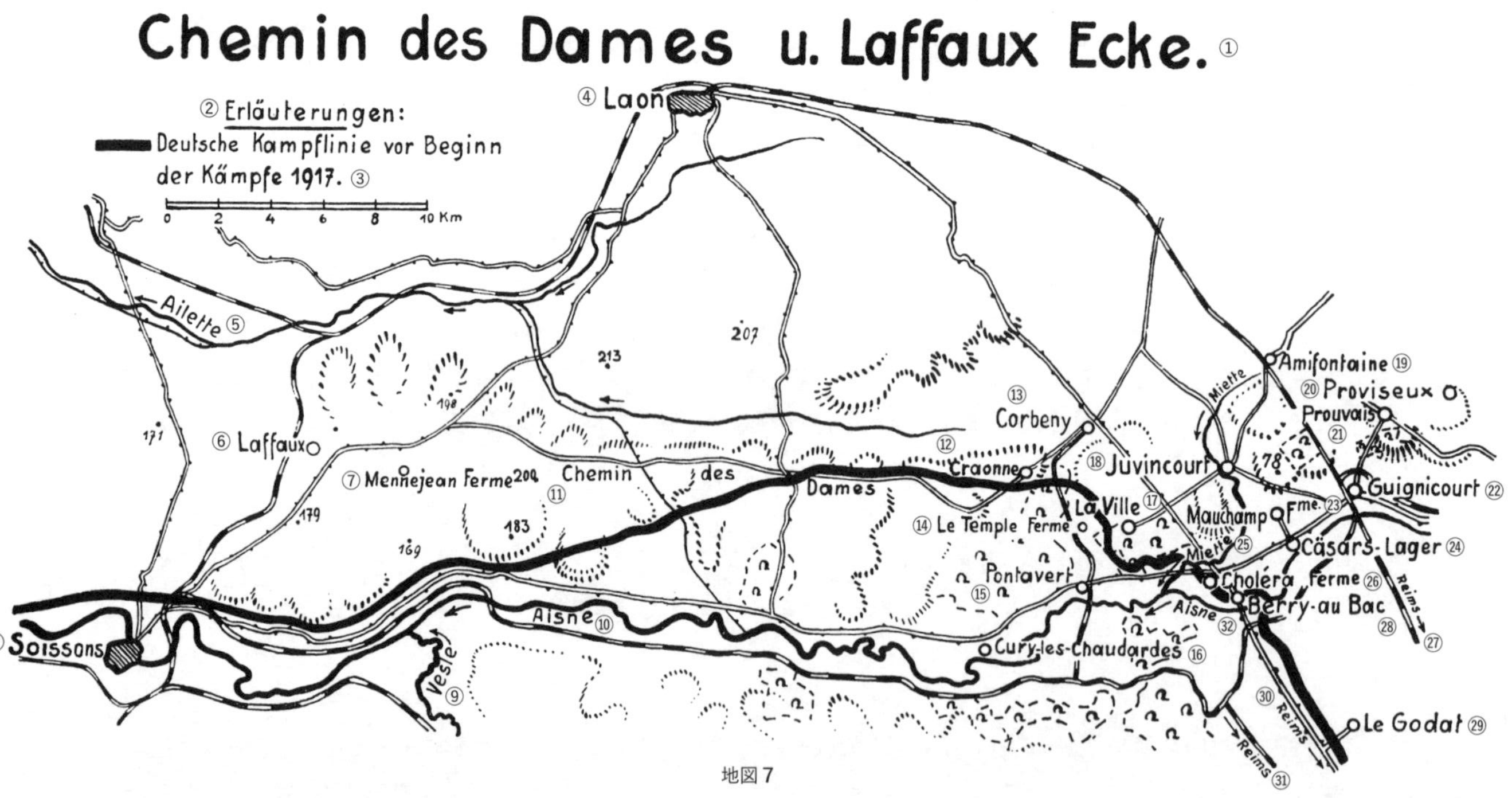
Chemin des Dames u. Laffaux Ecke. ①
② Erläuterungen:
Deutsche Kampflinie vor Beginn der Kämpfe 1917. ③
0 2 4 6 8 10 Km
④ Laon
Ailette ⑤
⑥ Laffaux
⑦ Mennejean Ferme
⑧ Soissons
Vesle ⑨
Aisne ⑩
Chemin ⑪ des Dames
⑫ Craonne
⑬ Corbeny
⑭ Le Temple Ferme
⑮ Pontavert
Cury-les-Chaudardes ⑯
La Ville ⑰
⑱ Juvincourt
Amifontaine ⑲
⑳ Proviseux
Prouvais ㉑
Guignicourt ㉒
Mauchamp Fme. ㉓
Cäsars-Lager ㉔
Miette ㉕
Choléra Ferme ㉖
Reims ㉗
Berry-au Bac ㉘
Le Godat ㉙
㉚ Reims
Reims ㉛
Aisne ㉜
Miette
171
179
169
198
200
183
213
207
78

地図7

地図7（前頁）
①シュマン＝デ＝ダームおよびラフォー特角部
②凡例
③1917年の諸戦闘が開始される前のドイツ軍戦線
④ラン
⑤エレット
⑥ラフォー
⑦マヌジャン農場
⑧ソワソン
⑨ヴェスル
⑩エーヌ
⑪シュマン＝デ＝ダーム
⑫クラオンヌ
⑬コルブニー
⑭タンプル農場
⑮ポンタヴェール
⑯キュイリー＝レ＝ショダルド
⑰ラ・ヴィール
⑱ジュヴァンクール
⑲アミフォンテーヌ
⑳プロヴィズー
㉑プロヴィル
㉒ギニクール
㉓モシャン農場
㉔カエサル野営地跡
㉕ミレット
㉖コレラ農場
㉗ランス
㉘ベリー＝オー＝バック
㉙ル・ゴダ
㉚ランス
㉛ランス
㉜エーヌ

サコナン＝エ＝ブルイユ、クリーズなどの谷を考慮しなければならない。戦車の大群を集中しても、この最初の二つ、ペルナンとサコナン＝エ＝ブルイユの谷にぶつかれば、南方、おおむねグラン＝ロゾワとアルタンヌ方面にはに向かわないわけにはいかなかっただろう。

ⓑについて。それまでの戦車戦から、フランス軍は、歩兵との緊密な協同があってこそ戦車攻撃は効果的になるし、それによってのみ全戦闘行動が促進されるのだと結論づけていた。これに従い、歩兵の各梯隊に戦車が配属されることになり、軍予備として別置されたのは最新高速の戦車〔ルノー軽戦車〕大隊三個のみだった。また、準備砲撃がなくとも攻撃成果は得られるが、支援砲撃がなければ成功しないのは従前通りであるということもわかっていた。その効果を得る手段は、弾幕射撃しかなかった。が、弾幕射撃を進めていって最終目標に達したなら、砲兵は陣地を転換しなければならぬ。しかし、大量の砲兵の陣地転換、とくに輓馬中隊のそれには、多くの時間を要する。それが進められているあいだ、歩兵と戦車の攻撃部隊は、衝力を最大限に保持したままで待機していなければならなかった。その際、いつでも遮蔽物があるとは限らないし、むしろ防御側の視界内でいや増すばかりの砲火にさらされる。加えて、防御側が与えられた時間を利用するすべについては、すでに述べた。奇

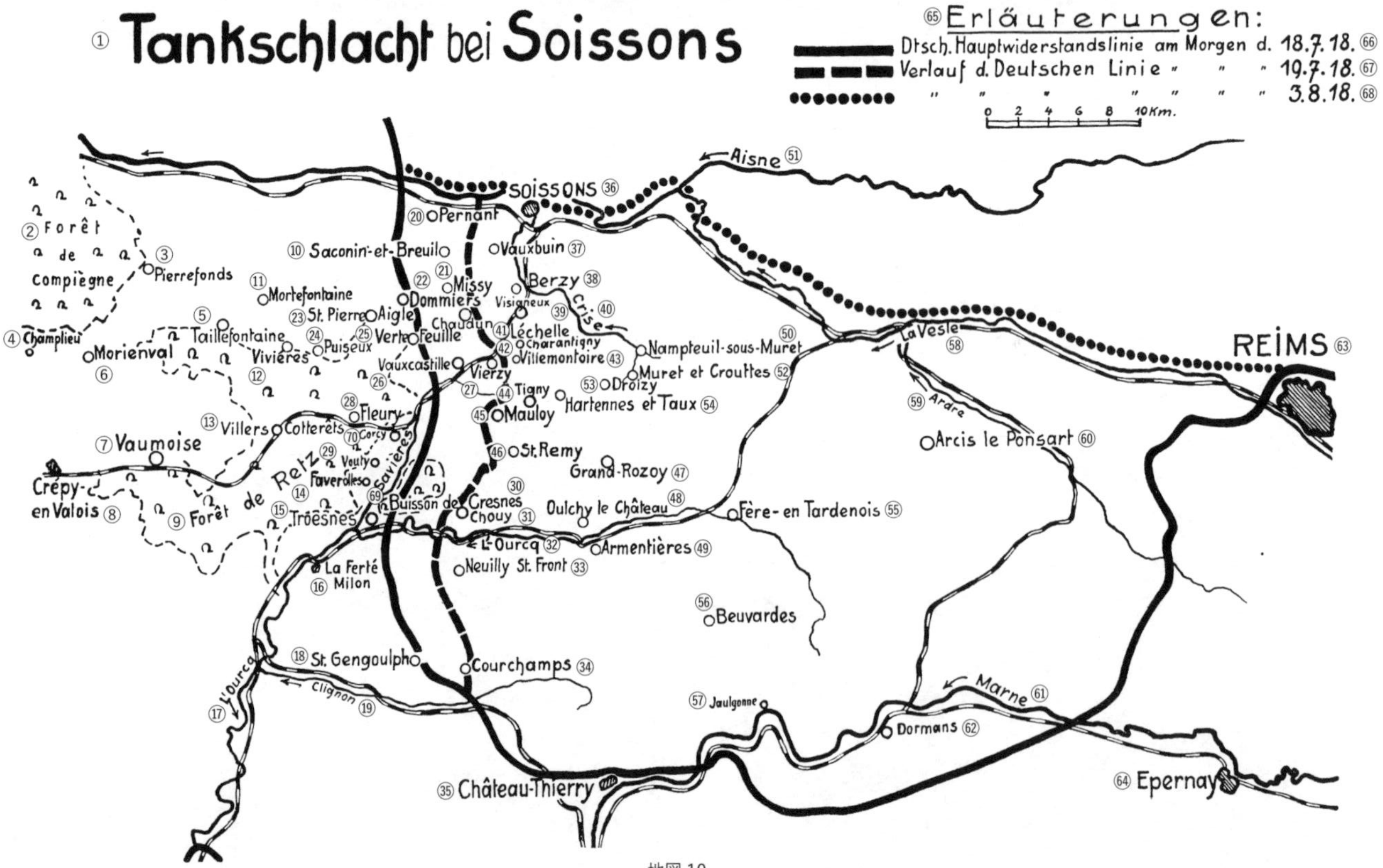

① Tankschlacht bei Soissons
⑥⑤ Erläuterungen:
Dtsch. Hauptwiderstandslinie am Morgen d. 18.7.18. ⑥⑥
Verlauf d. Deutschen Linie " " " 19.7.18. ⑥⑦
" " " " " " " 3.8.18. ⑥⑧
0 2 4 6 8 10 Km.
Aisne ⑤①
SOISSONS ③⑥
② Forêt de Compiègne
③ Pierrefonds
④ Champlieu
⑤ Taillefontaine
⑥ Morienval
⑦ Vaumoise
Crépy-en Valois ⑧
⑨ Forêt de Retz
⑩ Saconin-et-Breuil
⑪ Mortefontaine
⑫ Vivières
⑬ Villers Cotterêts
⑭ Faverolles
⑮ Troësnes
⑯ La Ferté Milon
⑰ L'Ourcq
⑱ St. Gengoulph
Clignon ⑲
⑳ Pernant
㉑ Missy
㉒ Dommiers
㉓ St. Pierre Aigle
㉔ Puiseux
㉕ Vertefeuille
㉖ Vauxcastille
㉗ Vierzy
㉘ Fleury
㉙ Vouty
⑦⓪ Corcy
⑥⑨ Buisson de Cresnes
Savières
㉚ Chouy ㉛
L'Ourcq ㉜
Neuilly St. Front ㉝
Courchamps ㉞
㉟ Château-Thierry
Vauxbuin ㊲
Berzy ㊳
Chaudun
Visigneux ㊴
Crise ㊵
㊶ Léchelle
Charantigny
㊷ Villemontoire ㊸
㊹ Tigny
㊺ Mauloy
㊻ St. Remy
Grand-Rozoy ㊼
Oulchy le Château ㊽
Armentières ㊾
㊿ Nampteuil-sous-Muret
Muret et Crouttes ⑤②
⑤③ Droizy
Hartennes et Taux ⑤④
Fère-en Tardenois ⑤⑤
⑤⑥ Beuvardes
⑤⑦ Jaulgonne
La Vesle ⑤⑧
⑤⑨ Ardre
Arcis le Ponsart ⑥⓪
Marne ⑥①
Dormans ⑥②
REIMS ⑥③
⑥④ Epernay

地図 10

地図10（前頁）
①ソワソン付近の戦車戦
②コンピエーニュの森
③ピエールフォン
④シャンリュー
⑤タイユフォンテーヌ
⑥モリヤンヴァル
⑦ヴォモワーズ
⑧クレピ＝アン＝ヴァロワ
⑨レス森
⑩サコナン＝エ＝ブルイユ
⑪モルト＝フォンテーヌ
⑫ヴィヴィエール
⑬ヴィエル・コトレ
⑭ファヴロール
⑮トロエヌ
⑯ラ・フェルテ・ミロン
⑰ウルク
⑱サン・ジャングルフ
⑲クリニョン
⑳ペルナン
㉑ミシー
㉒ドミエール
㉓サン・ピエール＝エイグル
㉔ピュイズー
㉕ヴェルト・フイユ農場
㉖ヴォーカスティーユ
㉗ヴィエルジー
㉘フルーリ
㉙ヴォティ
㉚ビュイソン・ド・クレスヌ
㉛シュイ
㉜ウルク
㉝ヌイイ・サン・フロン
㉞クルシャン
㉟シャトー＝ティエリー
㊱ソワソン
㊲ヴォービュアン
㊳ベルジー
㊴ヴィシニュー
㊵クリズ
㊶レシェル
㊷シャランティニー
㊸ヴィルモントワール
㊹ティニー
㊺モロイ
㊻サン・レミ
㊼グラン＝ロゾワ
㊽ウルシー＝ル＝シャトー
㊾アルメンティエール
㊿ナンプトゥイユ＝スー＝ミュレ
51エーヌ
52ミュレ＝エ＝クルット
53ドロワジー
54アルテンヌ・エ・トー
55フェール＝アン・タルドゥノワ
56ブヴァード
57ジョルゴンヌ
58ヴェスル
59アルドル
60アルシ・ル・ポンサール
61マルヌ
62ドルマン
63ランス
64エペルネー
65凡例
66 1918年7月18日午前中のドイツ軍主抵抗線
67 1918年7月19日のドイツ軍戦線
68 1918年8月3日のドイツ軍戦線
69サヴィエール
70コルシー

襲成功の成果全体が放棄されてしまったのである。場所によっては、弾幕射撃はきわめてシステマティックに指向できた。が、すでに特定されていた、戦車が攻撃できない（戦車が通過できない地形にあるため）抵抗巣や拠点はまたも手つかずのままだった。攻撃側の歩兵は、この覆滅されていなかった島状の抵抗巣からの側面攻撃につかまってしまったのだ。もし、戦車攻撃に無防備の歩兵と輓馬砲兵を組み合わせるならば、こうした現象が常に起こることであろう。

各歩兵梯隊に戦車を配属したことにより、戦車攻撃第一波の戦果拡張を迅速かつ効果的に促進できた。だが、戦車隊の高級将校は閉め出されて、上級司令部の「顧問」に格下げされていた。彼らはいつも、報われぬ仕事をやらされていたのである。戦闘前には、彼らは戦術的要求や技術的配慮で作戦構想を阻害したとされたし、戦闘後には、その自慢の戦車隊の残骸を不平を言いながら修復し、あまつさえ非難すら口にしている連中だと思われた。

ⓒについて。主として七月十八日に問題となったフランス第一〇軍予備は、以下のような構成だった。

四個歩兵師団　うち二個は第二〇、別の二個は第三〇軍団後方に控置されていた。
三個騎兵師団　うち二個は第二〇軍団後方タイユフォンテーヌ、別の二個は第三〇軍団　後方ヴォモワーズに置かれた。
トラック輸送の三個大隊　第二〇軍団後方モルト＝フォンテーヌに配置。
トラック輸送の三個大隊　第三〇軍団後方ヴィヴィエールに配置。
三個戦車大隊　第三〇軍団後方、フルーリー＝ピュイズー間に配置。

当時の観測では、運動性に富む快速の予備を推進し得るとフランス軍指導部が確信していたことは確実である。これについて検証してみなければならない。彼らの組織や運用方法は、反対にさまざまな摩擦を引き起こしたと思われるからだ。

早くも午前八時十五分に、第一〇軍司令官は、騎兵軍団に麾下の師団を前進させるよう命じていた。それらの師団は動きだしたものの、道は他の部隊でいっぱいで、ごく緩慢な前進しかできなかった。彼ら自身もまた道路の大渋滞を引き起こしたのである。午後三時、第四騎兵師団はドミエールとサン・ピエール＝エイグルに、第六騎兵師団はヴェルト・フイユ農場西部地区に到達した。トラック輸送される大隊が、フランス軍戦線後方七または八キロにあるモルト＝フォンテーヌとヴィヴィエールの待機地を出発したのは、ようやくこのときになってのことである。まもなく、騎兵のさらなる前進など考えられない事態になり、いくつかの銃兵大隊をヴィエルジー方面に押し出し、そこで戦っている歩兵の南部に差し込むことだけで精一杯となった。トラック輸送の歩兵大隊と第二騎兵師団については、さして述べることもない。彼らはただ道路をふさいでいただけだったのだ。

すでに触れた最新快速の車両を装備する三個戦車大隊は、十時ごろ、二個大隊は第二〇軍団、もう一個大隊は第三〇軍団に追随せよとの命令を受けた。だが、彼らが投入されたのは、第一梯隊の戦車がこれ以上進めなくなった時点でのことだった。午後八時、第一大隊は、ヴォーカスティーユおよびアルタンヌ方面からのアメリカ第二師団の攻撃を支援する。これは成功し、三ないし四キロ進出することができた。この大隊のほかは、第二大隊の一個中隊のみがレシェル付近で投入されただけだった。戦果は不詳である。残りの戦車は戦闘に参加しなかったのだ。

この第五〇一連隊に編合されていた軽戦車三個大隊を、同連隊長の指揮のもと、攻撃がもっとも速やかに進捗するであろう地点、すなわちアルタンヌ方面に、統一的に同時投入することは充分可能であった。ここで、そのような命令が下されるのが早ければ早いほど、良い結果が得られたであろう。また、連隊長や他の下級指揮官への制約が少ないほど、彼らの自主性に期待できる。もちろん、今まで述べてきたような攻撃すべてを弾幕射撃に膚接させたり、砲兵に陣地転換させる必要から、ザイトリッツ的な勇敢さは制約を受けたことではあろうが。

予備の戦車隊は第一梯隊のすぐ後ろに置くべきだった。さらに、戦車隊の指揮下に、トラック輸送される歩兵・工兵部隊を配置し、敵の砲火が届かぬ限り、ぎりぎりまで前に出しておくべきだったのである。彼ら

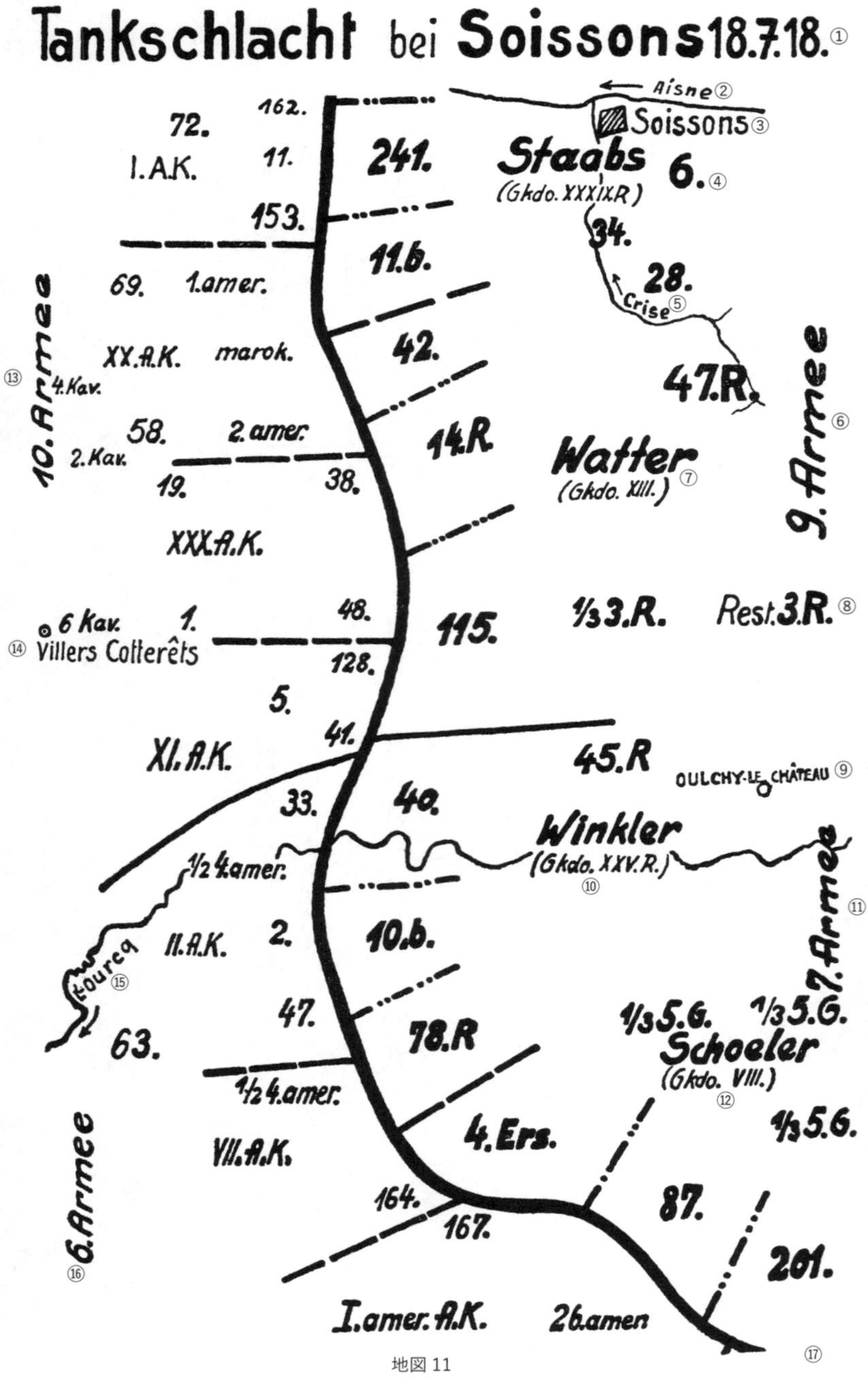
Tankschlacht bei Soissons 18.7.18. ①
Aisne ②
Soissons ③
Staabs
(Gkdo. XXXIX.R)
6. ④
34.
28.
Crise ⑤
47.R.
9. Armee ⑥
Watter
(Gkdo. XIII.) ⑦
1/3 3.R.
Rest. 3.R. ⑧
45.R
OULCHY-LE-CHÂTEAU ⑨
Winkler
(Gkdo. XXV.R.)
⑩
7. Armee ⑪
1/3 5.G.
1/3 5.G.
Schoeler
(Gkdo. VIII.)
⑫
1/3 5.G.
87.
201.
2 6. amer.
162.
72.
I. A.K.
11.
241.
153.
11.b.
69.
1. amer.
10. Armee ⑬
XX. A.K.
marok.
4. Kav.
42.
58.
2. amer.
2. Kav.
14.R
19.
38.
XXX. A.K.
6 Kav.
1.
48.
115.
⑭ Villers Cotterêts
128.
5.
41.
XI. A.K.
33.
40.
1/2 4. amer.
2.
10.b.
II. A.K.
Ourcq ⑮
47.
63.
78.R
1/2 4. amer.
VII. A.K.
4. Ers.
6. Armee
⑯
164.
167.
I. amer. A.K.
⑰
地図 11

は、心身ともに新鮮な状態にあるのだから、午前中の戦闘ですでに消耗していた第一梯隊の歩兵よりも、ずっと素早く戦車攻撃に追随できたはずだ。

突破に成功し、鉄条網や歩兵の塹壕、そして何よりも騎兵の快速性や不整地進撃能力を阻害する機関銃のない開豁地に出られた場合のみ、乗馬した騎兵の投入が考えられる。

予備の歩兵のうち、七月十八日に三個師団が押し出され、前線の一個師団と騎兵軍団が引き抜かれ、そのあとを埋める。七月十九日には、新手の七個師団（大部分がトラックに乗車していた）を輸送するよう、指示が下った。

作戦初日に、攻撃側が得たのは、捕虜一万二千と大砲二百五十門だった。

さて、フランス軍が初めて戦車と奇襲効果を併せて用いた大攻勢、その七月十八日の結果をみてみよう。

ドイツ側はこの日に大敗したため、その直後から敗因について詳細に研究している。フランス軍は完全な奇襲に成功した。前線部隊のみならず、ドイツ軍上級司令部レベルにおいても、すっかり虚を突かれてしまったのである。七月十五日までソワソン南方でフランス軍が攻撃してこなかったから、ドイツ側は、自軍のエペルネーへの突進によって敵兵力が拘束されているのだろうと信じ込んでいた。そこに誤りがあったのだ。とはいえ、この誤謬は、本来ならそう深刻なことにならないはずだった。実際、戦車という新しく強力な戦

地図11（前頁）
①ソワソン付近の戦車戦（1918年7月18日）
②エーヌ
③ソワソン
④第6軍司令部（第39予備軍団司令部）
⑤クリズ
⑥第9軍
⑦ヴァッター支隊（第13軍団司令部）
⑧第3予備師団の残余部隊
⑨ウルシー＝ル•シャトー
⑩ヴィンクラー支隊（第25予備軍団司令部）
⑪第7軍
⑫シェーラー支隊（第8軍団司令部）
⑬第10軍
⑭ヴィエル•コトレ
⑮ウルク
⑯第6軍
⑰amer. アメリカ軍
Kav. 騎兵師団
marok. モロッコ師団
G. 近衛師団
1/2, 1/3　兵力の2分の1、3分の1などを示す

闘手段を使えなかったなら、敵も敢えて奇襲攻撃をかけてくるようなことはできなかっただろう。この戦いにおいて、フランス軍は相当数の戦車を投入し、地域的に限定された目標ではなく、作戦規模のそれを狙ったのである。一九一七年のカンブレーでは四百両の戦車が使われたが、ここでは五百両に達していたのだ。ただ、戦車が投入された正面の幅は以前より狭くなっていたから、衝力も少なくなっていた。にもかかわらず、戦車の奇襲的な出現が本攻撃に格別の突撃力を付与したのは、一九一七年十一月二十日と同様であり、敵に多大な流血、さらにその結果としての士気沮喪をもたらしたのである。

カンブレー以後の八か月を経ているというのに、ドイツ軍の歩兵や砲兵がなお対戦車兵器を有していなかったというのは、悲しい事実だ。もっと憂鬱なのは、現実の存在となった戦車に対し、そうした兵器を使って、どのような戦術を取るか、それもおそらく考えられていなかったことであろう。遺憾ながら、かかる洞察が得られたのは、この大戦に影響をおよぼすには遅すぎる時期になってからだった。加えて、その思想も、ヴェルサイユ条約の束縛によって消えかけたのである。いずれにせよ、七月十八日のソワソンでは、歩兵はまったく無防備で、砲兵も、午後になって目的にかなうように選ばれた火点に入ってようやく、装甲に身を固めた攻撃軍に対して、身を守ることができるようになったのだ。戦車による奇襲攻撃など「一回限りの効果」しか持たないとの幻想を抱いていた者たちは、思い込みにとらわれていたにすぎないことが証明された。しかも、この証明は、のちにまた繰り返されることになる。

防御戦が失敗した理由として、前線の兵力が少なかったことや歩兵が精神的に消耗していたことが挙げられる場合がある。しかし、多大な兵力があったとしても、ここで敵が用いた攻撃方法に対しては、崩壊を食い止めることはできなかっただろうし、おそらく損害を増すだけの結果となったであろう。部隊の士気程度についていうなら、流感のために肉体的にはひどい状態にあり、さしたる給養も与えられていなかったというのに、彼らが英雄的な持久力といきいきとした自主性を遺憾なく発揮したことに驚愕を禁じ得ない。ここまでのおおまかな叙述だけでも見て取れることだが、個々の師団や連隊の戦闘ぶりを詳細にあらためていくと、さらに驚かされるのである。

戦闘経過を注意深く検討していけば、七月十八日に失敗をしでかした最重要かつ決定的な理由は以下のようなものであったとわかる。

ⓐ奇襲の成功。
ⓑフランス軍の奇襲戦術を可能にした戦車の攻撃力。
ⓒドイツ軍に対戦車兵器・戦術が存在しなかったこと。歩兵もそうであったが、砲兵においては、とくにそれが顕著であった。

この不幸な結果の影響は甚大であり、翌日には戦術的な敗北が作戦レベルのそれに進みつつあることがあきらかになった。フランス軍のソワソン強襲によって、マルヌ突出部にいる諸軍に対するドイツ側の後方連絡線が著しく脅かされたからだ。そのため、ドイツ軍指導部は、占領したばかりのマルヌ川南岸地区から撤退し、ヴェスル後方に退却することを促された。損耗や捕虜が出たために、ドイツ軍十個師団が潰滅し、それゆえフランドルで計画されていた「ハーゲン」攻勢は中止になった。西部戦線はすべて防御に転じたのだ。敵に主導権が移ったのである。

フランス側についていえば、なぜ攻撃初日に突破とマルヌ突出部の完全な切断ができなかったのかという疑問に答えなければならない。すでにみたように、攻撃正面の決勝戦区、すなわち第一〇軍のそれに、持てる戦車を集中することは可能であったろう。しかし、この措置だけでは、攻撃全体の加速と、それによる奇襲効果の全き活用には至らなかったはずだ。使用できる戦車が集中されたことはすでにみた。ソワソン南方の高地方面に向かう同軍の衝力は、それによって、著しく高められたであろう。戦車の攻撃が、緩慢で、ときに未発見の敵機関銃火によって進捗が左右される歩兵攻撃、またシステマティックに進められる砲兵の弾幕射撃や数時間を要するその陣地転換と組み合わされているかぎり、敵陣地への進出、ましてや突破は、従前同様に達成不可能なのであった。足の遅い歩兵と輓馬砲兵のあらたな開進を数時間にわたり待つことを強いられているうちに（しかも、強化されるばかりの防御側の射界のなかで待機するのだ）、防御側は新しい戦線を布いてしまうというのが、一九一八年の実状だった。あらためて攻撃をかけることが必要となっても、一晩かけなければ準備できず、奇襲の見込みなどきれいに無くなってしまう。一九一八年のどの例でもそうだが、戦車部隊は攻撃初日に酷使されるために、効果的な支援ができなかった。歩兵の各梯隊に戦車を配備したことは、第一〇軍の使用可能な戦車三百四十三両のうち実際に戦闘に投入されたのは二百二十三両のみという結果につながった。残る百二十両は歩兵主体の後方梯隊か、予備に控置されており、遊兵となっていたのである。七月十八日に戦車を投入したことにより、戦術的な前進が達成されたにもかかわらず、フランス軍は、この新兵科の速度、装甲による保護、火力から得られる強大な衝力を十二分に活用しようとはしなかったのだ。

続くフランス軍の攻撃も、さして新しい成果をあげることはなかった。戦車百二両を失ったあとになっても、第一〇軍は七月十九日に二百四十一両を使えたはずだが、うち百五両が戦闘に投入されただけであった。

七月二十日に使われた戦車は三十二両、七月二十一日には百両、七月二十三日には八十二両である。七月十八日から二十三日にかけての、第一〇軍の戦車の損害は二百四十八両にもおよび、うち少なくとも百十二両は砲兵射撃による被害であった。第六軍の戦車の損害は五十八両で、うち十二両は修理不能なほどに破壊されていた。「戦車の主敵は、砲兵の近・遠距離射撃である。よって、戦闘において成果を獲得するためには、敵砲兵に対する防御が重要な問題となる」[2]

八月初頭には、フランス軍戦車部隊は、軽戦車〔ルノー軽戦車〕十個大隊、中戦車〔シュナイダーおよびサン・シャモン戦車〕八個群を数えるまでになっていた。

最初の突破の試みが失敗したのち、ドイツ側は苦戦し、大損害を出しながらも、一戦区ずつ後退していって、ヴェスル後方まで戦線を下げることに成功した。ドイツ軍指導部は、敵連合軍が攻撃力を使いはたし、今度は味方師団がいくばくかの休養を取れるようにと願った。このソワソンの戦いの教訓がどの程度明確に認識されていたか、また、そうした知見が、それまでの良い習慣通りに他の戦線に伝えられたかどうかは、使用できる文献からは、必ずしもあきらかにできない。戦闘方法の根本的な改革、とりわけ砲兵のそれが、つぎの数週間のうちに行われたという事実は認められない。砲兵の防御戦術はあいもかかわらず、発見済み、もしくはそこにいると推測される敵集団に「遠距離阻止射撃」、「近距離阻止射撃」、「殲滅射撃」を放つということに尽きた。カンブレー、そして、最近のソワソンにおいて、この種の射撃方法は、戦車による奇襲攻撃にはまったく無力であることが示されていたというのに、である。たしかに、こうした戦闘においても、エーヌ防衛戦の成功が証明したように、重砲の直接射撃、直接個別射撃、さらには充分な観測を得た射撃は、戦車にとって、もっとも厄介な敵であった。にもかかわらず、八月初めには、砲兵の展開や射撃方法は徹底的に修正されたというわけではなかったのだ。

アミアン前面、ドイツ軍戦線のうちでもっとも西に突出していた第二軍も同様である。一九一八年八月にその最前線に配置されていた十個師団は、兵力に乏しく、陣地構築も充分でなかったのに、極端な縦深配備を取り、すぐに粉砕されることになった。砲兵の配置も、対戦車防御には不適切だった。それゆえ、陣地や工兵が即製した障害物、地形による自然の障害や砲兵の防御砲火も、敵戦車に言うに足るほどの停止を強いることはできなかった。歩兵を非難することはできない。四月二十四日の大攻勢終結以来、彼らは充分に陣地を構築していなかったのである。いつかまた攻勢を再開することがあるかもしれないとの希望があったこと、第二軍の前線部隊の大多数が消耗しきった状態にあり、また兵力不足であったことを措いても、戦線すべてが絶え間ない重砲射撃にさらされており、陣地構築作業を困難で、犠牲の多いものにしていたのだ。一部には、完成したばかりの施設が破壊されたところもあった。さらに、間断なく続く戦闘のうちに戦線の大部分を喪失してしまい、骨折ってつくった陣地も敵の利用するところとなっていく。ヴィエル＝ブルトヌーとアメルがまさにそれであった。

一九一八年四月二十四日、ヴィエル＝ブルトヌーは、最初の戦車対戦車の闘争の舞台となった。ここでは、ドイツ軍戦車が初めて戦場に出現したことが、イギリス軍戦車のフランス派遣を加速した点にのみ注目しておこう。その理由は明白である。「最良の部隊であってさえ、戦車攻撃の前には退かざるを得ない。そうした攻撃に耐える唯一の方法は、自軍がより多くの数の戦車を持つこと」だからだった。

七月四日の英軍によるアメル攻撃は、第二軍に対手の戦闘方法を教えただけになったかもしれない。今や、週あたり六十両の新型戦車が本国から送られてきていた。この新型戦車はV型で、エリス将軍は、限定目標への攻撃、すなわちオーストラリア軍によるアメル奪取の機会に、同型に砲火の洗礼を受けさせたいと望んだのであった。強襲にあたる歩兵と新兵器の共同訓練が行われ、相互の信頼が醸成された。

戦車の攻撃順序は、フラー大佐が細心の注意を払って練り上げた。準備砲撃はなし。午前四時十分、発煙弾と榴弾を混ぜての弾幕射撃のもと、オーストラリア軍三個旅団が六十両の戦車の支援を受けて攻撃する。戦車は、歩兵第一波の散兵線より千メートル後方から突撃にかかるが、すぐに彼らを追い越して、目標に急ぐことになる。およそ四キロの正面でドイツ軍の戦線が奇襲を受けた。陣地にあった兵力の大部分が殲滅され、機関銃二百挺が破壊される。捕虜の数は千五百となった。オーストラリア軍は六百七十二名の死傷者を出した。戦車部隊は十六名の負傷者を出し、戦車六両が軽微な損傷を受けた。攻撃目標到達後、二十五トンの工兵装備〔主として鉄条網や杭などの築城資材〕を載せた補給戦車が現れ、あらたな最前線の後方を固めた。おそらく、これはさほど重要な戦闘ではなかったが、イギリス軍指導部を新しい大規模な戦車戦遂行へとうながした。ドイツ軍指導部は、この防衛戦から教訓を引き出していただろうか？　とても、そうは思えない。

七月二十三日、フランス軍三個師団がイギリス軍戦車一個大隊の支援を受けて、モレイユ西方の橋頭堡を攻撃した。もとからの計画に従い、日の出後数時間経ってから攻撃を開始したために、この日、深刻な損害が出ることはなかった。戦車三十五両中、十五両が損傷した。戦車大隊の将校および下士官兵のうち五十四名が死傷したが、攻撃目標に到達、捕虜千八百を取り、機関銃二百七十五挺と若干の大砲を鹵獲した。

この戦果により、戦車の衝力への信頼をつよめたイギリス軍指導部は、自らの大攻勢準備に着手した。数週間にわたり完全な制空権を得ていたから、ドイツ軍の陣地に関する詳細な情報を握っており、捕虜の尋問結果やその他の情報もそうした敵の兵力や配置を確認していた。ドイツ軍九個師団に対し、英軍八個、仏軍五個の歩兵師団が攻撃をかけることになる。また、英軍三個、仏軍二個の歩兵師団、英軍騎兵師団三個が予備として追随する。一方、ドイツ軍の即応予備は五個師団だけだった。敵連合軍は休養を終え、完全に編制を整えていたが、ドイツ軍は二個師団の例外を除いて、そうではなかった。

かくのごとく、兵力や砲数、弾薬において圧倒的に優勢であったが、砲兵射撃や歩兵突撃以上の何かがなければ、ドイツ軍の戦線を破るには不充分であったろう。ドイツ歩兵とドイツ軍の機関銃部隊は、すでにそうした攻撃を何度も退けていたのである。八月八日にわれわれを襲った不運を、その朝たちこめていた霧のせいにするわけにはいかない。ソンムやフランドルでも霧が支配していたが、敵がそれを戦術的に利用することはなかったのだ！　違う。完全戦力ではないにせよ、戦闘で鍛えられたドイツ軍を数時間のうちに完敗させることを可能としたのは、イギリス、オーストラリア、カナダ、フランスの歩兵や優勢な砲兵でも、一九一八年八月十八日の朝霧でもない。そうした要素だけでは、あるいはそれらすべてを合わせても、そんなことは不可能だったろう。この敗北は、暗黒の日に突如としてもたらされたのである。これからみていくように、右記のこと以上の何かが作用したのだ。この日まで、わが軍の歩兵は、断固守り抜くという意志を堅持していた。当時の証言も、なるほど苦労を訴えるものはあるが、純粋なる軍人精神より来る強固な姿勢があったことを示している。敵に直面した彼らが狼狽し、戦車に震え上がり、義務を放棄したなどと安易に述べ立てるならば、それは後知恵によって、わが数千の将兵が示した自己犠牲や献身を不公正に判断したということになろう。個々にそうしたことができなかった兵士がいるからといって、圧倒的大多数の戦士が示した、英雄的で、それゆえに悲劇的な振る舞いを損ねることは不可能なのである。このようなことを念頭に置いて、八月八日の諸事件を検討していくことにしよう。

ドイツ軍がカンブレー戦の影響を受けるのは、これが三度目であるが、三度目にしてまたも奇襲されたのである。大規模な展開が行われたものの、それは細心の注意を払ってのことであり、攻撃前夜になって初めて実施されたのだ。何よりも、勇名高いカナダ軍団と戦車兵団の集結を偽装するため、囮輸送や偽通信、欺瞞作戦などが実行された。

戦車の配備については、一六八頁の表に示される（展開した部隊を北から南に並べた）。

八月六日から七日にかけての夜に、戦車兵団は戦線から三ないし四キロ後方に集結、八月七日から八日にかけての夜に最前線後方一キロの地点に置かれた出撃陣地に進出した。兵力配備からして、オーストラリア軍とカナダ軍に攻撃の重点が置かれたことが見て取れる。これら諸師団においては、ソワソンやカンブレー同様に、戦車が歩兵の攻撃梯隊に緊密に協同することになっていた。最新かつ快速のいわゆる「ホイペット」型を装備した第三および第六大隊は、騎兵軍団麾下に置かれていた。同軍団の三個師団は戦果を拡張、カシー－アミアン間を突破進軍するのである。攻撃開始は午前五時二十分と決まった。この攻撃にあたる歩兵と戦車の前進と同時に、砲兵射撃がはじまる。一部は攻撃支援のための榴弾と発煙弾を混成した弾幕射撃、別の一部はドイツ軍砲兵、または遠距離目標を制圧することになっていた。五百機の航空機が分属され、砲兵観測と戦闘偵察、また攻撃計画に定められた遠距離目標の覆滅といった任務をあてがわれた。

午前七時二十分ごろには、ドイツ軍陣地の縦深一キロ半ないし三キロの地点に設定された攻撃目標に到達することとされた。イギリス第三軍団の戦区では、ドイツ軍砲兵に手をつけることはなかった。一方、オーストラリア軍は、最前方に置かれていた砲兵のみ攻撃する。カナダ軍は大部分の砲兵、フランス軍は一部の砲兵を攻撃した。こうしてドイツ軍砲兵の大多数が残って射撃したから、攻撃目標への到達は遅れた。攻撃続行のために後続梯隊を前進せしめ、かつ砲兵の陣地転換を完了させるイギリス第三軍団は、ソンム北方では一時間、その南では二時間待機したのである。この停止のあいだ（すでに述べたように、ドイツ軍の射撃を受けながら、であった！）、弾幕射撃は止んだ。本攻撃は、運動戦の手順に従えば、砲兵支援を得なければならなかったのである。

三十キロ幅におよぶ正面における攻撃の第二目標は、ドイツ軍砲兵隊であった。第三目標は、ドイツ軍即応予備師団が置かれている待機地の前面。これらの師団の存在は、あきらかに敵に察知されていたのだ。九時二十分に再開された攻撃には、もう休止予定はなかった。騎兵軍団が九時二十分にリュスの南北にそれぞれ一個師団ずつ投入して前進、歩兵を追い越す。続いて第三目標に到達したら、後続歩兵が到着するまで、そこを保持する。

しかるのち、最終目標、ショルヌ＝ロワ間の鉄道線に突進するのだ。

フランス軍は、イギリス軍に呼応し、午前五時二十分に砲火を開いた。四十五分にわたる制圧射撃ののち、戦車なしで第一波の三個師団が攻撃にかかる。まずアヴル西方の制高地点を奪取してから、第一梯隊が啓開した進路を取り、軽戦車大隊二個の支援を受けた第一五三師団がアンジュスト＝アン＝サンテール方向に突進した。かなりのあいだ、フランス軍の前進は隣接するカナダ軍より遅れており、ドイツ軍に側面攻撃の機会を与えてしまった。ドイツ砲兵はこの好機を利用し、とくにカナダ軍右翼の戦車に痛打を与えた。

またしても、敵は、戦車を歩兵および砲兵のもとに拘束してしまった。今度は、おおいに希望が持てる兵器、高速のホイペット戦車二個大隊を、現代の戦場では運用しかねるような乗馬騎兵と組み合わせてしまったのである。こうした構成に固執していて、突破の成功は得られただろうか？　いや、ほとんど実現しなかったといってよい。しかしながら、彼らが使ったものは、十二分に危険であった。

勝利を確信して、連合軍側は戦闘にのぞんだ。防御側は不安な気分で、日々、来るべきものを待っていた。八月六日、ドイツ軍の飛行士が、数百両の戦車がエリー＝シュル＝ノワイエからモリゼルに行軍していると報告してきた。ところが、何の措置も取られない。八月七日には、砲撃の流れ弾が命中し、ヴィエル＝ブルトヌーのある果樹園にいた、弾薬と燃料を積んだ補給戦車二十二両が吹き飛ぶという事件が起こったが、何の疑いも持たれなかった。八月八日午前五時二十分、敵の攻撃か開始され、完全な奇襲に成功した。攻撃された三十二キロ幅の正面にいた防御軍は、戦車の大量使用を予期しておらず、まったく対抗手段を持っていなかった。かかる攻撃に対して、銃剣ではなすすべがない。機関銃、手榴弾、迫撃砲が功を奏することもあったけれど、それはまぐれでしかなかった。適切に使われていたなら、大砲が助けとなったかもしれない。しかし、黎明の薄暗がり、自然の霧と人口の煙幕、弾幕射撃の砂塵と煙のなかにあり、突如近距離に多数の目標が出現したことによって混乱していたのだから、砲兵の仕事は困難、いや、ほとんど不可能になっていただろう。実際には、そもそもドイツ歩兵の戦闘地域には、大砲などなかったのだ。ここで、みじめにタコツボにこもっていた歩兵は、敵戦車が攻撃し、蹂躙にかかってくるのに対して、何をすべきだったのかということが問われる。戦車、もしくは戦車に随伴してくる歩兵に射撃すれば、自らの位置を暴露してしまい、殲滅される。撃たなければ、全員が戦車に視認され、撃たれるということはまずなかろう。が、敵歩兵が無傷のまま肉迫してきて、彼らを捕虜としてしまうだろう。八月八日の戦闘における状況のもとで、彼らに許されていたのは、無力なまま滅び去っていくことだけだったのである。

かくて、イギリス軍戦車は移動を開始し、攻撃開始時刻には自軍第一線陣地を越えた。まずドイツ軍最前

イギリス軍

軍団	師団		予備	戦車		戦車数	
	第１梯隊	第２梯隊		旅団	大隊	第１梯隊	第２梯隊
第3	第12 第18 第58	—— —— ——	—— —— ——	——	—— 第10	—— 24両 12両	—— —— ——
オーストラリア	第3 第2	第4 第5	—— —— —— ——	第5	第2、 第8、 第13、 第15	24両 —— 24両 ——	—— 54両 —— 42両
カナダ	第2 第1 第3	第4	—— —— —— ——	第4	第14 第4 第1 第5	36両 36両 —— 36両	—— —— 36両 ——
騎兵	—— —— ——	—— —— ——	第1 第2 第3	第3	第3 第6 ——	48両 48両 ——	第3梯隊は騎兵軍団後方に控置

線に三分間の弾幕射撃が実施され、以後二分ごとに百メートルずつ弾幕を前進させていった。ただ、それ以降は弾幕の移動は緩慢になり、三分ごと、のちには四分ごとに百メートルの前進となる。戦車と歩兵は、その弾幕の背後に膚接して進んだ。弾幕射撃のほかに、敵砲兵陣地、接近路、村落、部隊駐屯地、戦闘拠点に強力な砲撃が加えられた。あらゆる連絡が、たちまち断たれてしまった。電話線は切られ、信号機も使えなくなる。ただし、無線通信の大部分は機能していたが、その報告は、最前線の戦闘地域に関して明白な像を伝えるものではなかった。伝令や斥候を出しても帰ってこない。あきらかだったのはただ一点、敵が大攻勢をかけてきたということだけだった。

　ただちに全軍が戦闘配置についた。破壊されなかった大砲と迫撃砲が霧を衝いて、殲滅射撃を実施したが、その力は弱体で、もう敵はいなかったと思われる地域を撃ったために、ほとんど効果がなかった。敵はずっと前進してきていたにちがいない。しかし、味方部隊を危険にさらすことなく砲撃するには、どこへ撃つべきだったろうか。予備はどこに向かって反撃するのか。はっきりと敵情をつかんでいるわけでもないのに、後置されていた機関銃を撃ってもよいものだろうか。状況はますます不明となり、予備とされた部隊とその指揮官、砲兵隊を苦しめた。

以下、北から南の順で、英軍の攻撃経過をみていこう。

第三軍団では、第一二および第一八師団が午前七時二十分、第五八師団が七時半から八時にかけて、それぞれの第一攻撃目標に到達した。第一八師団の戦区では、使用できたいくつかの戦車中隊がコルビ－ブレイの街道沿いに攻撃、そこにあった第一二三連隊第二および第三大隊の大部分を撃滅、タイユならびにグレセールの森に展開していた無防備のドイツ軍砲兵中隊のもとまで霧のなかを馳駆した。ただ、イギリス軍の指揮官たちが命令された通り、厳密に定められていた攻撃目標で停止し、霧が晴れるまで攻撃を中断して待機していたおかげで、まったく歩兵の支援がないままだったドイツ軍砲兵も陣地を固守することができた。戦車二個中隊に支援された第五八師団は、ドイツ軍の予備歩兵が砲兵を守るために召致されるずっと前に、目標に達していた。しかしながら、イギリス軍の攻撃が中断されたため、ドイツ軍は十一時四十五分までにシピイ北東「運河の丘」の重要な陣地を安全に占拠、保持にかかった。霧が晴れてから九時四十五分以降のソンム南方におけるオーストラリア軍の前進も、彼らの側面射撃でおおいに妨害することができたのである。いったん中断したのちに再開された軍団正面全体にわたる攻撃は、もはや順調には進まなかった。第二の攻撃目標は、一つも達成されなかった。ただちに攻撃を続けることによって得られたはずの、ごくまれな好機は浪費されてしまったのだ。なるほど、個々には、ドイツ軍砲兵陣地の最前部までたどりついた部隊もあったが、砲兵は陣地固守に成功した。

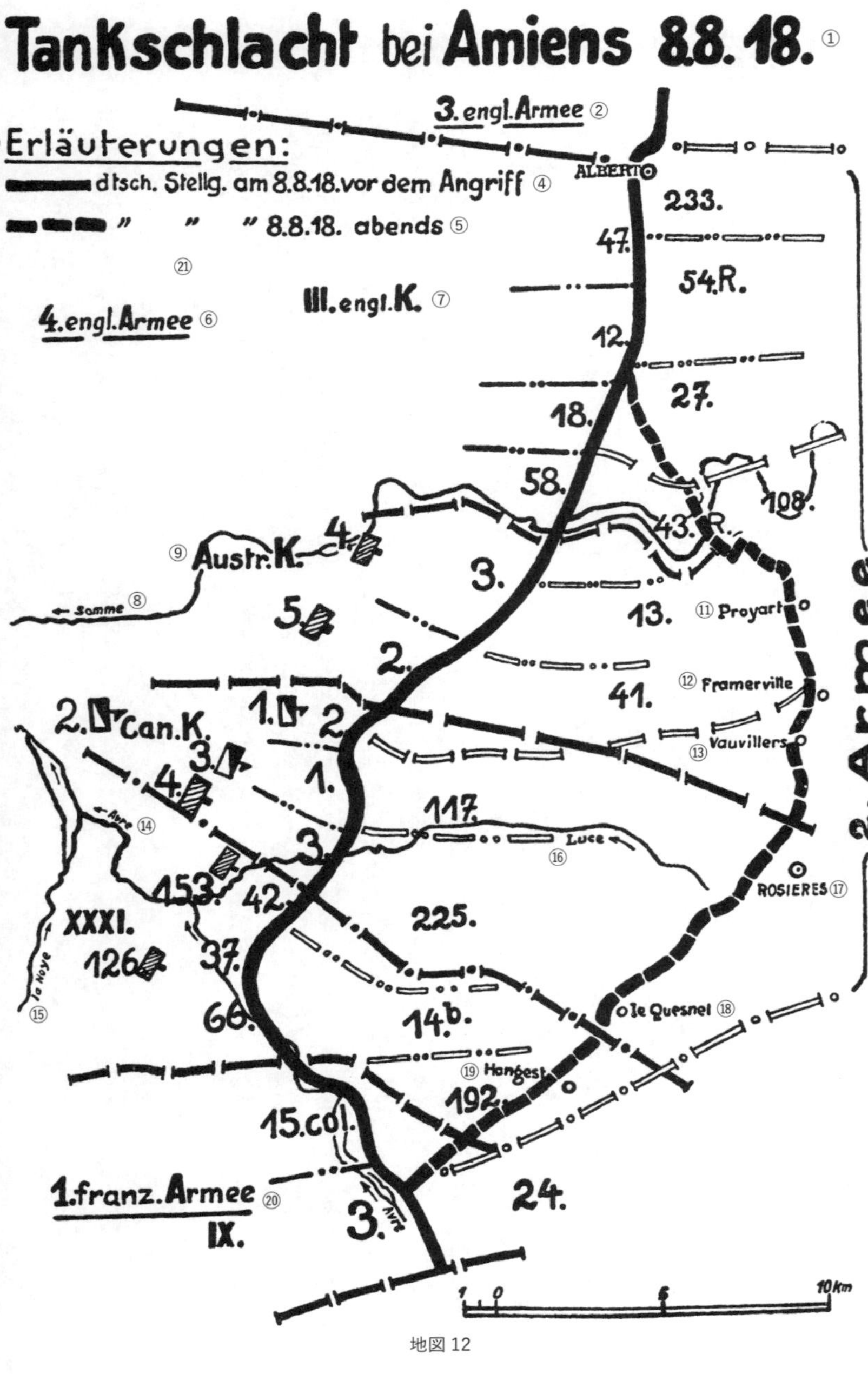
Tankschlacht bei Amiens 8.8.18. ①
3. engl. Armee ②
③ Erläuterungen:
dtsch. Stellg. am 8.8.18. vor dem Angriff ④
" " " 8.8.18. abends ⑤
㉑
4. engl. Armee ⑥
III. engl. K. ⑦
← Somme ⑧
⑨ Austr. K.
2. Armee ⑩
⑪ Proyart
⑫ Framerville
Vauvillers ⑬
← Avre ⑭
la Noye ⑮
Luce ⑯
ROSIERES ⑰
le Quesnel ⑱
⑲ Hangest
1. franz. Armee ⑳
IX.
ALBERT
233.
47.
54.R.
12.
27.
18.
58.
108.
43.R.
4.
5.
3.
13.
2.
41.
2. Can. K.
1.
3.
4.
117.
453.
42.
225.
XXXI.
126.
37.
66.
14.b.
192.
15.col.
24.
Avre
1 0 5 10 Km

地図 12

地図12（前頁）
①アミアン付近の戦車戦（1918年8月8日）
②イギリス第3軍
③凡例
④1918年8月8日、攻撃前のドイツ軍陣地
⑤1918年8月8日晩のドイツ軍陣地
⑥イギリス第4軍
⑦イギリス第3軍団
⑧ソンム
⑨オーストラリア軍団
⑩第2軍
⑪プロヤール
⑫フラメルヴィル
⑬ヴォーヴィレル
⑭アヴル
⑮ノワイエ
⑯リュス
⑰ロジエール
⑱ル・クネル
⑲アンジュスト
⑳フランス第1軍
㉑b.バイエルン
Can.カナダ
Col.植民地師団

オーストラリア軍団にあっては、稼働戦車百四十四両のうち四十八両が、六キロの正面幅で攻撃する第一梯隊の四個旅団（第三および第二オーストラリア師団）に配備された。これら第一梯隊の最初の攻撃目標は、三キロ先の地点までの進出であるとされていたが、午前七時二十分に達成された。しかるのち、二時間休止しているあいだに、第四および第五オーストラリア師団と九十六両の戦車から成る第二梯隊が、第一梯隊を追い越して前進する。このように第一梯隊にあっては、戦車はきわめて限定的に投入されただけだったけれど、アメル－スリジー街道沿いとその南方にあったドイツ軍陣地を、計画通り七時二十分までに奪取した。ここで、戦車隊は状況を利用しようとして、独断専行でさらに前進したものと思われる。なぜなら、霧はまだたちこめていたし、彼らは第一攻撃目標線の向こうにあったスリジー西方の砲兵中隊を捕虜にしているからだ。その直後に、第二〇二予備歩兵連隊の戦闘拠点に火がついた。勇敢なる守備隊は、多数の戦車を破壊したのちに、十時二十分、ソンム川を越えて撤退し、戦闘は終わった。戦車は第一三師団の前線・予備大隊を蹂躙、第一三歩兵連隊長は六時半に重傷を負って捕虜となった。その前、六時二十分には、もう砲兵一個中隊が失われていたし、第一五歩兵連隊の本部要員も負傷し、捕虜になっている。オーストラリア軍が予定通り攻撃目標に到達した七時二十分には、濃い霧に覆われた戦場には守る兵もなく、ただ射撃可能な軽砲十門と重砲八門を有するドイツ軍第一三歩兵師団の砲兵中隊群があるだけ

だった。そこで、二時間の戦闘休止になったのである。だが、防御側がこの時間を利用して、予備兵力を砲兵掩護につけることはできなかった。九時二十分から十時にかけて、すべての砲が失われた。十時半に、予備を以てモルクール南東の間隙を埋めることが試みられたが、彼らは十一時にはもう戦車に包囲されており、絶望的な状況におちいった。敵の航空機、戦車、機関銃の射撃により、十一時半ごろには、彼らも殲滅されてしまい、オーストラリア軍は時間通りに第二攻撃目標に到達する。ドイツ側は、弱体な兵力でプロヤール西方の八十四高地を占拠できたのみであった。十二時半に、そこに対して、航空機、戦車、オーストラリア歩兵の協同攻撃が実施され、進路が啓開されてしまう。かくて、イギリス軍は初日の目的を達成して、停止した。ソンム北方の、捕虜になるのをまぬがれたドイツ軍砲兵の側面射撃が功を奏し、敵の攻撃意欲を減退させたのかもしれない。

　南方のオーストラリア第二師団の攻撃も計画通りに進捗していた。午前七時から七時半にかけて、攻撃側は最前列の砲兵中隊に殺到した。しかし、攻撃休止のあいだに霧が晴れたこともあって、後方のヴァイヨンヴィエル付近にあったドイツ軍砲兵中隊は局所的ながら、攻撃を再開してきた戦車隊に大打撃を与えることができた。彼らは、九時五十分まで現在位置を保持し得たのである。ドイツ軍小銃兵、というよりも、その残兵がヴィエル＝ブルトヌー－アルボニエール－リオン道沿いにとどまっていたが、オーストラリア・カナダ軍が攻撃を再開するにあたり、アルボニエール東方へ退却させられた。敵の第一攻撃目標に含まれていたマルセルカーヴの砲兵六個中隊は、とっくの昔に失われている。攻撃目標になっていなかったピエール森の砲兵中隊のみが、なお二時間射撃を続けることができた。彼らは、十時頃には捕虜となった。九時二十分、新手の戦車とともに第五オーストラリア師団が、先行の第二オーストラリア師団のあいだを抜けて、第二攻撃目標に前進してくるのに対抗したドイツ軍は、小銃七個中隊、機関銃三個中隊で、その後方に弱体の一個大隊があった。砲兵はもはや無し。ドイツ軍予備はヴァイヨンヴィエルに逆襲をしかけたものの、その地点から北東二キロ半の「ローマ間隙部」〔ローマ帝国時代に建設された街道の名にちなんで、この突破口をそのように称したものと思われる〕に敵戦車と航空機が投入されたことにより、拒止されてしまう。「戦車に対して防衛戦を成功させるという不可能事に直面し、この大隊は潰滅していった。文字通り粉砕されたのである」[3] この時点までに、ローマ街道に、第一七戦車大隊〔正確には英戦車兵団所属の第一七装甲車大隊〕の装甲車が出現していた。それらは高速であったため、ドイツ軍砲兵も捕捉できなかったのだ。この装甲車隊は、退却中だったドイツ軍の自動車縦隊を潰滅させた。アルボニエール北方では、英軍航空機が煙幕弾を投下し、その東方にあった防御側の部隊は視界を妨げられてしまう。これは、戦車の敵陣への接近を容易にした。アルボニエールは攻撃側の手に落ち、十二時頃には敵は第三攻撃目標に到達していた。

オーストラリア軍の南では、やはり優れた攻撃部隊との定評があるカナダ軍団が攻撃にかかった。戦車一個大隊に先導されたカナダ第二師団が、ドイツ第四一歩兵師団第一四八歩兵連隊に圧倒的な攻撃を向ける。同時に、カナダ第一師団が同じく戦車一個大隊に支援されて、ドイツ第一一七歩兵師団を攻撃した。この第一一七歩兵師団は完全に編制を充足しており、優れた指揮官であるヘーファー少将が指揮を執っていた。が、同師団隷下の歩兵連隊長のうち二人が捕虜になり、もう一人は英雄的な戦死をとげた。カナダ軍は、さして強力ではなかったドイツ軍の阻止射撃をくぐり抜け、八時には第一攻撃目標に到達、ドイツ軍砲兵中隊の多数を捕虜にし、砲を鹵獲した。続いて、北からの包囲がなされ、すぐにあらゆる抵抗がくじかれてしまった。カナダ軍が第三攻撃目標に達した時点で、ようやくロジェール西方にあらたな戦線を布くことができたぐらいだ。カナダ第三師団は、ドイツ第二二五師団に遭遇した。リュス谷への突入はきわめて早期に達成されたが、ずっと南、ドマール＝シュル＝ラ＝リュス－メジエールの鉄道南方の「黒森《シュヴァルツヴァルト》」と名付けられた地点は八時半まで防御側が保持していた。この森には、戦車の投入が不可能だったからだ。こうした停滞はあったものの、第二攻撃目標への攻撃は予定通りただちに着手された。ドイツ軍歩兵は増強されておらず、たった十五門の砲で抵抗するしかない。十時半には、攻撃目標が得られた。カナダ第四師団およびイギリス第三騎兵師団はボークール方面に攻撃を継続する。彼らは、新手の戦車隊に支援されていた。これが、十一時直後の状況である。

十一時から十二時にかけて、オーストラリア・カナダの両軍団は、ドイツ軍最前線の戦闘地域突破に成功した。わずかな砲を除いて、ドイツ軍砲兵は彼らの手に落ちた。強力な敵の突進に向けられるのは、休養中の数個大隊のみだった。彼らは、早くも行軍中に、敵砲兵の遠距離射撃と航空機の攻撃に苛まれた。ドイツ軍の抵抗が微弱になったため、いくつかの地点では英軍歩兵が行軍縦隊を組むことができたほどだ。突破を完成させられるであろうことはもう間違いない。

イギリス軍指導部の判断によれば、その任に適しているのは騎兵軍団であった。すでに述べたように、その戦闘力を高めるため、高速の最新型戦車大隊二個、ホイペット九十六両が随伴していた。それらが分配されたことはいうまでもない。騎兵軍団は、二個梯隊に編合された。リュスの北でイギリス第一騎兵師団、南で第三騎兵師団が全速で歩兵を追い越し、まず第三攻撃目標に達する。ここで歩兵の到着を待ち、それからショルヌ－ロワ間の道路に突進する。第二騎兵師団は第二梯隊として追随するのである。第一梯隊の師団にあっては、騎兵を掩護し、鉄条網を排除するために、ホイペット戦車大隊が先導した。午前十時十五分、第

図 14　ドイツ軍 A7V 戦車、1918 年（模型）

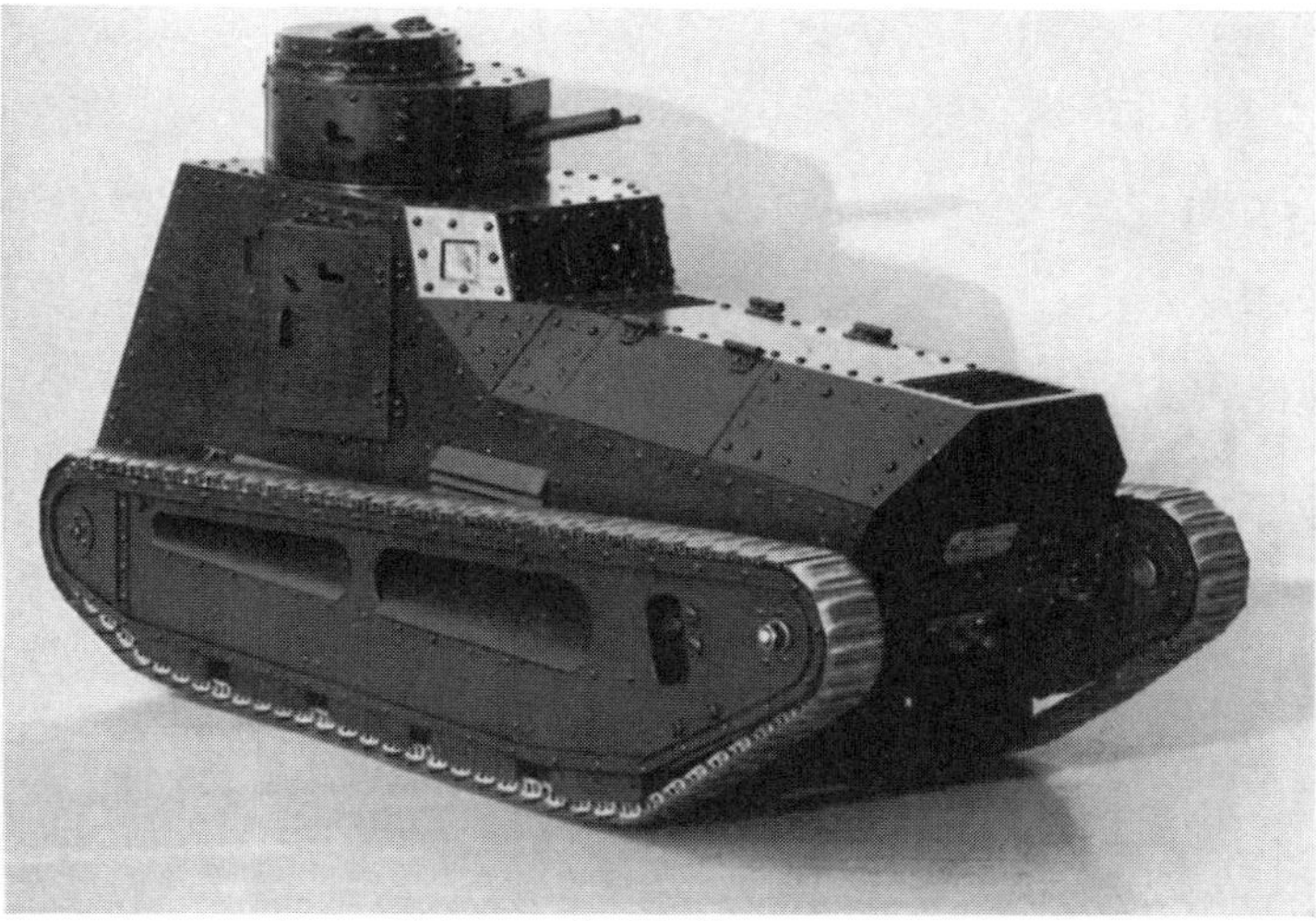

図 15　ドイツ軍 LK II 戦車、1918 年（模型）

図 16　イギリス軍ヴィッカース・インデペンデント戦車、1925 〜 26 年

図 17　フランス軍 3C 戦車、1928 年

図 18　フランス軍ルノー NC2、1932 年

図 19　アメリカ軍 T2 騎兵戦車〔制式名称は「戦闘車（Combat Car）」〕、1931 〜 32 年

図20　イギリス軍II型軽戦車、1931～32年

図21　トレーラーを牽引したフランス軍ルノーUE

一梯隊の師団は、イニョクール－マルセルカーヴの線に達し、任務を果たすために展開していった。騎兵三個連隊および騎馬砲兵一個中隊から成る旅団一個につき、十六両の戦車を受け取ったのち、前進が開始された。第一騎兵師団の戦区では、第一騎兵旅団がアルボニエール、第九旅団がギョークール経由でロジエール＝アン＝サンテール、第二旅団がケクスに向かった。第三騎兵師団では、第七旅団がカイユー経由ケクスに、第六旅団がル・ケネル、カナダ騎兵旅団がボークールに進む。もっとも前進したのは第一騎兵師団で、フラメルヴィルおよびヴォーヴィレル前面にまで達した。他の部隊は第三攻撃目標にたどりつくことができず、そこから発動されるはずだったショルヌ－ロワ間の鉄道線を突破するという主任務に着手できなかった。戦車の掩護なしの騎兵では、それが進撃の限界だったといわざるを得まい。乗馬状態で大部隊が前進しようとするところ、数分のうちに大損害が生じる。それゆえ、ケクスとボークールのあいだのドイツ軍抵抗線は強力なものではなかったにもかかわらず、イギリス第六騎兵旅団はカイユー南東、カナダ騎兵旅団はボークールで大きな打撃を受けた。ケクスとその南西で、わずか二個中隊プラス三分の一個中隊ほどの工兵が、イギリス第三騎兵旅団の前進を止めた。彼らがようやく退却したのは、敵戦車が攻撃してからのことである。戦車は、この工兵をボーフォール北方に駆逐した。戦場のそこかしこを移動できたのは、ごく少数の騎兵部隊のみだった。

騎兵軍団の第二梯隊は、結局投入されなかった。

十二時ごろに、第一七戦車大隊の装甲車十二両が、地面に匍匐したままになっている歩兵・騎兵梯隊を追い抜いてフラメルヴィルおよびプロヤールの村落に向かい、さらに前進した。この装甲車隊は、ドイツ軍最前線の後方に大混乱を巻き起こし、その行軍縦隊や予備部隊に大損害を与えることになる。また、右記村落

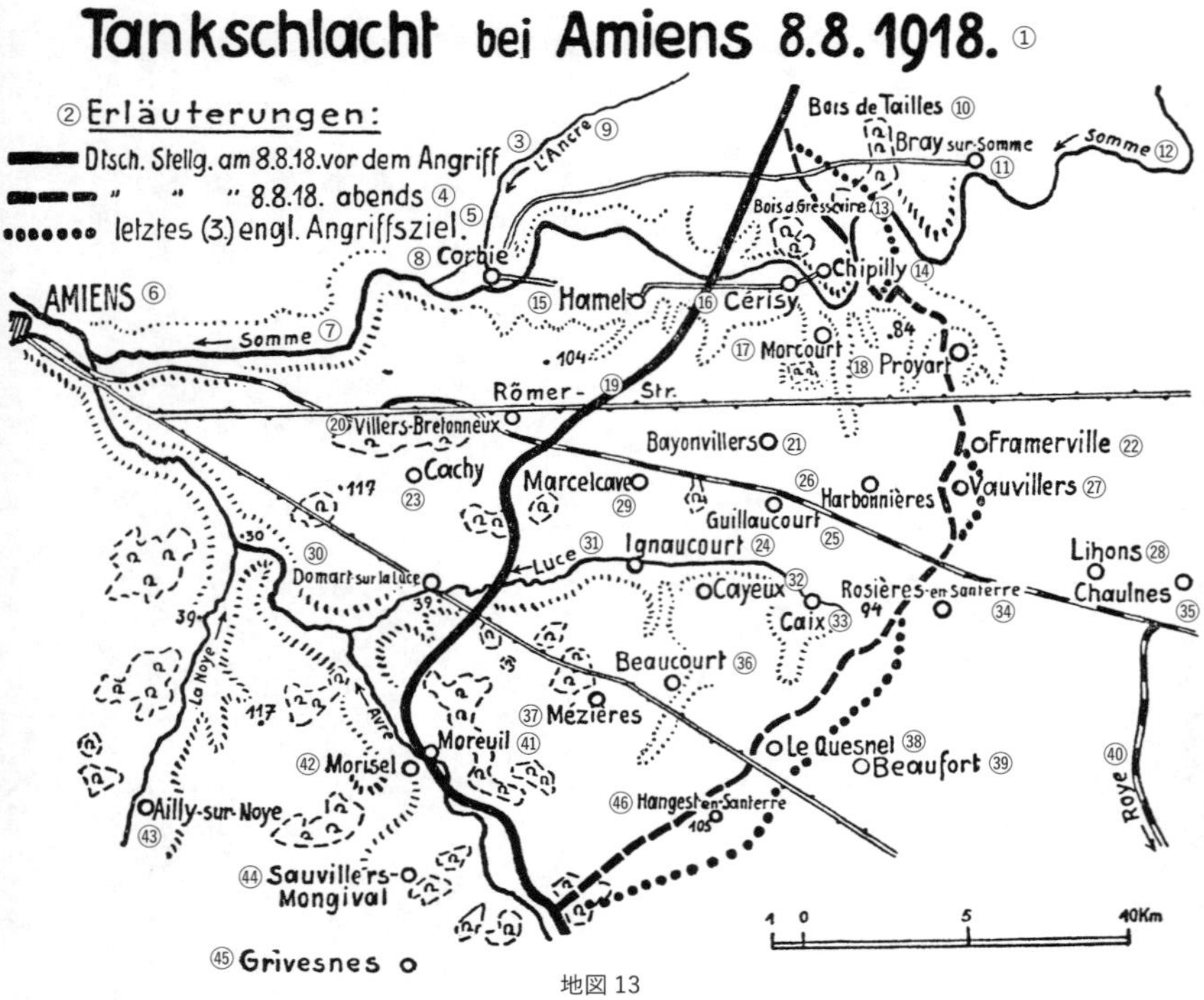

地図 13

①アミアン付近の戦車戦（1918年8月8日）
②凡例
③1918年8月8日、攻撃前のドイツ軍陣地
④1918年8月8日晩のドイツ軍陣地
⑤イギリス軍最終攻撃目標（3か所）
⑥アミアン
⑦ソンム
⑧コルビ
⑨アンクル
⑩ボワ・ド・タイユ
⑪ブレイ・シュル＝ソンム
⑫ソンム
⑬ボワ・ド・グルシール
⑭シピイ
⑮アメル
⑯スリジー
⑰モルクール
⑱プロヤール
⑲ローマ街道
⑳ヴィエル＝ブルトヌー
㉑ヴァイヨンヴィレル
㉒フラメルヴィル
㉓カシー
㉔イニョクール
㉕ギョークール
㉖アルボニエール
㉗ヴォーヴィレル
㉘リオン
㉙マルセルカーヴ
㉚ドマール・シュル・ラ・リュス
㉛リュス
㉜カイユー
㉝ケクス
㉞ロジエール＝アン＝サンテーヌ
㉟ショルヌ
㊱ボークール
㊲メジエール
㊳ル・クネル
㊴ボーフォール
㊵ロワイエ
㊶モレイユ
㊷モリゼル
㊸エリー＝シュル＝ノワイエ
㊹ソヴィレール＝モンジヴァル
㊺グリヴヌ
㊻アンジュスト＝アン＝サンテール

付近で多くの土地を損害も無しに占領したが、イギリス軍は第三攻撃目標を越えて、彼らに追随する部隊を出そうとはしなかった。午後六時半になって、ようやくドイツ軍予備がプロヤールとフラメルヴィルに到着し、夜遅くなるまでに、ぽっかりと開いていた空隙部を埋めた。それまで、六時間にわたり、防御陣の数キロにおよぶ部分が、砲兵もないままに暴露されており、イギリス軍が突破すれば、なすがままという状態に置かれていたのである。この突破を押しとどめたのは、砲兵、歩兵、さらには騎兵による戦闘遂行にこだわるイギリスの将軍たちが立てた計画のみであった。彼らは、自らの最強の攻撃手段をフル活用しようとはしなかったのである。英軍航空機はドイツ軍予備を攻撃、拘束することに成功していた。使用し得る戦車も大量に在った。言うに足るドイツ軍の抵抗などなかった。にもかかわらず、何ごとも生起しなかったのだ。

カナダ軍団南方では、フランス第三一軍団が攻撃していた。その攻撃手順は、隣接するイギリス軍のそれとは異なり、突撃に先立つ準備砲撃も四十五分間行っただけだった。最初の強襲は、まず戦車の支援なしに三個歩兵師団により遂行されたが、戦車二個大隊の支援を受けた第一五三師団が突撃に加わることになっていた。ずっと北でカナダ軍の攻撃により防御側が潰滅したことも影響し、最初の進出は成功した。第一五三師団が随伴戦車とともに投入されたことが、その進捗を速めたのである。しかし、この時点での攻撃は、カナダ軍右翼のそれよりもずっと遅れていた。ゆえに、ドイツ軍砲兵のカナダ軍随伴戦車に対する側面射撃が功を奏し、大損害を与えたのだ。

午後十時から十一時にかけて八月八日の夜が訪れ、戦闘が下火になるころには、「開戦以来のドイツ陸軍最大の敗北は全き事実となっていた」[4] 八個師団がほぼ撃滅されたが、損害はより深刻だった。将校七百名、下士官兵二万七千名、大砲四百門が数時間のうちに失われたのである。うち、捕虜となったのは一万六千名だった。正面幅三十二キロ、縦深十二キロにわたって、敵は進出に成功した。夜になってようやく、敵が不活発になったおかげで、苦労して弱体ながらも戦線を引き直すことができた。たしかに作戦的に意味のある突破はなしとげられなかったし、西部戦線全体が崩壊するというような直接の危険もなかった。しかし、ドイツOHLが受けた、あるいは受けたにちがいない打撃が及ぼす効果は、極度に大きかったのだ。

われわれ年輩の者は、あの八月の日々に初めて忍び寄ってきた、この戦争の損害にはもはや持ちこたえられないという敗北感を今日なお覚えている。戦争は終わらせねばならない、運命の巨大な力にはもはや抗えないという認識に達したときのルーデンドルフ将軍、二年にわたりドイツ軍の抵抗の支柱であった人物の苦渋はいかばかりであったか。だが、ほかの選択肢などあっただろうか？　ソワソン戦の結果、八個師団が解隊を余儀なくされた。続く数週間のうちに、この八月八日の損害と同じ数の師団が犠牲となる。ドイツ陸軍の抵抗力は、さらに減殺されていく。敵連合軍の陣営には、新手の兵力が止むことなく流れ込んでいた。一九一八年秋には、百万のアメリカ軍と無数の戦車・航空機が準備を完了していたのである。一九一九年に戦闘の前提条件を改善する見込みなどなかったにちがいない。本戦闘から六日後に、スパで御前会議が開かれ、適切な時機を捉えて講和交渉をはじめるとの決定がなされた。その交渉が成功するまでは、守るすべもないまま、戦争を継続しなければならないのだった。

しかしながら、八月八日の戦いの作戦的・政治的帰結をさらにみていく前に、問題の一日に二つの敵が取った戦術、とりわけ攻撃戦術について概観しておこう。

すでに観察したように、防御側は、砲兵・歩兵攻撃を拒止するという原則にもとづいて区分されていた。対戦車防御は、何一つほどこされていないも同然だったのである。主陣地線《ハウプトカンプフリーニエ》も、戦車に対して安全な地形、少なくとも戦車の障害になるような地形に布かれたわけではなかった。唯一の対戦車兵科である砲兵も、対戦車防御に鑑みて直接射撃を実行できるような位置に配されるべきだったのに、そうではなかったのだ。七月十八日と八月八日の経験から、歩兵や砲兵を殲滅されたくなければ、対戦車障害物の背後で持続的な抵抗がなされなければならないという、将来に向けた戦訓が引き出せる。歩兵師団に防御兵器をふんだんに装備したとしても、その代替にはなり得ない。というのは、そうした兵器の効力は、偶然に左右されるところが大きいからである。この先、平坦な地形で戦闘を行えるのは、敵と同等の戦車を装備している場合のみということになろう。

この攻撃に関していうなら、八月八日にはカンブレーの処方箋が用いられ、三度目の完全な成功を収めた。奇襲攻撃のために準備砲撃をあきらめたこと、周到な隠蔽措置、攻撃部隊相互の協同について、賛辞を示さなければなるまい。戦車の能力が攻撃の基盤となっていたから、それらの障害にならぬ地形の攻撃目標が選ばれた。投入された戦車は全部で五百両で、ソワソンのそれよりも多くないし、カンブレーと比べても百両多いだけだった。それゆえ、「隠密裡に増強された」とか、「これまで見たことがないほどの戦車の大群」などということはできないのである。[5] そんなことは、前からわかっていた。もしもイギリス軍最高司令官が戦車の重要性をより明確に認識し、もっと多くを供給するように本国に圧力をかけていたなら、八月八日に、より大量の戦車を使用することも可能になったであろう。戦車攻撃の正面幅はカンブレーのときよりも広かったが、縦深が不充分で、しかも〔戦車の〕後方梯隊は歩兵と騎兵軍団に張り付けられていたため、戦果を迅速かつ独自に拡張することが妨げられた。

攻撃側砲兵の射撃活動は、攻撃の目的、そして、予定されていた戦車の攻撃手順にかなっていた。ただし、今まで公開されてきた文書によれば、攻撃目標の選定は適切ではなかったといえる。攻撃開始から二時間ののちにそこからまた二時間停止したこと、第一目標の設定が至近すぎたこと、ドイツ軍予備師団待機地区のすぐ前面に戦車と歩兵師団の最終目標が設定されていたこと。これらの要因があったればこそ、ドイツ軍の弱体な砲兵が影響をおよぼしたり、戦闘があった夜に薄い防御線を引き直すことを許してしまったのである。もしイギリス軍が、緩慢で機関銃火に対してはもろい他の古い兵科から戦車を切り離して、いっせいに大量投入し、すでに細部までわかっていたドイツ軍防御システムの奥深くまで突進させていたならば、おそらく防御側は短期間に全滅させられ、その戦線は突破されてしまったことだろう。

イギリス軍は、以下の方策が可能だったのだ。

ⓐドイツ軍の予備師団と司令部に対し、多数の航空戦力のほかに「ホイペット」戦車と装甲車を投入する。

ⓑドイツ軍砲兵と歩兵に対しては、重戦車を二梯隊に分けて投入する。そのうち、歩兵の殲滅を任とする第二梯隊は、比較的少数でもよい。敵歩兵は無防備にされているだろうからである。

初期段階では、この第二梯隊のみが歩兵攻撃のスケジュールに歩調を合わせる必要がある。第一梯隊は、戦車の速力を遺憾なく発揮できるのである。

攻撃の進捗はのろのろとしたものであったけれど、八月八日正午には、イギリス軍に門が開かれていた。

カンブレーやソワソン同様、騎兵が乗馬したまま前進することは現代の戦場では不適切であることが証明された。早くも一九〇九年にシュリーフェン伯爵はその事実を認識しており、ある論文を発表して、反駁の余地がないことを示している〔三一頁参照〕。ところが、今日なお、陸軍の騎兵を再建すべしとの要求と結びついた、それとは逆の主張を読むことがある。機関銃の数は増大し、戦車と航空機も多数投入される。あらたに製造備蓄された化学兵器が使用される可能性も高まっているのだ。そうしたことどもに鑑みれば、そのようなやり方で、将来の戦争に戦闘能力のある人員と家畜を使用したとしても、まず成果は保証されないだろう。戦闘部隊が自動車化されることを考えれば、騎兵の、歩兵に対する進軍速度の優位など取るに足りない。従来、主張されてきた騎兵の不整地機動能力の大きさとやらも、近年、自動車両の不整地走行能力、とりわけ装軌車両のそれが向上したことからみれば、さしたるものではないのだ。この流れが逆行することはあるまい。他のさまざまな側面をみても、騎兵は不利になってきている。サー・ダグラス・ヘイグが、それまで大事にしてきた第二七騎兵連隊〔原著者の誤認で、第一七槍騎兵連隊のことか〕を戦車中隊に改編して、アミアンに投入できたとしよう。そうすれば、騎兵が高い士気と戦闘精神を誇っていることは疑いないのだから、実際には失敗に終わった攻撃に際して、ずっと大きな戦果をあげられたことであろう。「激烈な射撃、とくに軽・重機関銃の射撃を受けて、この騎兵攻撃は数分のうちに挫折してしまった。その騎行の光景は忘れられぬ。堂々たる攻撃が、一瞬のちには、混乱して転がりまわり、よろぼうだけの群集、わが小銃兵の射撃で騎手を失い、走り散る馬の群れに変わってしまったのだ[❖6]」

こうした攻撃をみれば、右記のシュリーフェン伯爵の判断は正しかったとわかる。乗馬騎兵は、まったく脆弱な目標であり、戦場にあっては恐ろしいほど無力なのである。それは、戦車が随伴していたとしても補えるものではない。結果はその逆で、事態を悪化させることになろう。戦車は、これからますます前進速度を増すと見込まれるのに対して、騎兵の行軍速度はもう本質的には改善され得ないからだ。両兵科の懸隔は狭まるどころか、広がる一方で、そのような同等でない兵科を組み合わせる試みは、戦車にとって不利に働き、とどのつまり、すべてを台無しにしてしまうのである。

八月九日から十一日まで戦闘は継続されたが、より大きな戦果も、あらたな経験も得られなかった。戦車部隊の損害は先の通り（故障で脱落した五両を除く）。

八月八日　投入された四百十五両中百両。
八月九日　投入された百四十五両中三十九両。
八月十日　投入された六十七両中三十両。
八月十一日　投入された三十両中九両。

ドイツ軍砲兵は八月九日に、敵が彼らに隙をみせたおかげで、百両もの戦車を撃破できた。が、四百門もの砲が失われたのだから、まったく間尺に合わなかった。

アミアンの戦いによっても、攻撃側・防御側の双方ともに戦闘方式を変えようとはしなかった。おそらく、続く数週間のうちに、ドイツの同盟国の脱落、ドイツ陸軍の戦闘力の急激な減退といった驚愕すべき事件がつぎつぎと起こったために、変更するいとまもなかったのであろう。さりながら、一九一八年の諸戦闘、とくに八月八日のそれを最終的なものとみなすことには、警戒しておかなければならない。まったく逆で、そうした戦闘は始まりを印すものだったのだ。新兵器が続々と増強されたことにより、戦術ならびに作戦的な可能性の全面的かつ徹底的な組み替えが生じたのである。かかる新兵器が登場しても、防御側に破局をもたらすことはなかった。それが、ドイツ軍のみならず連合軍側においても、新兵器が過小評価された理由であり、そうした立場ゆえに、新兵器の用法に関する誤りが出てきたのである。

三、戦争の結果。航空戦、戦車戦、化学戦、潜水艦戦

一九一八年八月十八日のフランス軍の成功と九月二日の英軍の勝利は、いずれも戦車の大量使用によって達成されたものであり、ドイツ軍戦線をジークフリート陣地まで後退させた。この年の春には、おおいなる希望を抱いて、同陣地から攻勢が発動されたものであったのだけれど……。九月十二日、アメリカ軍がフランス軍の戦車二百三十二両に支援されて、ムーズ川とモーゼル川のあいだのミヒェル突出部を攻撃した。フランス軍戦車隊は南側から、戦車に向いた地形を利用して攻撃したのだ。ところが、フランス軍戦車は正午から二十四時間にわたり停止した。交通管制にあたっていた米軍MPが、給油段列の通過を許可しなかったのである。

九月十五日、OHLは最高司令官〔カイザー〕に宛てて、こう書き綴った。「この秋にも敵が攻勢を継続するであろうことは疑いありません。米軍兵力の流入と戦車の大量投入が、それを可能とするのであります。味方に関していうなら、占領地の確保ではなく、攻撃側を疲弊せしめ、わが軍の戦闘力を維持するとの原則

に従い、戦闘を遂行することになるでありましょう」[7]　この見解は実状に即したものだった。ただし、これまでに利用できるようになった史料から判断すると、そのような戦闘を充分な実効性を以て行うことができたかどうかは疑わしい。いずれにせよ、戦闘の損害と抵抗力の減退により、複数の師団の解隊を余儀なくされていた。一個大隊あたりの中隊数は四個から三個に減らされ、一部には一個連隊あたりの大隊数を三個から二個にした例もあったほどだ。

一九一八年九月十五日、オーストリアは講和のための覚書を公表、事態の深刻さがたちまちあきらかになった。同日、マケドニアにおけるブルガリア軍の戦線が崩れ、九月十八日にはパレスチナのトルコ〔オスマン〕軍が潰滅した。九月二十五日、ブルガリアは和平を乞う。九月二十八日には、ヒンデンブルク元帥とルーデンドルフ将軍が話し合い、戦争終結をはかって、速やかに講和交渉に移るように求めると決定した。翌日、カイザーも、その意見に同意する。議会主義的なあらたな政府の樹立がそれに続いた。

九月三十日、ルーデンドルフ将軍は、ある会議で宣言した。「今や、西部戦線の第一線における戦争遂行は、戦車が力を発揮しているがために、賭博の様相を呈している。ＯＨＬが確実な計算を行うことはもはや不可能だ」[8]

十月二日には、あの有名な諸政党の会合がベルリンで開催され、そこでＯＨＬの代表が前線の状況を報告した。休戦が必要である理由として述べられたのは、「戦車に対し、われわれが同等の兵器を以て対抗できないこと、補充の困難」であった[9]。十月三日には、合衆国大統領に対するドイツ政府の休戦申し出がなされた。

以下のことを心に留めておこう。一九一八年十月二日、ＯＨＬ代表は、ただちに休戦協定を締結せよと要求する理由は二つあるとした。その第一は、敵が戦車において優越していることであった。このOHLの代表は、前線兵士の見解ならびにOHLのそれについて、充分に通知されていたものとみなさねばなるまい。このように悲劇的で深刻なときにあって、OHLが純粋に専門的な思考により、かかる一歩を踏み出したということは間違いない。OHLがこの方策を採るに際して挙げた理由が、真剣かつ良心をかけての吟味ののちに最重要であるとして出されたものであるのはたしかだ。だからこそ、ここで告知されたのである。

戦争は、損害の多い防御戦になり、十一月十一日に休戦協定が発効するまで続いた。九月二十六日、アメリカ軍はアルゴンヌとムーズ川のあいだで、四百十一両の戦車を以て攻撃に出た。六百五十四両の戦車に支援されたフランス第四軍も同時に攻撃にかかる。九月二十七日、イギリス軍もカンブレーで攻勢に加わり、九月二十八日にはベルギー軍もフランドルで攻撃した。米軍との協同は、攻撃には不向きな地形、そして攻撃二日目よりしばしば矛盾する命令が出されたため、困難に直面した。歩兵が戦車の戦果拡張に失敗することが何度もあり、それゆえ、多くの戦車がドイツ軍に鹵獲された。これらの諸戦闘を研究すれば、アメリカ軍のごとき、まったく未使用で戦闘力にみちみちた歩兵といえども、機関銃に対する攻撃においては無力であり、また、当時いまだ低速であった戦車にさえ追随できなかったということが確認されるであろう。米軍の攻撃は英仏軍以上に乱れ、さらに二日目から個別的な戦闘に堕して、多くの損害を出したというのに、大戦果を得ることができなかった。一方、フランス第四軍は、それまでの戦闘で被弾孔だらけになった地を通って攻撃するにあたり、最初は戦車を使用しなかった。そうした地形を抜け、かつ被弾孔をふさぐ作業をほどこしたのちに、初めて戦車を投入したのだ。その作業には、二千八百人の労働者が使われた。彼らは九月二十六日中に、あらゆる戦車にとっての障害物や地雷を除去し、塹壕を埋め立てる作業を完了したのである。

フランス第四軍にあっては、地雷で失われた戦車は、わずか二両だけだった。

九月二十七日および二十八日の戦闘により、多くの場合、歩兵には戦車の戦果を拡張する力がないことがはっきりした。往々にして、以下のような記述をみかける。「戦車は防御側を潰走させたが、歩兵は目標に到達できなかった」[10] 戦闘が局所的になるほど、こうした現象が生起した。統一的な攻撃がなされ、戦車が同時に投入されるほど、戦果はより大きくなったのである。九月二十九日、戦車隊の戦力は当面費消されてしまった。ごく一部だけが九月三十日の戦闘に参加できたのだ。十月一日までに、フランス第四軍の戦区で使用可能になった戦車は百八十両だった。捕虜は一万二千、鹵獲した大砲は三百門である。十月三日も、攻撃は成功裡に継続されている。ただし、十月四日までには、第四軍の戦車部隊は疲弊しきっていた。損耗は、将校で四十パーセント、下士官兵で三十三パーセント、喪失戦車は三十九両に及んでいたのだ。脱落した戦車百八十四両のうち、五十六両が砲兵射撃、二両が地雷によるもので、残りは故障により戦闘不能になっていた。それらから百六十七両はすぐに修理できたが、十七両は全損となり、二両が所在不明であった。

十月の追撃戦のほとんどに戦車隊が参加したが、その月が終わるころには多数が機材の故障により脱落していた。これらの戦闘で戦車の主敵となったのは、対戦車目的で使用された野砲で、迫撃砲の水平射撃もときに効果があった。一方、地雷による脱落はわずかだった。おそらく地雷の偽装が不充分だったためだと思われるが、敵が別の手段により、その敷設ぐあいを知っていた可能性もある。

十月の戦闘すべてを通じて顕著な特徴となったのは、戦車使用の無計画性であった。七月十八日と八月八日の教訓は、すっかり忘れられてしまったのだ。とほうもない数の戦車（すでに約四千五百両にもなっていた）を同時に共通の目標に向け、大きな効果を得る好機も一再ならずあった。ところが、攻撃地域の選定は、戦術的というよりも政治的な視点で行われたものと思われる。つまり、拙速にことを進める必要はなかった。ドイツ軍がどのような見通しを抱いているか、彼らはよく知っていたのである！

十月一日までに、フランス軍は戦車二千六百五十三両を保有することとなり、またこの時点で月産生産量は六百二十両に達していた。

一九一八年十一月十一日、休戦が戦闘の幕を下ろした。

この戦争終結時における、それぞれの兵科の価値に対する評価を下さなければなるまい。戦後の進歩のために、どのような教訓が引き出され得るだろうか？

最後の数週間においては急ごしらえの防備によって行われたとはいえ、西部戦線の戦争は本質的に陣地戦であった。この種の戦争形態にあって、機関銃は戦場を支配する兵器となった。無防備の戦闘員や前進手段（馬）では、移動が封止されたとはいわないまでも、著しく困難になったのである。最終的には、陣地は鉄条網で守られ、掩蔽された機関銃の火網と外哨を有し、伝令で連絡されるかたちとなった。近接戦闘になっても機関銃がものを言ったし、そのほかにも手榴弾が役に立った。その後方に、掩体壕に入った砲兵中隊と予備兵力がある。歩兵だけでそんなところを攻撃するなど、考えられないことだった。そうした兵器は、攻撃側の目標としては小さすぎ、きわめて視認困難だったため、それらを沈黙させるには、とほうもない数の砲兵と弾薬をつぎこまねばならなかった。通常、生き残ったわずかな機関銃だけでも、兵力において圧倒的な敵の攻撃を拒止するには充分だった。どんなときでも、たとえ有利な態勢で攻撃した場合においてすら、歩兵攻撃の損害は得られた戦果に見合わぬものだった。しかも、防御側が予備をトラックで迅速に動かし、適時に投入できるようになると、戦果はますます少なくなっていったのである。攻撃側は、突破や作戦的成果を得ることを企図するのではなく、敵戦線に突出部をつくり、戦術的な不利を強いることで満足するようになった。

かくて、機関銃部隊となった歩兵は、その火器の拒止力ゆえに防御に適するという見解が引き出され、戦後はそれが圧倒的になった。歩兵の攻撃力は機関銃その他の重火器の射撃範囲を超えられないとされ、それが発揮されるのも、限定された攻撃目標の周辺すべてを他の兵器、とくに砲兵で制圧できた場合のみということになった。砲兵が敵を完全に制圧する、つまり、敵の障害物を排除し、機関銃の大部分を沈黙させ、砲兵中隊をマヒさせて、攻撃地域を火制することができなかったなら、歩兵も目標を占領できず、保持も不可能というわけだった。

砲兵射撃による攻撃目標の制圧は、多数の砲兵中隊を必要とし、厖大な砲弾を消費した。砲兵攻撃の準備はおおいに時間がかかるものであり、偽装の可能性はまずなかった。かかる攻撃方法では、敵を奇襲できるかどうか、疑問である。よって、短期間の準備砲撃が望ましかったが、その効果も疑わしかった。砲兵射撃が長く続くほど、攻撃地域は一面の被弾孔ということになりやすく、車両の追随や攻撃成果の迅速な拡張を困難にしたのだ。砲兵攻撃の範囲は、観測できる範囲ではなく、大砲の有効射程に左右された。また、それを成功させるには、敵防御陣の構成について相当の知識を得ておくことを要した。さもなくば、目標を直撃できず、補充できる以上の弾薬を必要とすることになってしまうからだ。加えて、砲兵は限られた目標しか攻撃できず、それ以降は陣地転換を行わなければならない。この陣地転換に要する時間も、防御側に有利にはたらく。攻撃を再開しても（通常、最初の突撃ほどには計画的でないものとなる）、間隙を突くことはなく、新しい防御線にぶつかることになる。多くの場合、それらの構成の詳細は不明で、ゆえに砲兵による制圧も、最初の突進のときより難しくなるのだ。世界大戦において、砲兵の攻撃力は本質的に歩兵のそれよりも大きいと証明されたとしても、迅速な突破という成果を可能とするためには、それは、あまりにも時間とコストがかかり、また偽装のしようもないしろものだったのである。

一九一四年に第三の地位を占めていた兵科である騎兵は、一九一八年には、歩兵師団の麾下に入って、伝騎や近接範囲の捜索を行うほかは、騎馬の活動はできなくなっていた。その他の面では、騎兵は乗馬歩兵として機能し（馬を有している限りにおいてだが）、それ相応の評価をされた。

航空隊はその逆で、開戦時には単に捜索に用いられただけだったが、戦争が続くうちに重要な戦闘手段となった。捜索および砲撃観測にあたる航空機は地上部隊にとってなんとも不快な存在で、司令部や部隊は、偽装措置を取ったり、闇に隠れることを強いられた。が、直接、最大の影響をおよぼしたのは爆撃機である。すでにソンムやフランドルにおいて、部隊は敵航空機に悩まされていたが、一九一八年になると連合軍が航空優勢を得ていることはますます感じられるようになってきた。当時はまだ稀でもあり、また効果も少なかった本国への攻撃は別としても、たとえば一九一八年八月八日のアミアン戦のように、航空機が地上戦闘に介入してくると、さまざまな不都合が生じた。ドイツ軍の後方連絡線は混乱し、予備の投入は妨げられ、砲兵中隊も制圧された。その上、彼らは占領した地域の前面に煙幕を張り、攻撃経過を報告した。かかる行動により、地上戦闘、とりわけ戦車を投入したそれに大きな影響を与えたのである。航空隊は、その高速と長大な航続距離、目標に対する大きな破壊力によって、第一級の攻撃兵科となった。航空機の進歩は一九一八年にはまだ初期段階にとどまっていたが、その威力を体験したものにとっては、十二分に顕著なものだったのだ。

しかし、空軍が決定的な役割を果たすためには、地上のパートナーを必要としたし、現在もなおそうである。すでに述べたような近代的火器の拒止力を速やかに克服し、進出を突破に変え、初動の効果や空軍の威力を利用しつくせるような地上部隊が必要なのだ。一方、旧来の地上兵科も同様に、そうした新しい陸のパートナーを必要としている。それなくしては、将来、完全な攻撃能力を備えることはできないのだ。かかる地上戦の攻撃兵器は、世界大戦において、戦車、戦闘車両、タンクというかたちを取って出現したのである。一九一六年九月に初めて投入されて以来、このあらたな地上戦闘手段が戦闘の遂行にいかなる影響をおよぼしたかは、ここまで詳細に述べてきた。ただ、ドイツが戦車兵科の導入を事実上あきらめるに至ったのは、いかなる理由からなのか、それについては、まだ触れていない。戦車を放棄したことがどれだけ不利にはたらいたか。その失敗は明白になった。加えて、対戦車戦闘に適当な兵器を導入しなかったこと、それどころか、既存の大砲を状況に応じて適宜使うことさえしなかったために、この失敗はいっそう深刻なものとなっていった。

敵が戦車を評価していたことは、一九一九年の生産計画に顕著である。彼らは戦車の数を増やそうとしていたのだ。

イギリスでは、二千両から七千両に。

フランスでは、二千六百五十三両から、八千ないし一万両に。

合衆国は、一万両保有をめざした。

これに対して、ドイツは、四十五両から八百両への増強をもくろんだだけだった。

イギリスが重戦車および中戦車生産に集中したのに対し、フランスと合衆国は一九一八年にはルノー軽戦車生産に重点を置いていた。ただし、エティエンヌ将軍は、一九一九年にはドイツ軍の強力な陣地をめぐる戦闘が主になると予想していたから、一九一八年二月に重戦車の生産を訴えた。「決定的な攻撃は、重戦車に先導されてこそ推進される。重戦車はあらゆる障害物を破壊して、進路を啓開し、歩兵のみならず、輓馬もしくは装軌車両に牽引される砲兵に道を開く。歩兵の忠実にして分かちがたい仲間である軽戦車が、彼らに直接随伴するのだ。初日の成功により、突破口が開けるのみならず、その拡大にまで至ることは確実である」[11] エティエンヌは、戦略的奇襲と予備兵力および補給物資の速やかな推進を組み合わせた連続攻撃を構想していたのである。イギリスのウィンストン・チャーチル大臣〔軍需大臣〕も同様の発想を持っており、一九一八年七月に、一九一九年には右に掲げたような生産数が見込めるから、可及的速やかにそれに適した攻撃方法を練っておくよう、帝国陸軍参謀本部に意見している。攻撃的に使用される航空隊があらたな主兵となったことと並行して、戦車こそ地上戦の攻撃の担い手となることもまた決まったのだ。

世界大戦であらたに現れた第三の戦闘手段は、化学兵器である。それは必ずしも攻撃手段のみにとどまるものではなく、攻撃側と防御側の双方に同じ程度の展望を示している。攻撃に際しては、味方部隊が踏み入ることになっている地域に、揮発性のガスが撒かれる。一方、防御にあたっては、長期間滞留する毒ガスで守備地域を汚染しておくことが重要となるのだ。そうした措置は、敵からの離脱を容易にするという点で、とくに退却戦の場合に意味あるものとなる。自動車化された部隊のみが、汚染された地域を速やかに踏破できるのだ。

それまで、まったく予期されていなかったほどの重要性を獲得した第四の兵器は、潜水艦である。もし、ドイツ政府がこの兵器を時機に応じ、無制限に使用していたなら、潜水艦の進歩は敵をしのいでいたのだから、戦争の流れを変えることができたであろう。

ただ、あらゆる新兵器に対して、遅かれ早かれ、防御手段が策されることはいうまでもない。

航空攻撃の威力については、すでに戦争中に、大砲や機関銃、探照灯や偽装網を装備した対空部隊や偽装手段、灯火管制といった防衛手段が取られ、ついには戦闘機によって空域そのものが防衛されるようになった。

化学兵器も、あるいはガスマスクや防護服、あるいはまた解毒剤によって、無効にされている。「Uボート禍」に対しても、連合軍は、防潜網、駆逐艦、航空機、爆雷、護衛船団システムの導入によって、闘争を繰り広げたが、もっとも効果的な主兵となったのは、プロパガンダと外交的な手段であった。それによって、ドイツは動揺させられたのである。

ここまでみてきたように、対抗手段の進歩がいちばん遅かったのは、対戦車戦の分野であった。戦争が終わるまで、それに適した大砲も機関銃も戦場にもたらされなかったのだ。ドイツの十三ミリ対戦車銃は、ほとんど効果がないことが証明された。ただ、工兵だけが、障害物や地雷によって戦車に対抗しようと努力したのである。別の戦術を採っていれば、砲兵は、実際よりも早期かつ全般的に、歩兵が、その仇敵である戦車を遠ざけておく上で助けとなったであろう。大戦中、戦車にとって、砲兵は唯一危険な敵だったのである。もちろん、それ以後、事情は変わっているのではあるが。

何世紀にもわたり、歩兵こそ主兵であるとみることに慣れてきたドイツ軍は、世界大戦においても、歩兵はいかなる責務、対戦車防御戦のそれも果たすものと期待したのである。

　まとめてみよう。世界大戦がもたらした新兵器、とりわけ、そのうちの二つ、航空機と戦車が、攻撃力強化に結実したことが確認される。それに対して、化学兵器と潜水艦は、攻防いずれにも同等の影響を及ぼした。

　エンジンの力をもとにつくられた新しい攻撃兵器は、当時なお幼年期のはじまりにあったにすぎないし、今日でもまだ進歩の初期段階にあるといえる。にもかかわらず、それらは早くも一九一八年に決定的な力があることを証明した。それゆえ、ドイツが今後そうした兵器を使うことがないように、もろもろの措置を取ることを要する。勝利した敵は、そう判断したのである。

原註

❖1　Ludendorff, „Meine Kriegserinnerungen"〔わが戦時の回想〕, 三九四、三九五頁。
❖2　Dutil, Les Chars d'assaut〔強襲戦車〕, Berger-Lovrault. Paris 1919.
❖3　Schlachten des Weltkriedes〔世界大戦の諸戦闘〕, 第三巻、一二四頁、Verlag Stalling, Ordenburg.
❖4　Schlachten des Weltkriedes, 第三六巻、一九六頁。
❖5　Schlachten des Weltkriedes, 第三六巻、二二一および二二二頁。
❖6　Schlachten des Weltkriedes, 第三六巻、一八六頁。
❖7　Schwertfeger, Das Weltkriegsende〔世界大戦の終わり〕, 一〇〇頁、Potsdam. Alkadem. Verlagsges. Athenaion.
❖8　Schwertfeger 前掲書、一二八頁。
❖9　Schwertfeger 前掲書、一三四頁。
❖10　Dutil 前掲書。

❖11　Dutil 前掲書、二三六頁。

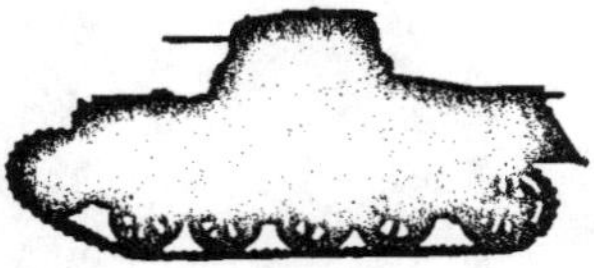

ヴェルサイユの強制

ヴェルサイユの屈辱条約、その、憎悪がこもった手で記された第五部はもはや無効となっている。しかしながら、ときには、それを思い起こしてみることも有用であろう。問題の第五部は、われわれは、数において弱体で、あらゆる発展の可能性を阻まれた陸軍しか持てないと定めた。だが、もっとも不都合だった事項は、数の制限や義務兵役期間が最大十二年と制限されたことではない。より深刻だったのは、あらゆる近代兵器の保有を禁じられたことである。

野戦軍が重砲を持つことは禁じられたが、少数の要塞砲、艦砲・沿岸砲台は許された。航空兵器、Uボート、戦車[❖1]のみはすべて破棄され、保有を禁じられた。化学兵器も同様だ。ドイツ陸軍は、歩兵連隊二十一個、騎兵連隊十八個、砲兵連隊七個に若干の補助部隊を加えた編制とされ、今日の水準に照らせば植民地での戦争もできないような、一種の治安部隊に堕した。

武装や装備において、陸軍の状態は、ほとんど一九一四年の水準を超えるようなものではなくなった。とくに眼を惹くのは、歩兵や砲兵に対する騎兵連隊数の割合が大きいことである。われわれは、これを強制されたのだ。休戦後、敵には、講和条件を可能な限り、われわれにとって不愉快で不都合なものに仕立て上げる時間が充分にあった。よって、彼らが軍の構成を押しつけるにあたり、わが軍の最良の要素をとどめておくことなど望むべくもなかった。ドイツが、いかなる攻撃力も持たぬばかりか、長期にわたる防御もおぼつかない軍隊しか持てないように強制されたのはあきらかだった。その戦力に相応した、唯一適切な戦法といえば、「持久抵抗」のみだったのだ。ただし、それですら、兵員弾薬の恐ろしいばかりの少なさに鑑みれば、数日もすれば潰走を余儀なくされるであろうことは間違いなかった。

にもかかわらず、ドイツ軍は、赫々《かっかく》たる伝統に応じた、古来の強靭な戦闘・攻撃精神を保持していた。素晴らしく、また正しいことであり、その指導部、とりわけフォン・ゼークト上級大将〔ドイツ陸軍には、元帥と大将のあいだに上級大将 Generaloberst の階級がある〕の功績だったといえる。だが、それだけでは、禁止された戦闘手段の埋め合わせにはならなかった。これらの兵器は、大戦中に最重要で、もっとも衝力を有していると証明された。それに実地に触れていなければ、しだいに使用法を忘れてしまいかねない。最善の場合でも、大なり小なり、そうした兵器の過小評価が広がることにつながる恐れがあった。

すでに述べたように、ごくわずかながら、重砲兵が活躍する可能性があった。重砲兵、航空隊、潜水艦隊には、大戦前、長い伝統のもとに鍛え上げられた将校たちがいた。化学兵器に対しては、毒ガス防御の用意をしておかなければならなかった。かかる諸兵科に比して、わが装甲兵科は、まったく不都合な状態にあったのだ。大戦中に、われわれは装甲兵科の創設をあきらめた。四十五両の戦車では、「兵科」を構成し得なかったからである。その結果、自らの経験といえばごくわずかなものでしかなく、その担い手たちも陸軍縮小とともに、ごく少数を除いて退役していったのだ。一九一八年八月八日以前も、われわれは、この兵科がすでに示していた効果に注目していたのだけれども、その進歩の可能性については、この日まで眼を閉ざしていたも同然だったといえる。戦後の外国における戦車の進歩からも、長年にわたり遮断されていたか、せいぜい断片的に伝えられるのみだった。いかなる平時演習にも戦車が登場することはなく、対戦車兵器も存在しなかった。結局、人力でかついで進めるカンバス製の模擬戦車が演習に使用されたが、こんなお笑いぐさのしろものでは、攻撃される歩兵や砲兵に、戦車は危険な敵であるというイメージを植え付け、また、一九一四年の方向に回帰していく一方の戦術を変えるには適さなかった。なるほど、勝った戦争のあとでさえ、戦術の反動が生じるものではある。たとえば、一八七〇年から七一年の戦争ののち、その戦訓が評価されたのは、ようやく一八八八年の教練教則〔ドイツ軍はこの教範で射撃戦重視に切り替えた〕においてのことだったのだ。とはいえ、一九一八年以後のそれ以上に、後退が痛感された例は他にあるまい。

こうした危険を認識し、模擬戦車はエンジンで動かされるようになった。しかし、講和条約により、陸軍は、装軌牽引車「一両」の保有を許されていただけだったから、装輪車両をもとにした模擬戦車があるのみだったのだ。それゆえ、攻撃訓練が自然にできるのは、障害のない好適な地形においてのみ、つまり、おおむね演習場でということになったのである。とはいえ、自走する模擬戦車は、一定の進歩であった。それによって、指揮官と部隊は対戦車防御を考えるようになり、対戦車兵器を表現するよう努力した木製の模擬砲導入にもつながった。さよう、われわれはかくのごとく控えめだったのである！　わが「戦車」のブリキ砲塔を旋回させられるようにしたり、小型の空砲を発射する機械で機関銃射撃を表現できたときは、実に誇らしかったものだ。そして、最初の発煙弾を得たときは、どんなに嬉しかったことか！　だが、われわれの最高機密は、禁じられていたリューベツァール模擬戦車だ〔リューベツァールは、シュレージェンのリーゼンゲビルゲ地方に伝わる伝説に出てくる山の精。坑夫や修道僧に化けて、旅人にいたずらをしかけるという〕。これは、がたがたと音を立てる民間用の装軌牽引車だった。このリューベツァールを使い、厳重に沈黙を守って、グラーフェンヴェーア〔バイエルンの町。近郊に広大な演習場がある〕で戦車中隊の戦術を研究しようとしたのである。

あの年月に、装甲兵科の戦術的・技術的発展に立ち入り、恒常的に取り組んだ将校サークルは、なんと少なかったことだろう! 彼らのほとんどは、小規模な自動車部隊に属していた。ピンクの兵科色〔ドイツ装甲兵の兵科色〕を身につけた者たちは、あらゆる制限と失望とを耐え忍ばなければならなかった。にもかかわらず、当時捧げた努力、良い知見を求める心、未来のかかった新しい兵科を先見性を以て発展させようとする献身は思い出に残っており、それに関与した者はけっして忘れようとはしない。かの年月にこそ、規律、戦友意識、軍人精神と技術的能力に基づいた土台が築かれたのである。それによってこそ、軍備の自由が得られたときに、ドイツ自動車部隊、さらにそこから装甲部隊が生成することが可能になったのだ。ピンクの兵科色を担う者は、まさにこの基盤に誇りを抱いている。今日の装甲兵は、あの困難な時代にあって装甲兵科とその発展を指導し、今日の勃興の基礎を準備した人々に感謝しているのだ。

❖原註

1 ヴェルサイユ条約第一七一条第三項には、「ドイツが、戦車、タンク、あるいはそれに類似した戦争目的に使用し得る機材の生産および輸入することを禁じる」とある。

一九一九年八月三十一日付の講和条約実行を定める法規第二四節において(帝国官報第一五三〇号)、憲法制定国民議会は「ドイツにおいて、以下の講和条約の諸規定に反する行為をしたものは、六か月の禁錮、もしくは拘留、または最大十万マルクの罰金刑に処せられる」と定めた。

一、……〔略の意〕。
二、……〔略の意〕。
三、戦車、タンク、あるいはそれに類似した戦争目的に使用し得る機器を建造すること。

図22　イギリス軍カーデン＝ロイド水陸両用戦車、1931年

図23　ロシア軍クリスティー快速戦車、1933年

図 24　イタリア軍フィアット・アンサルド、1933 年

図 25　戦車を運ぶ航空機

図 26　落下傘狙撃兵

図 27　後部車輪に履帯を装着したイギリス軍ヴィッカース砲装甲車

図 28　フランス軍パナール＝ケグレス＝アンスタン M29

図 29　装甲不整地走行車両（パナール＝ケグレス＝アンスタン 16CV）に搭乗したフランス軍「自動車化龍騎兵」

図 30　オーストリア軍のシュタイアー八輪装甲車

大戦後の外国における発展

ドイツ陸軍が屈辱的な講和条約の強制下にある一方、かつての敵たちは完全な行動の自由を得ていた。「われわれに勝利を贈ってくれた兵器は、日々完璧となっていく。戦闘車両と航空機の発展は日進月歩だ」[1]だが、たとえ表面的な知識にすぎなくとも、さまざまな兵科で使用されている装甲車両ならびに防御兵器・手段の戦術・技術上の発展を押さえておかねばならなかった。そうした兵器の将来性を判断したり、その長所短所を比較考量し、全国防軍という枠内でかかる兵器が果たす役割をみきわめようとするなら、右記の知識は必要不可欠なのだ。

そこで、重要なタイプの戦車における技術的進歩、続いて、戦車に関して指導的な地位にある主要な陸軍における戦術的展望の発展をまとめ、最後に対戦車防御の現状をみることにしよう。

一、技術的発展

自動装甲車両の特性は、企図されている用法に適している必要がある。以下、それに従って分類し、呼称する。

ⓐ圧倒的多数の装甲車両は、戦闘に用いられる。旧来の兵科に対するもの、また、とくに対戦車兵器ならびに敵戦車に対する戦いに、である。これらを「装甲戦闘車両《パンツァーカンプフヴァーゲン》〔Panzerkampfwagen〕」と呼ぼう。この分類を、さらに重量により、軽戦車、中戦車、重戦車と区別する。ただ、この基準は恣意的になりがちで、あいまいでもあるから、搭載されている兵器中最大のものの口径を付した上で、機関銃戦車、軽砲装備戦車、中口径砲装備戦車、重砲装備戦車と区分するのがよい場合もある。装甲戦闘車両は、困難な地形も踏破可能で、近距離では歩兵の小口径火器、中距離では対戦車兵器に対して、乗員を保護できなければならない。また、主砲は全周射撃可能で、良好な視界を持ち、操縦容易で、適当な速度を有している必要がある。

ⓑ「装甲車《パンツァーシュペーヴァーゲン》〔Panzerspähwagen〕」は捜索に用いられる。ゆえに、装甲戦闘車両よりも快速でなければならぬ。しかしながら、一定の不整地走行能力を持たないわけにはいかない。これが高ければ高いほど、装輪部隊はより密接に戦車部隊と協同行動が取れるようになる。ゆえに、速度に価値がある作戦的捜索には、二輪駆動か、四輪駆動、あるいは全輪駆動の車両（「捜索機関銃車《オートミトラユーズ・ド・ドクーヴェル》〔Automitrailleuses de dé-couverte〕」がそうである）が望ましい。道路から離れ、野外を走行することがしばしば前提となる戦術

的捜索には、半装軌車両、もしくは装輪・装軌切り替え可能な車両（「偵察機関銃車《オートミトラユーズ・ド・ルコネサンス》〔Automitrailleuses de reconnaissance〕」がそうである）が選ばれる。最後に、戦闘部隊と膚接した外縁部で行われる「戦闘捜索」〔敵と接触したのちに敵情を探る行動〕は、完全な不整地走行能力を有する装軌車両によってのみなし得る。

ⓒ特殊な任務には、特殊車両が必要となる。それには、河水渡渉用の水陸両用戦車、通信・命令伝達用の無線通信戦車ならびに指揮戦車、工兵用の架橋戦車ならびに地雷除去戦車がある。

くだくだしい技術的分析をするよりも、本書の図版とその説明（二二九頁以下）を参照されたほうが、明快な像が得られるであろう。

一九一七年の戦車と一九三七年の戦車、たとえば、アミアン戦のV型（図7）とヴィッカース・インデペンデント重戦車（図16）、あるいは、フランスのサン・シャモン戦車（図11）と3C戦車〔原著者の誤認で、実際には2C戦車を指していると思われる〕（図17）の形態を比べてみれば、進歩のありさまは一目瞭然である。それは、軍艦・航空機建造における形態の変化を連想させる。それらも同様に、技術的発展にともない、輪郭や現実への適合性、合目的性の明快さを得て、技術的に「美しく」なっていったのだ。

外面的な完成は、内面的なそれに応じている。さまざまな仕様の駆動機構により、大戦時のものに数倍する耐久性が得られた。戦車は、整備不足の道路でも数千キロにわたって走行させられるようになり、それによって他の運搬手段からおおいに独立して活動できるようになった。各車両の緩衝装置も格段に改善された。それは、乗員の体力消耗を最大限まで防ぎ、射撃時の戦車の姿勢を安定させることを可能とした。エンジンの性能も向上した。例をあげれば、イギリスのV型戦車は百五十馬力のエンジンによって動かされていたが、ヴィッカース・インデペンデントは、ほぼ同じ重量、三十二トンを三百五十馬力〔正確には三百七十馬力〕のエンジンで駆動されている。これに応じて、車両の速度や登坂性も上がるのだ。航続距離もまた伸びる。右記の例でいえば、六十四キロから三百二十キロになった〔原著者の過大評価で、実際には約百五十三キロ程度〕。それに従い、装甲兵科のより自由な戦術的用法への展望が開け、作戦面においては遠隔目標に対して投入することも可能になる。まさに、この航続距離こそ、一九一八年になっても、われわれの敵が抱いた遠大な計画に、乗り越えられない制限を課した問題だったのである。鋼鉄の厚さ、構造、質が改良されたため、装甲も、大戦中の何倍もの強度になっている。このように丹精してつくられた戦車は、いかなる歩兵の小口径火器に対しても保護されているし、砲搭載戦車の場合、中距離ならば、通常はより小口径の対戦車火器の射撃に耐えられる。装甲対大砲の闘争が、戦車部隊においては、海軍や空軍のそれよりもずっと広範に展開されるのも当然のことだろう。

先の大戦以来、武装については、搭載数よりも、その威力や、戦車内の比較的狭隘な空間に積むのに適しているか、その配置をどうするかといったことに重点が置かれている。イギリスのV型戦車〔図7〕の張り出し部に据えられた砲やサン・シャモン戦車〔図11〕の前部砲の射界と、ヴィッカース・インデペンデントや3C戦車の砲塔に搭載された砲のそれとを比べてみればよい。あとの二つの型では、砲塔によって三百六十度の全周射撃が可能になっているのだ。優れた光学機器の導入により、照準機も根本的に改良された。

視界確保の関係はなお理想的とはいえないけれども、操縦手用光学機器、砲弾の破片や有毒ガスに対する防御措置をほどこした覗視孔の改良によって、以前よりもずっと改善され、とりわけ乗員を負傷の危険から守ってくれるようになった。大型の戦車には、通常展望塔が備えられる（図16および図17参照）。それによって、戦車長は火器操作から解放されるし、砲塔がどのような位置にあっても、指揮に必要な車両周辺三百六十度の視界が得られる（大規模部隊を指揮する場合にはとくに重要なことだ）。格子状のブラインド（ストロボスコープ）も指揮官の視界確保に役立つ。展望塔のない小型戦車は全周旋回可能のペリスコープを装備しなければならない。

戦車内部のコミュニケーションは、信号灯、伝声管、車上電話などによって行われる。外部との交信は普通、無線送受信機を備えた指揮戦車が用いられるが、新型戦車の場合、その他の戦車も無線受信機を装備している。世界大戦時の、戦車に徒歩または騎馬で先行しようと急ぐ中隊長の姿は、かくて過去のものとなった。無線機が長足の進歩をとげたことは、大規模な戦車部隊の指揮ならびに、より広範な課題に向けてのその運用において、重要な意味を持っているのである。

装甲車の発展は、戦車のそれと軌を一にしていた。世界大戦中には、その車台には二本の車軸が固定され、後輪駆動が多かった。タイヤは硬質ゴムで、総重量は往々にして車台の搭載限界ぎりぎりだった。そのような捜索車両では、地面が固い道路でしか使用できず、障害物に妨害されやすい。かかる本質的な欠陥があったから、当時の装甲車が捜索任務を完遂できたとしても、それは偶然の産物にすぎず、被弾孔だらけの西部戦線では使えないものとなっていった。シュマン＝デ＝ダームを越えんとしたドイツ軍五月攻勢が拒止されたときのイギリス軍、そして、一九一八年八月八日にアミアン付近で追撃にかかったときのフランス軍がそうした装甲車を使っているのを、われわれは実見した。ドイツ軍では、まったく用いていない。

大戦後、まず第一に走行性能、なかんずく不整地走行性能の向上がはかられねばならなかった。それに向けて、数々の歩みがなされた。二軸駆動、三軸、さらには四軸の導入（図30）とそれぞれの駆動、スイングアクスル式サスペンションの導入、防弾空気タイヤなどである。多くの場合、ステアリングはすべての車輪に伝導され、重装甲車には後部座席にも操縦装置が備えられた。予備タイヤは、平坦でないところで車体底部が接地してしまわないよう、駆動されていない車軸にも装着、回転させられるようになっていた。補助キャタピラにより（図29）、軟弱な地形の踏破や登坂も容易になっている。同一車両で車輪とキャタピラを適宜交換できるようになったために、装輪装軌両用戦車が誕生し、ついには全部の車輪は残しつつ、後軸をキャタピラ装置に替えたものもできた。とくにフランス軍が発展させた「ふたなり」車両である（図28および図29）。

総合的にみれば、装甲車の車台建造技術は発展し、目下のところ、作戦捜索・戦術捜索・戦闘捜索のいずれの要求にも応えられるように、適切な型式の車両がつくりだされている。ただし、その進歩が完了したとみなすのはまったく無理なことだ。構造に関しては、装甲車は、兄弟である戦車と同様の生成過程をたどってきた。しかしながら、より大きな速度と航続距離を得るために、厚い装甲をほどこすことは犠牲にされた。一方、通信装置については、特別の配慮がなされている。

当然のことながら、装甲戦闘車両は、あらゆる種類の民間車両のそれと緊密で互恵的な関係を保ってのみ、発展させることができる。大戦中すでに、民間車両は、幕僚や部隊、補給品の輸送において、重要な役割を与えられていた。大戦後の、大規模で加速されるばかりの発展は、あらゆる兵科の部隊の部分的、もしくは全体的な自動車化につながっている。こうした事象は「軍の機械化」と称せられる。なによりも、指揮統帥機構全体がその発展の影響を被っているのだ。そもそも、現代の司令官が騎馬で戦場におもむく姿など想像できるだろうか？　師団長レベルであっても、否である！　新しい輸送手段が、その所有者にとって快適きわまりないことは間違いない。つぎに来るのは、情報伝達手段、重砲兵の多く、工兵、そして補給段列の自動車化だ。続いて、自動車化された機関銃・小銃兵部隊、さらに、どんな種類の部隊や装備でも運べる軍自動車輸送隊の創設である。

　最後に、あらゆる兵科に新しいやり方で機動性を持たせること、とりわけ、これまでのかたちでは近代戦争の要求に応えられない兵科である騎兵の自動車化という段階に至る。この発展がもっとも顕著なのはイギリスだ。そこでは、歩兵師団隷下で捜索任務に従事する騎馬連隊を除いて、すべての騎兵が自動車化されている。一九三五年十二月、イギリス人は、この騎兵師団の変換について以下のように理由づけた。「従前通りの編制の騎兵師団には、機械化部隊が出現した近代戦争において快速部隊に要求されるような速力、行動範囲、打撃力が欠けている」[2]　少しばかり躊躇しながら、フランスもまたこの改編作業にかかった。騎兵師団五個のうち二個を完全に、残りは隷下諸部隊の三分の一を自動車化したのである。これに対し、ロシアは目下大規模な自動車化を進めているが、強力な騎兵を維持している。

　喫緊の要があるのは、装甲車・戦車部隊と協同する補助兵科の自動車化だ。こうした努力により、イギリスでは実験的な自動車化歩兵旅団、自動車化砲兵、自動車化工兵、フランスでは「自動車化龍騎兵《ドラゴン・ポルテ》〔Dragons Portés. 主としてオートバイを装備した自動車化部隊〕」、自動車化軽砲兵、自動車化工兵が、ロシアやその他の国々でも類似の部隊が生まれた。

　なお、ドイツが国防主権を回復するとともに〔ヴェルサイユ条約の軍備制限に従わなくなったことを指す〕、とうとう外国においても自動車化対戦車部隊を新編する必要が生じている。

二、戦術的発展

かかる多種多様な思想を技術的に実現したものとして、さまざまな戦闘車両や輸送手段が存在し、機甲戦闘部隊や自動車部隊の組織編制も多岐にわたっている。これらを総合し、エンジンで動かされる将来の陸軍の創設と発展について明確な認識を得る試みにかかろう。かかる、きわめて興味深い経緯を、その発展にとって、もっとも重要であった世界の三大軍事力、すなわちイギリス軍、フランス軍、ロシア軍に則してみていくのである。

イギリスは、世界大戦終結後は本国の島々にひきこもり、その軍隊を著しく削減した。彼らは、戦時に保持していた戦闘車両の大部分をスクラップにするか、売り払ってしまい、練習用機材、もしくは近代陸軍装備の実験用機材として、最新型のものだけを維持している。

このような機甲兵科の展開は、以下のごとき思考に相応している。イギリスは、まず何よりも、その帝国防衛のための陸軍を必要とする。ヨーロッパ大陸で大規模な戦争が起こったとしよう。同盟国援助に送り出せる、少数ではあっても、機動力に富み、打撃・攻撃可能な軍隊ということになる。重要なのは、同盟国にとっては、古い型の歩兵・騎兵師団を増援されてもさほど助けにならない。それは容易に見て取れる。同盟国には、あらかじめ、そうした師団を多数、自前で保有しているからである。より大事なのは、イギリスの工業能力に応じた、現代的な軍隊、つまり、高度に自動車化・機械化され、高速の運動性と大きな攻撃力を持つ陸軍を押し出すことだ。かかる近代的形態を取っていれば、たとえ少数の軍隊といえども、同盟国にとって根本的かつ決定的な増援となる。この軍隊にあっては、戦車部隊が中心的な役割を演じる。従って、その発展について、格別の配慮が必要となるのだ。先の大戦とは逆で、戦車部隊は、敵側に強力な対戦車防御があるという事実を計算に入れておかねばならない。

大砲と戦車の戦闘がどのような結果になるかは予断を許さず、対戦車砲が優越する可能性も考えておかねばならないから、大戦後におけるイギリス戦車の開発改良の重点は、装甲強化ではなく、攻撃遂行に際しての速度、小型化や操縦性向上、指揮装置の改善、決勝点における奇襲的集中使用といったことどもに置かれてきた。高速の前進、地形の有効利用、煙幕による遮蔽などにより、敵の防御効果を極小化し、攻撃成功を保証することが期待される。かかる戦闘遂行の見通しから、必要とされる結論がみちびきだされる。即時かつ徹底的なものではなくとも、攻撃全体のごく初期の段階で、戦車攻撃を歩兵のそれから分離することだ。もし、戦車が遅かれ早かれ、自らの特性を発揮するという必要ゆえに歩兵から分離されなければならないとしたら、つぎの結論が出される。そうした分離はシステマティックに行われるべきだし、それにともなって必然的に生じる戦術的変化、利点と欠点にどのように配慮するかを考えねばならない。戦車の速度が高まり、航続距離が延びたことから、どのような利点が得られるか？　そうした発展のおかげで、攻撃が成功すれば、広範な正面と縦深にわたって戦果が迅速に拡大される。敵の予備兵力、なかんずく自動車化・機甲部隊が介入しようとしても、もう遅い。先の大戦で解決されなかった戦果拡張の問題はなくなり、突破と追撃が再び可能となる。戦争はまたしても運動戦となり、それが続くのだ。機甲部隊は、ゆえに戦場における局地的・戦術的な重要性のみならず、戦域全体にわたる作戦的なそれをも獲得するのである。では、戦車が歩兵と分離されることにより、いかなる不利が生じるか？　単独で、他部隊の正面や側面から遠く離れてしまった戦車部隊は、占領した地域を保持できず、どんな地形でどのような抵抗に遭っても、これをくじくことができない。一方、歩兵も、戦車との直接かつ恒常的な協同がなければ、もはや攻撃の成功は望めない。あるいは、達成できたとしても、多大な損害を払うことになる。戦車に関する不利を克服するため、全軍を自動車化すべしと最初に主唱した者（フラー将軍、マーテル、リデル＝ハートなど）は、自動車化されたあらゆる兵科の部隊、つまり、建制として装甲車両に搭載される歩兵や砲兵、自動車化された工兵隊、通信隊、輜重隊や兵站組織によって、戦車部隊を強化することを求めた。

一九二七年の「戦車および装甲車臨時教令」第二巻発行、そして同じ年の実験機械化旅団新編は、こうした思考に対応していた。この旅団は、戦車、自動車化歩・砲兵を編合したもので、小型戦車中隊一個および装甲車中隊二個から成る捜索隊一個と、中戦車一個大隊、自動車牽引野砲兵大隊一個、自走砲中隊一個、機関銃大隊一個、工兵中隊一個、通信中隊一個から成る主隊という編制だった。一九二八年、この部隊は「機甲部隊」の名称を得た。それは、陸軍において、まったく新しい種類の戦術的編制をなそうとする最初の試みであった。ただエンジンによってのみ進軍し、その隊列には馬一頭さえもみられなかったのである。古き兵科を全面的に自動車化する、一部は機械化する〔装甲をほどこした車両を装備するという意味〕ことにより、敵の対応の間隙を突き、行軍ならびに戦場での機動において迅速に戦車に追随することを可能にする。そのおかげで、旧来の諸兵科と戦車部隊の協同効果が保証されるのだ。上記の教令は、新型の部隊の枠組みにおける戦車の運用ならびに旧来の諸兵科との協同に関する方針を与えていた。その進取の精神は傑出しており、将来の発展に全き自由を約束していたのである。とはいえ、表面的には、機材の発展と構想の進歩は調子を合わせていなかったようにみえた。ゆえに、部隊演習であきらかになった諸困難により、戦車の運用という重要な問題に後退をもたらすことになる。

一九二九年、イギリス参謀本部が主導して、実験歩兵旅団二個が編成された。必要に応じてトラック輸送されるが、それ以外は徒歩で行軍する歩兵大隊三個、軽戦車大隊一個、迫撃砲中隊一個から成る旅団だ。つまり、比較的小規模な部隊で、機械化部隊と徒歩部隊を混成してみたのである。翌年の演習で、こうした編制の短所が現れた。歩兵に膚接していたために、とりわけ戦車が快速性を失ってしまったのだ。

一九三二年、機甲部隊のみによる演習が行われた。一九三四年には、あらゆる兵科によって強化された機甲部隊が初めて編成されている。この部隊は、軽戦車大隊一個ならびに混成戦車大隊三個を有する戦車旅団一個、三個大隊を持つ自動車化歩兵旅団、二個中隊を持つ装甲車大隊、自動車化牽引軽砲兵中隊四個、高射砲中隊二個、通信中隊・工兵中隊・衛生中隊各一個、兵站段列一個で構成されていた。この部隊の指揮は、ほとんど戦車を運用した経験のない将官にゆだねられている。彼は、おのが課題をいかに達成すべきかについて、たしかな見通しに欠けていた。演習の状況設定とその遂行は、摩擦を引き起こした。敵軍戦線の後方を急襲するという課題が与えられ、それには長距離行軍を必要としたのだ。部隊は敵の側背に達したが、指揮官が用心しすぎたために大胆な交戦は実現しなかった。このため、戦術行動、とりわけ戦闘遂行に関して得られた経験は限られたものにしかならなかったのである。しかしながら、結論的には、あきらかな成果が得られたものとみなされたため、一九三五年十二月には、師団の捜索隊に振り向けるものと定められた連隊を除いて、イギリス騎兵はすべて機械化され、戦車旅団とともに「機械化機動師団（Mechanised Mobile Division）」に編合された。伝統を守るという理由から、旧連隊名はそのまま維持されていたとはいえ、この歩みは、陸軍騎兵の機甲部隊への完全改編を意味した。しかも、それは英本国の軍隊のみに限られず、海外、とくにエジプト駐在の部隊においても実行されたのだ。

この「機械化機動師団」は、それぞれ装甲車連隊一個、機械化騎兵（小銃兵）連隊一個、騎兵軽戦車連隊一個から成る機械化騎兵旅団二個と、すでに編成されていた四個大隊を有する戦車旅団、相応する数の砲兵中隊および諸補助兵科の部隊より構成されていた。こうした師団の編成により、英本国軍の戦車の大部分が作戦的な運用ができる、適切な建制の機甲部隊に編合されたのである。ほかにも、軍直属の戦車大隊群を編成し、それらの主任務は歩兵師団との協同にあると定める計画が進行しているようだ。目下のところ、その種の大隊が二個ある。最新情報によると、イギリス戦車部隊拡張の結果、これらを十四個大隊まで増強する計画があるという。

大戦後におけるイギリス機甲兵科の今日までの発展は、かつての騎兵を含む装甲部隊の大半が、作戦部隊における統一指揮下に編合されていることを示している。さらに、軍規模で歩兵と協同する機甲戦力の創設を企図していることも明白である。戦闘力からみれば、元の乗馬連隊は大隊相当だ。そう考えれば、機械化機動師団は、捜索大隊二個、軽戦車大隊三個、混成戦車大隊三個、小銃兵大隊二個、砲兵その他の補助兵科部隊の兵力を有することになる。かかる師団の武装の重点が戦車部隊に置かれているのはあきらかだ。

機甲部隊のなかでも、捜索用車両を装備する装甲車大隊と、軽戦車・混成戦車大隊は区別されなければならない。軽戦車大隊の隷下諸中隊は、それぞれ軽戦車十七両および砲装備戦車（近接支援戦車）二ないし三両で構成される。混成戦車大隊隷下諸中隊は、それぞれ中戦車六両、軽戦車七両、砲装備戦車二ないし三両から成る。

同一中隊に、軽戦車、中戦車、砲装備戦車（近接支援戦車）を混成することは、柔軟な戦闘遂行を可能とし、また、近接戦闘に突入した軽・中戦車に、自走可能で装甲をほどこされた火砲による火力支援を保証する。それによって、戦車の攻撃は、射撃陣地で配置についた砲兵の支援に依拠しなくともよくなるのだ。こうした砲兵中隊は観測の関係で、すぐに戦車攻撃に追随していけなくなるのである。かかる編制をみれば、以下の結論が引き出せる。イギリス軍は、敵陣深く進出する任務を達成できる機甲部隊を持つことを企図しており、それゆえに、最小単位の部隊に至るまで、広範に戦闘遂行の自由を保証しているのである。

フランスは、あらゆる点で、その同盟国イギリスとは異なる経緯をたどっている。なるほど、一九一八年に、その東方の隣国〔ドイツ〕の脅威に対する心配はなくなった。にもかかわらず、フランスは重武装を保持し、それを、無防備となったかつての敵国に対し、おのが政策を貫徹するための強力な圧力手段としてきたのだ。この一九一八年時点におけるフランスの強大な軍備、そして、隣国が無防備になったことから、戦後における戦術レベルの戦法ならびに作戦的目標を、一九一八年に大量に保有していた装備とその技術的な性能に合わせて定めるという方針がみちびかれた。そのため、フランス戦車部隊の主力装備はルノー軽戦車（図10）ということになった。この戦車の速力は低く、航続距離も限られていたから、歩兵との直接協同を主とすることが決まった。敵〔ドイツ〕側には、言うに足るだけの、能動的な対戦車防御を行える兵器はないと予想されたから、こうした戦法でも、弱体な敵に対しては、完全かつ速やかな成功を約束していたのである。

重要なのは、ルノー戦車には登坂・不整地走行・渡渉能力が不足しており、戦車にとって障害となるような地域にある陣地を攻撃するには不適だという事実だった。決定的な戦果をあげるには、作戦面において快速かつ行動半径の大きな戦車部隊よりも、登坂・不整地走行・渡渉能力に優れた大型の重戦車を必要としたのだ。おそらく、こうした考慮から、フランス軍は戦争が終わるころに相当数のイギリス製V型重戦車を購入し、また、戦争中にエティエンヌが指示していた自前の新型重戦車開発を続けたのである。この戦車の重量は五十トンから六十八トン、さらに七十四トンから九十トンに増した。D戦車《シャール》の登坂能力は四十五度に達し、高さ三メートルの障害、六メートルの壕を乗り越えることができた。加えて、水深三・五メートルまで渡渉可能である。戦車に対する安全を確保せよとの要求をみたす要塞を構築するには、この能力を計算に入れておかねばなるまい。当然のことながら、フランス軍は、かかる怪物戦車を「防御兵器」とみなしている。それゆえ、ジュネーヴ軍縮会議で攻撃兵器全廃が提案されたとき、フランスは、攻撃用重戦車の分類は全重量が九十二トンよりも大きいものとみなすべしと要求したのだ。

ドイツが無防備であるというのに、これに対処する必要があると、フランスで信じられているかぎり、彼らが取るべき攻撃戦法は明々白々である。先の大戦において、歩兵攻撃は通常機関銃の防御射撃の前に潰えたものであったが、これに対してはルノー軽戦車を投入し、膚接して大量の歩兵攻撃が続く。強力な陣地の撃破には、突破用の重戦車が使われる。その支援により、敵陣に間隙を生ぜせしめ、突破口に拡大するのだ。

しかし、敵が自動車化された予備部隊によって、突破の危険に対応するであろうことははっきりしている。そこで、攻撃成果を拡張するために、自軍の自動車化突破部隊が必要となる。そのような部隊を保有するには、戦後の新兵補充状況は困難に過ぎ、新編することなど、ほとんど考えられなかった。だが、その運動能力と戦闘力が現代の戦争においてはもはや不充分となってしまった兵科、すなわち騎兵を部分的、もしくは全面的に改編することなら可能だ。騎兵を時代に即した自動車戦闘部隊に改編するという目的にかなった方法はいかなるものになるのか。それに関する調査が、一九二三年ごろに開始された。やがて、議論はさまざまな方向に分かれたが、そのめざすところについては、外部から観察する者にとって、必ずしも明快でありつづけたわけではない。

作戦規模、もしくは遠距離にわたる捜索は、もはや騎馬捜索ではなし得ない。こうした任務には、装甲車、とりわけベルリェ社の多軸車両が適していることが証明された。戦術次元、もしくは近距離の捜索においても、後輪を履帯装置に付け替えて不整地走行能力を増した装甲車が有用であるのはあきらかである。シトロエン゠ケグレス型やパナール゠ケグレス゠アンスタン型のハーフトラック(図28)、または「ふたなり」車は、フランス軍装甲車両の発展において、とりわけ重要なものだ。これらは、右記の目的のほか、自動車化された小銃兵、機甲部隊による捜索を想定して編成された「自動車化龍騎兵」(図29)の輸送に用いられている。

長年にわたり、首尾一貫した姿勢のもとに遂行された一連の実験から、一九三二年に、三二年型編制のフランス軍騎兵師団が生まれた。これは、機甲捜索部隊のほか、おおよそ騎馬旅団二個および自動車化旅団一個より成っていた。判明している限りでは、その編制は以下のようになっている。

師団司令部(航空隊ならびに写真隊を有する)
それぞれ二個連隊から成る騎兵旅団二個。各連隊は、本部中隊一個、騎馬中隊四個、機関銃中隊一個、
　支援兵器中隊一個を有する
戦車一個連隊および三個大隊編制の自動車化龍騎兵連隊一個より成る自動車化旅団一個
軽砲兵大隊二個および重砲兵大隊一個を有する砲兵連隊一個

工兵、通信、対戦車、後方勤務隊

右記の戦車連隊は、オートバイ小銃兵と装甲車十二両を有する自動車化捜索大隊一個と偵察戦車二十両および戦車二十四両を持つ戦車大隊一個で構成される。つまり、戦闘車両と偵察車両の比率は、二十四対三十二である。この師団は、総計で約一万三千の兵員、馬四千頭、車両千五百五十両、オートバイ八百台を持つ。

かかる騎兵師団の編制は、何年にもわたって教練や大演習で試されてきた。高貴なる馬匹の信奉者たちは何度もこれに反対してきたが、かかる実験により、馬とエンジンの組み合わせは、戦闘目的のためには利点よりも不都合な点が多いことがあきらかになった。機械化された隊を先行させれば、戦闘を続け重要な地点を占領したのちに、すぐさま敵に遭遇することになる。彼らは、長いあいだ、そう、あまりにも長きにわたって、騎馬旅団が追いついてくるのを待っていなければならなかった。占領した価値ある土地も、そうして騎馬兵が到着するまでのあいだに、往々にして失われてしまう。それればかりか、貴重な戦闘装備にも大損害が生じるであろう。よって、師団全体の自動車化によってこそ、大きな戦果が見込めるという意見がしばしば出されるようになった。そうした主張をなすグループにあっては、少なくとも自動車両の利点を活用すべきだとされたのだ。馬とエンジンの協同を誇示しようとすれば、まず最初に騎馬旅団を押し出し、自動車化旅団は予備として、戦闘の焦点が定まったときにすぐに動かせるように控置することになってしまう。その場合、自動車化部隊に指示された行軍長径は極度に短いものになりがちで、戦闘手順も複雑になろう。一方、騎馬部隊は、同じことをもっと効率的にやれる。加えて、師団全体の行軍能力も、馬のそれによって制約を受けるのである。

よって、早くも一九三三年には、完全機械化師団の編成が試みられた。「軽機械化師団《ディヴィジョン・レジェール・メカニク》（Division légère méchanique）」がそれであるが、その編制についての最終的な情報はまだ得られていない。ただ、概要としては、以下の記述で充分であろう。補助組織を備えた師団司令部、航空隊、捜索戦車連隊、戦闘戦車旅団、自動車化龍騎兵旅団、軽砲兵大隊二個と重砲兵大隊一個を有する砲兵連隊、工兵隊、通信隊、後方兵站機関で構成される。兵力はおよそ一万三千人、自動車両三千五百両（オートバイ千台を含む）になる。この師団は、戦車約二百五十両を有し、うち九十両が戦闘用、残りは戦術・作戦両面での捜索に使われる。一方、三二年型編制の師団は装甲車両五十六両を持つにすぎず、うち二十四両のみが戦闘用だ。また、軽機械化師団は詳細な試験をほどこされ、成果をあげたため、一九三六年には三二年型編制の騎兵師団がもう一個完全機械化師団に改編され、一九三七年までには三個目の師団が改編される予定である。

このような編制をみれば、師団の枠内における捜索車両の数がきわめて多く、戦闘車両の数が比較的少ないことがわかる。そこから推定されるのは、軽機械化師団がもっぱら捜索目的で用いられるもので、本格的戦闘には不適であるということだ。戦闘力を犠牲にしてまで捜索車両が重点的に装備されている点は、師団の前身が騎兵部隊であることから説明できる。どの程度長くこの編制で満足していられるものか、疑わしい話だ。しかし、軽機械化師団の弱点が認識されていることは、ダラディエ陸軍大臣の演説が証明している。彼は、一九三七年にフランスは、重機甲師団、すなわち攻撃能力のある機甲師団の新編を試みる企図を持っていると述べたのだ。以下の言葉に、ダラディエの立場が表明されている。

「国民軍、つまり徴兵による軍隊のほかに、長期にわたり軍に勤務する人々で構成される職業軍、あるいは機甲師団が必要ではないでしょうか？　ある者は、即応介入能力のある打撃軍こそが、そうした解決をなす手段だとみなしている。また、別のある者は、そうすることによって、兵役の現役服務期間を短縮、もしくは、いつの日かそれを全廃するための手段として歓迎しております。そのように公言しているのです。

快速と打撃力、これこそ、われわれが断固追求するものであります。

最高司令部とまったく一致した上で、一九三三年に最初の軽機械化師団が創設されたことは、すでにこの同じ壇上で言及いたしました。もう一個師団が編成中で、さらに第三の師団がそれに続きます。すべて訓練完了した兵員で構成され、いつでも必要な輸送手段を使用できるのです。

私のみるところ、この軽機械化師団になお重師団も加えられなくてはなりません。われわれは、今夏（一九三七年）の末、この方向に向けて重要な実験に踏み出すのであります。

われわれは、もっと専門化された陸軍を必要とするのです。多様な任務を担う、さまざまな種類の師団を持たねばなりません。かかる重要な諸問題のすべてにおいて、私と最高司令部の見解は一致しております。最高司令部も、われわれ同様に、現代の技術が提供するあらゆる利点をフランス軍に与えようと努力しているのであります[3]」

ほとんどすべての陸軍において、作戦面での捜索は、騎兵、もしくはその後継たる軽機械化師団によって実行されなければならないという思想が堅持されている。しかし、そうした思想は、まったく旧式、あるいは間違ったものではないのか？　騎兵師団はそもそも、作戦的捜索の担い手として編成されたわけではないのである。その創始者であるナポレオン一世は、胸甲騎兵・龍騎兵・軽騎兵の三種の騎兵師団をつくった。前者二つは戦闘のみを目的とするものであり、軽騎兵師団だけが作戦規模での捜索に用いられた。十九世紀のヨーロッパ騎兵は、何よりも決勝を得る兵種とされ、そのために編成・訓練されていたのだ。もっとも、その間に導入された後装銃に対するはめになり、もはや白兵戦で決勝を得ることはできなくなっていたから、かかる運用はほとんどなされなかった。一八六六年および一八七〇年から七一年の戦役では、騎兵は、作戦的捜索において、ほぼ役に立たなかった。おそらく、平時の一面的な訓練のおかげであろう。かくて、白兵戦で決勝をみちびくことは不可能であるとあきらかになったが、剣と槍に固執する人々がいたために、騎兵に新しい仕事を与えよという請願が出て、その必要が生じた。

作戦的捜索は、かくのごときものとして認識され、航空機と戦車が発明されるまでは、それも一定程度は正しかった。とはいえ、当時、作戦的捜索を行うのに、まるまる騎兵一個師団、あるいは一個騎兵軍団全部といった部隊を必要としたかどうかについては、疑いを差し挟むことができよう。たとえ、隷下の各隊が捜索に使用可能だったとしても、それらの編制は、ある程度の抵抗をくじくほどの戦力、すなわち火力も持っていなかったのである。おそらく、騎兵師団隷下の騎馬連隊の一部を捜索部隊に指定して装備・訓練をほどこし、他の大部分は戦闘部隊とするというやり方が正しかったのであろう。こうした思想を追求していたなら、軽武装でわずかな車両しか持たず、しかし良好な通信手段を持つ捜索連隊を創設する一方、他の戦闘連隊・旅団には多数の重火器、豊富な弾薬と充分な砲兵を持たせるという結論に達していたはずだ。そうすれば、先の世界大戦において、騎兵の戦闘・捜索面の成果は、ずっと大きくなっていたにちがいない。たぶん、騎兵も、捜索は自分たちの縄張りだというような思考に囚われず、おのが戦闘力を高めるにはどうするかという問題を試すことに専念できただろうし、大戦前の時点で、常に頼りになる騎兵師団の育成に成功していたことであろう。

こうした思考を現状にあてはめてみると、本格的な交戦における戦闘力をなおざりにした、主に捜索車両を装備する大規模な機械化部隊を保有することによって、はたして成功が見込めるのかという疑問が生じるであろう。作戦規模の捜索は、その多くが空軍によって遂行されるに決まっているから、かかる疑問はいっそう的を射ているということになる。空軍は敵地後方奥深くまで到達することができるし、地上部隊の捜索よりもずっと迅速にことを果たせるからだ。ゆえに、作戦的な地上捜索は、航空捜索を補完するものとなる。これは、ヨーロッパの比較的狭隘な戦域においては、よく機能するにちがいない。それは、小規模ながら快速で戦闘力のある捜索部隊によって遂行され、必要とあれば、ただちに機械化戦闘部隊によって支援されるのである。

ダラディエ氏の演説は、フランスにおいて機材の進歩と部隊への装備が充分に進捗しており、重戦車、すなわち、多くは砲を装備した戦車を与えられた機甲師団という実験を行うところまで来ていることをうかがわせている。かねて、戦車という機材の有効な発展は、その性能に相応した戦術・作戦次元の運用につながるということが正しく主張され、強調されてきた。フランスも、こうした認識から外れはしないだろう。頑迷固陋な者たちも、まったく別の前提で著された世界大戦後の教範もまた克服されていく。一九三四年にシャルル・ド・ゴールが予言した「打撃師団《ディヴィジョン・ド・ショク》」❖4論は、その実現が近づいていることを示している。

こうしてフランスの工業生産能力とその軍事的特性をしかと知れば、わが隣国を過小評価してはならないという戒めになる。すぐに出現するはずのフランス軍重機甲師団に備えておこう。それは、新型戦車多数が

装甲車両写真解説（Heigle, Taschenbuch der Tanks による）

速度(時速km)	燃料満載状態の最大航続距離(km)	諸性能					重量(トン)	エンジン推力(馬力)	長さ(m)	幅(m)	高さ(m)	最低地上高〔車体底面と地面の隔たり〕	図番号
		登坂可能角度	登坂可能な高さ(m)	伐倒可能な樹木の高さ(cm)	超壕可能幅(m)	渡渉可能深度(深度)							
5.2	24	22	1.20	50まで	4	1	31	105	8.6	3.9	2.61	0.45	6
7.5	64	bls 35	1.50	55まで	4.50	1.00	37	150	9.88	3.95	2.64	0.43	7
6	75	30	0.40	0.40	1.80	0.80	13.5	60	6	2	2.40	0.40	8・9
8	60	45	0.60	25まで	1.80	0.70	6.7	40	4.04	1.74	2.14	0.50	10
8.5	60	35	0.40	0.40	2.50	0.80	23	90	7.91	2.67	2.36	0.41	11
12.5	100	40	0.80	0.35	2.50	0.90	14	90	6.08	2.61	2.75	0.56	12
26	220	45	0.80	0.40	2.00	1.20	13.4	90	5.31	2.74	3.00	0.45	13
12	80	25	0.40	—	3.00	0.80	30	—	7.30	3.05	3.04	0.50	14
18	—	45	0.90	0.30	2.00	1.00	9.5	60	5.70	2.05	2.52	0.27	15
32	320	40	1.50	0.76	4.57	1.22	30	350	9.30	3.20	2.75	0.60	16
13	150	45	1.70	0.80	5.30	2.00	74	1980	12	2.92	4.04	0.45	17
19	120	46	0.60	0.25	2.10	0.60	9.5	75	4.41	1.83	2.13	0.45	18
40	145	35	—	—	1.80	1.20	13.6	323	4.88	2.44	2.77	0.44	19
56	210	45	0.58	0.30	1.52	0.75	3.6	75	3.96	1.83	1.68	0.26	20
30	180	38	0.40	—	1.22	0.70	2.86	35	2.70	1.70	1.17	0.26	21
水中走行9.7 そのほか64	260	30	0.50	—	1.53	水陸両用	3.1	56	3.96	2.08	1.83	0.26	22
装輪時110 装軌時62	400	40	0.75	0.20	2.10	1.00	10.2	343	5.76	2.15	2.31	0.38	23
42	110	45	0.60	—	1.50	0.90	3.3	40	3.03	1.40	1.20	0.25	24
40	160	45	0.40	—	1.22	0.66	1.7	220	2.46	1.70	1.22	0.29	25
50	220	—	—	—	—	—	9.25	75	6.58	2.35	2.86	0.25	27
55	200	35	0.40	—	1.20	1.20	6	66	4.75	1.78	2.46	0.25	28

図番号	戦車の名称	生産国	乗員数	武装		積載弾数	装甲厚
				搭載砲	機関銃		
6	重戦車　I型、1918年	イギリス	8	57ミリ・カノン砲2門	4	—	5-11
7	重戦車　V型(雌型)、1918年	イギリス	8	37ミリ・カノン砲2門	4	K弾2,000発および機関銃弾7,800発	6-15
8・9	重戦車　シュナイダー戦車、1917年	フランス	6	75ミリ・カノン砲1門	2	K弾96発および機関銃弾4,000発	5.4-24
10	軽戦車　ルノーFT戦車、1917年	フランス	2	37ミリ・カノン砲1門	もしくは機関銃1挺	K弾240発および機関銃弾4,800発	6-22
11	重戦車　サン・シャモン戦車、1917年	フランス	9	7.5センチ・カノン砲1門	4	K弾106発および機関銃弾7,488発	5-17
12	中戦車　A型中戦車(ホイペット)、1918年	イギリス	3	—	3	機関銃弾5,400発	6-14
13	中戦車　ヴィッカースII型、1929年	イギリス	5	47ミリ・カノン砲1門	6	K弾95発および機関銃弾5,000発	8-15
14	中戦車　A7V、1918年	ドイツ	18	57ミリ・カノン砲1門	6	K弾300発および機関銃弾18,000発	15-30
15	軽戦車　LKII、1918年	ドイツ	4	—	1	機関銃弾3,000発	bls 14
16	重戦車　ヴィッカース・インデペンデント、1926年	イギリス	10	47ミリ・カノン砲1門	4	—	20-25
17	重戦車　3C、1928年	フランス	13	15.5センチ・カノン砲1門および7.5センチ・カノン砲1門	6	—	30-50
18	軽戦車　ルノーNC2、1932年	フランス	2	—	2	—	20-30
19	中戦車　T2、1931年	合衆国	4	47ミリ・カノン砲1門	12ミリ機関銃1挺および7.6ミリ機関銃1挺	K弾75発、12ミリ機関銃弾2,000発、7.6ミリ機関銃弾4,500発	6.35 bls 22
20	軽戦車　II型、1932年	イギリス	2	—	1	機関銃弾2,500発	8-13
21	軽戦車　ルノーUE、	フランス	2	—	1	—	4-7
22	軽戦車 カーデン＝ロイド水陸両用戦車	イギリス	2	—	1	機関銃弾4,000発	bls 9
23	快速戦車　クリスティー	ロシア	3	47ミリ・カノン砲1門	1	—	6.35 bls 16
24	軽戦車　フィアット・アンサルド	イタリア	2	—	1	機関銃弾4,800発	5-13
25	航空機により運搬されるロシア版カーデン＝ロイド	ロシア	2	—	1	—	6-9
27	装甲車　ヴィッカース・ガイ	イギリス	6	—	2	機関銃弾6,000発	6-11
28	装甲車 パナール＝ケグレス＝アンスタン	フランス	3	37ミリ・カノン砲1門	1	K弾100発および機関銃弾3,000発	5-11.5

主力となるものとみられ、小・中口径の砲や重砲を装備、捜索部隊、小銃兵部隊、砲兵、工兵、通信隊、補助部隊に至るまで、必要な支援兵科の部隊を機械化している。

このようにフランスにおける機甲部隊の発展を回顧してみれば、以下のごとき結論がみちびかれる。

先の世界大戦以来保持されてきた機材は、技術的性能が低いために、比較的容易に踏破可能な地形で歩兵と緊密に協同してのみ、使い得るものだった。仮想敵国〔ドイツ〕が無防備になったために、対戦車兵器や戦車の開発、戦闘能力を有する自動車化された予備兵力の保持といったことを考えなくともよかったのである。攻撃方法が緩慢でお決まりのものであり、歩兵のスケジュールに合わせてあったとしても、攻撃は成功すると見込まれたのだ。自然の障害があったり、人工的に強化されて、ルノー軽戦車の性能では克服できない地形を攻撃することを余儀なくされたときにのみ、困難が生じる可能性があった。こうした場合に備え、一定数の突破用重戦車を持つこととされていた。かかる状況は、ドイツが再び強国になるとともに、根底から変わった。フランス機甲部隊の優位は、ふいに消え失せた。まずは真剣に対戦車防御を、さらに敵戦車部隊や各兵科揃った大規模な自動車化・機械化団隊と対することを考えなければならなくなったのである。それゆえ、戦車を歩兵に緊密に協同させるとか、多くなろうが少なくなろうがお構いなしに攻撃部隊に戦車を均等に配分するといった理論と実践は、ともに揺らいだ。敵があらゆる種類の防御策を取ると予想される、ごく狭い突撃路しかないような困難な地形に戦車を投入して、意味があるのだろうか。むしろ、迅速な成功が見込めるところに、戦車の力をまとめなくてはいけないのではなかろうか。獲得した戦果を急ぎ拡張しなければならないのなら、兵力をかき集めて、脅威にさらされた地点に投入したり、反撃に出るための時間を敵に与えてはならないであろう。

そのため、フランスの国防大臣〔一九三二年および一九三六年から四〇年にかけて、この大臣職が置かれた〕とフランス軍最高司令官は一貫して、騎兵の自動車化部隊への改編に努めてきたし、新型の強力に武装し、装甲も優れた戦車を重機甲師団「衝撃師団」に集めるというのも、この線に沿っている。

「装甲車両が歩兵よりもはるかに快速になるや、限定的に歩兵随伴戦闘車両部隊を編成する代わりに、大規模な機械化団隊をという思想がしだいに優位になってきた。それは、狭義の突破戦闘車両からのみ成るのではない。捜索機関、不整地走行可能な輸送車両を持ち、占領した地点を確保するのに必要不可欠な最低限の歩兵と砲兵が直接追随するのである。戦車の新しい特徴である速度も、ただ一撃にこめることで十二分に利用される。今や、大規模機械化団隊の独立運用を考えることが可能となったのだ。

ここにおいて、現代の戦術の新局面、機動への回帰の可能性が得られたのである。

大規模機械化団隊こそ、真の攻撃手段なのだ。……その戦闘能力と快速は、あらたな可能性を生み出している」[5]

防御に徹した敵の陣を突破することを問題にするなら、将来、重機甲師団が、軽機甲師団ならびに自動車化もしくは輓馬編制の団隊のために進路を啓開してやるということになろう。ただし、相争う両陣営の間隔が空いており、開豁地での包囲や翼側迂回の可能性があるならば、逆に軽機甲師団が先行することもできる。速やかに重要な地域を占拠、敵部隊の移動を確認拒止し、敵の連絡線を攪乱して、味方の重機甲師団ならびに自動車化師団の前進展開を容易たらしめるためだ。いずれにせよ、緒戦は、好適な地形で戦車部隊の協同を得て遂行されることになろう。それ以降の戦闘においても、戦車の重要性は減るどころか、増大していく。一九三七年初頭の時点で、フランスは約三千門以上の軽砲・重砲（要塞砲および高射砲を除く）を有し、しかも四千五百両以上もの戦車を保持している。つまり、平時において、もう戦車の数が大砲のそれを上回っているのである。このような装備比率を示している国は他にはない。こうした数字は熟考に値する！

ロシアにおける機甲部隊の発展は、英仏とはまったく異なっている。この国は先の世界大戦において大軍を有していたが、戦車は持っていなかった。工業力が不足していたために自国で生産できず、同盟国から遮断されていたおかげで輸入もできなかったのだ。革命後の諸戦闘において、ようやく数両の鹵獲戦車がロシア人の手中に落ちた。そのような状態であったから、ポーランドに対する戦争では、ブジョンヌィ〔セミョーン・M・ブジョンヌィ。一八八三〜一九七三年。ロシア・ソ連の軍人。ロシア革命後の内戦で騎兵部隊を率いて活躍した〕の力強い指導のもと、なお有力な騎兵が決定的な役割を果たせたが、それはもちろん、防御力に乏しく、お粗末な指揮しか受けていない敵に対してのことだったのである。

革命後の諸戦闘が終わったのち、ロシアは軍需産業の建設に力を入れた。むろん、そうした企業には、指導にあたる幹部と熟練工が不足していたから、多くの時間を要したが、ロシアの工業化は今日おおいに進んだとみなさなければならない。このような措置と並行して、あらゆる技術分野における外国の成果の研究とその模倣も実行された。戦車とその補助兵器も、かくて保有されたのである。

外国の、最良とされた型の車両が購入・試験され、ロシアの事情や要求に応じて変更を加えた上で模造された。同様に、伝統的・技術的な束縛に邪魔されることなく、戦術も進歩した。とくに注目すべきは、ロシアが有する二十三個軍団のすべてが、それぞれ一個戦車連隊を保有していることだ。さらに、より上級の組織においても、戦車連隊を直接指揮下に置いているものと思われる。加えて、自動車化歩兵師団・狙撃旅団〔ロシア・ソ連では、伝統的に歩兵のことを「狙撃兵」と称し、歩兵部隊も「狙撃〜」と呼ぶ〕、自動車牽引・自走砲兵、捜索部隊その他が、補助兵科として一定数編成されている。ただし、それらの部隊で、常設編成の大団隊が存在するかどうかは不明だ。

演習報告などの軍事文献から、かかる近代的部隊をどのように運用しようとしているか、その企図を読み取ることができる。クリュシャノフスキーの言によれば、「決定的勝利は、敵主力を全縦深にわたって同時に撃滅することにより、戦術的にも作戦的にも達成し得る。そのためには、強大な衝力と運動性を有する、迅速に前進可能な戦闘手段が必要なのである」❖6 この敵主力を全縦深にわたって同時に撃滅するという原則に従い、ロシア軍は、攻撃用に編成された「自動車・機械化」兵力を活用することを追求している。それらは、三種類の部隊に分類される。

一、NPP（neposredstwennaja poderschka pechoty）――歩兵に対する直接支援を行う車両
二、DPP（dajnei poderschki pechoty）――歩兵に対する間接支援を行う車両
三、DD（daljnewo deistwja）――長距離機動車両

NPP部隊の中核を構成しているのは、ヴィッカース＝アームストロング社の六トン戦車のロシア版、AT26戦車である。この戦車は五・九センチ砲一門と機関銃二挺を装備し、SmK弾に耐えられる装甲がほどこされている。この型の戦車三十五両の支援のもと、ヴィッカース＝カーデン＝ロイド社製戦車のロシア版、

Ｔ27機関銃装備戦車三十五両が戦闘する。Ｔ27は装甲は薄いが、より大きな登坂力を有しているのだ。これらを、三・七センチ砲を装備するＢＡ27装甲車二十両と数両の「装甲《ブローニェ》フォード」（フォード自動車の車台をもとにつくられた装甲車）が補完し、ＮＰＰ部隊の編制は完成する。その任務は、読んで字のごとしだ。だが、彼らが歩兵を活用するという仕事を有効に果たすのは、堅固な陣地を突破し、敵砲兵や対戦車兵器を排除できる、より強力な戦車に支援される場合のみである。その任に当てられるのが、ＤＰＰ部隊だ。

ＤＰＰ部隊は、主として重突破戦車（Ｍ１およびＭ２型）を編合したものだ。これらの戦車の主武装は七十五ミリ・カノン砲で、他に、より口径の小さい対戦車砲一門ないし二門、数挺の機関銃を装備している。また、ロシア製のヴィッカース＝アームストロング六トン戦車やヴィッカース＝カーデン＝ロイド水陸両用戦車といった軽戦車も、ＤＰＰ部隊には含まれている。

ＤＰＰならびにＮＰＰ部隊が敵戦線突破と、そこに配置された敵兵力の拘束に成功すれば、ＤＤ部隊が戦果拡張にかかり（空軍と協同する場合が多い）、敵司令部、予備兵力、連絡線や後方施設に向かって進撃するのである。そのために、ＤＤ部隊はとくに快速の戦車、アメリカから購入し、ロシアでライセンス生産したクリスティー34戦車（図23）を使用している。四十七ミリ（正確には四十五ミリ）砲と機関銃を装備し、装甲は比較的弱いが、四百キロの航続能力を誇り、装輪で時速百十キロ、装軌で時速六十キロの速度を有している（クリスティー戦車は、装輪・装軌を使い分けることができた）。この優れた設計に基づき、充分に試験された戦車のほかに、ＤＤ部隊は、三十七ミリ砲と機関銃で武装した六輪型フォード装甲車ならびに同水陸両用装甲車を多数装備しているのだ。

原則的には、こうしたロシア軍の編制に一定の正当性を認めずにはいられない。敵縦深の奥深くに向かう航続距離長大な快速戦車、主戦場で敵戦車、大砲、対戦車砲に対処するための重武装戦車、戦闘地域にいる歩兵を掃討するために主として機関銃を装備した軽戦車といった構成である。とはいえ、こうした任務に応じた三種の装備は、さまざまな型式の戦車を必要とするし、それゆえの不利を甘受しなければならない。

ロシアが保有する戦車は一万両、装甲車は千二百台とされている。この数量を以て、何事かをなさんとする試み、とくに強力で近代的な空軍と協同してのそれは、すでに開始されている。鉄道・道路網を利用できる状態に持っていったとなれば、なおさらだ。一九三六年に白ロシアおよびモスクワ軍管区で実行された大演習では、とりわけ歩兵・騎兵師団、さらには空軍との自動車・機械化部隊の協同が試された。空軍もまた、落下傘狙撃兵の掩護のもとに、敵戦線後方に大規模な空挺部隊を投入、予備兵力の介入を妨げたり、地上部隊による敵軍包囲を完成させたりといったことを試してみたのである。その際、特殊な航空機によって軽戦車が運ばれ、投入された（図25）。

他の諸国も、ロシア軍から、落下傘・グライダー部隊の着想を得た（図26）。その実用性に関する評価は、戦車部隊に対するもの同様にさまざまである。ある者は子供だましにすぎないとし、また別の論者は、中欧のごとき人口密集地帯では、落下傘部隊の降下やグライダー着陸はすぐに発見され、うちくじかれて無害化されると信じている。しかし、あらゆる軍事技術の革新同様、過早な判断は禁物で、新兵器の使用によって、いかなる有利不利があるか、どのような防御措置が必要となるかといったことを真剣に検討すべきなのである。さもなくば、緊急事態に手痛い奇襲を受けることもないとはいえないのだ。

ロシアは、数のみならず質的にも近代的な兵器装備を有している点で最強の陸軍を持っているし、その空軍もまた世界最大である。注目すべき艦隊兵力増強の努力もなされている。交通事情はたしかに欠陥が多いが、この方面でも倦まずたゆまず改善が進められているのだ。原料もあれば、巨大な国家の攻撃不可能な深奥部に強大な軍需工業も建設されている。ロシア人が技術的に遅れていた時代は、もう過去のこととなった。ロシア人が機械を使いこなし、自前でそれをつくれるようになったこと、そうしたロシア人の心性の根本的変化によって、東方の問題が、別種の、史上なかったほど深刻な性格を帯びてきたことを考えておかねばならないのである。

これらヨーロッパの重要な三軍事大国における戦車部隊の戦術的発展は、戦車装備の技術的進歩に照らせば、漸進的で、ときには遅々として追いつかないこともあった。旧来の、あるいは、不毛な陣地戦の四年間に叩き込まれた観念から訣別するのも（英仏の軍当局ではとくに）、不承不承ながらのことでしかなかった。進歩への圧力よりも、旧套墨守の気風のほうが往々にして強かったのである。ましてや、限られた手段しか持たぬ小国が、戦車部隊の創設と運用について、ようすをうかがうような姿勢を取ったとしても驚くにはあたらない。従って、われわれの考察にあたっては、それらはあまり意味がない。明快な認識を得るためには、対戦車防御の発展と現状のほうが重要なのである。

三、対戦車防御

ドイツが自らの戦車建造を放棄したことにより、敵連合国は一九一六年から一九一八年まで、対戦車防御の心配をしなくてもよくなった。ドイツ軍の新しい戦闘手段に対する過小評価はまた、ドイツ側における対戦車防御の軽視にもつながったのだ。その結果、ドイツは敗れたのである。敗戦原因に対する省察から、まずドイツ軍が努力したのは、ぐるりを取り囲んで待ち構えている、戦車を持った敵に対し自らを守ること、対戦車防御の問題を討究し、実際的な対応策を取ることであった。だが、ドイツが国防主権を取り戻し、それとともにドイツ戦車が将来出現することが確実になったため、他の諸国も、ここ数年間対戦車防御手段の確保に着手している。

まず最初に、対戦車防御の原則からみていこう。

むろん、いかなる場所、いかなる季節や天候においても、というわけではないが、戦車に対するもっとも有効な防御を提供してくれるのは自然の地勢である。急斜面、広く深い河川や湖沼、溝、湿地、高い木々が濃密に繁茂する森林は、装甲車両にとって無条件に障害となり得る。こうした地形に掩護された場所を、戦車に対する安全地帯と呼ぼう。これほど際だってはいなくとも、戦車の移動を遅らせ、困難にする障害もある。町や村落もそうした遅滞効果を持っている。壁の背後や家々、その地下室は、戦車に対する掩体物となるのだ。かかる地形は、戦車阻害地域である。多少の起伏があって、さまざまな掩体を得られる地形は、戦車攻撃を容易にする。戦車に適した地形である。

防御側はその企図に応じて戦車に対する安全地帯を利用しようとするから、彼らの陣地はそうした地形に設定されるか、あるいは両翼を安全地帯で掩護されたかたちで布かれる。戦車阻害地域への陣地設置は、より頻繁に起こることだ。それは防御側にとって大きな支えとなるし、防御兵器が効果を発揮する時間を長引かせてくれる。ときには、工兵の助けを得て、一定の障害にすぎなかったものが無条件の威力を発揮することもあろう。たとえば、壁のふちを垂直に掘り下げてつくった斜面や溝、雪解けや放水によってできた水流、高さ、幅、縦深を取って森のふちにしつらえられた鹿砦《ろくさい》などである。開けた平地といえども、コンクリートの土台に建てられた鉄道レール、杭、コンクリート壁、鉄条網といったかたちで人工の障害を据え付け、地雷を敷設することができるのだ。

しかし、戦車に対する安全地帯や戦車阻害地域といった地勢も、無尽蔵の資源というわけではない。多くの作業時間、労働力、建築資材、弾薬といったものをつぎこんでこそ、人工障害構築が成り、また自然の障壁を強化することができる。そうした障害の効力は、偽装や進路啓開部隊に対していかに守られているかといったことにも左右される。任務や状況によっては、防御側が戦車に適した地形に位置することを強いられる場合もある。そのときには防御側は敵戦車を撃破できる兵器を装備していなければならない。一九一八年のドイツ歩兵がそうであったような、達成不可能な課題の前で無防備でいるがごとき状態に置くことは許されないのだ。また、たとえ敵戦車の正面攻撃が予想されない場合でも、隣接戦域を突破した敵が突如側面を脅かしてくることはあり得る。それゆえに、戦車を撃破し得る兵器が、あらゆる部隊、とりわけ歩兵に装備されるのである。

対戦車防御が早期に効果を発揮すれば、敵の攻撃が歩兵の主陣地帯に到達する前にこれを破砕することが可能だ。それができた場合にのみ、対戦車防御は完全に成功したとみなし得るのだ。もっと後の時点になってしまえば、課題を達成したとして、歩兵の全滅とはいわぬまでも、甚大な損害を覚悟しなければならない。つまり、手術は成功したが、患者は死亡したというありさまになってしまう。従って、かかる目標を達成するため、最前線の戦闘地域で使用できる程度に重量と大きさを抑えてはいるが、十二分に射程距離を持ち、速射できる歩兵の対戦車兵器が開発されなければならないのだ。

数字で説明すれば、わかりやすいだろう。敵戦車が時速十二キロで攻撃してくる。彼我の距離は千メートル、五分で突入してくる。防御のために、一分間に八発の照準射撃を実行できる、有効射程六百メートルの兵器を用いるとして、これを歩兵の戦闘地域の前縁部に置けば、戦車が突入してくる前に二十四発を浴びせかけることが可能だ。有効射程千メートルの兵器であれば、四十発射撃できる。一分間に八発ではなく、百発も撃ちかけられるような機関砲なら、有効射程六百メートル内で三百発の砲弾を敵戦車に撃ちこめる。有効射程千メートルなら五百発だ。とはいえ、機関砲の速射性という利点を得るには、もちろん、その兵器や装弾装置がより重く大型になる不利（口径が同じであるとの前提で）を覚悟しなければならない。

　平時のイギリス軍歩兵は、それぞれの旅団の第四大隊に、二・〇三センチ機関砲十六門から成る自動車化対戦車中隊を置いている。フランスは二・五センチ機関砲を導入、各歩兵大隊が、装軌牽引車（図21）に牽引される同砲三門を装備する予定だ。ドイツも六輪自動車に牽引される三・七センチ砲（図43）を保有している。他国と異なるのは、軽対戦車兵器、十二ミリ口径のいわゆる「対戦車銃《パンツァービュクセン》」があり、試験中であることだ。これは機関銃とさして変わらぬ大きさだが、より少数の人員で操作できる。その貫徹力が効果を発揮するのは、ごく近距離に限られていることはいうまでもない。この種の兵器が最終的に導入されるかどうかは未定である。しかし、イギリスには、十二ミリ口径で重量十六キロ、一分間に六ないし八発の射撃を行える対戦車ライフルが存在する。軽戦車に対する有効射程は四百五十メートルで、すでに部隊レベルの実験に供されているのだ。❖[7]

　こうして、歩兵に対する戦車の危険は、容易に減殺し得るようになったかにみえる。だが、そうではない。右記の口径弾に耐えられ、しかもエンジンで動かせる重さの制約内に収まっていて、道路や橋梁の重量制限も超えないような戦車を、軍需産業はすぐにでも生産できるのである。その種の戦車はすでに、とりわけフランスにおいて出現している。[8] かくのごとき戦車で敵が攻撃してきたら、これまで述べてきた防御策は無効になってしまうにちがいない。敵が攻撃第一波に重戦車を配置して、それが成功したなら、まず堅固ならざる対戦車兵器が覆滅され、その余勢を駆った敵は、ＳｍＫ弾では貫けない軽戦車多数の助けを借りて歩兵を殲滅、突破を完成させるであろう。

こうした危険に対しては、防御側火砲により大口径のものを用いるという方策があるし、すでに実験されている。イギリスの車両牽引されるヴィッカース＝アームストロング七・五センチ砲などはそれだ。[9] 全周射撃可能な砲架に据えられ、六・五キロの砲弾を打ち出す。初速は時速五百九十五メートル、砲口圧〔砲口位置における火薬類の燃焼圧力〕は百十七トンだ。海軍や要塞建築においては、すでに大砲対装甲という側面があったが、それが戦車部隊にも生じるわけである。戦車部隊はまた空軍によっても攻撃される。さりとて、大口径砲、あるいは最大口径の砲の装甲貫徹能力が高いからといって、装甲艦〔Panzerschiffe. この場合は、戦艦、巡洋艦などの大型艦船を指すものとして用いられている〕、要塞、軍用航空機の開発をやめるようなことはない。それと同じで、対戦車防御が強化されても、戦車の生産が無意味ということにはならない（当たり前のことだ）。そんな結論を導いたとしたら、イタリアで受け入れられているドゥーエ将軍の見解は、一般的にも通用するものと認めることになろう。彼は、空軍のみが攻撃力を有しているがゆえに、陸戦で行えることは防御だけだと主張しているのだ。しかし、ドゥーエの意見は、おおいに疑問である、陸軍は従前通り決定的な意味を持っているし、充分な攻撃力があると考える者のほうが大多数なのである。陸上において戦車に成功の見込みはなくなったなどという批判は、一九一六年から一九一八年にかけてのドイツ軍同様に、その運用を放棄することにつながる。陸上戦闘において決定的な戦果をあげるべく攻撃することを欲するかぎり、そんな意見を認められないのは当然である。

さて、戦車と大砲の闘争の問題を、われわれの現状に照らして考察する課題がまだ残っている。敵戦車に対する防御を容易ならしめるために、あらゆる努力がなされなければならないのと同じく、自軍の強力な戦車による反撃の戦果を確実なものとするために、すべてを傾注しなければならない。そう考えると、防御の観点からは、現在知られている最強の戦車に対抗できる火砲と砲弾が開発されねばならないのだ。現有の大口径砲が充分な射程距離を持ち、その砲弾に充分な貫徹力があったとしても、あまりに機動性が少ない。重突破戦車の奇襲攻撃が成功した場合、それに対処できないのである。その速射性も側面射撃の射界も満足できるものではないし、照準器も、時々刻々と動く目標を撃破するのに適していない。こうした中・大口径砲は、ときに重突破戦車に対しても威力を発するかもしれないが、恒常的な効果は期待できないのである。新型火砲の開発は不可避なのだ。

対戦車目的の火砲と並んで、地雷も特別の重要性を有している。地雷は広い正面と縦深にわたり迅速に敷設できるし、地面に埋め込んでしまえば容易に隠蔽できる。敵戦車がこの防御手段を発見するのは困難だ。しかも、砲兵射撃を実施することもなく、事前に処理部隊が地雷原に通路を啓開することも地雷探知もやらずに進めば、損害が出るのは必至となる。ゆえに、地雷は戦車の危険な敵なのである。ただ、地雷の使用は備蓄量によって制限されるが、それ以上に、防御側部隊が地雷原の存在によって慎重な動きを強いられるという制限を課す。広大な地雷原は、防御側の移動の自由を極度に狭める。地雷を不規則に、あるいは分散して敷設すれば、こうした不利は避けられるものの、やはり自軍部隊が危険にさらされることに変わりはない。

地雷の配置は、普通、それを敷設した工兵のみが知るばかりで、他の兵科にはわからないからだ。とりわけ、陣地に配されている部隊が頻繁に交代するとあっては、なおさらである。こうした欠点は、運動戦においてはより強く作用する。退却中で、もはや戦線を再構築することもないのであれば、話は別であるが。

このように、対戦車防御は、自然の地勢、あるいは人工的に強化された戦車に対する障害、加えて、地雷やさまざまな口径の火砲の射撃による攻撃空間の封鎖といったことに基づいている。よって、対戦車防御は以下のごとく区分できる。地形や堅固な構築物による、硬直した移動不能のもの。そして、ほとんどすべての地形に応用できる移動可能なものである。両者ともに活用されなければならない。前者は、防御に徹したいと思う地域を、現代的な種類の陸上防御方策によって計画的に局限する際に用い得る。後者は、そうした防御の補完に使い、機動予備とすることが可能だ。だが、それ以上に、陣地が構築されていない地域に急行させ、そのつど必要な防御線を布くことができるのである。一方の対戦車防御は、それに適した地形、必要な地勢偵察、労働力、資材と時間があることを前提にしている。他方は、好適な防御部隊を手元に置かなければならないけれど、状況に応じて、ほぼ、どこにでも遅滞なく投入できるのだ。

この防御部隊にとくに適しているのは、対戦車部隊と工兵である。これらは、非装甲部隊をくじくために、他に機関銃、場合によっては砲兵の火力、さらに捜索・通信部隊によって補完されなければならぬ。従って、師団の建制にある防御部隊のほかに、上級司令部直属の「阻止部隊」が編成される。当面拒止されている敵に対する防御が最終的に成功するかどうかは、かかる部隊の速度や行軍・戦闘への即応性にかかっているのだ。この種の快速で防御力に富み、その任務に向けて特別に装備訓練された部隊の価値は、いくら高く評価しても足りないように思われる。

原註

❖1 „Revue des deux Mondes“〔『両世界評論』〕, 一九三四年九月十五日号におけるデブネ将軍の記述。

❖2 新聞報道。

❖3 „France Militaire“〔『フランス軍事』〕, 第一六号、五六五〜五六六頁。

❖4 „Vers l'armée de métier“, Berger-Levrault, Paris.〔シャルル・ド・ゴール『職業軍の建設を！』小野繁訳、不知火書房、一九九七年〕

❖5 „France Militaire“, 一九三七年、第一七八号掲載のランソン中佐の論考。

❖6 M. J. Kurtzinski, Taktik schneller Verbände〔快速部隊の戦術〕, L. Boggenleiter Verlag, Potsdam.

❖7 MWBl〔『軍事週報』〕, 一九三七年、第四八号。

❖8 二二八〜二二九頁の付表参照。

❖9 MWBl, 一九三七年、第四六号。

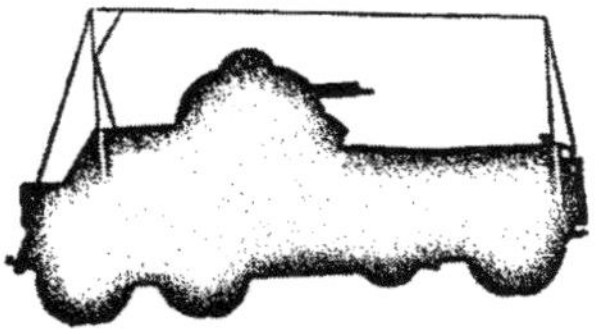

ドイツの自動車戦闘部隊

一、模擬戦車の時代。国防の自由

ドイツの自動車戦闘部隊を、ゼウスの頭から出てきたパラス・アテナ〔ギリシア神話で知恵や技芸、戦略を司る女神。主神ゼウスの頭から、甲冑を身にまとい、武装した姿で生まれたとされる〕のごとき、完成した戦争手段とみなすことはできない。むしろ、自動車戦闘部隊は、長いこと物質的に不自由しながらも発展をとげてきた。ヴェルサイユ条約の制限に苦しみ、新しく馴染みのない部隊であるがゆえに生じた自軍内の抵抗をも克服してきた。いや、それどころか、今日なお、そうした抵抗に打ち勝っていかねばならないのである。

かつて国防省内に置かれていた自動車部隊総監部は、自動車化構想全体に責任を持ち、それゆえに、世界大戦時の弱体だったドイツ戦車部隊の伝統を継承する、陸軍唯一の部局であった。陸軍一般の自動車化のほかに、同総監部の仕事は二方向に発展していった。第一に、トラックによる部隊輸送を実験し、その目的のために一連の演習を組織することである。最初の演習、一九二一年のハルツ演習は、総監フォン・チシュヴィッツ少将の指揮により実行され、一個大隊のトラック輸送を目標としていた。続く数年間に、増強された大隊や連隊を路外で長距離輸送したり、迂回輸送するといったことが試みられ、大規模なトラック輸送の準備と実行に関する貴重な経験が得られた。

第二の方向は、戦車部隊の土台づくりである。むろん、その展開は困難にみちみちていた。敵連合国は、われわれに「兵員輸送用の装甲トラック」保有しか許さなかったのだ。その際、仏英が意図していたのは、そもそも鉄板を組み合わせてつくったトラック程度の車種だった。えんえんと交渉を続けた結果、最終的に認められたのは、図31（二五二頁）に示すような装甲車両だった。砲塔も固有の武装もなし、側面は垂直に据え付けられているしろものだ。四輪駆動で後部座席から操縦可能な、路上走行用の装甲車両を建造することはできた。これは、国内の騒乱鎮圧には一定の価値を有していたし、訓練目的には使用可能だった。しかし、この車両の装甲は、SmK弾に耐えられないにもかかわらず、重量過剰であった。また、不名誉な条約が認めた、この種の車両の保有上限まで生産する能力にも事欠くありさまだったのである。けれども、かかる装甲車による将校の教育訓練における最初の課程で、一連の小演習、とくに捜索に関するそれが行われ、価値ある経験を集めることができたのだ。初めて、自動車部隊から装甲兵科への発展という思想が覚醒し、それが眠り込むことはもはやなかった。

ヴェルサイユ条約で装軌車両の建造が禁じられたため、一定の不整地走行能力を必須とする多軸車をつくるという発想が芽生えた。そこから、八輪・十輪走行車台の建造が試みられたのである。遺憾ながら、この種の装甲車両を水陸両用にしたいとの要求が高まったものだから、それらは複雑かつ大型で、多数の初期欠陥を抱えた機材となってしまった。何年もかけて実験したにもかかわらず、戦時に使用し得るようなこの種の車両を建造することはできなかったのだ。

同じころ、最初の装軌装甲車両建造の試みもはじまっている。ただし、のちに補給用自動車部隊の訓練に重点が置かれたため、その発展は遅々たる歩みしか示さなかった。のちに自動車部隊総監となるヴォラール＝ボッケルベルク将軍は、それまで当たり前のこととなっていたような、戦車、オートバイ、トラック縦列、救急車両を一中隊に編合訓練することはよろしからずと認識しており、任務ごとに分けた。ヴェルサイユ条約とそれに服従する政府のもとにあっては、もちろん最大限秘密裡に進めねばならなかったのはいうまでもない。

ハノマーク社の車台に据え付けた模擬戦車が組み立てられ、いくつかの「戦車」中隊が編成された。これを用いて、われわれには禁じられた兵科の部隊演習を行ったのだが、ずいぶんと他兵科の連中をたまげさせたものである。模擬戦車は不格好であったが、実用に耐える対戦車兵器を持ちたいとの願望を刺激し、少なくとも戦車の運用や対戦車防御に関する研究を進める動因となったのだ。

オートバイ兵は、オートバイ狙撃兵中隊〔ドイツ軍では自動車化歩兵を「狙撃兵《シュッツェン》（Schützen）」と呼称した〕に編合され、一九二八年の演習で初めて旧型の戦車およびトラック歩兵と協同使用された。

自動車部隊将校の訓練教程も設立され、そこでは技術と並んで、自動車化戦闘部隊の戦術や他兵科との協同も取り扱われた。まもなく、数は限られていたが、他兵科の将校もそうした教程を受けるようになる。当時、そして、それ以降の数年間に、「自動車教導幕僚部」が、自動車部隊将校団の統一的な戦術・技術方針をまとめた。さらに、模擬戦車による理論研究と現実の演習によって得られるかぎりの知見をもとに詳細な議論を重ねて、ドイツ戦車部隊再建の指針をあきらかにしたのである。自動車教導幕僚部は、のちに、新しい陸軍の自動車戦闘部隊学校の礎石となった。

フォン・シュテュルプナーゲル将軍も、前任者がはじめた編制・教育上の措置を同じ路線で続けた。自動車隊は、いくつかの自動車大隊により増強されたのだ。これらの大隊はそれぞれ、オートバイ中隊、装甲車中隊、戦車中隊、対戦車中隊各一個から構成されていた。とはいえ、装備が木製の大砲を付けた模擬戦車であったことはいうまでもない(図32)。

一九三一年四月一日に、それまで自動車教導幕僚部長だったルッツ将軍が、自動車部隊総監に就任した。彼は技術部隊出身で、大戦中にすでに、ある軍の自動車部隊長を務めていた。

一九三二年夏、ルッツ将軍は、陸軍統帥部の指示を受けて、グラーフェンヴェーアおよびイューターボーク演習場で、それぞれ三度の演習を実施した。各演習には一個(模擬)戦車隊が参加し、増強された歩兵連隊一個と協同を演練、対戦車防御の経験を深めることとされた。この計六回の演習は、のちの装甲兵科創設にとっては価値ある動因となったのである。それらはまた、われわれが将来建造する戦車への技術的要求をまとめ、設計構想を速やかに固めることにもつながった。外国文献と他国の機材が、十六年にわたって戦車を生産してきた列強の経験を利用するために、細心の注意を払って検討された。とはいえ、のちにわれわれがつくった最初の装備については、初期的な欠陥を克服しなければならなかった。長年の経験はたやすく模倣できるものではなく、図面仕事だけで代替できはしないからだった。

一九三二年秋、自動車化捜索大隊数個ならびに、臨時に編合されたオートバイ狙撃兵大隊一個が、初めて大演習に参加した。そして、わが諸部隊は完全に有用であることを証明したのだ。新しい部隊とその指揮官たちの能力が認められた。あらたな勇気を得て、われわれはこの兵科の発展のために邁進した。

さりながら、政治・軍事指導部が条約の拘束を解き放つと決断しなければ、道が完全に啓けることはもちろんなかったであろう。一九三三年一月三十日にアドルフ・ヒトラーに政権が移譲されたことにより、この急変がもたらされたのだ。「模造戦車」の今までの板金が眼に見えて強化され、まもなく、穴を開けて遊ぼうとする悪童たちも、それに歯が立たなくなった。木製模造砲も消え失せた。捜索大隊は四個中隊編制となり、対戦車大隊も三個中隊を持つようになった。自動車化狙撃兵と戦車の試験も実行されたのである。

一九三四年七月一日まで、かかる規模の実験が繰り返された結果、装甲部隊のための特別司令部を新設する必要が生じ、その司令官には、かつての自動車部隊総監ルッツ中将が任命された。新司令部の課題は、自動車戦闘部隊の編成を進めつつ、この新しい時代の部隊に大きな威力をもたらすことを約束するような、戦術的に適切な構成を考え、試験することである。こうした考察と現場部隊による実験は、一九三五年秋ムンスター兵営における大規模な試験演習に結実、その結果として三個装甲師団の創設が決まったのだ。一九三五年十月十六日、これらの師団は編成を完了、装甲部隊司令部の麾下に置かれ、それぞれの師団長として、男爵フォン・ヴァイクス中将、フェスマン中将、そして、筆者〔グデーリアン〕が任命された。戦車隊、対戦車部隊、自動車化狙撃兵および捜索部隊の諸隊全体が、「自動車戦闘部隊」という新兵科に統合された。この兵科の個々の構成については、このあとにみていくこととしよう。

二、装甲・自動車化捜索部隊による捜索

捜索により、指揮官は敵が取り得る措置を適切に判断する材料を得る。その成果は、指揮官の決断の基盤になるのだ。使用される捜索機関により、それは航空捜索、地上捜索、通信捜索（電話、無線などの分析によ る）、諜報その他による捜索に分類される。さまざまな捜索方法は相互補完関係にあり、一つがうまくいかなければ、他がその代わりをしなければならない。軍事的には、捜索は目的に従い、作戦捜索、戦術捜索、戦闘捜索に分けられる。遠隔目標に向けられる作戦捜索は、作戦面で最高司令部に役立つことになり、主として空軍が担当する。だが、ある地域に敵が存在するかどうかを完全に確認することは、空軍では不可能である。敵の巧妙な偽装、夜と霧、悪天候、広大な山岳・森林地帯、大都市により、空軍がそれを達成するのは困難、もしくは不可能になることもあるからだ。一貫して敵を監視し、接触を保つことは保証され得ない。それゆえ、偵察機が迎撃困難であり、高速や長大な航続距離といった利点を持っていようとも、適切な地上捜索による補完をやめてしまうわけにはいかないのである。

捜索結果は、指揮官の手元に適時に届いてこそ価値がある。報告は、迅速かつ確実であるに越したことはない。それゆえ、自動車化部隊のための戦術・作戦捜索においては、エンジンが馬に取って代わったのである。捜索部隊は、後続する部隊よりも快速でなくてはならぬのだから、乗馬捜索部隊は歩兵師団向けにはなお適しているだろう。だが、エンジンで動かされる捜索手段の不整地走行能力が増しているため、歩兵師団においても、その導入が望まれている。

自動車による地上捜索は、装甲車によって遂行される。作戦捜索には、長大な行動半径と高速、強力な武装と装甲、到達範囲の大きい無線機器を備えた車両が必要だ。作戦捜索は主要道路に沿って行われることが多いので、装輪車両が適している。ただし、そうした車両は、多輪駆動、後部に操縦装置を備えたもので、一定の不整地走行能力も有している。接敵時の濃密な捜索は、軽装甲車やオートバイ狙撃兵が行う。高い不整地走行能力を要求されるこの種の戦術捜索には、ハーフトラックやタイヤに履帯を装着した車両が適しているが、戦闘捜索に優れているのは、やはり装軌車両である。多くの装甲車は、装甲貫徹可能な火砲で武装している（図33、図34、図35）。

複数の装甲車を以て、装甲車小隊が編成される。その兵力や編合は、任務によりけりだ。工兵、自動車化狙撃兵、重火器の配属が必要となることもあろう。装甲車小隊は（たとえ夜間であろうとも）敵と接触し、それを維持する。主力が敵と交戦するまで、装甲車小隊は、オートバイ伝令、有線電話、無線通信によって実状を報告するのである。装甲車からの捜索では、眼も見えず、耳も聞こえぬようなものだという主張があるが、それは控えめにいっても、誇張のしすぎだというほかない。よく訓練された装甲狙撃兵は、敵に膚接して観察し、観測点から観測点へと躍進しながら、聞き耳を立てる。必要とあらば、好適な観測点に登り、とくに夜には、車外に出て耳を澄ませるのだ。熟練した操縦手は、その装甲車両を常に隠蔽された位置に置くようにするし、防御火器があると推測される場所に正面から進んでいくがごとき軽率な真似はしない。現代の装甲車では、エンジンが立てる騒音も、馬蹄の響きよりは大きくないし、馬のいなきより静かであることは間違いない。しかも、装甲捜索車両・装輪部隊の戦闘力は、騎馬部隊のそれとは比べものにならないのである。機動や情報伝達の速さも同様だ。燃料がなければうんぬんというようなことも言われるものの、それが起こるのは、指揮官に専門知識が欠けているときだけだ。いうに足る装甲車の最大の弱点といえば、不整地走行能力が完璧であるとはみられぬことだが、それが解決されるのも時間の問題であろう。

一定数の軽・重装甲車を有する装甲車小隊を集めて、装甲車中隊が編成される。さらに複数の装甲車中隊、オートバイ狙撃兵もしくはトラック狙撃兵、重火器と工兵によって、捜索大隊が編成される。この捜索大隊は、隷下装甲車小隊がもたらす情報を集め、それらに適宜交代を命じる。また、豊かな予備兵力を利用して、数日間にわたる任務を遂行したり、必要な場合には急速にあらたな方向に展開することもできるのだ。

捜索大隊は、自らは察知されることなしに、多くを観察し、報告すべし。それは快速かつ柔軟で、長大な行動半径と優れた通信手段を持ち、機敏に指揮できる部隊であるべきだ。従って、規模が小さいほど、その任務をより容易に達成できるということになる。捜索大隊の戦闘力、とりわけ武装や装甲は、敵の同種部隊の抵抗を排除できる程度に限定されていなければならない。もっと強力な戦力を必要とする任務があれば、場合に応じて増強してやることも可能なのである。

装甲車小隊と捜索大隊は、敵捜索部隊を殲滅、そうした自らの戦果を拡張するために、攻撃的に運用される。敵を撃破する好機は、その戦闘を行うことが捜索の目的に合致するかぎり、活用されなければならない。今日の捜索用装甲車両は強力な火力を有しているから、他の兵力が不足している場合に、戦闘任務、たとえば、追撃、後退掩護、警戒幕の形成、側面・背面掩護などに当てることが可能だ。

かくて、われわれは、捜索大隊という卓越した道具によって、最高司令部や軍の指令による広範囲の作戦捜索、そしてまた、装甲師団やその他の自動車化部隊、トラック輸送される部隊のための戦術捜索を遂行できるのである。真っ先に敵にぶつかる部隊であるから、捜索大隊は、危急の際に即時投入できるように、すでに平時に編成を完了していなければならぬ。もしも急展開が生じたなら、戦時編制への改編を行う時間はおそらくなかろう。指揮官と部隊、通信手段、その補助兵器を互いに馴染ませないまま、戦場に投入すれば、

図 31　ヴェルサイユ条約の規定に従ったドイツ軍装甲兵員輸送車、1922 年

図 32　ヴェルサイユ条約下のドイツ軍模擬装甲車（スケルトン・モデル）、1931 年

図 33　ドイツ軍軽装甲車、1935 年

図 34　ドイツ軍重装甲車および軽装甲車（二番目の戦車はアンテナを装備している）

図 35 巧妙に偽装された射撃陣地に入ったドイツ軍重装甲車

図 36　ドイツ軍の機関銃戦車

図 37　森を抜けて

まさに開戦直後においてこそ、とりわけ重要である捜索の成果が疑わしいものとなる。それは犯罪に近い。考え得る、あらゆる訓練の基礎に、こうした視点が据えられねばならない。そこから生じる、取るに足りない程度の困難は、今までも克服されてきたし、将来においても乗り越えられるであろう。そんな問題は、装甲捜索に不案内な指揮官にのみ生じるのだ。

国防の自由が再び獲得されたのち、わが自動車戦闘部隊を構成する四要素のなかで最初に誕生したのが捜索大隊である。それが、わが兵科の真髄として発展したことは驚くにあたらない。捜索大隊によって、現代の軍事原則、とくに装甲部隊の必要に適した原則に基づく地上捜索が運用される。捜索大隊は、その出自、装備、武装、訓練と指揮統率からして、装甲部隊の中核要素なのである。

三、対戦車大隊

実戦投入可能な装甲捜索大隊を創設したあとには、装甲車・戦車に対する防御部隊を確保することが喫緊の要となった。この課題には、あらゆる兵科が関わってくる。

歩兵連隊は建制上、自前の防御兵器となる三・七センチ砲装備の第一四中隊を編合された。騎兵も同じく、この火砲を装備している。工兵は「対戦車地雷」や、その他の障害物、有刺鉄線、杭、逆茂木、堀、対戦車壕といったものを発展させた。砲兵は、陣地選定と射撃術の向上を試行し、距離の遠近にかかわらず、効果的に戦車に対抗することを追求している。これらによって構成される対戦車システムを縦深の厚いものとし、司令部が予備の対戦車部隊を握っておく必要もまた生じた。自動車部隊総監部は、しばらく前からすでに空気タイヤ付きの三・七センチ砲（図43）の輸送・射撃実験を行っており、満足すべき結果を得ている。今や、司令部が直接運用できるよう、快速で機動できる対戦車部隊、すなわち自動車化対戦車部隊を創設するという課題がさし迫っているのだ。陸軍の大規模団隊すべてにこの種の部隊が配属され、装甲部隊との協同戦法が発展する。それによって、危険な敵戦車に対する陸軍の防御力が高まるのである。

対戦車部隊は、親部隊が休止中であるか、あるいは移動・戦闘中であるとにかかわらず、その守りを固めておくべし。そうすれば、他兵科が有する防御力が対戦車目的に分派され、弱体化することはなくなる。加えて、対戦車部隊は単独、あるいは工兵、機関銃、砲兵と協同することでより効果的に、ふいに出現した敵戦車をも拒止し、突破を封じることができる。また、包囲や迂回の危険を妨げ、指揮官が対抗措置を取るための時間を稼ぐことも可能だ。この最後の目的のために用いられる部隊は、とくに「阻止部隊」と呼ばれる。

対戦車部隊の指揮は単純ではない。一方では、それらは適宜、有効射程の限度いっぱいまで射撃して、担当地域や味方部隊を守れるような陣地に配置されるべきである。他方、敵戦車の出現前に位置を察知されるようなことはあってはならないし、敵砲兵に対して一定程度、掩蔽されている必要もある。さらに、肉迫攻撃の危険を少なくするために、その射撃陣地は、戦車に対する安全地帯、もしくは戦車阻害地域に置かれるべきだ。敵戦車の出現まで戦闘力を保持し、敵に不意打ちを喰わせることに失敗したなら、対戦車部隊は戦車による突進攻撃にさらされ、防御戦の成功はおぼつかなくなってしまう。

上級指揮官は、宿営地、前進路、さらに戦闘陣地の選択を巧みに行うことにより、対戦車防御を容易にすることが可能である。戦車に対する安全地帯や戦車阻害地域においては、火砲の配置を節約し、火砲による防御の重点を、戦車攻撃に適した地域に置くことができる。工兵は防御に際して、機材、時間、労働力が許すかぎり、地形上の障害を強化し、防御砲火によって火制しきれない地域を封鎖確保しなければならない。攻撃においては、工兵の活動はむろん、そうした地域に限られない。敵の戦車による逆襲に対する防衛は、防御にあたる砲兵だけが担うわけではないのだ。工兵は攻撃においては、集中して躍進、得られた戦果を確保できるようにしなければならない。

防御戦で成功を得る上で決定的な意味を持つのは、対戦車砲弾の貫徹力である。もし敵が、対戦車砲弾を浴びせかけられても平気な装甲を備えていれば、対戦車戦ばかりか、続く歩兵と工兵の戦闘においても、防御側の勝利など問題外となる。後者の二兵科に対する戦闘ならば、後続梯団の軽戦車で充分だ。一方、防御側の対戦車砲が、敵の有するあらゆる戦車の装甲を貫徹可能で、しかも、それらを適宜、決勝地点に配置することができたなら、戦車は多大な犠牲を払わなければ、戦果をあげられなくなるか、そうした充分な密度と縦深を持った防御陣地に対する攻撃などお話にならないということになるだろう。

防御側の火砲が戦果をあげられるかどうかは、以下の要素に左右される。

ⓐ勾配が激しい、波打つような地形は、防御を困難にする。

ⓑ季節によって変化する地上の植生。夏季には、良好な射撃陣地を得ることは難しい。偽装上の理由から、高い場所に射撃陣地を据えられないからである。

ⓒ日照時間と天候。闇と薄暮は照準を困難にし、射程距離いっぱいまでの射撃を妨げる。霧と雨は光学

機器の性能を低下させるので、同様の影響を及ぼす。太陽光が強い場合にも、照準は難しくなる。ⓓ砂塵や硝煙をあげ、煙幕を張る程度のことでも、敵の砲撃効果に影響する。

こうした悪条件が重なったところに、戦車の集団奇襲攻撃が向けられれば、防御側の砲手は厳しい試練にさらされる。そのような攻撃に沈着冷静に対応できるのは、優れた訓練を受け、しっかりと規律を保った部隊のみだ。われわれは、かかる対戦車部隊を有しているものと確信している。

四、戦車部隊

捜索・対戦車大隊が、これまで外国の陸軍にも相当する部隊がなかったような、新しい創造物である一方、戦車部隊については、重要な諸軍事大国に多数のお手本があった。イギリス、フランス、ロシアにおける、大戦時とその後の発展については、すでに述べた。そこで、総監部は難しい問題に直面した。それぞれに独自の道を進んでいる諸外国の構想のうち、いずれをドイツの事情に最適であるとして、軍最高指導部に提示すべきであろうか。それとも、まったく新しい理論を構築するべきなのか。

はっきりしていたことは二つ。イギリス、フランス、ロシアの戦術にまとめて追随することは不可能だ。だが、最低限の実地経験もなしに、また、フランス軍とイギリス軍が大戦中に十二分に蓄積した知見を参照することなく、独自の理論を組み立てることもできなかった。熟考ののち、おのが経験を積むまでは、主としてイギリス軍の認識に拠ることにすると決まった。それは、一九二七年の「戦車・装甲車による訓練に関する暫定教令」第二部に記されていたものだった。この教令は明快で、われわれが実験を行う上での手がかりをくれたし、戦車部隊を発展させる上で必要な思考の柔軟性を認めていた。当時の有名なフランス軍の教範では、戦車は歩兵と緊密に協同するということに固執したために、そうした自由な発想は封じられていたのである。本提案は、陸軍統帥部の承認を得た。このイギリス軍の教令に従い、自動車部隊の将校団は一九三三年まで、将来の戦車部隊のために頭脳を鍛えたのだ。かくて、それまでの諸考察や模擬戦車部隊の経験に基づき、ドイツ流の考察や構想が前面に押し出され、強調されるようになった。現在では、ドイツの戦車運用思想は、諸外国のそれと多くの点で共通しているものの、いくつかの側面では異なったものとなっている。

ドイツの事情を顧慮することなく、一般的な観察を行えば、一国の地理的条件、国境線の有利不利、資源、産業、そのときどきの隣国に比しての軍備状況などが、そうした思想を制限することはあきらかだ。これらに関する変化、とりわけ軍備のそれは、そくざに感じ取れるし、状況の変化に対する適応にみちびかれるものである。だが、ある兵科を発展させるという課題は、どんどん変化していく思想に合わせようと右往左往することではない。むしろ、その場その場の空気や論調に悩まされることなく、熟慮ののちに明確に見定めた目標に向かって邁進し、長期的な視野のもとに、多大な時間を要する技術的発展を常にととのえておくこととみなされるべきなのだ。同一人物がそうした発展を司り、かつ彼に全権が与えられてこそ、かかる着実性が得られる。新しい兵科が、その技術・戦術的発展、装備や訓練において端緒についたばかりの時期にあっては、統一指揮のもとに置かれることが不可欠である。その発展が進み、現在そうであるように、急激でなくなった時期においても、装甲兵科の特性を最大限引きだそうとするなら、陸軍が装甲部隊を統合しておく必要があるのだ。それは、当然しごくのことと思われる。

この問題を判断するのに決定的な意味があったのは、そもそも何のために戦車部隊を創設せんとしているのかということだ。戦車を使って、要塞や堅固な永久陣地を攻撃しようというのか、作戦規模での包囲や迂回のために開豁地に投じるのか、戦術的な突破や敵突破部隊の拒止、包囲などに使うのか、それとも、とどのつまりは装甲された自走可能な機関銃運搬車として歩兵に緊密に協同させるつもりなのか？　防衛戦を強いられて、それを主たる陸上攻撃手段の大規模かつ集中的な投入によって速やかに決したいと思っているのか、あるいは、歩兵・砲兵戦の緩慢な進展に歩調を合わせることを強いて、その快速と長距離挺進能力を放棄、戦闘もしくは戦争の迅速な決勝を、はなからあきらめてしまうのか？

戦車部隊は、とっくの昔に歩兵の補助兵科ではなくなっている。フランスが、戦車抜きの歩兵攻撃など遂行不可能であるとみなして以来、現実はその逆となったのだ。こんな議論にかかずらうのはよそう。

ある兵科の可能性を最大限引きだそうとするのを敢えてためらうなど、愚行にほかならない。議論の余地がないことだ。ゆえに、予見し得る将来の技術的発展が許すかぎり、兵科創設の目標は高く掲げておかねばならないであろう。たとえば、高速攻撃を実行するのが可能となれば、旧式の歩兵が速やかについてこれないからといって、戦車を低速で動かして、対戦車砲に撃たれる危険にさらすことなど考えられない。技術的に、狙撃兵を装甲された随伴車両に乗せて、戦車同様の速度で動かすことが可能になっているのであるから、その狙撃兵の進軍速度の度合いも、戦車のスピードによって決められるのである。フランス軍はこのことをわかっており、その「自動車化龍騎兵」を装甲車両に搭乗させている。同様に、砲兵を自動車で牽引したり、装甲自走砲を装備させ、その砲員や前進観測班を装甲車両によって機動させるとしよう。そうすれば、輓馬砲兵の陣地転換のあいだ、戦車攻撃を何時間も休止させておくことなど認められなくなる。戦車は、砲兵に合わせて運用されるべきではなく、その反対こそが適切なのだ。

歩兵師団の建制として戦車を配備していけば、決定的な地域への戦車戦力集中が妨げられる。戦車がまったく使用できない、あるいは損害覚悟で部分的に戦車を投入するしかない地域に戦車の大部分を配置したなら、輓馬砲兵や徒歩行軍に頼るのみの歩兵に合わせた、緩慢な戦闘展開を強いることになる。要するに、スピードを殺せば、奇襲や徹底的な戦勝の見込みもほとんどは消え失せるのだ。あらゆる兵科において対戦車防御の効果が発達していることに鑑み、戦車の集中使用は、一九一七年から一八年にそうであったような、勝利を得る上での意義を失ったことは疑いないとして、それにブレーキをかける者もいる。後方梯隊や予備の展開も不可能になり、第一梯団の戦果を速やかに拡張する能力も失われたというのである。敵には、予備兵力を召致し、あらたに後方陣地に配置、迂回を防いで、反撃兵力を集めるだけの時間があるというわけだ。

運用企図こそが、どのような戦車を選ぶか、つまり、その武装、装甲、編制、補助・支援兵科の配備のあり方などを決める。

先行して、敵防御陣や砲兵に対して投入される梯隊を形成するのでなく、ただ歩兵と協同する目的にのみ使われる戦車は、高速走行可能でなくてもよい。必要なのは分厚い装甲だ。それらは、ゆっくりと攻撃にかかるあいだ、敵砲兵および対戦車砲の射撃に長時間さらされるし、至近距離で砲撃される可能性もある。武装は、敵戦車、あるいは遠距離から砲撃してくる防盾付きの砲に対して無防備にならない程度でかまわないから、機関銃、ときには小口径の大砲で充分である。歩兵随伴戦車は、一般に大隊規模程度までの小部隊編制で運用され、大規模団隊としての戦闘向けには装備・訓練されていない。戦車隊の上級指揮官も、他の大規模団隊司令部の相談役に堕している。戦車運用の責任は、中・下級指揮官に投げられているのだ。かくて、一九一八年の英仏軍が取ったような見解に基づく戦車運用は、当然のことながら分散使用になる。だが、今日では、そうしたやりようは、当時に比べれば取るに足りない戦果しか得られないということになりかねないだろう。

野戦において、敵司令部や予備のあるところまで突破、もしくは侵入し、あるいは敵砲兵の殲滅をはかるための戦車は、部分的であるにせよ、敵の対戦車兵器多数に対して安全な装甲をほどこされ、歩兵随伴戦車よりも高速で航続距離が長く、機関銃から七・五センチ砲までの火砲により武装しておく必要がある。超壕、渡渉、蹂躙などの能力は、野戦陣地に対することができれば充分だ。歩兵の戦闘地域の掃討に関しては、右記のごとき戦車とは、逆の機関銃で武装した軽装甲車両をこの種の部隊に編合、それに任せることができよう。防御火砲の大部分が、先行した重戦車によって戦闘不能にされるからである。かかる戦車部隊は大規模団隊に編合され、補助・支援兵科の部隊を付されることによって、歩兵師団がそうであるように、独立行動が可能でなければならない。この戦車部隊は、平時において、すでに訓練済みの指揮官を揃えている。これを適切に運用する責任は、上級司令部にあるのだ。それは正面幅・縦深の両面において、集団的に投入される。戦術的な戦果を作戦規模に拡張するよう努めるのである。将来、確実に予想されるのは、敵の戦車攻撃を、大部隊による戦車対戦車の戦闘で迎え撃つことだ。そうした部隊は、その種の戦闘に向けて訓練されている。大規模な防御、もしくは攻勢を企図する場合でも、突破や迂回、追撃や防御からの反転攻勢でも、手持ちの戦車戦力を集中すれば、分散するよりも常に効果的になろう。

最後に、要塞や要塞化された永久陣地を強襲するような戦車は、重装甲・重武装（十五センチ砲までの火砲）のほかに、大なる超壕・渡渉・蹂躙能力を有していなければならぬ。この種の戦車を生産すれば、総重量はすぐに七十ないし百トンになろう。それをやれたのは、今のところ、フランス軍だけである。そのような重戦車の保有量は比較的少数にとどまり、運用企図に基づき、独立して使用されるか、戦車部隊に編合されるだろう。この重戦車は極度に危険な敵であり、過小評価されるべきではない。

ドイツでは、戦車部隊の統一指揮・訓練の原則が貫かれてきた。大戦で得た経験に鑑み、戦車の運用を歩兵支援に限定することは拒否され、最初から一つの兵科として編成されたのである。大規模団隊として戦うことを習得し、よって、継続的に大きな任務にあたることができる兵科なのだ。この思想に沿って、装甲師団が創設された。それは、戦車のほかに、必要とされる支援・補助兵科を適切な規模で包含しているし、後者はもちろん完全に自動車化されている。

戦車連隊の建制では、機関銃や大小さまざまな口径の火砲が装備され、近距離・中距離／遠距離のいずれにおいても各大隊が効果的な射撃戦を展開できるよう、また、何よりも敵の戦車攻撃に対し、充分な数の戦車撃破可能な兵器を以て対応できるように配慮されている。戦車旅団長や連隊長は、状況に応じて梯隊を組み、それらに細心の注意を払って戦闘任務を与えることにより、多様な口径の火砲にその性能に応じた目標を設定するように気を配るのである。

五、自動車化狙撃兵

大戦における一九一七年から一八年にかけての経験は、狙撃兵〔この場合は、自動車化歩兵を意味している〕と戦車の協同は、両兵科が頻繁かつ徹底的にその訓練を行っている場合にのみ実り多いものになるのだと教えている。一定数の大規模な狙撃兵部隊が恒常的に戦車部隊に編合され、装甲輸送車両によって移動する場合には、そうした協同は、統一的見地のもとに最高の効果を発揮するのだ。これまでみてきたように、フランス軍は早くも大戦中に、一九一七年のエーヌ戦に備え、各戦車大隊に随伴歩兵一個中隊を常に配するということをやっていた。シュマン＝デ＝ダームにおける最初の戦車攻撃では、第一七猟兵大隊がその役目を果たしている。ラフォー突角部攻撃では、戦車隊は、下馬した胸甲騎兵二個大隊を配属された（九六頁をみよ）。当然のことながら、これらの歩兵部隊は当時、不整地踏破に適した輸送車両がなく、また限定された目標のみを攻撃したがために、徒歩で戦車に随伴していた。だが、今ではフランス軍は、この課題に当てるため、「軽機械化師団」の建制内に、装甲半装軌車両に登場する龍騎兵旅団を導入している。それゆえ、フランスにおいては、戦車のために常設の随伴狙撃兵を配するという思想は、この自動車化狙撃兵の最初の運用以来、いよいよ活発になってきており、作戦規模で投入されると定められた部隊も一貫して発展せしめられているとみなければなるまい。戦車攻撃に速やかに追随し、その戦果をただちに拡張・補完するには、輸送手段や武装における特別の機動性と並んで、特別の戦術訓練とたゆまぬ演習が必要である。

われわれには、不整地走行可能な装甲輸送車両がなかったから、戦車と協同するよう定められた狙撃兵は、一部はオートバイ狙撃兵、一部は不整地走行できるトラックで運ばれる狙撃兵部隊として編成された。オートバイ狙撃兵が、装甲車と協同しての捜索に威力を発揮することはすでにあきらかになっていたが、これは散らして使える部隊であり、きわめて快速で、偽装もしやすい。しかも、あらゆる道路やさほど通行困難ではない地形で使えるのだった。これに使えるオートバイは、ドイツにはふんだんに在るから、補充に関しても何の問題もない。トラック狙撃兵は悪天候も平気だし、兵員やその装備・武装のほかに、たとえば、予備弾薬、築壕・工兵資材、数日分の給養物資など、他の積み荷を運ぶこともできる。ただし、今日の比較的大型の車両でも、理想的とまではいえない。曲がりくねった狭い道には不向きだし、偽装もしにくいのである。

すでに述べたごとく、自動車化随伴狙撃兵の主任務は、戦車攻撃に迅速に追従し、その戦果を拡張・補完することにある。彼らは強力な火器、すなわち機関銃等の重装備と補充弾薬を必要とするのだ。銃剣こそが歩兵の衝力を形成するという思想は、それ自体議論の的になっているし、自動車化狙撃兵部隊にはなおさら当てはまらない。装甲部隊においては、衝力の中心は戦車とその射撃効果にこそあるからだ。フランスでは、すべての狙撃兵中隊ごとに十六挺の軽機関銃を配置し、こうした見解が認められていることを示している。一方、ドイツでは、一中隊あたり九挺しか装備していない。銃剣突撃ではなく、攻撃的に火器の威力を用いて敵に対し、決定的な地点にそれを集中することが重要なのだ。

伯爵モルトケ元帥によれば、火器の威力は攻撃的な性格を有している。「火器の威力は、ときに絶対的な殲滅能力を持ち、それだけで決勝を得ることができる」[1] 彼は、その当時に早くも、前線の歩兵は速射能力ゆえに、攻撃側にとっては、もっとも強靭な敵となったと認識しており、こう述べている。「攻撃側が白兵戦に出ようとしても、火力の前には何もなし得ない。たとえ、同じぐらい優れた小銃を持っていても、前進に移ったとたんに、安定した執銃はできなくなるから、決定的な不利をこうむることになる」[2] モルトケがかかる知見を得てから、ほぼ八十年を経ていることを考えれば、これが陸軍の共通認識になっていないことに驚かざるを得ない。世界大戦直前の一九一三年には、ドイツ歩兵は、機関銃は純粋な補助兵器であるとみなしていた。「この新しい戦闘手段の価値は過大評価されてはならないし、一八七〇年から七一年にフランス軍がミトライユーズ〔普仏戦争でフランス軍が使用した機関砲〕を信仰したごとく、いかなる場合にも勝利を約束してくれる道具であるとみなすようなことがあってはならない。まず、そのことを警告しておく必要があると思われる。決戦兵科たる歩兵が、困難な状況、ましてや多少苦しい状況にあるからといって、自ら苦境を克服する力を絞ろうともせずに、補助兵器である機関銃がないかと探し求めるようなことは、けっして許されないのだ」❖3 今日なお、機関銃の増強要求に対し、そして、いうまでもないことながら、われわれの戦車思想に対して、この種の「警告」が聞かれる。

　われわれが欲するのは、現代的で快速、高度の火力を備えた狙撃兵部隊なのだ。彼らは、常に戦車との協同のために、特別の装備・編制、訓練をなされるのである。

原註

❖1 一八六九年六月二十四日付「高級指揮官に与うる教令」。

❖2 同。

❖3 Vierteljahreshefte für Truppenführung und Heereskunde〔部隊指揮・陸軍研究四季報〕, 1913, 三一四頁。

装甲部隊の生活

若き装甲部隊の戦術・技術上の方針がある程度定まったあとは、必要な生活・教育条件を整えてやらねばならなかった。

最初に定めなければならぬのは兵力配分であった。容易にみえるが、将来部隊が必要とするものについて、何の経験も持っていなかったのだから、さまざまな困難を引き起こした。そこで、われわれは、世界大戦時の英仏軍の経験に基づき、将来的に部隊に必要となるであろうことを算定したのである。かくて、以下のごとき見解がみちびきだされた。

有事の際に、装甲部隊は即応可能でなければならない。従って、その平時兵力量も、大規模な予備役兵の編入や未訓練の新兵に頼らずに出動可能状態に置いておく。そうした見地から測られねばならない。

それに従って定められた戦闘中隊の兵力は、つぎのようになる。

中隊本部。常に中隊長に随伴する。
偵察・通信隊。
戦車乗員（必要数の二倍〔予備の乗員を含んでいると思われる〕）。
戦車整備員。
火器係下士官とその補助員。
補給・内務要員。

大隊本部の編制は以下のごとし。

捜索小隊。
通信小隊。
衛生将校。
大隊付技師。
親方《マイスター》資格を持つ職人とその下の職人たちを配した修理廠。
火器係下士官。

連隊本部には、以下が属する。

捜索小隊。
通信小隊。
連隊付軍楽隊。
連隊付技師。

これらを基本とし、今度は、衛戍地の選択、兵舎の設計図引き、演習場、射撃場、被服、装備、武装の調達ということになった。その際、あらゆる倹約を心がけながらも、部隊の教育訓練を可能とし、彼らの生活を快適なものにするとの方針が取られた。

衛戍地の選定は、どのような訓練ができるか、とくに充分な広さがあり、地形の変化に富んだ演習地があるかという点に、大きく左右された。ときには、共同で用いる大演習場のそばに複数の衛戍地を置くこともあった。

兵舎は、執務室や事務棟、炊事場や食堂を備えた兵員居住区、技術棟、車庫、修理廠、戦車常駐場、小火器射撃場、縮射演習場〔縮射は、狭いスペースでも実行できるよう、実際の射程の何分の一と定めて行う練習射撃〕から構成される。これらは、あらゆる兵科に適切とみなされる見地から、住環境が整えられ、衛生的な配慮がなされるのだ。

この環境で、若き戦車兵たちは訓練を受ける。あらゆる兵科でそうであるように、軍人の立ち居振る舞い、敬礼のやり方、教練、武器操作などの基礎を習うことからはじめる。新兵は、十月の入隊後、素養や適性に応じて、操縦手、砲手、無線手ごとの練習隊を組み、基礎訓練とともに、おのおのの持ち場の業務を学ぶ。数か月ののちには、早くも乗員訓練に移行するのだ。戦闘において、きわめて重要な砲手と操縦手の連繋は、乗員が一丸となり、自分たちは運命共同体だと感じるようになるまで綿密に訓練される。伝令・斥候要員や整備員、火器係は、それぞれ特別訓練を受ける。以後の訓練が単純なものでないことはいうまでもない。操縦手は射撃の腕前も良好でなくてはならぬし、砲手も巧みに操縦できなければならない。乗員が相互に助け合えるよう、戦友の仕事についての理解を深めるためである。大多数の砲手は、無線機の扱いにも習熟しなければならない。

操縦手は、戦車の状態に責任を持つ。彼らは、多少の修理整備は一人で、もしくは他の乗員の助けを借りて、行えるようでなければならぬ。彼らは、心得た運転により、戦車とその乗員をいたわり、戦闘にあっては、地形を利用して円滑に進み、効果的な射撃ができるように砲手を助けてやらなければならない。覗視孔や操縦手用光学機器によって視界が狭められているから、操縦には細心の注意を要する。酷暑や砂塵、寒さや路面凍結、暗闇や霧が影響している場合にはなおさらだ。操縦手の訓練は、上部が開放された練習車両を用いて開始され、その後、閉鎖された戦車で継続する。困難な地形や障害物を克服する走法や陣形を組んでの走行というように、要求されることはしだいに高くなっていく。

砲手は、火器、弾薬、通信機に責任を負い、二人乗りの車両では戦車長の役割も果たす。戦車が揺れようが、あちこちにぶつかろうが、また砲塔の暗がりのなかにいようとも、砲手は、その火器をしかと使いこなし、邪魔物を除き、かつ地形を注意深く観察できるようでなければいけない。戦車と乗員の運命は往々にして、彼の射撃の腕前、勇気、決断力にかかっているのだ。射撃訓練は、まず車外の練習場で行われる。ついで、最初は停止している戦車、さらには、直進、斜行、旋回などの運動を、さまざまな速度で行っている戦車から、固定、もしくは移動目標を撃つ訓練が続く。仕上げは、隊伍を組んでの戦闘射撃である。射撃練習機、たとえば模擬砲塔や小口径火器を使っての訓練は、装備や火器の消耗を減らすし、同時に、光学機器に習熟するためには欠くことができない不断の訓練を可能とする。

戦車長は、乗員の団結と、部隊における協同に心を配る。無線・信号機を操作することも多々ある。彼ら戦車長たちに格別の教育をほどこすのは、中隊長の主任務だ。

最後の乗員訓練は、部隊行動訓練である。教育年度の末に、大規模な部隊教練と演習が実行され、終わりとなる。

装甲部隊勤務は素晴らしく、また変化に富んだものだ。戦車兵はみな、この現代の攻撃兵科に所属することを誇りに思っている。しかし、その勤務は同時にきついものでもある。心身ともに健康で、勇敢、固い意志を持つ若者が求められるのだ。戦車での職務は、小部隊特有の一体感を醸成する。上下の区別はなく、将校、下士官、兵は平等で、誰もが厳しい戦闘条件にさらされ、等しく義務を果たす。

この高価で、簡単に操作できない機材である戦車を扱うには、比較的多数の、長期にわたり勤務した将兵が必要となる。将校と下士官は、戦術・技術の基本に関する教育を要するし、装備のメンテナンスは、優れた技師や技術者、整備工を基幹要員として行われなければならない。

それに必要な知識や技巧は、自動車部隊学校で教えられる。それは、操典作成部、戦術・技術・射撃教程部、教官部、実験部といったスタッフで構成されている。

戦術教程では、自動車戦闘部隊の将校や見習士官の教育・上級教育、予備士官の中隊長勤務向け教育、他兵科の将校に対する自動車戦闘部隊運用の基礎知識教育などを行う。

技術教程は、下士官・機材保管係・整備要員の教育、軍事輸送専門家の育成と試験、自動車戦闘部隊の将校と技師の教習などを包含している。

戦車部隊の射撃場で行われる射撃教程では、一部は射撃教官育成、一部は新しい射撃技術や機材、射撃補助具の試験を行う。

教官部は、諸教程を行う教官団であり、同時に配属された兵士に対する下士官進級のための教育にあたる。

実験部は、国防軍の車両や装備の試験を行う。最近、もっとも重要な課題となったのは、人工タイヤ（ブーナ〔人工ゴム〕）の耐久性試験であった。さらに大きな課題として、連続走行した場合における人工燃料試験がある。この部には「スポーツ隊」が置かれ、大きな自動車スポーツ競技には、国防軍を代表して出場する。

本学校は、ベルリン近郊ヴュンスドルフに、美しく、あらゆる要求をみたした施設を持っている。

こうして、われらが兵科での生活と仕事を概観すれば、それがきわめて多様で、いきいきと発展していることがわかるだろう。日々、新しい問題が生まれ、あらたな試みがなされることにより、この兵科は進歩をとげる。ゆえに、ここでは、活発で開かれた精神の持ち主にしか、居場所はない。個々人の惰性は、大多数の者の腰の重さ同様に克服されねばならない。止むことない躍動、装甲部隊のあらゆる部署を進歩させようとする熱狂的な意志にかきたてられてこそ、陸軍の攻撃戦力を再建するという大目標を貫徹、達成することが可能となろう。

装甲部隊の戦法と他兵科との協同

一、装甲部隊の戦法

何故に、そして、どのように戦車が誕生したか、世界大戦中いかに戦い、戦後はどう発展してきたか、若きドイツ装甲兵科が創設されるにあたり、どんな思考が影響を及ぼしたかを、これまでの章でみてきた。ここで、事実関係から離れて、理論の説明に向かいたい。まずは、技術的な可能性という基礎を看過することがないよう留意しつつ、現代の装甲部隊の構成や戦法を描いてみよう。しかるのちに、われらが希望にみちた装甲兵科を陸軍全体の枠にいかに組み込むか、他兵科とどのように協同すべきかを探ることとする。

装甲部隊には、以下のごとき課題が与えられるものと想定しよう。地形を利用して布陣している敵の防御線に対し、司令部が狙う地点で戦車の運用に好都合な場所を選び、集中的かつ奇襲的に兵力を投入して、決定的勝利にみちびくという任務だ。包囲や追撃といった運動戦ではなく、陣地の突破が優先される。突破こそ、装甲兵科に与え得る最重要の任務だからだ。敵が地雷原を敷設しているかどうかはわからない。だが、敵対戦車砲弾が、距離六百メートル、入射角六十度以上で、こちらの戦車の装甲を貫徹できるのはたしかである。より確実なのは、敵が、味方と同数か、あるいはそれ以上の数の戦車を投入してくることだ。

攻撃側は、ここで、どのような攻撃方法を取るかという問題に直面する。第一に、どの敵がいちばん扱いやすいか、敵兵器の脅威が比較的少ないのはどこかということが配慮される。

実際に敵が地雷原を敷設していたなら、戦車は大損害をこうむりかねない。それは、もっとも不快な敵であるから、味方の戦車攻撃が敵の歩兵戦闘地帯に突入する前に偵察し、少なくとも一部を除去しておかねばならない。地雷の探知と除去、その他の障害物の始末は、工兵の仕事である。彼らは、暗闇や霧に乗じて、砲兵や機関銃、ついには戦車に掩護されながら、障害物を排除し、戦車が通れるような通路を啓開するのだ。外国では、かねて地雷除去戦車や架橋戦車が試作実験され、一定の成果を収めている。従って、突破攻撃の第一波は装甲工兵が担うものと予想される。彼らは、闇と霧にまぎれて、地雷やその他の障害物を探しだして無害化するという作業に充分習熟し、この任務に適した車両や機材を装備しておかねばならない。

地雷についで、計算に入れておくべきは対戦車砲である。それらは防御地域の全縦深にわたって配置され、歩兵の戦闘地域では必ず射撃準備を整えていることだろう。さらに、少なくともその一部は、後方でいつでも投入できるようにされているはずだ。この対戦車砲は、距離六百メートルで充分な入射角を取っていれば、敵戦車の装甲を貫徹できるものと、すでに仮定した。それゆえ、攻撃側は、その砲火をまぬがれるように努めねばならぬ。他の兵科によって、それらが撃滅されるか、マヒさせられる、もしくは目眩ましされた状態でなければ、その砲口の前では次等の目標を奪取することもできないのだ。戦車によって対戦車兵器を撃破するには、掩体物の背後からの直接照準射撃か、集団攻撃を行うことが必要になる。制圧だけなら、砲撃か、機関銃射撃、煙幕による視界遮蔽で達成し得る。戦果を拡張、突破につなげる企図を持った攻撃を行おうとするなら、こうしたマヒ、もしくは視界遮蔽効果が自軍戦車の攻撃範囲外、たとえば原生林や集落、その他の戦車阻害地域に広がっているあいだに、戦車はおのれの戦闘地域内にある防御陣の覆滅を確実たらしめておかねばならぬ。かかる目的のためには、払暁、あるいは薄い霧は有利に働く。防御側は、射程距離ぎりぎりまで砲を活用することができない。そこに戦車が至近距離まで突進すれば、防御側はきわめて困難な状況におちいるからだ。後方にある敵対戦車部隊は、攻撃開始とともに警報を受け、陣地につくだろう。それゆえ、強力な部隊を速やかに敵防御陣後方に突入させ、移動状態にある敵対戦車部隊を捕捉殲滅することが重要になる。さもなくば、攻撃側は、日の出とともに敵戦闘地域最前部後方にこつぜんと現れるであろう新しい防御線に対することとなる。かかる防御線は、損害覚悟で時間を費やさなければ突破できないだろう。それが、味方砲兵の射程、もしくは観測範囲の外にあるとすれば、なおさらだ。

敵防御地域縦深の最奥部での対戦車砲との戦闘は、同時に、自らの陣地から戦闘に参入してくるであろう敵砲兵中隊群との戦闘につなげねばならない。

また、味方と同程度の兵力を持つ敵戦車隊が存在することも想定しておこう。彼らは、どの時点で現れてくるか？　自軍の歩兵に対する直接協力がもはや不可能であれば、砲兵が敵手に落ちるのを防ごうとするだろう。従って、敵砲兵との戦闘が開始されたなら、攻撃側は、敵戦車が出現、反撃してくることを覚悟しておかねばならぬ。さまざまな利点、とりわけ地形を知っているという強みが、防御側にはある。彼らは、相当に秩序だった状態で、ある程度は混乱しているであろう攻撃側に対することができるのだ。戦車にとっては、敵戦車こそ、もっとも危険な敵である。これを撃破することができなければ、突破は失敗したも同然であるし、続く歩兵や砲兵ももう停滞してしまうことになる。それゆえ、敵の予備対戦車砲ならびに戦車を遅滞させること、そして、戦闘能力がある、すなわち戦車戦遂行可能な戦車部隊を用いて、敵の予備や指揮中枢がある戦場深奥部まで早期に踏み込むことが、何よりも重要なのだ。防御側の予備部隊が介入してくるのを防ぐには、空軍によるのがいちばん効果的である。地上戦の枠組みにおいては、それこそが空軍の主任務であると思われる。とはいえ、敵の前進経路ないし前進地域がある程度確実に察知されたならば、長射程砲の直接水平射撃も有効となるだろう。

このように、突破戦においては、戦車に対する要求が非常に大きなものとなる。全防御システムがほとんど同時に攻撃されるときにのみ、戦果が得られるとみてよい。攻撃開始とともに、敵後方に対して注意深く航空監視を実行しなければならない。それによって、敵予備の移動を確認、航空戦力を投入して、これを叩く契機とするのである。空軍は、敵予備が突破地点に投入されるのを妨げ、あるいは遅滞させるよう努力しなければならないのだ。突破攻撃の担い手である装甲部隊は、縦深を持った多数の梯隊に編合され、地雷原や他の障害物を排除、敵予備や指揮中枢がある待機地域、砲兵陣地や機動可能な対戦車砲がある地域を連続的に攻撃する。しかるのちに、歩兵の戦闘地域を攻撃、これを覆滅するのだ。その際、対戦車砲や予備の戦車隊に対する勝利こそが最重要の課題である。この勝利が達成されたなら、ただちに追撃、あるいは、なお抵抗している戦区を蹂躙する部隊が解き放たれる。敵砲兵中隊を撃滅し、歩兵戦闘地域の掃討を完了させるには、比較的少数の戦車隊で充分だ。それから、歩兵が戦車の戦果を拡張する。だが、敵対戦車砲を沈黙させられず、敵戦車を撃破できなかったなら、歩兵の戦闘地域にある陣地をいくばくか破壊したとしても、突破は失敗ということになろう。世界大戦で普通にみられたことだが、戦闘はそこで終わる。勝者は往々にして、不都合な戦術的状況、両側面をおびやかされたままの戦線突出部をつくっただけになってしまう。多大の流血をともなう努力を払う前よりも悪い状況だ。

従って、敵防御陣を全縦深にわたって同時に叩こうとするのは、まったく正当な努力であるとみなされねばならない。必要な縦深を取った梯団に編合された多数の戦車、大規模団隊として戦い、予期せぬ抵抗をも迅速かつ決然と打ち砕くことに習熟した戦車部隊と戦車指揮官によってこそ、この至高の目標を達成できるのだ。

縦深の問題を措いても、突破攻撃には広い正面を取ることが必要になる。敵が攻撃軸側面に打撃を加えるのを困難にするためだ。敵機関銃が側方射撃をかけてくるような狭隘な正面で戦車攻撃を実施しても、他兵科が戦車に追随できないから、継続的な戦果を得ることは望めない。

決定的な戦車攻撃を行うのに必要な要素は、以下のごとくまとめられる。適切な地形、奇襲、必要な正面幅と縦深における集中投入である。

さて、ここでまず、かかる課題を解決するための戦車の戦法をみていき、そのあとで、他の兵科がどのようにすれば攻撃成功に貢献できるかをあきらかにしていこう。

わが戦車の多数が装甲貫徹可能な砲と機関銃を装備し、敵戦車、対戦車砲、対人目標それぞれに対して、ひとしく戦闘可能であると仮定しよう。これらの戦車中隊には、捜索、通信連絡、軽微な目標に対する戦闘用に、適当な数の機関銃装備戦車が配属されている。大隊には、イギリス軍の「近接支援戦車」に倣った大口径砲搭載の戦車が配備されることになろう。数個大隊で一個連隊を編成し、数個連隊で一個旅団を構成する。

戦車隊の指揮は無線によって行われるが、中隊以下の小部隊では信号標識などを使うこともある。無線封止を守らねばならぬ場合には、命令や情報の伝達は、航空機、自動車、有線電話によって確保し得る。指揮官は指揮戦車に搭乗、上級ならびに下部組織との通信確保のために必要な無線戦車がそれに続く。攻撃地域の事前偵察に努めるのは航空機である。

戦車部隊の平均行軍速度は、好天と良好な地表状況を前提にしてではあるが、日中で時速二十キロ、夜間で十二ないし十六キロである。両者を合わせて均せば、時速十六キロといったところだ。

接近路・待機地域、想定される戦場とそこに在ると予想される敵に対する偵察により、攻撃準備がなされる。攻撃計画の策定には、地図の検討、航空写真の判定、捕虜の証言などの情報が参照されねばならない。

攻撃を成功させるために、何よりも重要なのは奇襲の達成である。あらゆる兵科の戦闘準備が短期間に極度に集中されている場合には、戦車部隊の戦術・作戦次元の機動性が大であることは、奇襲に好都合である。前線配置は夜間に行われ、補給物資も偽装される。夜間交通も注意深く規制されるのだ。こうして、戦車部隊が、あらかじめ確定され、目印を付けられた上で、空けられた接近路を夜間に照明なしで移動し、待機地域に到着したとしよう。これらの待機地域は、通常敵砲兵の射程外に置かれることになる。出撃前の部隊に戦闘準備の時間を与え、燃料を給油、長距離行軍のあとならば乗員を交代、給養をほどこし、他兵科との連絡を確保するといったことを実行するためだ。ただし、地形の困難ほかの理由から、こうした原則より逸脱することもあり得る。

準備陣地から、予定に合わせて攻撃が発動される。命令で指定された時間に、最前線を越えるのだ。のち

図 38　不整地走行

図 39　楔形隊形で前進

図 40　河川を抜けて進む

図 41　戦車と航空機の協同

図 42 煙幕の壁に隠れて、戦車と狙撃兵が前進する

図 43 対戦車砲——やつらが来るぞ！

の戦闘のため、想定された縦深と正面幅を得るために、展開がなされる。が、各部隊は普通、行軍隊形のまだ。道路があれば利用し、隘路を通過しやすくし、また、すでに陣地にある他兵科、とりわけ通信連絡部隊を妨げずに円滑にすり抜けるためである。陽動攻撃、煙幕展張、砲兵射撃、航空機の活動により、想定された突破地点以外に敵を誘導しなければならない。

戦闘突入直前、多くの場合は最後の遮蔽物の陰で、展開状態から突撃隊形への変換がなされる。接近地域が狭隘であったために充分な幅を取って展開できなかったときには、これはとくに難しい機動になる。ある戦車部隊が、夜間の前線配置・突撃隊形への変換に習熟しておらず、それゆえに敵前で密集したまま、緩慢に位置につくことを余儀なくされた場合には、敵に察知され、不必要な犠牲を出すという危険にさらされる。それどころか、そのような部隊は、奇襲を危うくしかねないのだ。

突撃隊形への変換ののち、砲撃戦が開始されるまで、地形を利用した攻撃が実行される。敵を視認するや、最大速度で突進するのである。砲撃戦に入れば、速度を落とさねばならないが、状況が許せば最大速度を維持することもあり得る。

戦車攻撃の成功は、何よりも砲撃戦によって決まる。よって、各梯隊、とくに先陣を切る梯隊は、強力で、火力に優れたものとし、これらが攻撃第一波を形成するようにしなければならない。この第一波は後続部隊により直接支援され、生じ得る間隙を埋めていくのである。散漫なかたちで敵戦闘地域に突入すれば、敵対戦車砲が一両また一両と味方を狙い撃ちにするのを助けることになってしまう。広い正面で同時に突入し、強力な砲撃を集中してこそ、防御陣の蹂躙・突破、その側面および後方に回りこむことができるのだ。

そこで、戦闘隊形のことを考えてみよう。戦車部隊にあっては、これは他の兵科よりもずっと大きな役割を果たす。この隊形を取ったときに、戦車は互いの射撃を妨げることなく最大限の射撃効果を得るため、さらには、地形に合わせることが容易になり、さまざまな遮蔽物を掩護に利用することが保証されるからである。この戦闘隊形が単純であるほど、隊形維持も簡単になり、命令伝達も速くなる。

最小戦闘単位は、重・中戦車中隊の場合には三ないし五両から成る小隊である。軽戦車中隊では、それが五ないし七両によって編成されることになる。これらの小隊は、普通は分割されるべきではない。戦車小隊は、戦闘においては、それぞれの車間距離を五十メートルほどに取った横隊、もしくは楔形隊形で路外を進む（図39をみよ）。小隊長は通常、中央または先頭に位置して前進する。彼らは隷下小隊の隊形や速度、中隊展開の枠内での自小隊の位置などに責任を負い、また前方ならびに開かれた側面の捜索や観測に気を配る。最後尾の梯隊にいる場合は、後方にも注意する。行軍隊形としては縦隊を取るが、戦場では、これが二列縦隊になることもある。

攻撃にあたっては、中隊群はいくつかの攻撃波に分けられる。大隊は横隊を組み、より大規模な戦車部隊は梯隊に構成される。各級指揮官はすべて自隊の最前方に位置する。それによって、隷下部隊を常に見渡し、自らの影響力を最大限に行使することが可能になるのだ。

最前列の軽戦車中隊は、直接支援を得るため、往々にして中戦車（砲装備戦車）小隊を麾下に置く。

各梯隊とその麾下にある部隊には、明快に記された戦闘任務が与えられねばならぬ。どのような任務を命じるかは、これまで述べてきたような条件からあきらかになろう。さしつかえがなければ、前線の下級指揮官に攻撃目標と目印となる地形が示されるべきである。攻撃の際に生じる煙塵のなかでも、攻撃方向を見失わないようにするためだ。たとえば、見通しの利かない地形や霧、暗闇などのため、それが不可能である場合には、コンパスを使った方向指示がなされなければならない。

後続の横隊もしくは梯隊の間隔や隊形は、戦闘任務の種類、地形、最初に追随する部隊の構成、さらには敵の火力や得られた戦果といった要因によって定められる。いずれにせよ、後続部隊は、先遣部隊を速やかに支援し得る態勢になければならないが、その一方で柔軟な行動が取れるようにしておく必要がある。攻撃が停滞した場合に渋滞に陥り、砲兵や航空機の好餌となってしまうのを避け、場合によっては他の地点に展開し得るようにするためだ。

戦車の支援のもと攻撃運動が迅速に進行し、敵に対して適当な射撃距離に達するや、砲撃戦に移行する。その展開は、各梯隊に与えられた戦闘任務によって異なる。はっきりと確認された目標に対して、至近距離から有効射撃を放ち、これを数発で撃破するのが、値千金ともいうべき戦車の特性だ。さらに、戦車は、敵が隠れていると推測される地区や充分に特定されていない敵部隊を火力で制圧することができるが、その場合にはより多くの砲弾が消費される。ここで、停止射撃と行進間射撃を区別しておこう。状況や隊形維持の見込みに鑑みて、停止射撃を許容できる場合には、それが優先される。だが、敵の対抗火力が強く、集中攻撃が要求される際には、行進間射撃が不可欠となる。停止時の射撃なら、照準装置の限界ぎりぎりまで有効射撃を実行することが期待できるけれども、行進間射撃では機関銃なら前方四百メートル、砲撃なら千メートル程度の有効射程しかない。

最前方の部隊を後続の数波や戦列が見守り、停止射撃によって前者の進撃を支援できることも往々にしてある。

射撃のほかに、戦車は、敵の装備や障害物、掩体などを蹂躙破壊し、ときには敵の兵員を轢殺することもできる。蹂躙能力は、戦車の重量やエンジン馬力に左右されるし、ある程度は登坂能力や外部構造にも影響される。

いわゆる戦車が士気におよぼす効果は、結局のところ、こうした射撃や蹂躙といった現実的な威力に拠っている。前大戦では、そうした悪影響を弱めようとあらゆる努力が払われたものの、ドイツ軍には、戦車どころか、充分な対戦車兵器もなかったため、深刻な士気沮喪が生じた。敵の戦車や対戦車兵器が味方と同程度であるほど、士気沮喪効果は薄められていく。ゆえに、敵の戦車・対戦車戦力を適切に判定することは、きわめて重要なのである。その際、純粋に技術的な側面や戦闘機材の数と同様に、組織・戦術面、つまり指揮運用面も考慮に入れられなければならぬ。

戦車の効果は、当然のことながら、無防備、もしくは不完全にしか守れない目標に指向されたときにこそ最大限に発揮される。偽装が不充分であったり、戦車が接近するのが容易な地形にある目標に対しても、効果は大きい。逆に、強力に防御され、偽装や掩体が良好で、戦車に対する安全地帯、もしくは戦車阻害地域に存在する目標に対しては、その効果は小さくなる。

かかる背景を頭に置いて、戦車対戦車の戦闘について一言述べておかねばなるまい。このテーマは、これまでは軍事文献上の論議に終わるのが常だった。われわれには、まったく経験のないことだからである。しかし、いつまでもそうしているわけにいかない。こうした戦闘は不可避のものとして、われわれの前に立ち現れてきているし、攻撃側にまわるのか防御役になるのかにかかわらず、戦闘の帰結はそれに勝利できるか否かにかかっている。そのように確信するからだ。

前世界大戦では、独英の戦車対決は二度あった。一九一八年四月二十四日のヴィエル＝ブルトヌーと一九一八年十月十八日のニエルニー＝セランヴィエルの交戦である。

二、ヴィエル＝ブルトヌーの戦車戦 地図14（二九〇頁）参照

一九一八年四月二十四日午前三時四十五分、イギリス第三およびフランス第三一軍団の戦区攻撃のための準備砲撃が開始された。猛砲撃が三時間ほども続く。午前六時四十五分、ヴィエル＝ブルトヌー北方からセネカーの森（タンヌ北西三キロ）に至る地域で、濃い霧のもとでドイツ軍の攻撃が開始された。攻撃を遂行したのは、最前線の三個師団、第二二八歩兵師団、近衛第四師団、第七七予備師団である。本攻撃のため、第二二八歩兵師団は戦車三両、近衛第四師団は戦車六両、第七七予備師団は戦車四両を配備されていた。この戦車十三両は当時使用できたすべてであり、これら三個師団に配分されたのだ。準備砲撃が開始されるころには、ドイツ戦車隊は出撃陣地に入っていた。攻撃開始数分前にそこを出て、時間通りに味方最前線を越えることになっている。五十メートルほどの視界しか得られぬ濃霧のため、攻撃の進捗は最初緩慢で、戦車と歩兵の連繋はすぐに途絶してしまった。英軍がごく微弱な抵抗を示しただけで、足踏みや遅滞、ときには退却する部隊さえあった。だが、午前十一時ごろに霧が晴れ、歩兵は戦車との連絡を回復、前進が加速された。

第二二八歩兵師団方面では、三両の戦車が任務を達成したあと、ビヤンクール付近に集結するよう命じられた。

中央の近衛第四師団にあっては、四両の戦車が同様に任務を果たしたが、一両が榴弾の被弾孔にはまりこ

み、もう一両がエンジンの故障で行動不能になっていた。

左翼第七七予備師団では、戦車一両が機関銃座と塹壕の一部を制圧したものの、採砂場の斜面に突っ込んで、動けなくなってしまった。この戦車は、のちに彼我の最前線間で活動するフランス軍修理部隊によって引き出され、救出されている。二番目の戦車は、機関銃座多数を破壊、カシー東縁部まで七百メートルの地点まで進出したが、そこで砲撃と機関銃射撃によって停止させられていた。

三番目の戦車も同じく機関銃座多数と敵塹壕を数百メートルにわたり掃討、与えられた任務を完遂したと判断して、集結地点を探しに反転した。四番目の戦車はカシー砲撃に参加したのち、やはり任務終了と判断して、集結地点に戻っていった。

その瞬間、二番戦車が、アケンヌ森南端から現れた三両のイギリス戦車を視認した。先頭の二両はⅣ型「雌」、最後尾は「雄」である。イギリス軍は、ドイツ軍の攻撃が迫っていると判断し、あらかじめ戦車一個中隊をブランジー森に伏せておいた。そこから一個小隊三両の戦車がまずラベ森に進出、ドイツ軍の砲撃を避けるために、アケンヌ森南端に押し出されていたのだった。午前十時から十一時のあいだに、同小隊は、カシーを封鎖できる位置を固めよとのあいまいな命令を受けた。Ⅳ型「雌」戦車二両は掩体から出たとたんにドイツ軍戦車四両を発見、いちばん近い車両を攻撃した。ドイツ戦車はただちに戦列をつくり、一部は掩蔽された陣地から砲撃、敵の先頭戦車二両のうち一両に命中弾確実の戦果をあげ、彼らの攻撃を断念させた。だが、そのとき、三両目の英軍戦車Ⅳ型「雄」が現れ、ドイツ軍の前面二百メートルまで迫る。この戦車は五十七ミリ砲の命中弾数発を受け、乗員五名が戦死した。残りの乗員は一時戦車を放棄したが、のちに奪回し、味方戦線の背後まで後退させた。

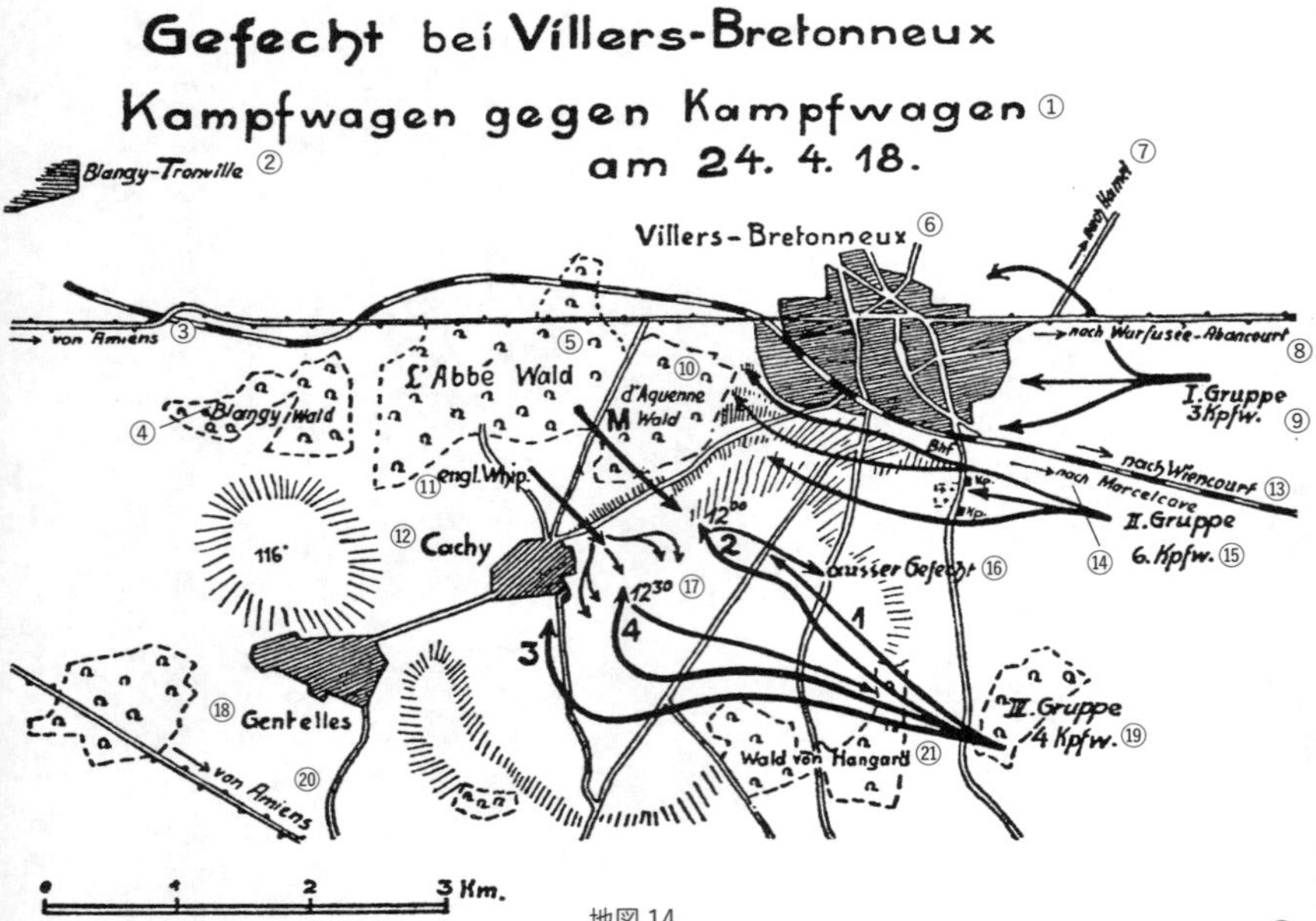

地図 14

㉒

Aus dem Aufsatz „Kampfwagen gegen Kampfwagen" von Major Volckheim aus der Zeitschrift St. Christophoros, 10. Jahrg., Heft 3, Seite 64 (Verlag E. S. Mittler & Sohn, Berlin)

①ヴィエル＝ブルトヌーの戦い——戦車対戦車（1918年4月24日）
②ブランジー＝トロンヴィル
③アミアンより
④ブランジー森
⑤ラベ森
⑥ヴィエル＝ブルトヌー
⑦アメルへ
⑧ヴァルフュッセ＝アバンクールへ
⑨第1群（戦車3両）
⑩ダケンヌ森
⑪イギリス軍ホイペット戦車
⑫カシー
⑬ヴィアンクールへ
⑭マルセルカーヴへ
⑮第2群（戦車6両）
⑯戦闘不能に
⑰12時30分の位置
⑱ジャンテル
⑲第3群（戦車4両）
⑳アミアンより
㉑アンガール森
㉒雑誌『聖クリストフォロス』（Mittler & Sohn, Berlin）第10年第3号掲載のフォルクハイム少佐論文「戦車対戦車」、64頁より

問題の「雄」戦車の車長は、他のドイツ軍戦車を発見できなかったのである。それらは、すでに集結地点に戻っており、右に描いた戦闘にも気づいていなかったのだ。かくて、このイギリス「雄」戦車は出現直後に命中弾を受け、戦闘不能になった。

以上の戦闘が終わると、すぐに英軍「ホイペット」戦車五両が、おそらくは捜索目的で、カシーから押し出してきた。これらはドイツ軍歩兵に著しい混乱と損害をもたらしたが、すでに方向転換を済ませていたビター予備少尉の三番戦車に発見された。三番戦車は歩兵と協同攻撃を行い、距離二百メートルで最右翼の英軍戦車に命中弾を与える。この戦車は二発目の榴弾を受けて、炎上した。続いて最左翼の敵戦車に七百メートルで砲撃、一発で同様に炎上させた。あいにく、そこで砲の撃発装置が故障したが、左から二両目のイギリス戦車に機関銃火を集中、これを撃退排除した。おかしなことに、残る四両の「ホイペット」は、この間にくるりと向きを変え、カシーに退却していたのである。ドイツ戦車は追撃にかかった。百五十メートルの距離からカシー周縁部に射撃を加え、敵を沈黙させる。おかげで、歩兵は村から四百メートルの地点に陣地を得ることができた。午後二時四十五分、ビターの戦車は集結地点に戻った。

帰還した「ホイペット」の乗員は、何故にこんな損害が出たのか、認識できなかったようだ。彼らは、その原因は敵砲兵だったとしている。

三、ニエルニー＝セランヴィエルの戦車戦

一九一八年十月八日、イギリス軍はカンブレーとサン・カンタンのあいだで、戦車六個大隊の支援を受けて攻撃に出た。そのうち第一二大隊がカンブレー南方に投入され、三個軍団に分割配備された。朝霧に包まれたなか実行されたイギリス軍の攻撃は、最初順調に進捗していたが、やがて煙弾で掩護されたドイツ戦車隊、鹵獲されたイギリス製Ⅳ型戦車十両による反撃に遭遇する。先頭のイギリス戦車長は、無理もないことではあるが、接近してくる黒い影は味方戦車であると誤認していた。そこに五十メートルの距離で砲撃を喰らったのである。イギリス軍は、先鋒のドイツ戦車に命中弾を与えることに成功したものの、先頭にいた自軍戦車四両をたちまち戦闘不能にされてしまった。英軍戦車隊の一部は、この時点でもなお敵が現れたことにまったく気づいておらず、同様の目に遭わされることとなる。一方、イギリス戦車部隊の将校の一人が、随伴させていた鹵獲砲を使って、さらにドイツ軍の砲装備戦車一両を戦闘不能にしたため、ドイツ側には機関銃装備戦車二両しか残らなかった。そのうち一両はすぐに戦闘不能になり、もう一両はイギリス戦車を避けて逃走した。

同じころ、セランヴィエル北方で、イギリス軍の砲装備戦車二両が、ドイツ軍機関銃装備戦車二両と遭遇、後者はただちに戦闘不能にされた。それによって、イギリス軍はドイツ軍の反撃を拒止することができた。ドイツ戦車に退却を強いられていた英軍歩兵も前進を再開、攻撃目標を占領する。

前大戦における、こうした数少ない戦車戦は、規模こそ小さいものの、以下のごとき、いくつかの貴重な戦訓を授けてくれる。

一、戦車が、自らの装甲を貫徹でき、逆にその敵に対しては何の手も打てないような対手に遭遇した場合には、退避しなければならぬ。機関銃装備戦車は、ＳｍＫ弾に耐えられる砲戦車に対しては何もできない。ゆえに、最近のスペインにおいて、この古い真実があらたに証明されたことも驚くにはあたらない〔一九三六年に勃発したスペイン内戦において、政府軍と反乱軍のあいだで行われた戦車戦を指す〕。

二、戦車にとって、もっとも危険な敵は戦車である。従って、あらゆる戦車隊には、敵戦車出現が確認され、しかも対戦車戦遂行能力があるならば、ただちに他の任務を一擲し、それらの撃破に努める義務がある。多くの場合、その行動こそ、味方歩兵にとっての助けとなる。戦車をともなう敵の反撃は、味方戦車のあとに、歩兵をおびやかすからである。

三、戦車対戦車の戦いは、砲撃によって決せられる。従って、味方戦車は有効射程に入るまで、敵に接近しなければならない。その際、地形を利用すること。敵にとって、小さく視認困難な目標であるように心がけるのだ。とくに射撃開始に際しては、停止射撃により命中率を高めること。光や風を利用するのも重要である。

四、大規模な戦車部隊の登場が予想されるのであるから、戦車対戦車の各個戦闘訓練で満足しているわけにはいかない。大型の戦車隊による集団突撃をいかに実行するかを研究しておかなければならぬ。その際、行軍間射撃の実行は避けられないであろう。理由は以下の通り。
ⓐ威力を増している敵の砲撃を逃れるため。

ⓑ予備の投入、または現に射撃中の部隊を移動させ、敵が翼側迂回や包囲運動にかかるのを防ぐた

め。

ⓒ味方の予備により敵の翼側を迂回、ついで包囲し、敵に対する味方戦車の数の優勢を確保、集中射撃を浴びせて、これを撃破するため。

それゆえ、戦車戦の遂行には、乗員の厳正な規律、優れた射撃統制装置、射撃訓練といったことが必要となる。部隊の秩序を保ち、右記のごとく快速を維持することは、指揮統制、なかんずく予備の投入を容易にするのだ。仮に彼我の武装が同等であるとするなら、他の兵科同様、装甲兵においても、戦闘で勝利するのは、決然たる優れた統率を受け、かかる指揮原則を適宜実施することを理解している側なのである。

五、他の兵科、とくに砲兵と対戦車砲兵は、戦車戦遂行中、無関係の見物人といった役割に甘んじていてはならない。逆に、全力を尽くして、味方戦車の勝利獲得を助ける責務があるのだ。ここでもまた、スペインの諸事例が、一九一八年の戦訓は正しいと証明している。

六、敵戦車に対する戦闘は、それが殲滅されるまで遂行されなければならない。しかるのちにこそ、他の任務の達成を考えられるようになるのである。

戦車攻撃が終了したら、つぎの投入に備えて、再編成を行う。突破の完遂、追撃、なお抵抗している敵戦線の蹂躙、接近してくる敵予備の拒止や撃破などに使われるかもしれないのだ。攻撃失敗の場合は、適当な場所に集結することである。集結地点があらかじめ決められていることは稀で、多くは攻撃終了時の状況によって定められる。集結地点は、敵の直接射撃や航空機の捜索に対して充分に遮蔽隠蔽され、速やかに攻撃準備を行えるような安全な場所でなければならない。集結地点では、しばしば弾薬や燃料も補給される。兵員は給養を受け、損耗人員も補充される。疲弊消耗した部隊は、ここで新手と交代するのだ。必要な場合には、戦闘補給段列が集結地点に召致されることもあろう。

四、戦車と他兵科の協同

戦車は必ずしも、ゆだねられた戦闘任務のすべてを独力で遂行できるわけではない。たとえば、地形の困難、人工障害物、また、戦車に適した地形であっても、そこに対戦車砲が設置されていたりすれば、他兵科部隊の投入が要求される。そうした関係性においては、戦車も他兵科同様である。ゆえに、諸兵科協同効果には格別の意義が付与されるのだ。この点については、誰もが一致している。意見の相違が生じるのは、そのあと、「どのように」この協同をなすかという問題だ。

一方には、歩兵は従来通り「戦場の女王」、軍の主兵であるとの見解がある。他のあらゆる兵科はそのための補助兵科にすぎず、ときには自兵科の利点を犠牲にしてでも、歩兵に奉仕すべきだというのだ。かかる論者にとっては、歩兵は「決勝兵科」で、それゆえ戦車が最優先すべき任務は、直接脅威となっている火力源、すなわち敵の歩兵重火器の排除ということになる。戦車は戦闘開始時だけでなく、常に歩兵に随伴していなければならない。このような主張はさらに進んで、かくも重要であるとされる敵歩兵戦闘地域の掃討は、少数の機関銃装備戦車で片付けられる程度、それ自体簡単な仕事であると考えられているようだ。これは、機関銃装備戦車が妨害を受けずに任務を果たせる状況をととのえることが前提となってはいるのだが、そんな可能性は今日存在していない（一九一八年に、すでにそうだったのだ）。逆に、この間に対戦車能力が根本的に向上したことを考慮すれば、戦車を投入する前に敵対戦車砲と砲兵観測班を排除しておかねば、歩兵の戦闘地域におけるいかなる戦闘においても、味方戦車がことごとく撃破されることは間違いない。

従って、戦車の視点からみれば、優先すべきは歩兵支援ではなく、敵防御陣の殲滅と敵砲兵のマヒ、もしくは目眩ましである。そのあとであれば、戦車は自らの損害を出すことなく、歩兵に迅速かつ徹底的な支援を遺憾なく与えることができよう。また、上級司令部が、徒歩ペースでの限定目標に対する攻撃を成功させたいと欲するのみならず、大規模で決定的な勝利を念頭に置いているとしよう。だとすれば、歩兵の戦闘地域にある隠蔽された機関銃網を戦車に探させているあいだに、防御側がそのすぐ後方に、ゆうゆうと新しい防衛線を築き、あまつさえ反撃の準備をなすことを許すなど、まったく問題外である。こんな、世界大戦で何十回となく試みられ、しかも無益に終わったような戦法では、将来、勝利の月桂冠を得ることは望めない。よって、あらゆる戦争手段を自在に使える現代の司令官は、より速やかに決着をつけること、そのために戦車に著しく大きな要求をなそうとするだろう。戦車の能力を最大限発揮することが求められる。なぜなら、そうしなければ、自ら切り札を投げ出すにひとしいことになってしまうからだ。

性能能力を適切に測ることは、重大な意味を持つ。すでに述べた二つの主張のうち、一方はこれを過小評価し、他方は過大評価している。後者は、敵後背部の襲撃、奇襲、要塞や陣地が構築された地域を容易に占領するといった大作戦を夢見ている。一九一四年にリエージュを占領したのち、ある程度そうなったように、自由自在に進めることができる運動戦によって将来の戦争を開始できるかどうか、もはや疑わしい。機動を行うことができるように、まず要塞、あるいは要塞化された陣地をめぐる戦闘が必要になるというのが、現実的なところだろう。そうした戦闘で、攻撃側は突破に成功しなければならない。ひとたび自由な機動ができるようになったら、むろん急ぎに急いで、その好機を利用しなければならない。さもなくば、敵戦線は再び固められてしまう。なんとなれば、防御側は反撃においても、快速の機動戦力を大規模に利用することを見込めるからである。

こうして議論を進めてくると、装甲兵科の運用に関して、第三の方向性が現れてくる。それを唱える者は、技術的に可能な枠のなかで、単なる歩兵のための牽引車両、あるいは、せいぜい、その快速性を利用する以上、もっと多くのことを戦車に期待している。その一方で、戦車の障害物克服能力や、対戦車砲および敵戦車に対しての戦闘の見通しなどについても、慎重に吟味するのだ。装甲兵科から無意味な犠牲を出すのを防ぐためである。なるほど、歩兵は防御にあっては大きな力を有しているものの、現代の歩兵兵器の衝撃力を以てしても、その攻撃力は充分でなく、緩慢な効果しか得られない。第三の方向を唱える者は、かかる事実を前提にしている。また彼らは、強力な砲兵射撃といえども、敵戦闘地域の縦深奥まで迅速に突入することを可能にするには不充分だと考えている。敵側に予備の自動車化・装甲化部隊があるかぎり、従来の方法では、突破をなし、決定的な戦勝を確保するのは不可能だとみなしているのである。

そのため、第三の説を唱える者は、空軍と装甲兵科を主兵の地位に格上げし、迅速に――そう、空軍と装甲兵科の時代においても充分なぐらい迅速に戦術的決勝を得て、それを作戦面に拡張しようとするのだ。かかる努力が実を結ぶかどうかは、ただ実戦によってのみ確認され得る。たしかなのは、従来のありきたりの攻撃手段を以てする、これまた従来当たり前だったような攻撃方法では、あの四年にわたる血まみれの大戦において決定的な戦果が得られることはなかったということだ。従って、この先、そんなやり方はもう使えないというわけである。

ゆえに、決定的な戦果の獲得、突破とそれに続く追撃、防御側がなお維持している戦線の蹂躙といったことを考える際、第三の方向による認識を基盤に置くことが望まれる。その目的は、戦車攻撃に際して、いかに他兵科を協同させるかを討究することだ。

先の大戦での経験から、戦車攻撃が成功するには三つの大前提があることが学び取られている。攻撃に適した地形の選定、奇襲の達成、決定的な地点に投入可能なあらゆる戦力を集中すること、すなわち集中突撃である。中核部が側面射撃を受けぬよう、攻撃正面は広く取らなければならない。そうしておかなければ、戦車攻撃がうまくいっても、他の非装甲兵科、なかんずく歩兵が追随してこれないからだ。前大戦で、仏英軍はすでに戦車攻撃に際して二十ないし三十キロの正面幅を取っていた。将来的に、この幅が狭くなることはあり得ないだろう。逆に、防御能力が飛躍的に高まり、目標もより巧妙に隠蔽されている現実に鑑みれば、なお抵抗している敵戦線を蹂躙するにあたり、正面幅のみならず、より縦深奥を狙うことが必要になるはずだ。

それを鉄則だとするわけではないが、攻撃する戦車部隊を四梯隊に編合することが考えられる。第一梯隊は、敵予備（戦車を含む）を拘束、司令部や指揮中枢を戦闘不能にする。その途上、敵の対戦車砲のみは殲滅する必要があるが、それ以外は戦闘を避ける。第二梯隊は、敵砲兵とその展開地域に配置された対戦車砲を殲滅する任を負う。第三梯隊は、敵の歩兵戦闘地域に突破路を啓開し、味方歩兵を通す。その際、戦車の補助兵科である部隊が追随できるよう、敵歩兵の抵抗はいかなるものであれ徹底的に排除すべし。最後の第四梯隊はきわめて強力な戦車部隊においてのみ編合できるのだが、これは司令部の予備として、なお抵抗を続ける敵戦線の蹂躙にあたる。かかる圧倒的な攻撃全体が広正面で同時に敵戦線への突入をはかり、目標に前進するまで連続波状攻撃を行うのである。最初の戦闘任務を片付けたあとは、予想される戦車戦に備えるため、全梯隊が極力前進しておく。この確実に迫ってくるであろう難しい任務のため、第一梯隊はもっとも強力にしなければならぬが、第二および第三梯隊は比較的弱体でも可である。第四梯隊への兵力配分は、状況と地形に左右される。攻撃の両側面が確保し得るなら、その掩護は対戦車砲や他の兵器で充分である。両翼側が開かれている場合には、通常、後方で梯隊を組んだ戦車部隊の掩護が必要になろう。

攻撃に先立って行われるのは、捜索、偵察、接近行軍、集結だ。

捜索は、何よりも航空機の任務であり、ついで、自動車化捜索大隊やすでに敵と接触している他兵科部隊の仕事である。捜索にあたる部隊は、追随してくる部隊群よりも快速でなければいけない。捜索の結果は、ただちに上級者に報告できるようにしておかねばならぬ。戦車攻撃前の捜索は、敵防衛陣の構成、なかんずく予備兵力（とくに自動車化部隊、対戦車砲、装甲部隊）の配置をつきとめるべし。自動車部隊はわずかな時間で長距離を戻ってこれるのだから、敵戦線のはるか後方に進出しなければならない。それによって、装甲部隊への任務配分のみならず、地上戦に航空戦力を投入するための土台ができるのだ。航空捜索、とりわけ写真偵察は、さらに、天然・人口の障害物に関する手がかりを与えてくれる。他の手段を以てする地上捜索・偵察は、航空捜索の成果を補完する。奇襲効果を保持するためには、地図を注意深く検討することも必須である。

基本的には、捜索・偵察部隊は、その存在を過早に敵に暴露してはならない。味方部隊に対しても位置を秘匿する。たとえば、カンブレーの戦いの前に、エリス将軍とフラー中佐は、徽章を外し、サングラスをかけ、素性をわからないようにして、自ら偵察を行った。

接近行軍と集結に際して、主たる問題となるのは隠蔽である。それができなければ、奇襲は不可能になるからだ。奇襲効果はときに過小評価されることがある。しかし、一九一七年および一九一八年の戦争経験は、ここまでみてきたように、その点において明瞭きわまりない教訓を示している。もう一度、その前提条件について詳しく検討してみよう。航空捜索に対する隠蔽は、攻撃直前に速やかに集結を行うこと、夜間接近行軍による部隊配置、無灯行軍の実施、集結地点を入念に偽装することなどによって達成される。通信傍受による偵察に対しては、出撃まで完全に無線封止を行えば封じることができる。敵航空捜索の妨害と防空については充分考慮しなければならないが、それによって味方の企図を察する手がかりを与えないようにする必要がある。

攻撃が開始されれば、作戦・戦術面で航空捜索は、戦闘捜索によって補われなければならぬ。その結果は、装甲部隊の指揮官にとってはきわめて重要であるから、ただちに彼らに伝達されなければならない。それは、通信筒の投下、もしくは無線によって実行される。あらたな防御手段、さらには敵戦車の出現に際会した装甲部隊指揮官にとっては、一分一秒が重大な意味を持つのだ。航空機との円滑な協同は、ともに演習を繰り返すことによってのみ保証される。

攻撃開始とともに、別の二兵科、すなわち砲兵と工兵が、装甲部隊にとって大きな意味を持つようになる。砲兵に関しては、まず、いくつかの問題を検討されるべきであろう。戦車攻撃に先立つ準備砲撃にはどれぐらいの時間をかけるのか、あるいは、そうして「名刺」を渡すこと〔準備砲撃によって、攻勢近しと敵にさとられてしまうことの比喩〕なしに攻撃をはじめるべきなのかといったことである。この点は見解が分かれるところだ。ある論者は、火力こそが機動開始を可能にするとし、ゆえに「戦車攻撃の準備においても、圧倒的な砲撃を復活させる」ことが必要だと唱えている。それに対し、別の一派は、カンブレー、ソワソン、アミアンの実例を引いて、砲兵の協同は攻撃開始ののち初めて行うべきだとする。

一点だけ、はっきりしていることがある。準備砲撃を短くできれば、それに越したことはないのだ。長時間の準備砲撃を行えば、敵に攻撃対象地域、さらには開始時刻をかなりの程度までさとらせてしまう。それによって、敵は、予備を配置し、後方地域に兵員を入れ、ときには退避したり、予想外の不都合な地点に反撃してくることができる。一九一八年七月十五日のランス攻撃が、七月十八日のソワソン逆襲につながったのは、その一例だ。長期の準備砲撃は、攻撃される地域を被弾孔だらけにして、あらゆる兵科の部隊の通行を困難にしてしまう。場合によっては、戦車の迅速な前進をも阻害しかねない。ただ、戦車攻撃に先立ち、工兵が障害物を除去したり、川や堀、湿地に通路を啓開しなければならぬときには、短期の準備砲撃が必要となることもあろう。かかる作業を砲兵で支援してやることは、避けては通れまい。

強力な砲兵を集結し、その砲弾を集積するには時間がかかるし、人目を惹くから、隠蔽は困難になる。時間を費消し、奇襲効果を危うくしてしまうのである。準備砲撃なしで攻撃を発動、奇襲が達成されるなら、それがいちばんなのだ。ただし、攻撃そのものに移ったならば、砲兵支援が不可欠になるのはいうまでもない。

砲兵の任務は、戦車攻撃を控えなければならないような場所、たとえば、村落や森、急斜面、湖や川、湿地などに在る目標や地域を制圧することだ。また、観測所や対戦車砲がひそんでいると推測される陣地の制圧もしくはマヒ化、戦車攻撃を阻害しかねない、特定された目標の破壊も、その仕事である。長射程の砲なら、戦車の攻撃対象地域を封鎖、所在特定、あるいは推定されている敵司令部や準備陣地を攪乱できるし、戦車攻撃支援のために控置しておくことも可能だ。

戦車攻撃の開始とともに、砲兵射撃は通常、攻撃対象地域の先に指向されねばならない。陣地に入っている砲兵による戦車攻撃の支援は、観測班が目標を視認している範囲で実行可能である。それによって、戦車攻撃にともなう砲撃を、砲の射程の限界まで遂行できるのだ。ただし、そのあとには陣地転換を行う必要があるから、砲の威力は一時的に弱まる。

成功した戦車攻撃に追随するのは、輓馬砲兵にはそもそも不可能だし、自動車牽引のそれでも相当難しい。ゆえに戦車部隊は、相応の機動力を持ち、防護をほどこして、戦車攻撃にただちに追随できる随伴砲兵を望むし、また必要なのである。そうした砲兵は、とくに後続距離を長くするほかにも、戦車との教導に関して、特別の教育・訓練をほどこしておくことを要する。その指揮は、歩兵師団隷下の砲兵よりも困難になる。運用に使える時間は短く、目標も時々刻々と変化するからだ。あらかじめ観測を済ませた上での集中砲撃や陣地からの突撃支援射撃は、戦車攻撃には要求されない。必要なのは、柔軟に反応でき、迅速かつ正確に射撃できる砲兵、成功した行動に際して生じる速い攻撃ペースについていくことができる砲兵だ。その場合には、そうした砲兵が不可欠になる。

戦車攻撃における砲兵運用の問題と関連して、煙幕と化学兵器散布が装甲部隊の運用におよぼす影響という問題がある。

本物の霧の保護が得られず、敵の対戦車砲や観測所の視界をふさぐことができない場合は、砲兵が煙幕を展張しなければならない。それは戦車攻撃の時間表に合わせて、敵の観測所、対戦車砲があると推定される陣地、兵員がひそんでいると思われる村落や森の縁辺部の視界を一定期間ふさぐことになる。その目的は、戦車が視認されぬままに接近し、射撃を受けずに躍進して包囲にかかるといった運動を可能にすることだ。攻撃中の味方観測班の報告や戦車の要求により、確認された目標、とくに対戦車砲や場合によっては敵戦車に対し、煙弾が撃ち込まれる。攻撃が不首尾に終わった場合にも、煙幕は、敵からの離脱を容易にしてくれるのである。

大砲や特別の発射機による煙弾射撃のほかにも、戦車自身が煙幕を展張することがある。ただし、そのときには煙の源がはっきりわかってしまうので、自らの位置や移動方向を暴露する危険がある。また、往々にして自分がつくった煙幕のなかを、ほとんど無視界で走行するはめになるし、もうもうたる煙によって、おのが位置を明示してしまうこともある。従って、かかる煙幕の用法が勧められるのは、風向が好都合なときだけだ。ただし、そのおかげで、たやすく敵から離脱できるようにはなる。

化学兵器が戦車の乗員に影響をおよぼすことは、ほとんどない。戦車内部においては、ガスマスクと防護衣で毒ガスを防げる。腐食性の毒ガス、たとえばマスタードガス（黄十字）に対しては、戦車そのものが保護してくれる。化学兵器に対して防護されていることは、戦車本来の強みの一つなのだ。

砲兵とともに、工兵も、ほとんど常に戦車を支援しなければならない。すでに攻撃準備において、遅くとも攻撃開始にあって、彼らは戦車支援の義務を負う。攻撃開始前には、接近路を通行可能にすることが有効だ。不整地走行をする場合にはなおさらである。夜間移動には、特別の道路標識が必要になる。水流や湿地、軟地には架橋されねばならぬし、脆弱な橋は強化しなければならない。

ただ、工兵の任務が本質的に難しくなるのは、攻撃開始以後のことだ。防御側は、抵抗巣を、戦車に対する安全地帯、あるいは戦車阻害地域に化そうと努力している。それがうまくいかなくとも、彼らは、障害物、とくに地雷によって、陣地を守ろうとするだろう。障害物、とりわけ地雷の探知と除去は、格段に難しいが、同時にきわめて重要な仕事なのである。そうした任務は、多くの場合、敵前で、つまり相手の有効射程内で遂行されることになる。しかも、普通は、それを最短期間で実施することが求められる。障害物の排除は、防御側にとっては攻撃がさし迫っていることを示す警報であり、従って、その防御態勢も強化されるのが常だからだ。たとえ、砲兵や煙幕、歩兵の重火器により、工兵の作業が掩護されていたとしても、防御側を制圧できるという保証はない。それゆえ、戦車との協同を指定された工兵には、少なくともその一部に対し、地雷探知・除去装置を備えた戦車で支援してやる。それ以外に手はないのである。水流を越えるには、水陸両用戦車や架橋戦車が有効だ。この種の装甲車両のお手本は、イギリス、イタリア、ソ連にある。工兵にはまた、他のあらゆる点よりも、迅速な作業を優先することが必要である。戦車と協同する工兵がそれを行うには、特別な装備・訓練をほどこしてやらねばならない。こうした「装甲工兵」は別としても、陸軍の工兵は一般に、対戦車防御のみならず、戦車との協同攻撃に備えて、編成装備しておく必要があろう。

さて、砲兵の支援射撃のもと、工兵がかかる精緻な作業を仕上げてくれたおかげで、戦車が敵防御陣突入に成功し、攻撃が軌道に乗ったものと仮定しよう。そののちも、最前線の戦闘地域にある敵が射撃を続けていても、構わずに敵陣後方へ全力で突進するのが適切である。航空戦力であると地上部隊であるとにかかわらず、装甲部隊であろうとそうでなかろうと、手つかずの予備を進軍させるのだ。敵の予備兵力流入を拒止するのは、まず第一に航空戦力の役目である。地上戦に関する他の任務をひとまず措いてでも、この決定的瞬間に投入されるべきなのだ。ただし、敵戦闘地域の最前方にあって放置されていた火点は、他兵科の部隊、とりわけ、前進してきた歩兵が有するあらゆる手段を利用して、覆滅しなければならぬ。

歩兵は、戦車攻撃に先立つ支援の準備、さらに戦車の戦果拡張にあたる。歩兵の一部は、敵対戦車砲が発見された場合にこれを撃破するため、その重火器を以て攻撃地域を制圧する。これは、戦車では手をつけられない地区を制圧する目的の一般射撃計画の枠内で実行されるものだ。随伴兵器の牽引用前車への接続は、その火力を持続させることを考慮して、速やかに行われる。予備は、攻撃に移る際の準備突撃に備え、集結・待機させておく。戦車の威力が敵に及んでいるのがわかるようになったら、歩兵はただちに戦果拡張にかからなければならない。彼ら歩兵、少なくともその一部は、一時的に敵残存機関銃によって射撃を受けることになろう。敵が最初に動揺している時間を利用し、躍進するのが速ければ速いほど、確実かつ少ない損害で勝利が得られるのだ。歩兵は、つぎのことを肝に銘じておかねばならぬ。戦車は敵をマヒさせ、防御システムに穴を穿つことができる。が、戦車を戦闘から解放してやれるのは、味方歩兵だけなのである〔戦車が制圧した地を歩兵が占領してやらねば、前者はさらに前進、あるいは出撃陣地に帰投できないといったことを意味すると思われる〕。これは、これは先行した味方歩兵に対しても当てはまることであり、諸兵科協同戦において歩兵が必要不可欠であることを示している。

戦車攻撃の対象にならなかった、あるいは発見されなかった敵の抵抗巣ごとに、歩兵の戦闘が実行される。それは容易なものとなろう。そうした抵抗巣は、戦車攻撃によってすでに掃討された地区にあり、包囲・迂回が可能であるし、普通は（歩兵戦闘地域で交戦が続いているあいだは）歩兵との直接協同のために戦車部隊の一部が分遣されているからである。

われらは、戦車攻撃自体が成功したあかつきには、徹底的に歩兵を支援できるという確信を抱き、また希望するものである。しかしながら、その前提がみたされるのは、戦車が敵縦深の奥深くまで突進し、その主敵である対手の戦車と対戦車砲を迅速に撃破した場合のみだということを再び強調しておかなくてはなるまい。

攻撃側が突入口を開き、掩体のない空間を前進しなければならなくなったときには、戦車が歩兵よりも前に出て攻撃することになる。一方、敵が密集梯形陣を取り、攻撃に適した地形にいる際には、戦車は歩兵と同時に攻撃する。そのときに、戦車の速やかな通行の邪魔となる障害物（たとえば、水流、バリケード、地雷原など）を排除する必要が出た場合は、歩兵は、砲兵支援を受けながら、戦車よりも前で攻撃しなければならない。

歩兵攻撃と戦車攻撃を同軸上で実行する必要はない。戦車の攻撃軸は、とくに地勢に左右されるからである。だが、攻撃が同じ軸を取って行われ、先に展開した歩兵のあいだを縫って戦車が突進しなければならないような場合には、歩兵は速やかに前進できるようにすると同時に、ここにいると戦車にわからせるような隊形を取らなければならない。薄暮や霧にあっては、とくに配慮すべきことだ。そうしなければ、事故や同士撃ちの危険がある。

成功した戦車攻撃に歩兵を徒歩で随伴させれば、部隊に対し、肉体能力的に過剰な要求をすることになろう。よって、この任務を可能とするため、特別な訓練や装備の軽量化がなされ、目的に合った軍装が与えられる。戦車の戦果を、もっとも素早く、かつ、もっとも効果的に拡張するのは、むろん自動車化狙撃兵である。それが、不整地走行可能な装甲車両で運ばれるとあってはなおさらだ（「自動車化龍騎兵」である！）。かかる狙撃兵部隊が恒常的にある部隊に編合されていれば、平時においてすでに戦闘を決するような部隊の一体性という値打ちものが生まれることになるのだ。そうした措置がもたらす士気・戦術上の利点は、もちろん高く評価されなければならない。

そもそも歩兵はもう戦車なしで攻撃することはできないという主張も、ときとして聞かれる。それゆえ、各歩兵師団は自前の戦車隊を持つ必要があるというわけだ。また別の者は、歩兵こそが従前通り主兵の役割を担うという正反対の立場から、同様の結論を引き出している。奇妙なことに、歩兵の価値について、まったく逆の判断をしている論者たちが、戦車を分散させるという目的においては一致しているのである！　現在の歩兵の攻撃力に関する意見がどうであれ、ある一点だけは、はっきりさせておくべきだ。歩兵部隊に戦車を分散配属させることは（その一部のみといえども）、歩兵に対する配慮としては、およそ沙汰の限りということである。装甲部隊が攻撃兵科であることは明白だ。防御正面にあっては、装甲部隊の出る幕はない。一方、歩兵師団の多くは、期間の長短はあれ、防御戦を行うことを余儀なくされる。その場合、歩兵師団は対戦車砲で防御をこなせるだろう。また攻撃にあてたいと思う、あるいは攻撃させなければならない歩兵師団は、たいてい戦車の投入が難しいか、不可能な地形に向けられる。かかる歩兵師団のすべてに戦車を隷属させてしまえば、必ず、戦車を投入した際にもっとも成功が見込めるような決勝点において、比較的少ない戦車しか使えないということになる。そのような正面を攻撃する歩兵は、せっかく成功の見込みがあるにもかかわらず不利になっていき、編制上の欠陥による代償を（常のごとくに）自らの血で支払うことになるだろう。洞察力がある歩兵将校は、この点を完全に理解しており、ゆえに戦車部隊を大規模団隊として集中することに賛成しているのだ。

航空戦力と装甲部隊の協同については、すでに触れた。航空部隊が敵予備兵力、とりわけ自動車化・機甲輸送車両装備部隊の決戦場への到達を阻止してくれることへの期待も表明している。部隊の野営地、位置が確認されている準備陣地や砲兵中隊、対戦車部隊の攻撃同様、鉄道・道路交通、指揮中枢、さらには通信連絡をマヒさせることが求められる場合もあろう。ただし、小さく、よく偽装された目標、あるいは、予定された攻撃時刻までにその所在を特定できなかった移動目標に対する航空攻撃が困難であることを看過してはならない。しかし、戦闘航空機が現れたとき、敵におよぼすマヒ効果は早くも一九一八年の時点で顕著であった。よって、今日の攻撃軍もまた航空機の支援を放棄したりはしないと考えるのが適切なのである。落下傘・グライダー部隊の投入によって、攻撃側は右に記したような任務を徹底的、かつ継続的に果たすことができる。比較的少ない兵力でも、もっとも効果的に非装甲予備の介入を遅延させることが可能になるのだ。防御側後背地の重要地点を占領し、膚接して実行される戦車攻撃のための支撐点《しとうてん》や追撃拠点とすることもできる。戦車と協同することによって、敵の後方連絡や施設を著しく混乱させ、破壊し、場合によっては飛行場を攻撃することもあり得るだろう。いずれにせよ、装甲部隊は、空軍の戦果を速やかに拡張することになる。従来、そうした戦果拡張が欠けていたために、航空攻撃の成果は一時的なものにとどまっていたが、持続的な効果が得られるようにしてやるのだ。

地上の敵装甲部隊に対する航空戦力の攻撃が持つ重要性から、装甲部隊に充分な防空をほどこしてやることの意義も測られる。装甲部隊単独でいた場合、航空攻撃に対しては、比較的脆弱である。ただし、戦車を撃破したり、破損させるためには、直撃弾、もしくは至近弾を与えることが必要だ。加えて、戦車は、偽装したり、自前の防空兵器を使って、身を守ることができる。むろん、休止のあいだ、戦車兵が車外にいるうちに奇襲されれば、最悪の結果となるが。もっと難しいのは、戦車に随伴、支援にあたる非装甲兵器、さらにその補給段列の対空防御を確保することだ。そのためには、特別の対空兵器が不可欠となろう。

前段で述べた随伴・支援部隊にはまた、対戦車砲を装備することが求められる。対戦車部隊は、準備陣地、休止中の部隊、集結・休養地域を安全たらしめるためにも必要である。対戦車部隊は、味方戦車部隊の出撃・準備陣地やその側面、後方を守ることで、戦車戦にも重要な役割を果たす。

世界大戦において、戦車部隊の指揮や他兵科との協同上、最大の困難は、通信・連絡手段が不充分なことだった。戦車中隊長は、隷下部隊の統制を確実にするため、場所によっては騎馬で随伴しなければならなかった。また、徒歩の伝令を使う必要もあったのだ。戦車は「耳が聞こえない」という批判は、かかる劣悪な状態に由来している。それも、無線電信とその一変種である無線電話という偉大な発明により、ついに克服された。現代の戦車はすべて無線受信機を備えているし、指揮戦車もみな無線送受信機を搭載している。戦車隊に対する指揮や命令示達は、今やしっかりと保証されているのである。大型戦車では、車内の乗員も、さまざまな種類の連絡機器により、互いに意思疎通している。

戦車部隊の内部におけるのと同様に、戦車部隊と他兵科部隊の命令・通信伝達も、主として無線で行われる。従って、戦車部隊とその支援兵科間の連絡を受け持つ通信部隊は、まず無線機器を装備するのだ。一般的にいえば、有線、あるいは光学的な通信手段は、自動車戦闘部隊の急速移動、行軍もしくは戦闘での正面幅や縦深の拡大、戦場の砂塵や煙によって、使えなくなってしまう。そのため、信号標識が用いられるのも、中隊程度の規模までの戦車隊で、無線機が故障した場合の代替品としてである。平穏な時期、準備陣地で長期に待機したり（野戦郵便網も利用される）、自軍戦線後方で前進行軍する際には、電話機も使用される。

装甲部隊の建制下に入った通信部隊は、部隊長とその隷下諸部隊、直属する上部団隊、隣接部隊、航空機ほかの共通の戦闘目的を与えられた諸部隊との連絡にあたる。通信部隊は、配属された装甲部隊司令部と緊密な連絡を保っていなければならない。そうした司令部は、戦闘中は最先頭の部隊に同行しているから、装甲部隊にあっては、通信部隊も十二分に不整地走行可能で、装甲された通信車両を装備することが不可欠となる。

戦闘時、快速で移動している部隊への命令示達は、歩兵師団に対するそれとはまったく異なる簡潔なかたちで行われる。報告と命令の迅速な伝達は、短い無線の会話、場合によっては、あらかじめ決めておいた符牒による連絡で保証される。不断の訓練と特別の戦術・技術教育のみが、装甲部隊内部、そして、装甲部隊と他兵科の協同を確実なものにすることができるのだ。この種の通信隊がなければ、装甲部隊は事実上「耳が不自由」になってしまうし、その上級司令部や隣接諸部隊、支援兵科の諸部隊も、まわりで起こっていることについて、何もわからなくなってしまう。

最後に、装甲部隊の補給とそうした支援を行う部隊の問題について討究しなければならない。ごく最近まで、大規模な自動車化、とくに強力な装甲部隊の編成に関して、もっとも頻繁に持ち出された疑問は、燃料・ゴム供給の困難という問題に根拠を置くものであった。正しくないわけではないと認めざるを得ないことだ。だが、有り難いことに、右記のような異論は、近い将来、よけいな心配ということになろう。ドイツ政府による四か年計画〔一九三六年に、空軍大臣ヘルマン・ゲーリングを全権として、開始されたアウタルキー確立をめざす経済強化計画「第二次四か年計画」を指す。その目的は四年以内にドイツ国防軍を戦争遂行可能な状態に置くことで、人造燃料、合成ゴム生産などにも重点が置かれた〕の遂行と関連して、国家的な燃料・ゴム確保施策が進められているからである。しかしながら、自動車戦闘部隊に適時、その維持に必要な物資、弾薬、食料、衛生隊用物資、修理廠、補充要員を供給する上での困難は残る。よって、装甲部隊の運用を容易たらしめるため、後方組織は最低限度必要なものでやりくりするように努めることになろう。兵站機関の完全自動車化は、その点では解決策となり得る。

さて、ここまで進めてきた考察を見直してみると、装甲部隊のみならず、それと協同する他兵科部隊の構成や訓練に関する一連の疑問が生じてくることだろう。そうした問いかけは、防御と攻撃という永遠の問題、そして、その変りゆく回答につながっていくことになる。

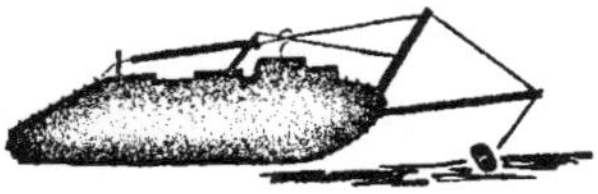

現代戦争論

一、防御

一九一八年に世界大戦が終わったとき、防御が持つ力は、ここ数世紀間なかったほど強力なレベルに達していた。戦争中に実用化された、歩兵、砲兵、工兵の戦闘手段は、主として防御力増大の方向に働いたのである。なるほど、航空機と戦車により攻撃力も増したが、この両者は一九一八年にはまだ発展の端緒についたにすぎず、完全な成功を得るにはいたらなかったのだ。その新兵器二つに対する評価は今日なお、かかる事実に決定的に影響されている。よって、一九一八年の警告にもかかわらず、それらの威力を認めるのではなく、過小評価する傾向がみられる。

しかし、今日、航空機も戦車も存在しないものと仮定して、攻防の展開はどうなるかという疑問を投げてみよう。答えは、ただ一つしかあり得ない。ほぼ同等の力を有する敵に対して、攻撃側が大打撃を与えることは、一九一八年よりもずっと困難になっている。物質的・数的優位も、攻撃成功を保証してはくれないだろう。もし、攻撃において勝利を得んと欲するなら、あるいは、時間を無駄にすることが許されないような攻撃を成功させなければならぬとしたら、否応なしに新しい方法を採らねばならないのである。

では、一九一八年以来のヨーロッパ大陸における状況はどのようなものか？

現在、ローマ時代以後みられなくなっていたような国境の永久要塞が、続々と構築されつつある。いくつかの国々では、それらが相互支援可能な防御地帯を形成し、進歩した武装をほどこされている。守備隊や武器、弾薬備蓄などは、砲撃に耐えられるような要塞内部の施設に置かれ、安全を保証されているのだ。障害物も据え付けられ、連絡路も構築される。守備隊は平時からその作業場に詰め、野戦軍とは別置されている。地形の利点もすべて巧みに利用され、自然と人工の障害物が互いに補完し合っている。こうした国境要塞の背後には、後方防御施設が存在するか、あるいは建設の途上にあるとみなしたほうがよかろう。われわれが世界大戦で知ったように、そうした強力な施設を建設することは短期間でできるから、いかに圧倒的であろうとも、旧式のやり方の攻撃に対しては、拒止可能なのである。

素早く移動できる自動車化された予備兵力によって、奇襲による進出や突破（右記のごとき要塞施設があるにもかかわらず、それができると仮定してのことだが）も拒止されてしまうし、防御側は対抗措置を取る時間が得られる。近代的な輸送手段、とくにトラックの能力によって、防御側が有利になることは、早くも一九一六年から一九一八年にかけて、無数の実例により証明されている。その点は、もはや間違いない。化学兵器もまた防御力強化の方向に働き得る。

そうした要塞を、一九一六年ごろのような手段で攻撃せんとするなら、成功の見込みはまずなかろう。そんな攻撃は、長期にわたる消耗という結果をもたらすにちがいない。かかる戦闘にあって、攻撃側が多大な不利を被り、ひどい犠牲を払わなければならないであろうことは疑問の余地がない。

それだけでは足りないのだ。加えて、一九一八年以降、一定の常備軍しか持たぬ国々において建設された防御施設も考慮の対象となる。それらのほとんどは、戦車阻害地域にあるか、少なくとも、攻撃側が保有しているものと予想される戦車の大多数に対する防護となるような障害物を備えているとみなされるだろう。また、充分な数の対戦車砲を備え、あらかじめ射撃距離標定を済ませた陣地に配しているはずだ。かかる施設はすべて偽装され、対空防御についても必要な注意が払われている。その障壁の背後には、航空機や戦車のような新しい攻撃兵器に対しても、きわめて有効な防御がほどこされているのだ。必要とされるだけの短期間に、これらを打ち破るには、従来知られている以上のレベルに攻撃方法を強化する必要がある。

自然環境がそのまま国境防御線となっており、さらに、そうでない部分の国境も右記の方法〔要塞線〕で守られているような国々は、きわめて安全である。かかる国の隣国が要塞建築に倣わなかった場合には、その要塞は、展開せんとする攻撃軍を掩護する役割も果たす。

自然によって国境が確保されておらず、連続して構築された国境要塞もない、つまり、近代的な「リメス」〔ローマ帝国時代に国境に構築された防砦〕が設置されていないとあれば、むろん話は別だ。そんな国は、せいぜい補助的な連絡陣地を得ただけの、相互支援ができない要塞群を以て攻撃側に対することしかできない。ただ、この種の陣地でも、旧式兵器に対しては充分な守りとなるが、航空戦力や戦車を備えた攻撃軍が現れた場合には、その限りではない。防御施設の間隙を突いて突破することが可能となるのだ。そうした攻撃が奇襲であれば、突破はより確実となろう。

新しい万里の長城によって四囲を守られた国々は、そのなりわいに高度の安全が保障されていることに鑑み、戦車の必要を感じることなく、堅固な要塞、踏破不能の障害物、優れた対戦車兵器に頼っていられるはずだ。が、現実には、まったく逆である。彼らがやっていることはその正反対で、要塞をめぐる戦闘に適した装甲部隊の創設に特別に重きを置いている。そうした兵科を強化し、時代の最先端を行くものにしようと熱心に努力しているのである。つまり、彼らは、最強の要塞といえどもアキレスのかかとがあること、従って、近代的な国土防衛には、反撃のための強力な戦闘手段を必要とすることをよく知っているのだ。あるいは、自らを常に、奇襲的に開戦できるような準備態勢に置いておき、そうした城砦から攻撃を繰り出す計画なのかもしれない。

右記のごとき万里の長城によって防衛されていない国々にしてみれば、攻撃側が奇襲の成果をあげ、多かれ少なかれ、味方縦深の奥までも迅速に突進してくるであろうことを想定しておく必要がある。歩兵師団のみによって、かかる突進を遂行することはできないし、騎兵師団でもまだ足りないだろう。攻撃側はむしろ、第一線に重突破戦車を配置し、軽戦車部隊や自動車化された支援兵科部隊のすべてを追随させてくるはずだ。地上攻撃と同時に、航空戦力が投入される。その目的は、防御側の空軍をマヒさせ、地上軍の防御部隊（とくに、装甲・自動車化部隊）召致を遅滞させたり、指揮所を混乱させることだ。防御側がその戦力を動かす能力が鈍れば鈍るほど、攻撃側の航空・装甲部隊の威力は大きくなる。侵入してくる攻撃側に対して、防御側の縦深が欠けているために、後者は何としても敵の突進を局限しなければならないとしよう。その場合、局所優勢が得られないとしても、せめて敵と同等の強力な航空・地上戦力を急ぎ投入、行動させなければならないのだ。

装甲部隊に関する限り、最低限の局所優勢を得ることは、ただ、使用可能な兵力を集中することによってのみ達成される。一方、装甲部隊を、軍、軍団、師団に型通りに配分してしまえば、決勝点の戦区において常に少数兵力しか使えないということにならざるを得ない。困難な地形への配慮から、攻撃側・防御側ともに自動車化・装甲化大団隊を一定の地域でしか運用できない状況であるほど、防御戦において決戦を求める地点に装甲兵力を集中するとの決断は容易になる。攻撃に際して決戦を企図していないような地点、困難な地形ゆえにそもそも攻撃不可能な場所、防御側が地形に頼れるがために少数の部隊で穴埋めするだけで充分な地区。そんなところに戦車を投入するのは（とりわけ攻撃手段が不足している場合には）深刻な過誤ということになろう。

防御戦に際して、装甲兵力を分散し、全戦線に均等に配置することが何をもたらすかは、一九一八年春のイギリス軍の実例が示している。すなわち敗北だ！　それに対して、フランス軍は、一九一八年七月のソワソンの戦いで戦車を集中し、成功裡に反撃を遂行している。

さらに防衛戦争を展開する場合においても、強固な掩護となるような地形のある戦線、戦車阻害地形の戦区などは、歩兵師団や封鎖部隊で維持し得るが、防御に不向きな地勢、まったく陣地がないか、不充分な戦線は、使用できる最強の戦力によって守られなければならない。敵の攻撃がそうした場所に指向されるのは、ほぼ確実だからである。そのような地点では、反撃も実行しなければならない。

二、攻撃

攻撃を欲する者は衝力を必要とする。前述のごとき、戦略的奇襲として実行される攻撃であれ、突破、あるいは防御態勢からの反撃であれ、それは同じである。

では、衝力とは何か？　わが歩兵の銃剣や剣、小銃や機関銃に、その力はあるのだろうか。人間や馬の脚によって、衝力を充分な速度で推進することはできるのか。銃剣付の一八九八年型小銃で武装した狙撃兵の集団は、歩兵の衝力を表しているのだろうか。戦闘行動中、長きにわたって無防備な状態に置かれる、そのような歩兵が、掩体された機関銃座から撃ってくる敵に対する突撃に際して、士気の優越を示すことなど可能なのだろうか。一八〇六年のプロイセン軍〔対ナポレオン戦争〕は、「射撃することなく、誇り《フィエルテ》を以て敵に向かっていき、大隊一斉射撃の際には頭の高さをひとしくするために照準はつけず」、それどころか、敵の射撃を受けても伏せてはならないと指示していた。それと同じ過ちを犯すのか？　一八六六年のオーストリア軍〔普墺戦争〕、一八九九年のボーア戦争におけるイギリス軍、一九〇四年の満洲におけるロシア軍〔日露戦争〕、一九一四年のフランドルにおけるドイツ軍〔第一次世界大戦〕の新しい諸連隊、彼らはすべて銃剣の衝力に頼った。その結果はどうであったろう。もう一度試してみたいとでもいうのだろうか？

驚くべきことに、歩兵の衝力は銃剣に存するとの聖なる概念に敢えて触れようとすれば、今日でも異教徒扱いされるのである。そこで、八十年以上前にモルトケ元帥がこの点について考え、記したことを引き合いに出さなければならない。彼は、「射撃戦においては、防御側が戦術的にはあきらかに有利である」ため、「プロイセン軍は、可能でさえあれば防御戦で敵に打撃を与えようとした。他のどの軍隊が有するものよりもはるかに優れた小銃、撃針銃《シュンデンナーデルゲヴェーア》を持っていたからだ」と特記している。❖1「また、攻撃においても、銃剣突撃を実行できるようにするため、それ以前に敵に火力を指向し、それによって動揺させなければならない」との教えもある。「現実には、しばしば攻撃が行われる。フリードリヒ大王も推奨し、実践したことだ。しかしながら、われわれの時代の用語法では、それに対して『銃剣を抱えての決死行』という表現が好きこのんで使われるのである」とも警告されている。[2] ハーゲルベルクの戦いは、一八一三年、後備兵《ラントヴェーア》〔Landwehr. この場合は、ナポレオン戦争におけるプロイセン軍のそれを指す。後備兵は、十七歳から四十歳までの兵役年齢にあり、正規軍に徴兵されていないか、義勇猟兵隊《フライヴィリゲ・イェーガー》（freiwillige Jäger）に参加している者からの志願（必要数にみたない場合は徴兵）によって編成された〕記念日となった日に行われたもので、銃剣突撃で有名である。この戦いは、敵に三十ないし三十五名の戦死を与える結果となった。だが、モルトケは、つぎのように描いている。「この数字はおそらく、ハーゲルベルクで決定的だったのは銃剣突撃ではなく、その日、すでに勝敗が定まっていたために、それ（銃剣突撃）を完全に実行できたのだということを示している」[3]

機関銃と手榴弾の時代にあっては、銃剣付小銃は、かつての意義を失いつつあるのだ。早くも一九一四年において、衝力を生むのは火力、つまり、歩兵が持つ機関銃やその他の重火器、師団以上の大規模団隊では砲兵だったのである。かかる衝力が充分であれば、東部戦線やルーマニア、セルビアやイタリアでそうであったように、攻撃は成功した。不充分であれば、西部戦線で示されたごとくに失敗したのだ。

世界大戦において、火力が形成する衝力は、弾薬量増大、砲口径の拡大、射撃時間の長期化などによって高められ、巨大なものとなった。にもかかわらず、敵の抵抗を迅速かつ徹底的に動揺させることは、普通はできなかった。防御側の陣地システムに深く突入する以上のことはなされなかったのである。何よりも、決戦場である西部戦線で、それは成功しなかったのだ。逆に、火力の効果を充分に発揮させようと思えば、長期間の砲撃を行わねばならなかったから、防御側は、それによって、予備兵力の召致、場合によっては先手を打っての退却といった対抗措置を取るための時間を得た。多くの場合、攻勢が迫っているとのきざしが見えただけで、防御側に後退を決断させるきっかけとなった。そうした対抗手を注意深く準備すれば、決定的な瞬間において攻撃側に空を切らせ、あるいは、計画されていたそもそもの攻勢を放棄させるように強いることができたのである。いちばん良い例は、一九一七年におけるドイツ軍のジークフリート陣地への撤退、さらには一九一八年のランス付近におけるフランス軍の行動であろう。

圧倒的な量を用い、長期にわたって砲撃を実行した場合においてすら、火力だけによって衝力を生じせしめることはできない。世界大戦はその事実を証明した。火力はむしろ、敵の攻撃をもっとも効果的に妨げる近距離の目標を捜索・特定し、これを直接射撃で殲滅するために使われなければならない。精密な照準もつけずに地域砲撃を実行、美しい風景を月世界のそれに変えるばかりが能ではないのだ。

フリードリヒ大王の時代には、白兵の衝力はまだ、歩兵の銃剣や騎兵のサーベルのかたちを取り、人間や馬の脚を以て、敵に向けることができた。だが、それは、もはや過去のこととなっている。早くも七年戦争に際して、ヴィンターフェルト将軍〔ハンス・フォン・ヴィンターフェルト。一七〇七〜一七五七年。プロイセン陸軍中将で、フリードリヒ大王の侍従武官を務めた〕は、国王宛の書簡にこう綴っている。「マスケット銃を肩に掛け、一発も撃たずにというのでは、とうてい切り抜けることはできません」当時すでに、衝力の効果を発揮するには、火力で敵を動揺させることが前提になっていたのである。ホーエンフリートベルクにおけるバイロイト龍騎兵の攻撃や、ロスバッハでのザイトリッツ騎兵隊のそれといった有名な突撃も、揺さぶられたあとの歩兵に向けられたものだったのだ。ツォルンドルフ戦の教訓が示すごとく、手つかずの歩兵に対する攻撃の効果は、決定的ではなかった。

攻撃前の火制に対する要求は、大砲の射程距離が延び、射撃速度や貫徹力が向上するとともに、いよいよ高まった。そうした進歩は、とくに防御側に有利に働き、ついには世界大戦における物量戦、あるいは砲兵戦で最高潮に達したのである。しかし、今日では、最強の砲兵といえども、「敵に対する火力の接近投射」のための移動を迅速に行うには充分ではない。ここでできるのは、原初的な戦闘手段、すなわち鎧の復権をはかることのみだ。それは、銃撃に耐えられるほど分厚くつくることができないばかりか、人や馬には、そんな重さのものを着用したり、動かすだけの力がないという理由で、時代遅れとなった! しかし、内燃機関の発明とともに、その力が得られた。それにより、装甲を利用して、小口径火器の銃撃をかいくぐりながら、火器を推進し、直接射撃により殲滅的な効果をあげることが再び可能になったのである。エンジンで動く戦車は、その蹂躙能力によって、脅威となっていた鉄条網を踏みにじり、破壊することができるし、登坂能力を発揮して、歩兵の塹壕やその他の障害物を越えることも可能だ。それゆえに戦車は、難攻不落とみなされていたジークフリート陣地を、ただ午前中いっぱいかけただけで突破してのけて以来、一九一七年から一八年にかけて、連合軍にとっての真の衝力源となった。

では、衝力とは何か? 攻撃に際して、敵に対する有効範囲内に武器を持っていき、相手を殲滅することを戦士に可能たらしめる能力である。かかる能力を有する部隊のみが衝力、すなわち攻撃能力を持つのだ。世界大戦の経験に鑑み、地上部隊のあらゆる兵科のうち、装甲兵科こそが最強の衝力を保持していると述べたところで、高慢のそしりは受けまい。戦後、軍事筋はより優れたものが得られることを待望していたが、技術の進歩も戦車以上の兵器を与えてはくれなかった。従って、誰にとっても難しいことであろうとも、良かれ悪しかれ戦車というものに順応し、折り合っていかねばならない。

目下のところ、攻撃における最強の衝力を形成している兵科は、もちろん、その固有の原則に従って、おのが力を用いる権利を主張しなければならない。戦車は、それが投入されるところでは常に戦闘の主兵であり、他兵科は彼らの必要に応じなければならぬ。何か一つの伝統にとらわれた兵科が戦果をあげるのを支援することが問題なのではない。将来の会戦に打ち勝ち、徹底的かつ速やかに、広範な影響をおよぼし、それによって早期の戦争終結をもたらすことが重要なのだ。この目的のために、すべての兵科が協同し、その能力や要求を最大の衝力を有する兵科に集中しなければならない。

最新で、同時に陸軍最強の兵科である装甲兵は、おのが要求貫徹を追求することを余儀なくされる。どんな軍隊でも、古い諸兵科は、装甲兵が最強だなどと自発的に認めたりはしないからだ。対戦車兵器の有効性が大きくなればなるほど、装甲兵の要求は力強く、声高に叫ばれねばならない。対戦車兵器によって、装甲兵の攻撃は難しくなるからである。

そのような影響は、従来同様、以下の戦術的必要に集約される。

奇襲。

集中使用。

運用に適した地形。

戦車攻撃が成功を得るために必要な、これらの前提から、戦時と平時における装甲兵科の編制、兵器や装備の調達、ついには将校や下士官兵の選抜に関する結論が得られる。

奇襲は、攻撃行動の準備・遂行における機動の速度や隠蔽、あるいは、従来知られていなかった能力を持つ新型の戦闘装備によって達成し得る。戦車攻撃の迅速なる遂行は、決定的勝利を得る上で重要な意味を持つから、戦車と常に協同するように配置された支援兵科の諸部隊は、戦車と同等の速力を有していなければならない。さらに、平時においても、戦車とあらゆる他兵科の部隊を建制として統合する必要がある。快速の支援部隊なしの戦車部隊は、戦闘においてそれらと協同することができないし、鈍足の諸兵科が足手まといになるから、速やかに敵陣奥深く突進するような戦闘行動は不可能になってしまう。そうなれば、最高の切り札が捨てられることになるのだ。

新型の戦闘機材の使用、たとえば、貫徹できない装甲、卓越した武装、とほうもない高速性能といったことは大きな価値があるため、平時における軍事技術的な準備は極秘裡に行う必要がある。機密保持に成功し、その威力が発揮された顕著な実例としては、よく知られている四十二センチ砲「太っちょベルタ」がある。一九一四年には、この大砲を用いて、ベルギーや北フランスの諸要塞を粉砕したのだ。

集中使用、決勝を求める地点に兵力を集めることは、そもそも、すべての兵科にあてはまる原則である。ところが、装甲兵科だけを、この原則から逸脱させようとする意見が国内外にみられる。こうした、戦術の最優先原則に背くような罪悪は、平時においてさえ、看過できるものではない。そんなことをすれば、有事を迎えた際に、もっとも苦い報いを受けなければならないからだ。しかし、決勝点における大量投入、兵力の集中使用を欲するなら、かかる意志を基として、時機に則した編制という結論を引き出さねばならない。装甲部隊とその指揮官が平時において、すでに大規模団隊での戦闘を習得している場合にのみ、戦時における大量集中運用を成功裡に実行できるのである。快速部隊、ましてや、それらの指揮官を無から取り出すように即製することは、歩兵の場合よりも、ずっと困難なのだ。

装甲部隊を投入することが許されるのは、その機材の性能によっても克服しかねるような障害物が存在しない戦闘地域においてのみである。さもなくば、戦車の攻撃は、まず地形によって挫折させられるであろう。たとえば、演習の際に、ある種の戦車では超壕できないような壕を掘り、しかるのちに、そこに戦車を投入するよう厳命しておきながら、その機材、あるいは装甲兵科全体が使い物にならないと、勝ち誇って断言するようなことがあるとしたら、まったく的外れなことだ。同じく、機関銃しか装備していない軽戦車に、要塞や大都市攻撃を要求するのもナンセンスである。そのような堅固な目標には、軽砲兵どころか、大口径の重砲をも用いるものだ。人間や家畜同様、戦車も一定の能力を持つのみ。それ以上を要求しても、失敗するだけである。

もっとも、戦車に向いた地勢は至るところにあるわけではない。ゆえに、戦車の集中投入にあたっては、機動可能で、その衝力が発揮できるような地形に、正面幅と縦深を大きく取って、充分な兵力を奇襲的に投入することが重要になる。場合によっては、与えられた任務を適切に遂行できるよう、あるいは指揮官に訓練をほどこし、必要な数を得るために、混成戦車部隊を編合することも大切だ。

先の世界大戦において、ドイツ側には組織的な対戦車防御策がほとんどなかったにもかかわらず、戦車が逐次投入されたため、ちっぽけな成果しかもたらさなかった。しかし、将来の戦争では、敵味方ともに戦車の登場を計算に入れているだろうし、平時にあってすでに対抗防御措置を整えておくことができる。防御の威力や戦車の可能性に対する誤った認識、そこから導き出された欠陥の多い編制での、実状に即さぬ戦車の運用は、最悪の結果を招くものとみなされねばならない。

現代の戦争において、攻撃を成功させるための最大の可能性は、目下のところ、地上戦闘に関する限りは、適切な地形に戦車を奇襲的に集中投入することにあるとみられる。かかる地上攻撃の戦果は、たとえ、その効果が数時間は継続するものとしても、他兵科によって速やかに拡張されなければならない。それは強調しておこう。だが、地上戦闘のみならず、航空戦においても、装甲部隊の存在は大きく影響すると、われわれは確信している。

三、航空機と戦車

地上戦闘での装甲部隊の支援における航空捜索や航空戦力の協同作用については、繰り返し述べてきた。逆に、装甲部隊の投入が、航空戦の目的達成に影響することもあり得る。開戦劈頭、国境付近のとくに重要な敵飛行場や無防備の空軍施設に装甲部隊を突進させたり、地上戦闘に勝利したのちも継続される戦争において、敵の抵抗をくじくために、航空戦力や空挺・装甲部隊を、敵の国土奥深くにある共通の目標に指向させるといったことも考えられるだろう。

従来、こうした発想が詳しく検討されることはなかった。戦略家たちはおそらく、歩兵支援、地上戦でまず戦術次元の決定的勝利を得るという問題に拘泥していたのである。とはいえ、けっしてドゥーエ主義者である必要はない〔イタリアの軍人ジュリオ・ドゥーエ（一八六九～一九三〇年）は、戦略爆撃思想の先駆者であり、将来の戦争は空軍力によって決せられると主張した」。重要なのは、将来の戦争における空軍力の意義を信じて、空軍の戦果を地上戦にも拡張し、その効果を持続させるよう、努力することである。

ここでも目標となるのは共通の勝利であり、唯一至高の兵科の座を守るべく、汲々とすることではないのだ。

四、補給と高速道路の問題

陸軍の自動車化が進むと、二つの重大な問題に注目することになる。大規模な国防軍に対して、燃料、予備部品、補充車両をどのように供給するか。強力な自動車化部隊、とりわけ、主として路上走行向けの車両を装備した部隊をいかに動かすのか？　この二点について積極的な回答となるのは、大装甲部隊の運用、とくに作戦的な意味における投入への前提条件を整えることである。

燃料に関していえば、一九三五年のドイツの消費量は百九十二万トンに上っている。一九三六年については、以下の数字がある。

ドイツのガソリンおよびベンゼン輸入量は百三十八万二千六百二十トン。

石油自給量は約四十四万四千六百トン〔ほとんどは石炭液化による人造石油と思われる〕。

混合アルコール生産量は約二十一万トン。

図 44　急斜面を行くオートバイ狙撃兵

図 45　自動車化狙撃兵

図 46　路外を進む牽引砲兵

図 47　戦車用試験水壕にて

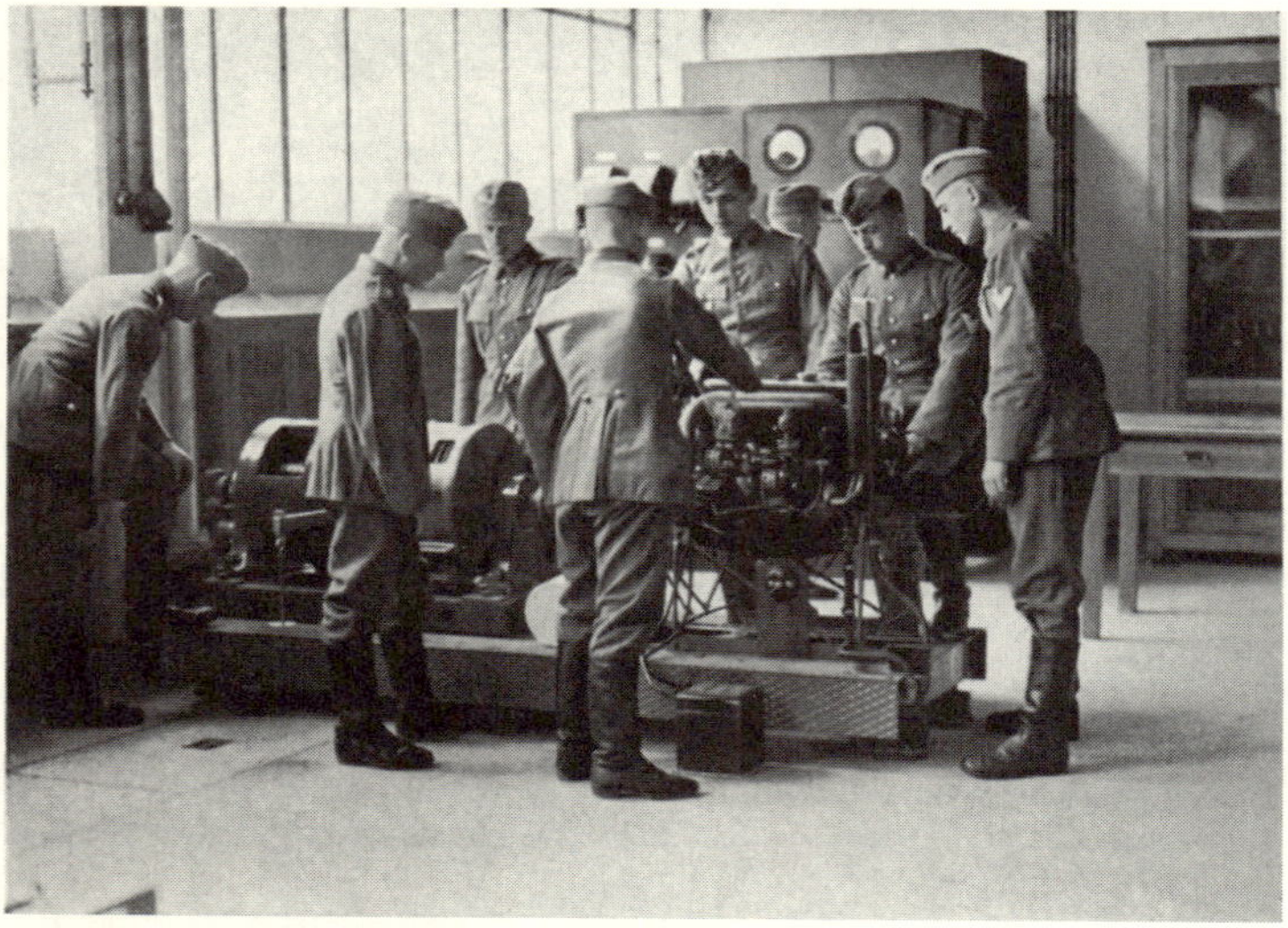

図 48　自動車戦闘部隊学校のエンジン試験場にて

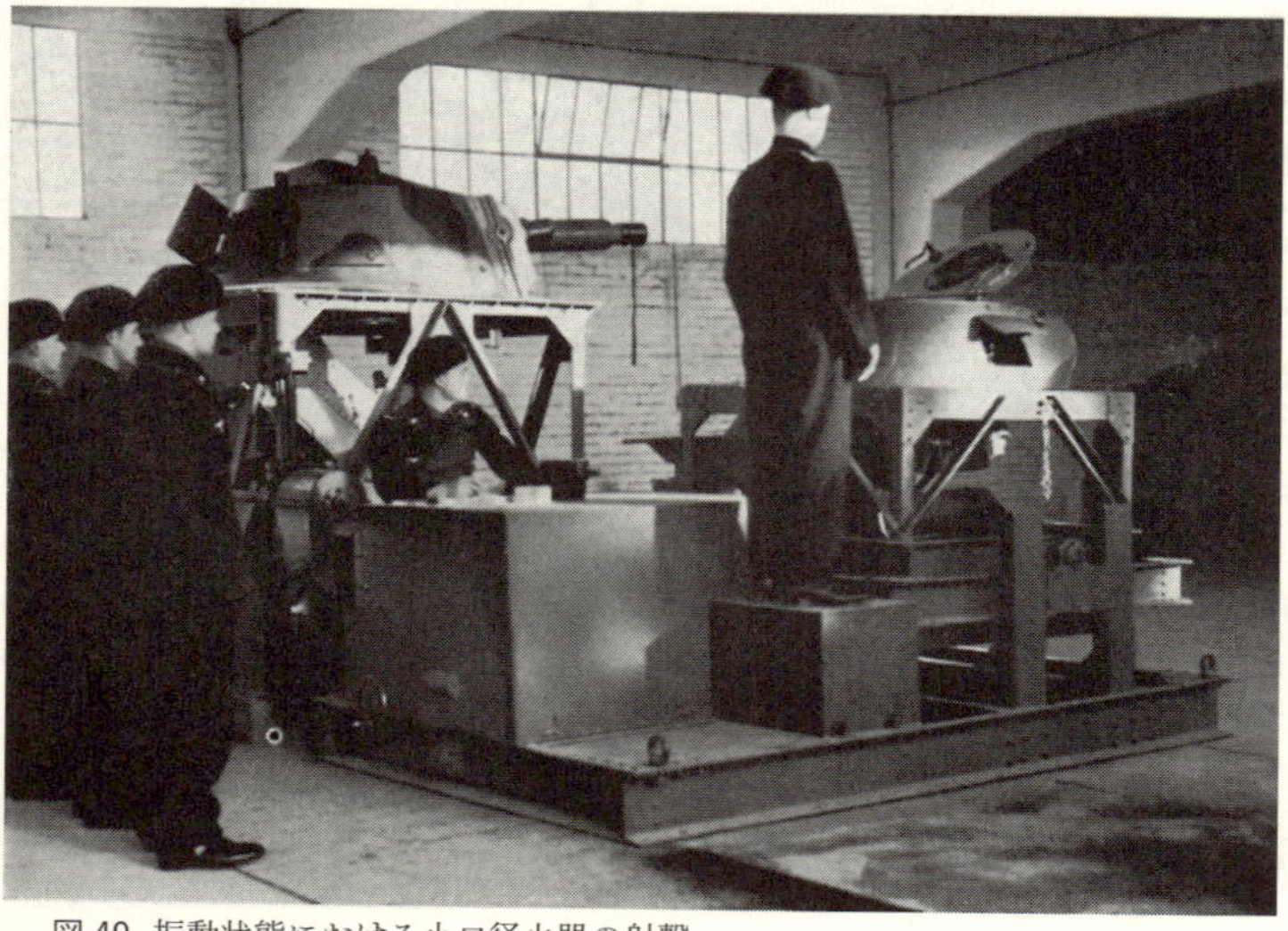

図 49　振動状態における小口径火器の射撃

図 50 忠誠宣誓

自動車総生産量における各国比率

1935年	パーセント	1936年	パーセント
合衆国	74.1	合衆国	77.2
イギリス	9.1	イギリス	7.8
ドイツ	5.3	ドイツ	4.8
フランス	4.7	フランス	3.5
カナダ	3.1	カナダ	3.4
イタリア	1.2	イタリア	0.9
その他諸国	2.5	その他諸国	2.4

つまり、一九三六年にはドイツの平時燃料需要の三分の二が輸入されていたのである。燃料の国内生産量増大については、四か年計画により大規模な措置を取ることが予定されているから、この分野では新しい展望が開け、近い将来、われわれはガソリンやベンゼンの輸入をしなくても済むようになるだろう。

燃料の問題はまた、代替燃料によっても軽減され得る。それらは、おもに国内の使用に供されるのだ。その点では、さまざまな種類のガスエンジンや電気エンジンも当てにすることができる。

ゴムに関しても、ドイツはまもなく外国依存を脱するであろう。

陸軍軍用車両の継続的な装備更新と予備部品供給については、生産能力のある自動車・機械工業の存在が大前提になる。他の工業生産国と比較して、わが国の現状を概観すると、上の表のような数字になる。

このように、合衆国、カナダ、ドイツは、世界の自動車生産量における自国の比率を高めることができた。ドイツは、第四位から第三位に上がっている。具合のよい地位であり、有事の際に、わが自動車戦闘部隊と自動車化された後方追送機関を維持する上での保証となろう。

もちろん重要なのは、問題となる生産拠点の大多数が安全な環境にあり、地上と空からの直接攻撃範囲外に置かれていることだ。さらに、生産された品は目的に則して、その最終的消費者たる陸軍、海軍、空軍、国内産業に配分されなければならない。また、有事にあっても、熟練した従業員や基幹要員となる技師・組立工を残すことにより、工場の稼働性も確保されねばならない。

自動車化部隊の機動性にとっては、高速道路・道路網が重要となる。開戦とともに、民間用の路外走行能力が乏しい車両を徴用し、野戦部隊に配備しなければならぬとあってはなおさらだ。過去何十年にもわたり、ドイツの高速道路建設は、なおざりにされることを余儀なくされていた。ドイツ諸領邦の責任官庁が主たる関心を鉄道敷設に向け、道路関係の案件は次等の役所や郡、市町村に押しつけてきたからだ。つまり、ドイツには、数百数千もの道路保持に責任を持つ役所ができたことになる。自動車交通の発展も、最初は、こうした所与の伝統的な状況を変えられなかった。諸領邦の「自治権」なるものは、まったく守れなくなっていたとしても、不可侵だったのである。

しかし、総統の慧眼は、統一的な見地から大規模な高速道路建設を推進することは、自動車交通にとっては重要な意味があると見抜いた。長大な高速道路網建設が国家の管轄に置かれ、空前の全国的アウトバーン建設計画が導入された。目下のところ、全国の重要な地点を、七千キロに及ぶ高速道路で結ぶ計画となっている。この道幅が広く、交差点や対向車両への心配がない道路により、高い平均速度を保って長距離移動すること、すなわち自動車の完全活用が可能となろう。

優れた自動車道の軍事的意味は明白である。が、平時においてすでに濃密な道路網を構築しておいても、戦時になってにわかに現れてくるような戦術的、あるいは作戦的な必要を完全に満たすことができるわけではない。従来、軍隊といえども、多くは経済的観点のもとに敷設された道路によってやりくりしなければならなかった。軍用道路があったのは、要塞周辺ぐらいだったのである。一九一四年から一九一八年の大戦だけでも、道路建設の必要が大であることが示されている。ヴェルダンやソンム地域、フランドルの道路事情、東部戦線の数キロにもわたる板敷き道、メソポタミアやパレスチナの劣悪な道路を想起してみればいい。

アビシニアにおけるイタリア軍〔一九三五年から一九三六年のイタリアによるエチオピア侵攻のこと。第二次エチオピア戦争。イタリア軍は戦車、航空隊、毒ガスを投入し、エチオピア軍を破った〕が、道路建設の分野で示した成果は、とくに印象深い。それがあったればこそ初めて、自動車縦列の広範な運用が可能になったのである。

イタリア軍の対アビシニア戦役から、以下の教訓を引き出せる。

一、平時に敷設された交通網が、軍隊の作戦とその戦術行動に影響を与えることは疑いない。敵味方ともにそれらを利用する。道路網の存在も既知のことであり、地図に示される。

二、しかし、平時の交通網を一気に拡張することはできない。よって、戦時においては、作戦企図に適合し、相応するように拡張計画を充分考慮しなければならないし、それは可能である。

三、そうした拡張の一部においては、確実な建築方法を採ることが可能である。が、それには時間と労働力がかかるし、航空捜索によって敵に察知されてしまう。そこで一部に関しては、装軌・路外走行可能な車両が前進できるのに充分な程度の非舗装道路でまかなうことも可能である。舗装なしの道路なら迅速に敷設し得るし、状況しだいでは、長期にわたり敵の偵察をまぬがれることができる。

四、舗装されていない道路は迅速に建設することが可能で、自動車戦闘部隊ばかりか、他兵科部隊の推進にも好都合である。

五、こうした点から、将来の機動軍においては、近代的な機械や機材を備えた道路建設部隊を充分な数だけ保有することを予定しなければならぬ。

五、最新の戦訓

装甲部隊の運用に関する最新の戦訓は、すでに触れたアビシニアにおけるイタリアの戦争、そして今も継続中のスペインにおける紛争より得られる。

イタリア軍は、アビシニアで約三百両のフィアット・アンサルド型戦車（図24）を使用した。この戦車は機関銃で武装したのみで、回転式砲塔を有していなかった。そうして機関銃を固定するのは不利であることが証明されている。その欠点ゆえに、原住民は戦車によじのぼり（とくに戦車が単独行動している場合には）、充分に防備されていない覗視孔を通して、乗員を死傷させることができたのだ。また、きわめて困難な地勢・気候においても、戦車の投入により、大きな戦果があがっている。砂漠や高山も、克服できぬ障害というわけではないことがあきらかにされたのである。ただ、ヨーロッパの事情にもあてはまるような戦術的教訓は、今のところ限られている。かの地では、戦車は対戦車砲と対決していないし、アビシニア軍は自らの戦車を持っていなかったからだ。

装甲車は捜索において、戦車は攻撃戦における自動車化狙撃兵との協同によって、その任をよく果たし、徹底的に迅速な戦役の遂行に貢献したのである。

スペインの事例は、より広範な教訓を提示している。わかっている限りでも、赤色分子〔人民戦線政府軍〕は、四・七センチ砲〔正確にはロシア製四十五ミリ砲〕と機関銃一ないし二挺で武装した、ロシア製ヴィッカース六トン戦車〔T-26〕を使用している。この戦車は全備重量では八トンになり、主要部分にはSmK弾に耐えられる装甲がほどこされているのだ。一方、国民政府軍〔人民戦線政府に対してクーデターを起こした反乱軍〕は、機関銃装備の戦車を保持するのみ。ただ、その戦車は、機関銃二挺を砲塔に装備し、同じくSmK弾を防ぐだけの装甲を有している。大砲で武装した戦車は、鹵獲されたものを除けば、フランコ将軍〔フランシスコ・フランコ。一八九二〜一九七五年。陸軍出身で、一九三六年のクーデターに参加。反乱軍を指導して、のちにスペインの独裁者となった〕の側には現れていない。反面、国民政府軍は、三・七センチ口径の対戦車砲を多数保有している。

五十両以上の戦車が単一の戦闘行動に投入された例は、これまで、まったく観察されていない。よって、敵味方両陣営ともに、大量の戦車を運用しているとは考えにくい。同じことが型式についてもいえ、前述の軽戦車のほかに、重装甲・重武装の戦車があるとみるべきではなかろう。つまり、使用できる戦車の数や型式からみて、装甲兵科が迅速かつ決定的な勝利をあげると期待すべきではない。

国民政府側の戦車が、遮蔽物のない地形においては、遠距離から撃ちかけてくるロシア製戦車の砲に対して、距離を置くことを余儀なくされているのは驚くにあたらない。一方、その敵側の戦車も、フランコ軍の対戦車砲に対しては同様の措置を取っている。

なお、主要な戦区のほとんどが地形困難であることも注目しておかねばならない。

すなわち、戦車戦の成功に必要な条件、奇襲、集中使用、好適な地形といったことは、よほど巧妙な対応をした上で、ようやく得られるのである。とはいえ、保有戦車すべてを統一的に投入することは、これまで彼我いずれの陣営においても試みられてはいない。地形の選択に関していえば、機関銃装備の戦車にとって、マドリードのような大都市はけっして適した目標ではないとコメントし得るのみだ〔スペイン内戦で、反乱軍による首都マドリード攻略は難航し、長期化した〕。にもかかわらず、大規模な戦闘行動のすべてに戦車が投入され、その予備攻撃がなければ歩兵は前進できずにいるらしい。それは、断片的ながらも、報道によって示されている。かかる戦闘で、戦車が損害を被っていることも驚くことではない。他の兵科もすべて、同様の損害を出しているのだ。

時が経つにつれ、一連の技術的教訓が収集されるのは確実であるから、現状ではまだ判断を下すことはできない。

戦車の乗員とその指揮官に関しては、長期間の勤務と専門的な訓練という昔ながらの要求が正しかったことが証明された。とにかく、数週間のうちに、スペイン軍人が近代的な戦争機械の扱いに完全に習熟するなどということは不可能だったのである。高級司令部においても、自らの戦車を運用するにあたり、経験が不足していることが露呈された。

さまざまなニュースが報じられ、専門的な評価を加えられているが、目下のところ、右に記した以上の結論や戦訓は、ほとんど得られていない。

われわれの見解によれば、装甲兵科の威力を評価するにあたっては、アビシニア戦争もスペイン内戦も、一種の「通し稽古《ゲネラールプローベ》」〔オーケストラや劇団が公演直前に行う仕上げの稽古〕でしかあり得ない。その点では、これらの諸戦闘も、参加戦車の数や型式に照らすと、極端で、取るに足りないものでしかないのだ。もっとも、二つの戦争は、装甲兵科の技術的・戦術的発展について、一連のヒントを与えてくれる。われわれは、それらを注意深く調べ、さまざまな事象に学ぶこととしよう。ただ、一般的にいえば、これまでの原則を曲げるような動因は、そこにはないのである。

原註

❖1 Moltkes taktisch-strategische Aufsätze. Vorwort des Großen Generalstabs〔モルトケ戦術・戦略論文集　大参謀本部の序文〕, Ⅶ頁。

❖2 Moltkes taktisch-strategische Aufsätze, 五六頁。

❖3 Moltkes taktisch-strategische Aufsätze, 五七頁。

結論

戦車がソンムの流血の戦場に初めて現れて以来、二十年余の年月が流れた。歴史的にみるなら、ごく短い時間である。しかしながら、われらが時代の技術的進歩は疾風のごとくであった。それは経済と相携えて展開し、両者が互いに相俟って人類の交通事情を加速させてきた。諸国民のなりわいすべてが、活発な運動状態に置かれたのである。

だが、実際には、ずっと広範囲のことが問題になっているというのに、技術的な点だけを理解しようとするのは誤りであろう。

世界大戦によって、経済・社会環境の混乱が引き起こされた。もっとも偉大な文化を持つ国々も、その渦に巻き込まれたのである。大戦ののち、多くの者が、人類、そして諸国民の向上を望んだが、それが実現することはなかった。逆に、世界観・政治・宗教・経済の衝突激化を恐れなければならないというていたらくだ。この道がどこに向かうのか、見通すことはできない。しかし、強い国民のみが存在しつづけること、必要な力が背後にあってこそ、自己の意志主張を現実にすることができるのだということは認識されるべきである。

ドイツの強国としての地位を確固たるものにすることを助けるのは、政治、学問、経済、そして国防軍に課せられた使命なのだ。

国防軍が、兵器、軍備、指揮官の精神において強固であり、近代的であるほど、より確実に平和を堅持することが保障される。ゆえに、われらが近代的地上軍の来し方を述べてきたが、それによって、その将来の発展についての見通しを明快にすることに寄与できたなら幸いである。

多くの問題について、見解の相違が存在するし、その一部は根本的なものだ。何れが正しいのか、いつかは時があきらかにするであろう。けれども、新兵器は通常、あらたな戦術・編制形態による新しい戦法を必要とする。そのことに議論の余地はない。新しい酒を古い革袋に注ぐべきではないのだ。

言葉よりも行動が重要である。いつの日か、いくさ女神によって月桂冠を授けられるのは、勇敢に行動する者のみであろう。

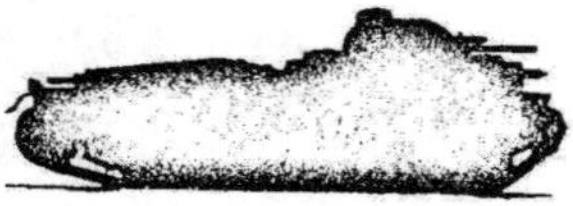

参考文献一覧

Reichsarchiv, Der Weltkrieg 1914-1918, Bd. I, V, VI, VII, VIII, VX und X〔国家文書館『世界大戦　一九一四～一九一八年』第一、第五、第六、第七、第八、第九、第一〇巻〕.

フランス公刊戦史 Les Armées Françaises dans la Grande Guerre, Bd. I, II und V〔『世界大戦におけるフランス陸軍』第一、第二、第五巻〕, Paris.

イギリス公刊戦史 History of the Great War, Military Operations, Bd. II〔『世界大戦史　軍事作戦』第二巻〕, London.

ベルギー公刊戦史 La Campagne de l'Armée d'aprés les documents officiels〔『公文書による陸軍戦役史』〕, Paris.

Bruchmüller, Georg, Die deutsche Artillerie in den Durchbruchschlachten des Weltkrieges〔ゲオルク・ブルフミュラー『世界大戦の突破戦におけるドイツ砲兵』〕, Berlin: Mittler & Sohn.

Dutil, Les Chars d'assaut.〔デュティル『強襲戦車』〕, Berger-Lovrault. Paris 1919.

Eimannsberger, L. von, Der Kampfwagenkrieg〔L・フォン・アイマンスベルガー『戦車戦争』〕, München: J. F. Lehman.

France militaire〔『フランス軍事』〕, Paris.
Fuller, J. F. C., General, Erinnerungen eines freimütigen Soldaten〔J・F・C・フラー少将『ある型破りの軍人の回想』〕.
Gaulle, Charles de, Vers l'armée de métier〔邦訳あり。シャルル・ド・ゴール『職業軍の建設を！』小野繁訳、不知火書房、一九九七年〕, Paris: Berger-Levrault.
Hanslian, Dr. Rudolf, Der chemische Krieg〔ルドルフ・ハンズリアン博士『化学戦』〕, Berlin: Mittler & Sohn.
Heigl, Die schweren französischen Tanks. Die italienischen Tanks〔ハイグル『フランス重戦車、イタリア戦車』〕.
Heigl, Tachenbuch der Tanks〔ハイグル『戦車ハンドブック』〕, München: J. F. Lehman.
Kurtzinski, M. J., Taktik schneller Verbände〔クルツィンスキー『快速部隊の戦術』〕, Potsdam: Voggenleiter.
Ludendorff, Erich, Meine Kriegserinnerungen〔原書からの抜粋に解説を加えた邦訳あり。『世界大戦を語る　ルーデンドルフ回想録』法貴三郎訳、朝日新聞社、一九四一年〕, Berlin: Mittler & Sohn.
Martel, Giffard, In the wake of the tank. Im Kielwasser des Kampfwagens〔ジファード・マーテル『戦車の跡を追って』〕, Berlin 1931.
Militärwissenschaftliche Rundschau 1936/37〔『軍事学概観』、一九三六／三七年〕, Potsdam.
Militär-Wochenblatt 1934-1936〔『軍事週報』、一九三四〜一九三六年〕, Berlin.
Moltke, Militärische Werke. Taktisch-strategische Aufsätze〔モルトケ戦術・戦略論文集〕.
Oskar, Prinz von Preußen, Die Winterschlacht in der Champagne〔プロイセン王太子オスカー『シャンパーニュの冬季戦』〕, Oldenbourg: Stalling.
Poseck, Maximillian von, Die deutschen Kavarellie 1914 in Belgien und Frankreich〔マクシミリアン・フォン・ポゼク『1

九一四年のベルギーおよび北フランスにおけるドイツ騎兵』〕, Berlin: Mittler & Sohn.
Revue d'Infanterie, Jan./ Feb.1932, April/ Dez. 1936〔『歩兵評論』、一九三二年一月～二月号、一九三六年四月～十二月号〕, Paris.
Revue des deux Mondes〔『両世界評論』〕, Paris.
Santan, Herm. von, Die Champagne-Herbstschlacht〔ヘルマン・フォン・ザンタン『シャンパーニュ秋季戦』〕, München und Leipzig: Langen.
Schlachten des Weltkrieges Bd.31, 35, 36〔『世界大戦の諸戦闘』第三一・三五・三六巻〕, Oldenburg: Stalling.
Schwertfeger, Bernhard, Das Weltkriegsende〔ベルンハルト・シュヴェルトフェーガー『世界大戦の終わり』〕, Potsdam: Athenaion.
St. Christphoros〔『聖クリストフォロス』〕, Berlin: Mittler & Sohn.
Swinton, Sir Ernest Dunlop, Eyewitneß〔『目撃者』〕, London: Hodder & Stoughton.
The Encyclopaedia Britannica〔『エンサイクロペディア・ブリタニカ』〕, London: The Encycl. Brit.-Comp.
Versailler Vertrag〔『ヴェルサイユ条約』〕, Reichsgesetz-Blatt 1919〔一九一九年帝国官報〕.
Vierteljahreshefte für Truppenführung und Heereskunde 1910–1913〔部隊指揮・陸軍研究四季報　一九一〇～一九一三年〕.

Übersicht Westfront

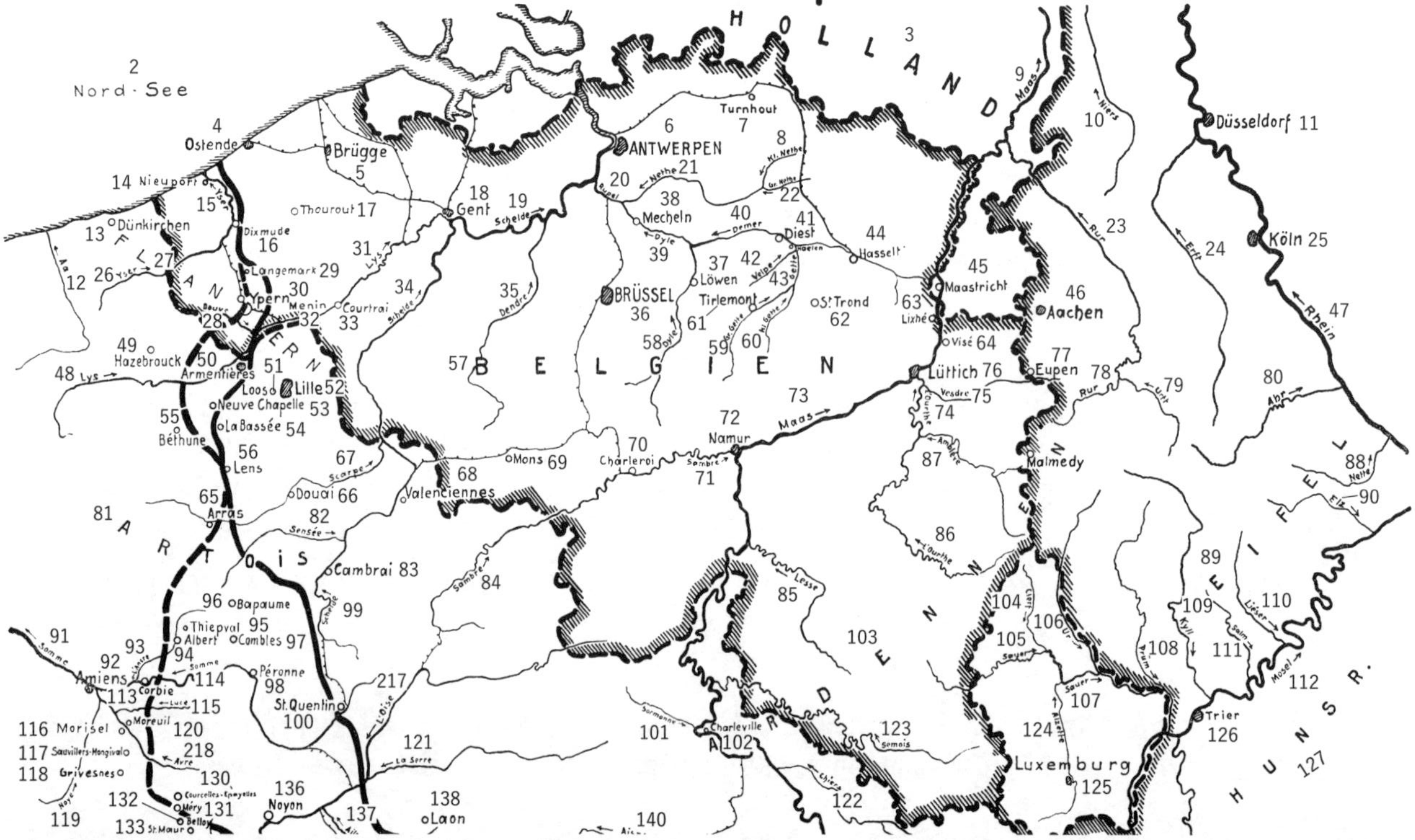

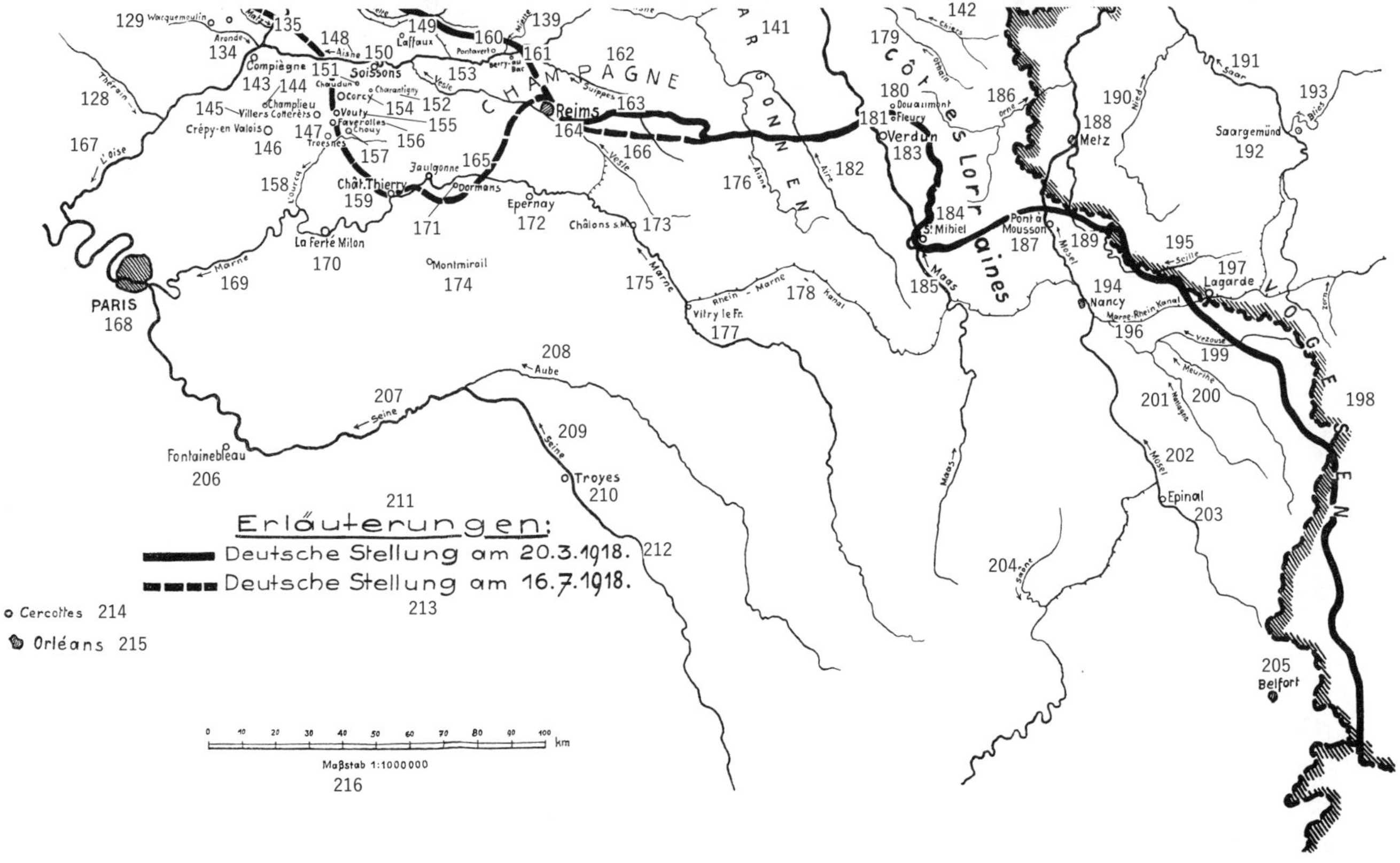

129 Warquemoulin
134 Aronde
135 Matz
148 Aisne
149
150 Laffaux
160 Pontavert
139 Miette
161 Berry-au-Bac
162
141
142 Chiers
179 Othain
Compiègne 151 Soissons
143 144 Chaudun
Charantigny
153 Vesle
152
Corcy 154
Champlieu
145 Villers Cotterêts
155
Vouty
Favérolles
156
Chouy
Crépy-en Valois
146
147 Troesnes
157
128 Thérain
167 L'oise
158 L'ourcq
Châ. Thierry
159
Jaulgonne
165
Dormans
171
Epernay
172
La Ferté Milon
170
Montmirail
174
CHAMPAGNE
Reims 163
164
Suippes
166 Vesle
Châlons s.M. 173
175 Marne
PARIS
168
169 Marne
176 Aisne
ARGONNEN
182 Aire
180 Douaumont
181 Fleury
Verdun
183
Côtes Lorraines
184
St. Mihiel
185 Maas
186 Orne
188 Metz
190 Nied
191 Saar
193 Blies
Saargemünd
192
Pont à Mousson
187
189 Mosel
194
Nancy
195 Scille
197 Lagarde
Marne-Rhein Kanal
196
VOGESEN
Zorn
Vezouse
199
Meurthe
200
201 Mortagne
198
202 Mosel
Epinal
203
Rhein - Marne Kanal
178
Vitry le Fr.
177
208 Aube
207 Seine
209 Seine
Troyes
210
Fontainebleau
206
211
Erläuterungen:
Deutsche Stellung am 20.3.1918.
Deutsche Stellung am 16.7.1918.
212
213
204 Saône
Maas
205
Belfort
Cercottes 214
Orléans 215
0 10 20 30 40 50 60 70 80 90 100 km
Maßstab 1:1000000
216

地図15(前頁見開き)

1 西部戦線概観
2 北海
3 オランダ
4 オーステンデ
5 ブリュッヘ〔ブリュッゲ〕
6 アントウェルペン
7 トゥルンハウト
8 小ネーテ
9 ムーズ〔マース〕
10 ニールス
11 デュッセルドルフ
12 アー
13 ダンケルク
14 ニーウポールト〔ニューポール〕
15 エイゼル
16 ディクスムイデ〔ディクスミューデ〕
17 トルハウト
18 ヘント〔ガン〕
19 スヘルデ
20 ルペル
21 ネーテ
22 大ネーテ
23 ルール
24 エルフト
25 ケルン
26 エイゼル
27 フランドル〔フランデルン〕
28 ドーヴェ
29 ランゲマルク
30 イープル〔イーペル〕
31 リュス
32 メーネン〔メニャン〕
33 コルトレイク〔クルトレー〕
34 スヘルデ
35 デンデル
36 ブリュッセル
37 ルーヴェン〔レーヴェン〕
38 メヘレン
39 ディル
40 デメル
41 ディースト
42 フェルペ
43 ウテ
44 ハッセルト
45 マーストリヒト
46 アーヘン
47 ライン
48 リュス
49 アズブルック
50 アルマンティエール
51 ローソ
52 リール
53 ヌーヴ・シャペル
54 ラ・バセー
55 ベテューヌ
56 ランス
57 ベルギー
58 ディル
59 大ヘト
60 小ヘト
61 ティーネン〔ティルルモン〕
62 シント・トロイデン〔サン・トロン〕
63 リクス
64 ヴィゼ
65 アラス
66 ドゥエー
67 スカルプ
68 ヴァランシエンヌ
69 モンス
70 シャルルロワ
71 サンブル
72 ナミュール
73 ムーズ〔マース〕
74 ウルト
75 ヴェスドル
76 リエージュ 〔リュティヒ〕
77 オイペン
78 ルール
79 ウルフト
80 アール
81 アルトワ
82 センセー
83 カンブレー
84 サンブル
85 レス
86 ウルト
87 アンブレーヴ
88 ネッテ
89 アイフェル
90 エルツ
91 ソンム
92 アミアン
93 アヴル
94 アルベール
95 ティプヴァル
96 バポーム
97 コンブル
98 ペロンヌ
99 スヘルデ
100 サン・カンタン
101 ソルマンヌ
102 シャルルヴィル
103 アルデンヌ
104 クレルヴ
105 ザウアー
106 ウール
107 ザウアー
108 プリュム

109 キル
110 リーザー
111 ザルム
112 モーゼル
113 コルビ
114 ソンム
115 リュス
116 モリゼル
117 ソヴィエ＝モンジヴァル
118 グリヴヌ
119 ノワイエ
120 モレイユ
121 セル
122 シエール
123 スモワ
124 エゼット
125 ルクセンブルク
126 トリーア
127 フンスリュク
128 テラン
129 ワックムーラン
130 クールセル＝エパイエル
131 メリー
132 ベロイ
133 サン・モール
134 アロンド
135 マス
136 ノワイヨン

137 エレット
138 ラン
139 ミエット
140 エーヌ
141 アルゴンヌ
142 シエール
143 コンピエーニュ
144 シャンプリエン
145 ヴィエル・コトレ
146 クレピ＝アン＝ヴァロワ
147 トロエヌ
148 エーヌ
149 ラフォー
150 ソワソン
151 ショダン
152 シャランティニー
153 ヴェスル
154 コルシー
155 ヴティ
156 ファヴロール
157 シュイ
158 ウルク
159 シャトー・ティエリー
160 ポンタヴェール
161 ベリー＝オー＝バック
162 シャンパーニュ
163 シュイップ
164 ランス

165 ジョルゴンヌ
166 ヴェスル
167 オアーズ
168 パリ
169 マルヌ
170 ラ・フェルテ・ミロン
171 ドルマン
172 エペルネー
173 シャロン・シュル・マルヌ
174 モンミライユ
175 マルヌ
176 エーヌ
177 ヴィトリー・ル・フランソワ
178 ライン・マルヌ運河
179 ロレーヌ山系
180 ドゥオーモン
181 フルーリー
182 エール
183 ヴェルダン
184 サン＝ミエル
185 ムーズ〔マース〕
186 オルヌ
187 ポンタ・ムッソン
188 メッツ
189 モーゼル
190 ニート
191 ザール
192 ザールゲミュント

193 ブリース
194 ナンシー
195 セイユ
196 マルヌ・ライン運河
197 ラガルド
198 ヴォージュ〔フォゲーゼン〕
199 ヴズーズ
200 ムルト
201 モルターニュ
202 モーゼル
203 エピナル
204 ムーズ〔マース〕
205 ベルフォール
206 フォンテーヌブロー
207 セーヌ
208 オーブ
209 セーヌ
210 トロワ
211 凡例
212 1918年3月20日のドイツ軍陣地
213 1918年7月16日のドイツ軍陣地
214 セルコット
215 オルレアン
216 縮尺
217 オアーズ
218 アヴル

戦車部隊と他兵科の協同（一九三七年）

第三版への序文

小冊子『戦車部隊』〔原著者による略記〕第三版は、戦争のさなかに出版される。この若き兵科〔装甲兵科〕は、ポーランド、ノルウェー、オランダ、ベルギー、フランスの諸戦役において真価を示し、とうてい看過し得ないほど、陸軍の勝利に貢献した。かかる事実こそ、われわれの技術的・戦術的進歩が正しい道程をたどってきたこと、本書にも従来通りの価値があることの証明になっている。ただし、今次大戦について詳しく描写するには、いまだ時が熟していない。

著者

一般的観察

近い将来、航空戦力と装甲部隊の協同なしに、軍事紛争が行われることは考えられない。早くも一九一九年、戦争体験がいまだ鮮明である時期に、フランスのビュア将軍はこのように記している。「戦術の要素二つのうち、機械を活用してきたのは一つだけ、すなわち火力のみだった。その利点はあまりに大きく、戦闘における機動は消滅したも同然であった。軍馬は脇へ追いやられ、戦士も塹壕にもぐらなければならなくなったのだ。機動がなお可能であるのは、敵の火器が排除された場合だけだったのである。だが、戦場にエンジンが出現するとともに、機動はその意義をすべて取り戻した。戦列歩兵中隊は、これから戦車中隊に変わっていくであろう。もちろん、それによって、歩兵がまったくいなくなるということを述べているのではない。人員殺傷の目的を持つ自動装填火器は、戦車殲滅のための自動装填火器に取って代わられることになろう」❖1

エンジンの力によって動かされる装甲板は、兵器と戦士とを広範に守ってくれる。装甲、機動、火力は、陸上戦闘における新しい攻撃方法の本質的な特徴なのだ。

世界大戦終結以来、二つの新兵器、航空機と戦車は急速な技術的進歩をとげ、両者の重要性は高まるばかりである。作戦的・戦術的な可能性や企図に、それらが与える影響はいよいよ強くなっているとの印象がある。ゆえに、古い諸兵科が、この若いきょうだい二人をよく知りたいと願うのも、しごく当然のことだろう。

❖原註

1　General Culmann in „France militaire" Nr. 16020, 16022, 16024.

世界大戦における発展

世界大戦において、一九一四年から一五年にかけて存在していたような攻撃手段では、陣地戦での攻撃、有刺鉄線でつくられた障害物や塹壕を乗り越え、さらには敵機関銃を覆滅するようなことは不可能である。イギリス・フランス軍がそう認識したことから、戦車部隊は生まれた。機甲戦思想の先駆者たちは、自国内の抵抗や初期の失敗を乗り越え、迷うことなく自らをつらぬいた。もっとも、彼らが、戦車を大量投入し、戦闘を決するような威力を発揮できるようになるまで、その使用を控えるよう、上層部を説得できなかったこともたしかである。とくにイギリス軍は、一九一六年のソンムにおいて、戦車の攻撃力をまったく無駄に使ってしまった。空前の数の砲兵を投入したものの、この新しい戦闘手段から得られる推進力が必要だとは思わなかったのだ。にもかかわらず、一九一六年九月十五日、わずか三十二両を投入したのみの戦車の初攻撃は、おのが価値を証明した。アルトワとエーヌにおける一九一七年の春季戦も、あらたな知見をもたらす。しかし、最初の大勝利が得られたのは、一九一七年十一月二十日のカンブレーにおいて、イギリス軍が、これまでよりもずっと戦車兵科の特質に合った新戦術を採用すると決断したときであった。

カンブレー、一九一七年十一月二十日

カンブレー攻撃計画は、戦車に適した地形にそれらを大量投入することにより、奇襲を達成することを基盤にしていた。あらゆる準備と資材運び込みに、細心の注意を払った偽装がなされ、予定時間通り、手際よく進められた。

準備砲撃はなしで、ただ短期間、強力な砲撃がなされたのち、攻撃正面全体にわたり、歩兵突撃と同時に戦車の攻撃が開始される。戦車と歩兵の前進は、榴散弾と煙弾を混合した弾幕射撃によって掩護されていた。当時の戦車の速度が遅かったからこそ可能となり、また必要となった措置である。戦果が得られると予想されたから、それを拡張するために、五個師団から成る騎兵軍団一個が待機していた。攻撃は、期待以上の成功を収めた。陣地が布かれた村落、とくにフレスキエールだけが障害となり、ドイツ軍はこれらの拠点を維持できた。一方、騎兵は、騎行で戦車に追随しそこねた。騎兵軍団のごく弱体な一部のみが午後に戦線に到着し、投入された。最初の戦果が拡張され、突破につながることもなかった。歩兵や戦車乗員の能力も費消しつくされてしまったのだ。

投入された戦車約四百両のうち、四十九両が敵の射撃によって脱落した。

十一月二十日ののち、大規模攻勢は、損害の大きい個別の諸戦闘に堕してしまった。そこでは、戦果は投入された兵力に見合ったものではなく、戦車隊の戦力と機材に対する要求は著しく大きくなった。攻撃にあたったイギリス軍の新手師団と戦車の協同もなされなかった。戦車の集中使用や奇襲的運用も行われなかった。少数の攻撃グループに分割され、戦車にはもっとも向かない、村落や森林といった攻撃目標を指定されたのである。十一月三十日、ドイツ軍は反撃に出て、二十日に失った地を奪回した。その際、過去十日間の戦闘で損傷し、戦場に放置された戦車百両がドイツ軍に鹵獲されている。これらのなかから三十両が使用可能な状態に修理され、一九一八年のドイツ戦車部隊の主力となったのだ。

カンブレーにおけるドイツ軍反撃の輝かしい成功も、十一月二十日の大敗という深刻なイメージを帳消しにするものではなかった。戦車攻撃にさらされたいくつかの師団の歩兵は、ほとんど全滅し、生き残った支援部隊の者も捕虜となったのだ。しかし、この経験も、本国やOHLの耳には届かなかった。十一月三十日の勝者の声が大勢を占めたのも、驚くには当たらない。それに反駁する材料といえば、戦車のごく一部、三百七十八両のうち七十三両が撃破されたにすぎないという事実だけだった。カンブレー戦から時を経るほどに、そうした意見はますます支持されるようになっていく。「部隊がしっかり掌握されて」さえいれば、「戦車恐怖症」は士気高揚によって克服可能だという説が信じられた。部隊がパニックにおちいったり、動揺することはあってはならぬとの命令が出された。陣地や障害物の構築に関する実務の指示書や対戦車戦闘教令も発布されている。だが、労働力や建築資材の不足が、その実施を著しく妨げた。積極的な防御手段としては、一九一八年春までの短い持ち時間に超重機関銃を生産することは不可能だったため、単発の十三ミリ対戦車ライフルが開発された。対戦車効果があると認められた歩兵砲中隊の数は、残念ながら縮小された。一個軍あたり、対戦車戦に指定された野砲十門とそれを牽引する普通のトラック程度というのでは、完全な防御手段にはならなかったのである。防御戦法も、これまで砲兵戦で実効があるとみなされたそれと同様のものにとどまった。歩兵と砲兵が布く縦深陣地、硬直した射撃計画、砲兵中隊の前進観測所への依存、有効射程に入った戦車に対して直接照準することができない射撃陣地といったしろものだ。何よりも大事な点が欠けていた。自軍戦車の大量生産である。攻撃と防御のいずれにおいても、戦車の重要性が認識されていないことの証左だった。

敵側にとっては、カンブレーの日は、新しい兵科の誕生日となった。その直前、フランドルで四か月もの苦闘によって勝ち取られたのと同等の戦果が、戦車の支援により数時間のうちに得られたのである。エリス将軍直率の王立戦車兵団〔正確にはこの時点の名称は「戦車兵団（Tank Corps）」。「王立戦車兵団（Royal Tank Corps）」と改称されたのは一九二三年〕は、当時の機材の性能や乗員の能力が許す範囲で最大限、任務を果たしたのだ。一九一七年の機材、Ⅳ型戦車の航続距離はたった二十四キロ、平均時速も三ないし四キロでしかなく、ごく限定された戦術的枠組みのなかで一回限りの出撃しかできなかった。作戦的な運用において、戦車が一定の戦果をあげることは、一九一七年秋の時点ではいまだ考えられなかった。だからこそ、長期間の準備砲撃をあきらめ、歩兵と協同しての奇襲により、ドイツ軍の陣地システムを奪取、より大きな行動範囲を有する快速の追撃部隊によって戦果を拡張することが重要だったのだ。イギリス騎兵は、カンブレーにおいて、この課題に応えられなかった。それについては、自動車化部隊が必要だったのであろう。その創設と運用も可能だったはずである。しかし、こうした思想は後知恵によるものであり、当時のイギリス軍指導部がそんなことを考えていなかったことはあきらかだった。

しかしながら、技術的発展はおのずから、高速と長大な行動範囲を得ようとする方向へと進んでいく。一九一八年にできたV型重戦車は時速七・七キロ、航続距離七十二キロを有しており、騎兵の代替となる「ホイペット」戦車は時速十二キロ、航続距離百キロの性能を持っていた。もっとも、これらの新型車両が出現するまでは、ドイツ軍の春季攻勢が、西部戦線における敵味方すべての行動を支配していた。ドイツ軍は、連合軍の戦車は防御にまわっているとみなしていた。

敵の戦車は防御に使われている。

戦争術の大原則は、戦車兵科にもあてはまる。フリードリヒ大王は、「すべてを守らんとするものは何ものをも守らず」と教えている。一九一八年春、イギリスによる戦車戦力の運用は、この教訓を顧慮していなかった。予期されるドイツ軍の攻勢正面に関して、明快な像が得られるよりもずっと前に、イギリス軍最高司令部は、手持ちの戦車十三個大隊を、軍・軍団予備として、ペロンヌ＝ベテューヌ間の百キロにもおよぶ戦線にばらまいてしまったのだ。かかる分散の結果、この戦車隊は局所的な投入しかなされず、戦果を得るのは稀であった。一定程度まとまった予備として、それらを前線から充分距離を取ったところに控置しておき、しかるのちに、アミアン地域の主要突破点に対する反撃に統一・集中使用したなら、はるかに大きな戦果が得られたことだろう。

一方、フランス軍は、ドイツ軍が攻勢に出ているあいだ、一般に戦車兵力を控置しておいた。シュマン＝デ＝ダームを越えたドイツ軍五月攻勢に対する防衛戦においてのみ、小部隊が投入された。目的は、ドイツ軍のマルヌ渡河とヴィエル・コトレの森への突入を阻止するとともに、ノワイヨンに向かうドイツ軍の突進を妨害することであった。こうした戦車の控置は、それに見合った成果を得ることになる。

ソワソン、一九一八年七月十八日

一九一八年七月十五日、ごく短期間の準備砲撃ののちに（この砲兵戦の原則の有効性は、それまでに証明されていた）、ランスの両側で発動されたドイツ軍の攻勢は蹉跌を来した。多数の兆候から警告を読み取っていた敵は、撤退してしまったのである。南西方向に突進、突出部を形成していた第七軍の状況は、極度に緊張したものになっていた。フランドルのどこか、より有効な地点で攻撃をかけてのみ、戦線を安定させ得る。だが、それが可能となる前に、フランス軍が反撃に踏み切った。戦車の出番がやってきたのだ。七月十八日、フランス第一〇および第六軍は総計五百両の戦車を以て、マルヌ川とエーヌ川のあいだで第七軍の西側面を攻撃した。戦車大隊十六個のうち、第一〇軍が九個、第六軍が七個を配備された。第一〇軍は六個大隊を最前線に投入、最高速で最新のルノー戦車大隊三個を軍予備として控置した。第一〇軍はそのほかに、戦果拡張のため、フランス騎兵軍団（三個騎兵師団）を配属されており、これは戦線より約二十キロ後方で待機していた。また、増強された歩兵六個大隊が、工兵とともに同騎兵軍団の指揮下に置かれている。第一〇軍の第一線歩兵師団十二個には、ただ五個大隊〔ママ。六個大隊の誤記か〕の中型戦車が指揮下に置かれたのみで、重点となる師団にだけ二個大隊、残りの師団には一個大隊ずつ配属された。北翼の歩兵三個師団と南翼の四個師団は、戦車なしで攻撃しなければならなかった。

攻撃手順は、奇襲を前提に組み立てられていた。午前五時三十五分に砲兵射撃が開始され、戦車と攻撃歩兵がそれに膚接して進むのである。霧が晴れた午前十時ごろ、フランス軍航空機が、エーヌ川とカヴィエール小川のあいだで十五キロにわたり、ドイツ軍の戦線が消滅していることを確認した。つまり、マルヌ屈曲部のなかでも、いちばんの急所であるソワソン方面に穴が開いたことになる。第七軍の運命は定まったかにみえた。フランス軍に必要なのは、突進し、予備を投入、騎兵と新手のルノー戦車に道を開いてやることだけだったのである。騎兵軍団は早くも午前八時半に、広範な正面でおおむね東方に向かって前進せよとの命令を受領していた。同軍団は午後三時には旧フランス軍戦線の最前部に進み、一時間後には戦場に到着した。が、わずかながらもドイツ軍の機関銃があったため、いくつかの騎兵中隊は、騎行を止め、徒歩戦闘に従事することを余儀なくされている。晩になると、この軍予備の騎兵軍団は歩兵一個師団と交代し、戦線から引き上げた。午前十時、第一〇軍はさらに予備のルノー戦車三個大隊を、重点攻撃中の軍団に授けた。だが、ただ一個大隊のみが、午後七時に戦闘参加できただけだった。第一梯隊の戦車が前進できなくなった時点で、ようやくルノーが投入されたためだ。さらに、もう一個中隊が戦闘に加わっているが、その戦果は不明である。

しかし、騎兵が登場した時点ですでに、別に彼らの助けがなくても、めざす突破はなしとげられていたはずであった。だが、そうはならなかった。なぜか?

ソワソン戦の第一幕、最初のドイツ軍陣地奪取については、みごとに立案され、準備も万全だった。けれども、続く戦闘では、新しい戦闘手段である戦車を作戦的目標に向けて集中投入し、使いこなす上での未熟さが目立った。弾幕射撃の射程外にあった最初の攻撃目標は保持不能で、砲兵を躍進させ、その火力支援を得ることがなければ、攻撃は継続できないと信じられていたのだ。砲兵の陣地転換には数時間を要する。よって、正午ごろに、全戦線にわたって戦闘休止期間が生じた。そのおかげで、ドイツ軍は、弱体ながらも防御線を布き、戦車に対して自らを守ることができる陣地に砲兵を入れることが可能となった。この陣地によって、あらたに得られた防御線を夜まで守りきることもできた。フランス軍師団と戦車の攻撃は、もう統一的でもなければ同時奇襲でもなく、逐次的なものでしかなかったのだ。

七月十八日の晩には、ドイツ軍の戦線は、幅五十キロ、縦深七キロにわたって、後退させられていた。戦術的には大戦果が達成されたわけだ。けれども、戦闘第一日目に、直接作戦に影響をもたらすようなことは起こらなかった。フランス軍指導部が、速力、航続距離、猛烈な火力といった戦車の潜在的能力すべてを活用することを躊躇したからである。当時、砲兵の火力支援と随伴歩兵をともなった戦車攻撃の発動が、一種の賭けであったことは疑いない。われわれにとって幸いだったのは、その後もそう思われていたことだ。

続く数日の戦闘のうちに、ドイツ第七軍の状況は深刻なものとなり、マルヌ突出部から撤退し、ヴェスル後方に下がるよう命じなければならなくなった。また、ドイツ軍十個師団の解隊も余儀なくされる。フランドルで予定されていた「ハーゲン」攻勢も中止され、西部戦線全体が防御への転換を強いられたのだ。何たる運命の変化であったろう！

一方、敵側では、百万のアメリカ軍と数百の戦車や航空機の投入が予定されていた。

ドイツ軍は、現実に押されていくままだった。戦車の嵐に直撃されなかった他のドイツ軍正面に警告を与え、このあらたな危険に対応する戦法を伝えるような努力は、ごくわずかしかなされなかった。ソワソンにおけるドイツ軍潰滅の主因が戦車にあったことは、もはや疑いの余地がないというのに、である！　この崩壊は、個々の部隊の不服従や、戦車が引き起こした恐慌、心神喪失などによるものではない。戦車に対して無防備も同然の歩兵が、実行不可能な任務を与えられて殲滅されたこと、砲兵支援が渇望されていたというのに、規則通りの戦法を取ったために、往々にして遅きに失する活動しかしなかったがために、そうした結果となったのだ。

かかる見解の正当性は、続く諸事件で確認されることになる。

アミアン、一九一八年八月八日

一九一八年八月八日午前五時二十分、英仏軍の砲撃が早朝のアミアンに響きわたった。その直後に、英軍三百十両、仏軍九十両の戦車と多数の航空機による攻撃が開始される。英軍十一個、仏軍五個の歩兵師団がこれに随伴しており、さらに三個師団を有するイギリス騎兵軍団とイギリス軍ホイペット戦車大隊二個、九十六両が後続して、勝利を完成させた。イギリス軍の攻撃手順は、ソワソンのそれと同様である。攻撃開始二時間後、最初の攻撃目標に到達したのち、砲兵の陣地転換のために二時間の戦闘休止が予定されていた。ところが、第一次攻撃目標は、ドイツ軍砲兵中隊群の主力陣地よりもずっと手前に設定されていたのである！ ただ、前進が再開されたのちは、休止なしで第三次攻撃目標まで進撃することになっていた。その際、騎兵は、歩兵を追い越して、最終目標であるショルヌ－ロワ間の鉄道線に突進するのだ。ずっと南方で実施されたフランス軍の攻撃手順は、それとは異なっていた。準備砲撃は四十五分間行い、第一梯隊が攻撃正面前方にある制圧高地を占領できたなら、戦車は第二梯隊とともに攻撃に踏み切るのである。

八月八日は、ドイツ陸軍暗黒の日となった。その経緯は、『世界大戦の諸戦闘』[❖1]叢書第三六巻に詳しく述べられており、研究の参考として推奨したい。本書は、豊富な知見を提供している。ここでは、事実だけを扱おう。それは何とも暗澹たるものだ。

イギリス軍は歩兵八個師団を以て、ドイツ軍およそ六個師団半を攻撃し、フランス軍五個師団がドイツ軍二個師団半と戦った。敵師団群は充分休養し、編制を充足させていたが、ドイツ軍には、第二七および第一一七師団を除けば、完全戦力の部隊はなかった。

敵の第二陣には、英軍三個師団および仏軍二個師団、さらにイギリス騎兵軍団がいたが、対するドイツ軍の予備は、五個師団程度の消耗した部隊にすぎなかったのだ。

当時、ドイツ軍の陣地構築は喫緊の要とされていた。その前の数週間のうちに最前線陣地をいくつも失陥していたからだ。だが、陣地新設にあたり、労働力も資材も充分に使えなかった。攻撃当日には、自然の霧が、人工の煙幕や砲撃による煙や砂塵と相俟って、視界や射撃の有効性を減少させた。加えて、味方砲兵の一部は、砲弾不足に苦しんでいたのである。

いかに状況が不利であり、また、敵が完全に奇襲に成功したといっても、これほど完全な突破が生起することは、おそらく二度とあるまい。さらに、この二点の前提がなかったとしても、厳しい試練に疲れ果てていたドイツ軍部隊が、五百両の戦車、五百機の戦闘用航空機と対峙していたのだ。歩兵は、戦車に対してはほとんど無防備で、航空機の前には完全に無力であった。当時、戦車に対抗できる唯一の兵科は砲兵であったが、彼らも、天然、もしくは人工の霧によって目つぶしされていた。かくて、ドイツ軍陣地は突入されるがままとなる。守備兵は蹂躙され、包囲を受け、殲滅された。待機していた部隊の投入や予備の召致も妨げられた。将校七百名、下士官兵二万七千名、大砲四百門が失われたのである。この消耗のうち、三分の二は捕虜に取られていた。陣地にあった九個師団は撃破され、あとから投入された五個師団も苦戦を強いられる。彼らは敵のなすがままであり、ドイツ軍の薄い第二線も寸断されていった。完全な突破に至らなかったのは、敵が当初の攻撃計画に固執したという、その一点のみによるものだった。第三次攻撃目標にたどりついたのちは、イギリス軍は停止してしまった。英軍騎兵隊は、今度ばかりは突撃する歩兵に速やかに追随し、出血しながらもその任務を不足無く果たしていた。配備された戦車も、騎兵の前進を支援していたのである。だが、さらに前進せよとの任務を与えられた英軍騎兵隊は、ドイツ軍の機関銃に遭遇し、二十七個連隊もの騎兵兵力を有しながら、それらを前進させることができなかったのである。騎兵軍団は、午後になって歩兵に追い抜かれ、戦線後方に追いやられた。よって、ホイペットも歩兵支援にまわったのだ。

ドイツ軍の戦線には、数時間にわたり、幅およそ三十キロ、縦深十五キロにもなる大穴が開いていた。敵がとほうもなく優勢であること、戦車や戦闘用航空機といった近代兵器に対して無力であることから、多くの地点で部隊の士気沮喪が生じた。それゆえ、彼らは、何度も厳しい批判にさらされねばならなかった。しかしながら、必要な兵器を渡してやることもせずに、いつでも不可能な任務を達成せよと要求するのは不当であると思われる。「わが戦闘機具はもはや百点満点ではない」[2]と断じることは、「道具」には、人間やその士気だけではなく、兵器も含まれると理解される場合にのみ、正当であろう。しかも、兵器は、味方が数的優勢を得ることが難しいと目されるほど、兵器の質は敵と同等以上でなければならないのである。

加えて、一九一八年には、敵の歩兵に対する戦車の支援はまったくなかったか、せいぜい腰の引けたものでしかなかったこと、ゆえに、その戦闘における士気がドイツ軍のそれより高いなどということはなかったこと、近代兵器を投入するからには、まさにその威力に見合った新しい攻撃方法が必要であったことなどを頭に留めておこう。

アミアンにおいて、イギリス軍は重戦車を歩兵と、中型のホイペットを騎兵と組み合わせた。よって、速度の遅い重戦車は第一梯隊、高速の中型戦車は第二梯隊に配置されている。最初の攻撃目標に到達したのち、すなわちドイツ軍砲兵中隊の陣地に進んで、これを奪取する前に、突撃した師団の砲兵を前に呼び寄せるために休止期間が取られることになっていた。こんな指令が出されたために、戦車のいちばん危険な敵とされていたドイツ軍砲兵は長時間にわたり（とくに霧が晴れた午前九時以降）威力を発揮することができた。また、陣地に配置されていた諸師団の待機・休止中だった大隊群に戦闘準備を行わせ、予備の師団を前進させることも可能となったのである。快速のホイペットが最初から、所在が知られていたドイツ軍司令部や予備師団といった遠隔目標を与えられ（たとえば、ドイツ軍の戦線後方八キロに在り、イギリス軍の第三次攻撃目標に含まれていたアルボニエール）、さらに第一次攻撃目標にドイツ軍砲兵陣地が含まれていたとしたら、いったい何が起こったことだろうか。そのことは問われねばならない。また、攻撃する縦深を二ないし三キロではなく、平均四ないし四キロ半に取っていたら、どうなっただろう。そうしたとしても、それらの目標はなお、攻撃側の陣地に入った砲兵の射程内にあったのだ。

投入された戦車の数はおよそ五百両で、攻撃正面幅が約十八キロだったことを考えれば少なかった。それゆえ、この戦車攻撃は縦深を欠いたのである。騎兵の麾下に置かれたホイペット大隊二個を除けば、追随する予備はなかった。かかる横隊状の運用は、敵防御陣が確実に存在することに鑑みて、将来的にはもはや不可能となることだろう。

カンブレーとソワソンの戦場において騎兵を運用してみたものの、満足な成果は得られず、そのため、この兵科を戦車と協同させる三度目の試みもお流れになった。

一九一八年には、英仏両軍ともに、自動車化された歩兵と砲兵の予備を戦果拡張に使うことを試みようとはしなかったのである。そうした手段はすでに存在していたにもかかわらず、やらなかったのだ。

対照的なことに、航空戦力との協同はうまくいったと思われる。指揮官たちは、航空機によって、攻撃の進展に関する報告を得た。戦車の主敵である敵砲兵に対する、格別に重要な戦闘も、王立戦車兵団に恒常的に配され、とくに対砲兵戦の訓練を受けた航空機によってきわめて効果的に遂行された。彼らは、砲兵中隊や個々に投入された対戦車砲を、爆弾と機関銃で攻撃し、成功を収めたのである。

以後の一九一八年の経過については、こう言えるだろう。連合軍の攻撃は続き、それらは戦車が投入されたところでは成功し、戦車なしに実行された場合には、ほとんど拒止されたのだ。

一九一八年八月八日から休戦に至るまでの王立戦車兵団の損害は、累計三十九日の戦闘で総員九千五百名のうち、将校五百九十八名、下士官兵二千二百五十七名の戦死、負傷、捕虜、行方不明となった。機材に関していえば、合計八百八十七両の戦車が戦場から回収された。このうち五百五十九両は軽微な損傷であったため、すぐに修理され、部隊に戻された。三百十三両は中央修理廠に後送され、二百四両が再び戦闘可能となったが、十五両は完全破壊されていた。最終的な損失は、約二千両中の百二十四両となる（数字は、リッター・フォン・アイマンスベルガー将軍の『戦車戦争』による）。他兵科の戦死者に比べれば、戦車部隊の損失はきわめて軽微だったと特記し得る。戦車部隊が、投入されたあらゆる場所において攻撃を先導する突撃部隊であったことはあきらかであるから、その点を考慮すれば、よりいっそう損害は少なかったといえるだろう。

フランス戦車部隊の損害は[3]、一九一八年七月十八日から休戦までの時期に行った四千三百五十六回の個別交戦で、二千九百三名を数え、うち戦死者は三百二名、負傷者千四百五十九名、行方不明者二百五十一名になる。つまり、全戦闘要員中およそ十三・二パーセントである。

喪失機材は左の通り。

ⓐ砲兵もしくはミーネンベルファーによるもの
シュナイダーおよびサン・シャモン戦車三百一両、ルノー戦車三百五十六両。

ⓑ対戦車地雷によるもの

シュナイダー戦車三両、ルノー戦車十三両。

ⓒ歩兵の携帯兵器によるもの

シュナイダー戦車三両、ルノー戦車一両。

ⓓ原因不詳

シュナイダー戦車一両、ルノー戦車七十両。

合計七百四十八両で、総数の十二・八パーセントである。なかでも、新式で小型、快速で防御が改善されているルノーよりも、旧式戦車の損傷のほうが大きかった。シュナイダーおよびサン・シャモン戦車のうち二十九パーセントを喪失したのに対し、ルノーのそれは十三・三パーセントにすぎない。

戦車撃破に要した最大消費弾数は左記に示す。

シュナイダー戦車に対しては、七・五センチ榴弾三十発、機関銃弾三千八百四十発。

サン・シャモン戦車に対しては、七・五センチ榴弾七十五発、機関銃弾二千六百九十発。

ルノー戦車に対しては、三・七センチ榴弾八十八発、もしくは機関銃弾千三百四十四発。

一般的には、右記の弾数のおよそ半分が消費された。

一九一九年には、左の保有数が予想されていた。

イギリスは重戦車七千両。
フランスは軽戦車八千ないし一万両。
合衆国は軽戦車一万両。
これに対し、ドイツは軽戦車八百両だった。

原註

❖1 Verlag Stalling, Oldenburg 1930.
❖2 Ludendorff, Meine kriegserinneruugen, 五五一頁。
❖3 Commandan F.-J. Deygas, Les Chars d'assault. Charles Lavauzelle & Co., Paris による。

大戦後の発展

一九一八年十一月の休戦により、敵味方ともに、こうした計画を実行することはなくなった。ヴェルサイユ条約は、ドイツの自動車戦闘部隊創設へのささやかな契機もぶちこわしてしまったのだ。しかし、敵は、この戦場での勝利に根本的な貢献をなした兵器に特別の注意を払い、発展させたのである。❖[1]

イギリス

その際、イギリス軍は、以下のごとき思想を導きだした。将来の戦争は、一九一八年に終結したそれとは、本質的に異なる前提のもとで遂行される。戦車が技術的に完成され、とくに快速や長い航続距離を得て、より大きな作戦的運動性を持つことは間違いないであろう。この特性ゆえに、古い兵科との協同はいよいよ困難になる。それらがのろのろと行軍していれば、必ずや敵の防御部隊にぶつかり、犠牲を出すのは間違いないからである。最後に、これからの展開を考える場合には、敵戦車ならびに航空機の撃破、そして世界大戦では未解決のままとなった戦果拡張の問題に回答を出すことに配慮しておかなければならない。ゆえに、イギリス軍は、保有していた戦車の大部分をスクラップにしてしまい、最新型のもののみを教練用に残した。そして、すでに触れた思想に配慮した新型戦車の生産に努力を傾注したのだ。

これらの新型戦車は、装甲は小口径の歩兵火器に耐えられる程度に抑え、比較的高速である点で共通している。武装に関してはさまざまであり、それに応じて、大きさや重量も異なる。最初は乗員一名、のちに二名とされ、機関銃で武装した豆戦車（ル・マーテルおよびカーデン＝ロイド）が、かかる生産の皮切りとなった。とりわけ、カーデン＝ロイドは成功した製品とみなされ、外国も含めて、広く使用されている。その任務は、対人戦闘、捜索、警備、伝令等である。ある意味、装甲軍における歩兵のような役割を果たすのだ。ただ一人の乗員に、武器と車両の操作、操縦と敵の観測といったことをいちどきに要求することは不可能だから、一人乗りの型は、ただちに生産中止となった。装甲部隊以外で、たとえば歩兵の兵器輸送車として使用する場合においても、同様の理由で適当ではなかった。近年のイギリス機甲部隊にあっては、このような豆戦車から、いわゆる軽戦車に装備転換する動きが進んでいる。その軽戦車の最新型は乗員三名で、完全武装重量八トンになる。

歩兵が火力掩護のために重火器を用いるのと同様のことが、装甲部隊にもみられる。中戦車が重火器を携行するのだ。イギリスでは、目下のところ、ヴィッカースⅠ型、ⅠA型、Ⅱ型、ⅡA型が、王立戦車兵団の主力となっている。これらは四十七ミリ砲一門、機関銃一挺で武装しながら、重量十四トンに留まっていたが、最新型は十六トンになっている。さらに、より重い戦車の導入も進行中だ。

イギリス機甲部隊で砲兵役を務めるのは、„Close support tanks“、つまり近接支援戦車である。随伴砲兵のための自走砲も生産されている。

このような各種車両に、工兵・通信戦車を加えて、純粋な戦車部隊を編成し得る。イギリスでは、きわめて早くから、戦車部隊のほかに自動車化された他兵科部隊を建制で置くことが必要であるか否かについて、活発な論戦が交わされてきた。そうした兵科は、戦車部隊を補完するのだが、自動車化されて初めて、独立運用された場合でもその多様な能力を完全に発揮できるのだ。自動車化歩兵旅団・砲兵隊の基礎的な実験や騎兵連隊を装甲車連隊に改編する試みは、いずれも良好な結果を出した。よって、今日、まさにわれわれの眼前で、イギリス平時軍の自動車化が進展することとなったのである。ただし、師団の主力部隊の構成に関しては、いまだ最終的な結論は出ていないものと思われる。一九三四年の演習では、四個大隊編制の戦車旅団一個、同じく四個大隊編制の自動車化狙撃兵旅団一個に、捜索大隊、砲兵、工兵、通信部隊を配した機甲師団一個がみられた。それは、きわめて強大な戦闘力を持っていたにもかかわらず、編制そのものは従来の歩兵師団よりも小さかったのだ。一九三七年には、ある騎兵師団の機甲師団への改編が実行された。同師団は「機械化機動師団」と改称され、装甲車連隊一個、自動車化騎兵（狙撃兵）連隊一個、軽騎兵戦車連隊一個から成る機械化騎兵旅団二個と従来同様四個大隊編制の戦車旅団一個と砲兵その他の支援兵科部隊を隷下に置いた。イギリス歩兵もまた最近改編されている。輜重隊はすべて自動車化され、将校の乗馬も乗用車かオートバイに取って代わられた。将来、歩兵旅団は三個狙撃兵大隊で構成され、それぞれの大隊は軽機関銃五十二挺と機械化迫撃砲四門を持つことになる。機関銃大隊は師団直轄部隊となり、軽微な装甲がほどこされた機関銃運搬車に搭載された重機関銃十六挺を持つ機関銃中隊二個と対戦車砲十二門を有する対戦車中隊一個の編制となる。対戦車中隊は、これまで十六門の砲を持つ予定であったが、イギリス軍は、携帯可能な対戦車銃の導入により砲門数を抑えることができると判断した。この機関銃大隊は、ほかに軽装甲車を装備する機械化捜索中隊を隷下に置く。各師団ごとに、二個機関銃大隊を持つ予定である。

将来的には、イギリス軍の各師団は、部隊輸送用の自動車中隊一個を持つようになる。その中隊は、歩兵一個旅団を輸送するものと目されている。

師団砲兵もすべて機械化される。いまだ存続している乗馬騎兵の機械化も予定されているものと思われる。❖2

フランス

フランスは、大戦後の年月において、まったく異なる経緯をたどった。ヨーロッパ大陸における強大な敵〔ドイツ〕は無力となり、地に伏せっているありさまだった。かくも無防備な敵に対しては、当初、一九一八年当時の装備をそのまま維持しているだけで充分だったのである。そうして二千ないし三千両の戦車を維持するからには、戦争最後の数か月間に定まったところの、これらの戦車に向いた戦法を保つしかなかった。時速八キロで走行するルノーM17型と18型が歩兵随伴戦車なのは明白なことである。しかも、長距離行軍や遠距離目標への高速移動にあたっては、トラックで運搬されなければならない。フランス戦車部隊は、つまり歩兵の一部であり、その脊柱となっていたのだ。一九一八年、戦争最後の数か月の経験により、戦車なしの歩兵は攻撃に踏み切れないのが普通であることが証明されていたからである。こうした、速度を犠牲にしても歩兵と緊密に連携して戦い、要塞化された陣地を覆滅するという思想の論理的な帰結として、重装甲と重武装をほどこすという決断がなされたにちがいない。かくてフランスでは、七十ないし七十四トンの2C型、3C型戦車がみられ、ついには九十二トンの戦車さえも現れた。この戦場の巨人の前面装甲は五十ミリ、砲塔や側面の装甲は三十五ミリ、その他の部分は三十ミリになる。速度は時速十二ないし十八キロのあいだで、武装は十五・五センチ榴弾砲一門、七・五センチ口径カノン砲一ないし二門、機関銃四ないし十一挺で、乗員は十二から十六名である。[3]

もちろん、このような戦車部隊では、機動運用など見込みがない。それは、陣地戦の武器、お決まりの緩慢な作戦のための武器であったし、その後も同様だった。フランス人のような戦闘的な国民が、こんなものでずっと満足できるわけがない。ドイツの国防意志、国防の自由がしだいに高まっていることを計算に入れれば、なおのことである。技術の進歩は、このような作戦・戦術企図の急転換をうながし、再び新型戦車を生産する契機となった。ルノーM26／27は時速十六キロで、NC27と31は時速二十キロで走行する。また、イギリス製のカーデン＝ロイドの影響もみられる。それを模倣したルノーUEと後継型のルノーAMRは路外走行で時速三十キロ、路上走行なら時速三十七キロを出すのだ。新型の三十トン中戦車も、同様の速度で走る。[4]

フランス機甲部隊の作戦的運動性ならびに戦場における速力の向上は、必然的にその独立運用の増大につながった。最初に出現したのは機甲旅団である。一九三七年には、重機甲師団による最初の実験演習が催されることになった。

その間に、従来から在った諸兵科の自動車化も着手されている。騎兵のかなりの部分が、「自動車化龍騎兵」として半装軌車に乗った。最近では、非常に高速のベルリエ六輪車、または四輪車による自動車化がなされている。数年にわたる実験ののち、第四騎兵師団（ランス）が完全自動車化され、ごく最近、第四軽自動車化師団と改称された。一九三六年には、第五騎兵師団も同様に改編されている。さらにもう一個の騎兵師団の改編が急ぎ進められている最中だ。今のところ、騎兵二個師団が残っているが、これらも三分の一程度が自動車化されている。一九三五年の大演習には、第四軽自動車化師団のほかに、第三（アミアン）および第一二（シャロン・シュル・マルヌ）師団が、完全自動車化された歩兵師団として参加した。加えて、一九三五年には、第一五自動車化師団（ディジョン）も演習を実施している。すなわち、フランス軍は一九三五年末までに、少なくとも軽自動車化師団一個と完全自動車化された歩兵師団四個を保有していたのだ。ファブリ大臣〔ジャン・ファブリ。一八七六～一九六八年。一九三五年から三六年までフランス国防大臣〕が、コストの高さに深いため息を洩らしたにもかかわらず、そうした師団の数はすぐに増えていったのである。

一九三五年の大演習終了後、『時代《ル・タン》』紙は勝ち誇った調子で記している。「世界大戦このかた、かくも多数の部隊が単一の総合演習のために集結したことはなかった。従来、大演習が控えめだったのは、その是非が争われていたという政治的理由、経済的配慮、さらには、それぞれの兵科が、このように大規模で得るところが大きい演習を行うには、自動車化・機械化のための資材を充分に装備していなかったという事実ゆえだったのである。加えて、現役師団が必要な資材を装備できるようになるまで待たねばならなかったということもあろう。最近数か月を除けば、公債の状況が五月雨式《さみだれしき》の支出しか許さなかったためだ。今日では、外交上の情勢ゆえに政治的な障害が排除され、国防の分野においても抑制的な政策は排撃された。よって、総合的な実験を充分に行うことができるようになったのである。この大演習は、申し分のない安全保障がなされているとの印象を与えたことであろう。本演習からまず引き出すことができる実際的な結論とは、フランス軍は再び大規模な運動戦の原則、さらに進んで、戦争は見通しのつかないものという原則に立ち返ったのだということであろう」

図１　軽装甲車、イギリス

図２　無線機を装備した重装甲車、ドイツ

図3　オートバイ狙撃兵、フランス

図4　歩兵と協同する軽戦車、フランス

一九三五年の大演習後に、ロシアのセジャーキン将軍〔A・I・セジャーキン。当時、赤軍参謀総長代理〕が、攻撃基地としてのフランス東部要塞群について加えた興味深い論評によれば、左のごとき可能性が出てきた。つまり、予見し得る将来において、フランス本土にある平時兵力の半分が自動車化され、およそ四十個大隊の戦車（この数が戦時に倍になるのは確実である）とともに、チンギス・カンも嫉妬に青ざめるような機動打撃戦力を形成するというのだ。

ロシア

「なるほど。しかし、東方、ポーランドとロシアの平原、その地の悪路においては、自動車は使えないのではないか」という異論が、しばしば聞かれる。それは、どこまで真実であろうか？

この問いかけに対しては、ロシア軍の発展が明々白々たる回答を与えてくれる。長年にわたり、ソ連は自前の重工業建設にいそしんできた。外国、とくにアメリカの技師が指導にあたり、この巨大な国家の酌めども尽きぬとさえ思われる資源によって、とほうもない諸計画を自力で遂行することが可能となったのだ。ロシアの近代的なトラクター工場を実見した者なら、そこには巨大な建設の意志があり、工業分野における業績も真剣に受け止めなければならないものであることを知っている。ロシア人は、外国から最良の民間用自動車や装甲車両、フォード、カーデン＝ロイド、ヴィッカース、ルノー、クリスティーの製品を購入し、模造した上で、自分たちの目的に適合させた。彼らは、そうした最良最新の自動車両を大量に生産したし、その諸部隊をかかる装備に習熟させ、また、おのが戦術的・作戦的企図をこれらの部隊の能力に合わせて調整することを心得ていた。ブジョンヌィの騎兵軍から、一九三五年のヴォロシーロフ機甲軍〔クリメント・I・

ヴォロシーロフ。一八八一～一九六九年。最終階級はソ連邦元帥で、国防人民委員などを務めた）が創成されたのである。ヴォロシーロフ自身の言葉を借りれば、旧式の諸兵科を粉砕し、歩兵将校を航空士、騎兵将校を戦車長に仕立て替えたのだ。赤軍は、およそ一万両の装甲車両、十五万台の牽引自動車、十万台の陸軍軍用車両を有しており、自動車に関しては、あらゆる国々のなかでもトップ・レベルにあり、英仏をも凌駕している。ロシア空軍の発展も、機甲戦力のそれと歩調を合わせてきたから、この世界でもっとも進んだ軍隊は、平時兵力百三十万を用意するに至った。ロシア軍は、他の列強と自国を隔ててきた空間、これまでは越えがたい障害とみなされてきた広漠たる空間を克服し、アジアであるとヨーロッパであるとにかかわらず、剣にものをいわせることができるのである。大規模団隊でみれば、彼らは歩兵四十八個師団、騎兵十六個師団を保持している。

ロシアの「自動車・機械化部隊」（自動車化戦闘部隊と同様の命名だ）の構成についても述べておくべきだろう。作戦捜索は、航空機と協同した装甲車（フォード六輪装甲車）によって実施される。戦術捜索には、フォード水陸両用六輪装甲車とヴィッカース＝カーデン＝ロイド小型戦車が用いられる。「装甲《ブローニエ》フォード」小型戦車は、行軍縦隊の直接支援を引き受ける。

「自動車・機械化部隊」の行動には、三つのやり方がある。

「遠隔目標」向けの長距離戦闘部隊は、作戦次元の目標を狙い、敵の側面や後方に突進、あるいは縦深奥深くまで突破することとされている。この部隊には、クリスティー式の高速戦車と水陸両用戦車が装備されており、空軍と協同するべしと命じられているのだ。

他兵科との協同には、「間接支援部隊」と「歩兵向け直接支援部隊」があたる。前者は、中・軽型砲装備戦車を有し、敵砲兵の撃滅を主任務とする。後者の多くは、機関銃か、小口径の砲を装備した戦車から成り、歩兵の直接支援を行う。

自動車化歩兵、六輪自走車台に据えられた機甲随伴砲兵、対戦車砲など、必要な支援兵科を付せられて、右記の部隊の武装は完璧なものとなる。

クルシャノフスキーいわく、「決定的勝利は、敵主力を全縦深にわたって同時に撃滅することにより、戦術的にも作戦的にも達成し得る。そのためには、強大な衝力と運動性を有する、迅速に前進可能な戦闘手段が必要なのである」

一九三六年の白ロシアおよびモスクワ軍管区における大演習の大部分は、自動車・機械化部隊の歩兵・騎兵師団との協同、そして、初めての大規模な落下傘降下狙撃兵ならびにグライダー部隊との協同を試験してみることに費やされた。その際、すでに特殊な航空機で軽戦車を運び、現場で降ろすことが実行されたようである。

以上、陣地戦において、鉄条網や塹壕を克服する道具にすぎなかった戦車が、大戦後に、機動性に富み、高速で、扱いやすい編制を持ち、近代的な通信手段で指揮される運動戦の兵科となるまでの経過を述べてきた。

以後の記述では、現代の装甲部隊の構成や戦法を描きだし、そこから他兵科との協同に関して、いかなる結論がみちびくことができるか、省察を試みる。そうした考察の基盤として、装甲部隊を二つの主たるグループに分類してみるのが有効であろう。すなわち、捜索団隊と戦闘団隊である。

原註

❖1 „Revue des deux Mondes“〔『両世界評論』〕, 一九三四年九月十五日号におけるデブネ将軍の記述。「われわれに勝利を贈ってくれた兵器は、日々完璧となっていく。戦闘車両と航空機の発展は日進月歩だ」

❖2 Liddell Hart, Europe in Arms〔『武装せるヨーロッパ』〕, London, Faber & Faber Ltd., 1937.

❖3 Heigl, Tachenbuch der Tanks, I, 1934 による。

❖4 Heigl, Tachenbuch der Tanks, I, 1934 による。

装甲捜索団隊

指揮官の決断の土台となる情報は、捜索によって得られる。捜索は、さまざまな手段によって実行される。ゆえに、航空捜索、地上捜索、通信捜索（電話、無線などの傍受）、スパイによる捜索、その他の手段による捜索などを区別しておこう。かくのごとく捜索手段は多様だが、それらは互いに補い合うものでもある。さらに捜索は、目的に応じて、作戦捜索、戦術捜索、戦闘捜索と三様に区分される。作戦捜索は上級司令部のために行われ、もっぱら空軍の仕事となる。だが、それによって、ある地域に敵が存在するか否かを余すところなく確認することは不可能だ。敵の巧妙な偽装、夜と霧、悪天候、大山系、森林や広がる市街地などが、それを困難にし、あるいは、まったく不可能にしてしまうのだ。敵の監視を継続し、接触を維持できるとは限らないのである。そのため、敵防御陣にほとんど妨げられないことや高速、長大な行動範囲といった利点が航空捜索にあるとしても、適切な地上捜索によってそれを補完するのを放棄することはできないのだ。

捜索にあたっては、とくに快速で進退自在、広い行動範囲と優れた通信手段を有する、指揮しやすい部隊が必要となる。彼らは、自身が発見されることがないようにしながら、多くを観察し、報告しなければならない。従って、そうした部隊が小編制で偽装しやすいほど、任務をうまく達成できるということになる。その戦闘力は、同等の敵に対したときに、ことをなしとげられる程度にしておかなければならない。より多くの戦力を必要とする任務が与えられた場合には、ケース・バイ・ケースで増強してやらねばならない。

近代的な地上捜索の担い手は重装甲車である。たいていの陸軍において、この任務には、主として路上で使われる装輪車両を用いている。が、それらは三軸、もしくはそれ以上の多軸駆動によって、一定の不整地走行能力も有しているのだ。路外走行能力の分野に関しては、近年、技術的な進歩が著しい。そうした発展には、多くが期待できる。かかる車両の最高速度は、時速七十ないし百キロに達するし、行動範囲も二百キロから三百キロほどにおよぶ。武装は、機関銃と、多くの場合は二ないし三・七センチ口径の装甲貫徹可能な火砲である。ただ、高速が要求されることから、装甲の厚さには一定の限界がある。とはいえ、少なくとも歩兵火器の小口径弾に耐えられるだけの防備はほどこされている。

複数の装甲車により、装甲車小隊が編成される。装甲車小隊の構成は、任務、数量、車両の種類によって、さまざまだ。場合によっては、工兵、自動車化狙撃兵、重火器を付与してやらねばならぬこともあろう。装甲車小隊には、たとえ夜間であっても、常に敵と接触を保ち、得た敵情を報告する能力がある。

捜索大隊は通常、装甲車二ないし三個中隊を持つ。これらは、複数の重・軽装甲車によって構成される。一般的に重要な課題となるのは、まず主要道路の偵察、しかるのちに獲得した情報に基づき、最重要の方向に捜索網を拡げていくことである。至近距離で敵と接触した場合の捜索強化においては、軽装甲車とオートバイ狙撃兵が重要となる。

指揮官にとって、捜索結果が価値あるものとなるのは、それが適時届けられた場合のみだ。それゆえ、捜索団隊の通信機器装備については、細心の注意が払われなければならない。何よりも役に立つのは、無線電信・電話であろう。捜索大隊の戦術的運用は、通信機器の数量や到達範囲に左右される。無線が傍受され、発信地点が測定されることもあり得るから、なるべく長く無線封止を保ち、敵と接触するまでは、通信手段をたとえば有線電話や航空機・自動車による伝令に限定するように努めるべし。

装備の大部分が装甲車両である捜索大隊は、隷下装甲車小隊のために情報集積所を設置する。それは、時機に応じた情報伝達に努め、予備の装甲車を充分に控置しておかねばならない。数日にわたる捜索を実施し、いかなる状況下でも、自前の戦力で、あらたな方向への奇襲的旋回を行えるようにしておくためである。

限定的な戦闘任務に備え、装甲地上捜索部隊の情報集積所を守るには、一定数のオートバイ、もしくは不整地走行可能のトラックで運ばれる狙撃兵、軽砲、迫撃砲、工兵や対戦車砲が必要となる。予期せぬ敵と遭遇した際には、装甲車小隊や捜索大隊は普通、その装甲や武装が許すかぎり攻撃的に行動する。捜索任務から逸脱しないよう、彼らは捜索活動中には好んで戦闘を求めるものではないが、敵に損害を与える好機が到来したなら、それを忌避することもない。捜索部隊の基本的姿勢はそういうものだけれども、他部隊の戦力が不足している場合、たとえば、追撃、退却の掩護、欺瞞行動、側背掩護などが必要になったときに、捜索大隊に戦闘任務を与えることを妨げはしないのだ。

装甲捜索団隊は、右記のごとき方法で作戦捜索と戦術捜索を行う。前者は、軍から軍集団のレベル、もしくは、そのいずれかにおいて独立的になされる。後者は、装甲部隊や他の快速部隊、たとえば、自動車化歩兵師団において実施される。これらの部隊は、敵と接触を維持する能力がある。ゆえに地上部隊の作戦捜索は、航空捜索を補完するし、時と場合によって、とくに夜間や霧、悪天候の時期、山岳・森林地帯にあっては、航空捜索を代替しなければならない。一方、地上捜索、とりわけ装甲部隊のためのそれも、高速で広範囲におよぶという特質を持つ航空捜索によって補完される必要があるのだ。陸空の指揮・捜索機構は、こうした教育のために注意深く訓練されていなければならぬ。

歩兵師団・軍団のための戦術捜索は、多くはこの両者が相互に依拠しあうかたちで、限定された縦深において実行される。そのため、今日なお多くの騎馬団隊が捜索任務を担っている。だが、ある単一の捜索部隊に馬とエンジンを組み合わせるのは、目的にかなっていないものと思われる。

近代的な陸軍の行動範囲が広がり、テンポも速くなっているから、歩兵師団においても、捜索機関の速力を高めることが、早急に必要とされよう。

装甲捜索団隊は、有事には真っ先に敵と接触する。敵対行為が開始された際、まず初めに戦果をあげることばかりか、おそらくは奇襲により、最大級の勝利を得ることも期待される。最初の衝突からのち、事態がどのように展開するかは、誰にも予想できないからだ。ゆえに、装甲捜索団隊を形成する各隊が互いになじんでいること、指揮官と部隊の将兵の紐帯が結ばれていること、装甲車の通信機器や支援兵科部隊が完全に信頼できることなどが重要なのである。従って、装甲捜索団隊は、有事に即投入されることを予想し、平時においてすでに編成を完了しておかなければならない。

戦闘に任じる装甲部隊

装甲団隊の大部分は目的に応じて、戦闘団隊を構成する。装甲部隊は、戦闘において、司令官が企図した地点に集中、奇襲的に投入されることによって、決勝をみちびくという任務を有する。装甲部隊は、火力と運動性、少なくとも歩兵の小口径火器の砲弾に耐えられる装甲とを統合した存在なのだ。装甲部隊は、移動中に戦闘を行うことによって他の地上兵科から区別されるし、それゆえに攻撃兵科であることは明白である。世界大戦後の戦車の主たる特徴は、大戦時のそれよりも根本的に改善された速力だ。その高速は、他兵科が長期間にわたり戦車攻撃に追随することを不可能にしてしまった。装甲、武装の威力、照準・観測・通信機器は世界大戦以来、徹底的に改良された。だが、それらに対して、著しく強化された対抗手段が存在することも考慮しなければならない。戦車の主敵は、敵の戦車であり、また対戦車砲だ。これらは、自分に向けられた攻撃の展開を停滞させ、敵がおのれの兵器の威力や速度を活用するのを妨げるのである。あらゆる種類の遮蔽物、とくに地雷は妨害効果を発揮する。❖1

近代的な装甲部隊が有する機材は、こうした技術的可能性や戦術的危険性を広く考慮したものになっている。明快な像が得られるように、以下、基本的な戦車の分類を示しておこう。

ⓐ軽戦車は、二十ミリないし六十ミリ口径の砲一門と複数の機関銃を装備している。乗員の近接防御には、短機関銃、拳銃、手榴弾が用いられる。ときに、煙幕展張器が備えられていることもある。装甲はすべての箇所においてSmK弾に耐えられるものとされ、場合によっては、車体の枢要部や砲塔により厚い装甲がほどこされる。日中行軍における平均速度は時速二十キロほどで、戦場においては十二ないし十六キロになる。日没時や悪天候、地勢によって、この速度が著しく減少することもある。この種の車両の最大重量は、せいぜい十八トンほどだ。軽戦車は最前線における戦闘の担い手であり、敵戦車に対しては砲で、人間相手には機関銃で戦う。

ⓑ至近距離の捜索、近接警備、命令伝達には、もっと軽量で、四トンから七トンぐらいの機関銃で武装しただけの戦車が使われる。この種の戦闘車両は（とくに、より大型の戦車に掩護された場合）、右記のような任務のほか、対人戦闘にも使い勝手がよい。車高が低いため、狙いがつけにくく、高速で機動性に富んでいるから、これらは対戦車砲にもっとも脅威を与える敵となるのだ。生産コストも低いから、大量装備もしやすい。この種の戦車が多数出現すれば、端倪《たんげい》すべからざる敵となろう。

ⓒ中戦車は、七・五ないし十センチ口径の砲で武装する。速度と装甲は、ⓐ項で述べた軽戦車程度である。これらは、軽戦車の後ろ盾として機能し、ときには遠距離目標、市街地、野戦陣地、対戦車砲の覆滅にあたる。

ⓓ重戦車は、多数の機関銃、軽砲、口径十センチ以上の砲で武装している。通常、特別に強力な存在で、フランスでは五十ミリにおよぶ装甲をほどこされている。攻撃にあたっては、堅固な陣地や要塞を目標とする。その重量は九十トンぐらいまでである。鉄道輸送のために特別な貨車が必要になるため、上限があるのだ。

中・重戦車で十センチ以上の口径の砲を持つものは、普通、敵観測所、砲兵中隊、とりわけ対戦車砲に目眩ましをかけるために煙弾を携行する。

機動的な戦争を遂行する任務を担う装甲団隊の編制は、以上述べてきた三種類の戦車を混成したものとなる。戦闘目的に応じて、軽戦車、もしくは中戦車の数が増える。重戦車は、構築済みの陣地を攻略するための特別部隊を構成するのだ。そのため、外国では、軽戦車団隊（大隊）、中戦車団隊、重戦車団隊、混成団隊と区分している。二個以上の大隊で戦車連隊を編成し、複数の戦車連隊を編合して戦車旅団となすのである。

装甲団隊の指揮は、尖兵中隊群に付せられた小規模の通信隊や視覚信号によって行われる。無線封止を維持する必要がある場合においては、有線電話、自動車、航空機によって、命令示達と情報伝達の道を確保しなければならない。

無線装置を備えた装甲指揮車両は、司令部に何倍もの機動性を持たせる。また、司令部隷下の各部隊には、伝令用に機関銃戦車が一両装備される。

外国では、航空機からの装甲部隊の指揮が提唱されているが、それは、あらかじめ攻撃地域の制空権が得られるかどうかに左右されるし、完全に機能する無線通信と指揮に適した型式の航空機を必要とする。目下のところ、そうした問題はまだ解決されていない。

旅団長から小隊長に至るまで、指揮戦車には無線送受信機、その他の戦車には受信機を装備したものと仮定しよう。また、一定程度良好な地表状態と天候のもとで、平均行軍速度は時速二十キロ、戦闘時速度十六キロが得られることを前提とする。

かかる条件下、装甲旅団の攻撃要領がいかなるものになるか、描きだしてみよう。戦車攻撃は一般に、戦力を集中し、大量投入がなされた場合にのみ、圧倒的な打撃を加えることができる。それはあきらかだ。装甲旅団という団隊は、独立任務をゆだねることができる最小の戦闘単位である。[2] さらに、装甲部隊は移動しながら戦闘すること、その攻撃は装甲の庇護のもとに火力と運動を組み合わせたものであることを想起しよう。敵の蹂躙が戦車の主任務であるかのごとく考えることは許されない。むしろ、戦車の本質は、実際に火力を投射すること、銃砲の威力によって、敵を殲滅することにある。ときに敵機材の破壊のため、蹂躙が行われることがあるが、その力は副次的なものにすぎない。戦車の武装の威力が発揮されるかは、以下の諸点しだいである。

ⓐ武器と弾薬の質。行進間射撃で命中弾を得るためには、砲弾の初速が大きく、迅速に連続射撃ができることが必要である。砲弾・銃弾は観測可能でなければならない（曳光弾を用いる）。

ⓑ照準器の質。優れた光学直接照準器、容易に上下左右を調整できる照準操作機構が求められる。

ⓒ戦車の駆動機構、とくに懸架装置の構造に左右される。これらについては、激しい衝撃や長時間続く震動を避けるよう、目的にかなったものを選ぶ。

ⓓ地形と植生。凹凸のある地形は激しい震動をもたらし、結果として照準器の深刻な故障を引き起こす。急勾配は、その高さや深さによって、多くの死角をつくってしまう。たとえば、丈の高い穀物、灌木の囲い、森林といった濃密な植生や市街地は、目標視認を困難にし、火力の効果を低減させる。

ⓔ砲手と操縦手の訓練状態。常に照準器の操作訓練を行い、兵器に関する正確な知識と、それを暗がりや戦車の震動・衝撃のなかで使いこなす能力、敵の観測において緊張を維持し、射撃開始に際しては機敏な決断を行う力。戦車の砲手の特性として、これらのことが必要とされる。戦車の操縦手は、砲撃を実施するのに要する時間においては、戦車をなめらかに、かつ衝撃を与えないように動かし、砲手の戦闘行動を心得て支援してやらなければならない。

機関銃の銃撃は四百メートル以下、砲撃は約千メートル以下の射距離で有効になる。たとえば、フランス軍の操典は、左のごとく、非常に明快に述べている。「戦車は近距離においてこそ、正確で迅速な射撃を実行できる」[3] イギリスの操典にもこうある。「戦車の任務は、与えられた目標に到達することにあるのではなく、敵抵抗巣の所在をあきらかにし、機関銃と小火器によって、それらを掃討することにある。このことは、はっきりさせておかなければならない……」 ここに、「さらに火砲によって」と付け加えることができるだろう。

停止状態からは、より遠距離、照準観測装置の限界まで、効果のある射撃を行うことが期待されるのはいうまでもない。従って、戦況や装甲団隊の事情が許すなら、行進間射撃よりも停止射撃のほうが好まれるだろう。とくに、先行する戦車に対して、稜線や他の掩蔽物の陰から停止した戦車が火力掩護を与えることは往々にしてある。敵対戦車砲や砲兵の有効射程内、あるいは敵戦車との戦闘においては、たいていの場合、行進間射撃を実施しなければならない。それゆえ、行進間射撃は、射撃訓練の核心部分となる。

装甲部隊は、その作戦・戦術的な機動能力のおかげで、速やかに集結させ、投入することができる。かかる装甲部隊固有の特性こそ、他の地上部隊以上に、敵の虚を突く運用を可能とするのだ。よって、攻撃準備にあたっては、奇襲を達成するよう努力しなければならない。つまり、前線配置のための準備措置は、夜と速度を利用して、極度に短縮、要領よく実行し、きわめて重要な補給物資は適時に安全な場所に置く。また、注意深く交通管制を行い、命令示達の仕組みも明確にするべし。一九一八年のアミアンでは、イギリス軍は前線配置を二段階に分けて実行した。八月六日から七日の夜にかけて、戦車は、戦線から二ないし三英マイル〔現在の国際マイルのことと思われる。一マイルは約千六百九メートル〕後方の陣地に招じ入れられた。ついで、歩兵の第一線から千歩背後にある突撃発起陣地に入った。ただし、機材の能力や速度が当時よりも向上しているから、将来においては、定められた突撃発起陣地に入るようなことはなくなり、特別の事情がなければ、敵砲兵の射程外にある準備陣地から攻撃を発動することになろう。準備陣地そのものについては、有効な偽装をほどこすことができるか、また道路網の具合は、といったことが重要である。この準備陣地において、最後の攻撃準備がなされ、燃料が補給される。加えて、部隊への給養や、長時間の行軍のあとなら乗員交代も行われる。必要とされる偵察や他兵科部隊との連絡確保も実行されるのだ。

他兵科においてもそうであるように、偵察に多くの時間を費やしてはならない。地図を読み込み、航空写真を正確に判定すること。また、いかなる場合においても、戦車長たちは自ら航空機に搭乗して予定攻撃地域を偵察し、攻撃を決断するための土台をつくらなければならない。他兵科部隊による偵察結果も、戦車隊

地に進入できるのである。

とくに夜間移動に備えて、行軍路の確定と開放を行い、前進がスムーズに行われるようにする。その際、道路・方向標識の設置を惜しんではならない。それがあれば、部隊は無灯火で、迅速かつ音を立てずに準備陣地に進入できるのである。

準備陣地からは、攻撃発動のための展開が行われる。展開とは、のちの戦闘企図に応じた正面幅と縦深を得るための前進運動である。その際、個々の部隊は隊伍を組んだ状態にとどまる。現場にある道路を利用、隘路の通過を容易にし、多くはすでに展開を済ませて、陣地に入っている他兵科の部隊のあいだを円滑にすりぬけるためだ。そのとき、とくに注意しなければならないのは、通信連絡を妨げないようにすることである。攻撃に適した時間帯は薄暮、さらによいのは払暁の薄暗がりのときであるから、これを選ぶようにすべし。そうすれば、天然、もしくは人工の霧、黄昏によって、防御側の視界は数百メートル程度に低減し、防御兵器の効果も著しく減殺されるのだ。欺瞞措置、砲兵射撃、煙幕展張、航空機の活動、他の場所への陽動攻撃は、敵の注意を攻撃が企図されている正面からそらす。同時に、広範な正面にわたって前進すれば、敵の兵器の効力を分散させられる。

戦闘突入直前に、展開から、戦闘隊形への散開前進がなされる。あらゆる運動は、自らが射撃開始に至るまで、敵の視界内において、最大速度で地形によって得られる掩蔽物を利用して実行される。たとえ、地形が敵に向かって急傾斜になっているような場合でも、攻撃の速度とそれによって得られる奇襲効果が助けになろう。地勢は、装甲団隊の攻撃方向を根本的に左右する。よって、装甲部隊の攻撃には、他兵科とともに不都合な地形で行うのではなく、踏破容易な地形を指定して実施することが重要である。こうして幅広の正面と充分な縦深を取って、統一的に猛攻を加えれば、敵陣への奇襲的突入が達成されるのだ。装甲旅団隷下の各部隊は、敢えて敵の抵抗を衝いてでも、目標へ急進する。あらゆる兵器を即応状態に置き、また、あらかじめその運用について神経を使い、良好な訓練をほどこしておけば、もっとも効果を発揮する射距離で強力な射撃戦を遂行することができる。戦車攻撃が長きにわたり士気沮喪効果を与えられるかどうかは、射撃の実際の威力にのみ依っている。そこから、戦闘遂行のため、ある程度の結論を引き出すことができるだろう。射撃に際しては、戦車は停止するか、大幅に減速しなければならない。正確な照準を可能とするためだ。その速度は、地形や戦車の性能により、時速十二ないし二十キロほどである。敵、とくに対戦車砲や敵戦車を見逃すことはできず、これらを覆滅しなければならない。

かかる戦闘の前提の一つとして、戦闘隊形が考慮されるべきであろう。それはシンプルで、各車両が互いの障害にならぬようにしながら、戦車の大群を効率的に使えるものでなければならぬ。

重・中戦車の最小戦闘単位は戦車三両から成る小隊で、軽戦車中隊の場合には、各小隊五ないし七両になる。普通は、これらを分割すべきではない。小隊群は、一般に横隊、もしくは楔形隊形で路外を進む。車間距離は、それぞれ五十メートルほどだ。中隊群は、攻撃において、何波かに分けられる。しばしば第一陣とされるのは、軽戦車中隊である。とくにイギリス軍の見解に従うなら、中戦車（砲戦車）数両が直接支援に配されることになる。第一陣、もしくは両側面に配置された中隊は、正面および翼側の戦闘捜索にも注意する。戦車大隊も同様に、何列かに分けた隊形を組む。旅団は、隷下諸連隊を梯隊として、前後に区分配置するか、あるいは両翼へ展開させ、左右に区分配置する。各梯隊を形成する戦車連隊は、隷下諸大隊を左右に展開させるか、これまた下部梯隊に区分して、前後に配置したかたちで投入する。あらゆる指揮官は、隷下諸隊の状況を常に把握し、自らの影響力を及ぼせるよう、陣頭に立つ。

各梯隊とその指揮下に入った諸隊は、明確に記された戦闘任務命令を与えられる。たとえば、突破の場合には、このような文書だ。「第一梯隊は、敵司令部および予備のある地点まで突進し、これを排除する。第二梯隊は敵砲兵の殲滅にあたる。第三梯隊は敵歩兵を叩き、攻撃する歩兵が到着するまでに制圧する。以上の任務達成以降は、戦車指揮官の指示に従うこと」おおまかな攻撃方向を間違いなく維持できるよう、攻撃目標と方向を示す目印となる地形も指定される。霧や暗闇によって地形が見通せないときには、コンパスで方向を示して、攻撃を実施する。航空写真、とりわけ角度をつけて撮影されたそれは、おおいに助けとなり得る。四個大隊を隷下に置く戦車旅団の攻撃正面幅は二ないし四キロ、縦深は三ないし五キロとなる。おおむね一個歩兵師団の攻撃正面幅に相当するものだが、戦車旅団は、最前方の戦闘地域において、より多くの軽・重火器の射撃を可能とするのだ。歩兵の小口径火器に対して保護され、大なる速力を以て敵に向かい得る戦車こそが、かかる兵器を機能させるのである。従って、敵が対抗措置を取るのに使える時間は、はなはだ短くなる。このような特性、強大な火力、高速、装甲による保護といったことを、装甲部隊の攻撃力は土台にしている。これらの条件のうち、ただの一つでも制限されれば、装甲部隊の攻撃力は減殺される。とくに、鈍足な他兵科部隊と歩調を合わせるため、速度が制限されたりしようものなら、敵が対戦車砲を召致したり、自らの装甲部隊による反撃を実施するための時間、対戦車防御のために費やせる時間が増大してしまうのだ。さらに、予備兵力も自動車化されている時代であるから、そんなことをすれば、敵は、せっかく突破口を開いた地点にあらたな戦線をつくり、攻撃続行を不可能とはいわないまでも困難にすることであろう。

戦車攻撃終了後には、つぎの投入に向けて、部隊の再編成が行われる。追撃、敵側面への展開による突破口の拡張、あるいは迫り来る敵予備に対するあらたな出撃に備えることがその目的だ。また、攻撃が失敗した場合には、適切な地点への集結を行うこともある。そうしたときには、弾薬を補給、損耗を補充、戦闘で消耗した部隊を新手と交代させるといったことが往々にして必要になる。集合地点をあらかじめ決めておくことができるのは稀である。集合地点は、敵の直接照準射撃や航空機の捜索に対して掩蔽され、迅速な展開を可能とし、また保証する位置でなければならない。

最後に、戦車戦、すなわち戦車対戦車の戦闘について、短く論じておこう。この、将来重要になるであろう戦闘様式に関する経験は、世界大戦ではわずかしか得られなかった。戦場になると予想される西欧ならびに中央において、それらの経験は限られた範囲の教訓にしかならない。そこから導くことができるのは、以下の視点である。

敵戦車が戦場に出現するや、それは味方戦車と対戦車砲にとっては、早急に撃滅しなければならぬ、もっとも危険な対手となるのだ。まずは、停止した戦車と対戦車砲で組まれる火力陣によって対応し、不意打ちの射撃を浴びせかける。それができない、あるいは長期間継続できない場合には、機動しながらの戦闘に移行しなければならない。その際、味方戦車に対し、推進に好適な地形や光源、風向などを保証してやることが大事だ。さらに重要なのは、部隊の秩序を保つことである。すでに述べたように速度を抑え、火力管制が失われないようにし、指揮官は予備を握っておく。戦車戦は火力によって決せられる。ゆえに、精密な火力管制と優れた射撃訓練は、とくに大切である。また、地形を活用することで、味方の損害を著しく減少させることも可能だ。状況によっては、煙幕使用に訴えることもできよう。敵戦車に対する戦闘は、それが殲滅されるまで貫徹しなければならない。他の任務遂行について考えられるようになるのは、その後なのである。

原註

❖1 Walther Nehring, „Panzerabwehr" 〔『対戦車防御』〕, Verlag E. S. Mittler & Sohn, Berlin 1937.

❖2 一九三五年のロシア軍の演習では、合計千両四梯団もの戦車旅団が運用された。

❖3 《Les chars peuvent utiliser leur armement á courte distance avec précision et rapidité.》 Régl. d'Inf 〔『歩兵操典』〕.

他兵科との協同

装甲部隊と他兵科の協同は、目下おおいに激論が交わされている問題だ。新しい兵科の発生とともに、その問いかけがなされているのである。二つのまったく異なる思想が、優劣をめぐって争っている。一方の主唱者は、歩兵こそ主兵、唯一無二の「戦場の女王」であるとみなし、他兵科はすべてその補助として歩兵に仕えるものだとしている。彼らの見解によれば、徒歩で戦場を踏破し、せいぜい短期間疾走するだけの歩兵よりも、戦車を速く進めてはならないというのだ。戦車は、ある意味で、歩兵のために動く盾となるべし。それなくしては、敵の機関銃が火を噴くなか、歩兵はもはや攻撃不能になってしまうのだからというのである。この種の意見では、戦車のエンジンにひそんでいる速力を活用することも放棄されてしまう。かかる戦術において必然的に戦車の大損害が生じることも、歩兵のためなら甘受し得るとされる。快速装甲部隊によって開かれた作戦的な展望も、見過ごされがちだ。前大戦で、攻撃要領が緩慢な手順を踏んだおかげで、防御側はいつでも突破口の背後にあらたな戦線を築くことができたという事実など考えないのである。このような戦線は、当初得られた奇襲の効果も消えてしまったあとに築かれるから、以前よりも堅固で、強化されている。それゆえ、第一撃よりも不都合な条件のもとで、攻撃が継続されることになってしまう。防御側の構成、とくに砲兵の位置は、いっそう不明になっている。しかし、たいていの場合、あらためて偵察を行う時間などありはしないのである。将来、予備兵力が自動車化・装甲化されたり、空輸されるであろうことを想定すれば、かかる状況が攻撃側に好都合に変わるとは考えにくい。他方、これに反対する思想を有する論者は、ずっと先の未来へとまなざしを向けている。彼らは、他兵科との協同に大きな意義があると認めるものではなく、純粋に装甲部隊だけをまとめて、何よりも敵の側面や後方に向けるか、敵地奥深く挺進襲撃をかけるべきだと考える。奇襲によって、敵の対抗防御に不意打ちを喰わせ、封鎖陣や困難な地形、要塞をも迂回することができると信じているのだ。この種の運用方法により、戦争を決するような効果が得られると期待しているのである。技術的な現状からは、こうした構想を実現するには、なお限界がある。従って、当面は、二つの見解を折衷した解決、他兵科への支援と、新しい戦闘手段の技術的可能性を作戦・戦術的に存分に発揮させることをともに可能とする方策を優先させることになろう。だが、いかなる場合においても、硬直した組織や旧来の事情に無理に合わせたりすることで、将来的な発展を阻害するようなことは許されない。

他兵科との協同は、装甲部隊にとって必要なことである。それ単独では（他の兵科もまたそうであるように）、与えられる戦闘任務のすべてを遂行できないからだ。装甲部隊には他兵科の部隊と協同する義務があるし、逆もまた真なり。他兵科の部隊が恒常的に戦車との協同用に配されているとあらば、なおさらである。

他兵科との協同に関しては、一九二七年にイギリス軍が出した『戦車・装甲車による訓練に関する暫定教令』の文言が重要だ。以下、引用する。「その出現以来、目下のところ、戦車は主要戦闘兵器となっている。それゆえ、戦車と歩兵の協同攻撃は、歩兵の前進や砲兵の支援射撃に鑑みても、戦車の攻撃に好都合なように区分されなければならない。戦車の機動性はすべて活用されなければならないのであり、目標選定や攻撃の時間配分案もそれに左右される」この文章は、ドイツ軍の教範とも一致している。そこには、「部隊指揮官は、戦車の戦闘行動と他兵科との協同を調和させること。他兵科の戦闘も、戦車の攻撃地域内においては、後者に奉仕するようにしなければならない」とある（『部隊指揮』第一部、三四〇条）。

イギリス軍の教範は、さらにこう記す。「装甲された戦闘車両は、継続的に歩兵、または騎兵に膚接して行動しなければならないとする見解は、時代おくれである。装甲された戦闘車両は、多くの可能性を有する兵器なのだ。それは、もっとも目的にかなった時機と場所を選び、その特性に適した戦法を取ることによって、戦闘力を発揮する」さらに「協同は相互に行われなければならず、共通の目標に向けられねばならぬ」、「前進方向の選択基準は戦術的な有用性であり、歩兵の攻撃方向と並行しているかどうかなどということではない」ドイツの教範も同様のことを述べている。「（攻撃方向に関して）決定的に重要なのは地形である。戦車を歩兵に密着させれば、速度の有利が奪われ、場合によっては敵防御砲火の犠牲にしてしまう」（『部隊指揮』第一部、三三九条）

最近、世界大戦中、あるいはその後に認められていた思想が、さまざまな地でみられるようになっている。イギリスでは、一九三五年の演習で、戦車を歩兵に拘束するような兆候が示された。英軍の戦車は歩兵に密着協同させるには向いていないにもかかわらず、戦車旅団が分割され、各歩兵師団に一個大隊ずつ配備されたのである。イギリス戦車の大部分は、この種の任務に振り向けるには、あまりに快速で、装甲も弱く、し

図５　フィアット・アンサルド型機関銃戦車、イタリア。アビシニアのメケレにて

図６　機関銃戦車、ドイツ

図7　ヴィッカース中戦車、イギリス

図8　ヴィッカース・インデペンデント重戦車、イギリス

図 9　指揮戦車、イギリス

図 10　自動車化龍騎兵の輸送車両、フランス

図 11　自動車化牽引砲兵、フランス

図 12　自走砲、合衆国

かも巨大すぎるのだ。戦車の威力は、こうした兵力分散によって、わずかなものとなってしまう。自動車化歩兵旅団も、おおむね歩兵に拘束されたため、本演習中、何の役割も果たさなかった。鈍足の歩兵随伴戦車の装甲防御を強化することで、右記の危険は緩和され、歩兵との緊密な協同も可能となるとの主張がなされ、かかる世界大戦時の戦術への回帰の根拠とされた。しかし、もっとも口径が小さい二・五センチ砲に対して、戦車の防御を確実にしようとするだけで、装甲の厚さを三十ミリ以上にすることが必要とされる。当然、重量も大きくなり、より馬力のあるエンジンとそれに相応した大きな車台を使うことを余儀なくされてしまうのだ。このように、のろのろと歩兵に随伴するような目的の戦車を多数生産しようとしても、こういった種類の戦車のコストはきわめて高い。だが、かくのごときやり方で歩兵を効果的に支援しようとするなら、数を揃えることが要求されるのだ。

コストの問題を措いても、歩兵のため、特別に鈍足の戦車大隊を編成することには、作戦・戦術上の重要な反対意見がある。作戦次元の目的のために組まれた装甲団隊は、統合するのも、戦術的な枠に応じて分遣するのも簡単だ。一方、歩兵師団隷下に置かれた個々の戦車大隊を集めて、作戦的な意味で使おうとしても失敗することになろう。それに適した機材が少ないことを別としても、必要とされる司令部や支援部隊がなく、ただ足踏みさせておくしかないからだ。ある兵科が行軍ならびに戦闘において快速に動こうとするほど、そうした兵科とその指揮官が、すでに平時において、戦時にともに戦うことになる部隊に慣れておくことが重要になる。

その点でみれば、先の世界大戦前、そして、一九一四年のドイツ騎兵の組織は、幕僚も通信組織も熟練しておらず、武装に欠陥があり、大規模団隊の行軍術も不備で、ほとんど時代おくれになった戦闘要領に依っていた。その結果、ひどい経験をするはめになったが、それは深甚なる戦訓となっているのである。世界大戦前のドイツ騎兵の編制は、近衛騎兵師団のみ例外であるが、旅団単位で歩兵師団の指揮下に置かれていた。それは、開戦時の大騎兵団隊の行動能力に不都合な影響を与えた。戦車においても、これと同じ誤りを繰り返さなければならぬ理由などなかろう。たとえ装甲を強化しても、近代的な対戦車砲や敵の快速戦車部隊のことを考慮するなら、鈍足の歩兵戦車は、歩兵戦闘におけるその任務を達し得ないはずだ。また、いつ、そのような事態にならんとも限らないのである。そのとき、鈍足の戦車は、同等の武装を持つ敵により、絶望的なまでに圧伏させられる。退役将官J・F・C・フラーは、この点について左のように述べている。[1]「歩兵が、自らの火力による掩護だけで、連発銃や機関銃を装備した歩兵を攻撃することは不可能である。そんな企図を実行するのは自殺行為にひとしいからだ。攻撃できるのは、榴弾の濃密な弾幕に掩護されているか、戦車に先導されているときのみである。だが、後者の方法では、戦車の自由な機動にブレーキをかけるだけのことになってしまう。そうした目的に合わせた特別の戦車を歩兵に与えるべきだという主張は、この兵器の価値を下げる意味しか持たない……」別の記事には、こういう記述もある。「正面攻撃に固執し、歩兵の突撃を続けさせなければならないとしよう。その場合、以下の事実を考慮しなければならない。つぎの戦争において、われらが敵の多くは一九一八年に比べて三倍から四倍の機関銃と、対戦車防御用に装備し、訓練を受けた砲兵を有し、高速で移動する戦車（もっとも効果的な対戦車兵器である）で武装しているだろうということである。かかる状況、そのような戦争にあっては、鈍足で、歩兵の掩護兵器として機能するような戦車のほうが、快速戦車に優越するであろう。そう考えるほうが賢いのではないか？　だが、そうした戦車は、より多くの機関銃を破壊しなければならず、その反面、より多くの対戦車砲弾を一身に受けることになるし、もし快速戦車に攻撃されたなら、排除されてしまうだろう」[2]

ここで、イギリス軍の見解のかなりの部分が装甲部隊の独立運用に傾いているのに対して、公表された一九三五年のフランス軍教範『歩兵教則第二部　戦闘』は従前通りに歩兵と戦車の緊密な協同を要求していることを強調しておこう。このフランス軍教範は、「戦車との戦闘」の章で、戦車に関して、世界大戦終結時の技術的状態による数字を挙げている。たとえば、軽戦車の最高速度は時速七キロ、戦闘速度は時速二キロ、平均速度は時速三・五キロといったぐあいだ。歩兵と戦車部隊の協同についての規則も、戦闘において歩兵よりも速くなかった旧式機材の性能をあてはめているのである。従って、この教範では、両兵科の相互拘束と戦車隊の歩兵への隷属という原則を行うことを企図しているといえよう。基本的に、歩兵と戦車は同一目標を攻撃する。戦車は独立したかたちで歩兵の攻撃目標を超越して進むよりも、むしろ目標達成後に撤収することになる。歩兵一個中隊の攻撃は通常戦車一個小隊に、歩兵大隊の攻撃は戦車一個中隊に支援される。

フランスの新型戦車の配備と運用については、これまで公表されていない。ただ、フランスにおける一連の報道から、この機材は、世界大戦のころから保持されている戦車に比べ、より強力な装甲・武装ならびに高速を備えているとの結論がみちびかれる。また、この新型「D」戦車に関する専門文献上の議論より、その技術的能力が向上しているにもかかわらず、当局筋の大部分は、戦車が歩・砲兵と緊密に協同してこそ成功が約束されるという意見を抱いていることが浮かび上がってくる。もっとも、かかる見解はフランスにおいても議論の余地があるものだということは、ド・ゴール大佐の著作『職業軍の建設』[3]が証明している。そのなかには、以下のごとき文章がみられる。「戦闘に備え、戦車は充分に後方に置いて、隊伍を組ませる。普通は、三梯隊に編合するのだ。戦闘時に敵と最初に接触を行うことになるのは軽戦車である。それに中・

重戦車より成る戦闘梯隊が続く……。最後に控えているのは、先行した梯隊と交代するか、戦果拡張に使われることになる予備梯隊だ……。軽戦車は出撃陣地を越えて、迅速に敵に突進する。ついで、彼らの戦闘に、戦闘梯隊が介入するのだ。彼らは強力な集団を形成し、路外を蛇行しつつ進む……。多くの場合、その攻撃方向は、敵前を斜めに横切るものとなる。敵の抵抗を側面から叩くためだ。攻撃に際して、避けなければならないのは、時間を喰う掃討作業によって、前進が間尺に合わない停滞におちいることだ……。それゆえ、最前列の梯隊が停止してもよいのは、突破が見込める場合のみである。しかるのち、彼らは最終目標に向かって突進を加速しなければならない。戦車攻撃の成功が確実とみなされたなら、歩兵が前進し、目標地域の占領にあたる。その際、不整地走行可能な車両に搭乗させることもできるが、徒歩でもかまわない。とにかく、歩兵の任務は、占領した土地を確保することにある。ただ、歩兵が最後の抵抗を排除しなければならないことはしばしばであり、そのため自ら攻撃したり、随伴砲兵を投入することを余儀なくされる」

こうした思想の進行と歩調を合わせて、一九三七年夏、フランスで、計画されていた重機甲師団一個を用いての実験演習が行われ、ド・ゴール大佐の問題提起が真剣に試されていることを知らしめた。近代的な装甲部隊の発展を、歩兵の面倒で緩慢な攻撃において彼らを直接支援させるというような視点のもとに置くことは許されないのである。むしろ、他の方法で戦車の特性をより良く活用できないか、それによって戦闘行動全体を効率的に遂行するのに貢献できないかといった疑問を実験してみなければならない。それゆえ、外国では、歩兵を戦場でより速く機動できるようにし、戦車の素早い攻撃に追随することを可能とするための実験が行われている。この目的に至る道は多数あるのだ。一つのやり方として、軍服を軽くするなど、装具が負担にならないようにすることがある。これは、すべての歩兵について実行可能で、戦車攻撃の戦果拡張ばかりか、ほかの戦闘任務をも容易にするであろう。二番目の方法としては、少なくとも、建制で戦車部隊と協同することになっている狙撃兵部隊を自動車化することだ。ド・ゴール大佐が示唆し、フランスにおいては「自動車化龍騎兵」のかたちで現実になったやり方である。フランス軍「自動車化龍騎兵」の大部分は、不整地を広く踏破できるシトロエン＝ケグレス型ハーフトラックによって機動力を与えられている。また、最近その一部に、歩兵の銃撃に耐えられるような装甲がほどこされた。

歩兵と戦車は協同に備えなければならない。使える時間にもよるが、その用意はとにかく徹底的なものとなろう。いずれにしても、歩兵は、戦闘地域、予定される時間表、戦車攻撃にあたる部隊の構成と目標などを知らされ、明快な戦闘任務を与えられることを必要とするのだ。その任務において、とくに伝えられるべきは、どの戦車隊が直接協同に割り当てられているかということである。かかる戦車隊の指揮官は、実行可能であれば、協力する歩兵の指揮官と自ら接触し、戦闘手順のやり方について話し合うことになろう。その際、戦闘中の相互支援についても決めておく。戦車による歩兵支援は、狭い空間に密集すること、両兵科が膚接することによってのみ達成されるという意見をしばしば聞く。たとえば、最近のある攻撃で、戦車が掩蔽物のない平原で歩兵より六百メートルも先行し、彼らを置き去りにしてしまったと叱責されたことがある。こうした批判は、歩兵にとって、攻撃の最後の六百メートルにおいて敵機関銃の撃滅、もしくは制圧を、徹底的かつ速やかに実行できるかは死活問題であるということを顧慮していない。歩兵には機関銃の位置を特定できないからだ。この場合、敵歩兵の戦闘地域に躍り込み、直接照準射撃を叩き込んで、効果的に制圧することがむしろ必要なのである。

戦車と歩兵は狭い範囲で協同せよとする論者は、以下の点を明確にすべきであろう。数百メートルにわたる掩蔽物のない地域をともに前進し、しかも、敵機関銃が覆滅されていない、あるいは少なくともマヒさせられていない場合には、味方狙撃兵が戦車に直接随伴することなど、敵の射撃によって実行不可能だということだ。攻撃が不必要に長引き、避けられたはずの損害が増えるようなことになれば、戦車が最高速度で敵歩兵戦闘地域に前進し、発見された敵を殲滅、または少なくとも制圧して、可能ならば一気呵成に、かつ損害も出さずに、味方歩兵が追随できるようにすることを求めなければならない。

とはいえ、敵味方両陣営の戦線が、ごく狭い空間でしか区切られていないか、防御側の戦線が天然もしくは人工の障害によって守られているときには、事情は異なる。

従って、戦車と歩兵の協同については、さまざまなケースが想定される。

ⓐ戦車が、歩兵よりも先に攻撃する場合。歩兵は、戦車が及ぼすマヒ効果を利用して追随し、敵陣、とくに機関銃座に進む。歩兵の側では、位置が確定された対戦車砲の制圧、もしくは覆滅を行うことにより、戦車を支援する。攻撃側が、掩蔽物のない地域を乗り越え、目標に到達したとき、かかる状況が現出するであろう。

ⓑ戦車が歩兵と同時に攻撃する場合。歩兵は右記のごとく行動する。攻撃に向いた地形にいる敵と対峙した際に、この攻撃要領が指示される。

ⓒ歩兵が、戦車よりも先に攻撃する場合。歩兵はまず、他兵科、とくに砲兵と工兵によって支援されていなければならない。この方法は、河川の一部や遮断物といった障害物が、戦車の速やかな投入を妨げていて、最初に他兵科の部隊が橋頭堡もしくは通路を確保しなければならないときに用いられる。

ⓓ地勢がそうした行動に適した場合には、戦車が歩兵の攻撃方向より斜めにそれて進み、他の方面から攻撃にかかる。

敵の戦闘地域を通過するにあたって、戦車は歩兵に道を啓くために、位置が特定された敵、とりわけ対戦車砲、重火器、機関銃を覆滅し、そこにいると推定された敵を射撃で制圧していく。敵戦闘地域の掃討を試み、それによって敵の士気をくじこうと企図するだけでは充分ではない。むしろ、敵を掃滅し、兵器の威力を存分に発揮して敵の戦力を破砕、その防御システムに穴を穿たなければならないのだ。

戦車攻撃が敵歩兵の抵抗を完全に排除することは、ごく稀にしか生じない。発見されなかった個々の機関銃が再び息を吹き返すのである。いずれにしても、戦車部隊は、歩兵が自ら戦うという課題をなくしてくれるわけではない。歩兵は、そのことを肝に銘じておかねばならぬ。もちろん、戦車部隊は、激戦において歩兵を徹底的に助けてくれるし、そもそも戦車あってこそ、そうした戦闘が可能になるということもあろう。歩兵、あるいは、もっと威力のある自動車化狙撃兵の任務は、戦車攻撃の効果を自らの迅速な前進のために遅滞なく利用することだ。戦車攻撃によって得られた土地をしかと確保、敵を掃討するというおのが戦闘行動によって、戦車を補完するのである。歩兵が戦車とともに前進する場合には、隊形と目印に注意しなければならない。それによって、速やかな前進が可能となるし、戦車も、たとえ黄昏時や霧のなかにあっても味方歩兵を識別できる。同士撃ちという不幸な事態が避けられるのである。

歩兵同様、砲兵もまた、戦車の発展によって、一連の新しい任務を課せられている。先の世界大戦で戦車攻撃を弾幕射撃で支援することが可能であり、適切だったとしても、戦車の攻撃要領が加速されたために、現在では実行できなくなっている。軍レベルの枠内で戦車が戦うのなら、歩兵師団隷下の砲兵による協同も攻撃準備の段階にまで拡大される。それには、射程距離ぎりぎりまで砲兵に働いてもらわなくてはならない。

　準備砲撃の開始は、味方の攻撃企図を防御側に示してしまう。準備砲撃の様態から、さし迫った攻撃の規模、どこを主要な突破口にしようと狙っているかまで、ある程度読み取れるのだ。従来なら攻撃準備を覆い隠してくれた機密保持のヴェールも、もう剝ぎ取られてしまうのである。防御側は空陸の対抗措置を取るだろう。航空捜索が徹底的になされる。予備兵力も、脅威を受けている正面へと殺到するだろうし、その速度も前大戦よりもはるかに大きくなっているはずだ。ヨーロッパの陸軍のほとんどすべてが近代的な輸送手段を採用しており、鉄道のほかに自動車と航空機を予備の召致に利用できるからである。かくて防御側の対戦車兵器も増大しつづけ、戦車攻撃成功の見込みを減らしていく。加えて、長期にわたる準備砲撃には、攻撃地域を通行困難な被弾孔だらけの野に変えてしまうという不利がある。にもかかわらず、防御側の歩兵に充分な損害を与えることなど保証されないのだ。それゆえ、準備砲撃は、短ければ短いほどよい。攻撃地域に充分砲兵がいない、あるいは、強力な砲兵とその弾薬を集めるために時間を費消し[4]、注目を集めて、敵に奇襲をかける可能性を危うくしてしまうぐらいなら、そもそも準備砲撃をやらないほうが得策である。その場合、砲兵は待機状態において、戦車攻撃を見守り、戦車にとって危険な目標、たとえば対戦車砲が現れたとき、これを覆滅するのに使われる。

　戦車攻撃が開始されるとともに、砲兵射撃の着弾点は、攻撃地域からその前方へと押し出されていく。攻撃地域の両側面、限定目標への攻撃の場合にはまたその縦深をも遮蔽し、戦車が攻撃してはならないか、あるいは攻撃できない目標、たとえば、市街地、森林、断崖、存在が推定されている対戦車砲陣地などを制圧、排除することが目的だ。この任務には、一部は高性能爆薬を用いた砲弾、一部は煙弾が使われることになる。また、それには、砲兵の側が細心の注意を払い、臨機応変に射撃管制を行うことが求められる。その助けとなるのは、近代的な通信機器、とりわけ無線通信機だ。

以上述べたごとき砲兵支援の方法も、敵陣深くまで届くわけではないし、砲兵が装甲化されていないかぎり、快速で進められる戦車攻撃に応じられる速さで観測班を追随させることもできない。

このような役割を甘受することは、攻撃に歓びを感じる砲兵の伝統にそぐわないであろう。ゆえに、砲兵はあらゆる陸軍において、戦車攻撃に参加し、自らを自動車化することに努めている。エンジンによる機動性獲得には、二種類のやり方がある。自動車牽引するか、自走砲とするかだ。これまでは、牽引砲兵とするのが常識であった。それには、兵器と輸送手段を分離できる利点がある。輸送車両は簡単に交換できるし、射撃陣地に停車させておく必要もないのである。重量の問題も、自動車牽引の大砲の場合には深刻ではない。だが、自走砲は、新しい特異な兵器だ。自走砲には、いつでも移動可能、常に射撃用意ができていて、個々の砲から砲兵中隊に至るまで速やかに陣地転換を行え、しかも、ある程度装甲に守られているという有利がある。従って、自走砲は、装甲部隊の随伴兵器として望ましいものなのだ。イギリスには、ずっと前から、さまざまな型式の自走砲が存在する。アメリカとロシアも試作中だ。ド・ゴール大佐は、その戦法を以下のように描きだしている。❖5「戦闘が急激に進展した場合、通常の方法では、砲兵はその任を果たせない。攻撃前にそのつど確認しておくわけにはいかないのである。また陣地戦においても、以前同様、射撃対象範囲を決め、割り当てるといったことはもはや不可能だし、砲撃準備を数学的に正確に行うこともできない。逆に、敵陣が奪取されたなら、急速に変わっていく事態に砲撃を合わせていくことも心得ていなければならないのだ。よって、砲兵は、戦闘梯隊〔戦車の戦闘梯隊〕に膚接して追随しなければならない。観測・通信班のみならず、砲も一緒に、さらには補給段列までも後続するのである。それとともに、砲兵は『動く大鎚《マス・ムヴァン》』となる。その一部は独立行動をなし、状況に適切に対応することを可能とする陣地を探しだす。高速で移動する目標を、いかなる射距離においても撃てるような陣地だ。彼らは対戦車砲や機関銃を持っているから、自らを守ることができる。堅固な陣地、計画砲撃、統一的火力管制といった利点も、自走砲の本質であるところの運動性、直接観測、独立行動能力といったことで代替されるのだ」ド・ゴール大佐はこのように、彼にとっての砲兵の理想を記している。ド・ゴールは、砲兵に決断を迫っている。戦車攻撃に速やかに追随できるよう、確実な射撃諸元、綿密に考え抜かれた測距要領に従い、過度に時間を使って、長い陣地戦を行うというしきたりから、自らを解放できるか否かということだ。

これに関連して、すでに言及した煙幕の問題ならびに化学兵器が装甲部隊の運用に与える影響について、もう一度触れておこう。

装甲部隊にとっても、煙幕が果たす役割は重要さを増す一方である。その際、三種類の使用法がみられる。戦車攻撃前と開始時の準備砲撃において陣地にこもった砲兵が行う煙弾射撃、戦車攻撃の展開に合わせて、戦車攻撃に随伴して移動している自走砲兵による煙弾射撃、戦車そのものの排気煙を使った煙幕展張だ。

第一の煙幕展張方法は目新しいものではない。それは、歩兵攻撃の場合と同様のやり方で実施される。一定期間、敵の観測所や想定される対戦車砲陣地、敵がひそんでいると思われる市街地や森からの視野を閉ざし、戦車が視認されずに接近したり、射撃を受けずに迂回行動や包囲を実施できるようにしてやるのが、その目的である。煙幕は、欺瞞行動にも使える。戦車に随伴する砲兵による煙弾射撃は、小隊、もしくは中隊単位で実施される。これらは、戦車攻撃第一波の背後に膚接して、ともに進み、敵戦闘地域の奥深くに出現した予想外の敵対戦車砲の眼をつぶす役目を持つ。煙弾による煙幕展張には、十・五センチ以上の口径の砲か、迫撃砲が用いられる。イギリスでは、戦車と随伴砲兵の緊密な連携を確保するため、軽・中戦車と「近接支援戦車」を編合した中隊が編成されている。

戦車が自ら煙幕を展張することには、当初大きな期待が幾重にもかけられていたが、その源をたどっていけば、戦車の居場所と針路をはっきりと暴露してしまう。戦車は自ら黒煙をあげながら進むか、（面白からぬことに）おのが展張した煙幕によって、かえって存在を目立たせてしまうかなのである。従って、この種の煙幕を攻撃目的で使えるのは、風向きが好都合なときだけだ。もっとも、それによって、敵からの離脱を容易にし得るということはある。

化学兵器に対しては、戦車の乗員は比較的抗堪性を持つ。これは、とくにマスタードガスのような、一定期間地域汚染を行い得る糜爛性《びらんせい》の化学物質にあてはまる。ガス状の化学物質に対しては、ガスマスクや戦車を気密状態にすることで防護する。さらに外国の製造メーカーは、戦車そのものを気密構造にしたり、戦闘地域において吸入した空気を毒ガスフィルターによって浄化するといった対策に努めている。これまでなかった対ガス密閉の試みも、大きな成功を収めたようだ。個々に毒ガス排気装置を備えた戦車についての言及もある[6]（ロシアのケース）。

装甲部隊を支援する工兵の役割は、防御におけるのと同様、攻撃に際しても重要だ。その任務には新しいものもある。水流や湿地、土質が軟弱な土地、障害物、とくに地雷が敷設された地域を通行可能にすることである。この種の小作業は、もちろん各部隊の工兵によって実施されなければならない。しかしながら、大なる障害を克服するには、多くの場合、特別な訓練を受け、必要な機器を装備した独立工兵部隊を必要とする。

多くの国々で、水深があるために渡渉できない水の障害を、戦車を水陸両用にすることで克服しようとする試みがなされている。この分野でも、おおいに注目に値する一連の成果が出された。イギリスとロシアにおいて、それが顕著だ。将来、水陸両用戦車が出現し、捜索目的や橋頭堡確保のために用いられることが想定される。その掩護のもとに、他の戦車が渡河、もしくは架橋にあたるのだ。

渡河・架橋機材は、それにかかる重量に鑑み、とくに大きな負荷に耐えられることを要する。もちろん、装甲部隊専用と指定された橋梁は舗装されていなくても可とされる。

障害物、とりわけ装甲部隊の運用を著しく局限する地雷原の探知と除去には、特別の訓練が求められる。装甲部隊と協同する工兵の活動は、たいていの場合、緊急の要があり、敵前で遂行されなければならない。その際、戦車の掩護を得たときにのみ、作業現場で成果をあげることができる。さまざまな国々、なかでもイギリスは、装甲部隊付とされた工兵に架橋戦車や地雷処理戦車を装備している。イギリスでは、一九一八年製のV型二式重戦車がその目的に利用されているのだ。

野戦築城をほどこされた陣地をめぐる戦闘では、より大きな任務が工兵に与えられる。周知のごとく、先の世界大戦において、他兵科の部隊では、受忍できる程度に損害を抑えて、一定の期限内に野戦陣地を奪取することができないという事実ゆえに、戦車部隊は創設された。戦車がこの課題にとくに適していた点は、攻撃に先立って砲兵や迫撃砲の効力射を行う必要がなく、鉄条網や塹壕を超越する能力があることだった。野戦陣地に対する戦車攻撃成功の前提は、障害物の規模や堅固さが戦車の行動能力を超えていないことである。当然のことながら、こうした能力は重・中戦車において著しい。たとえば、フランス軍重戦車の能力は以下のようになる。

超壕能力　四メートル
登坂可能角度　四十五度
超越可能な障害物の高さ　一・七〇メートル
渡渉可能深度　二メートル
伐倒能力　高さ〇・八〇メートルの樹木まで

克服しなければならない障害物に照らすと、この戦車の能力は不充分である。そこで、工兵のわざが用いられるのだ。その技術は、往々にして予防的に使われることになろう。前世界大戦においては、鉄条網を排除するために特殊な錨がつくられ〔錨を鉄条網にかけ、引き寄せて排除する〕、塹壕を越えるために粗朶束が用いられた。今後は、障害物がある地域を通行可能とし、動けなくなった車両を再び自由に進めるために、爆破作業や土木工事が行われることになるだろう。

これらの作業すべてに、従来の工兵の運用要領をはるかに超えるような特別訓練が必要になる。それゆえ、装甲部隊と工兵の協同の成功は、何よりも、戦車という兵器の特性を理解し、必要な装備を使用できる工兵部隊によってこそ期待できるのである。こうした要求とはまた別に、陸軍の工兵一般が、戦車に対する防御のみならず、攻撃における戦車との協同を心得ていなければならない。

近代的な装甲部隊では、軽戦車でさえ、無線受信機を有しているし、指揮車両はすべて無線送信機を装備している。この事実だけでも、装甲部隊そのものの指揮ならびに他兵科部隊との連繋における通信部隊の重要性が際立つというものだ。装甲部隊とその自動車化された支援部隊において、行軍・戦闘時の正面幅および縦深が広がったり、塵埃や煙、霧や、勾配の激しい地勢、または地形的な障害により、視界が遮蔽されれば、先遣諸中隊が視認標識で連絡を取ることはできなくなる。広大な領域にわたって高速で移動したり、戦闘に突入すれば、電話の利用も不可能とする。また、味方戦線後方で休止・接近行軍している時期にも、電話の利用は限られたものになるのだ。

そのため、装甲部隊との協同に指定される通信部隊は、圧倒的に無線装備部隊ということになろう。歩兵師団に配備されたときと同様、通信部隊は、装甲部隊指揮官と隷下の諸連隊や独立部隊、両側面にいる味方部隊や航空機との連絡、そして、場合によっては装甲部隊が直属する司令部との連絡を確保するのである。

戦闘行動は急速に展開されるし、また、装甲部隊の指揮官は最前方にあることを要求されるから、司令部の要求を満たせるのは、高速で移動可能、どんな不整地をも走行できる装甲通信車両のみ。手短に交わされる無線通信、とくにあらかじめ決めていた符牒を使ってのそれは、速やかな報告伝達や命令示達を保証する。従って、装甲部隊と恒常的に協同させようと思えば、特別の装備と訓練をほどこされた通信部隊が必要とされるのだ。

指揮官に情報が迅速に届くときにのみ、捜索の成功が約束される。よって、捜索部隊は、後続する部隊の多くよりも快速で、優れた通信手段を持っていなければならない。この二つの基本的要求から、それ自体が早足である装甲部隊のための戦術・戦闘捜索がいかに難しいかがあきらかになる。

何よりも成功を保証してくれるのは航空捜索である。航空捜索はもっとも速く敵陣に到達し、その活動を妨害するのはきわめて困難だ。しかしながら、航空捜索には敵との接触を持続できず、今日いまだに（たとえ一時的であれ）天候に左右されるという欠点がある。偵察機は出発前に任務を与えられる。追加や変更は、無線通信や一時着陸を行うことによって伝達し得る。その報告は、飛行場に着陸したのち、もしくは通信筒投下や無線通信によってなされる。装甲団隊は迅速に動いている場合がほとんどであるから、その移動がはじまる前に航空捜索側に綿密なブリーフィングを行っておくことも必要だ。あらかじめ予想できる範囲で、部隊の企図や運動線を偵察機に教えてやらなければならないのである。これがうまくいった場合でさえ、航空機がそうした部隊の位置を見つけ、通信筒投下や緊急着陸によって連絡を保つことは、しばしば困難となるのだ。この二つの行動は注意深くなされなければならない。とくに航空兵は、敵味方の装甲部隊を空中から区別できなくてはならぬ。航空機と装甲団隊の無線連絡も、日頃から細心の注意を払って訓練をほどこしておく必要がある。それゆえ、イギリス軍は早くも世界大戦中に、王立戦車兵団の建制に航空隊を置き、それによって経験を積んだ。装甲団隊の指揮官が、出撃前に自ら航空偵察を行うのも有利に働く。単なる伝令目的については、フランス軍が一九三五年の演習でスポーツ用航空機を使い、成功を収めた。さて、航空捜索は、とくに快速で行動範囲も大きな部隊による地上捜索で補完することを要する。不整地走行能力で装軌車両に劣るとはいえ、速さへの要求をもっとも満足させてくれるのは、今のところは装輪車両である。装輪車両は障害物に弱いのだ。捜索大隊は、無線や伝令自動車によって報告を送る。地上捜索に関しては、加えて本書〔『戦車部隊と他兵科の協同』〕冒頭に述べたことを参照されたい。

航空戦力は、戦車攻撃を徹頭徹尾支援することができる。すでに一九一八年八月八日、イギリス軍航空機は、ドイツ軍砲兵中隊、予備兵力や前進してくる戦車縦隊に、爆弾と機関銃による攻撃を浴びせ、効果的な支援を行った。将来的には、根本的に強化された対戦車防御と敵の自動車化・装甲化された予備の持つ機動性に鑑みて、地上目標に対する航空機の投入は、より大きな意義を有するものとなろう。また、航空機の敏捷な地上攻撃は、とくに敵陣奥深く速やかに進入し、右記の諸目標、敵戦線後方の道路網、位置が特定されている司令部や部隊の駐屯地を叩くことを可能にするのである。

両兵科の戦闘行動は、時間的・空間的に一致させなければならない。大きな目標（部隊駐屯地や準備陣地がある地域）は第一に爆撃機、小目標（交通の結節点、砲兵中隊）には急降下爆撃機、場合によっては戦闘機による攻撃が考慮される。

ロシアにおいては、空軍と地上兵科のより緊密な連携が試されている。落下傘を使った狙撃兵部隊の降下作戦である。適切な時機を選んで降下した落下傘狙撃兵は、戦車攻撃を指向することが予定されている敵の後背地にある重要地点を占領できるし、それによって空輪部隊や突破してきた装甲部隊に拠点と補給基地をつくってやることができるのだ。そうなれば、落下傘狙撃兵は戦車と協同し、敵後方の連絡線や施設を攪乱・破壊し得るのである。❖7

装甲部隊は攻撃成功後、空軍の成果をきわめて速やかに拡張し、その効果を持続させることができる。

装甲部隊のように厄介な対手は、すぐに敵航空機に眼をつけられることになるから、自身の防御を考えなければならない。装甲部隊の防空は、おのが対空兵器と入念な偽装によって、おおむね遂行し得る。戦車は一定程度は航空攻撃にも強く、直撃弾か至近弾によって破壊されるだけである。ただし、隘路通過中であるとか、乗員が下車して小休止を取ったり、給油しているあいだは、装甲部隊は航空攻撃に対して脆弱となる。

一方、装甲団隊内の多くは装甲をほどこされていない支援兵科の諸部隊や防空部隊に不可欠の補給段列は、特別の対空兵器を必要とする。こうした部隊にはまた、対戦車兵器を装備することも求められる。さらに対戦車部隊は、準備陣地、小休止中の部隊、物資集積・休憩地の安全にも貢献する。彼らは、敵戦車の撃破に協力し、優れた指揮官のもとでなら大戦果をあげられるだろう。いずれにしても、対戦車部隊は味方戦車の後ろ盾になり、ことが破れた際にはその支えとなる。

最後に、装甲団隊の拠点という、戦車指揮官にとって厄介な、重要かつ悩ましい問題を考えてみよう。なるほど、補給段列を小規模にとどめるために、あらゆる手を打つべきではあろう。けれども、弾薬や給養物資、燃料なしには、また衛生施設や修理廠、補充要員を持たずして、装甲部隊の戦闘準備を維持することは不可能だ。装甲団隊が、ある軍の狭い枠内で戦う場合には、その正面の後方機関によって補給は確保される。しかし、装甲団隊が独立運用される際には（そのような独立行動は、企図された突破が実現した直後、あるいは包囲、さらには迂回を実行するときにしばしば惹起する）、補給を確保し、それによって、装甲団隊が他の任務を達成するための移動拠点をつくってやるという問題が生じる。補給用車両の大部分は装甲されていない。従って、敵の脅威がある地域に入った瞬間から、それらは掩護を必要とする。とくに脅威となるのは敵装甲車両であるから、戦車を前線の戦闘任務から引き抜いて掩護に当てることまでは望めないとしても、補給車両隊は、装甲を貫徹できる兵器を装備し、その掩護を受けなければならない。時機を得た装甲部隊への補給、とくに燃料弾薬の補給は、その威力や行動範囲の大きさを維持するにあたり、決定的に重要である。長距離行動が計画されていればいるほど、補給の確保が大事なのだ。また、装甲部隊の攻撃正面を拡大できれば、それだけ補給に対する側面からの脅威は減少する。

図 13　水陸両用戦車、イギリス

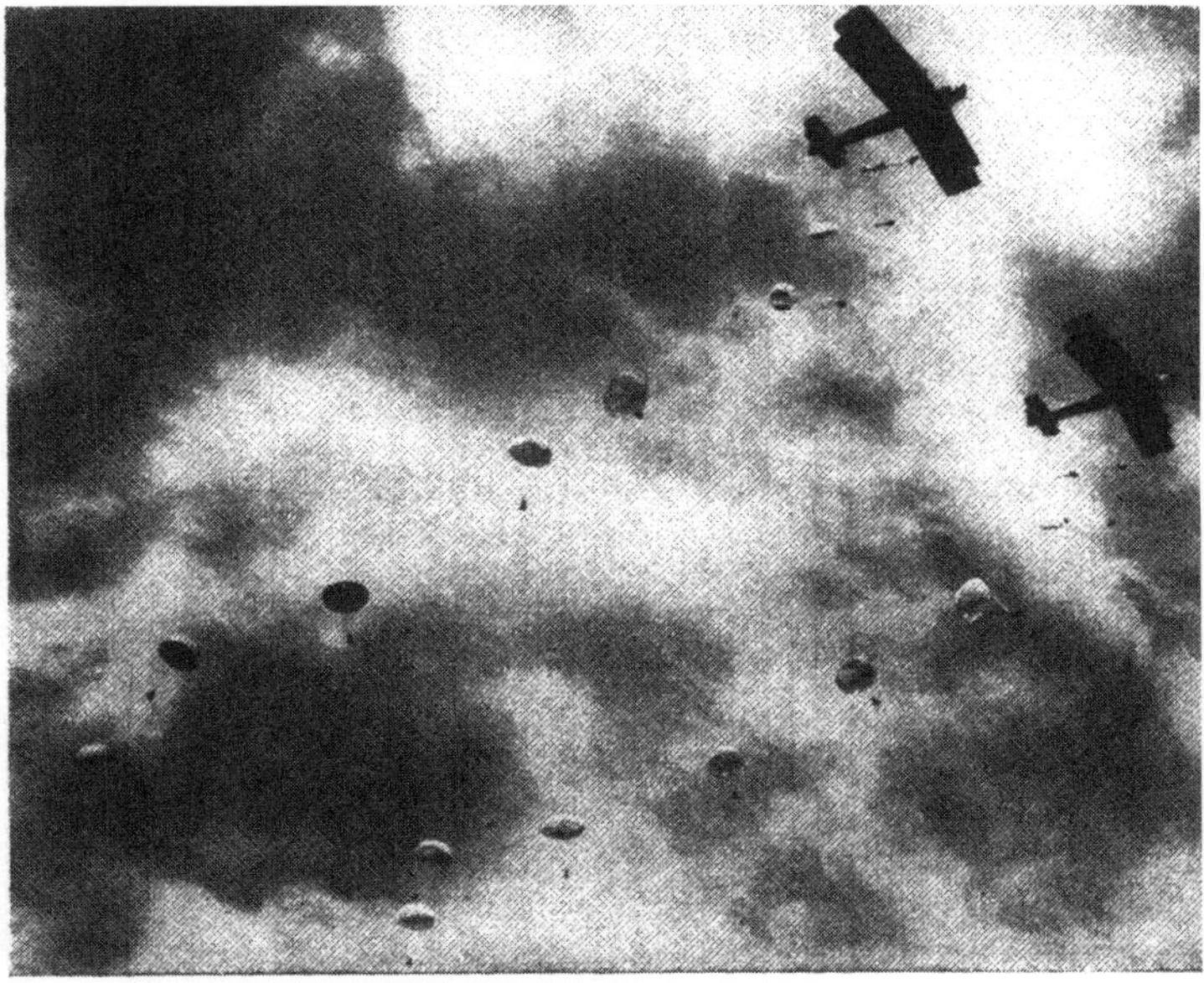

図 14　降下を開始した落下傘狙撃兵

図15　牽引状態の二・五センチ対戦車砲、フランス

図16　クリスティー快速戦車、ロシア

戦車と他兵科の協同に関するあらゆる省察は、しかしながら、この新しい兵器の特性に相応した戦闘の前提が満たされたときにのみ、正当なものとなる。一九一八年にそうであったように、対応を要するような防御陣に戦車が相対しているのでなければ、歩兵支援は比較的容易な任務である。だが、当時のこうした都合の良い状況は、根本から変わってしまった。航空機、戦車、大小さまざまな口径の対戦車砲、多岐にわたる種類の人工障害物と地雷が、深刻な敵となったのだ。これらにまた、防御側の砲兵も加わる。ゆえに、従来は戦車と歩兵の緊密な協同こそすべてとしてきたフランス軍でさえ、戦術変更の必要を認めているのである。「二つの目的、機関銃の制圧と対戦車砲の覆滅を同時に追求するよう、戦車に求めることはできない。他のあらゆる問題同様、かかる問題は順を追って解決していくのが適当なのである。従って、すべての進撃において、最初の行動は、対戦車砲に対する徹底的な戦闘を包含することになろう。

戦車が、歩兵を助けるという基本的な任務を達成し、その結果として攻撃を継続できるか否かは、ひとえに、この対戦車砲に対する序盤戦の成功にかかっている。最高の威力を発揮せしむるため、すべての兵科が、その初期戦闘に参加すべし」ブロセー将軍は『一般軍事批評《レヴュー・ミリテール・ジェネラル》』❖8で、こう判断している。将軍はまた、「戦車の前進は、入念に考えぬかれた火力支援のもとで行うべきだ」とも要求した。しかし、戦車の前に展開している対戦車砲をマヒさせるための戦闘において、弾幕射撃が助けになるということは考えにくいであろう。近代的な装軌車両の素早い前進に鑑み、その種の砲撃方法はもはや空想に近いということになろう」こともあきらかにしている。さらにブロセーは、防御・武装ともに最良の戦車、つまり中戦車を、原則として第一梯隊に配置すべきで、その任務は、砲兵が射撃し終えるや、対戦車砲を発見・殲滅すべく前に出ることとしなければならぬと提案している。この中戦車から数百メートルの間隔を置き、歩兵随伴戦車が第二梯隊として追随することになる。ブロセー将軍は、こうした攻撃は、一九一八年ごろよりもずっと少ない弾薬消費で済み、しかも迅速に進むだろうと保証したのだ。彼は、自身の詳細な研究から、以下の結論を引き出している。

「将来の紛争においては、厖大な量の機関銃・機関砲が投入され、防御側は守備地域の至るところにそれらを配置するであろう。攻撃する歩兵は、きわめて強力な機材、世界大戦の最後の時機において必要と認められていたよりも、はるかに強力な機材に支援されていなければ、かかる機関銃・機関砲の網を抜けて前進することはできない。

一九一八年同様、指揮官は、使用し得る機材の大多数をごく少数の戦区に集中、それによって強烈な打撃を与えるとの意志決定をなすことになろう。……戦場の他の戦区は、一時的であるにせよ、副次的なものとされ、そこに配置された部隊は防御態勢を取って保持にあたるか、あるいは後退することもある。

攻撃任務に予定された兵力は、主作戦を担うのであるから、大量の近代的戦車を配備されなければならない。しかし、その他大部分の戦車は、支援兵科として歩兵や砲兵の利用に供せられる」ここには、戦車を歩兵師団に均等に、あるいは建制として配分するという思想からの全き離脱がみられる。

突破のあとには、敵戦車による反撃を想定しておくべきだということが現実となっているのであるから、ブロセー将軍が提示した戦術は、より明確に進歩していくにちがいない。戦闘の帰趨は、敵戦車との交戦に勝利できるか否かにかかっている。かかる交戦に強大な兵力を以てのぞみ、敵防御陣の奥深くまで整然と突進することは、攻撃におもむく戦車指揮官にとって、最重要の課題である。防御側の対戦車砲、そして戦車を撃破できなければ、それまでに得られたいくばくかの有利など無効になってしまうのだ。戦車と最高司令部にとって、もっとも重大なこの課題が達成されたときにのみ、歩兵戦闘地域の掃討を考えられるようになる。しかも、掃討戦は、きわめて容易なものになっているはずだ。

原註

❖1 J. F. C. Fuller. The Army in My Time〔『わが時代の陸軍』〕, Rich and Cowen, Ltd., London 1935.

❖2 一九三五年九月二十六日付 „Army usw. Gazette“, 七七六頁。

❖3 ドイツ語版は、ポツダムのフォッゲンラーター出版社より、„Frankreichs Stoßarmee“〔『フランスの突撃軍』〕の書名で刊行された。

❖4 たとえば、一九一七年十月のラ・マルメゾン戦で、フランス軍は八万トンの砲弾を必要としたが、これを砲兵陣地に集積するには三十二日かかった。

❖5 „Frankreichs Stoßarmee“, Voggenreiter Verlag, Potsdam 1935.

❖6 General von Tempellhoff, „Gaswaffe und Gasabwehr“〔『毒ガス兵器と対ガス防御』〕, E. S. Mittler & Sohn, Berlin 1937, 一一八頁を参照せよ。

❖7 これについては、L. Schüttel, Major(E), Fallschirmtruppen und Luftinfanterie〔『落下傘部隊と航空歩兵』〕, E. S. Mittler & Sohn, Berlin 1937.

❖8 一九三七年六月の第六号。

最近の戦争による教訓

アビシニアの戦争において、イタリア軍は、その敵が、言うに足る対戦車砲も自身の戦車も持っていないという点で有利な状況にあった。イタリア軍が使用した戦車は、二人乗りのフィアット・アンサルド型（図5参照）で、武装は機関銃、回転式の砲塔はなかった。前進方向に射撃できるのみである。こうした、機関銃が固定されている上に、覗視孔が充分保護されていないことの不利はあきらかになったし、多くの損害の原因となった。使用可能だった戦車三百両が同地の地形や気候で戦うことは極度に困難であった。しかし、砂漠も高い山々も、克服できない障害でないことを証明したのである。空と陸における内燃機関の活躍は、アビシニア戦役の特徴となったのだ。

また、アビシニアの一件と関連して、軍事力の重点が他地域へ動くということも起こった。将来の紛争における航空・装甲戦力の意義をきわだたせることである。イギリスに主導された国際連盟の強圧が、地中海の戦争を引き起こしかねない情勢になったとき、イギリスは、イタリアの航空攻撃を案じて、マルタ島を基地としていた地中海艦隊をアリグザンドリアに移すことを余儀なくされたのだ。さらに、イタリア軍機械化師団と爆撃航空団がリビアのエジプト〔当時、名目的に独立していたが、イギリスの保護下にあった〕との国境付近に移動したとのニュースに接したイギリスは、新編された爆撃航空団と英本土にあった少数の新型戦車約百両を急ぎエジプトに移した。この間、イギリス機甲部隊は、模擬戦車を用いて演習しなければならなかったのである。❖1

スペインでは、知られている限りにおいて、四・七センチ砲と機関銃で武装し、主要部分にＳｍＫ弾に耐えられる装甲をほどこしたロシア製ヴィッカース六トン戦車が、赤色分子側に現れている。これに対して、国民政府側は機関銃戦車しか持っていない。砲塔内に収めた機関銃二挺で武装し、同じくＳｍＫ弾では無効の装甲がなされた戦車だ。鹵獲車両を除けば、フランコ将軍側には、砲装備の戦車はみられないようである。ただし、その諸部隊は、三・七センチ対戦車砲を使用している。

これまでのところ、いちどきに投入された戦車の最大数は五十両ほどにとどまっている。従って、相争う両陣営が大量の戦車、あるいは右記に触れた型式以上の重戦車を保有しているとは考えにくい。現存の戦車の数や型式からして、この兵科が速やかに決定的勝利をあげるのは期待できないであろう。なお、スペインの諸戦闘もまた、世界大戦でごくまれに生じた戦車戦同様、砲装備戦車の機関銃に対する優越を指し示している。対戦車砲も、戦車のもっとも危険な敵であることを証明した。

中国では、日本軍が内燃機関を広範に活用し、内蒙古で快進撃を実行した。上海付近の戦闘では、多数の戦車が繰り返し投入され（その数、百両にもおよぶという）、湿地水田という地形ゆえに極度の困難があったにもかかわらず、大きな戦果を得ている。

❖ 原註

1 Liddell Hart, Europe in arms, 一〇二頁。

結論

装甲部隊と他兵科の協同という問題について、結論的な答えを述べるのは不可能だ。なぜなら、装甲部隊と支援兵科、その敵の発展はいたるところで流動的であり、ただちに結論を引き出せるようなきざしはみられないからである。にもかかわらず、今までの展開から、結論をみちびかねばなるまい。依拠するに足る前大戦の戦訓を集め終わるまで待っていることはできないのだ。

現在でも、判断を行う土台となる諸事項が存在しており、それらをもとに、すでに平時において、装甲部隊の創設、構成、訓練、運用についての決断を下しておくことができる。そうした諸点は、以下のごとくである。

一、現実に保有している機材とその性能。

二、自国における生産可能性。

三、その維持。とくに燃料に関して、それができるか。
四、射撃演習場で得られた経験に基づく、戦車の武装の威力、とくに対戦車効力の判定。
五、演習の経験と、そこから推測される結論に基づく指揮上の可能性。
六、戦時編制。
七、予想される戦場の自然要件。
八、仮想敵の軍備。

さまざまな軍事強国が、装甲部隊に関しては、互いに著しく異なる、それぞれの道を歩んでいる。けれども、世界大戦以来の発展の大筋は明白である。これらは、以下のごとく要約できよう。

一、空軍が持つ意義は異論の余地がない。イタリアのドゥーエ将軍の理論をおよそ認めたがらないような人々も、その点は譲るであろう。だが、空軍の作戦は、捜索・戦闘における成果を補完し、確たるものとすることができるような地上の相棒を必要とする。この相棒は、快速で戦闘力に富んでいればいるほど良いのである。

二、旧式の兵科が持つ衝力、機動性、速力では、敵が対抗措置を取るための充分な時間を見いだせないほど速やかに、かつ敵陣奥深く進入するような攻撃を行うのに足りない。一方では近代的火器の突撃破砕能力、他方では、脅かされた正面の背後に召致すべき予備が自動車化され、その速度が増加したことによって、獲得された戦果を旧来の兵科で拡張することを妨げている。防御側が自動車化された予備を使うのなら、攻撃側も同様に自動車化された兵力を要する。逆もまた真なり。

三、旧式兵科の防御力は、予想される強力な装甲戦力による攻撃を拒止するには充分でない。防御兵器をふんだんに装備したところで、装甲部隊を集中投入した奇襲攻撃をくじくほどに、防御側を強化することは不可能だ。そこで必要とされるのは、味方の装甲部隊なのである。

四、もちろん、防御力がしだいに強化されていることを考えれば、装甲部隊の側でも、波及的な効果を得るために、持てる力のすべてを集中投入することが必要となる。装甲部隊の攻撃を決定的にしようと思えば、敵が側背から攻撃部隊の中核に迫るのを妨げるため、広い正面を取らなければならない。また、戦車攻撃は、おのれの側面を固め、敵陣深く突進したり、敵側面に開いた穴を拡げるための戦力を控置するため、縦深構成を取っておかなければならぬ。決勝を求める攻撃には、一個旅団を使って埋められるほどに大きな正面幅を要する。一九一七年のカンブレーでは、各三個大隊を有する戦車旅団三個が縦深を取ることなしに、十キロの正面幅で戦った。

一九一八年のソワソンにおいては、十六個戦車大隊が二個支隊に区分され（十二個が第一波、四個が後続波）、約二十キロの正面に配された。

一九一八年のアミアンでは、英仏軍の戦車十四個大隊（うち二個は、第二波の騎兵軍団に配備された）が、およそ十八キロの正面に投入された。

世界大戦最後の年に採用された攻撃正面幅は、今日、決定的な戦闘行動をなすための最低限の幅となっている。装甲貫徹能力を有する兵器と敵戦車により、防御側は著しく強化されていると考えざるを得ないからだ。未来の戦闘では、一九一八年に交戦したそれに比して、何倍もの数の装甲部隊がみられるであろう。

五、奇襲の有利を利用し、敵縦深奥まで突入、敵予備の介入を防ぎ、戦術的成果を作戦的なものに拡張するために、戦車攻撃は最大限の速度で遂行されなければならない。「それゆえ、攻撃が敏速であるほど、人命を節約できる。戦闘を短期間に片付けるほどに、汝は時間を節し、よって、多くの人員を引き揚げる機会も得られよう。汝がそのように将兵を率いていけば、彼らの信頼を勝ち取り、心安んじて自らを危険にさらすことができる」(フリードリヒ大王) 戦車攻撃の迅速な遂行は決定的な意義を持つから、装甲団隊の補助兵科部隊を少なくとも戦車と同等の速度を与えておくことが重要である。装甲部隊との協同に指定された補助兵科部隊は、装甲部隊の目的に合わせ、建制としてあらゆる兵科を含む近代的な団隊となる。そのため、全陸軍を自動車化すべしというようなことはいえない。いずれの国も、おのが国力に応じたやり方をするのである。しかしながら、快速の補助兵科なしには装甲部隊は不完全であり、可能な限り最大の戦果を収めることはできないということは明言しておくべきであろう。

六、大昔にもすでに、鈍足の歩兵ならびに、戦車〔馬に牽引される戦闘馬車〕、戦象、騎馬といった快速諸隊から成る陸軍が存在した。この両兵科の数的比率は、指揮官の意向、能力、武器技術、戦争目的によって、大きく変わった。決戦が得られず、機動の余地がわずかな静的戦争の時代には、必要に迫られたかたちで、機動力に乏しい戦力で満足しなければならなかった。こうした時代には、おおむね戦争術は衰退する。誰も戦争術を習得しようとはせず、それがどうなるかも予見できない。だから、戦争術の備えをすることもできなかったのである。だが、偉大なる将帥たちは、常に決戦を追い、それゆえに機動的な戦争を遂行するように努めた。その目的のため、快速部隊の鈍足部隊に対する比率を有効な状態にするよう求めたのだ。アレクサンドロスは、ペルシアに対する戦争を開始した際、三万二千の歩兵と五千の騎兵を持っていた。カンナエでハンニバルが有していた兵力は、歩兵五万、騎兵一万だった。ロスバッハのフリードリヒ大王は、歩兵二十七個大隊と騎兵四十五個中隊を用いた。このように騎馬の数字が小さいことから、史上もっとも偉大な将帥たちが、軍隊の四分の一ないしは六分の一に機動性を持たせていたことが判明する。今日でも、陸軍全体のなかの比率において快速部隊が充分強力であれば、それは決定的な戦果をあげることができるのだ。ハンニバルは、すでにスペインにおいて、騎兵の大部分の訓練と指揮を、才能ある弟ハスドルバルにゆだねた。フリードリヒは、ロスバッハで手持ち騎兵中隊四十五個のうち、三十八個までをザイトリッツという人物の天才的指揮にまかせている。ザイトリッツは、平時からプロイセン騎兵の訓練に影響力を及ぼしており、彼の名はその誉れと結びついていたのである。

あいにく、快速部隊とその幕僚たちの創意工夫も、多くは無用であったことが証明されてしまった。その好例は、右に述べたごとき一九一四年のわが騎兵の編制であろう。平時において訓練を済ませてある統一的な指揮機構と快速部隊の大団隊への統合は、将来、近代的なかたちを取り、当たり前のこととなるだろう。しかし、快速部隊の指揮官には、フリードリヒ大王の激しい言葉が有効なのである。「積極的かつ不屈であれ。心身ともに怠惰であってはならぬ」

本書は、今日の技術的枠組みにおいて可能であることから逸脱しないように努めてきた。しかしながら、新しい兵科にあらたなかたちを与えることを追求するのをあきらめることはできない。疑いは常に投げかけられる。だが、それらに抗して、装甲部隊は、不確実な領域へと踏み込む決断を可能とするような成功を示すであろう。将来、行動せざる者よりも行動する者に対し、はるかに好意的な評価が下されることになる。

「これまで、われわれは、運命を思うがままに解釈するようなことはせず、意志によって立ち、大胆な行為に頼り、霊感より得られる声に身をゆだねてきたのだ」（メラー・ファン・デン・ブルック）

「機械化」　機械化概観（一九三五年）

序

自動車化、機械化の澎湃《ほうはい》たる波濤が、遠雷の如《ごと》き響を立てている、遠雷の間はまだ宜敷《よろし》い、近く国境に、帝都の上空に、開戦の前夜に、其《その》近雷を聞くに至れば、万事休する事となる、進んで機械化か然《しか》らずんば安値に、之《これ》を見事に粉砕し得る兵器か、何《いず》れにしても先《ま》ず世界機械化の現況を明かにして而《しか》して最も関係ある騎兵問題に進まねばならない、大体に要を得た説として此処《ここ》に紹介する所以《ゆえん》である。

目次

「機械化」 機械化概観（一九三五年十二月、独国防省、軍事科学評論、グーデリアン《ママ》大佐著）

編纂部

一、一九一四年に於ける突撃力

世界大戦前に於《おい》ては各国共、其火力に依る攻撃支援の方法は皆同一であって、火力組織の点に於ては凡《あら》ゆる点に閑却《かんきゃく》せられた観があった。例えば大戦前に於ける機関銃に関する意見を一瞥する為に、独逸公刊雑誌の一部を開けば、其大戦突発一年前の記事に次の一節を発見する、「特に茲《ここ》に戒むべきは此新兵器の価値を過信して其の昔、仏軍が一八七〇年乃至《ないし》七一年に於て其「ミトライユーズ」（連発銃）を以て如何《いか》なる場合にも必ず勝利を得べき兵器なりと誤認したる誤りを履《ふ》むべからざることである、如何なる場合にも戦闘を決すべき兵種たる歩兵が、困難なる情況、若《もし》くは若干の前進困難となる時、自ら其苦境を克服するの努力をなさず、其支援兵器たる機関銃を捜し求むるが如き醜能を来さざるを要す」

「オムズルマン」の戦闘〔一〇二頁原註2参照〕、「ボア」戦闘〔ボーア戦争〕、日露戦争、「バルカン」戦争及《および》独逸の南「アフリカ」戦役に関する経験に於ても前記の「決戦を齎《もた》らす兵器」即《すなわ》ち銃創に対する信念は一九一三年に至る迄《まで》微動だにしなかったのである。即ち銃剣保持者を以て歩兵の突撃力、槍携帯者を以て騎兵の突撃力と認めたのである、「アスペル」、「ウォターロウ」、「バラクラワー」、「モールスブロン」、「エルザスハウゼン」、「マルスラツール」、「ビオンビイル」等の戦闘〔「アスペル」は、一八〇九年五月にフランス軍とオーストリア軍が激突したアスペルンの戦いのこと（ナポレオン戦争）。「ウォターロウ」は、一八一五年六月のフランス軍対イギリス・プロイセンその他連合軍の戦い、ワーテルロー会戦（ナポレオン戦争）。「バラクラワー」は、一八五四年十月二十五日に英仏オスマン連合軍とロシア軍のあいだに生起したバラクラヴァの戦い。「モールスブロン」（モルスブロン）、「エルザスハウゼン」、「マルスラツール」（マルス＝ラ＝トゥール）、「ビオンビイル」（ビオンヴィル）は、すべて一八七〇年にプロイセン・ドイツ諸邦連合軍とフランス軍の戦闘が実行された場所（普仏戦争）。いずれも、白兵に対する火力の優位を示した戦例である〕の体験を経ても騎兵の運用に対して完全なる帰結を求めることは出来なかった、寧《むし》ろ「ロスバハ」〔一七五七年にプロイセン軍とフランス・オーストリア連合軍のあいだで戦われたロスバッハ会戦のこと。騎兵の突撃が功を奏して、プロイセン軍が勝利した〕の戦闘を再び繰り返す事を世人は夢見て居《い》たのである。従《したがっ》て一九〇九年の騎兵操典には「騎兵の主要なる戦闘行動は襲撃に在り」と記されて居る。騎兵出身である「シュリーフェン」元帥が、現代戦の戦場の描写に於て同年に次の如く書いてある「騎兵は一兵たりとも戦場に姿を見せない、騎兵は其任務を他の各種の行動圏外に求めなければならないのである」にも拘《かかわ》らず、同元帥の後輩たる騎兵の戦友達は一九一四年「ヘーレン」及「ラガルド」に於て現代の火器の威力に、槍をもって対抗することの愚を悟ることは出来なかった、漸《ようや》く一九一四年、一五年の交に至って国軍編制装備の誤謬が白日の下に曝《さら》されたのであった、特にそれは決戦方面たる西方戦場に於て顕著に現われたのである。先ず最初に余りに少く見積られた砲兵弾薬が間もなく射ち尽された。

騎兵は西方戦場に於ては戦線の後方に無為にして傍観するか、否《しか》らずんば馬を棄てて歩兵となって塹壕戦に使用されるに至った。

歩兵に至っては、其携帯せる資材を以てしては如何《いかん》ともし難き圧倒的の所謂《いわゆる》「補助兵器たる機関銃」の威力の前に壕を深くし鉄条網を廻らして慴復《しょうふく》したのである、個人的勇気如何に大なりとも、如何に大なる血の犠牲を払うも、猛烈なる攻撃を企図して、如何に峻烈なる命令を下達し、将《は》た又《また》指揮運用如何に巧妙なるも此の物質的装備の欠如と、貧弱なる火力とを補うの術《すべ》はなかったのである。

一九一八年の大会戦に於て当初保持したる数の上の優越と急襲の成功も、断固として終局の勝利に欠くべからざる突破を完成するには不十分であった、況《いわん》や適当なる追撃兵種を有せざりしに於てをや、但此の点に関しては後述する。

西方戦場に於ける諸戦例及それより生ずる教訓は、従《したがっ》て現時に於ける兵器の発展に対し、極めて重要なる価値を有するのである、何となれば戦場に於ける接譲国の装備は之を基礎としたものだからである、将来再び兵火を交うることあらんか、吾人《ごじん》の敵は其の器械、装備、編制、指揮等に於て西方戦場に於て勝ち誇れる連合軍の直接の伝統を経たる、極めて優良装備のものたること明である、而《しか》も今や彼等は大戦終局以来十八年の発展を遂げたのである。之は軍事技術上、軍事経済上及編制、戦術の範囲に於ける著しき優先と認めねばならない。

世界大戦と以後の十数年に亘る此の発展過程を回顧することか、従て第一の著眼でなければならない。

二、一九一五－一七年に至る砲兵戦

両軍に於ける力の平均及全般に亘る戦力の消耗、特に現代的火器と野戦築城の防御力は遂《つい》に西方戦線をして一九一四年の晩秋、陣地戦に固著《こちゃく》せしむるに至った。予想外に強度を増した戦争の形態を打破するには、固《もと》より異常の緊張と努力を要したのであるが、単に其れのみでは不充分であって、彼我共に同一の装備を有しつつ、而も何とかして敵を急襲するの必要があった、連合軍は殆んど全世界の人的素因と軍事工業とを独占して、当初先ず単なる努力により勝利を求めんとし、急襲の顧慮が無い様であった、即ち彼の発見したるものは、砲兵の疾風射であってそれは数日、否、後には数週に亘り、歩兵突撃の砲兵支援を準備し、それは敵の障碍《しょうがい》を破壊し、敵陣地設備を破摧《はさい》し、通信機関を断絶せしめ、敵砲兵を撲滅し以て歩兵の敵防御陣地占領の途を拓くを目的としたのである、所謂「砲兵は奪い歩兵は守備す」の語は素朴なる表現法に基き砲兵戦を適切に現したものである、此の種戦争は一九一五年「シャンパーニュ」の冬季作戦から一九一六年の「ソンム」及「ヴェルダン」の戦争を経て一九一七年「フランデル」〔フランドル〕の戦争迄続いたのである、「フランデル」に於ては砲兵の準備射撃は結局殆《ほと》んど四週間に亘り、大なる戦争に於ては四箇月に亘ったのである、而して英軍の損害は四十万、独軍の損害は二十万を超え、之に依りて得たる結果は幅十四粁《キロ》、深さ九粁の地帯を占領するに過ぎなかった、此の戦闘に於ても亦《また》、其の以前の砲兵戦闘に於ても、其の結果は極めて不十分であって、連合諸国軍は戦線に於ても故国に於ても、既に夙に之を感じて居るところであった、従て攻撃手段を改変するの要望は益々激しくなったのである。

三、瓦斯《ガス》戦

独軍側に於ては、連合側の各種戦闘資材と人的要素に於て極めて豊富なるを予想し得たるを以て、開戦当初より、至短時間に而も経済的に其の目的を達成することを企図しなければならなかった、之が為には敵側に於て既に使用したる瓦斯は一の適当なる手段と認められたのである。そこで一九一五年春に於ける第二次「イープル」会戦の当初行われたる、第一回の大規模なる瓦斯戦は成功したのであるが、遺憾ながら戦略的に之を利用することが出来なかった、然るに防毒面に依り此の新戦闘手段に対する有効なる防護法が講ぜらるるに及んで、大なる成功を現すべき大規模の急襲は行われなくなった、斯《か》くて一九一七年秋季に至るまで瓦斯の決定的価値は認められなくなったのであった。

四、戦闘手段としての動力

此の時代に敵軍側に初めて大規模に戦車が現われて来た、之は当時の数年間漸次発達しつつあったものであって、之が使用せらるる迄、其の発明者でさえ其の使用に十分の成功の望をかけて居なかったものである。之より先、独逸《ドイツ》の発明者の頭脳は石油及液化石炭中に含まれた一種の力を小型、軽量且つ比較的簡単に使用し得る機械で分解して動物の力、蒸気機関或《あるい》は風の代りに水、陸、空の運輸に使用することに成功したのであった、かくて自動車、「モーター」船、飛行機、飛行船が生れた、此等《これら》の運搬具は先ず民間一般の生活に使用せられ、やがて各国の軍事界に於ても、此《こ》の動力に注意を向けらる趨勢《すうせい》となって来た、第十八世紀と十九世紀の交、試験班を設け交通兵科の兵監部が設けられ、参謀総長の提議に基いて先ず貨物自動車の設計を開始した、それは戦時に於ける鉄道端末と動物輜重や、縦列との間に使用する為であった。

歩兵は亦機関銃運搬の為に此自動車を利用せんとするに至り、一九一三年には特に路外行進能力に富み、又鋼板の装甲を有する四輪の機関銃自動車の製作を考慮した、一九〇九年には装甲自動車の試験を行った、露軍が注文した仏国製の装甲自動車が二台、「チトクーネン」の駅に到着したが、露軍は之を受取らなかったので、独逸が之を買取ることとなった、此装甲車は他の自動車と共に、近衛兵第五旅団の秋季演習に参加することとなった、或る報告の一節を見れば「装甲自動車は迅速に大なる距離を行進することは出来るが、然し堅硬路に限られて居る、時速二十五粁は速度過大であるから寧ろ時速六乃至十二粁に低下するを要する云々」と述べられて居る、交通兵監部の試験班は更に一装甲自動車の試作に進まんとした、けれども陸軍省は一九一〇年三月十二日に、引続き試験することを取止《とりや》める様に命令した、其理由は其使用の範囲が狭く、単に国境警備や山地、渡河点の爆破に軍事的価値を有するに過ぎないと云うにあった、かくて装甲自動車問題はアッサリ片附けられてしまった、軍事上に使用し得る自動貨車の製作は極めて決定的価値あるものであったに拘らず、さて開戦となって見たら、戦車は愚か、路外行進能力ある貨物自動車さえなかった、只《ただ》あるものは独軍全体で、開戦当初、僅《わずか》に平時編制の自動車隊五中隊丈《だけ》であった。

五、大戦間の独軍の自動車部隊

此論題の主旨に鑑み以下単に地上戦闘に於ける「モーター」〔エンジン〕の使用のみを論ずることに止める。

一九一四年の五中隊（平時編制）の自動車部隊から動員の時には将校二百、下士官八千より成る百十四中隊が編成せられることとなった、一九一八年の十一月には自動車部隊は将校二千、下士官以下十万、乗用自動車一万二千台、貨物自動車二万五千台、患者用自動車〔救急車〕三千二百台、自動二輪車五千四百台を数うるに至り、之に対する連合軍側では一九一八年に貨物、患者、牽引車等各種自動車十八万台に達した。

自動車部隊は後方輸送、伝令勤務に使用せられ特に軍隊輸送に益々《ますます》多く使用せらるるに至った、牽引自動車は重砲に使用せらるるに至った、其後《そのご》戦争の進むにつれて、軍砲兵、通信部隊及び工兵の大部は自動車化せらるるに至った。

独軍自動車部隊は其車輛数僅少なるに拘らず、彼に課せられる、益々広範囲の任務を献身的に遂行するに努力したのである、而も国内一般の窮乏状況は金属、護謨《ゴム》、燃料の欠乏を招来して、自動車の維持を漸次困難ならしむるに至った。そこで鉄の輪帯を使用するに至り、一方労働力の不足と相俟て道路は崩壊してしまった、独軍自動車部隊の編成其ものも完全ではなかった、一九一六年十二月に至って初めて、野戦自動車部隊に司令部が出来て、統一ある兵科となった、前述の理由により遂に独軍側では大規模なる輸送的使用には至らなかった、辛うじて指揮官任務も果し得ない状態であったのである。

六、独軍に於ける自動車戦闘部隊の濫觴《らんしょう》

独軍側に於ける自動車戦闘部隊を観察するとき、其貧弱さは哀れむべき状態である。大戦前、あまり発展して居なかった装甲車の幼稚さは、戦争の間に到低弥縫《びほう》するを許さず、特に指導的位置にある最高統帥が其

断乎《だんこ》たる決意に欠くるに於て益々然《しか》りであった。独軍側では一九一七年「ルーマニア」戦線に若干の装甲偵察車が使用せられ、西方戦場には一九一八年に僅々《きんきん》十五台の独逸製の戦車が使用せられ、之に尚《な》お三十台の鹵獲戦車を合して乾坤一擲《けんこんいってき》の大戦に合計四十五台の装甲車輌が使用せらるるに至った。

此の如き悲惨なる事実に直面して居ながら、今日尚お「装備の欠陥は、開戦の場合、急速に之を補備し得るものである状況によりては戦場に於てでも之はなし得る」と説く論説家あるは実に不思議である。「独軍の軍需工業の逼迫《ひっぱく》状態が戦車の製造を許さなかった」との弁疏《べんそ》もあるが、其一面不用の戦闘資材が大量に製造せられた事と、一九一八年の製作計画によれば、著しい原料難に直面しつつも尚お、一九一九年春季迄に八百台の軽戦車（其の内四百八十台は三七粍《ミリ》砲を装備）を完成する計画であった矛盾を指摘したい、戦車の価値の認識が時既に、手遅れとなった一九一八年に於て計画上可能であった事は、一九一七年には勿論《もちろん》可能であったことを証明する。

戦車製作其ものに対する作業力の不足は別として、尚お犯した他の欠点は型式選択上二兎、三兎を追った事である、一九一六年秋製作にかかって、一九一八年に完了して戦線に送られた十五台（外に予備車五台共）のＡＶ型の外に、一九一七年三月末には「当時の戦車を装備に於ても、速力に於ても遙かに超越せる」百四十噸《トン》の大型戦車が製作を開始せられ、其の内二台は一九一八年の大戦終末期には完成に近づきつつあったのである、尚お一九一七年九月以来ＬＫＨ型の六‐八噸の軽戦車の製作が続けられ、一九一八年七月十九日には其大量製作が許された所であった、尚お戦争終期には三〇噸の「オーバーシュレジエン」と称する戦車が設計せられて居た、然し戦線の勇士は此等の新鋭威力を見ることもなく戦争は終って了《しま》った。

戦車製送の際の作業力の不足と、設計に於ける方針不確立に加うるに、誤れる分散使用が行われた、独軍戦車隊は五台より成り要するに小隊に過ぎないものであった、而も之すら統一して使用せられず、寧ろ反対に小群に分離して使用し、甚しきは特別任務の為単車〔個々の車両〕を以て歩兵に分属せらるる状態であった、重点使用の原則は戦車使用に方《あた》っては、全く閑却せられた態であった、随《したがっ》て二、三の戦車又は戦車隊の表わした大なる功績は「エピソード」として残るに過ぎなかった。

「ヴェルサイユ」条約は、独逸に装軍車輌、特に履帯を有するものの製作購入を禁じた、為に永い間の独軍の戦術、技術上の発展は萎靡《いび》して了った。

世界大戦に於ける独軍自体の体験は僅少であるが、然し次の教訓を発見することが出来る。

一、戦車は一九一八年に於て欠くべからざるものであった、特に攻撃に於て然るのみならず、遊動的防御に於ても然りであった。

此処で想像して貰いたい事は、若《も》し一九一八年三月二十二日英軍の第一線陣地を奪取し、勝つには勝ったが、然し、既に疲労困憊の極に達した独軍歩兵師団が、此突破を完成せんとして、数日に亘り恐るべき多大の犠牲を払って、血みどろの苦闘を続け、而も遂に九仞《きゅうじん》の功《こう》を一簣《いっき》に欠いた時、独軍に数百台の戦車があったとすれば、それは如何に大なる効果を現わしたであろうかと云う事である、悲しい哉《かな》追撃に任ずる部隊がなかったのである。

二、戦車は明瞭なる戦術的要求に基いて設計せられなければならない、一度周到なる考慮の下に確立せられた設計及製作計画は、特に已むを得ざる事情なき限り、之を変更してはならない、如何なる設計と雖《いえど》も、一度は一定の終了に達せしめ技術者の完成欲に左右せられてはならない、然らざれば軍隊は永久に器材を入手することは出来ない。

三、戦車は之を以て戦争の進行上に影響あらしめんとすれば、必要丈の数を準備し置くを要する。
四、他兵科と同様戦車に在りても、決勝点に統一的に威力を集中使用するは成功の要訣《ようけつ》である。

七、連合軍側に於ける動力の利用

連合軍側に於ける「モーター」の利用は、独軍側とは其趣《おもむき》を異にして居る、既に輸送の任務丈でも開戦当時独軍側よりも大規模であった、此処には読者に「ガリエニ」の名を挙げて白耳《ベルギー》戦に於ける緒戦に「マース」河東岸、仏軍「ゾルデ」騎兵団の車載歩兵連隊の使用を指摘すれば、思半ばに過ぐるものがあるであろう、「ヴェルダン」に対する補給、一九一八年に於ける独軍大攻勢を阻止するために仏軍予備隊の移動の如きは輸送機関として動力利用の適切なる編成及運用の効果を示す一例である。

八、連合軍側の装甲部隊

英、白両軍の装甲偵察車は既に一九一八年秋には白耳義に於て活動して居た。

次で英、仏両軍は夫々《それぞれ》独自の立場に於て、一九一四－一五年の交に「モーター」の力を利用して、装軍車輌を以て鉄条網及散兵壕の超越に用い、之に機関銃或は火砲を装備して敵の機関銃を撲滅せんとの思想を抱くに至った、独軍側に於て装甲部隊の価値を軽視したに反して、英仏軍は之を用いて敵の防御施設を圧倒し、特に機関銃を征服せんとする堅固なる意志を持つに至ったのである、随て当初の失敗によって此認識を動揺せしめるの愚をなさなかった、此任務は登攀能力、超越能力を優秀にして、踏破力と十分なる火力を要求したのである、英軍に於ては此目的を以て一九一六年初めて「マーク」Ⅰと称する重戦車が生れた、それが漸次発達して一九一七年の「カムブレー」〔カンブレー〕に於ては、「マーク」Ⅳとなり、一九一八年には「マーク」Ⅴとなり、其後間もなく「カムブレー」の英軍騎兵の失敗に鑑み、新設計による中戦車「ホイッペット」〔ホイペット〕、時速既に十二・五粁、行動圏百粁のものが現われた、英軍と同時に一九一六年に、仏軍には「シアール・シュナイダー」型及「シアール・サン・シアモン」〔「シアール」はフランス語で「戦車」の意〕型の二種の中戦車を計画したが、両者共に一九一六年乃至一七年の戦闘に於ては十分満足な結果を挙げ得なかった、随て「エスティエンヌ」〔エティエンヌ〕将軍が一九一六年の冬「ルノー」会社に一の戦車を完成せしめた功績は特に注目すべき所であって、之が今日に至る迄軽戦車の型式として其価値を維持し、一九一八年七月十八日「ソアッソン」〔ソワソン〕に於て仏軍の勝利に多大の貢献をしたものである、「ルノー」戦車の時速は八粁、行動圏は六粁であった。

僅《わず》かの型式を固守して、それを合理的に発達せしめ、且《か》つ製作に全力を傾注せしめた事が、比較的急速に大量生産を可能ならしめた原因である、技術上の問題に於ては以上の通りであるが、英、仏軍共に此新兵器の戦術上の運用に於てはあまり褒めたものではなかった、完全に一年間は此戦車を小なる単位に分散して使用したので、独軍の砲兵を以てする之が防御を容易ならしめた、又地形の選定も此器材の性能に適しないものがあった、例えば「エーヌ」特に「フランデル」に於けるが如き之である、然るに連合側の統帥部は一九一七年秋「フランデル」の失敗に鑑み、此新兵器の運用に於ても他の兵器同様、急襲、集団使用及び地形の選択が、成功の条件なることを看破するに至った。

九、一九一七年「カムブレー」の戦闘

一九一七年十一月二十日「カムブレー」に於ける戦車攻撃以来、連合側の攻撃法は根本的に一変するに至った、砲兵準備射撃を行わず、短期間の強烈なる火力打撃を加えた後、攻撃の全正面に亘って同時に歩兵攻撃を伴う戦車攻撃が開始せられた、戦車と歩兵の前進は榴弾と煙とを交えた砲兵の移動弾幕に支援せられた、之は当時の戦車の速度の緩慢なりしに鑑みて極めて重要にして且つ可能性ある手段であった、予期する攻撃の成功を利用するためには騎兵三師団より成る騎兵集団が待機して居た、果せる哉、攻撃は予期以上の成功を齎した、只村落特に「フレスキエール」は障碍として独軍に固守せられて居た、然るに騎兵は期待に反して乗馬で戦車に随行することが出来なかった、只集団の微弱なる一部が午後に至って戦線に到着し使用せらるるに至った、当初の成果を拡張して突破に至らしむることは出来なかった、それは特に歩兵と戦車の搭乗者の能力が疲弊し尽したからでもあった。

使用せられた約四百台の戦車の内四十九台は敵火の為に損失するに至った、十一月二十日以後に於ては此大攻撃は悲惨なる局部戦闘と化し、其収穫は使用兵力に比し有利と認め難く特に戦車部隊の兵力と器材を甚しく損耗したのであった。新来の英軍も戦車との協同動作に慣れず、戦車其ものも集団的、急襲的に使用せられず、寧ろ小さな攻撃軍として使用せられし時としては戦車の性能上最も不適当なる村落、森林等の攻撃目標奪取に使用せらるる有様であった、十一月三十日には独軍の逆襲により二十日の敗北は再び恢復せらるることとなった、十日間に亘る戦闘に於て損傷を受けて戦場に遺棄せられた百台の戦車は独軍の手中に入っ

た、其中三十台は之を修理して再び使用に堪うるに至り、一九一八年には独軍戦車隊の主力をなすに至った。「カムブレー」の独軍の逆襲が首尾良く成功した為に十一月二十日の敗戦の苦い印象は掃拭《そうしき》せられた形であったが、戦車攻撃を受けた数個師団の歩兵は殆んど殲滅に等しく、生存するものは捕虜となって了った、随て其体験は故国に伝えらるることもなく最高統帥の耳にも入らなかった、十一月三十日の勝者達の声が大きく響いた事は無理もない事である、縦《たと》い彼等に向った戦車はほんの一部即ち三百七十八台中の七十三台であったとしても——而して此声は戦闘から時間的に遠ざかるに従って益々確実性を増したのである、そこで世人は「戦車に対する恐怖」は若し軍隊が確実に掌握せられて居れば精神的に克服し得るものと信ずるに至った、そこで、軍隊に対しては「決して不意を喰って周章してはならない、度を失ってはならない」と命ぜられた、陣地や障碍の構築に対する適切なる指示が発布せられ戦車撲滅の注意書が配布せられた、然し作業力と、材料の不足が其実施を阻むことが少くなかった、積極的防御としては十三粍対戦車銃（単発）が製作せられた、超重機関銃の設計は一九一八年春迄の短時日の間に不可能であったからである、然るに効果を示した歩兵砲中隊は遺憾ながら其数を減ぜられ、其の代り各軍に配属せられた自動貨車搭載の野戦加農《カノン》十門は決して満足なる防御手段と認めることは出来なかった、其対戦車戦闘法も従来砲兵戦に於て良結果を挙げたものと同様であった、歩砲の縦深的配置、融通のきかぬ射撃計画、前方に派遣せる観測者を俟《ま》たざれば射撃し得ざる点、戦車に対し有効なる距離に於て直接照準を許さぬ放列陣地等は対戦車戦闘の要求に合致しないものであった、就中《なかんずく》特に欠陥としては友軍戦車の大量製作を行わなかった事であって、之は其価値を攻撃に於ても、防御に於ても認識しなかった証拠である。

連合側に取っては「カムブレー」の戦闘は、新しい兵科の誕生の日であったのである、僅かに数時間の間に戦車の支援の下に、嘗《かつ》て彼等が少し前に「フランデル」に於て四箇月以上かかって力戦奮闘せねば獲られなかったと同様の収穫が易々《やすやす》として得られたのである、「エル」〔エリス〕将軍麾下の英軍戦車団は、当時の器材と乗員の能力の許す範囲に於て其任務を十分に果したのである、一九一七年の器材たる「マーク」TV型行動圏二十四粁、平均時速三乃至四粁を以てしても狭く限定した戦術的範囲に於ては一回の使用を許したのであった。獲得せる成果を戦略的に拡張することは、一九一七年秋当時の戦車を以てしては考えることは出来なかった、随て長時間を要する砲兵準備射撃を止めて、急襲的に歩兵と密接に協同して独軍陣地を奪取し其効果を大なる行動圏を有する急速なる追撃部隊を以て拡張するの必要があった、英軍騎兵は「カムブレー」に於て此任務を達成することが出来なかった、之が為には自動車化部隊があったら嘸《さぞ》有利であったであろう、それは作れば出来、使用すれば使用し得たのであろう、然し英軍統帥部は、勿論之は後智慧であるが、此思想を考慮しなかった。

其内に自ら大速力、大行動圏を目ざして技術的進歩が押し進んだ、一九一八年の「マーク」V重戦車は時速七・七粁、行動圏七十二粁、騎兵団の「ホイッペット」は時速十二粁、行動圏は百粁であった、然し此改良せられた戦車が現わるる前に独軍の春季攻勢によって彼我共に熱中して了《しま》って、独軍は連合側の戦車部隊が防御に使用せらるるのを見たのである。

一〇、連合軍側の防御に於ける戦車

戦術の大原則は戦車部隊にも亦一律に通用する、「フリードリヒ」大王は「同時に総てを防御せんとするものは結局何物をも防御し得ず」と訓えた、英軍に於ける一九一八年春の戦車部隊の使用は此原則に合して居ない、独軍の予想せらるる攻撃正面に関しては夙《つと》に明瞭に偵知せられある筈《はず》であるに拘らず、英軍統帥部は其有する戦車十三大隊を軍並《ならび》軍団予備として「ペロンヌ」と「ベチュン」〔ベチューヌ〕間の百粁に余る正面に分散して了った、此固著的の用法により各部隊は部分的使用を余儀なくせられ、勢い成功を得る事は出来なかった、統一的且つ集結的、総予備的に当初十分第一線から離隔し次《つい》て「アミアン」地方の敵の主攻撃陣地区に逆襲的に使用したならば有効であったに違いない。

仏軍では独軍の攻撃間其戦車を概して後方に控置して居た、只「シュマン・デ・ダム」〔シュマン＝デ＝ダーム〕を超えて前進する独軍の五月の攻勢を防止する為に戦車小部隊が使用せられ、「マルヌ」の渡河及「フィレ、《ママ》コットレット」〔ヴィエル・コトレ〕森林への侵入を拒止し、又「ノアイヨン」〔ノワイヨン〕方向に対する独軍の突進を防止せしめたのであるが、此消極的用法は果然失敗に終ったのである。

一一、一九一八年の「ソアッソン」戦闘

一九一八年七月十五日の「ランス」両側に対する独軍攻撃は従来良好の成果を挙げた砲兵戦の原則に基き準備射撃時間を短縮して行われたのであるが、失敗に終った、敵は各種の兆候によって企図を察知して退避して了った、西南方に対し大なる弧形をなして攻撃前進した独第七軍の状況は極度に緊張して居た、要は適当の地点例えば「フランデル」地方に対し直に攻撃を行う事により此窮状を救うより途はなかった、それが実施せられない以前に仏軍は攻勢に転じ戦車の活躍舞台が拓かれたのであった、七月十八日仏第十、第六軍

は五百台の戦車を以て「マルヌ」、「エーヌ」間に於て独第七軍の西翼に怒濤の如く席捲し来ったのである、第十軍は戦車十六大隊の内九大隊、第六軍は七大隊を配属せられ第十軍は六大隊を第一線に、最も速力大にして最新型の三大隊を軍予備として控置した、此外に第十軍は戦車獲得のために仏騎兵集団（三師団より成る）を配属せられ、約二十粁戦線の後方に待機せしめ、此集団には工兵を有する車載歩兵六大隊を配属した、第十軍の第一線歩兵第十二師団中五個師団のみが中戦車を配属せられ其重点師団には二大隊、其他の師団は各一大隊を配属せられた、北方翼の歩兵三師団、南方翼の四師団は戦車を配属せられず攻撃した、戦車の集結、開進には三日を要した。

攻撃動作は奇襲を主とするものであった、午前五時三十五分に砲兵の迅雷的射撃が開始せられ之に膚接して戦車と歩兵とが前進を開始した、概ね午前十時頃霧が晴れた頃仏軍偵察機は「エーヌ」－「サビエール」〔カヴィエール〕川間十五粁の独軍戦線は全く一掃せられて居る事を偵知し得た、即ち決戦正面たる「ソアッソン」方向、広汎なる「マルヌ」弧形線の最も弱《ママ》点が破綻したのである、独第七軍の運命は既に決したるの感があった、仏軍は只前進と、予備隊の増加と、其騎兵と、其新鋭の「ルノー」戦車に道を指示すれば良い状態となった、既に午前八時三十分には騎兵集団に対し概して東方に向い広正面を以て前進すべき命令が下され同集団は午後三時頃には旧仏軍第一線に達し、其後約一時間にして既に戦場に現出した、独軍の数挺の機関銃の為此騎兵は下馬の已《や》むなきに至り数中隊をして徒歩戦を開始した、夕刻に至り集団は軍集団総予備として戦線より抽出せられ歩兵師団と交代することとなった、午前十時頃第十軍は戦車の予備たる「ルノー」戦車三大隊を重点の軍団に配属した、其一大隊のみが午後一時頃戦闘に加入するを得た、それは森林内の道路が騎兵や縦列の為に閉塞《へいそく》せられて居たからである。

騎兵が戦場に現われた其時には、突破は既に其力を借らずとも早く完成せられて居なければならなかった筈であるが、事実は左様《さよう》でなかった、それは何に原因するのであろうか。

「ソアッソン」会戦の序幕たる独軍の第一線陣地奪取は実に立派に計画せられ準備せられて居たに反して、其後の会戦の継続は新兵器たる戦車の運用の未熟、即作戦的目的を有する集団使用に長じなかったと云うことになるのである、其当時の思想は「第一の攻撃目標は移動弾幕の到達点より後方に設けてはならない、其後の攻撃は砲兵を招致したる後継続すべきものだ」と云うにあった、砲兵の陣地変換の為には数時間を要する、そこで正午頃には攻撃の全正面に数時間の休戦状態が起って、独軍は此間を利用して微弱ながら防御線を構成し其兵をして戦車を拒止するに適する陣地に進入せしめ此陣地に拠《よ》て、其頃は既に統一を欠き急襲性を失った仏軍の師団や戦車の攻撃に対して夜に入るも尚お頑強に抵抗した。

七月十八日の夕刻の状況に於て独軍戦線は正面五十粁縦深七粁に亘り撃退せられた、戦術的には大なる成功である、然し第一日の成果を直に之を戦略的に拡張する点に於て失敗した。それは特に仏軍統帥部は共有する戦車に内在する速力、行動圏及戦闘威力の総合力を発揮せしめることを躊躇したからである、勿論戦車が攻撃を支援する砲兵と歩兵から分離して驀進することは当時に於て一の冒険であったかも知れない、それが独軍の僥倖《ぎょうこう》となった訳である。

其後の戦闘に於ては独第七軍の状況は極めて不利となり、速《すみやか》に「マルヌ」彎曲部を撤退し「ウエスル」〔ヴェスル〕後岸に退却を区処するの余儀なきに至り独軍の十師団は瓦壊するに至った、「フランデル」に企図せられた「ハーゲン」攻撃も放棄せられ西部全線に亘り防御に移った、これが運命の岐路だった。

連合側では百万の新鋭の米軍と数百の戦車や戦闘飛行機が新に現出するに至った。

事態窮迫を告ぐるに至り、戦車の惨害を被らざる独軍の他の戦線に対して警告を与え彼等に新たなる危険に対応する手段を講ぜしめる為万全の方策を示すに遑《いとま》がなかった、然し今は何と言っても「ソアッソン」に於ける独軍惨敗の主因が戦車にあることは疑う余地はなかった、此惨敗の因は個々の部隊の無能や戦車病や度を失った為ではなく、寧ろ戦車に対しては殆ど無抵抗に等しい歩兵が再三、再四解き難き問題に直面し而も此歩兵に対し支援を与うべき砲兵も、当時の規定による戦闘法に拠れば極めて貧弱なる支援を与うるに過ぎず而も時機に合せず等の為に歩兵が殲滅に陥った事に因するのである、此説の当否は後述によって証明せられるのであろう。

一二、一九一八年「アミアン」の戦闘

一九一八年八月八日午前五時二十分「アミアン」の暁を破って英、仏軍の砲火が開始せられた、これに続いて英軍の三百十台、仏軍の九十台の戦車と概ね同数の飛行機が攻撃を開始し、英国の歩兵十一師団、仏軍の五師団之に跟随《ろうずい》し、更に三師団より成る英軍騎兵集団之に随行し、之には「ホイッペット」戦車二大隊九十六台を配属して勝利を完成し戦果を拡張するに任ぜられた、英軍の攻撃法は「ソアッソン」に於けると相似たるものがあった、即ち攻撃開始後二時間第一線奪取の後砲兵の陣地変換の為に二時間の休戦が生じた、第一の攻撃目標は独軍砲兵陣地群の前方に設けられた、攻撃再開後は、三目標迄一挙に突進することに定められて居た、此際騎兵は歩兵を超越して最後の目標たる「シオールネ」〔ショルヌ〕-「ロアイユ」〔ロワ〕の鉄道線迄突進する予定であった、其遙に南方に行われた仏軍の攻撃法は此と異るものがあった、其砲兵準備射

撃は四十五分間に亘り行われ、戦車は第一梯隊の攻撃が正面にある制高点に到達したる後、第二梯隊と同時に攻撃開始するものであった。

八月八日は独軍の暗黒の日である、其の日経過の細部は「世界大戦の諸会戦」第三十六巻を推賞して置く、之によれば多大の教訓が盛られて居る、此処には只其結果を知れば良ろ《ママ》しい、それは極めて悲惨なものであった。

英軍歩兵八師団は約独軍の六師団半に対し、仏軍歩兵五師団は独軍の二師団に対し攻撃を開始した、連合側は十分に休養を経たるものであり、且つ補充せられて居るに反し、独軍は第二十七、百十一師団を除いては十分の戦闘力がなかったのである。

連合軍の第二線には英軍三、仏軍二師団及英軍騎兵集団が随行し之に対して独軍側では既に疲労困憊した転進を命ぜられた五師団が指向せられた。

独軍陣地は構築亦極めて貧弱で一再ならず第一線陣地は最後の数週に於て失われた、新しい陣地構築には兵力も材料も不足した、愈々攻撃の日には亦不幸にも霧が深く、之に発煙と、砲撃の煙霧と、塵埃とが加わって目視と火器の威力とを奪った、友軍砲兵は一部は弾薬の欠乏を来して居た。

総《すべ》て此等の不利と状沈と、敵には急襲が完全に成功したに拘らず、此に二個の条件が追加せられなかったならば、人は此《か》くも完全なる突破に成功することは決して想像だも《ママ》なし得なかったであろう、それは無抵抗状態の独軍に対し五百台の戦車と戦闘機が指向せられた事であった、独軍歩兵は戦車に対しては殆んど、飛行機に対しては全然、無力其ものであった、当時戦車に対する唯一の武器たる砲兵は当初霧のため盲蔽せられ、為に独軍陣地は突破せられ守兵は蹂躙せられ、包囲せられ殲滅せられ、戦闘準備も予備隊の適時戦闘加入も妨害せられた、将校七百名、下士官以下二万七千名火砲四百門は失われ、其損失の三分の二は捕虜となったのである、陣地にあった九師団は蹂躙せられ、戦闘加入した五個師団は多大の損害を蒙った、疎散なる独軍第二線を蹶散らす事も敵の意の儘《まま》であった、然し当初の計画に拘泥したことが完全なる突破を遂行し得なかった因である、英軍は第三の攻撃目標に対した後停止した、更に前進すべき任務を持つ騎兵は、今回は突進する歩兵に急速に跟随して其任務達成の為損害を敢て恐れず行動し且つ配属戦車が其前進を掩護したに拘らず、独軍の機関銃に直面して乗馬二十五連隊を擁して前進を敢行し得なかった、そこで騎兵集団は午後に於ては歩兵に追及せられ第一線の後方に退くに至った、そして「ホイッペット」戦車は歩兵を支援することとなった。

独軍戦線は数時間に正面三十粁深さ十五粁に亘り撃退せらるるに至った、敵の驚くべき優越と其近代的器材、即ち戦車と戦闘飛行機に対する無抵抗状態に直面して独軍内には各所に戦闘意志の萎靡を見受ける様になった、随て彼等は多くの手痛い批難を甘んじなければならなかった、然し軍隊に対して必要の兵器を与うることなく絶えず遂行し難き任務を要求することは不合理だと思われる、「吾人の戦闘資材はも早や役に立たない」（「ルーデンドルフ」回想録）と謂《い》う認識は若し戦闘資材の内に単に人や精神的要素のみならず兵器をも含ました其兵器は友軍が数に於て敵に優越を期し得ざる場合益々敵のものと匹敵するを要することを顧慮するときそれは尤《もっとも》な事だと謂わねばならない。

更に此に述べたい事は一九一八年に於て連合軍の歩兵は戦車の支援を欠くときは全く攻撃し得ざるか、然らざれば極めて怖々《おずおず》と攻撃する有様であって、之に依て之を観れば連合軍側の戦闘意志も独軍に優るものではなかったと謂うか、又は真に近代的な兵器の威力に対して攻撃を成功せしむるには新しい攻撃手段が必要であると謂う結論となるのである。

英軍は「アミアン」に於て重戦車を歩兵に、「ホイッペット」中戦車を騎兵に配属した、速度緩徐《かんじょ》なる重い戦車は此方法で第一梯隊に、速度遅い中型戦車は第二梯隊に位置することになった、第一の攻撃目標に達し、未だ独軍砲兵群陣地に達する以前に突撃師団の砲兵推進の為に休戦的状態が起るのであった、此処置によって、独軍唯一の対戦車火器たる砲兵が長時間其威力を発揮し、特に午前九時以降、霧が晴れてからは益々左様であった、尚お独軍の陣地守備師団の待機姿勢にある大隊又は休養中の大隊が戦闘準備を整え、戦闘加入の師団は転進を開始せしめることが出来たのであった、若し速度大なる「ホイッペット」が初めから遙に後方にある例えば既に偵知せられた独軍司令部や戦闘加入師団の宿営地（独軍第一線の後方八粁、英軍の第三目標内にある「ハルボンニエイル」〔アルボニエール〕の如き）の如きを目標とし、且つ第一の攻撃目標に独軍砲兵群陣地を包含せしめて居たならば如何に状況は進展したであろうか、それを一応想像して戴《いただ》きたいものである、之が為には縦深二乃至三粁の代りに平均四乃至四粁半を包含せしむれば良い丈であって、それが為に攻者の砲兵の射程外に出る処《ところ》はないのである。

約五百台の戦車は約十八粁の攻撃正面に対して其数が少い、其為に戦車攻撃の深さが足りなかった、騎兵集団に配属せられた「ホイッペット」二大隊を除き追撃の為の予備隊がなかった、此種の一線配置の使用は将来必ず予期せらるる防御に鑑み不可能である、「カムブレー」や「ソアッソン」の戦場に於て騎兵使用の不満足なる体験から、三度騎兵と戦車との協同を試みたのであったが之も亦失敗に終った。

英軍も仏軍も一九一八年には歩兵及砲兵を自動車化して其戦果を拡張することを努めなかったが、其方法はあった筈である、之に反して空軍との協同は有利なりと判断した様である、指揮官は飛行機によって攻撃の経過を明かにすることが出来た、戦車の勁敵《けいてき》たりし独軍の砲兵に対する特に重要なる戦闘は飛行機によって見事に実施せられ優秀なる成績を示した、此飛行機は常に英軍戦車隊に配属せられ敵砲兵の撲滅戦には特に訓練を経て居たのであった、此等飛行機は敵砲兵陣地又は個々に現出する敵の対戦車砲を屢々《るる》爆弾や機関銃を以て撲滅するに成功したのである。

一九一八年に於ける爾後《じご》の戦闘の経過に関しては連合軍は攻撃を継続して戦車を指向したる処では成功し、然らざる場合には撃退せられた事を述べて置く。

英軍戦車団の一九一八年八月八日から休戦に至る間の損害は交戦三十九日にして其全員九千五百人中、戦死、戦傷、俘虜《ふりょ》、失踪を合し将校五九八名、下士官以下二五五七名であった、器材は戦場に於て八八七台は助かったが、其中五五九台は小なる故障のため直《すぐ》に前線に於て修理を加えて部隊に返還し三一三台は中央工廠に送られ工廠から二〇四台は尚お使用し得べしとして部隊に送還せられ、一五台は全然廃棄するの余儀なき状態であった、随て終局に於ける損耗は約二〇〇〇台（数値は「リッター・フォン・アイマンスベルガー」将軍の戦車戦闘に依る）の中一二四台であった、他兵科の死傷に比較するとき、此損害の数値は極めて微少だと云う事が出来る、特に戦車部隊は其の現わるる所常に純然たる突撃部隊として攻撃を実施したる事を考慮するとき其の更に有利なるを知るのである。

一九一九年に於ける戦車の予想数

英軍　重戦車　七、〇〇〇台
仏軍　軽戦車　八、〇〇〇台－一〇、〇〇〇台
米軍　軽戦車　一〇、〇〇〇台

之に反し

独軍　軽戦車　八〇〇台

一三、大戦後の発達

一九一八年十一月の休戦によって彼我共に前記戦車の製造計画を中止した、「ヴェルサイユ」条約は既述の如く独軍の貧弱なる自動車化戦闘部隊の萌芽を刈り取って了った、然し連合側では戦場に於て勝利に多大の貢献をなした此兵器を特別の関心を以て発展せしめた。

一四、英軍の自動車化

英軍は次の如き思想により指導せられた「将来戦は一九一八年に於けると著しき異りたる条件の下に戦闘を指導せらるるであろう、戦車は技術的に完全の域に進み特に其速力は大となり行動圏も増大し戦略的に大なる機動性を有するに至るであろう、此性能によって旧式の兵種との協同は益々困難となるであろう、然し旧式の兵種と協同して之に利益を与うる為に其速力を犠牲とし得ないであろう、何となれば若し緩徐なる速度を以て行動するときは必ず予期すべき対戦車防御の為犠牲となること必然だからである。此場合火砲と戦車の格闘に於ては結局火砲が勝つことは明かだからである、又将来の発達に関しては敵戦車と飛行機の撲滅を顧慮し且つ大戦間解決し得なかった獲得せる戦果の利用の問題をも考慮するを要する。」

英軍は随《したがっ》て大戦に使用した戦車の大部を惜気《おしげ》もなく廃棄して訓練用としては最新式戦車を製作し且つ更に新しい型式を設計して前記の思想に順応するに努めた。

而して此新型式に共通なる性能は単に歩兵の小口径弾に抗堪し得る装甲と比較的大なる速度を追及した事であった、随てそれは其装備により、随て又大きさと重量により区別せられた、小型戦車（「ル・マルテル」及び「カーデンロイド」）に先ず一人乗り後に二人乗りで機関銃を装備せるものが設計の音頭取りとなった、特に「カーデンロイド」は成功せる製品として広く普及せられ外国にも其販路を見出した、之は活目標（対人目標）に対し又捜索、警戒及伝令勤務を目的として作られたものであった、之は謂わば戦車の兵科の歩兵であった。然るに一人を以てしては兵器と車輛、運転と敵の視察とを兼ね行い得ない為に一人用のものは早く放棄せられて了った。此車輛は戦車部隊外に於て例えば歩兵に於ける武器運搬車としても同一の理由で不適当である。英軍戦車隊に於ては、此数年間小型戦車の発達は所謂軽戦車と変遷して其最新型は乗員三名で装備を合し八噸のものが賞用せられて居る。

歩兵が火力支援として重火器を必要とする如く戦車部隊も之を必要とする、それは中戦車に装備せられるのである、英軍の「ヴィッカース」、「マーク」Ⅰ及ⅠA、Ⅱ及びⅡA型が目下其戦車団の主力を占めて居るのである、此型式は四七粍砲と機関銃四挺を装備して居る、重量は一四噸を越えない、最新型は一六噸に上って居る、重戦車の採用は英軍に於ては排せられて居るらしい。

英軍戦車隊の砲兵に該当するものは「クローズ・サッポートタンク」と称する近戦支援戦車と自走砲架式随伴砲とを以て編成せられて居る。

純然たる戦車部隊は此等の車輛に工兵及通信戦車を加えて既に編成せられ得る状態である。然し英国に於ては以前から此等の戦車部隊の外に他の常時自動車化したる兵種を以て戦車部隊を補備し、其融通ある性能によって初めて独立的に使用し得る性能を得るのではないかとの問題が白熱的に論ぜられたのであった、そこで自動車化歩兵旅団、同じく砲兵大隊等の徹底的試験が良好なる成績を挙げ、又騎兵連隊を装甲捜索連隊に改編する試験も同様に良好の結果を見せたのである、そこで今や吾人の眼前には英軍の平時部隊の自動車化への改編が進展しつつあるのである、此際戦略単位たる師団の編成に関しては未だ終局的結論に到達していない模様である、一九三四年の大演習に於ける機甲師団は四大隊より成る一装甲旅団と車載狙撃一旅団と之に必要の捜索支隊、砲兵、工兵、通信部隊等を以て編成せられた、此師団は戦闘力に於ては著しく増大に拘らず、従来の師団よりも編成は小さいものであった。

此編成は明日の英軍が如何なる方向に発展せんとするかの一憑懞《ひょうもう》を与うるものであろう、将来此師団が何処に現出するにせよ、それは其速力と其機動性、火力及装甲掩護により集成せられたる突撃力を以て、必ずや偉功を樹《た》つるであろう、今英軍の巻を終らんとすれば英軍機械化の尖《ママ》的闘士の名を列挙せずして已むことは出来ない。即ち「エレス」、「フラー」、「スウィントン」将軍、「ル・マルテル」少佐、「リデルハート」大尉が是《これ》であって、此諸氏は先駆的活動をしたのである。

一五、仏軍の自動車化

仏軍に於ては大戦後に於ては英軍と全く異る道途《どうと》を辿ったのである、大陸に於ける強敵は一敗地に塗《まみ》れて力を失って了った、此無抵抗の敵に対しては、先ず一九一八年の装備を以て十分であったから、それを其儘維持することとなった、二、〇〇〇乃至三、〇〇〇台の戦車と、此戦車に適応する大戦末期の戦闘法も其儘保存せられた、「ルノー」十七型及十八型時速八粁は純然たる歩兵随伴戦車であった、随て長途の行軍及迅速且遠距離の輸送には貨物自動車を使用した、故に仏軍の戦車は歩兵の一部即ち背柱をなすものであった、何となれば一九一八年大戦最後の数箇月に於て歩兵は戦車を欠くときは一般に攻撃を行い得ざることが証明せられたものだからである、速力を捨てて歩兵と緊密に連繋して戦闘し且堅固なる陣地を破摧せんとする思想を更に拡大すれば遂に装甲を厚くし装備を重からしむることを決心するの余儀なきに至ったのである、此くの如くにして仏国に於ては「シアール」2cと3c型七〇噸乃至七四噸のものが製作せられ遂に「シアール」Ｄ九二噸のものが現出するに至った、此巨人戦車の戦場に於ける装甲は前方に於て五〇粍、砲塔及側鈑に於て三五粍、其他は三〇粍を有し、速力は一二乃至一八粁の間に在り其装備は一五・五糎《センチ》榴弾砲一門、七・五糎加農一乃至二門及び機関銃四乃至一一挺、乗員は一二乃至一六名である。（「ハイグル」戦車必携）。

勿論此戦車部隊を運動戦的に使用することは思わざる所であった、それは徹頭徹尾陣地戦闘の兵器であって欲目に見ても形式的な緩慢な作戦にしか用いられない、之は仏蘭西《フランス》人の様な尚武的な国民が久しきに亘って決して満足し得る所でなかった、特に独逸に於て国防意識と、其戦闘力が漸次恢復《かいふく》することを予想し得るに於て益々其感を深くしたのである、尚お技術の進歩が戦略戦術上の見解の変化に影響を与えて遂に新しい戦車の設計を招来したのであった、「ルノー」二六‐二七型は既に時速一六粁となりＮｃ二七及三一型は時速二〇粁となった、次で英軍の「カーデンロイド」の設計が影響を及ぼした、そこで之に倣った「ルノー」ＮＥ型と其次に出来た「ルノー」ＡＭＲ型は時速三〇粁となり、街道上に於ては既に時速三七粁に達した、之と大同小異の速力を有するものに新型の中戦車（「サン・シアモン」型か？）三〇噸がある。

此の如くにして仏軍戦車部隊の作戦的機動力の増大と戦場に於ける其速力の増大が自然的に其独立性を増大するに至った、次て装甲旅団が生れるに至った。

其間旧式の兵種も亦自動車化に移って行った、騎兵の大部は「ドラゴン・ポルテ」（車載龍兵）として半装軌車輌を使用し最近は極めて速度大なる六輪及び四輪「ベルリエ」車を以て自動車化せられて居る、数年間に亘る試験の後一九三四年に「ランス」の騎兵第四師団を全自動車化し最近其名称を軽自動車化第四師団と改めた、やがて其他騎兵師団も改編するの計画がある、目下の三騎兵師団も其三分の一は自動車化せられて居る、一九三五年の大演習に於ては軽自動車化第四師団の外に「アミアン」の第三師団と「シアロン」（シャロン）の第十二師団とが全自動車化師団として参加した、右の外一九三五年には尚お自動車化第十五師団の演習が行われた、そこで一九三五年末までに仏軍は少くとも軽自動車化師団一、全自動車化歩兵師団三個を有することとなった、此数は仏国陸軍大臣「ファブリー」氏が財政に関し如何に青息をついても屹度《きっと》更に増加せらるるものであることは疑問の余地はない。

一九三五年の大演習終了後「タン」紙は凱旋将軍の意気を以て左の如く論じて居る「大戦終了以来、此回の如く広汎なる演習を実施した事はなかった、従来の消極的態度に就ては政治的理由に基くものでそれは大いに難ずべきであるが尚お経済的理由と更に各兵種が自動車化、機械化せられた資材を以て大規模の有益なる演習を実施するに未熟であった事実が因をなして居るのであった、其他平時師団は所要の資材を以て装備せらるる迄待たなければならなかった、何となれば最近の数箇月を除き予算が雨垂れの様に細々と協賛せられたからであった、今日に於ては外交的事情は内政上の障碍を排除して国防の範囲に於ては政策も亦手心を加うるの余儀なきに立至って居る、加之《しかのみならず》各兵種の訓練も殆んど完成したと認めて宜敷い、そこで一大試験的演習の好機が到来したのである、大演習の結果は中分なき堅実さを証明したる印象を与えた、大演習から推論し得る第一の結論は仏軍は再び大規模の運動戦の原則に復帰し得た、更に換言すれば目視し得ざる戦争に還元し得た事である。云々《うんぬん》」

一九三五年の仏軍大演習の後露軍の「セヂアキン」将軍は仏国東方要塞の攻勢拠点としての価値に関する興味ある判断に対して尚お近き将来に於て仏国内の平時軍隊は半分は自動車化せられ合計約四〇個の装甲団を編成し其数は戦時に於て二倍となり、成吉斯汗《チンギス・カン》をして後《しり》えに瞠若《どうじゃく》たらしめる機動的戦力を生み得る可能性あることを忘れてはならないと述べた。

仏軍の近代的発展に精神的に寄与しある人物は「ワイガン」、「ムーラン」、「カモン」及び「アレオー」等の将軍特に「ド・ゴール」大佐を挙げねばならない。

仏国の工業能力に就《つい》ては一九三五年秋に露国が約四〇〇台の「ルノー」新型戦車を購入し、其後間もなく殆んど同様に三二五台を伊太利《イタリー》に供給する筈であり、其為に自国の需要を何等阻害して居ない事を見て一斑《いっぱん》を知るに足るであろう、此事実は其軍需工業が平時に於て既に高度の能率を発揮し得ることを証明するものである。

一六、白軍の自動車化

白軍〔ベルギー軍〕は「カーデンロイド」型と「ルノー」一七、一八及ＴＳＴ型とを採用して居る、「アンデンヌ」猟兵隊は独逸に対する国境守備隊として常時自動車化せられて居る、目下は対装甲防御に特に力を傾倒して居る、此方法に依って装甲兵団の新設迄の危険なる間隙を可及的に補塡する意向なのである。白軍騎兵の自動車化は新聞の報道によれば一九三五年の夏開始せられた由である。

一七、伊軍の自動車化

伊太利に於ては有力なる自動車会社たる「フィアット」、「アンザルドー」〔アンサルド〕特に「バウエジイ」会社が装輪式装甲車の範囲に於て注目すべき製品を出して居る。

履帯車輌に関しては「ルノー」に模して軽装甲を作り、最近「カーデンロイド」に模して又軽装甲を作った。


伊軍は永い間其地勢の著しく困難なるが為に、自動車化部隊の採用に対し懐疑的であったが、数年前から快速部隊の試験を始め、其演習に於て自動車化と乗馬部隊の緊密なる連繫を企図したのであるが、今は此企図から脱却したらしく、一九三五年の秋に於ては大演習に多くの全自動車化師団が参加し其内「トレント」の師団は平時に於て常時自動車化せらるる事となった、此師団は新聞の報道によれば車載歩兵二連隊、自動車牽引師団砲兵一連隊、戦車一大隊、機関銃車一中隊を以て編成せらるる由。

「トレント」の如き「アルプ」〔アルプス〕山中に自動車化師団を配置した事は、要するに器材の能力の増大に伴い山地に此部隊を使用することを嫌悪した傾向が消失したことを証するものである。

「宜敷い、然し東方の波蘭《ポーランド》や露国の平野に行けば道は悪く其処で自動車は立ち往生するだろう」と自動車化の反対論者は反駁する、実際に於てそれは如何であろうか。

一八、露軍の自動車化

露軍の発展を見れば、此疑問に対して明瞭な答解となるのである、数年来蘇軍〔ソ連軍〕は自国内の重工業を確立するに努力した、外国特に米国の技師が、其指導を担任し、殆んど無尽蔵と目すべき原料は尨大なる計画の独立的遂行を許すのである、現在の蘇軍の自動車工場を目前に視察して来た人は偉大なる建設意志の厳存することと工業上の能力が真面目に考慮せらるべきことを認識するのである、蘇軍は外国最良の自動車製品を購入し且戦車は「フォード」、「カーデンロイド」、「ヴィッカース」、「ルノー」及び「クリスチー」等を購入し之を模し、其目的に合するものを製作した、而して此等の最良最新型を大量製作して軍隊を訓練し、其戦術、戦略的企図を此部隊の能力に適応せしめることを会得した、一九二〇年の「ブジョンヌイ」の騎兵軍から一九三五年の「ウォロシロフ」の装甲軍が生れた、「ウォロシロフ」は彼の言葉通り旧式兵種を打破して歩兵将校を飛行将校に騎兵将校を戦車将校に転ぜしめた、装甲車輌約一万台、牽引自動車十五万台、軍用自動車十万台を以て蘇軍は自動車化に関して各国軍の尖端を行って居て英仏を遙に凌駕《りょうが》して居る、蘇軍の空軍は自動車の発達と足並を揃えて居て、目下に於ける地上の最新式軍備を擁し其平時兵力は九十六万に及び他国との間に介在する従来通過困難とせられた広汎なる地域を征服し其剣を亜細亜であれ、欧羅巴《ヨーロッパ》であれ、振って見たい有様である。

蘇軍の自動車機械化部隊の編成（自動車化戦闘部隊は此《か》く称せられて居る）の編成は次の如くである。

戦略捜索は飛行機と協同して装甲偵察車（六輪「フォード」装甲車）を以て行われる、戦術的捜索は水陸両用

「フォード」六輪装甲車及び「ヴィッカース・カーデンロイド・ルスキ」小型戦車を用うる、「ブロニーフォト」（装甲フォード）小型装甲車は行軍縦隊の近距離警戒に任ずる。

機甲部隊（註、仮に此く名つける）の行動は三種に実行せられる。

遠距離に亘り行動する「遠戦戦車群」は戦略的目的即ち側背に対する攻撃又は敵の縦深へと突破する戦略的目的に使用せらるるものである、而して速力大なる戦車即ち「クリスチー」型及び水陸両用戦車を以て編成せられ空軍と協同作戦するのである。

他兵種と協同する為には、「遠戦支援戦車群」及「歩兵近戦支援群」を以て之に充てる、前者は中、軽戦車（火砲を有す）を有し敵砲兵の撲滅に任じ、後者は主として機関銃戦車及小口径火砲戦車を有し歩兵直接の支援に任ずる。

此等部隊の装備を完全ならしめる為に自動車化歩兵、装甲随伴砲兵（六輪自走砲架式）、対装甲砲並必要の補助兵種を編合して居る。

「クリシアノウスキー」は謂う「徹底的の効果は敵主力を全縦深に亘って戦術的にも戦略的にも同時に粉砕することにより獲得せらるるものである、之が為には突撃力と機動力とを兼備せる迅速且威力十分なる戦闘資材を必要とする所以である。」

一九、「チェック、スロバキア」軍の自動車化

「チェック」軍には未だ大なる自動車化戦闘部隊は存在しない、目下の処戦車一連隊を有するのみ、然し広

汎なる自動車化計画を樹立して更に戦車連隊の拡張を予期せられて居る、騎兵旅団には自動車化部隊特に装甲偵察中隊が配属せられて居る、極めて能率の高い軍需並自動車工業（「ズコダ」「シュコダ」及「タトラ」会社）を有し短時日の間に自動車化の能力を持って居る。

欧州の他の諸国に関しては此処には論ずる余地がないが苟《いやし》くも戦力向上を希念する諸国軍に於ては国家の能力に適応する限り自動車化せらるべき事は当然なることを指摘して置く。

二〇、米軍の自動車化

欧州以外の諸国に於ては工業的に最も強大なる北米合衆国を一瞥することとする、米軍の自動車化の状態は数に就て若干紹介することとする、北米合衆国の一九三四年に於ける全世界自動車現在数の製産比率は七一％、独逸は二・六％であって同国に於ては一九三四年国民の五名に対して自動車一台の比率にあり、独逸に於ては七五名に一台の比率となる、同国の一九三三年に於ける自動車製作数は一、九五九、九四九台、独逸の同期に於ては一〇九、〇〇〇台である。合衆国の民間に於ける自動車化は世界を通じて第一位であるが、不思議にも軍隊は此発達と間絶《かんぜつ》して居る、軍自動車化の範囲に於ては技術的に、例えば「クリスチー」の如き最良の車両を製産して居るに拘らず、従来大規模の軍自動車化、特に独立的自動車化戦闘部隊の編成を決意しない様である。

歩兵監部は歩兵戦車を、騎兵監部は騎兵用戦車及装甲偵察車を持って居る丈である。

全般の発展を進捗せしめる中央機関を欠くが如く見受けらる、随て同国の最も目ぼしい設計たる「クリスチー」戦車の如きは発明者の故国を離れて蘇軍に普《あまね》く使用せられて居る状態である、其地理的環境上攻勢を受くること不可能なる為戦争準備に関しては欧州諸国に比し大なる安全性を有するを以て、平時の計画は周到に立案するに止め適時軍需工業を飛躍せしめることは容易だと信じて居るのである。

二一、総合的観察

更に、も一度簡単に欧州に於ける戦車装備に関して最も重要なる諸国軍に対する観察を総合して見ることとする。

一九三五年五月二十一日独逸の総統は議会の演説に於て他の諸国の戦車の数は一三、〇〇〇台に上ることを指摘した、爾来《じらい》諸列強の戦車製造工場は無為にして已まない、益々馬力をかけて居るのである、周到なる計算によれば一九三五年の末には欧州（露国を含む）諸国各軍に現在する戦車は一六、〇〇〇台と認め得るのである。

外国のあらゆる新設計は其平均時速三〇粁、平均戦場速度一六乃至二〇粁時を一般とする、最大速度は一部に於ては極めて高いものがある、総ての戦車は小口径の歩兵弾に抗堪し、仏軍のものは大部分相当の大口径に抗堪し得るのである。

各国軍共に

（イ）重機を装備した軽装甲車を捜索、警戒及び活目標に対する戦闘に

（ロ）装甲貫徹力ある火器を装備した戦車を以て対戦車用に

（八）七・五糎砲或は更に大口径砲を装備した戦車を随伴砲兵又は発煙砲兵として編成している。

欧州各国軍共に戦車部隊は之を独立単位部隊として他の旧式兵種との協同に又独立して作戦的運用に支障なき編成を採って居る。

総て独立して作戦的運用に使用せらるる部隊には純然たる戦車部隊の外に装甲捜索支隊及び所要の自動車化せる狙撃部隊、対戦車部隊、砲兵部隊、通信部隊並補給部隊を持って居る、又飛行部隊をも平時から既に配属せるものもある。

此等の部隊は運搬の手段として「モーター」を使用し馬匹を使用しない、是れ吾人が名づけて「自動車戦闘部隊」と謂う所以である。

二二、現代戦に関する概観

一夕（敢て一朝とは言わない）飛行機格納庫と自動車格納庫の扉が開かれ発動機を始動し集団は轟然《ごうぜん》と運動に就くの機が生ずるであろう、第一回の急襲的槌打《ついだ》は克《よ》く重要なる工業地帯、原料地帯を占領し、或は空襲により軍需工業を破壊し、或は敵国政府並軍統帥部の機能を麻痺せしめ、或は敵国の交通網を妨害するに足るであろう、通過すべき距離、地勢関係及び被攻撃者の抵抗の範囲と抵抗開始時機如何により戦略的急襲の敵国内に侵貫《しんかん》し得る深さには多少の差を生ずるであろう。

第一回の空軍及自動車戦闘部隊の後方には車載歩兵が跟随するであろう、此部隊は奪取した地帯の後縁に下車し之を占領して、機動部隊をして更に新たなる打撃に邁進するの自由を与える、空車輌は後方に帰って新たなる輸送に任ずる、此間攻者は其大集団を動員するであろう、彼は次回の大打撃のため時間と地域とを自由に選択することが出来る、之が為には攻撃、突破の重火器を招致するであろう、彼は其自動車戦闘部隊を急速に集結し、且空軍を突発的に使用して急襲的に攻撃を行うであろう、戦車部隊は其第一目標を到達して砲兵の陣地変換や、騎兵の招致を待つの愚をなさないであろう、寧ろ其速力と行動圏の大なるを利用して防御地帯の全縦深を突破するに努力するであろう、其後方には第二、第三線が続行し敵の正面を席捲し、縦深への突破を完成するであろう、空軍は防者の増援する予備隊に殺到し其戦闘参加を妨害するであろう。

此に於てか防者は先ず迅速且つ最も廉価に敵の空中戦力と自動車戦闘部隊を防御し得る手段を考えるであろう。

二三、対戦車防御

対戦車防御は天然障碍即ち大河、沼沢地、山地及森林を利用し又新式の要塞方式により、自然的障碍を補強して敵の侵入を阻止することとなるであろう、交通路の破壊を準備し、各種障害、汎濫、阻絶、地雷設置等を以て防御組織を完成せられるであろう。

然し防者として攻者に対して常に準備せる防御地帯に於て戦闘を強うることは必ずしも出来ないであろう、特に決戦を企図する攻撃は屢々陣外又は野戦的手段により防御せる地域に於て発展するであろう。随て各部隊は対戦車防御の為の兵器を必要とする、特にそれは敵戦車の第一の突進に直面する歩兵に於て然りとする、歩兵に対して敵戦車の突進は第一線より後方に於て確実に捕捉せらるるものだと糊塗的の慰撫を与えても何の益にも立たないのであって歩兵自ら第一線中に防御兵器を必要とするのである、之と同様に其脅威の程度は少いが、他の兵種も後方勤務に至る迄此種兵器を必要とするのである。

以上の様な対策を講じても尚、優勢を持する国軍の攻撃を受ければ其突破と包囲が成功するであろう、其時には速力大なる「対戦車防御部隊」を指向して此危険を排除し或は之を予防しなければならない、敵が予想外に大なる効果を挙げ、又は突然予想せざる方向から現われた様な場合には対戦車防御部隊を集結して使用し之に他の兵器を増加して指向するの必要屡々生ずるであろう、此所に述ぶる様な機動力特に速度大なる対戦車防御部隊は上級指揮官に直属すべきもので勿論自動車化せられねばならない、随て此部隊は自動車化戦闘部隊と認むべく、其平時に於ける訓練と発達は実際の目標即ち自軍の戦車に就て訓練するを最も有利とするに於て益々然りとする。

然し――斬撃は最良の防払である、随て現今の兵器の轟々たる反響の裡《うち》にありては平和の民と雖、数に於ても威力に於ても十分なる戦車部隊を必要とするものである。

二四、独軍自動車戦闘部隊

今一巡の観察を終るに方《あた》り記憶すべきことは既に冒頭に述べたるが如く諸列強は自動車戦闘部隊の発達を目指してから既に十七年を経過せることである。

一九三五年三月十六日に「ヒットラー」総統が断乎として再軍備の宣言をなして以来独逸は再び独立国に

還った。

之によって大戦以来阻まれた若き独逸の自動車部隊の発明欲や積極精神は桎梏《しっこく》を脱したのである。

永い間言語に絶する窮乏と困難なる状況下に内的に蓄え来った所を今や展開することが出来るのである、今迄《ママ》麻や鉱力《ブリキ》の模型が堅硬な鋼と変った、技術的能力、軍事的資質を傾倒し久しく憧憬した任務に対して熱狂的な感激を以て、従来の十万人軍隊中の二十四個の貧弱なる自動車中隊は忽ちの間に独軍の最新兵種「自動車戦闘部隊」を作るに至ったのである。

× × × ×

機械化部隊は騎兵だ、

「あれ見よ、馬のない騎兵が行く」と、外国人は機械化部隊を見て謂う。

× × × ×

機械化部隊が不意に敵と近く衝突する。他兵科の指揮官は下車を考える、騎兵指揮官は車を以て襲撃の決心をする、又は急遽疎開包囲態勢を採って下車攻撃する。

此処に機械化部隊は騎兵なり、との端的な一例証を見る。

若し夫《そ》れ、装甲車、戦車、特に飛行機（空の機械化）に至っては純然たる戦兵《ママ》でなくて何だ！


――『騎兵月報』第九六号（昭和十二年一月）

快速部隊の今昔（一九三九年）

はしがき

此の記事は昨年春ドイツ軍参謀本部発行の軍事雑誌（Militaer-Wissenschaftliche Rundschau）第二巻に載った独軍装甲兵大将グデーリアン（Guderion）の議論の要領を抜き書きしたもので昨年秋のポーランド作戦の遣《や》り口《くち》等と思い合わせると、相当興味の深いものである。

事実筆者グデーリアン大将は装甲兵団を指揮して、ダンチヒ地区から長駆東普《とうふ》〔東プロイセン〕を横断しブレストを占領して、その所論を地で行って居るのも興味ある事である。

其の所論の是非は読者の判断に任せるとして、兎《と》に角《かく》単一の部隊や単一の兵団の戦力増加もさること乍《なが》ら、時には大所高所から将来を達観して軍の編成や用法を洞察するの必要を感ずる次第である。

尚摘録は誤謬を保し難い。

〔皇紀〕二六〇〇、三、一五

快速部隊の今昔

装甲兵大将　グデーリアン

歴史を見るに、アレキサンダー大王以来、大ナポレオンに至る迄幾多の偉大な将帥が収めた赫々たる戦勝は、多くは当年の快速部隊としての騎兵の適切な編制、教育及使用によるものである。

彼等巨人達は、此の快速部隊の独創的な使用によって、啻《ただ》に会戦の勝利を求めたばかりではなく、戦争其の物の勝利を目指したと云っても大して過言ではない。

所が十八世紀の初め頃から火器が急激に発達して来た為に、騎兵の持つかような意義は漸次に失われて行ったが、偉人を欠いた外国軍はこの潮流を認識することには至ってやぶさかであった。

かくて近世の騎兵は、装備は進み部隊数も多くはなったが、前記偉人達の見て居た騎兵とは、騎兵と云う名前が同じな丈で、其の意義は非常に違ったものとなって了って居たのである。

近世に於けるモーターの発明は、色々な意味に於て軍事上に大きな革新を来したのであるが、併しモーターの利用は必ずしも最初から前記の快速部隊への線に沿うたものではない。

モーターは、先《ま》ず軍隊輸送に著目されて、フランス軍にマルヌの成功を齎し、次で戦闘の方面に著目されて、タンクとして英軍にキャンプレイ《ママ》〔カンブレー〕の成功を齎した。

併し其等の利用は、前に述べた快速部隊としての意義を持って居るものでは決して無かった。

其の後戦闘を主とするタンク部隊の戦法は、漸次二つの潮流に分れて行った。

其の一つは歩兵の戦力を増加する用法であり、他の一つは所謂古来からの快速部隊的な用法である。

今日迄前者を代表するものは、フランス及ロシヤ《ママ》であるが、ロシヤ《ママ》の夫れは其の大量な装甲化の関係から後者の傾向も相当認められる。

次に後者を代表するものはイギリスで、早くからフランス、ロシヤ《ママ》の夫れとは全く異なる道を歩んで来た。

新軍建設以来、戦場を東方に予想して迅速な又決定的な電撃的勝利を求めようとした独逸軍の頼む所が一つは大飛行団であり、一つは所謂快速重装甲部隊に在ったことは申す迄もない。

英独側の見解によれば、歴史的に見て決定的な勝利は、多くは個々の部隊個々の兵団の装備が敵に優れて居たことによって齎されたものではない。

其の証拠には、世界大戦の後期タンクを殆んど持たず、又当時全く対タンク砲を欠いて居たドイツ軍に対する連合軍のタンク攻撃の成果に見て明《あきらか》であり、ただ強大な集結した装甲兵団のみが歴史的意義に於ける快速部隊の役割を果し得て、武力戦を決定的な勝利に導き得るものであると考えたのである。

そして此の部隊が活動をはばまれる場合には、其処に長期戦の姿が表われて来るのであろう。

尚最後に、乗馬した騎兵が前記の歴史的意義に於ける快速部隊としての役割を果そうとしたら、其の特色である困難な地形に於ける運動性と一時的には補給を絶つことが出来ると云う二大特長を減殺しないことが必要である。従って此の場合には、其の編制内に重い車を混合することは適当ではない。

——陸軍大学校研究部編『最近に於けるドイツ兵学の瞥見』（陸軍大学校将校集会所、昭和十六年十月）

近代戦に於けるモーターと馬（一九四〇年）

はしがき

この論文は本年三月七日発行のライプチヒ画入新聞（Leiptiger illustrierte zeitung）の「兵役義務制再興五週年記念号」に載った独軍装甲兵大将グデーリアン（Gudelian）の所論の訳文である。

此の新聞は新聞と云うよりも週報で独逸の此の種週報中第一の名声を博して居るものである。

本所論は大体に於て独軍全般の見解と見て差支えないものと信ずる。

尚グデーリアン大将は夙に装甲兵団に関する権威であり現に戦前から幾多の文献を出し又対波蘭《ポーランド》戦には装甲師団を指揮して波蘭回廊、東普、ブレスト地区と華々しい活動をしたのである。

訳文には誤謬を保し難く又文中の註記〔本章末尾に掲載〕は当部に於て記入せるものである。

〔皇紀〕二六〇〇、五、五

近代戦に於けるモーターと馬

装甲兵大将　グデーリアン

前の欧州大戦から今度の欧州戦に跨《また》がる二十年の間、モーターと馬の能力の予想に関する論議が行われない月は一月も無かった。

それと云うのも近代軍の編制及戦法は全く右の問題の解答如何に懸って居るのであるから無理からぬ事である。

吾人は非常な緊張を以て戦時の試練を見守ったが、今や問題は解決された。

今次波蘭侵入に方り吾人の通過した地形は全く馬党の希望する通りの地形であった。涯《はて》しない曠野《こうや》を通ずる深い軟い砂道とか道路の無い事とか、橋が大部分木造の薄弱なものであるとか、工場の無い事とか、給油所の無い事とか、器材予備を得難い事等々。

一方広い平原は馬による路外の行動が容易であり一般に農業を主とするを以て馬の飼料を十分に得易かった。

ただモーターにも馬にも共通して具合の良かった事は天候に恵まれた事である。

所が此の戦闘は独軍のモーターが九月の乾燥した秋の天候に於て波蘭戦場の困難を見事に凌駕し且容易に克服した事を証明するものである。

即ち独逸軍の快速部隊は軍の運動を促進し依って以て征戦を若干週の間に終了し得しめたのである。

該部隊の快速の結果、乗馬部隊或は輓曳《ばんえい》部隊は追及の困難を生じ激しい抗議を申し立てた位である。波蘭軍はその軍隊がその土地に最も良く適したものと確信していた。即ち波蘭軍は多くは輓馬編制であった、又多くの優秀な騎兵を持って居た。

その自動車化又は装甲化の部隊は少く且分散して居り之に大なる期待を懸けては居なかったのである。

即ち敵は根本的の錯誤に陥って居たので、独逸軍の自動車化部隊特に装甲部隊を軽視した事が波蘭側の破滅の因となった。

開戦後二日から敵の戦線は突破せられ、その後方連絡は妨害せられ、その指揮は錯乱して了った。

そして戦史に類例の無い絶対的の敗滅を喫し、騎兵の犠牲的投入もこの頽勢を支うるに足りなかった。

かくて波蘭戦に於てモーターの優位は決定的断案に達したのである。所が戦後疑惑を抱く者は「もし雨天か若くは雪又は結氷だったら結果は違って居ただろう」と云う。

夫れは実に尤もである。併《しか》し其際に馬部隊が一層良くやってのけたか否かは疑しい。

荒天には馬の能力もモーターの能力も共に低下し長い時間の行動には馬も硬い道路によらねばならぬものである。

又厳冬には軍隊の行動は一般に停止するもので冬は馬にもモーターにも斉《ひと》しく具合良いものではない。

そして両者共に不良な宿営の為に戦力を消耗する。

又追送の困難及手入の困難は急速に増加して例外になるものが増加するのである。

だから有史以来軍隊は最悪の季節には所謂冬営をやったのである。

今日に於ては軍は馬とモーターを共に利用せねばならぬ。吾人はモーターの優位を認めても国土の工業力及燃料の状態はモーターの拡張に限度を与えるのである。

故に現代の新式戦では軍の大部は寧ろ多く輓曳装備の歩兵師団から成りその師団の中に特定の部隊……主として捜索及対戦車部隊……及後方勤務の部隊を自動車化する。

騎兵即ち乗馬した戦闘部隊は数に於ては全く減少した。騎兵は自動車化戦闘部隊就中《なかんずく》装甲化戦闘部隊と変り其数は国土の工業能力に関連する。

又所謂軍直轄部隊の大部は自動車化し高級指揮官の予備としても又輸送上から見ても迅速な行動性を持つに至った。

将来に対して今日明確に予言し得る事は自動車類の発達は決して停止せず自動車化部隊及装甲部隊の能力が益々向上する事が予想せられる事である。

他方馬の能力は自然の儘でより以上を求むる事は出来ないから乗馬及輓曳部隊に対して今日より一層大なる運動性も速度も又火力に対する掩護性も期待し得られない。

之に反しモーターは将来一層強力にして信頼性大なるものや一層優良な車輌や一層堅牢な戦車や一層有効な偵察機関及連絡機関や一層大なる対寒性が出現し来るであろう。

此等の改良進歩は当分止む事無く寧ろ新しい攻撃手段に対する防御の必要が増大し絶えざる新なる研究努

力が促がされるであろう。

新しいサイドリッツ（Sydlitz）❖一〔ザイトリッツ〕は装甲師団から生れるであろう。

この予想は今日の馬党を驚かせるものではない。寧ろ反対で装甲師団によって昔の決戦的騎兵の発達が続けられるのである。

装甲師団の戦術並に戦略的用法は騎兵古来の原則の真髄を基礎とするものである。

騎兵と装甲部隊、対戦車防御部隊と猟兵、自動車化捜索隊と騎兵捜索隊は独逸軍では快速に行動する部隊である。

此等の部隊は等しく献身的な勇猛心により又決戦場裡に於ける協力により又好機の捕捉により又地形の巧《たくみ》なる選択によって電撃的に会戦の結果及戦争の終結を求め得るのである。

幸にして吾人は対波蘭戦に於てこの決戦を得て我が祖国を救ったのである。

――陸軍大学校研究部編『最近に於けるドイツ兵学の瞥見』（陸軍大学校将校集会所、昭和十六年十月）

原訳註

❖一　Sydlitz はフリードリヒ大王時代のプロシヤ《ママ》の騎兵将官で其の騎兵を以てロスバッハの大勝を決したのみならず、ツォルンドルフ・ホホキルヒ、クネルスドルフ・フライベルグ等の諸戦闘に決勝的役割を演じた将軍である。

西欧は防衛し得るか?（一九五〇年）

序文❖一

元軍人たちがよこした、質問や意見表明を含んだ手紙多数が、本書の題名となった問題について一言述べるきっかけとなった。この問題は、われわれドイツ国民全体にとって、また、その将来、さらには遠い未来に関して、決定的な意味を持っているからだ。この未決の問題について、私は語ろうとしている。そこでのドイツの貢献が活発に討究され、激論が交わされるほどに、よりいっそう曖昧模糊としてくる問題だ。それは自覚している。かつての将軍連がこの問題に関する意見を出すことは、さまざまな方面でうとんじられている。それも知っている。われわれは五年間にわたり、誹謗され、罵られてきた。あたかも、過ぎ去りし数年間に自らの見解を充分あきらかにしてこなかったかのごとく、非難されてきたのである。そうした怠慢を、さらに引きずろうとは思わない。ゆえに、大多数の軍人たちの意見を代表することを、私に許してもらいたい。彼らは、五年間忌避されてきたのちに、ようやくその協力を得る必要があるとみなされたのだ。

西欧防衛のため、ドイツ男子が武器を執る前に、いかなる前提条件を満たすべきか。われらがこの件について発言すると、世人は、「商売」をやっているとか、「報酬」を稼ごうとしているなどと述べたててきた。だが、われらは、そんな小《こ》商《あきな》い根性に囚われてはいない。われらが望むのは、ドイツ青年が、いかなる点からみても平等なパートナーとして新しいヨーロッパに受け入れられることである。わが国民のために、あらゆる自由な諸国民が国家存立のための不可欠の前提とみなしている、あの統一、あの権利、あの自由を願う。国民としての存在は放棄されてはならないのだ。

新旧の軍人たちよ、汝の良心が示す通りに振る舞いたまえ！　汝がドイツのために働いていることを常に想起せよ。健全で強力なドイツがあってこそ、生存能力あるヨーロッパが存続する。欧州の存立を望む者は、同時にあらたなドイツをつくりだすべし！

著者記す

一九五〇年十月三十一日

訳註

❖一　この序文の原題が „Vorwort!“ と感嘆符付きであることからも察せられるように、一種檄文的で、相当調子が高い。

一、前史

本書の題名に掲げた問題の答えを得ようとする者は、地球儀か、世界地図を手に取ってみたまえ。その欧州部分をながめてみれば、われらが自慢に思っている大陸が、広大な陸地の西縁部にある、ささやかな一片にすぎないことが確認される。この陸地の多くは、ソ連、中国、インドやその他のさまざまな国々に占められているのだ。われわれは、その陸地西縁部の住民である。だが、地球には他にも、面積では二番目、三番目の大陸であるアメリカやアフリカ、一群の大きな島々がある。なかでも顕著な大きさを有するのは、オーストラリアだ。

近代技術は、大陸間の距離を収縮せしめた。世紀の交に、フランス人ジュール・ヴェルヌの筆になる小説が出版されたが、そのタイトルは『八十日間世界一周』であった。当時の人々は、この日数を夢のようだと感じた。航空機によって数日のうちに世界を一周することが可能になったのち、今日のわれわれにしてみれば、なんと長い時間だろうと思われる。けれども、遠隔操縦されたロケットが輸送手段に用いられるようになれば、すぐに飛行機は鈍足であると嗤《わら》うようになるであろう。

われわれの住む大陸は、稠密な人口、地下資源、工業、古く大切な文化を有しており、顕著な重要性があることははっきりしている。にもかかわらず、嵐のごとき現代の技術的進歩により、ヨーロッパの力と生存能力に関する観照や尺度を再検討することが余儀なくされているのだ。先の世界大戦の結果、担いかねるような遺産として、われわれの地域の不幸な分裂がもたらされた。さらに、西欧の一部とみなすのが普通であった、広大で物産豊かな地も、政治的・経済的に東欧に組み込まれてしまった。まさにヨーロッパの心臓部であったドイツも分断され、その生命力は大打撃を受けた。

われらは、一大闘争の末に、また数百万の者が故郷を失ったのちに、西ドイツの地にたどりついた。そのわれらが、現在の展開に心配を抱くのは当然のことだろう。西欧は防衛し得るか？　眼を覚ましたのち、そして就寝する前、朝な夕なに、このことを自問しない者はあるまい。

ドイツ国民が置かれた地理的状況は、数千年を通じて同様である。ドイツ人は常に、ヨーロッパ中央部を居としてきたのだ。ゆえにドイツ人は、好むと好まざるとにかかわらず、この地域を揺るがす紛争に加わってきた。アジアより来たりて、欧州に流れ込んだ大規模な民族移動はすべて、最初にドイツ人を見舞った。ドイツ人はこれを撃破するか、拒止しなければならなかった。敵の圧倒的優勢により撤退に、それまでの成果を空《むな》しゅうし、失われた地を取り戻すには数世紀にわたる、あらためての植民活動が必要になると覚悟してのそれに追い込まれるはめにならなければ、ということだが。

かかる主張の証明として、歴史からの実例を引くことにしよう。その際、以下の点に注意しなければならない。今日のドイツ人の先駆たるゲルマン人は、遠くロシアにまで達していた本来の居住地から、西へ西へと追いやられてきた。そして、のちの東西往来の運動は、その居住地があまりにも狭隘になったことから生じた逆流とみなされるべきである。

こうした運動で史上最古の例は、カタラウヌムの野における戦いで頂点に達した民族大移動だ。紀元四五一年、アエティウスが指揮する、西ゴート族、ブルグンド族、フランク族と同盟したローマ〔西ローマ帝国〕軍は、アッティラ率いるフン族を打ち負かした。このローマの将帥は、四三五年にフン族傭兵の助けを借りて、ライン河畔のゲルマン諸族を撃滅したことがあり、それが今回の任務を困難にしていた。そのおかげで、アッティラに指導されたフン族はドイツ諸族を屈服させ、彼らに従軍の役務を負わせて、オルレアン地域に至るまでのヨーロッパを荒廃させることができたのである。フン族はシャロン〔カタラウヌムは、長らく現在のフランス、シャロン＝アン＝シャンパーニュだとされていたが、今日では異論も出されている〕において、生き残りのブルグンド族の助けを借りたアエティウスによって撃破されたが、フン族戦争は翌年北イタリアに飛び火し、その地を荒廃せしめた。震え上がった住民の一部は、アドリア海の潟に避難し、そこにヴェネツィア市を建設した。アッティラの死とともに、この古代末期に生じた世界的大火災はようやく終わったのだ。ゲルマン諸族は、大変な苦労をしつつも、廃墟から新しいヨーロッパを築いた。

その新ヨーロッパは、カール大帝の帝国において、最強の政治的形態を取ることになった。まず、いまだ異教を奉じていたゲルマン諸族と戦ったのち、カールは、東方諸族に対する防御のために東部辺境領を打ち立て、南西ではアラブ人を駆逐して、ある程度の安定を得た。彼の帝国が分割されたあと、東方より及ぼされる危険に対し、ヨーロッパを守護するのは、ドイツ人の役目となったのである。

つぎに西方文化の存続を脅かした敵は、ロシアから進出してきたハンガリー人だった。彼らに対するため、ハインリヒ一世は多数の城と砦を築き、それらが諸都市の元となったのだ。また、彼らに立ち向かうドイツ人の軍勢も、ハインリヒ一世によって結成された。その息子、オットー大帝は、九五五年にレヒフェルトでハンガリー軍を撃破、ついに彼らの脅威を排除したのである。オットーはまた、北方のハーフェルラント〔現在のブランデンブルク州の一部にあたる〕を再びドイツの影響下に置き、ドイツの中核地域の安全を従来よりも高めた。十二世紀には、ポンメルンとシュレージェンも同様の状態になる。

東方からの大規模な侵略第三波は、モンゴル人の猛襲というかたちを取った。チンギス・カンが中国全土と西アジアのすべてを征服したのち、その騎馬の大軍が殺到してきたのだ。彼の孫バトゥは、ロシア、バルカン諸国、ハンガリー、メーレン〔現在のチェコ共和国東部、モラヴィア地域〕を屈服させた。一二四一年、リーグニッツ付近のヴァールシュタットにおける戦いで、シュレージェンの騎士団とポーランド軍からなる騎士の軍勢は、このすさまじい暴風を食い止めることができたが、その理由はただ一つ、大ハーン〔皇帝〕位にあったオゴデイが死去したゆえに、モンゴルの有力者たちが後継者を選抜すべくアジア内奥部に引き返し、それによって戦闘行動が一時中断したからにすぎなかった。この、きわめて危機的な時期に、ドイツ〔神聖ローマ帝国〕皇帝はイタリアの諸戦闘にかかずらわっており、東方に対する帝国の防衛からは遠ざかっていたのである。イタリアにおけるホーエンシュタウフェン家〔当時、神聖ローマ帝国を統べていた帝家〕の没落は、長期にわたる混乱を帝国にもたらし、それは歴史的使命の達成に、きわめて不利に作用した。

東方の危険に対する防御は、かくて、神聖ローマ皇帝の課題から、諸領邦のあるじたちの問題となった。彼らのなかから、特別の力が立ち現れてくる。ドイツ騎士団である。彼らは、全ヨーロッパ、そう、まさに全キリスト教世界からの参加者を得て、長い戦いと苦労の末に、バルト海沿岸地方をドイツのものとし、堅固な構成を持った国家を建設したのであった。しかし、神聖ローマ帝国による支援の不足と内部の不和により、一四一〇年のタンネンベルク戦〔ドイツ騎士団が、ポーランド王国・リトアニア大公国連合軍に惨敗した〕以降、この力強い創造物も衰亡していった。そののちの経過のうちに、バルト諸邦（クールラント、リーフラント、エストニア）は最初スウェーデン、ついでロシアの領土となり、残るドイツ騎士団領の多くもポーランドに併合された。

モンゴル人やリトアニア人との闘争に続いて、トルコ人〔以後、四九六頁までオスマン帝国を指す〕との戦争が生起した。トルコ人は、小アジアとバルカンを征服し、一四五三年にコンスタンティノープルを占領、東ローマ帝国を滅亡させて、その壮図を完成させた。だが、そんなことで満足する彼らではない。神聖ローマ皇帝カール五世が、フランス人とイタリア人相手の困難な戦いにかかずらっているあいだに、スルタンのスレイマン壮麗帝〔スレイマン一世〕はその好機を利用して、ベーメン〔ボヘミア〕に侵入した。加えて、ドイツ人とフランス人がイタリアにおいて教皇相手の一大紛争を繰り広げているうちに、トルコ人は一五二九年にはウィーン前面まで迫ることができたのだ。ついで、スウェーデンとフランスの介入のもと、三十年戦争が中欧を大混乱に陥れ、その弱体化を招いた。数世紀におよぶ労苦の末に、ようやく克服され得るような衰退を導いたのである。

三十年にわたり、中欧がいかなる強力な行動に出ることも不可能にした戦争、その後の脆弱ぶりは、またしてもトルコ人の一挙を誘発した。一六八三年、彼らはウィーンを包囲したのだ。けれども、カーレンベルクの戦いとそれに続くサヴォイのオイゲン公による諸戦役が結局、トルコのくびきに屈することからヨーロ

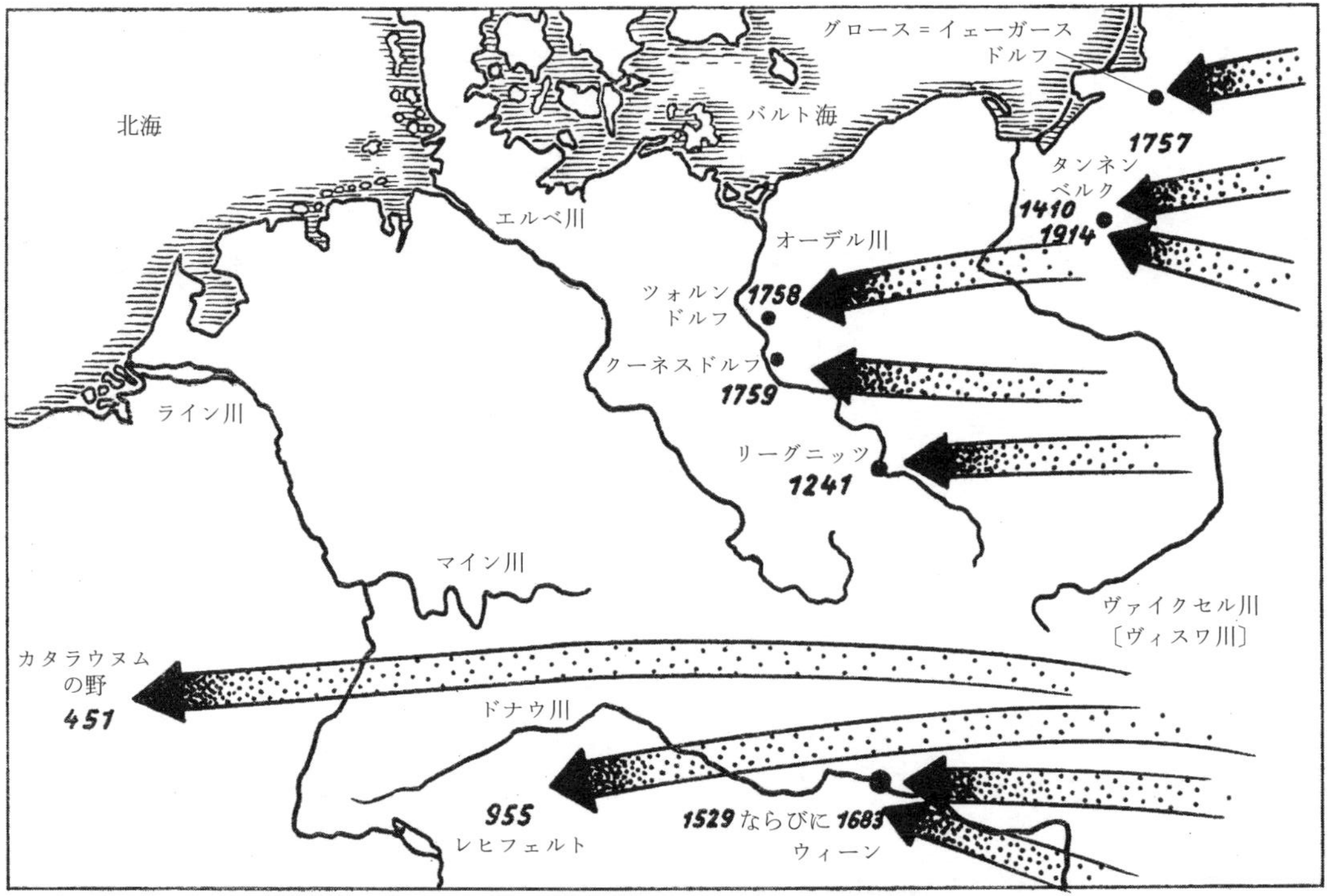
北海
バルト海
グロース＝イェーガースドルフ
1757
タンネンベルク
1410
1914
エルベ川
オーデル川
ツォルンドルフ
1758
クーネスドルフ
1759
リーグニッツ
1241
ライン川
マイン川
ヴァイクセル川
〔ヴィスワ川〕
カタラウヌムの野
451
ドナウ川
955
レヒフェルト
1529ならびに1683
ウィーン

東方からの中欧来寇

ッパを救った。ところが、フランスのルイ十四世は、神聖ローマ帝国、ひいてはヨーロッパの苦境に乗じて、ドイツ西部で略奪的な戦争を行った。

トルコの脅威は去ったが、その間に、ロシアという新しい危険が生じていた。ピョートル大帝は、新しいツァーリの帝国のために、バルト海への入り口を確保したのである。ポーランドならびにデンマークと同盟した彼は、不充分な戦力で敢えてモスクワに前進しようとしたスウェーデンのカール十二世を打ち破った。カールはベレジナ川を渡り、スモレンスクを奪取したが、戦争を決するような方面への進撃をただちに継続しようとはせず、ウクライナへ旋回する誘惑にかられてしまったのだ。その地のポルタヴァでカールは叩きのめされ、トルコへの亡命を余儀なくされた。それによって、ピョートル帝は、バルト海沿岸地方を征服する時間と好機を得たのである。続いて、ロシアは東方の大国となっていった。この勢力に対してヨーロッパを守る役目は、オーストリアとプロイセンが担った。が、両国とも、かかる使命を不断に自覚していたわけではない。マリア・テレジア女帝は、七年戦争において、攻めるフリードリヒ王〔フリードリヒ大王〕を御しきれないと悟ったとき、フランスばかりか、ロシアとも同盟を結んだのである。ロシア軍は一七五七年に東プロイセンに現れ、弱体なプロイセン軍を撃破した。フリードリヒ王は、他方面からの侵攻の脅威に直面していたから、この正面は放置していたのだ。とはいえ、王はロスバッハとロイテンで戦勝を挙げ、息をつくことができた。しかし、ロシア軍は翌年、とほうもない荒廃をもたらしながら、オーデル川までも前進してきた。が、キュストリン北方、ツォルンドルフにおける損害の多い戦いで、彼らは停止させられ、ついで撤退に追い込まれた。けれども、一七五九年にロシア軍は再びその企図を実現させようとし、ラウドン率いるオーストリア軍と協同し、クーネルスドルフの戦いにおいて、プロイセン王を破滅の淵にまで追い込んだのである。「朕はもはや、いかなる助けも得られぬ。すべてが失われたと思われる。されど、わが祖国の敗亡をこの眼で見るつもりはない」〔フリードリヒ大王は、この時期、自死を覚悟していたといわれる〕だが、勝者の側の不一致がフリードリヒを救った。一七六二年、彼の宿敵であったエリザヴェータ女帝が薨去《こうきょ》すると、帝位を継いだピョートル三世はフリードリヒと結んだのだ。

ピョートルが殺害されたのち、玉座に進んだのはエカチェリーナ二世だった。女帝の主目標は西方への拡張であり、ポーランドを粉砕することで、それを達成しようとした。この政策は、第一次ポーランド分割につながり、ついで第二次分割を引き起こして、ポーランド国家の終焉を招いたのである。ロシアは、獅子の分け前〔もっとも大きな配分の意。イソップの寓話にちなみ、強い者が最大の利益を得るというニュアンスを含んでいる〕を呑み込んだ。オーストリアとプロイセンは、自らの国境に接した地域を併合したのみだった。ポーランドが排除されるとともに、ロシアは、ドイツ人にとって直接境を接する存在となった。エカチェリーナ以来、西欧文化と啓蒙期のフランス文学の影響が帝国の最上層階級に広まっていたから、ロシアはしだいに西欧の一員とみなされるようになる。それゆえ、フランスの王制を転覆させたフランス革命に対し、ツァーリもまた、フランス君主制復古を目指す同盟の一員になったのである。その努力が失敗したのちも、ツァーリのロシアはナポレオンとの闘争に加わった。ただし、それも、アウステルリッツ、イェナ、アウエルシュテット会戦後、アレクサンドル一世が、以前の同盟国〔プロイセン〕を犠牲にして、フランスの独裁者と同盟を結ぶまでのことであった。この、しばらくのあいだは同盟国同士ということになった大陸の両巨人のあいだに、荒廃したドイツが横たわっていた。かかる廃墟となった地の枠外に立っていたのが、島国帝国イギリスである。大陸西方の独裁者は、経済的手段により圧迫を加えることで、イギリスをおのが意志に従わせようとした。

だが、ロシアはナポレオンの企図した大陸封鎖令を守らず、従って、その効果もなくなった。かくて、ヨーロッパの独裁者二人は決裂するに至り、一八一二年の戦争がはじまった。先達のカール十二世同様、ナポレオンもモスクワを奪取しようと努めた。その基本構想をひるがえすことができなかったため、ナポレオンは目標に到達することはできたものの、熱望する平和を得られなかったのだ。アレクサンドル帝は、おのが国家の聖なる領土から撤退しなければ交渉に応じないとの要求を譲らなかった。ナポレオンによって強制的に統合された西欧の軍勢は、冬に突入し、敵の軍事的な対抗手段によるというよりも、敵地の風土が有する力によって、殲滅されていく。

ロシア軍は、この西欧の強敵を追撃し、本土での敗北と首都パリの失陥を余儀なくさせるに至った。ロシア人はまた、ウィーン会議において初めて、ヨーロッパ大陸の新国境策定に影響を及ぼしている。よって、一八一五年に出現した新ヨーロッパは、ロシアを包含するものとなったのであった。

ウィーン会議は、多くの点で先例をつくった。あらゆる国々の皇帝、国王、諸侯、政治家が集ったのだ。素晴らしい祝祭が行われた。しかし、困難な戦争の年月の直後に示された表面的な輝かしさとは別に、疲弊しきったヨーロッパに、史上まずなかったような、長く持続する平和を保障するための実務的な作業がなされた。今日、おおいに侮蔑されてきた旧式の外交が何故にこのような成果をあげることができたのかと問うならば、おそらくは、何よりも平等な交渉が行われたことを指摘しなければならない。それは、戦勝諸国によって、敗北したフランスにも保証されていたのだ。当時、勝者の側は、この間の戦争はフランスではなく、ナポレオンに対して遂行されたとの立場を取っていた。それゆえ、あの時代のヨーロッパを見舞った災厄に責任があるのはフランス国民ではない、フランスの独裁者なのだとみなされたのである。そのため、フランスも同じ権利を持つパートナーとして、会議に受け入れられた。ナポレオンのもとでフランス外交を主導したのと同じ人物、タレイランが仏外相として国王ルイ十八世の名代となり、きわめて影響力の大きな役割を果たしたのだ。とはいえ、その時期、ヨーロッパのあり方について最終的な合意を得るには、激しい論戦が必要であった。ときには、かつての同盟国同士が、戦争寸前の事態にまで立ち至ったこともある。だが、ナポレオンの帰還〔一八一五年三月、ナポレオンは幽閉先のエルバ島から脱出、帝位に復した〕により、合意がみちびかれた。一八一五年六月八日にはドイツ連邦が成立し、六月九日にはウィーン議定書が締結された。それによって確定された国境は、一八一五年十一月二十八日の第二次パリ条約〔ワーテルローの戦いに敗れたナポレオンが再び退位したのちに、フランスと対仏大同盟諸国のあいだに結ばれた講和条約〕は、ヨーロッパが今後長きにわたり享受することになる平和の土台を築いた。

対ナポレオン解放戦争の勝者たちが示した英知と抑制ゆえに、ウィーン会議は、のちのちまでも意義のある歴史の教訓となっている。当時の政治家や君主は、戦勝のみならず、平和をも勝ち取ったのだ。とりわけ注目すべきは、ヨーロッパ諸国民の共同体にロシアを組み入れたことである。ロシアの上流階級は、いよいよ西欧の文化・文明に魅了されていった。が、悲しいかな、それは上流階級においてだけのことだった。一般大衆は低い文化水準にとどまっていた。理解ある代々のツァーリは、この状態を改善しようとしたが、失敗した。かかる一般大衆の悲惨なありわいは革命の温床となり、すぐに巨大な帝国の全土を震撼させていく。第一次世界大戦が帝政の転覆とボリシェヴィキ革命の勝利を引き起こすまで、それは続いた。

かくてツァーリは、帝国内部においては、独裁から近代国家への移行をもたらすことに失敗したわけだが、国外では大規模な征服行に成功していた。解放戦争直後から、ロシアの拡張ははじまっている。まず、トルコを犠牲にしてペルシアへ、さらにまたトルコを浸食してトランスコーカサス地方に進出したのだ。ツァーリがダーダネルス海峡に手をのばしたとき、その前に西欧列強がたちはだかることになった。イギリスとの敵対はクリミア戦争につながった。この戦争では、イギリスと並んで、フランス、トルコ、イタリアが西欧の側に立ち、ロシアと戦ったのである。ツァーリの絶対主義は大きな敗北を被った。皇帝の権威は初めて深刻な動揺を来したのだ。ウィーン会議以来、ツァーリはヨーロッパにおいて圧倒的な地位を占めていたが、今や控えめに振る舞うことを強いられた。

クリミア戦争後、ロシアの拡張は東方に向かった。黒海とカスピ海のあいだのコーカサス地方、アムール川・ウスリー川流域が、征服、もしくは割譲された。中央アジアにおいては、ロシア人はタシュケント、サマルカンド、ブハラ、ヒヴァに押し寄せた。ヘッチュ教授〔オットー・ヘッチュ。一八七六〜一九四六年。歴史家・ジャーナリストにして政治家。ロシアとの協調を説いた〕は、この現象を「ステップと砂漠、文明化されていない諸国民に対する領土拡張の追求」と名付けた。彼は、それを「アジアに対するヨーロッパの影響の拡大」とみなし、さらに、「列強間の衝突が起こる危険」について論じている（Grundzüge der Geschichte Rußlands〔『ロシア史基礎』〕、一三九頁、K. F. Koehler Verlag, Stuttgart）。モスクワと極東もシベリア鉄道によって結ばれ、一九〇四年から一九〇五年にかけて、最後のツァーリのもとで日露戦争が生起した。これは大敗に終わり、ロシアにとってはクリミア戦争以上の惨憺たる結果となった。巨人の力は拡散しきっており、現存秩序に生じた亀裂も見て取れるようになっていたのである。第一次世界大戦が帝政にとどめを刺した。レーニンが支配権を掌握したのだ。かくて、ロシアは、その眼を東に向けた。西欧指向の強国であることを止め、アジア的に変わっていった。帝国の重心は東に移っていく一方で、新しい首都がレニングラードではなくモスクワになったことも、それを明瞭に表していた〔レニングラード（ペテルスブルク）は、ピョートル大帝以来、ロシアの西方への窓とされてきた〕。第一次世界大戦の戦勝国は、しばらくのあいだ、この新しい勢力の性格について、どっちつかずの態度を取っていた。彼らは、経済的な理由から、ソヴィエト共和国が西側的な意味において退歩していくことに望みをかけていたのである。しかし、その希望は空しくなった。

二、西欧列強の過てる決定

西欧列強と異なり、一九三三年にドイツを支配することに成功したナチズムは、独自の共産主義経済論と独裁的権力政治を有する東方のとほうもない大国を、将来の敵とみなしていた。ゆえにナチズムは、もっとも尖鋭なかたちで、ボリシェヴィキ・イデオロギーとの闘争を行ったのである。おのが主張を西欧列強に理解させ、それによって東方に向かう上でのフリーハンドを得るというヒトラーの望みは、むろん満たされなかった。彼の意図が掛け値なしのものであることを、西欧諸国の政府に納得させようとしたが、失敗したのだ。とくに、一九三九年春のチェコに対する行動は、イギリスとの深刻な対立を招いた。ヒトラーには、ミュンヘン協定を遵守するつもりなどなかったからだ。だが、彼は自らを欺いた。まずポーランド、ついでロシアを叩いているあいだ、英仏が背後から襲ってくることはあるまいと信じ込んだのである。西方へのいかなる拡張をも放棄しさえすれば、東方でフリーハンドが持てるという、誤った思考に安住した。ロシアは、けっして「民主主義の別形態」などではなく、もっとも極端な独裁制の形態であり、ヨーロッパにとっては最大の危険だ。加えて、強くなっていくばかりの巨人を押し返し、それによって国民、ひいてはヨーロッパの生命を救う、彼とドイツにとっての最後の好機が訪れている。そう確信したヒトラーは、独裁制と戦うための独裁制を確立した。戦争に訴えずに、ポーランドを自らの機構に組み入れようとして失敗したのち、彼は、西欧列強のソ連と同盟を結ぼうとする努力に先回りし、スターリンとの条約を結び、ポーランド問題を力ずくで解決する決意を固めた。かかる政策は、ヒトラーの期待に反して、イギリスとの戦争、加えて同国の圧力を受けたフランスとの戦争に、彼を引きこむこととなった。一九四一年、ヒトラーはソ連との条約を破った。この戦争が進むにつれ、ヨーロッパ史において、しばしば生じた、東方の危険に対する防衛力の弱体化が立ち現れてきたのである。西側列強は、一九四一年にロシアと結び、のちに合衆国の圧倒的な力によって強化された。一九四四年、彼らはドイツの背後を突いて、ノルマンディに上陸し、当時すでに、ソ連相手の生きるか死ぬかの闘争で困難におちいっていたドイツの力を粉砕してしまった。

先駆者であるスウェーデンのカール十二世やナポレオン一世とちがって、一九四一年のヒトラーは、明快な目標を定めることなしにロシアに侵入した。戦役開始後数日にして、彼は、バルト海沿岸の敵を一掃し、レニングラードを占領するという最初の構想を放棄してしまった。また、数週間にわたって遅疑逡巡している。軍事に関する助言者たちが熱烈に勧めてくる目標であるモスクワを先達同様に狙うか、それともウクライナに向かうか、と迷っていたのだ。結局、ヒトラーは、カール十二世と同じく、後者を目標に定めた。それは、彼が軍事的必要よりも経済的な理由を重視していたからだと思われる。さらに、季節は一九四一年の泥濘期、そして極寒の冬に突入していた。近代技術の成果を以てしても、モスクワという目標を追うには、もはや遅すぎたのだ。とはいえ、巨人に決定的な打撃を与えることを可能とするのは、このソ連邦の中心を占領することのみであったろう。一九四一年には、モスクワは、まさに交通のハブであり、その東には、かの帝国の南北を結ぶような大規模な連結鉄道線はもうなかった。加えて、そここそが通信の中心地、重要な工業都市、何よりもソ連政府と諸外国の外交使節団の所在地だったのである。この ソ連体制の中核地点の失陥は、おそらくヒトラーをして、そのボリシェヴィズム体制転覆という主目標の達成寸前というところまで進めさせたであろう。もちろん、そのためには、NSDAP〔Nationalsozialistische Deutsche Arbeiterpartei 民族社会主義ドイツ労働者党の略。すなわちナチス党〕の国家弁務官〔Reichskommissar. ロシア占領地の行政にあたる役職〕が実行したのとはまったく異なるやりようで、ロシアの民を扱う必要があったはずだ。ソ連体制を没落させようと欲するのなら、その住民を味方につけねばならなかったのである。だが、それはなされず、体制は維持され、しかも勝利したのだ。

一九四一年冬のモスクワ戦敗北後、ヒトラーの戦争指導は硬直した。しかしながら、限られた戦力を極力機動的に展開することにこそ、戦争の勝敗がかかっていたと思われるのだ。一九四二年の、東方問題を攻勢によって解決しようとする最後の大規模な試みも蹉跌をきたした。攻撃目標の設定と投入兵力が釣り合っておらず、部隊の分散を余儀なくされたからである。軍は、ヴォルガ川とコーカサスの両方に分かれていった。またしても、作戦は、厳寒の時期まで長引く。ヒトラーが占領地の維持に固執したことは、最悪の誤りであったと証明された。モスクワの破局から一年を経て、スターリングラードの破局が訪れるという結果になったのだ。

この敗北も、自らの戦略に欠陥があることをヒトラーに納得させるには充分でなかった。一九四三年、そのショックからほとんど回復していないというのに、彼は再び、不充分な兵力でクルスクを攻撃すると決断したのである。戦果は得られず、損害ばかりが大きくなった。かくて、戦力を費消してしまったから、一九四四年に西方において充分強力な第二の戦線を布くことは不可能となった。

一九四四年には、アエティウスが紀元四三五年に〔上層階級である「パトリキ」に列せられたアエティウスが、フン族の力を借りてブルグンド族を討伐したことを指すと思われる〕、ルイ十四世が一六八一年に行った〔ウェストファリア条約によって、ドイツ圏の自由都市であったストラスブールを占領した〕のと同様のことが生起した。西側勢力は、東方で生死を賭した闘争にかかっていたドイツ人の背後を攻めてきたのである。彼らは、ドイツに占領された西欧のいたるところで容赦ないパルチザン戦争を遂行した。それは憎悪と殺戮を引き起こし、戦闘行動が終わって五年が経った今日でもなお、諸国民の感情を汚染し、西欧統合を困難にしている。

東部で戦うドイツ軍の背後に対する連合軍の上陸は、当時のわれらが敵側内部での議論を引き起こすことなしには実現しなかった。イギリスの戦時宰相ウィンストン・チャーチルは、バルカン半島に上陸し、そこからドイツの南翼奥深くに進撃すべきだと提案した。もし、この提案が成功裡に実行されていたなら、ドイツ軍のロシア撤退を惹起することになったろうが、同時に、西欧列強はバルカンを確保、すなわち、ルーマニア、ブルガリア、ハンガリー、ユーゴスラヴィア、そして、おそらくはチェコスロヴァキアを占領することになったはずだ。

そうなれば、フランス、オランダ、ベルギーは、戦争の被害を受けずに済んだであろう。ドイツも講和を余儀なくされたにちがいない。連合軍が結局、ロシアの圧力のもとに選択した解決がもたらしたような荒廃を強いられることもなかったろう。ロシアのスチームローラーを止めることは、西側列強の望むところでもあったろう。大英帝国の西側同盟国が見通しの利いた政策を取っていれば、スターリンの要求に譲歩した

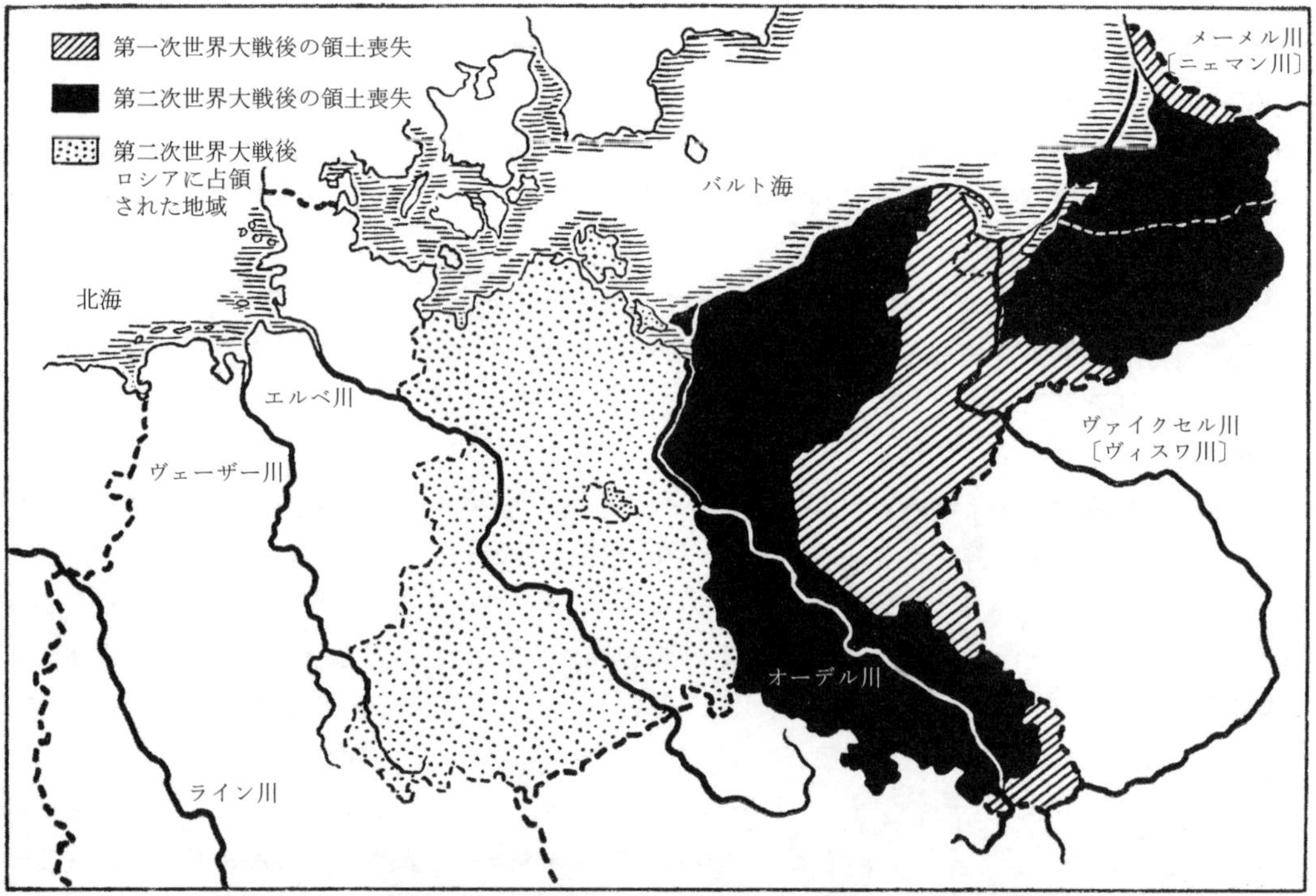

両世界大戦後のドイツ東部における領土喪失

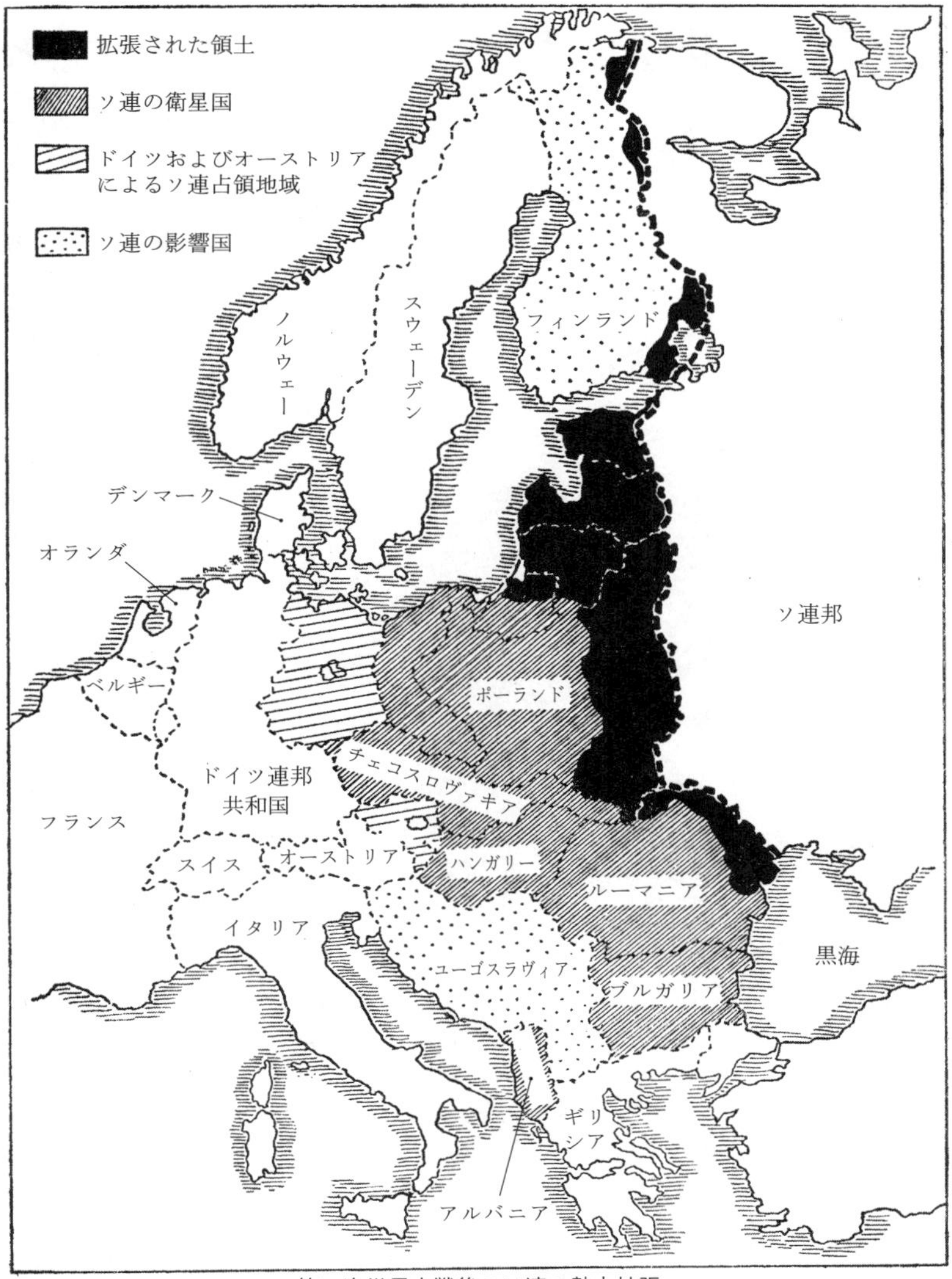

第二次世界大戦後のソ連の勢力拡張

あげくにおちいった現状よりも、はるかにたやすく対処できるような情勢をみちびくことができたはずなのである。

チャーチルの提案に基づいた勝利は、西欧の圧倒的な影響下にあるヨーロッパを生じさせることを可能にしたであろう。ノルマンディに上陸し、バルカンをソ連勢力に引き渡したことにより、状況はまったく変わった。

圧倒的な優勢を以て、ソ連と結んだ西欧列強は、ドイツの無条件降伏という要求を通すことに成功した。この要求を出すにあたっては、それができるのか、そもそも、この強大な敵を屈服させられるのかという疑念が存在していた。だが、スターリングラード、そして、一九四三年の東部とアフリカにおける不幸な戦い以降には、西側列強は冷静に状況を検討し、異なる態度に出ることができたはずだ。そうすれば「ちがう仔牛を殺してしまう」こともなかっただろう。しかし、西欧列強が、かかる誤断に至ったのは、軍人の誤謬のためだけではない。事実、ソ連は「民主主義の別形態」にすぎないとみなされていた。憎悪と恐怖の対象であるドイツが倒れさえすれば、経済・政治問題においてもソ連と協調することができるとの希望があったにちがいない。それに比べれば、ヒトラーの独裁など貧弱な写し絵にすぎないと思われるような独裁制に対処しなければならないなどということは認識されていなかった。ここ数世紀のうちに、中・東欧においていかなる歴史的展開が生起したのかなど、考えてもみなかったのだ。つまり、本当の情勢を見誤ったままで動いていたのである。

ドイツの敵たちは勝利し、彼らに屈服した対手に無条件降伏と全面的な武装解除を強いた。勝ち誇るロシア人に、ドイツの領土から広大な地域を引き渡し、深く憂慮されるのも当然な政治状況をつくりだしたのだ。

オーデル・ナイセ線〔オーデル川とナイセ川を結んだ線〕東方の地は、一部はロシア、別の一部はポーランドの行政管理下に置かれた。この地域に住んでいたドイツ人は放逐された。ズデーテン、ジーベンビュルゲン、バナート〔ズデーテンはチェコ、ジーベンビュルゲンはルーマニア、バナートはルーマニア、セルビア、ハンガリーにまたがる地域。いずれもドイツ系少数民族が居住していた〕や数世紀をかけてドイツ人が移住していた地域の住民にも、同様のことが起こった。およそ千八百万の人間が、全財産を奪われ、流浪の民となった。この不幸な人々の三分の一が亡くなった。一九四五年秋になってもなお、ロシア人はエルベ川を越え、ヴェラ〔ドイツ中部、ヴェーゼル川源流の地域〕、ハルツ山系、ブラウンシュヴァイクとハノーファーの境まで進出することを許されていた。アイゼナッハ郊外ヴァルトブルク城〔マルティン・ルターが聖書をドイツ語に訳した場所〕やマイニンゲンもロシア人の手中にある。従って、ヨーロッパの境界は、紀元九七三年にオットー大帝がマクテブルクの大聖堂に埋葬されたころの勢力範囲よりもさらに後方に押し戻されてしまったのである。かくて、一千年にわたるドイツの歴史、ドイツの植民活動、ドイツの文化、中欧の文明は抹殺されたのだ。

三、火元はいたるところに在る

今日の占領地区に分けられたドイツの地図を手に取れば、現状とわれらの国境とが実感される。アドリア海沿岸のアキレヤから、カラヴァンケン山脈〔スロヴェニア〕やブルゲンラント〔オーストリア東端の州〕を越え、プレスブルク〔現スロヴァキア共和国の首都。ブラチスラヴァ〕でドナウ川に至り、そこからナイセ川とオーデル川に沿って走る線、それが西欧の国境なのだ。しかし、この政治的境界よりもさらに西方に、オーストリアとドイツの占領地区を通じて、ソ連の勢力圏が延びている。エンスやパッサウの門前に至るまで、また、すでに述べたごとく、ヴェラやリューベックの門前に至るまで、ロシアの兵士がたちはだかり、ロシアの行政機関が支配している。衛星国では、ごく少数の共産主義者が召集され、沈黙を守らされている住民を支配した。これが、一九四五年から四六年になってもなお西側の政治家が夢見ていた「民主主義の別形態」なのである。そのころ、彼らは、ソ連の裁判官とともにニュルンベルク裁判にのぞみ、ヨーロッパの守護者を裁くことに熱中していたのだ。そう、敢えていうなら、そして、あとからの省察をほどこすならば、たとえ、ひどい失敗や誤謬をしでかしたとしても、ヒトラーの行動は、ヨーロッパのための闘争だったと判定してもよかろう。われわれの将兵は、個々人がその事実を自覚していなかったとしても、ヨーロッパのために戦い、斃れていったのである。

このヨーロッパという陣地の両側面も脆弱となり、脅かされている。トルコは孤立のうちに脅威を受け、動揺している。ギリシアは、付け根を締め上げられた半島と化し、海路、もしくは空路により物資を供給してやれるのみだ。北方では、勇敢なフィンランドが不断の脅威のもとにある。スウェーデンとノルウェーも絶え間ない圧力を受けている。バルト海の出口は、必然的に東からの侵略者の目標となり、ゆえに脅威の対象となっているのだ。

北氷洋も、われらの時代における技術の進歩によって航行不能ではなくなり、精力的で執拗なロシア人にあらたな交通の可能性を与えている。

かつての「極東」も、ソ連の権力中心にぐっと近くなった。この方面を見渡してみよう。すると、四億以上もの民を有する中国が毛沢東支配のもとにソ連の同盟国となっていること、西側諸国にとって、この国の市場が失われかねない状態にあることがわかる。インドシナでは、フランス軍および、その被保護者であるバオ・ダイと、モスクワの同盟者ホー・チ・ミンのあいだで、激しい闘争が荒れ狂っているのがみられる。ここ二年ほどは、マレーも不穏な状態となり、ビルマ〔現ミャンマー〕では共産主義運動が強まっているとの由だ。インド人の不安や、ネルー師が現今の危険のなか、自らの政策を通そうと慎重になっていることも知らされている。オランダがその独立を認めざるを得なくなったインドネシアにおいても、引き続き不穏な空気があるのだ。

今年〔一九五〇年〕六月二十五日以来、朝鮮では戦争が続いている。最初、この戦争のことを、警察行動と呼称するのが好まれたものだ。人々は、戦争という言葉を避けたいと思ったのである。しかし、人間同士が撃ち合っているというのに、それは戦争ではないのだろうか？

いずれにしても、太平洋からほとんど大西洋に達せんとしている巨大な陸上ブロックが、共産主義支配のもとにあり、およそ七億五千万の人口を有しているということが確認された。その周辺地域にはなお、いくつかの非共産主義国家が存在する。うち最大のものはインドで、人口は約四億を数える。そして、西縁部、現代世界の二つの石うす〔東西両陣営を指す〕の一方に、人口およそ二億五千万の西欧が張り付いているのである。

まずは、早くも戦争をはじめている国々からみていこう。先の戦争から五年を経て、早くも朝鮮が、最初のあらたな火元となったことが認められる。そこでは、すでに火が噴き上がっているのだ。それに続いて、台湾、香港、仏領インドシナ、シャム、マレー、インド、インドネシア、さらにはペルシアとイラクの石油地帯が危なくなっている。アジア内陸部では、チベット問題の解決が待たれている〔一九五〇年十月以来、紅い中国軍が、この謎にみちた地に進駐しているのだ〕。しかし、この、とほうもない規模の地域は、北米アラスカからアリューシャン列島、日本、フィリピンからオーストラリアに連なる米英の基地の鎖によって封鎖されている。最近、不和の種であった島、すなわち台湾も、この封鎖環に含まれた。インド洋は、イギリスの基地であるシンガポールとアデンによって、両側面を守られている。アメリカ人とイギリス人はひとしく、ペルシア、イラク、アラビア、エジプトの石油生産に利害を有している。イギリスはいまだにスエズ運河を確保しているのだ。とはいえ、局地的な危機の連鎖が、トルコ〔以後、トルコ共和国のこと〕、ギリシア、トリエステで続いている。ユーゴスラヴィアもそうなるかについては、予断を許さない。

それゆえ、われらが観察の出発点、西欧に視点を戻すことにしよう。われわれに示される像は、けっして愉快なものではない。火元につぐ火元、どこでいつ、誰がつぎの火をつけるか、わかりはしないのだ。それは、クレムリンの人々、そして、多かれ少なかれ西側の政治家がどれだけ巧妙な対応をできるかに左右される。今回の場合、われわれドイツ人は、当初傍観していることが許された。かかる役回りは、これまで往々にして好ましいものとされたが、今では、それを強いられている。しかも、そんな傍観者としての状態には、そもそも利点はなく、逆に不利を増していくばかりだ。われらが国土は、われわれの意思に反して、戦場となりかねないのである。

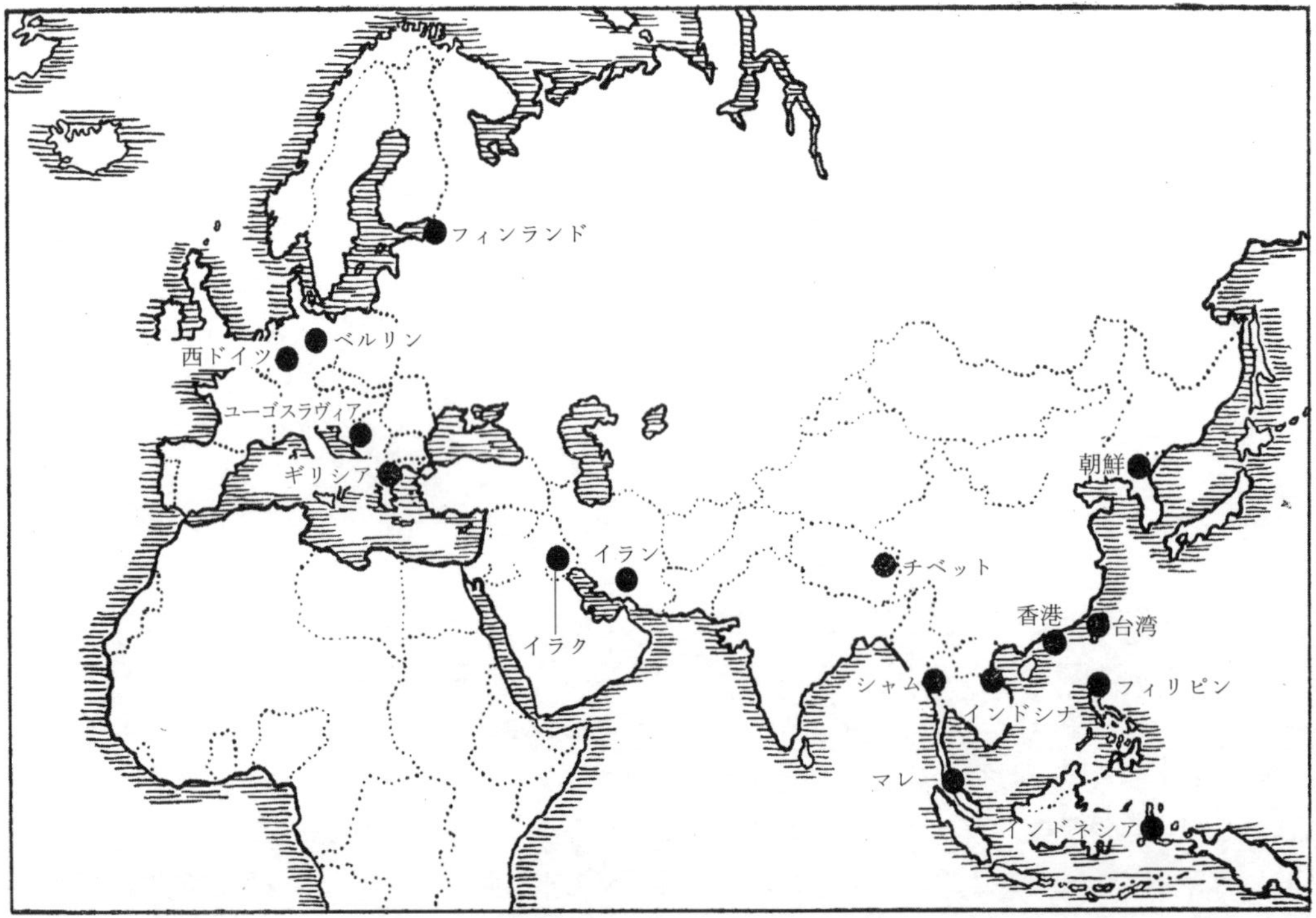
フィンランド
ベルリン
西ドイツ
ユーゴスラヴィア
ギリシア
イラン
イラク
チベット
朝鮮
香港
台湾
シャム
インドシナ
フィリピン
マレー
インドネシア

ソ連勢力圏周辺の「火元」

四、ヨーロッパの軍事力

一、東側

では、今のところ、「立て銃《つつ》」状態で対峙している、世界を二分した大ブロック双方の軍事力を観察してみよう。

われわれが入手し得る情報によれば、ロシアは平時軍として約百七十五個師団を保有し、戦時には、およそ五百個師団まで拡張し得る。この軍隊は目下、どこに投入されるでもなく、訓練にいそしんでいる。その装備や武装は近代的だ。指揮も統一的で良好である。戦闘機と爆撃機を主体としていると思われる空軍は、注目すべき戦力となっている。長距離爆撃機については、原水爆の発展状態やその運搬手段同様、信頼できる情報がない。比較的慎重なクレムリンの政策から、おそらく、それらはまだ完成していないのだろうと推測し得るのみなのだ。艦隊は、外洋航行可能な潜水艦を相当数保有しているものと推測される。[❖1]

これらの兵力から、ドイツのソ連占領地区には、機甲・機械化師団十八個、自動車化歩兵師団四個、高射砲師団四ないし六個、砲兵軍団数個が置かれている。かつてのポンメルンおよびシュレージェン地域には、それぞれ三個、すなわち合計六個歩兵師団が配された。これらは同様に自動車化されている可能性が高い。ポーランド、チェコスロヴァキア、オーストリア、ハンガリー、ルーマニアにも、他の兵力が存在する。最後に、ドイツのソ連占領地区で組織された人民警察〔正確には「兵営人民警察(Kaserinierte Volkspolizei)」。重武装警察。のちの東独国家人民軍の前身〕のことも挙げておく必要があろう。

ドイツの人民警察を除いて、これらの諸団隊はすべて機動性が高く、即応可能である。指揮も統一されていて、武装・訓練も均質、同じイデオロギーを叩き込まれているのだ。はっきり同一目標を抱いているのである。

彼ら東方の人間のもとで、しばし過ごしてみたとしよう。東欧、ロシア、さらにはアジアの人間のまったく素朴な類型を見て取れるはずだ。彼らは、西欧諸国民には、ほとんど想像もつかないような原始的な要求しか持たず、辛労に耐え、ロシアやアジアの厳しい大陸性気候に慣れている。また、闘争のイメージに対して、精神的な動揺を感じない点では、他のあらゆる国民に優っているのだ。最初の交戦や新しい戦闘手段の出現に際会すれば、西欧の文化的諸国民は恐慌に囚われる。が、彼らには、そんな現象はほぼみられないのである。フリードリヒ大王はすでに、そのロシアの敵について、彼らを倒すには、とどのつまり、二度致命的な銃撃を加え、それから刺突しなければならぬと述べている。大王は、ロシア軍将兵の本質を正確に認識していた。われわれは一九四一年に同様の経験をしなければならなかったのだ。ロシア軍将兵は、陣地防御に配置されると、それを執拗に保持した。陣地の大部分が占領されたときになってさえ、最後の守備兵が持ち場にとどまっていたから、これを殺害するか、白兵戦で捕虜にするしかなかったのである。彼らが投降するのは稀だった。

われわれは、ロシア婦人が働くのを見た。彼女たちは健康で、力にあふれ、勤勉に働くことを知っていた。そして貞淑であった！　彼女らは自暴自棄になったりしない。この巨人のごとき国民は根源的な力を秘めている。その力をけっして侮ってはならない！

西側の多くの観測筋は、ロシア人を後進的な国民であるとみなし、とくに技術的な資質に欠けていると判断している。かくも表面的な評価に対しては、大急ぎで警告するのみだ。たしかに、ロシアの技術的発展がはじまったのは、西側におけるよりも遅かった。しかし、技術的な才が不足しているなどと語るのは、見当ちがいであると思われる。ロシアにみられる力強い木造建築は、むしろ優れた技術的感覚をうかがわせる。それは、とりわけ橋梁建築にあてはまる。彼らの橋は、その耐荷重量の大きさと耐久性の高さを示しているのだ。また、過去数十年の工業建築についても、同じことがいえる。その規模や近代的な設備は、多くの西欧の競争相手を顔色なからしめているのである。当初、これらの工場の製品が、質的に西欧のそれに匹敵するものでなかったことも驚くにあたらない。平時において、ハリコフの大規模なトラクター工場でみられたような、細心の注意を払った見習い工員の育成がなされている。この事実は、右記のごとき欠点も早晩除去されるとの結論を導くのが正しいと思わせるのだ。

国民教育の分野におけるソ連の業績も注目に値する。ドイツ軍将兵はロシアにおいて、新式で優れた構造、近代的な教材をふんだんに備えた学校多数、素晴らしい病院、保育所、スポーツ施設を見出したのである。こうした施設はすべてできたばかりで、多くはまだ完成していなかった。しかし、ツァーリの時代におけるロシアに関する知識から判断すれば、著しい進歩がなされたし、住民の大多数はツァーリの支配下にあったときよりも良い暮らしをしているといえよう。

第二次世界大戦中、そして大戦後に、戦争被害からの再建ばかりか、工業・交通施設の大規模な拡大が行われた。その程度については、きわめて不完全な像しか得られていない。いずれにせよ、こうした新しい工場は分散され、地下何層にもわたって設置されていることは間違いなかろう。それによって、核爆弾に対し、高い安全性が保証されるのだ。

ロシアがどの程度、完全な自給自足に向かっているかは知る由もない。石油とゴムはなお長期にわたり、ネックとなるかもしれない。が、アジアの補助的な資源の研究と採掘が、やがてこの分野においても不足を解消する可能性がある。それが成功するかどうかはまだわからない。

われわれの問題設定にとって決定的なのは、経済、政治、そして純粋軍事のどこからみても、西欧が東側を過小評価することは許されないという点である。軍事の領域においても、第二次世界大戦中に、ロシア軍指導部が卓越しており、その技術・戦術能力が高度なレベルにあったことは、はっきりと証明されている。西欧が思い上がる理由など、まったくありはしないのだ。そんな願望ともいうべき誤った発想のもと、勝利の月桂冠にあぐらをかいて眠り込んでいることほど有害なものはない。目覚めたときには、ひどいことになっているやもしれぬのである。

二、西側

さて、今度は対する西側の戦力をみていこう。

ⓐフランス

フランス軍が、西ヨーロッパ大陸最強の軍事力という地位を失って久しい。その軍隊の多くはインドシナのジャングル戦、果てしない遠方へと投入され、西欧防衛の焦点に置かれてはいない。他のフランス植民地も、さらに戦力を呑み込んでしまっている。[2]だが、ヨーロッパに、せめて二十個師団は配置したいものだ。現国防相ジュール・モックは、ライン川前方、可能な限り鉄のカーテンの近くで戦うとの意思を表明している。フランスは目下、この壮図のために九個師団を使用できるが、それらは近代的な武装と訓練を欠いている。合衆国が、かかる師団に新装備を与えることになっているのだ。

フランス軍九個師団のうち、ドイツ駐屯軍には、旧式のシャーマン戦車を装備した第九機甲師団のほか、歩兵二個師団があてられている。あとは、フランス本土に四個師団、北アフリカに二個師団だ。フランス本国軍のうち、ドイツに駐屯しているフランス軍二個師団のみは武装・装備において最低限度の必要を満たした状態にあるが、他の師団はもっと弱体である。

戦時には、フランスは四十個師団（それらを武装し得るとして、だが）の動員が可能であろうとされている。一九三九年には、フランス軍の兵力は百十個師団を数え、しかも、一九四〇年春までに百二十六個師団まで拡張することができたのである。

こうした数字から考えて、国防大臣モックがどのようにして、フランスの防衛を「可能な限り鉄のカーテンの近く」に進めるつもりなのかは秘密にされている。「可能な限り」とは、いくらでも敷衍できる一言ではないか。

従来、フランスの兵役期間は十二か月だが、これも十八か月に延長されるべきだろう。

ⓑベネルクス諸国

ベルギー軍は一個師団を保有し、それはドイツに駐屯している。建制は充足されていない。もう一個師団が新編中で、戦時には三個目の師団が編成され得るという。兵役期間は十二か月。

オランダ国防軍は、今のところ、新編計画を練っているにすぎない。

ルクセンブルク軍は、師団規模に達していない。

ⓒ北欧諸国(スウェーデンを除く)

デンマークは、小規模編制の二個師団新設を計画している。

ノルウェーは二個旅団保有を計画しているが、まだ紙上の存在でしかない。

ⓓ地中海諸国(スペインを除く)

イタリアは現在八個師団を有しており、これらは師団に編合される予定である。さらに、それ以降、十二個師団に増強する企図がある。装備・武装は不充分な数しかなく、旧式化している。このほかに、山岳旅団三個が存在する。

遮断された半島であるギリシアは計算に入れられない。

ⓔイギリスと合衆国という海洋勢力

従って、西欧を効果的に防衛するに際して、想定し得るのは以下の兵力である。

イタリア方面には、イタリア軍の弱体な師団九個と山岳旅団三個。これらは他の戦域には転用できない。中部ヨーロッパにはフランス軍七個師団とベルギー軍一個師団、スカンジナヴィア方面にはデンマーク軍とノルウェー軍、それぞれ一個師団だ。つまり、大陸本土にあるのは、ヨーロッパ諸国の弱体でお粗末な武装しか持たぬ十八個師団相当の兵力だけなのである。

もっとも危険な方面である中部ヨーロッパを、使用可能な八個師団のみで守れるわけがないことは説明を要しないだろう。

それゆえ、その防衛を主として担うことになるのは海洋勢力である。そのうち、西ドイツにおいて待機する兵力は以下の通り。

合衆国陸軍第一歩兵師団および一個機甲師団が、注目すべき警戒状態にある。

イギリス軍第二歩兵師団および第七機甲師団。

これらの師団は、ドイツ駐屯軍中、最良の装備を持ち、最高度の抵抗力を有している。とくに彼らは、充分な航空戦力を与えられているのだ。

この師団群を得て、中部ヨーロッパに在る部隊の総計は十二個師団に増える。

陸軍兵力の比較イメージ図

米英部隊の増援も保証されているが、それらは海上輸送されなければならない。必要な時間は、朝鮮の先例が示している。その際、大英帝国は目下、英本土に一個師団も持っていないことに留意しなければならない。イギリス軍で、もっとも手近にいるのは、北東アフリカに駐屯する第一師団のみだ。一九五二年までに、フランス軍は九ないし十個師団、イギリス軍は五ないし六個師団まで増強されるという噂もある。加えて、ベルギーとオランダも何個師団かを新編するし、合衆国が資材と兵器を供給するならば、第二波として同じぐらいの数の師団を編成することが可能になるだろう。しかしながら、一九五一年春以前には、この増強計画の端緒として新編される部隊しか、中部ヨーロッパ方面には投入できないのである。

ⓕ中立国（スイス、スウェーデン、スペイン）

右記の諸国のほか、西欧の領域にはさらに、スイス、スウェーデン、スペインが存在する。

この三国は、ヨーロッパ最強の陸軍を持っている（一九五〇年十月十一日付の『新チューリヒ新聞』によれば、スイスだけで九個歩兵師団、三個山岳旅団、三個軽旅団を運用し得る）。これらの国々には、自らの領土を断固守らんとする国民がいるのである。彼らが、どこかの同盟に協力するとすれば、それは、侵略者がその中立を侵犯するか否かにかかっている。スペインに関しては、西側諸国がその「全体主義的」な政府の形態に悪感情を抱いており、ゆえに総統《カウディリョ》〔当時のスペインでは、フランコが「総統」として独裁体制を確立していた〕と友好関係を結んでいないということが加味される。最近になって合衆国はようやく、この西欧諸国民が構成する一家から外れた国に対して、小額の借款を認めている。ここでもまた、必要がルサンチマンに打ち勝つことを望みたい。北大西洋条約の加盟国であるポルトガルについては、ひとまず措く。

東側の人間をみてきたように、西側の人々のことも観察してみよう。目的は、その身体的・精神的特徴を東側のそれと比較することだ。そこでは、混乱しかねないほどの多種多様な現象が見て取れる。さまざまな素質や才能が在ることは、たしかに西側世界の強みである。だが、そうした多様性は、厳しい闘争の時代には団結を強める方向には働かず、深刻な欠点であることがあきらかになる。外的な影響についても、東側の人間より抵抗力が弱い。自然の厳しさに対しても強くはない。温暖な海洋気候に慣れ、優れた住居と暖房、豊かな食物、良質の衣服によって軟弱となった西側文化圏の人間が、もしも東方における戦争に、突然かつ不用意なままに突入したなら、その困難にくじけやすいだろう。そのことははっきりしている。

ロシアの秋・春季における泥濘期に要求されること、その厳冬、貧弱な交通網、劣悪な通信・道路事情などを的確に認識するのは、それらを経験していない西側人士にとって、きわめて困難なことだ。心理的な領域にあっても、西欧人は「奪い取る」ことにおいて東側の人間よりも冷酷ではない。

西側人種が心身ともに繊弱《せんじゃく》であることを措いても、言語や風俗の多様性、生活習慣の差異といった事情がさらに付け加わる。それらは、西欧連合の軍隊を編成する際に見逃せない点であり、また、西欧連合軍の実現を困難にしている。数世紀来におよぶ古い伝統、それぞれにお気に入りの慣習があるといった事実が、そうして編合された防衛軍の頭脳や構造にとっては、鎖のごときいましめとなり、その軍隊に責任を負う将帥にしてみれば、看過できない障害となっているのだ。また、かくもとりどりの色彩を持つ同盟においては、複数の政府からの影響も排除できない。こうした仕組みがどのように働くかは、国連とその安全保障委員会が実例となる。合衆国を除けば、国連と安全保障委員会が、南朝鮮への軍事援助を実行するまでに、あのように時間がかかったではないか。かかる同盟軍の将帥というのは、まったく苦難にみちた職務である。東側陣営では、すべてが基本的に単純であるし、それゆえ展望もひらける。

フォンテーヌブロー〔『西欧は防衛し得るか？』刊行当時、NATO中部欧州連合軍司令部の設置準備中であった地〕より伝えられる断片的な情報から、戦時において西側諸国が取ると予想される戦略に基づく結論を出すならば、それは、すでにみてきたような諸国民のメンタリティに相応することになろう。異なるものにはなり得ないのである。

ここでは、防衛のことのみを語っている。何となれば、西欧は、東側に対して戦略的に防御状態にあるからだ。そう、現在の西欧全体がおちいっているのと同様に、ドイツも数世紀にわたり、戦略的には東方に対する防御態勢に置かれていた。西欧は、望むと望まざるとにかかわらず、かつてドイツとドナウ君主国〔ハプスブルク帝国〕が東方に対して担っていた役割を引き受け、おのれの防衛を果たさざるを得ないのである。それがなされれば、すべては問題なしということになろう。ただし、ことは、その戦略的防御がいかに構築・実行されるかにかかっている。だが、フォンテーヌブローであきらかにされていることは、勇気づけられる状態とは程遠い。

そこでは、とくにフランス筋が、最重要なことを真っ先になしたいとし、その最重要案件とは防衛であると述べている。それゆえ、何よりも防御に適した形態の軍を得ようと努めているのである。そのため、一九三九年以前にフランス軍がつくったマジノ線のような線状の防御陣を引こうとしているのだ。あらたな「防御線」は、ライン川に置かれることになっている。アルプスと北海のあいだ、千キロにもわたる地域を守りたいというのだ。この任務のために保有しているのは十二個師団であり、これは近い将来、最大二十個師団に増強できる。この使用可能、あるいは増強可能な兵力では、たとえ、それらがフランスの提案に従い、対

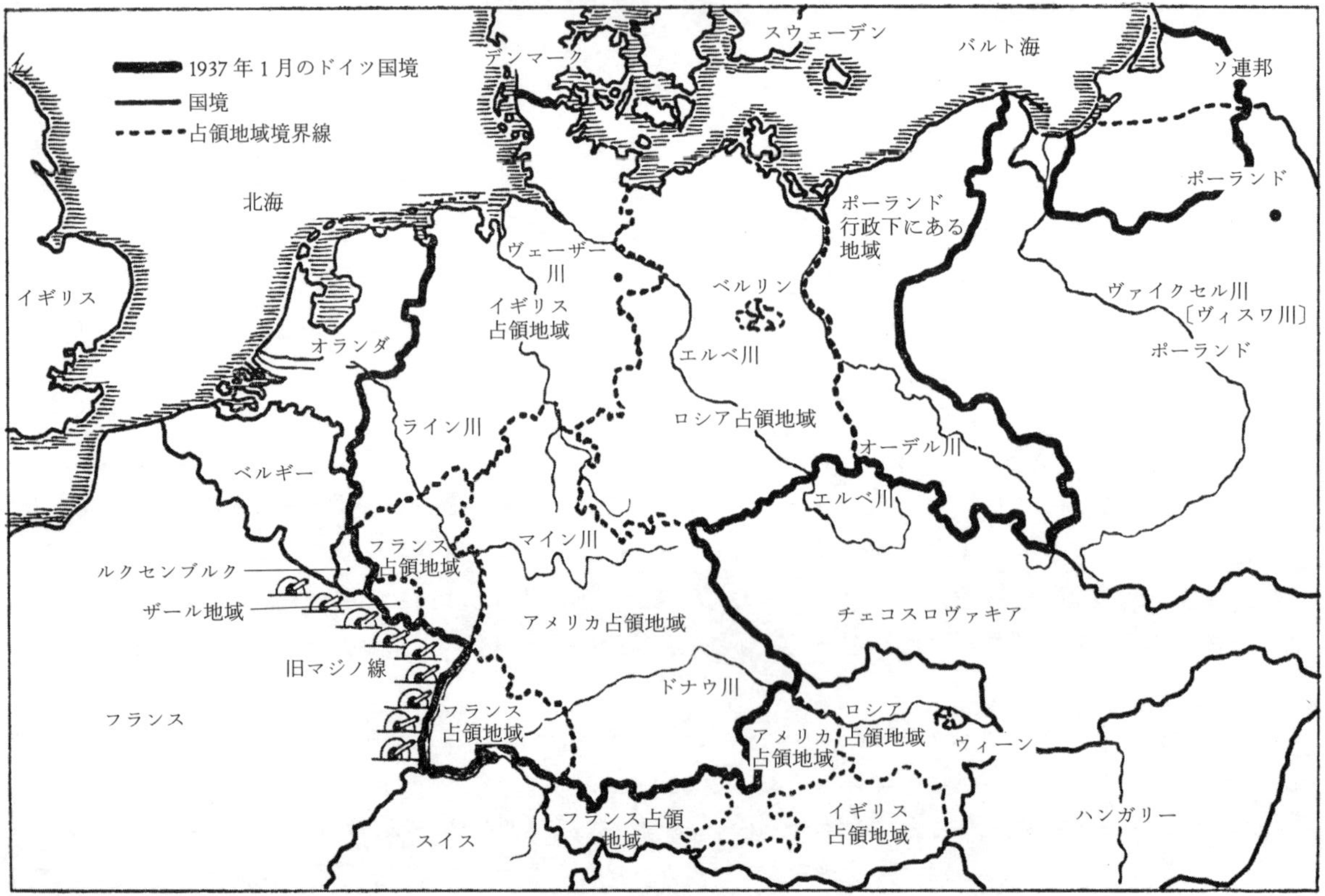
1937年1月のドイツ国境
国境
占領地域境界線
北海
イギリス
オランダ
ベルギー
ルクセンブルク
ザール地域
旧マジノ線
フランス
スイス
デンマーク
スウェーデン
バルト海
ソ連邦
ポーランド
ポーランド行政下にある地域
ヴァイクセル川〔ヴィスワ川〕
ポーランド
ヴェーザー川
イギリス占領地域
ベルリン
エルベ川
ロシア占領地域
オーデル川
エルベ川
ライン川
マイン川
フランス占領地域
アメリカ占領地域
チェコスロヴァキア
ドナウ川
フランス占領地域
ロシア占領地域
アメリカ占領地域
ウィーン
フランス占領地域
イギリス占領地域
ハンガリー

中欧圏

戦車・対空兵器をふんだんに装備し、不整地走行可能な車両により自動車化されたとしても、所定の企図は達成し得ない。それは間違いないだろう。「防御線」をエルベ川に進める、あるいはピレネー山脈に下げるとするなら、事態はいっそう不都合になる。エルベ川は西側勢力の手中にない。その流れは、ごく小さな一部に至るまで、ソ連勢力圏内にあるのだ。また、エルベ川は南から北にではなく（そうであれば、防御に都合がいい）、南東から北西に流れている。攻撃側は、目標到達のために渡河作戦を行う必要もなく、エルベ川沿いに前進していくことができる。ピレネー山脈に関していえば、そんな防衛線を守るために、スペインとポルトガルを除いた西欧全体を犠牲にしようというのだろうか。

このような防御戦略は脆弱であると記さざるを得ない。それは最初から失敗するものと判断できよう。

西欧人よ、かかる博愛主義的な頭脳のアクロバットに感謝するがよかろう。われわれドイツ人はとにかく、そんなふうに「防衛」されることには毛ほどの価値も置かない。

しかも、橋梁の爆破用意といった、お笑いぐさで、ただ住民を不安にするだけの議論を別にすれば、こうした複数の防衛線、少なくともその一本だけでも防御可能にしようとする試みは、これまで何もなされていない。従来なされてきた準備といえば、真剣で確たる防御措置というよりも、むしろ追撃を封じる方策でしかないといい得る。そこには、敵を拒止し、撃破せんとする不屈の意志は示されていないのだ。

西欧防衛に選ばれた戦略は、われわれにとって好ましいものではない。そのような戦略は、使用し得る手段に左右されるのである。

原註

❖1 専門家筋の評価によれば、ソ連は現在三百八十隻以上の潜水艦を有しており、そのうち少なくとも百三十隻は最新型である。第二次世界大戦開戦時、ドイツはUボート六十七隻を保有しており、戦争中に五百隻を建造した〔正確には開戦時保有数五十七隻で、戦争中に千百三十一隻を建造した〕。

❖2 これに関連して、インドシナの情勢は以下のごとく特徴づけられている。

「ホーチミンは、二つの大きな支援勢力に頼っている。ナショナリズム、そして、コミンフォルムに鼓舞され、インドシナのプロレタリアート大衆の騒乱を利用したボリシェヴィズムだ……。極東から白人を駆逐すべしとするヴェトミン思想は、『フランス連合《ユニオン・フランセーズ》』〔一九四六年に公布された第四共和政憲法に基づき、本国、植民地、保護領に平等な権利と義務を与え、連合国家を維持しようとした国制〕の構想と相容れない」（一九五〇年十月十九日付『新チューリヒ新聞《ノイエ・チューリッヒャー・ツァイトゥング》』）

　インドシナの仏軍武装のため、アメリカが行っている対仏武器援助は数億ドルに達している。その際、フランスは武器援助借款の大部分を、北大西洋条約の枠内で受け取っているのだ。

　かかる大規模な支援にもかかわらず、フランス軍はインドシナ北東国境部を紅河の線まで放棄する決断を下し、ヴェトミン軍諸部隊はこの障害を越えて、橋頭堡を築いている。

　現在、インドシナに在る部隊は十六万六千、うち約四万が外人部隊（大部分はドイツ人である）、およそ十万がモロッコ人部隊で、フランス人はおそらくその残りの部隊を形成しているだけにすぎない。また、フランス空軍の三分の一が同地に投入されていると伝えられている。その補給路も長大である。

「緑龍」（インドシナ）と「紅龍」（中国）が一体となることとの危険があるからといって、「ヨーロッパか、インドシナか」という問いかけを拒否できるものではない。今日のフランス軍が回答を求められている、もっとも深刻な問題である。

　もしフランスがインドシナを優先すると決めたなら、誰が西欧を守るのか？

五、同盟の意義

一、ヨーロッパ連合

かくのごとき困難な兵力比に鑑み、西欧諸国はつぎつぎとヨーロッパ連合に結集した。西ドイツも、今年の夏に「準構成国」として、この連合に加盟した。こうした歩みが成功するために不可欠な平等同権は、形式的な理由から、不当にも西ドイツには認められなかった。その運命について他人が定めた権利を聞かされただけだったのだ。すでに述べた中立諸国はすべて、ヨーロッパ連合に入らなかった。

ヨーロッパ連合の軍事力はいまだに貧弱である。ベルギーには、これまで以上の貢献をなすことが可能であろう。オランダは、インドネシアにおける紛争に、その力を限界まで投入することを必要としている。『ジョン・ブル』誌一九五〇年八月二十六日号に掲載されたB・H・リデル＝ハートの優れた記事「われわれは西側を守れるのか？」は、西側戦力に関する圧倒的なまでのデータを引いて、「鉄のカーテン」の西方には「紙の傘」があるだけだと論じている。この紙の傘では、東側の侵攻があった場合、長期にわたる抵抗は期待できないというのが、その見解だ。

ヨーロッパ連合に属する大陸諸国は、海洋勢力の関与が根本的に高められないかぎり、自分たちだけで西欧を防衛することはできない。諸海洋勢力はたしかに防衛意志を表明してはいるものの、それはいまだ実現されていない。そのような増強に関しても、多大な反対論がある。

イギリス人は、英連邦〔イギリスとその植民地であった国々による国家連合。英国王に忠誠を誓う諸国が同意したウェストミンスター憲章により、一九三一年に発足した〕という眼鏡を通して、世界をみてきた。これを完全に変えることはできない。ゆえに、ベヴィン氏〔アーネスト・ベヴィン。一八八一～一九五一年。イギリスの政治家〕は、「われわれにとって、オーストラリアは欧州よりも近い」なる言を述べたのである。ヨーロッパの真ん中、東側に対する最前列の対壕にいるわれわれに、こうした見解が好都合かどうか。おそらくは、手持ちの金でまかなわねばならないということになってしまうだろう。イギリス人は、いつでも、まず第一に英連邦のことを考えるのである！　彼らは、その帝国全体の利害に合致するかぎりは、西欧のために余力を残しておいてくれるだろう。だが、今のところ、その力はごくわずかなのだ！　ゆえに、イギリスはシューマン・プラン〔一九五〇年にフランス外相ロベール・シューマンが提唱した石炭および鉄鉱資源の協同管理構想〕への参加を拒否し、それを少なからぬ不信を以てながめているのである。

合衆国もまた同様に、世界規模の利害関係、とりわけ太平洋地域や中東における石油産出の中心地とのそれを有している。朝鮮戦争勃発当時、同国の陸軍は師団十一個半から成っていたが、現在では、そのうち七個半の師団を朝鮮に投入している。前述のごとく、二個師団のみが、ドイツのアメリカ占領地域駐屯軍を構成しているのだ。本国では、一連の部隊新編がはじまっているけれども、なお投入可能な状態にない。合衆国がさらなる戦力を送り出すことに慎重なわけも、理解できるというものである。西欧に部隊を派遣するというトルーマン大統領の約束も、従って、不安におちいった西欧を道義的に慰めたにすぎない。その慰めが持続的な効果を得るには、実行が必要なのである。

ともあれ、突発的な紛争が生起した場合、ヨーロッパ連合は、現在使用し得ると目される兵力だけでなんとかしなければならない。数か月とはいわぬまでも、到着までに数週間はかかることは間違いないような増援をあてにするわけにはいかないのだ。

二、大西洋条約

大西洋条約〔正確には「北大西洋条約」だが、グデーリアンは、おおむね「大西洋条約」としている〕はヨーロッパ以外の国々を包含しており、そのうち第一に挙げられるのは合衆国とカナダである。それにより、ヨーロッパ連合は、著しく強化された。もちろん、地上戦力の増強については、広い視野からみられなければならない。空軍は、迅速に目的地に増強し、配置し得る。しかしながら、想定される敵の機動性や速度を考えれば、戦争に関係する諸国に対し、敵の初動の戦果が影響を与えるのを防ぐには、それでも緩慢に過ぎる。緒戦の成功が戦争に関連した諸国に及ぼす不快な影響は、朝鮮の実例ではっきりと示されたから、そうしたことについての説明は蛇足となろう。

大西洋条約が、大西洋海域における制海・制空権を西側諸国に長期的に保証したことは間違いあるまい。それによって、西側諸国はまた、同様に最終的な勝利を期待できるようになった。しかし、西欧大陸において最後の勝利を得るまでに起こり得るすべてのことに関して、今のところ、充分な考慮はなされていない。その展開は、よりはっきりと予想されるようになった。東側の侵攻に対し、中欧が与えられている保障は貧弱であるから、有効な援助が海を越えて到着する前に、侵略者が大西洋に到達する可能性が高い。侵略が向けられた地域とその住民を見舞う事態は、朝鮮同様のものとなろう。その苦境は、そうした地域がのちに奪回されても、やわらげられるどころか、逆にもっと悲惨になりかねない。なんとなれば、戦争の恐怖と苦難のすべてが、再び不幸な地域に荒れ狂うことになるであろうからだ。われらが国土が、おそらくそうなるのである！

三、国際連合

国連とその安全保障理事会は、四か月来、朝鮮の紛争を終結させようと努力している。同理事会は、ただちに三十八度線の背後に退去するよう、北朝鮮に命じた。が、北朝鮮は、そんなことは考えもしない。強大な兵力、とりわけ米軍部隊を投入して、彼らを屈服させなければならないのである。ただ一票の行使で、あらゆる決定を無に帰すことができるから、安全保障理事会の拒否権は、いかなる行動をもマヒさせる手段となり得ると証明された〔国連安全保障理事会の常任理事国、アメリカ合衆国、ソ連（現ロシア）、中国、イギリス、フランスは拒否権を有しており、これらのうち一国でも反対すれば、決議は成立しない」。ソ連は拒否権を乱用しており、これまでのところ、四十五回も行使している。最近、議事規定が改善されたが、それも、こうした状況を見かけだけ良くしたまでのことだ。

国連加盟国の大多数が、朝鮮における共同戦闘行動に協力する用意があると表明している。だが、これまでイギリス軍数個大隊が到着しただけで、あとの増援部隊も大隊規模で逐次投入されるものとされている。このようなありさまであるから、おおいに納得がいく支援行動とは言い難い。

中欧も、国連の緊急支援などには、ごくわずかな期待しかかけられないであろう。

六、合衆国の影響

合衆国大統領が迅速に決断し、マッカーサー将軍が同様に素早くそれを実行して、南朝鮮の国防軍を救わなければ、朝鮮は、北朝鮮軍に屈服し、共産化していたことだろう。朝鮮戦争では、合衆国の戦力が著しく必要とされている。さしあたり、合衆国の正規軍陸上兵力の三分の一以上がそこに投入されたのだ。

南朝鮮を守るという決断によって、合衆国大統領は同時に、フィリピン、台湾、インドネシアが現在の支配者から奪われることを甘受したりはしないと知らしめたのである。この宣言とともに、合衆国の極東政策は、アジアの権力者たちにとって火薬樽に導火線をつなぐような事態が生じたなら、これら三つの火元にただちにコミットすることとなった。従って、さらなる火災が発生したなら、合衆国の約束を果たし、消火を行うために、アメリカ軍部隊が必要となる。ひとたび火がつくや、現在手持ちの合衆国正規軍が投入されるのだ。新編部隊は、戦闘経験豊かなアジア諸勢力の軍隊相手に緊急投入される負担に耐えられるレベルにはまだ達していないだろう。そうした実例は、朝鮮戦争最初の数週間にみられた。こうした極東政策によって、米軍部隊は、望ましくない規模で、地球の遠隔地域に拘束されてしまう可能性がある。紛争の火元が大きな吸引力を発し、合衆国の行動の自由は、西欧にとっては何とも有り難くない具合に狭められてしまうということがあり得るのだ。

それゆえ、合衆国が、米軍による支援を最低限まで減らすことができるよう、西欧諸国が軍事的に強化されることを望むというのもよくわかる。この目標が達成されるまで、西欧人は国防危機のなかで生きていくことになる。そうした危機は、西欧諸国の軍隊の士気がさまざまな問題群によって阻害されているために、いっそうきわだつ。一九四五年に西欧が勝利して以来、軍縮が加速されてきた。ソ連は「民主主義の別形態」を体現しているという、お人好しな幻想に浸かってきたからである。かかる妄想のもと、ドイツは完全に武装解除され、四つの占領地域に分割された。ドイツ工業、ドイツの交易、ドイツ商船隊、ドイツ経済は破壊され、ドイツ人知識階級の大部分は排除された。そうやって、あたかもソ連との友好が永遠に続くかのごとくに振る舞ったのだ。ドイツの領土から三分の一が奪われ、それによって、ただでさえ少なかったドイツ国民の食糧供給源が取り去られた。かくて、ドイツは海外に依存するようになり、危機にあっては深刻な状態になること間違いなしの経済的脆弱性を負わされた。けれども、ソ連と西側諸国の友好という、咲いたばかりの花々にすぐ霜が降りて、それを枯死させてしまった。最初の犠牲となったのは、われらが愛する国家の首都ベルリンである。四つの地区に分割された都は、四種類の民主主義の祝福とやらをわが身に受けて、じっと耐え忍ばなければならなかった。なるほど、一九四八年のソ連によるベルリン封鎖は、空の橋によって打ち破られた〔西側諸国は空輪に使用可能な航空機を動員、封鎖されたベルリンに必需物資を供給した〕。だが、それは、西側諸国の輸送機が他の方面で拘束されていなかったからである。しかし、いつでも、そううまくいくだろうか？ ともあれ、ベルリンは勇気にみちみちた都市であり、鉄のカーテンの向こう側にある孤島として存在している。その態度に、世界の注目が集まっているのだ。このベルリンの感動的な振る舞いは、恐ろしい崩壊のあとに再びドイツ人の威信を示し、ドイツ人全体の生命力はくじかれてはいないと西欧の政治家たちに確信させることに、おおいに与っている。その点で、われわれはベルリン市民に心から感謝し、願わくは全ドイツ国民がこの勇敢な都市のことをけっして忘れることがないようにと望むのである。

われらが見せつけられたベルリン市民の勇気は、きわめて好ましい影響を西ドイツにもたらした。西ドイツ人の勇気と自覚が高まり、自己主張の意思が戻ってきたのだ。ベルリンを含む西ドイツの連邦共和国における経済・社会構造を確固たるものにできるかどうかは、かかる脅威にさらされた地域の住民が自らの生存圏と生活水準を守ること〔ママ。原文は an der Verteidigung ihres Lebensraumes und ihres Lebensstandes〕の利害を確信し、そのために戦う用意があるかということにかかっている。自由への意志を力強く燃え上がらせられるかどうかは、別種の抑圧体制による誘惑をはねのけ、ドイツ青年が、そのために生きて働くのに値するような目標を見いだせるかということしだいなのだ。

西ドイツ人の倫理は、さなきだに人口稠密な地域に殺到してきた、故郷を逐われた者たちの大群によって影響されている。すでに述べたように、一九四五年から四六年にかけて、千八百万もの人々が家と土地を奪われ、虐待・抑留された。その理由たるや、彼らがドイツ人だからということだったのである。こうした不幸な罪無き人々のうち、六百万が命を落とした。千二百万が西ドイツ連邦共和国〔グデーリアンは多くの場合、「西ドイツ連邦共和国」と呼称している〕にたどりつき、失業者と公民権を奪われた者の数を増やしたのだ。彼らは多くの場合、既存の住民から厄介者であるとみなされ、必ずしも温かく迎えられたわけではなかった。かくのごとき、もっとも弱い者に関して、今日でもわずかな理解しか得られていない。かかる被追放民が、一部はひどい扱いを受けたにもかかわらず、過激化せず、静穏を保っていることを考えれば、もっと高い評価を受けてしかるべきであろう。彼らは、驚異的なまでの紀律を示しているのだ。

西ドイツ住民の倫理はさらに、非ナチ化および、とりわけアメリカ側がきわめて積極的に進めた再教育の結果に影響されている。この両者は、ドイツ人の意識においては無惨な失敗に終わり、公民権を剥奪された者の数を増やしただけだったのである。それらは、国民の貴重な層を誹謗中傷し、公的なりわいから排除してしまった。

最後に、国民の倫理は失業の影響も受けている。この夏、失業者数は多少減ったが、それが単なる景気循環によるものなのか、もっと続くのかは予断を許さないのである。

こうした重荷がすべてのしかかっていたにもかかわらず、最新の選挙で共産主義に投票する者は減ったのであるが、それはまったく共産主義の危険が打ち払われたことを示すものではない。せいぜいが、ここまでのところ、ソ連の政策が西ドイツ人に魅力をおよぼしてはいないということを証明しただけだ。ドイツ国民は、そうした政策にともなって何が起こるかを知って、それを拒否したのである。また、西ドイツの共産主義者が、その地下活動を従前よりも巧みに偽装することを覚えたという事実も証明された。地下活動は、以前同様に存在しているのだ。

共産主義による危険の除去は、西側諸国がこれまで取ってきたやり方では、絶対に達成できない。そうした方策として、経済的・個人的な生活のさまざまな領域において、ドイツ人の自由が抑えられてきた。共産主義という黴菌に対する免疫性は、いかなる点からみても、自由と平等の土壌に育つのである。だが、西ドイツ連邦共和国は、そのような状態からは程遠い。なるほど、過去数年間になしとげられた小さな進歩を指摘することはできる。ニューヨーク会議〔一九五〇年九月、ニューヨークで開催された米英仏三国の外相会議。フランスが西ドイツ再軍備に強く反対した〕でも、ほんの少しだけ、進歩がもたらされた。しかし、われわれにしてみれば、かかる進歩はごくささやかでしかなく、西欧がおちいっている、とほうもない危機的状況に対して計算に入れられるものではないということは、はっきりしている。

西ドイツにおけるアメリカ合衆国の勢力は、これまでマーシャル・プラン〔米国務長官ジョージ・マーシャルが提唱した欧州復興援助計画。一九四七年より実施された〕という手段によって、住民を飢餓から守ってきた。かかる行動方式は、ドイツ国民の感謝に値する。それは、人間の尊厳に添う状態をドイツに再建するための第一歩であったが——ただの一歩にすぎなかった。もちろん、この最初の一歩には決定的な意義が与えられる。それなくしては、さらなる歩みを進めるのは不可能だったからだ。しかし、まさにそうした数歩までも決断し、ただちに実行すべきだった。それは、西ドイツやドイツ全体の利害のみならず、充分理解されているヨーロッパと合衆国自体の利害にかなうことだったのである。

マーシャル・プランによる援助を受け取ったわれわれはかくのごとく感謝しているものの、合衆国には、このように大規模な支援を今後もなお与えるつもりもなければ、その能力もない。だからこそ、一九五二年までという期限が付せられているのだ。西ドイツ、続いて全ドイツが経済的に自立しなければならないし、いかなる状況にあろうとも、食事付きの下宿にいるようなつもりで、合衆国や他の外国勢力への寄生を続けることは許されないのである。西ドイツの国土が狭隘であることを考えれば、以下の条件が満たされた場合にのみ、経済的自立に踏み出せる。まず、根本的な工業化を推進することにより物資生産力を著しく強化し、さらにその物資を大量に輸出して、われわれに欠けている食料や工業維持のための原料を輸入できるようにする。そのような貿易のもとに、国民の生活水準を、他のヨーロッパ諸国民と同様の高いレベルに進める。かかる物資交易に、平等な競争の可能性が開かれる。要するに、経済的ななりわいのあらゆる領域にまで、他の西欧諸国との同権が無条件に確立されてこそ、経済的自立がなされるのだ。ヨーロッパが依存勢力として消えゆく運命におちいっていないのだとすれば、すべての分野において、いかなる点からみても平等にすることこそ、ヨーロッパ政治のアルファにしてオメガ、核心部分である。

現代の政治家の多くは、こうした自明の理を表明することを、ドイツ人が一九四五年の完敗の結果を脇へ押しやろうと努めているとしかみていない。ゆえに、少なからぬ政治家が、ドイツ人の政治目標は正しいと認めながら、それを恐れ、ただちに実行させることはできないと拒否している。略奪されつくしたドイツからなお戦利品が獲られるのではないか、あるいは、相も変わらず生命力にみちた、かつての敵が強くなるのを遅らせることができるのではないかという希望を抱きながら、遅疑逡巡しているのだ。何たる無駄な努力であろうか！　西側の政治家には、西側勢力、とりわけ西欧に対するソ連の勝利を受け入れるか、そうでないなら、西欧随一の活力にみちたファクターとしてのドイツを再建し、西欧諸国のサークル内での同権を認めるかという選択しか残されていないのである。後者は至急行われねばならず、さもなくば遅きに失するということになりかねない。ヨーロッパ連合の枠内における強いドイツへの恐れは、たしかにごく最近の経験からわからなくもない。しかし、現在と未来という観点からすれば、それは非合理的な思考でしかないのだ。なぜなら、問題は、平等な権利を有し、再建されたドイツとともにヨーロッパ連合を築くか、西欧も東欧が歩んだ道、つまり、ソ連邦やアジアに通じる道を進むのかということだからである。

かかる発展のテンポは、合衆国が西欧諸国民（西ドイツのみならず、他の西欧諸国の国民）の姿勢に及ぼす影響の割合しだいで根本的に左右される。西ドイツや合衆国にあっては、統一やドイツの同権に対する抵抗は、古くから国家を形成し、伝統的な阻害要因や古くさくなったイメージと懸念を抱いている西欧よりも強くないからだ。

まず、われらが西の隣国、かつての「宿敵」であるフランスから考えていこう。フランス人は、かつて「同盟の悪夢《コシュマール・デ・コアリション》」に悩まされていたビスマルク〔ドイツ統一を達成したあとのビスマルクが、対独同盟の成立を恐れていたことを指す〕と同じぐらい、「ドイツの悪夢《コシュマール・デ・アルマン》」に苦しんできた。ドイツが完全に武装解除され、押し倒されて地に伏しているというのに、フランス人はこの古い強迫観念から自由になっていない。彼らの政策はいつでも、「安全保障」を得るため、ドイツの肉にトゲを刺すほうへと傾くのだ。だが、その安全保障たるや、実際には危険な刺激物質にほかならず、絶えざる病巣となっているのである。これに関して、もっとも明瞭な実例は、ドイツの地であり、ドイツに属しているザール地区であろう。フランス人は、この地の産物を緊急に必要とするわけではなかったし、そうでなくとも、ザールの産品を購入することも可能であろう。フランス人は、勝者の役回りにある。そうした役にあれば、打ち破られた者たちに対して、大気者の振る舞いを示し、和解の手をさしのべることもたやすいであろう。現実的な、真の和解だ。フランス人は、つぎのように確信し得るはずである。その手がはねのけられることはなく、かかる高貴な行動から隣人同士の真の友好が生まれるということも可能であろう。そうした友好は、両国民の安寧に役立つ。いや、両国民ばかりでなく、ヨーロッパの平穏に奉仕することだろう！　われわれドイツ人は、フランスに対するすべてのルサンチマンから自由になったと感じているし、フランス人の側にそのようなルサンチマンを抱く理由があるとも思っていない。われわれが望むのは、いかなる観点からみても平等であることだけなのだ。われわれには、いかなる種類のものであれ、相互性と同権に基づいてさえいれば、フランス人の安全保障上の要求に保証を与える用意がある。では、何がフランス人をおしとどめているのか？　まだ何か不安があるのだろうか？　政治に関していえば、不安というものは、想像できるかぎり最悪の相談役である。武器を捨て、地に伏したドイツ人に対する懸念を克服、フランスの助力によりドイツ再建を実現させ、かかるフランス側の豪気な行為によって、両国民の純粋で永続的な友好の芽を育てんと望む。そうした勇気あるフランス人（また政治家）がなお多数いることを、われわれは期待する。

西方におけるドイツの他の隣人、ベネルクス諸国にとって、そのような友好には利点のみが期待できるのであるから、彼らは心底から歓迎するだろうと想定し得る。ベネルクス三国が必要とするのは、疑問の余地が多い中立などではなく、同盟に参加することである。イタリアや北欧諸国との協調については、より困難が少ないであろう。

もちろん、大英帝国との関係はまったく異なる。イギリスの利害は、まず第一に英連邦が前提となる。この機構の安定性はもはやかつてのように絶対的なものではないが、われら大陸に置かれたヨーロッパ人は、イギリスが英連邦を堅持せんと望んでいることを理解しなければならない。つまり、イギリスにとって、西欧大陸は二義的な存在でしかないのである。彼らは不快の念を以て、独仏の一致と和解があり得るかどうかを観察しているのだ。イギリスは、たしかに平和を願ってはいるが、イギリスの勢力・地位に何らかのかたちで抵触しかねない同盟は望んでいない。イギリスからみれば、真の独仏同盟は西欧大陸の著しい強化につながるやもしれず、よってイギリスにとっては不都合な競争が生じかねないということになる。ゆえに、東側からの脅威があるにもかかわらず、イギリスはこれまで、いかなる場合においても独仏和解を助けようとはしていない。大英帝国と合衆国の友好はきわめて厚いが、独仏関係の問題に関しては、イギリスの政治家の見解は、アメリカのお仲間のそれとは異なっている。よって、もし合衆国がヨーロッパ情勢を安定させるためにその影響力を活用しようとするなら、独仏の一致を妨げるのではなく支持するようにイギリス人を説得すべきで、それが西ドイツの立場からは望ましいのである。しかしながら、もし英連邦が従前よりもいくらか緩やかなかたちを取るとするなら、イギリス人も、同国が地理的には否応なしに属することになるヨーロッパの情勢について考えるかもしれない。過去五十年の急激な展開が示すように、彼らはそうした選択肢については腰が定まっていない。が、イギリス人は勇気を持ってその可能性を見据え、それに添った政策を固めるべきなのである。とはいえ、英連邦の統制弛緩が現実となれば、西欧に対する政策も変更され得るとはいいきれない。それまでに、西欧がソ連の手中に帰して、もはや存在せず、しかも大英帝国単独では奪回し得ないという状況になれば、西欧政策の変更も必要なくなるのだ。そうなれば、合衆国が、死屍累々たる廃墟の地のためにその息子たちを犠牲にするつもりになるかどうか、いっそう疑わしくなるというものである。かくのごとき事態になれば、ちょうど太平洋のアジア沿岸部に対して台湾がそうであるように、イギリスは、こちら側の大西洋沿岸に向けて、合衆国が押し出した外哨所を形成することになろう。

だからこそ、大英帝国はおのれの利益のためにも西欧の結合を促進すべきであって、少なくとも、これまでやってきたような妨害をなすべきではない。西欧におけるイギリスの政策は従来消極的なものであったが、明日といわず今日にでも積極的な姿勢に転じるべきなのだ。こうした根本的な重点転換を行うにはまた、合衆国による強力な支援が必要であると思われる。いずれにせよ、合衆国は今のところ、西欧の諸問題に対して、西欧諸国のほとんどよりもよく理解しているとみなされる。

当然のことながら、こうした重要な政治的前進はすべて、一定の時間を必要とする。運命、そしてクレムリンがその時間を与えてくれるかどうかは、見過ごせない問題である。もし、それ以前に西側諸国がソ連との紛争に突入したなら、西欧のみならず、合衆国にとっても、きわめて深刻な事態となろう。合衆国が短期間にソ連を打倒し、講和を強いることができるかどうかを述べることは不可能だ。だが、西欧、とりわけドイツが戦場になるであろうことは明言できる。かかる世界強国同士の戦争、それがドイツ国民とその国土にとって何を意味するかは、いくら悪い結果を想定しても足りない。しかし、ここでもう一度、合衆国の政治がこのような事態が生起することを止められなかった場合に、同国に何が期待されるかを検討してみよう。

合衆国は、その建国以来、海外における大戦争に参加したのは二度で、いずれも最近のことである。それ以前の戦争は植民地戦争か、内戦であった。この二度の世界大戦で、合衆国は、敵がひどく弱り、今から出ていけば完全な勝利が達成されるという情勢になって、ようやく参戦したのだ。この二つの勝利から、同国は大きな自覚を得た。いかなる課題といえども、自分たちは達成できると思われたのだ。が、合衆国史上初めて、彼らは、トップを切って敵と対さなければならないという厳しい現実に直面しているのである。しかも、何たる強力な敵であることか！　というのは、問題となっている紛争をソ連に対するものだけに限定できるかどうかもおぼつかないと考えられるからだ。おそらく、合衆国は、団結したアジアの勢力と対峙しなければならない。この巨大な闘争において、同国は最初、孤独であろうと予想される。同盟国が得られるか、そうできるとしたらいつか、それら同盟国が提供する精神的・物質的な力はどの程度のものとなるかといったことは、緒戦の勝敗にかかっているはずだ。両世界大戦後、合衆国を包んでいる無敵無敗の後光も、対手となる諸国民が、合衆国といえども不死身にあらずと識った瞬間に、雲散霧消してしまう。

従って、われわれは、朝鮮戦争を勝利のうちに終結させることに関する合衆国の利益を理解するものである。アジアで「面子を保つ」必要から、合衆国がよりいっそう極東にコミットするほうに傾き、西欧における行動能力を弱めることを恐れるのだ。

それゆえ、合衆国が充分な戦力を自由にできるようになる前に、西側勢力が西欧を失うこともあり得ないことではないと考える。複数の地域での戦争遂行を強いられ、それによって合衆国の経済力への要求が高まることにより、同国民の「繁栄」が損なわれ、さらなる戦争への覚悟も乏しくなる。そうして、合衆国内部の騒乱の危険さえも生じる。そんなことも起こり得るのだ。

加えて、われわれの一九四一年から四五年の経験に照らして、生起するであろうユーラシア大陸の状況を検討すれば、合衆国の巨大な力、その潜在的な軍備能力を以てすら、ソ連とその同盟国を屈服させるには充分でないという恐れが生じるのである。原爆、そして、必ずや使用決定がなされるであろう水爆の威力は、人口密集地域、大量の目標に対して、とくに顕著なのだ。しかし、この新兵器の効果が、ユーラシアの広漠たる地においても発揮されるかどうかは、おおいに疑わしい。たしかなのは、大西洋沿岸部の人口稠密な地域には大損害を与えられるということだ。かかる恐ろしい兵器はすなわち、主としてフランス人、オランダ人、ベルギー人、ドイツ人に対して効力を及ぼすのである。おそらく、ポーランド人、チェコ人、ハンガリー人、ルーマニア人にも効き目があろう。ところが、中国人やロシア人が苦しむ度合いは、その国民や交通網、工業地帯やその他は疎開し、地下に設置されているだろうから、いかなる場合でも最小限度となるはずだ。ソ連とその同盟国の軍隊も損害を最小限にとどめ、やがて大陸を支配することになろう。そうなれば、合衆国に、ソ連に優る陸軍を調え、大陸に上陸する能力が残っているとは考えにくい。架橋しなければならぬ長大な距離に関しても、ソ連側には内線の有利があり、それを活用するだろう。

石油とゴムの不足は、ソ連側においても危機を生起する可能性がある。しかし、それが決定的になるかどうかは、石油産出地帯、マレーやインドネシアでの状況が、開戦時にどのようなものであるか、それまでにソ連が代用物資をどれぐらい開発しているかに左右される。❖3

合衆国において、そのような国内の困難が現実となった場合、国外への進出能力は阻害され、かかる戦争のゆくえも不確かになる。その継続期間や結果についても見通しがつかなくなり、生じるリスクもほとんど負いがたいものとなろう。

多くのアメリカ人が、ソ連の力と技術的・軍事的能力、その工業ポテンシャルと組織の才、最高指導部の能力や彼らの政治的理念が持つ力を過小評価してきた。われわれ西欧人は、それについて、顔をそむけているわけにはいかない。とくに、この最後の要素、理念の力こそ、ソ連体制に対する無産大衆の従属を保証している。しかも、困難な時期、成功が疑わしくなったときにも、それは体制を安んじるのである。われわれが第二次世界大戦において、自ら経験したことだ。この未来の敵を過小評価してはならないという、われわれの警告は何度も嘲笑を受けてきた。あの当時、モスクワの大使や陸軍武官から報告を受けたヒトラーも同様に嗤ったものだ。誰もがひとしく、自らの体験をかき集めなくてはならない。他者の経験では、ほとんど役に立たないのである。場合によっては、両世界大戦の勝者は、世界政治や世界戦略に対して無頓着な若者を以て、古いヨーロッパの伝統や経験にわずらわされることなく、最初に第三次世界大戦に赴き、自らの経験を重ねていくことになる。われら西欧人は、それについては、もはや関心をもたなくともよかろう。なぜなら、そうなったとき、われわれはすでに存在していないだろうから。

原註

❖3 一九五〇年前半に、ソ連は、英領マレーから六百三十七万トンのゴムを輸入している。船荷の積み卸しは、主として赤色中国の諸港とウラジオストックで行われる。一九四九年には、セイロン〔現スリランカ〕のゴム総生産量を、外貨準備していたポンドで買い占めようと試みている。英領マレーからの輸入は、金《きん》で支払われた。

七、権利と自由をめぐって

西欧は、しかし生きんと欲するし、われわれの見解によれば、今日、この古い地域が示している過ちや弱さにもかかわらず、その人間性に対する貢献ゆえに生きるに値する。

二度にわたる深刻で被害の大きい破壊的な大戦の結果、西欧の存在は脆弱となり、また脅かされているから、ただ長期の平和によってのみ、西欧を再建させ、あらたな生命力を授けることが可能となろう。すべては、西欧のためにそうした平和を生み出すことができるかどうかにかかっているのである。長く続く平和を求める努力こそ、西欧のあらゆる構成国にとって、政治の基本原則なのだ。この原則にそむくことは何であれ避けなければならないし、これに貢献することならば何ごとでも進める値打ちがある。従って、最近アメリカのアチソン国務長官〔ディーン・アチソン。一八九三～一九七一年。アメリカの政治家で、反共の闘士として知られた〕とブラッドレー将軍〔オマー・ブラッドレー。一八九三～一九六一年。米陸軍軍人で最終階級は元帥。当時、統合参謀本部議長〕が表明したような予防戦争といった発想は、すべて拒否されなければならない。

西欧諸国民が希求する平和には安全保障が必要である。西欧人は、誰に対して自らを守るのか？　どの勢力が平和への脅威となっているのか？

それはボリシェヴィズムであり、アジア的共産主義だといわれている。かかる勢力に対する自衛として、何がなし得るのか？

第一に重大な問題となるのは、巨大なロシア・アジアの軍隊による軍事的脅威であり、これに対抗する上で助けとなり得るのは軍事的な措置だけであろう。とはいえ、軍事措置は、目下のところ、政治的なごましによって充分手厚いものになっていないが、この解決方法がもっとも簡単なはずである。

つぎに、経済的脅威がかかわってくる。それに対しては、西側の経済システムを秩序立て、ソ連よりも優れたものにすることだとされている。ずっと難しいことだ。

しかし、イデオロギー上の脅威に対するとなれば、西側は、新しく、よりよい理念で武装することを余儀なくされるだろう。ここにこそ、最大の困難があると思われる。理念というものは、ゼウス〔ギリシア神話の天帝〕の頭からパラス・アテナ〔同じくギリシア神話の、知恵、工芸、戦略をつかさどる女神〕が生まれてきたように、誰か思想家の頭脳から完成したかたちで飛びだしてくるわけではないからである。理念は、苛酷な精神労働のうちに生まれることを欲し、人間性に則したものであると認められるまでに、多くの場合、長く厳しい闘争を必要とする。かような闘争は、けっして精神的武器によってのみ遂行されるわけではない。理念の創造者、あるいは伝搬者が、自らの表象世界を力ずくで同胞に強制するということも頻繁にあるのだ。理念の貫徹をめぐって実行される戦争は、とりわけ熾烈なものとなるのが常である。あらゆる宗教戦争がその良い実例となろう。ここで、七億五千万もの人間が従っている、あるいは従うことを強制されている共産主義の理念、このボリシェヴィキの教えが、右記のごとき世界を揺るがすような理念を表しているかどうか、自らに問いかけてみなければなるまい。われわれが、そうした問いに然りと答え、第二次世界大戦でソ連が示した抵抗力がその証左であるとみなすなら、つぎなる回答も出てくる。理念を克服し得るのは、より良き理念のみであり、経済的もしくは軍事的圧力によって、それを達成することはけっしてできない。西欧は、ソ連とその同盟国が目下のところ有しているそれよりも優れた理念を生み出さなければならないのだ。

だが、どのぐらい見込みがあることだろうか?

ソ連が掲げる理念は、国民を構成するあらゆる要素を共産主義のもとに同質・同権化することにある。この原則のため、ロシアの支配階層は絶滅させられた。いいや、ロシアだけではない。一九四五年以降、ロシアの影響下に落ちた諸衛星国の支配階層も殲滅されたのだ。また、よりいっそうの平準化も進められた。それは、またしても完遂されるであろう。新体制の権力者たちは、その行動の報酬を得るのをなおざりにしてはいないが、原則として、所有関係と政治的権利の水平化が貫徹されているからである。

戦争の勝利は、ソ連体制を確固たるものとし、その権力者の人気を高めた。かかる体制が転覆されるとは考えられない。また、プロパガンダは、この体制の優位を青少年に知らしめている。欠点は隠蔽され、どっちみち若者には見られないようにされているのだ。

こうした無制限の独裁による権力要求が、たとえ、その成果のすべてが必ずしも採算が取れるものではないにせよ、工業の車輪、農業を営む手を動かしている。外部に対しては、私的な利益ではなく、公共の福祉が支配しているということになっているのである。

世界大戦直後に、独裁者たちの権力要求から、西側とは正反対に、あらゆる突発事に際してソ連勢力圏を守ることができる国防軍が建設された。

このような国家構造の大きな魅力が、繰り返し誇示されるのも驚くにあたらない。最近では、一九五〇年の聖霊降臨祭に行われた自由ドイツ青年団〔旧東ドイツの青少年組織〕大会だ。この点については、欺かれてはならぬ！　降りしきる雨にもかかわらず、しっかりと隊伍を組んで、音楽隊の感動的なリズムに合わせ、その政治指導者のもとで行進していく規律正しい青少年集団は、なるほど、目撃した者すべてに深い印象を与えた。このボリシェヴィキ体制への従属を強いられた青少年たちは、ここ五年間というもの、かのイデオロギーを称揚し、西側を敵視するプロパガンダ以外は、見ても聞いてもいないのである。最初は両親の家か、他の教育施設にいた子供たちも、まさに今受けている影響が正されぬ限りは、それまでの政治姿勢をしだいに信じられなくなるにちがいない。

ゆえに、西側勢力がより良い理念を提供できないのであれば、ボリシェヴィキの煽動に張り合えはしないだろう。西側は、ボリシェヴィキ・プロパガンダの弱点を探し、もろい地点に精力的に突進しなければならないのである。

では、ボリシェヴィキの理念のどこに弱点が存するのであろうか。西欧においては、ソ連・ロシアのごとき強制のシステムは大なる抵抗を引き起こすのみであると信じたい。西欧人が自由を求める衝動はそれほどに強く、抜きがたく、抑圧不可能であるから、彼らはけっして全き均質化のくびきに屈することはないだろうし、ずっと圧伏されたままでいるなどということはなおさら、絶対にあり得ない。そう信じる。ドイツのソ連占領地域にいるわが同胞たちも、もっとも邪悪な強制のもと、ただ一時的にだけ（願わくは）、この体制に従わせることができるのみなのだということもわかっている。かの地では、取るに足りない少数者が、沈黙を強いられた大多数を支配しているのだ。

人間の自由、個々人の自由にこそ、西欧ならびにアメリカの理想がある。西欧がボリシェヴィズムから守られるべきだとすれば、その住民が、ソ連の人々には与えられていない自由に歓びを感じている場合にのみ、それは達成され得る。個人の自由な自己実現、自由な精神的・経済的・工業的発展、自由な研究、自由な通商交易、自由な力比べにこそ、ボリシェヴィキの型にはまった統制経済への対重となるのだ。

ゆえに、われわれは、西欧の自由、全ドイツの自由を求める。自由選挙、われらの政府や経済の形態を自由に自己決定する権利だ。われわれは、西欧のために自由を求め、それによって、われわれドイツ人、さよう、まさにわれらドイツ人の自由を要求する。地球上のあらゆる国民のなかで、ドイツ人ほど総体として不自由な者はいないからである。この恐ろしい状態が続くかぎり、その国民と国土は、ボリシェヴィキの理念に対して、真の抵抗力を有してはいない。自由への意志によってのみ、求められている精神力の優越を獲得することができる。それなくしては、われわれは引き続き東側に圧倒されたままでいなければならないのだ。ヨーロッパの心臓部が、かかる不自由な痙攣状態にあえいでいるかぎり、いかなる理論も色あせてしまうにちがいない。

われわれは、このような自由を、内外いずれに対しても欠いている。国内の自由獲得に関しては、われらは西ドイツのみを対象とするし、また、それが可能な状態にある。しかし、その気があるかどうか？　最近数年間の経緯は、そうした用意があるのかと疑わしめるようなものである。われらが政府、われらが議会や諸政党は、これまで、自由獲得の意志があることを証明していない。支配的な政党の選挙演説会や代議士の振る舞いは、テロ行動の様相を呈している。そこでは、少数派の代表は叩きのめされ、ホールや議場から放り出されている。文化国民にはふさわしくない光景だ。被追放民は、長年、自らの政党結成を妨げられ、もっとも基本的な権利さえも奪われるという扱いを受けてきた。職業軍人に対しては、占領軍のお手本に倣った非難がなされ、正当な権利も剥奪された。国家崩壊後の数年間には、非ナチ化法も運用されていた。これらはすべて民主主義に反する行動であり、自由とは何ら関わりのないことだ。今まで、われわれを支配していたのは、ヒトラー時代以前に組織され、そうした地下から発掘されてきたような機構につきものの欠点すべてを抱いた既成政党のみだった。ソ連地域におけるドイツ人の自由については、黙っていることしかできないのである。

従って、ボリシェヴィキ・共産主義理念により良きものを対置せんと欲し、そのより良きものとは自由にほかならないとするのであれば、ここまで考察してきたように、ドイツ民主主義を根本から変革し、まず第一にすべての者の同権を獲得しなければならないことは論を俟たない。あらゆる者、そう企業の労働者にも同じ権利を与えるのである。人間的な権利の平等、自由な個人が存在することには、経済的な権力闘争以上の意義があるのだ。平等な権利を持ち、公平に尊重されていると感じる人間は、劣等感に苦しむことがなく、それゆえ、憎悪やはきちがえた功名心に苛まれることもない。彼らは自信と自覚を持ち、誇り高く、自由なのだ。われらは、それを希望し、達成せんと欲する。

結局、真の自由とは、専制に対して権利が支配しているところでしか存在し得ない。万人の同権こそ、われらが、ドイツ諸州の州政府、そして連邦政府に求めるものである。この要求を実現する資格と権利があるのはわれらのみ。わが政府がこの要求を合言葉とし、実現しようとするならば、地上のいかなる権力といえども、それを妨げることはできないだろう。

すべての者の同権と並んで、統一への意志も強められなければならない。西ドイツ連邦共和国の統一、ドイツのささやかな残存部分をまとめていこうとする意志こそ、この、かつての敵に押しつけられた従属国家の構成員がひとしく努力すべきことである。さらに、われわれは、ドイツのソ連占領地区にある同胞との合同を求め、共通の国家への再統一を目標とする。われわれは、不法にポーランドの行政下に置かれているオーデル・ナイセ線以東の地域の統合、そこへのドイツ人の再移民を要求する。かかる再統一をもたらさないような講和条約を結ぶことは許されない。深刻な経済・政治危機を繰り返し引き起こさずにはおかないであろう、西ドイツの人口過剰は、東方地域の返還によって緩和されなければならない。そんな状態にあっては、健全な経済的なりわいを持続的に発展させることは不可能だからだ。同様の要求が、かつてドイツ人が居住していた地域、なかんずくズデーテンにあてはまる。

かつて、東方地域から不幸なドイツ人を追放することを是認した諸国も、今となってはその過ちを認めるようになった。そうした国々は、勇気を奮い起こして、その補償をなし、かかる要求の貫徹を支持するように、ソ連よりも前にかような歩みを進めるようにと祈る。ソ連は、これらの国々に先んじて、被追放民の昔の故郷に対する憧れを利用して罠にかけ、彼らを帰郷させた上でソ連市民に仕立てようとたくらんでいるのだ。

われらは、統一・正義・自由が獲得されるまで、そのための闘争をかきたてていくであろう。それは侵略的な政策を追求するものではない。空々しい虚構のもとで奪われている人権を求める闘争の遂行なのである。

コメンテーターと称する輩が、わが国語を濫用し、連邦共和国とソ連占領地域のあいだの「鉄のカーテン」は厚くなるばかりであろうとお説教する。われわれは、そんなことを甘受したりはしない。このカーテンを消し去ることを欲するのだ。ヤルタとポツダムの醜悪な政策が永続することなど許しはしない。われらは、かかる政策を排除し、わが国民と国土を一つのものとすることを知るのみだ。

われわれは、この目標を、われらの正当な権利に基づき、平和的な手段で達成せんと欲し、その点で「自由なる諸国民」の支援を乞わんと欲する。「自由」という言葉を口ぐせにしている者も、「自由」の仮面のもとでドイツに施されていることを知れば、赤面せざるを得まい。そこでは今なお、自由ではなく、古代の束縛、中世の良心に対する圧迫、近代独裁のテロルが同時に支配している。こんなことがいつまで続くのか?

ここまで述べてきたような束縛は、現在の両ドイツ政府によって、一部は除去、一部は緩和可能である。だのに、まだ待っているのか? 何が、多数の議会、あまりにも多すぎる議会の代議士連の障害になっているのか。彼らは解放運動を展開することができるはずだ。この運動に対しては、内外の強制措置も無力となろう。何故やらないのか? それは、彼らが、百年前にパウロ教会の決定〔一八四八年の革命の結果、分裂していたドイツ諸邦はフランクフルト・アム・マインのパウロ教会に代表を送って討議し、ドイツ統一と自由主義的な憲法を採択したが、プロイセンやオーストリアの反対に遭って頓挫した〕に抵抗し、皇帝のもとに民主的なドイツを建設することに反対した諸邦政府よりも反動的だからである。

しかし、そんなことは関係ない。西欧を存続させ、防衛可能な状態に置くべきであるとしても、必要であり、また可能であろうすべてのことを、今すぐ、おのれの力だけでやるわけにはいかないのだ。

八、認識と行動？

自由を望み、独裁を非とする世界の自由な諸国民よ、眼を開き、西欧を注視したまえ！

両ドイツ政府が統一・正義・自由の原則を実現するにあたり、自ら行い得ないことも、さらに西側列強の理解ある政策によってなしとげることができよう。だが、それについて、国際会議の報せを聞くことは多々あったが、何の成果も得られなかった。ゆえに、素晴らしい演説も、それが実現されることなど、もはや信じられなくなった。一方が常に反対し、おかげで成果は得られぬままだ。

われわれが望む対外的な自由は、外国によって保障されなければならない。第一に、占領諸国が、このわれらが切なる願いをかなえることについて責を負っている。われらのアピールを、彼らに向けよう。われらに権利と自由を与えよ！　諸君は西欧の防衛を欲している。束縛されたる者が、諸君の利益のために、超大国を勇敢に討つだろうなどと、諸君は信じているのか？　ライン川その他の線、けっして自国を守ることのない線を防衛するために、ドイツ人が勇気を奮い起こすだろうと信じるのか？　かかる条件で、ドイツの古兵たちが志願をつのる檄に応じるなどと信じられるのか?　ドイツ人は何もしないだろう。ドイツ青年もまた起ちはすまい。

もし西欧が防衛されるべきだとするなら、そう、その防衛に成功の見込みを得ようとするなら、そのためには志願兵と全ドイツ一丸となっての協力が必要なのである。この志願の決断を得ることこそ西側諸国の政策課題であると、われわれはみなす。西側諸国が第三次世界大戦を回避し、自由な思潮のもとで平和的な発展を遂げたいと欲するなら、ドイツ人に再び権利と自由を与えよ。これぞ、ヨーロッパに平和をもたらす最短の道であると、われらは確信する。なるほど、今のところ、ヨーロッパの平和がすなわち世界全体の平和になるというわけにはいかない。だが、それによって、現在はっきりと認められるようになっている火元を消すことになるだろう。この火元は、ひとたび火がつけば、すぐに、恐れられている「熱戦」の勃発、それにともなう恐怖のすべてをもたらすことは確実なのである。かかる戦争の結果は、見通しがつかないものとなろう。

巨大な東側ブロックとのあいだに迫っている紛争において、勝利のうちに存続し得るのは、アメリカ合衆国のみであろう。それはたしかだ。しかし、その場合、西欧の大部分は灰燼に帰するであろうから、戦争勃発には何の利益も見出すことはできない。西欧には何もできず、最近の朝鮮のごとく、ソ連勢力に蹂躙され、しかるのちに、もう一度戦火を受けながら解放されるということになる。西欧には、かの不幸な極東の国よりも、失うものが多数在るというのに、だ。西欧諸国民が数年間ソ連に支配されたとするなら、たとえ海洋諸国によって解放されたとしても、もはや多くは残っていまい。その解放は、西側的な意味においては間尺に合わないものとなってしまう。西欧の巨大な潜在的経済力は、そのとき、ソ連の所有に帰しているだろう。

右に述べたことが正しいとすれば、東側の侵略者が西欧蹂躙の試みにかかることを阻止しなければならない。ドイツ版『リーダーズ・ダイジェスト』誌一九五〇年十月号で、オマー・N・ブラッドレー将軍はこのように発言している。「アメリカ人が、ヨーロッパ解放のための攻撃に再びアメリカ人をつぎ込むことを強いられないようにする。今日、私はそう願っている。アメリカの国境は、ヨーロッパ人にとってのそれと同様、ヨーロッパの心臓部にあるのだ。どんなかたちで第三次世界大戦が起ころうとも、大陸を失って、そこに空と海から帰還するよりも、戦闘準備が整った地を守りぬくほうがずっといいだろうと思っている。一九五〇年代のアメリカ外交・軍事政策は、地域的には、西欧を最初から守っていくことを求めている。敵がわれわれの友人を蹂躙し、その故郷を占領したのち、そのあとから彼らの解放にかかるようなことはない」

現在の彼我戦力比を概観してみると、西欧の戦力は軍事的な防衛を行うには充分でないとわかる。ゆえに、遅滞なく戦力を強化するという結論が引き出されなければならぬ。最近ニューヨークで開催された会議においても、同様の結論が出された。合衆国と大英帝国は、その西ドイツ駐留軍をただちに増強すると発表したのである。われわれの問題を解決するためには、これが最初で、かつもっとも緊急の一歩であったことは疑いない。西欧は一日千秋の思いで、その増強が実施されるのを待っている。だからこそ、ゲッティンゲンに到着した最初の北アイルランド部隊は歓迎されたのだ。西ドイツがそれによって以前よりも大きな厄介事を抱え込むだろうなどという論調は、なげかわしいかぎりである。かかる防御強化が企図されなかったなら、西ドイツの負担はいかばかりのものであったろうか？　もし西ドイツがソ連領とされたなら？　もちろんドイツ人は、駐屯コストの支出は純粋な軍事目的に限られるもので、今の何倍にもなるような駐屯軍とその軍属の福利費用に使われてはならないと要求するだろう。そうした支出は徹底的に監査される必要がある。そもそも、われわれには、それは占領諸国の民間人による行政コストを低減する措置であるように思われる。すでにドイツ人による行政が存在しているのであり、賃金の二重払いはごめんだからである。占領費用の支出は、従来よりもずっと合理的にやれると信じる。深刻な状況により、それを強いられているのだ。

従って、西側駐屯部隊を十二分に増強することは、西欧の状況を安定させるための最初の措置であるべきだ。しかし、純粋な軍事措置だけで満足していることは許されない。イデオロギーの戦争に勝とうと思うのであれば、そのためのイデオロギー的・物質的前提を調えなければならないのである。もしユーラシア・ブロックが西側諸国に先んじることを許さぬというのなら、そうした前提は、あらゆる疑念に抗して、軍事的な措置と同じく、迅速に遂行されなければならない。西欧、なかんずく西ドイツとベルリンは、自由と幸福の総本山であらねばならぬ。その目的は、敵のプロパガンダを無効とし、西側から分断された諸国を再び、こちらの仲間に引き入れるような強力な磁力を発することだ。それがなされてこそ、「西洋《アーベントラント》」の名に値する一つのヨーロッパを再創出されるであろう。そうなってこそ、常時危険にさらされているアジア的大陸の沿岸部という絶望的な状況から解放されるのだ。

われらが物質的苦境におちいるのを避けるため、すでにきわめて多くのことがなされてきたではないか。そういう異論もあるだろう。さよう、われわれは、おのが不幸はヒトラーのせいだったことにして澄ましかえり、ヒトラー専制のもとで苦しんできたと称する他の国民が今度は自分たちの番だと迫ってくるのを大過なくやりすごしてきた。これらすべては正しかったと思われるかもしれない。が、全ヨーロッパに迫る危険を考えれば、それは間違っている。

全員が海難に遭って、一隻のボートに乗り合わせているのだ。その乗員すべてとともに、このボートを安全な港に持っていくためには、指揮の統一が必要であり、あらゆる乗員がそのさしずに従わねばならぬ。この困難な仕事を達成するには、優れた舵取りを選ばなければならない。西側諸国民が、かくのごとき認識に到達できない限り、西欧を救おうとするあらゆる努力が実を結ぶことはあり得ない。

おそらく、かつては西側民主主義に敵対していたようなヨーロッパの構成国をも、このボートに乗せてやるべきなのかという反論が出されるだろう。しかし、ヨーロッパという家族のなかからすでに、あまりにも多くの仲間が犠牲に供されてしまったのではないのか？　現状で残されているものを確保するために、あらゆる力を要するのでは？　失われた仲間を取り戻すべく、よりいっそうの努力をしなければならないのではないか？

西洋を保持するという視点からは、国家の形態といえども次等のこととしなければならないのではなかろうか？

不運な過去に、はっきりとした力強い手蹟で終止符を打ち、平等な構成国によってつくられる大家族のごとき新ヨーロッパを形成すべきではないのか？　その家族とて、他の諸国民がつくる家族と比べれば（われわれも今度こそ過ちは犯さない）、充分小さくなっていると思われる。

ドイツを打ち砕き、非武装化したことによって、西欧とアメリカ合衆国の安全は、ドイツを再建した場合よりも大きく脅かされているのではないのか？

九、アフリカ

なお一点、問題提起することを許されたい。現有戦力ではヨーロッパの残存部分を保持できないと西側の政治家が確信したとしよう。すると、ほとんど利用されていないアフリカ大陸をヨーロッパと緊密に結びつけ、従来行われてきたよりも速やかに防衛の基盤として発展させるという構想が示されるのではないだろうか。これは、アメリカ大統領が折に触れて、未開発地域を発展させる計画を示唆したころにまでさかのぼれるのだが、極東の諸事件が、この展望ゆたかな計画を後景に押しやってしまったようである。ヨーロッパ諸国が極東に有する資産を保持することのほうが、ヨーロッパとアフリカの地位を固めることよりも重要であるかどうか、あらためて検討されるべきではないか。朝鮮とインドシナの戦争は、西側の軍事力が吸引されることの危険性をすでに示してはいないか？　経済的な力も、望まれてもいない規模で、誤った方針、誤った地域に投資されてしまわないだろうか？

われわれは「アジアで面目を失う」危険を見誤ってはいない。だが、白人はアジアにおいてとっくに顔をつぶされているのだから、守り得ぬ地点から追い出されるよりも、自ら放棄するほうがましではないだろうか。われわれは、ずっと非難してきたヒトラーと同じ誤りを犯そうとしているのではないか。彼は、絶望的な状況にあっても、持てる土地を意地になって固守しようとしたのである。

公式には関与していないドイツの立場からすれば、決定的な地域に力を集中することが必要であると思われる。西側諸国にとって、どこが決定的な地域だろうか。列強は、それを明快に認識しているか？

われわれにしてみれば、西欧こそ決定的な地域だ。合衆国、そして英連邦にとっても、そうではないのか？

最新の国際会議でなされた、西欧は守られ、保持されるべきだという政治家たちの保証を真面目に受け取ってもよいのであれば、右の問いかけも肯定されなければならないだろう。[4] 西側列強の取る措置はすべて、この認識に沿っているだろうか。いまだに、副次的な地域で力を浪費してはいないか？

ドイツ人が他の西欧諸国民に対して犠牲を要求することには、異議を唱える向きもあろう。ドイツ人には、それがいかに大きなものであるか、想像だにできないのだ、と。何十年にもおよぶ伝統と経済的利益が、そうした素晴らしい植民地の放棄に対する抵抗をなさしめているのである。たしかに、痛みをともなうことではあろう。けれども、西欧において自らの生命を保つことのほうが、より重要ではないのか。アジアとアフリカにおける白人の面目などというものは、第一次世界大戦後のドイツ人に対する扱いによって、すでに損なわれている。それからというもの、有色人種は白人への尊敬を失いはじめたのだといっても、驚くにはあたらない。かくて、地上のいかなる罪も報いを受ける！　一九一八年に、われわれから植民地を奪い取った人々は、おのれの不当利得のみが頭にあり、白人の面目のことなど考えなかった。今や彼らも、好むと好まざるとにかかわらず、自ら犠牲を払わなければならないのだ。

原註

❖4　ドイツ版『リーダーズ・ダイジェスト』誌一九五〇年十月号に掲載された、オマー・N・ブラッドレー将軍の発言。

「われわれは、局地的な戦争によって、アメリカが主たる課題から過剰に逸脱することを断固拒否するであろう。そんな戦争に、アメリカの人的・物的資源、その予備の大部分が呑み込まれてしまい、この国の軍事力がマヒして、世界大戦が生起した場合の勝利を危うくするなどということを放っておくわけにはいかない。

誰であれ、アメリカの敵が優越するなどという事態は、彼らがあらかじめ西欧を占領するようなことがないかぎり、ありそうにない。西欧はいまだ、世界戦略の中心点なのだ。

ゆえに、アメリカの軍事政策の最重要目標は合衆国の防衛に置かれるが、それについで西欧防衛を重視する。西欧防衛は合衆国防衛という目的に資するからである」

一〇、結語

本書〔『西欧は防衛し得るか？』〕の記述により、西側諸国における軍事専門家筋の一致した判断、そして、われわれドイツ人の見解によれば、現有戦力ではなお西欧を防衛し得ないという事実があきらかにされた。これで、本書書名の問いかけに対する答えが出されたわけであるが、しかし、それは十全でもなければ満足できるものでもない。

そもそも西欧は防衛し得るのか？

この質問に答えるに際して、わざとドイツ人の貢献のことを考慮に入れずにきた。われわれは、現状では西欧防衛に寄与することができないとみなしているからである。

フランス高等弁務官〔ドイツのフランス占領地域において、軍政終結にともない、高等弁務官を置き、行政権を移譲した〕フランソワ＝ポンセは、最近このように述べている。「ドイツ軍の参加によって、十倍も強力な欧州軍が構成されるとしても、ドイツ軍事力の粉砕を最大の目標とし、そのために百万もの命を犠牲としてきた人々には、とうてい呑めぬことである」十倍の優勢でも、フランス人の劣等感を克服するにはなお充分でない。われわれにしてみれば、なんとも光栄なことだ。加えて、フランソワ＝ポンセ氏は、ドイツ人が突然逆コースをたどることも考えられるし、それゆえ連邦共和国に同権を認めることは拒否すべきであると確信しているという。そんな立場を取っているかぎり、彼と独仏和平を論じても無駄である。[5]

フランスのプレヴァン首相〔ルネ・プレヴァン。一九〇一〜一九九三年〕は、以下の五条項を含む覚書を、北大西洋条約加盟国の代表者たちに送った。

一、共同のヨーロッパ防衛軍創設。
二、欧州議会に対してのみ責任を負うヨーロッパ防衛担当大臣の任命。
三、かかる軍隊をまかなう予算の共同支出。
四、ドイツを除く、あらゆる参加国に対し、計画中のヨーロッパ軍に派遣される部隊のほかに、自国の軍隊を保持することを認める。
五、計画されるヨーロッパ軍は、北大西洋条約による全防衛軍の一部を構成するものとする。

プレヴァン首相は、ドイツ軍が編成され、参加するかどうかが、それに先立ちシューマン・プランを受け入れるか否かにかかっているともした。

第五条項でドイツが例外とされていることを思えば、これが平等の原則に沿っているかは疑わしい。フランスは、その全戦力を西欧防衛にではなく、他の目標追求に投入するつもりなのだと推測される。北大西洋条約の枠内でヨーロッパ軍に包含されることがいかなる義務をもたらすのか、検討してみるべきであろう。

フランスのアルベール・グラジエ情報相は、ある記者会見で明言している。「フランス政府によるヨーロッパ軍の計画は、ドイツにおける下士官兵と将校の募兵を含んだものになる。これらのドイツ人には、他の西欧諸国の軍人との同権という原則が認められるだろう。ドイツ人が参加するヨーロッパ創設という解決方法を取るのだ」

まさに、われわれを阻害している問題である。ヨーロッパはすでにそこに在り、また防衛されるべきだ。その防衛にドイツ軍人を用いることが望まれている。また、かかるドイツ人より成る外人部隊を、他の諸国の軍人と平等に扱う用意もある。なるほど、彼らがドイツ軍人を他国の軍人より下に置くつもりだったのだとしたら、これで、ずっとましになったといえよう。しかし、この大臣氏は根本から間違っている。われわれは、ドイツ人補充兵により拡大・改良されたフランス外人部隊になることなど望んでいない。求めているのは、わが国民全体のため、いかなる点からみても自由で平等な状態を得ることなのである。

これについて、ドイツ人の声を聞こう。

SPD〔Sozialdemokratische Partei Deutschlands. ドイツ社会民主党〕党首シューマッハー博士〔クルト・シューマッハー。一八九五～一九五二年〕は、以下のごとき見解を述べている。「ドイツがそれに対して備えているであろう事態がある。合衆国を含む世界の民主主義に対し、ソ連が戦争を引き起こしかねないような行動に出た場合に生起する状況だ。そのとき、ドイツは東方に向けて攻勢的な防御を行い、ドイツ全土を守るであろう。あらたな戦争による最悪の破壊に対し、国土を保つためである。ドイツの東、ヴァイクセル〔ヴィスワ川〕とニェーメン〔ニェメン川〕の河畔で、全力を傾注して決戦を求めなければならない。ドイツの再軍備に諾否を示す上で、それが唯一の前提となる」

シューマッハー博士の意見は、西側諸国はエルベ川沿いに巨大な兵力を前進集中させなければならぬ、さもなくばドイツにおいては、何人たりとも、そう、とりわけ若者が武器を執ってくれるなどとは期待できないというものだ。何故、米軍部隊が、テキサスやアリゾナと同様に、リューネブルガー荒地やグラーフェンヴェーアで充分に訓練され得ないのか、シューマッハー博士は理解できないでいるのである。

アメリカ高等弁務官マクロイ〔ジョン・J・マクロイ。一八八五〜一九八九年〕は、フランソワ＝ポンセ氏が演説を行ったのと同じ機会に、こう宣言している。「われわれがドイツにいるのは、その国土と住民に安全保障と自由をもたらすためである」オマー・N・ブラッドレー将軍も、前掲の論文で述べている。「口先だけの時期はもう過ぎ去った。今年の秋にでも、行動がなされなければならない」かかる合衆国よりの言葉が行動をともなっていることを望む。

イギリス高等弁務官サー・アイヴォーン・カークパトリック〔一八九七〜一九六四年。イギリスの外交官〕も、そのときに発言し、世界は二つのブロックに分裂してしまったのだから、今日のドイツが中立を守ることは不可能だとしている。

こうした、ドイツの西側占領地域における最高代表者の最近の発言が、最新の訓令に基づきなされたものと仮定しよう。おそらく、彼らは協調し得る。そう仕向けなければならないだろう。

それゆえ、ドイツの貢献について、ここで討究するのは控えておく。西ドイツ連邦共和国としては、まずは国内の騒乱を鎮圧できる警察の創設だけにとどまり、対外的な安全保障に関しては、占領諸国にすべて任せておかねばならぬ。彼らはそのように欲し、自分たちだけで西欧に対する責任全部を背負い込もうとしているのだ。

もう一度、問いかけてみることにしよう。そもそも西欧は、西側諸国によって守り得るのか？

ここまでの記述をもとにして、その前提をまとめることにより、こうした問いに答えよう。われわれの見解によれば、かかる前提がみたされるなら「然り」と答え得るのである。その前提は、以下のごとくだ。

一、西ドイツを含む西欧にある駐屯軍を、急ぎ十二分に増強すること。

二、あらゆる普遍的、人間的、政治的、法的、そして経済的な分野において、いかなる点からみても自由で平等な状態を、西ドイツ連邦共和国に現出せしめること。今のところ、それらの領域においてなお、束縛と不平等が存在している。そうすることによって同時に、共産主義プロパガンダの温床も除去されるであろう。

三、ドイツ国民の生活水準を、他の西欧諸国と同等のものとすること。

四、予想される侵攻軍の軍備水準に対し、抵抗する勇気を奮い起こすことができるような軍備を西欧諸国が用意すること。

五、西欧諸国のすべてを同等の参加者として包含するようなヨーロッパ連合を、何としても創設すること。

六、このヨーロッパ連合にイギリスを引きこむこと。さもなくば、ヨーロッパ連合は未完成となる。

七、西欧諸国のあらゆる戦力を、決定的な地域、われわれが判断するところによれば、西欧に集中すること。その際、西欧の抵抗力の根本的強化を阻害し、多くの戦力を吸収してしまうような、外郭陣地的な地域は放棄される。

八、アフリカの諸地域をヨーロッパ防衛に組み込むことにより、西欧の作戦基盤を拡大すること。

九、新兵器や技術的な可能性をもとに、連合作戦指揮の戦略的・戦術的原則を近代化すること。

一〇、平和の維持。それなくしては、合衆国とヨーロッパ西側勢力の努力すべてが空しいままに終わるにちがいない。

最後に、ブラッドレー将軍の言葉を引用する。「近代戦において、武器なき軍人は無力である。だが、軍人なき兵器はまったく無意味である」

❖原註

5　彼の演説のフランス語原文は、一九五〇年十月十日付の『時代《レポック》』紙によれば、以下の通り。

わが国における幾人かの誠実な人々は、われわれがドイツに過大な自由を与えることによって大きな危険を冒していると考えており、われわれから得られる限りの譲歩を得たあとで、ドイツが豹変するのではないかと危惧している。この危険を否定しても無駄なことである、なぜなら可能性の領域では危険は残りつづけるのだから……。ドイツの軍事力が再出現することは、それよりも十倍強大なヨーロッパ軍のなかに併合されるとしても、遠くない昔に、このドイツ軍の勢力を破壊しつくすことこそが第一の目的であるとされ、そのために数百万の命を捧げてきた人々にとっては、到底受け入れがたく呑み込めない現実である……。私の結論は悲観主義的なものではあるまい。われわれはドイツに以下のことを理解させるよう努めねばならないように思われるのである。すなわち、物質的だけでなく知的、道徳的領域をも含めた彼らの利害関心は、しだいにその大義を、この世界の諸人民、平和と自由の熱心な擁護者である諸人民の大義に一体化するように命じている、ということである。

そうはいかない！　西ドイツの姿勢に関する論考（一九五一年）

序文

ある小唄

一九五〇年十月、アルゴイの快適なホテルにおいてのことであった。汗水垂らして働き、骨折った一週間の末、土曜日の晩に、住民たちがそこに集い、地元の楽隊の演奏に合わせて踊っていた。彼らはサンバを踊りながら、小唄を歌っていたのである。

「あれアレ、おやおや、朝鮮だ！　戦争がどんどん迫ってくる。
僕らは朝鮮ステップで踊るよ。一歩進んで、二歩後退！」

外国の兵隊たちも踊っていたが、ドイツ人の歌声など気にも留めない。ほとんど、ドイツ語がわからないのだ。しかし、歌うドイツ人には、災厄が近づいているという陰気な感情がうかがわれた。その将来にのしかかってくる不安、押し寄せてくる雪崩のごとく、避けられぬままに高まっていく懸念を表そうとしていたのだ。こうして無邪気にはしゃいでいても、不安定な世界情勢が作用している。そのなかに、彼らは武器も持たず、無防備にさらされているのである。こんな無垢なる人々が、憩いのさなかにあっても、戦争という苦い事態のことを考えているようにみえるとは、なんとも痛ましいことだ。彼らはひとしく戦争の悲惨を経験し、とうとう、そこから逃げ切ったとばかり信じていたのである。彼らとともに悩み、彼らとともに出口を、すなわち以下の問いかけに対する答えを求めてみた。

いかにすればドイツの安全保障は得られるか？

この設問から、われわれが置かれた基本条件、まさに課せられんとしている重荷に耐える能力の研究調査がみちびかれた。その結果がとうてい満足できないものであったとしても、願わくは、われらが死活的な問題への視角を明確化し、旧軍人、そして将来の軍人の立場を現実に即して固めることを望む。

著者

一、近代の戦争遂行における空間と時間

戦略における空間と時間の問題は時代を超えたものであり、人類が誕生して以来遂行してきた闘争そのものと同じぐらい古い。従って、クラウゼヴィッツがこの問題に取り組み、その著作『戦争論』の二章を割いてまとめていることも驚くにはあたらない。その第三部で、「空間的な戦力の集中」と「時間的戦力の合一」の表題のもと、それらについての記述がみられる。この表題からしてすでに、軍人、さらには政治家にとって重要となることが適切に特徴づけられている。戦争の根本原則を把握する義務を負うのは、軍人だけではないのである。クラウゼヴィッツによれば、「戦争は他の手段を以てする国家政策の継続にほかならない」戦争は、単なる軍事行動にとどまらず、自らの意志をつらぬくための政治行為であると、彼ははっきり認識していた。そうであるがゆえに、あらゆる政治家、いわゆる平和主義者にも、戦争の原則を明快につかみ、それを使いこなせるよう研究しておく義務がある。かかる認識を得ていないようでは、そうした政治家が、戦争を拒否し、恐れているのか、あるいは、罪深い軽率さを以て戦争を求めているのかといったこととは関

わりなく、その政策は失敗するであろう。

政治家は通常、自身は戦闘行動から遠ざかって、軍人たちに指令を出し、苛酷な仕事をゆだねる。それだけにいっそう、戦争の原則をたしなんでおかなければならないのだ。

空間

クラウゼヴィッツに従うなら、最良の戦略とは、「まず全般的に、ついで決勝点において、常に強力であること。そのような戦力を創出する努力は、常に将帥によって行われるわけではない。が、そうした努力を措けば、戦力を集中すること以上に重要で簡単な戦略の原則は他にはないのである」（強調はクラウゼヴィッツによる）

このわずか数行の文章に、多くの教えが秘められている。それを、われわれがみなよく知っている最近数年間の過去と現在に応用すれば、以下の事実が示される。

一、一九四五年にドイツが崩壊し、ドイツ国防軍が武装解除されたのち、勝利した西側諸国は軍縮を行ってきた。他方、やはり勝った東側勢力（その勝利の一部は西側の支援によるものであった）は軍拡にいそしんだ。この勝利を得た二大勢力集団のあいだに、政治的・軍事的・経済的な真空が生じている。ドイツ、さらには中欧のことだ。

二、東側勢力は、つながりあった巨大な陸地、アジア大陸とヨーロッパの大部分であり、われわれがユーラシアと呼び習わしている大陸より構成されている。この勢力のなかで、空間的にもっとも豊かな国家はソ連である。この国が一連の小国を従えて、衛星国となし、最大人口を誇るアジアの国、中国と同盟しているのだ。東側勢力の領土はおよそ三千五百六十万平方キロにおよび、人口は約七億七千三百九十万になる。東側勢力の構成国間の連絡は、空路と陸路、主として鉄道で行われている。航空輸送手段の規模や能力については正確にわかっていないが、今のところ、西側諸国に劣っていることは確実であろう。鉄路の発展も比較的遅れているというべきで、事故が多い。けれども、ロシア人の復旧能力が傑出したものになっていることも間違いない。海上交通は、とくに北極海において重要であるが、戦時に部隊や物資の大量輸送を行う場合には、脇役にとどまるであろうと予想されている。

つまり、交通連絡が弱体であることは、東側ブロックの重大な欠陥となっているのだ。東側ブロックが人口に恵まれていることは、その軍備充実と相俟って、攻防いずれにおいても、企図された政治的焦点に充分な軍事力を結集することを可能としている。彼らの交通網が無傷であるかぎり、「冷戦」においても、いつでも戦力輸送ができるのである。「鉄のカーテン」は、あらゆる軍事措置に関して、高度の機密保持を保証しているし、それにより、政治の対手を常に驚愕に陥れている。かかる奇襲こそ、成功の第一前提となるものだ。政治的主導権は東側ブロックにある。目下、行動のルールを決めているのは、彼らなのだ。

三、西側諸国は、アメリカ合衆国によって指導されている。アメリカ大陸の主勢力であり、その東西は海洋によって陸路で来る敵から守られている。地政学的な条件からすれば、とほうもない有利さだ。

西側第二の大国は英連邦で、その本土たる島々、北米大陸のカナダ、インド、セイロン〔現スリランカ〕、アジア大陸南端部のマレー、南・東アフリカ、オーストラリア、そして東アジア最大の拠点である香港を含む多数の領土より構成されている。

西側第三の大国フランスは、西欧の「首都」である本土のほかに、北・西アフリカの植民地帝国、インド洋のマダガスカル島、紅い中華人民共和国の南の隣国たるインドシナ、一連の小植民地に支えられている。この三大国に、他の国々が結びついた。それらを合わせると、領土面積は約三千五百万平方キロ、人口はおよそ七億五千万におよぶ。

西側諸国間の連絡は、主として海・空路でなされている。これらの交通手段が有する輸送力は大きい。だが、こうした交通に必ずや課せられるであろう要求は、さらに大きくなっている。制海・制空権が確保された場合にのみ、そのような要求を満たすことができるのだ。航空輸送に費やす時間はわずかなものだが、海上輸送に必要なそれは、乗り越えるべき長い距離に鑑みて、きわめて大きくなる。

先に引用したクラウゼヴィッツの原則に従い、決勝点でまさに強力であるために戦力を集中しようというのであれば、人員不足、現状で軍備が貧弱であることを、高度の即応性ならびに迅速な輸送によって補うことが必要なのだ！
四、この二大陣営のあいだで、いくつかの国々が揺れている。そのポテンシャルについては疑問符を付けざるを得ない国々、すなわち「中立」ヨーロッパ（スイス、スウェーデン、スペイン、ユーゴスラヴィア）、さらにドイツとオーストリアだ。それらの国土面積はおよそ百七十万平方キロ、人口一億二千四百万である。
五、これまでの朝鮮における経験は、以下のことを示している。国際連合で積極的に活動している国々（朝鮮では、西側諸国がほとんどである）は、北朝鮮の意図を認識するや、軍事的な権力手段の行使に関するかぎりは、きわめて迅速に対応した。けれども、戦場が遠隔の地であることが、軍隊の準備不足ならびに海上輸送が長時間を要することと相俟って、非常に不利に働いたから、一九五〇年の深刻な十二月危機が生じる事態となったのだ。

紅い中国が戦闘に介入して以来、陸上連絡線が短縮され、そのつど決勝点に素早く戦力を集中できるようになったから、東側のランドパワーに有利になっているものとみなされる。
六、西側諸国は、「まず全般的に、ついで決勝点において、常に強力である」べしというクラウゼヴィッツの古くから知られた原則に違背していることを認めなければならない。彼らは、「戦力を集中する」という、最重要であり、同時にもっとも簡単である戦略の原則に注意を払っていないのだ。
そこで、朝鮮介入の決断に、アメリカ合衆国大統領の相談役となる軍人が賛成したのか、それとも、政治家が戦争へのイニシアチヴを取ったのかという問題をあきらかにするのは、興味深いことであろう。「英米両政府の顧問を務める軍人たちは一貫して抑制を求めているようである。今なお数が乏しい軍隊を、見込みがあるとはいえない軍事作戦に長期間拘束されることをいやがっているからだ」（一九五〇年十二月九日付『新チューリヒ新聞』）朝鮮の紛争が開始された時点で、すでにそのような状況だったのではないか？

西欧人にとって、敗北、少なくとも威信の喪失という犠牲を払わぬかぎり、ひとたび極東に拘束された軍事力を引き揚げるのは困難であるという事実は、とりわけ重要である。それゆえ、「決勝点」の問題に立ち至るのだ。朝鮮は、東西両ブロックのあいだにきざしている大闘争の決勝点だろうか。そもそも、この闘争において、極東は決戦地域なのか？

だが、合衆国のOKW〔Oberkommando der Wehrmacht. ナチ時代の国防軍最高司令部〕である「統合参謀本部」の長、アメリカのオマー・N・ブラッドレー将軍は、合衆国にとって決定的な意味を持つ地域は西欧であると位置づけている。こうした見解は、北大西洋条約の他の加盟国にもあてはまるのか。

決戦地域の確定は、この問題設定自体が明示しているように、単なる軍事案件ではない。たいていの場合、政治的・経済的見地が、顕著な、そして往々にして決定的な役割を果たす。そのとき、設定された課題が実行可能か否かを政治指導部に答えるのは、軍人の責務なのである。政治指導部が、そうした軍人の相談役を信じ、自らの軍事・政治・経済上の能力に頼るのであれば、彼らの忠告に従うことになろう。が、そうでないとしたら、政治指導部のみが、おのれの決断によって生じるさまざまな影響の責任を負うことになる。

かくて「決戦地域」が明確になったならば、「戦力を集中する」という、戦略の最重要でもっとも単純な法則に沿うことのみが有効である。戦争において成功を約束されているのは、単純な行動のみ。しかし、単純に実行することこそ難しいのだ。また、戦争の前、戦争の準備、平和維持の努力においても、ことは「単純に」なされなければならない。朝鮮、インドシナ、マレーの実例ほど、この原則をはっきりと説明してくれるものはないだろう。

白色人種大多数の故郷であるヨーロッパは、西側諸国にとって決定的な重要性を持つ大陸であり、黄色人種の領分である極東はそうではない。であるから、極東に強大な戦力を投入することは、「戦略の最重要でもっとも簡単な法則」に違反することになる。朝鮮の戦争は、これまで、強力な国連軍、とりわけ合衆国の軍隊の投入を必要としている。インドシナの騒乱により、フランスは十六万の兵員と空軍の主力を同地に配することとなった。マレーの蜂起は、イギリス軍およそ十四万を拘束しているし、そのほかにも強力なイギリス軍部隊が香港の基地を保持している。これら三大国のいずれも、その戦力配分は軍事的に正しい見解によるものであり、政治的な必要に応じた指令に基づいて進められたと確信しているのだ。しかし、西欧の視点からみれば、異なる意見に到達する。クラウゼヴィッツいわく、「なぜかという理由を明示することなく、漠然とした感覚をもととしたやり方で戦力を分割・分派する。信じ難いことだと思われるが、実際に何百回となく行われてきたのである」現今の政治が、右に述べてきた戦力分割を強いているのだとしても、この政策は誤っていると考えられる。西側諸国は「戦略の最高にして、もっとも単純な法則」に充分に従うため、そうした政策を変更すべきなのである。それをやらなければ、決戦地域への「戦力集中」を時機にかなったかたちで成就することはできず、かかる怠慢の結果として、軍事・政治上、きわめて深刻な事態が出来することとなろう。「全戦力の合一を規範とし、いかなる分割・分派もそこからの逸脱であると認識したとしよう。そうした逸脱には、もっともらしい理由がつけられているにちがいない。だが、かかる愚行は回避され得るし、間違った論拠がいくら挙げられても、その介入をしりぞけられるはずである」（クラウゼヴィッツ）

時間

「戦争は、相対する勢力が互いにぶつかり合うことであり、そこでは当然、強い側が対手を単に撃滅するのみならず、自らの動きのままに寸断するという事象が生じる。基本的に、戦力の長期的（持続的）発揮ということはみられず、与えられた戦力のすべてを、ただ一撃のために同時に用いることこそが戦争の大原則であると思われるにちがいない」（クラウゼヴィッツ）

過ぎ去りし両世界大戦のことを考える際、大陸勢力間の戦争と海洋勢力間のそれは区別される。大陸勢力は、ただちに敵対行為に突入し、最初からその主戦力の威力を同時に発揮せしめんと努めた。海洋勢力は、主戦力の輸送・投入に時間をかけられるよう準備していたし、実際に充分な時間を費やした。とくにアメリカ合衆国は、二つの世界大戦において、主たる敵が長期間の闘争で弱体化し、ただ必要なのはとどめの一撃だというときになって、初めてその軍隊を投入したのであった。

　歴史的にみれば、海洋勢力はこれまで、時間をふんだんに持っているのが常であった。地理的な条件、戦争の諸目標まで大なる距離があることによって、それは得られたのである。時間がたっぷりとあることはきわめて有用で、「待ちながら、情勢を観望する」待機政策につながった。これは、いかなる場合においても、最後の瞬間での方向転換や変更を可能としたし、勝ち馬がはっきりとわかり、ラストスパートの決断が下されるまで、継続されたのだ。

　だが、ヨーロッパ大陸諸国が置かれた状況は、通常、まったく異なるかたちを取ってきた。彼らは狭隘な空間で互いに衝突し、紛争に際しては常に、その開かれた国境に鑑みて、使用可能な兵力すべてを同時に投入、即刻行動に出ることを強いられてきたのである。軍備を完了し、政治的・軍事的展開を観望するような時間をつくってくれるドーヴァー海峡や大洋はありはしなかった〔大陸諸国はイギリスのごとく、海に守られていなかったという意味〕。それゆえ、大陸諸国は常備軍を維持した。緊張した情勢において、かかる軍隊を保つには国力を傾注することが必要になった。また、それがために、国家の運営にあって、軍事的な観点が支配的な影響を振るうようになったのだ。かつてのわれらが敵たちは、この現象を「軍国主義」と呼び、それはドイツ人、とりわけプロイセン人の特徴であると称した。彼らは「軍国主義」を根こそぎ撲滅し、その代表者と目された職業軍人を侮辱し、経済的に破滅させるよう、心がけたのである。ところが、こうした措置を実行してから五年と起たぬうちに、彼らは、プロイセン・ドイツ「軍国主義」と一緒に、協力で頼りになる防護壁も除去してしまったことを、戦慄とともに認めざるを得なくなった。以前は、東方から危険が迫ってきても、その壁の後ろで安閑として（彼ら同士の内紛は別として）いたのだ。こうして、意識されざる防御壁を自己責任で取り払ってしまった結果、今や彼らは共産主義に直接対することになっている。この恐るべき敵とにらみ合うようになって、情勢は異なる様相を呈しているのだ。西側諸国にとって、時間という要素は、これまで注目されてこなかった重みを持つようになってきた。しかしながら、第二次世界大戦後、道徳的・軍事的な意味のみならず、工業的・原料経済的にも軍縮が進められてきた。が、東の大国ときたら、その正反対なのだから、西側は、時間的、つまり戦略的に不利におちいっているのである。

　来るべき紛争に準備するために、時間という要素の重要性がますます大きくなっていることに、多くの西側諸国は今日なお気づいていない。第一に挙げられるのはフランスだ。フランスは、全力を以て西欧を軍事的に強化することをためらっている。かかる過ちのとりこになっているのは、フランス軍人でもフランス国民でもなく、その政治家だ。ドイツが再び強大になることや自国の共産主義、アングロサクソン勢力の経済的優位、アジア的ボリシェヴィズムに怯えて、フランスの政治家たちは、有益で総合的な決断を下す勇気を奮い起こせずにいる。彼らは、ややこしい政治的な言い逃れをなし、貴重な、そう、ぎりぎりしかない時間を空費しているのだ。西欧人が平和を確保するにあたり、おそらくはまだ、その時間を利用できるというのに、である。

「ある戦略目標に使うと決まった手持ち戦力はすべて、その目的のために同時に投入されなければならない。そして、その運用は、同じ瞬間、同じ一挙に集約されるほど、完璧に近くなっていく」とクラウゼヴィッツは述べている。躊躇とあてこすりの政策が自らの墓穴を掘っていることに、フランスの政治家が気づくのが間に合えばよい。

「今、拒んだものは
　永遠も返してはくれない」

だが、海洋勢力にとっても、「待機」政策を採ることはもはや不可能になった。近代の軍事技術は、爆撃機と長距離誘導弾によって、空間上の限界をほぼなくしてしまったのである。この戦闘手段の前には、島国であるというイギリスの地勢もさして重要ではなく、アメリカ大陸でさえ、もう手つかずというわけにはいかないのだ。今からは、海洋勢力といえども、従来不都合な状況にあった大陸諸国同様、「熱戦」開始とともに近代兵器の威力にさらされるであろう。しかし、将来において、戦闘行動開始が事前通告されることはあるまい。不当にも嘲笑の対象とされてきた過去の「騎士的」時代に、戦闘開始・終了時において、互いに剣を掲げあったようにはいかないのである。今日では、戦争は雲のない夜に無通告、予想外の状態ではじまり、敗者は縛り首にされるのだ！　かつては、軍隊を展開・配置する際に過ちを犯せば、それを取り戻すのはきわめて困難であった。が、工業化の時代においては、戦争準備でしでかした間違いは、ほぼ取り返しのつかないものになってしまう。たとえ、海洋勢力の有する諸部隊にとって重要である彼我の距離の懸隔があったとしても、戦力準備における失敗は破滅的な結果をもたらすかもしれない。いうまでもなく、平時に浪費された時間を取り戻すことは絶対に不可能なのだ。

長大で被害を受けやすい連絡線によって、東側の兵力移動が阻害されるとしても、彼らは今まで、来るべき紛争の準備に際して、寸秒たりともおろそかにせずに来たのである。

二、今日の戦争の本質

クラウゼヴィッツが、その著作『戦争論』を書いて以来、戦争遂行の様態は著しく変化した。彼が一八三一年に永眠したとき、諸国の陸軍は「古典的な」主要三兵科より成っていた。歩兵、騎兵、そしてナポレオン一世によって名誉ある地位に押し上げられた砲兵である。鉄道も、蒸気・装甲艦も、電信や無線所も知らず、いわんや、機関銃、戦車、航空機、毒ガス、ロケット、核兵器や潜水艦など夢想だにしていなかった。これら、近代的な交通・戦争手段はすべて、過去百年のうちに出現したものだ。それらによって、戦争遂行の本質は根本的に変わった。

古くからある陸戦と海戦に航空戦が加わったばかりか、心理戦、イデオロギー・プロパガンダ戦、工業と原料の戦争も惹起された。つまり、「総力戦」と特徴づけられ、ずっと非難されてきた戦争である。われわれが第一次世界大戦の潜水艦戦で経験したように、ひとたび生まれた戦争遂行の様態が、最初にその被害に遭った者たちからの道徳的悪評によって実行し得なくなる。そこまでいかなくとも、それに近いことは起こるのではないか。第二次世界大戦において毒ガス戦がそうであったごとく、諸国民が互いに尊重し合ったがために、第一次世界大戦で試みられたことでも、第二次世界大戦では用いられないほうがよろしいと判断されたのだ。核兵器についても、このように希望の扉が開かれるだろうか。地上の権力者たちは、そこにこぎつけるだろうか？　遺憾ながら、当面のところは、核戦争の蓋然性を想定しないわけにはいかない。

陸戦

機関銃と速射砲による火力の優越のため、第一次世界大戦の陸戦は陣地戦となり、膠着した。が、その同じ戦争において、戦車が出現し、運動戦が再来している。装甲兵器による新戦術と自動車化部隊の新戦略の発展は、強力な空軍との協同と相俟って、第二次世界大戦初期の迅速な作戦遂行を可能にし、驚愕した人々はこれを「電撃戦」と称した。ところが、諸国の参謀本部のほとんどが、この紛争が勃発する直前になっても、戦車が成功を収める可能性について、きわめて懐疑的な判断しか下していなかったのである。陣地戦、砲兵の弾幕射撃やその方法論が有効であると唱える者たちによって構築された強大な要塞といえども、機動の力をマヒさせることはできなかった。戦争指導に新しい精神が導入されたのだ。今日、あらたなマジノ線が有用であると説明され、そうした戦略方針は精神的に不毛であると認めながらも、震え上がり、ひそかにそこに潜りこもうとする動きがある。だとしても、戦争指導上の新精神は活力を維持しつづけるだろう。ピレネー山脈の線、ライン川の線、エルベ川の線などから成る複数の防御線に関する議論がかまびすしい。昔のチンギス・カンの騎馬軍のごとく、運動性に富む敵の大攻勢が向けられてきた場合に、武装した部隊の避難に供せられる「砦《レデュイ》」の問題も同様で、要塞地域の設置が検討されている。しかしながら、そんな要塞地域を設置するには多大な時間と資金が必要であるし、強力な守備隊と充分な備蓄物資が供給されないのであれば、無用のものとなってしまう。それについては、はっきり認識されていないようである。

フランス人は一九四〇年以前に、持っていた資金を、要塞ではなく、機動性のある部隊に支出して、もっとうまくやれたのではないか。ヒトラーも「大西洋防壁《アトランティクヴァル》」〔第二次世界大戦中、西側連合軍の上陸を防ぐため、ドイツが西ヨーロッパ各地に建造した要塞・陣地のプロパガンダ上の名称〕建造を節約することは可能だったのだから、その代わりに戦車と航空機を生産すべきだったのではなかろうか。現代の砲兵、とくにロケット兵器が遠距離まで威力をおよぼすなか、長距離弾に対して要塞化をほどこすことで西欧の諸目標を守れるのだろうか？

陸戦もまた、地上戦における防御のため、要塞戦を行うべきなのか？

われわれは、従来とはまったく異なる目標を守るべきだと確信する。何よりも補給を確保しなければならない。しかるのちに、最重要の工業地帯、それから航空基地だ。かかる施設の防護は、陸上からの脅威のみならず、むしろ航空攻撃に対する守りを想定しておくべきである。航空攻撃は地上攻撃よりも先に来るし、威力も大きいはずだ。

しかし、これまでの戦争とはがらりと変わって、民間人の保護が準備されなければならぬということもある。この点で、陸上防衛には、巨大な責務が課せられるといえる。第一に都市や職場で働く人々を守ることだが、それ以上に住民全体の保護にまで、仕事が拡張されるのだ。

空からの脅威に対する住民保護は、中立国を含むすべての国々に必要となる。それは軍事案件というよりも、むしろ人間性に基づく課題だ。この種の施設強化は、ドイツにおいても遅滞なく進められねばならない。その場合、立法措置が喫緊の課題として課せられる。そうした処理の実例は、あらゆる国々、たとえば中立スイスにもみられる。かかる人道上必要な課題に尽力している連邦政府〔西ドイツ〕を非難することはできない。これを妨げる法令こそ、急ぎ廃止されなければならないのだ。連合国管理理事会〔英米仏ソの代表によって構成され、ドイツの占領統治にあたった〕法令第二三号[❖1]は、その一つである。われらが都市の家々、工場、駅などの公共建築物を、充分な防空壕なしにつくることは許されない。国民生活上重要な、新しい工業施設は、第二次世界大戦終結までにすでにそうなっていたように、疎開させ、地下に設置するように要求し、配置されなければならない。有事に際して、こうした措置を行えば、そこに使われる費用は著しいものになろう。西欧の軍備が貧弱であるほど、それは高くつくことになる。将来の戦争は、長期にわたる準備や正式の宣戦布告なしに、一夜にして生起することはわかっている。それゆえにこそ、徹底的な準備措置をほどこし、常に使用可能な状態にしておかなければならないのだ。

こうした分野での防護措置には、以下のことが含まれる。消防隊と衛生隊の組織、通信・情報機関の設置、必要な場合には右記諸組織の迂回誘導、破壊された地域の封鎖や略奪・破壊工作に対する警察の対処などだ。

さて、このように防空の問題を討究していけば、話題はおのずから航空戦ということになるだろう。

航空戦

空軍は、その作戦を成功させるため、まず地上部隊と協同する。この目的に任ずる戦力を、戦術空軍と呼ぶ。これは、偵察機、爆撃機、戦闘機により構成される。充分な、せめて仮想敵に対して物質的に同等の戦力を有する戦術空軍なくしては、今日の軍隊が戦闘に勝つことは不可能である。かかる問題設定からすれば、たとえば、西ドイツ連邦共和国に、「協力」にあたる航空隊設置を許すべきか否かという問題も、自然と片が付くというものであろう。

陸軍同様、艦隊においても、戦術航空戦力、すなわち敵航空戦力に対抗すべき海上航空戦力が必要とされる。海上航空戦力の一部は航空母艦によって運用され、そこから海戦、あるいは陸上目標に対する出撃を行うことができる。

列強は、ついに遠距離目標に対する爆撃戦のための作戦空軍〔戦略空軍の意〕を保有するに至った。われわれは第二次大戦中に、こうした長距離爆撃機、超長距離爆撃機、夜間爆撃機の威力を自らの身体で思い知らされたものだ。敵の爆撃機は、わが交通網や軍需工業、さらには住宅地や芸術的記念碑、広野や幹線道路上の人々にまでも銃爆撃を加え、破壊したのである。しかしながら、かかる戦争遂行方法が恐怖をもたらしたにもかかわらず、爆撃による士気沮喪効果への信仰は正しくないと証明された。そのことは確認しておかねばならない。残虐な猛爆撃によっても、ドイツ国民の士気はくじかれなかったのだ。とはいえ、この種の攻撃は国民に陰鬱な気分を蔓延《まんえん》させたし、芸術作品や文化財を烏有《うゆう》に帰せしめた。それらは、修復するすべもないほどに破壊されてしまったが、期待された軍事的利点など得られはしなかったのである。一種の蛮行であったことはあきらかだ。

米空軍のヴァンデンバーグ将軍〔ホイト・ヴァンデンバーグ。一八九九〜一九五四年。第二次世界大戦中は主として対独航空作戦に従事、戦後、第二代空軍参謀総長となった。最終階級は空軍大将〕は、簡潔に説明している。「北大西洋条約による基本構想は、地上戦で敵の兵器や軍需物資を消耗させる一方、戦略空軍がその生産・補給中心地を原爆で覆滅するというものになろう。陸戦には、爆撃による敵後背地の分断を可能とするよう、かかる敵の消耗を効果的に引き起こすという役目が与えられる。それは、敵が進撃する過程で、たとえばルール地方のような生産地域の利用を可能とし、後背地との連絡から相対的に自立するようになる前に行われる。しかしながら、ワシントンの当局筋の判断によれば、ヨーロッパに派遣されている数個師団では、その効果は達成し得ないという」（一九五〇年十二月二十日付『新チューリヒ新聞』）ヴァンデンバーグ将軍は、ルール地方が利用されることについて語っておきながら、どこで侵攻軍に対する原爆投下がなされるかは述べていない。われわれは万一をおもんぱかり、ドイツの国土における原爆の使用には異議を申し立てておきたい。西側諸国がそんな政策を採るならば、それはドイツ人を離反させるためのもっとも確実な一手ということになってしまうだろう。よって、そのような政策を論じるべきではない。そのこと自体が誤解を招くに決まっているからである。

加えて、地上目標に対する航空戦の効果に対する疑問については、朝鮮戦争でよく示されている。国連軍は最初、圧倒的な航空優勢を得ていたが、地上作戦に決定的な影響をおよぼすことはできなかった。それどころか、この間、空軍の投入に必要な準備を調える時間は充分にあったにもかかわらず、今日になっても決定的な威力を発揮できずにいるのだ。むろん、人口稠密な、密集した目標に対して、空軍の威力が大きなものとなることは認めるべきであろう。朝鮮は、西欧の人々が密に居住している地域に対して航空戦を集中実行した場合の先例にはならない。それについては議論の余地がないだろう。

ヴァンデンバーグ将軍は、「地上戦で敵の兵器や軍需物資を消耗させる」としている。だが、敵がその意に沿って動いてくれなかった場合には、どうするのだろう。近代技術の現状が、消耗戦を必要としないところまで来ているのは、「電撃戦」が証明した通りである。適切な自動車化によって、むしろ長期にわたる消耗戦を回避することが可能になっているのだ。一九四〇年五月の西欧諸国に対する西方戦役が実証したように、注目すべき、線状に連続しているも同然の要塞地帯であったマジノ線、さらには戦車の数で二倍の優越を誇り、加えて地上戦闘部隊の数も同等の軍隊を以てすら、正しく運用された装甲部隊を妨げることはできなかった。近代戦争史において、もっとも輝かしい勝利の一つが、考え得るかぎり最小の犠牲を出すのみで達成された。要塞化された地域に対し、一か月ほども準備砲撃を叩き込み、長期間、熾烈な戦闘を行うというようなことはなかったし、歩兵が突撃を繰り返して、血河をなすということも起こらなかった。従って、将来においても、初期の戦闘では必ずといってよいほど、陸上の消耗戦が生起しないことは確実であろうと思われる。逆に、敵は、彼らにとって価値があるとみなされる目標を奇襲により奪取しようと努める。現在のところ、西欧において防衛側の守備が不充分であることに鑑みれば、敵はほぼ抵抗を受けずにそれらの目標に到達するであろう。ひとたび目標を確保したなら、侵攻軍は近代兵器によって自らの防御を固めるだろうから、奪回作戦はきわめて困難となる。また、第二次世界大戦や朝鮮戦争で使われたような方法を用いて、空軍が爆撃戦を実行しようものなら、征服された地が受ける損害と破壊が耐えがたいものになるのは必定だ。かかる手段を取れば、民間人の受ける苦難は、敵戦闘部隊のそれよりも悲惨なものとなる。彼らは、戦争に対して何の責任も負っていないというのに、住居や給養施設、水道・電気設備、鉄道や橋梁、食料備蓄や衣料、ついには命までも奪われる。朝鮮でそうであったように、冬のさなかとなれば、苦労もいや増すだろう。

それゆえ、緊急に必要なのは、地上部隊と空軍の戦術的協同であり、従来のあり方での作戦的爆撃〔戦略爆撃の意〕は危険であると思われる。長距離爆撃機の目標選択は戦略的な必要性のもと、細心の注意を払い、人道的な規範に顧慮するように求めるべきである。残念ながら、最近五十年間の人類は、そうした規範からはるかに逸脱している。

もっとも現代的な爆弾、原爆や水爆の威力が恐ろしく、また測りがたいものになるにつれ、長距離爆撃機の目標を定めるのも困難になる。なるほど、かかる爆弾を生み出した科学は、その威力に対抗する防護手段を発見するであろう。しかし、この世の権力者たちが、新しい殲滅兵器の使用に踏み切る前に、そうした防護手段ができるかどうかは疑わしい。ある程度たしかなこととしていえるのは、原爆が効力をおよぼす範囲が大きく、また現段階では放射能を拡散するために、味方部隊の近くや奪取寸前の自軍目標に対しては使えないということだ。従って、原爆を投下できるのは、敵の後背地、もしくは敵に占領された地域のみになろう。さらに、原爆は、たとえ一時的にでも敵が侵入するのを防ぐため、一定地域を封鎖する目的で使用することも可能だ。人口稠密な地域においては、過疎地よりも、ずっと大きな威力を振るうと思われる。航空戦とその効果に対しては、いかなる国も安全ではないのだ。大英帝国やアメリカ合衆国とて例外ではない。

将来の陸戦における成功は、かかる陸戦と航空戦のたくみな組み合わせを基盤とすることになるにちがいない。

海戦

戦争遂行の第三の要素は海戦である。現今の世界情勢は、二つの海洋勢力、アメリカ合衆国と大英帝国に制海権を認めている。両者がその陸上・航空戦力を渡海投入するつもりなら、無条件の制海権を必要とするのだ。

よって、将来の海戦は、何よりもまず、この同盟した二大海洋勢力の事情に左右される。海戦だけでは、巨大で、おおむねアウタルキー状態にある大陸ブロックに対抗できないだろうが、陸上・航空戦力ならびにその補給物資を敵前、あるいは戦闘地域に送り込むために、制海権は不可欠なのである。ゆえに、海洋勢力にとっては制海権の維持、その敵にとっては制海権の減殺が問題となるのだ。海戦という分野においてもまた、戦闘手段と戦法はまったく変化している。帆船時代や装甲艦の時代の古い絵画で見慣れているような、うるわしい海戦は、もはやその残滓《ざんし》もない。水上戦闘では、彼我の距離は隔絶したものになっているから、撃ち合っている同士ですら、ほとんど互いに視認できない。主戦闘はもう、水上艦隊の砲戦ではなく、目標艦船に対する航空作戦と敵戦闘艦隊ならびに商船隊に対する潜水艦戦によって演じられるのである。潜水艦戦と対潜防御は、航空戦と防空のことと同じぐらいに、海軍士官の思考を占めている。海上交通路を支配するのは、もはや多数の戦艦ではない。制空と効果的な航空捜索に必要な航空機と航空母艦の数、それらの防御、とくに対潜防御がものを言うのだ。貨物船を撃沈するほうが、それを護衛する軍艦を沈めるよりも重要だということも往々にしてある。

第二次世界大戦の海戦指導はとりわけ、海上輸送により強力な部隊を召致し、上陸せしめることの重要性を示した。この点に関して、アメリカ合衆国はもっとも大きな事蹟を残している。かかる戦争遂行上の特別な分野におけるその巧緻な能力は対日戦争で発揮され、最近の朝鮮でも、はっきりと表された。マッカーサー将軍は、ソウル奪回のための攻勢を開始するにあたり、敵の背後に上陸し、それによって陸上作戦を著しく加速せしめたのである。

しかしながら、ひとたびユーラシア大陸が戦場になった場合、海洋勢力がそこで戦争を遂行できるようにするには、常に海上輸送を確保することが最重要であろう。昔と同じく、海上輸送路には、船舶が安全に停泊し、補給を受けることができる基地が必要となる。いちばん重要な輸送物資は、部隊輸送とその軍需物資、とくに石油とゴムということになるだろう。それに従って、輸送路も地理的に定められる。

西欧防衛にとっては、大西洋とならんで、地中海、スエズ運河、アラビアやインド周辺海域も最重要であると思われる。しかし、そのようにみることと、諸海洋勢力も同様に考えているか否かは、また別の問題だ。たとえばアメリカ合衆国にしてみれば、自国の安全こそが本質的に重要なのである。よって、アラスカには大きな価値を認めているし、同様に、われわれにとっては僻遠《へきえん》の地である日本や太平洋の島々にも計画的な防衛措置を取っている。アメリカ合衆国にとって、太平洋の支配はおそらく、大西洋と西欧の正面のため、背後を安全にしておく上での大前提なのだ。この種の防衛措置の拡張とあり得る海上戦闘・渡海戦闘に、合衆国の強大な戦力が必要とされることは論を俟たない。しかし、第一章で述べた戦力集中の原則は、陸戦や空戦とまったく同様に海戦にも適用されるだろう。

このようにみれば、将来の戦争における戦闘地域は地球規模に拡大されるのである。今までのいかなる戦争をも超えるような巨大な規模となるのだ。それは、本当の意味で、最初の「世界大戦」になるであろう。かつての二つの世界大戦は、その前触れにすぎなかったのだ。この戦争は、戦闘空間の広大さ、深度と高度の面で、またあらゆる人間のなりわいに干渉してくる点において、「総力戦」となるはずだ。この世界規模に広まりかねない火災を局所で食い止められるかどうかはたしかではない。ゆえに、政治家たちには火遊びに注意してもらいたいものである。

パルチザンとプロパガンダ

戦う地上部隊の後方、航空基地、補給港や駅、敵工業地帯の周辺では、パルチザン、第五列、破壊工作者、スパイの戦争が演じられる。両陣営のプロパガンダ戦争を行う弁士たちの言葉は、電波に乗って響きわたっていくのだ。この種の「冷戦」はすでにはじまっている。そこにおいて、早くも怯懦と術策が従前以上にはびこっていることを確認し得る。指導的人物たちに正論をいう勇気《ツィヴィルクラージュ》が欠けていることが非難されるのもしばしばではないか。しかし、今日の新聞出版や放送を研究すれば、オピニオンリーダーたちにも、そのような価値ある美点がほとんど見いだせぬことに気づき、戦慄するにちがいない。世人は、ナンセンスな言説を噛んで含めるように教えられ、たとえ、それが平和を危うくするようなことであろうと、従順かつ忠実に口真似している。自前の意見を聞くことなど稀であるし、自ら熟考することもほとんどないのだ。

軍備競争

大量の兵器と軍需物資を生産するため、すでに戦争前から軍備競争が始まるのが常である。これは、平時の経済に無秩序をもたらし、戦争心理をかきたてて、戦争の危険を拡大するのだ。一九四五年以来、東側勢力は全経済を戦時生産状態に置いているため、西側諸国も近々それに倣うものとみなされている。これ以上、追い越されたままでいる危険を冒すわけにはいかないからだ。アメリカ合衆国大統領は、緊急事態にあることを法的に宣言した。西側の軍事産業は全力で稼働しているのである。

しかしながら、戦争の脅威に直接さらされていない地域や諸国においても、経済の総体、とりわけ工業を戦争遂行可能な状態にすることが予定されている。その他の生活必需品は贅沢品であると宣告され、もはや生産されない。あらゆる原料が戦時生産に供せられる。その分配も、もはや人々の必要に応じてではなく、人間を殲滅するための努力に向けられるのだ。食料品も配給になる。戦時には、両陣営ともに敵から食料を奪いさろうと努める。かかる努力には、パンを廃棄し、武器としての飢餓を得ることも含まれている。アウタルキー可能な国々のみが、長期の戦争を遂行し得る。ユーラシア勢力のブロックはアウタルキー可能か。西側はどうだろう？　アウタルキーを達成するために、両勢力ともに、不足している原料を得られる地域を手中に収めようと努力する。ここにこそ、最重要の戦争目標が置かれるものと予想される。熱戦が生起したあかつきには、まず、そうした地域が燃え上がることだろう。

人道？

かかる展望に鑑みて、人道を求める努力に、どんな意義があるだろう？　前の世紀には、傷病者保護を取り決めたジュネーヴ条約が結ばれた。国際赤十字とハーグ陸戦協定は、戦争の苛酷さや残虐さをいくばくなりと軽減しようと試みた。だが、すでにその当時から、すべての国々が、この緩和措置に賛成したわけではなかった。条約に加盟した国のいくつかは、のちにその規定から離脱し、また別の国々は勝利に酔ったあげく、それらを無視した。しかし、今日、戦争手段の厳しさ、破壊の規模、無辜《むこ》の犠牲者の数が増大する一方であるにもかかわらず、人道の土台は従来よりもはるかに揺らいでいる。会議を開き、あらたな陸戦協定を起草、少なくとも罪もない民間人を保護するように、最低でも核爆弾の威力を制限するように努めるのは緊急の課題ではなかろうか？　民間人には爆弾を投じないという保護措置を宣言し、少なくとも婦人や子供に対しては戦争の恐怖を軽減するようにしてやることはできないのか？

近代戦

近代戦遂行の本質は、左のごとく表される。

ⓐ陸上と空中における広大な領域での運動戦。安全な基地、そして、陸海空の戦場の特性に応じて結ばれる連絡によって支えられる。

ⓑ工業、原料、食料をめぐる戦争。

けれども、古代同様に、戦争を決する第一等の要素は人間だ。その数、その戦士としての特徴、その精神的な能力にあるのだ。人間精神は、世界を統べる理念を生み出し、戦争か平和かを決する。思想を広めることによって、かかる決断の前提をつくるのである。イデオロギーの戦争は、初めこそ血は流れぬが、自らの信念を貫徹せんとする熱狂的な意志が、ついには武器によって白黒つけるところに至るまで、絶えることなく続く。だが、交渉のときには、予測不能の状態が生じる。「偶然」や「摩擦」と特徴づけられ、われわれを「不確実性の霧」に追いやるものだ。政治家や軍指導者の決断は、すべてそうした霧のなかで下されねばならない。また、彼らが責任を自覚していればいるほど、その決断は困難になる。物質的な基盤が保証され、そのポテンシャルが充分に大きく、準備が成されている国々は幸いなり。聡明で節度があり、勇気と自信、現在の闇から明るい未来への道を唯一担保してくれる特性に優れた指導者を有する国々は幸いなり。

❖ 原註

1　連合国管理理事会法令第二三号には、以下の規定が含まれている。

第一条

本法令により、以下の行為は、ドイツにおいては禁じられ、不法であるとされる。

ⓐ……〔略の意〕。

ⓑあらゆる種類の軍事施設の設計、計画、設置、築造。

ⓒ設計、計画、設置、築造のいずれかにおいて、軍事目的に利用し得るとみなされる、あらゆる種類の非軍事的建築物の設計、計画、設置。

第二条

本法令で意味する「軍事施設」とは、水上、陸上、空中のいずれであるとを問わず、戦争という目標のため、あるいは武装戦力の維持に使用し得る建築物をいう。この軍事施設には、右記の概念規定に収まらない以下の建造物……軍用・民間防空壕……を含む。

以下、罰則規定。

しかしながら、ごく最近になっても、ドイツのイギリス占領地区においては、最後の防空壕を爆破することを強いられたのである。

三、ヨーロッパ国防地理学について

アウタルキーを達成するために、両勢力ともに、不足している原料を得られる地域を手中に収めようと努力する。そのことはすでに述べた。では、ヨーロッパは、かかる地域に属するのであろうか。それゆえ、必然的に強国の戦争目標になるのだろうか？　いや、無条件にそうなるわけではない。他の動機のほうが、より重要になるということもあり得る。

一九四五年以来、旧きヨーロッパの中央に、ソ連の勢力圏と西側諸国のそれとの境界線、「鉄のカーテン」が引かれている。一九四五年に「鉄のカーテン」が築かれたのは、主要諸国への原料供給上の理由から生起したわけではない。当時、そのことはあきらかだった。東西の線引きは、たとえば朝鮮のような別の場所で起こったのとまったく同様に、気まぐれに行われたのである。征服された地を統治し、搾取するために、戦勝者たちは最初、この分割線により、二つ、正確には四つの行政地区（米英仏ソの占領地区）をつくった。彼らは、勝者の権利、いにしえの原則である「力は法に優先する」に従って行動した。ドイツ諸邦の境界は変えられ、統一されたドイツ国のかすがいであったプロイセン国家は解体された。占領地の法律も無効とされ、勝者の目的に沿った管理理事会による新法令に取って代えられた。ヨーロッパはいまだ共同行動を取る段階にあるというのが、その理由だった。諸国民とその政治家、とりわけソ連のそれらの性格は、西側諸国ではまったく理解されていなかったし、その政治目標ときてはなおさら認識されていなかったのだ。

かつて、あれほど強力だったドイツという敵を屈服させ、独立運動などできないようにする。この目標にのみ、西側諸国は凝りかたまり、ソ連も同じ目的に向かって進んでいると錯覚した。ソ連は「民主主義の別形態」だと大真面目に思い込み、平和裡に彼らと一致することができると期待したのである。スターリンの好感情を得ようという望みとナチズムおよびファシズムに対する憎悪は、モーゲンソー〔ヘンリー・モーゲンソー。一八九一〜一九六七年。フランクリン・デラノ・ローズヴェルト政権下で財務長官を務め、ドイツの工業力を無力化するような戦後計画を策定したが、この、いわゆる「モーゲンソー・プラン」は実現には至らなかった〕とその黒幕によって、感情のみで定められた近視眼的な略奪・破壊計画へとかきたてられ、休戦前後の政治を支配した。彼らは復讐を求め、憎悪と復讐が一九四五年以後の数年間における政治と経済のかたちに刻みこまれたのだ。多数の有力な政治家が、憎悪と復讐など理性的な政策の土台たり得ないと認識しているにもかかわらず、それらはなお刻印を残しているのである。

ウラル山脈より西の欧露を含むヨーロッパの物理的なかたちを概観すると、ウラル山脈中央部からカスピ海と黒海の沿岸、白海、バルト海、北海の渚までは、いくつかのささやかな山脈で途切れているだけで、あとは平地〔Tiefebene. 地理学的には海抜二百メートル以下の地〕が広がっている。これらの山脈は、この広大な地をつらぬいて流れている河川同様、軍事的障害物にはならない。

軍事的な意味のある最初の大山脈は、カスピ海と黒海のあいだの地を閉ざしているコーカサスだ。その山々はすべてロシア人の手中にある。ロシアの国境は、さらに南、小コーカサス山脈やアルメニア高地の高山の上に引かれているのだ。黒海の西、ドナウ河口の北で突き当たるのはカルパチア山脈で、それに連続してズデーテン山地、エルツ山脈、テューリンゲン森林地帯があり、ここからはもう西欧につながるのである。カルパチアやズデーテン山地が、ある程度軍事的障害になるとはいっても、チューリンゲンの森は通行可能だし、その西にある中部ドイツ山脈、ヘッセンやヴェーゼルの山地もほとんど障害物とはみなされない。ライン川沿いの山地も自在に移動できるから、局所的に通行の困難があるというだけのことだ。

これに対して、右の鎖状に連なる諸山脈の南では、地理的な性格がまったく異なる。ベーメン〔ボヘミア〕西縁部、ベーメンとバイエルンの森林は、それ自体が堡塁を形成している。カルパチア山脈の支脈、白カルパチアと小カルパチアは、ドナウ川の南でヨーロッパ唯一の高山であるアルプスに続く。アルプスは、アドリア海とドナウ川のあいだでは幅を持っており、ライン川とローヌ川の源流地を包含している。それは、南独からスイス、フランス南東部に弧を描き、地中海沿岸地域や北イタリア高地を区切っているのである。この連山から、三つの重要な山脈が放射状に延びている。南東には、バルカン半島を覆うディナル・アルプス〔バルカン半島西部、ダルマチア海岸に沿った山脈〕とバルカン山脈という支脈、南西にはピレネー山脈、中央ではイタリア半島を貫くアペニン山脈だ。多くの山岳と海岸から構成されている南欧の地勢は、この地域に一定の抗堪力を与えている。

これら、ヨーロッパ大陸の胴体から突き出ている三つの大きな半島は、バルカン山脈とその南に位置するロドピ山脈〔ギリシア東部からブルガリア南部に広がる山脈〕、アルプスやピレネーといった天然の要塞により、北面を守られている。南欧を防衛する側がこれらの山脈を握っているかぎり、その航空基地と海上輸送路を安全たらしめることができる。同時にダーダネルス海峡を確保していれば、そうした安全はいっそう確実なものとなろう。

かかる変化に富んだヨーロッパの反対側には、スカンジナヴィア半島の大山脈がそびえ立っている。そこに、多数の港を擁する海岸と北大西洋の島々（フェロー諸島、アイスランド、グリーンランド、スピッツベルゲン島など）とが相俟って、北大西洋防衛のための重要な拠点となっているのだ。

現在の政治的な国境のことはひとまず措き、単に、われわれが住む大陸における所与の物理的特性を基礎として、戦略的考察を加えてみれば、こうした広大な平野においては、大規模な軍事作戦も実にたやすく実行できるという結論に達する。この平原はウラル山脈から、英仏海峡、大西洋にまで達しているのだ。その他にも、カルパチア、ルーマニア、ハンガリーの平野を支配する者には、ドナウ上流に向かい、アルプスの北縁部を突進することも可能であろう。もっとも、地中海に突き出した三大半島の確保は、ずっと困難なはずである。

さらに、西欧防衛の北翼を担っている、西岸に不凍港を抱えたスカンジナヴィア半島と右に触れた北大西洋の島々の確保について、考えてみよう。南翼のダーダネルス保持についても、同様に考察する。

西欧を守らんとする者は、南東の小アジアと北東のスカンジナヴィア半島および北大西洋の島々という二本の支柱を保持することができなければならない。また、地中海に突き出た半島、つまり、バルカン半島、イタリア、イベリア半島を維持することを可能としなければならぬ。最終的には、中欧を守れなければならない。そこは、快速の戦力が最高の機動を行い得るし、それゆえに、かかる機動に見舞われるものと想定される空間なのである。

地図をよくよく眺めた上で、右のごとく考察すれば、最後に挙げた課題がもっとも困難であろうことが示される。その解決のためには、ほとんどの戦力を集め、しかも最高度の即応態勢に置いておくことが必要なのだ。

逆に、東より来たる西欧侵攻軍にしてみれば、二つの選択肢のいずれかに決めることを強いられる。機動戦のわざを発揮することが極めて容易である、平坦な地勢の中欧への突進をまず実行するか、そのような攻勢の両側面を掩護するために、エーゲ海を経由する地中海への進入路確保とスカンジナヴィア占領を優先するか、だ。この三つの機動を同時に達成できるほど充分な兵力が得られるかどうかは、東方勢力が引き受けねばならない他方面での同盟関係の程度による。ただ地理的障害を問題にするというのであれば、平野を突進するのが最速の運動になると予想される。もちろん、決定的な瞬間において、敵の戦力配置がわかれば、正反対の判断がみちびかれることもあろう。

ヨーロッパの地勢は、その両翼においては、守られるべき国々の海岸線が長大であったり、山岳が多いため、陣地に拠る防衛を可能としている。また、比較的少数の兵力で、その防御を遂行し得るだろう。海岸や山岳は防御拠点を築く前提となるし、そこにつくられた陣地も揺るがぬものとなる。とはいえ、このような地域が広大であること、現状では、当該地域を守る兵力が弱体であることに鑑みて、かかる目標を達成せんとするなら、著しい努力を必要とするのはいうまでもない。

さて、物理的なことへの観察から政治的なそれへと視点を転じてみると、あらたな困難が加わってくる。この防御空間にある国々のうち、かなりの数が中立を宣言しており、協同の作戦計画に組み込むことは不可能であろうから、充分な戦力を用意するのが難しくなるのだ。それらの国々としては、ユーゴスラヴィア、スイス、スウェーデン、さらにスペインが挙げられる。彼らが中立に頼っているかぎり、大規模な防衛軍を編成することは考えられない。しかし、これらの隣国の態度があいまいであるなら、作戦計画にも空隙が生じる。その溝は測りがたく、予測することも困難だ。

西側が中立国をどの程度当てにできるかを考察することは、本研究の対象ではない。しかし、そのような省察は、この問題を熟考する契機となろう。

いずれにせよ、西欧の防衛にとって、両翼側の確保は不可欠なのである。

最近、陸上に砦を築いて防衛するという問題がまたしても取り沙汰されている。スイス東方に巨大なアルプス砦を建設すれば、東から迫る侵略者を拒止する効果が約束されるというのだ。かかる砦の価値を吟味する際には、その要塞はどういう目的に奉仕するのかのかという一般的な設問がなされなければならぬ。要塞建築を主張する者はきっと、このように答えるだろう。敵の攻撃が成功した場合に、陸軍の主力を砦にこもらせ、外部からの救援軍が到着するまで持ちこたえることができるではないか、と。そうした戦略は、砦の準備が整い、物資が備蓄されていることを前提としている。従って、砦は必然的に巨大になるし、強力な部隊と大量の備蓄を備えることとなる。莫大な資金がかかるであろう。だが、軍隊を編成するのはそもそも何のためかという設問を課せば、軍隊は国民と国土を守るためにつくられる、と答えざるを得ない。最悪の危機に際して、国民と国土を敵にゆだね、自己保存に走るためにではないのだ。アルプス地域に砦を築いても、西欧防衛には、ほとんど無価値である。侵略者が、どこから襲来するとしても、彼らにしてみれば、西欧の最重要地域を占領し、原料・工業地帯、交通路や港湾を押さえ、ついには、いかなる国民にとっても最高の価値があるもの、つまり人的資源をわがものとすることが目的なのであるから、要塞を攻撃したり、包囲する必要はないのだ。線上防衛陣が有する価値については、小冊子『西欧は防衛し得るか？』[1]で、すでに述べてある。

攻撃側は機動戦を心得ていて、そのために快速の陸軍と強力な空軍を保有している。そう覚悟しなければならないとしても、要塞設置によって、敵の前進を一定期間、いくつかの限定された目標から引き離すことは可能だ。しかしながら、近代戦を行う空間が広大になっていることに鑑みれば、要塞を使って何か重大な影響をおよぼそうというのは難しい。将来の戦争においても、これまでのそれと同様、進退自由な戦野が決戦場となるだろう。むろん、そこに第三の次元、空が加わってくる。

右に述べたように、西欧の両翼側にある山岳地帯が防衛に不可欠で、そこに要塞を付加すべきなのだとしても、西欧の主たる領域の防衛、開けた地域で道路が四通八達しているのが特徴となっている中部地域の防衛、かかる地域を機動力のある部隊で守るという課題は、避けては通れない。それこそが防衛側の主要任務となることが予想されるのである。

この西欧両翼の防衛は、他の地域の防衛とも関連しているものとみなされる。南東翼の防衛は、小アジアにも広げられる。そして、小アジアの確保は、イラクとアラビアの防衛に依るところ大である。それは、ペルシア地域とも関連する。当該地域は、西側諸国にとって最重要の石油供給源なのだ。

同様に、スカンジナヴィア防衛圏も北極地域まで延びているといえよう。北極圏はもはや、かつてのような無条件の障害ではない。もう飛び越すことができるのである。東西両陣営ともに、北極点を越えて、重要目標に長距離爆撃機を差し向けることが可能だ。

この理由から、両陣営は、空軍の地上組織に大規模な改編を加えている。かかる組織は、補給・連絡線を必要とする。ところが、彼らは、今までの戦争では誰も考えもしなかったような場所に基地を設置することを強いられているのだ。そんな事情から、西側諸国にとっての北アフリカとイベリア半島の意義は高まっている。この、地上・航空攻撃に対して一定の安全性がある地域で、補給を組織することが可能となるからだ。募兵所や軍備集積所の設置について、あらかじめ政治的な条件を満たせるのであれば、そこに右の施設を置くことが可能になる。この種の施設を、守られるべき正面の前部、もしくはすぐ後ろに置くことは、目的にかなわない。そのような場所では、どんな情勢変化であろうと、ただちに影響を受けて、ただちに撤収することを余儀なくされてしまうだろう。

しかし、われらがささやかな大陸の政治地理学をみれば、また、あらたな事実につきあたることになる。それは、本章冒頭で述べたように、西側勢力圏をソ連勢力と区分している「鉄のカーテン」によって決められているのだ。「鉄のカーテン」が生じたのは、戦争終結時の西側諸国とソ連の親密な関係ゆえのことである。この線引きにおいて、歴史的・経済的・軍事的考慮は、西側では何の影響もおよぼさなかった。単に、ローズヴェルト大統領がスターリンとの良好な関係を願い、イギリス、のちにはフランスの政策もそれに従ったために、このあり得ない境界線が押しつけられた。今日、誰もがそのことを認めざるを得ないのだ。

中欧からはじめよう。われわれの祖国はあちこちを割譲され、農業地帯の多くを奪われた。残りは二つに割かれ、帝国の首都たるベルリンも同様に分断されている。その西側地区は、ソ連占領地域のただなかにある陸の孤島となっているのだ。ドイツ中部の重要な山脈、ライン川を除くドイツの大河はすべてソ連占領地域にある。南に接する隣国オーストリアも同様の状態だ。

中欧の政治的線引きは、絶望的なまでに幸運が欠けていた。だが、それだけではない。少なくとも、ハンガリー、ポーランド、チェコスロヴァキアがソ連の衛星国になったことは疑う余地がない。それら諸国は、西側に対して敵対するものと想定される、確たる大勢力を構成しているのである。一方、オーストリアと南東で境を接しているユーゴスラヴィアの態度は、これまで曖昧なままとなっている。また、ユーゴスラヴィアと接するアルバニアは、なるほど小国ではあるが、アドリア海岸にある。ソ連にとっては、アドリア海沿岸を押さえる衛星国なのである。

バルト海北方には、スウェーデンがある。この国は、東の隣国フィンランドに配慮して、中立を維持したがっており、従って、西側防衛に際して、当てにできる要因ではない。

オーストリアと西ドイツ連邦共和国がかたちづくる真空の背後に、中立スイスが存在している。西ドイツ連邦共和国の前面には、ソ連の占領地域となったドイツがある。

こうした政治地理学からすれば、効果的な防衛陣を組織することはきわめて困難だ。

しかし、この西欧の「前地」より西側の地に眼をやれば、その前方、というよりも、正確にいうならその背後には、すでに狭隘となった小大陸の周縁地域しかないことを確認するにちがいない。後背部が大西洋によって守られているのは間違いない。だが、そこには逃げ道などないのだ。つまり、この地は固守されねばならぬ。実際、同地域の防衛においては、一平方メートルごとが重要になろう。それをやらぬというなら、誰もが救命胴衣を装着するはめになる。

西欧の南北周縁部では、すでに示唆したごとく、見通しはまだましだ。けれども、そこにあるのは、工業や原料産出という点で重要性に乏しいヨーロッパの国々であり、それらの人口もまた少ない。しかも、ユーゴスラヴィアの不確かな態度や、スウェーデンが右記のような配慮をなすにちがいないと信じられることから、当該地域の防衛には多数の疑問符が付せられるものと考えておかねばならない。

かかる状況から、防衛戦といえども、好適な地域を選んで攻撃することによって遂行されるべきだという考察がみちびかれる。しかし、われわれは、自らの苦い経験から、東に対する西の攻撃には、非常に強大な戦力を必要とすることを知っている。獲得されねばならぬ地域は西から東へと広がり、ゆえに攻撃が成功裡に進んだとしても、いよいよ多数の部隊が費消されていくことになろう。連絡線の維持についても、それは延びきり、脆弱になるばかりだ。東方地域の住民の感情も疑わしくなり、パルチザンの危険もいや増す。そもそも、さしあたり防衛に必要な戦力すら存在しておらず、配置さえできないでいるのだ。攻撃の夢もおのずから無用になるというものである。

ヨーロッパの情勢はかくのごとし。圧倒的な爆撃機部隊があっても、ただそれだけでは、この大陸の維持、いわんや奪回の助けにはならない。爆撃機の戦争は、破壊を可能にするのみであって、防御や征服を行うことはできないのだ。爆撃機は、地上部隊や艦隊と組織的に協同することによって、それらの作戦を著しく進め、ときには決定的に容易ならしめる。が、陸地を保持し、しかるのちに奪回戦を実行するには、地上軍が必要なのだ。地上軍がないとして、その役目を爆撃機で代替することは不可能なのである。

ヨーロッパ防衛がかくも困難で、多数の戦力を必要とするのであれば、西側諸国がそれを放棄してしまうということもあり得る。ただし、そうした思想は、根源的な現実と相対することになる。そんなことをすれば、アメリカ合衆国以外の国は、おのがすべてを捨て去らねばならなくなるのだ。また、合衆国は今や東アジアの市場を失わんとしているわけだが、それによってヨーロッパ市場をも失うことになろう。

アメリカ合衆国は、ヨーロッパの原料を強力な競争相手に譲り渡し、ヨーロッパ工業、さらにはヨーロッパの販路をなくすことになる。その市場こそ、合衆国の厖大な工業産品の大部分を引き受けているのだ。かかる交易が止めば、合衆国の市場としては、アメリカ自身のそれ、そして、一定期間のみアフリカが残るだけであろう。そうなれば、インドの市場とて、いつまでもアメリカに開かれているというわけにはいかないだろうからだ。

しかし、経済的に甚大な不利が生じるだけでは済まないだろう。政治的・軍事的にみても、ヨーロッパの放棄は、東側ブロックが太平洋の沿岸国家であるだけにとどまらず、大西洋においても広範な正面を獲得し、地中海の支配者となることを意味する。それによって、東側は、西南アジアとインド、さらには北アフリカをその勢力圏に組み込めるようになるかもしれない。西側ブロックの重要性は、東側ブロックが拡大するたびに、どんどん低下していくだろう。

ゆえに、西側諸国は、政治的・軍事的・経済的理由から、ヨーロッパの確保を強いられているものと信じる。この小大陸を失えば、より大きく、かけがえのない地域をさらに放棄する結果につながる。かかる喪失は、長期的にはおそらく白色人種の終焉ということになろう。白人は、この地に起源を有し、まさにここから地球をめぐる勝利の進軍をはじめたのである。われわれの故老たちは、その頂点を目撃している。が、そうして最高潮に達した直後に、われわれは自らのとがによって、それを捨て去ってしまい、無意味な骨肉の争いのなかで自らを引き裂いた。その間、黄色人種と黒人は、この自己破壊の所行に高みの見物を決め込み、しかるのちに、嗤いながら、豊かな遺産に手をつけたのである。そうしたことはすでに生起した。しかも、白色人種の利己心が、最後の瞬間に共同体意識の残滓によって抑えられ、それによって闘鶏たちが自らを救うために一致団結するということがなければ、事態の進行は加速することになろう。
ヨーロッパならびに西側諸国の潜在的な能力を簡潔に概観する際、こうした見解は、重要な基礎となり得る。それは網羅的ではないし、学問的正確さを要求するようなものではない。もしも今破局に至ったとしたら、物質的にどのような危険にさらされるかを示さんと企図するものである。

原註

❖1 Plesse Verlag, Göttingen, 1950.〔本訳書に収録〕

四、若干の戦時ポテンシャル

一、空間と人員

統計は、その構成によって、さまざまな解釈が可能になる。以下の数字も、まったく異論の余地のない像を提供するものではあり得ない。一部は推定に依っているし、また一部はさまざまな時点で実行された調査に従っているからである。

東側ブロックの構成国は、ある程度特定できるが、西側ブロックの場合、英連邦構成国もすべて含めなければならないのか、それさえもさだかではない。本書〔『そうはいかない！』〕では、それらの国々は措くことにしよう。ヨーロッパが深刻な展開を迎えた場合に、そうした国々がみな有力な支援戦力を出してくるとは限らないからである。いや、かかる国々がその仕事を助けてくれるかも疑わしいのだ。現状の人口を評価するには、関連する数字だけを選べば充分であると思われる。

西側ブロック（100 万単位）

	平方キロ	人口
アメリカ合衆国	9.385	150
大英帝国	0.242	50
フランス	0.551	40.5
イタリア	0.301	46
ベルギー	0.030	8.3
オランダ	0.034	9.5
デンマーク	0.043	4
ノルウェー	0.322	3
ポルトガル	0.091	8
アイスランド	0.103	0.122
カナダ	9.980	13
ルクセンブルク	0.002	0.29
北大西洋条約〔加盟国合計〕	21.084	332.712
ギリシア〔『そうはいかない！』刊行時点でNATO未加盟〕	0.132	7.3
トルコ〔『そうはいかない！』刊行時点でNATO未加盟〕	0.762	18.0
〔合計〕	21.978	357.012

大陸（100 万単位）

	平方キロ	人口
アジア	44.13	1200
アメリカ	42.6	308.5
アフリカ	29.8	180
ヨーロッパ（ヨーロッパ・ロシアを含む）	10.3	550
オーストラリアおよびニュージーランド	7.97	9.4

東側ブロック（100 万単位）

	平方キロ	人口
ソ連	22.0	200
アルバニア	0.028	1
ブルガリア	0.110	7
ルーマニア	0.237	16
ハンガリー	0.093	9
チェコスロヴァキア	0.127	12
ポーランド	0.310	23.7
〔合計〕	22.905	268.7
中国（満洲〔中国東北部〕を含む）	11.061	506
〔中国を含む合計〕	33.966	774.7

去就不明の国々（100 万単位）

	平方キロ	人口
イラク	0.452	4.1
イラン（ペルシア）	1.647	16
アラビア	1.6	5.5
アイルランド	0.068	3
ユーゴスラヴィア	0.257	16
スウェーデン	0.448	6.7
スイス	0.041	4.2
スペイン	0.504	27.5
フィンランド	0.306	4

ドイツ（100 万単位）

	平方キロ	人口
イギリス占領地域	0.097	22.3
アメリカ占領地域	0.107	17.2
フランス占領地域	0.042	5.9
〔合計〕	0.246	45.4
ソ連占領地域	0.107	17.3
ベルリン		3.2
〔西側占領地域との合計〕	0.353	65.9
最近の調査による数字		67.3

オーストリア（100 万単位）

	平方キロ	人口
オーストリア	0.083	7
総計	5.759	161.3

年齢、性別、戸籍上の身分で区分した1946年の
ドイツにおける人口（単位 1,000 人）

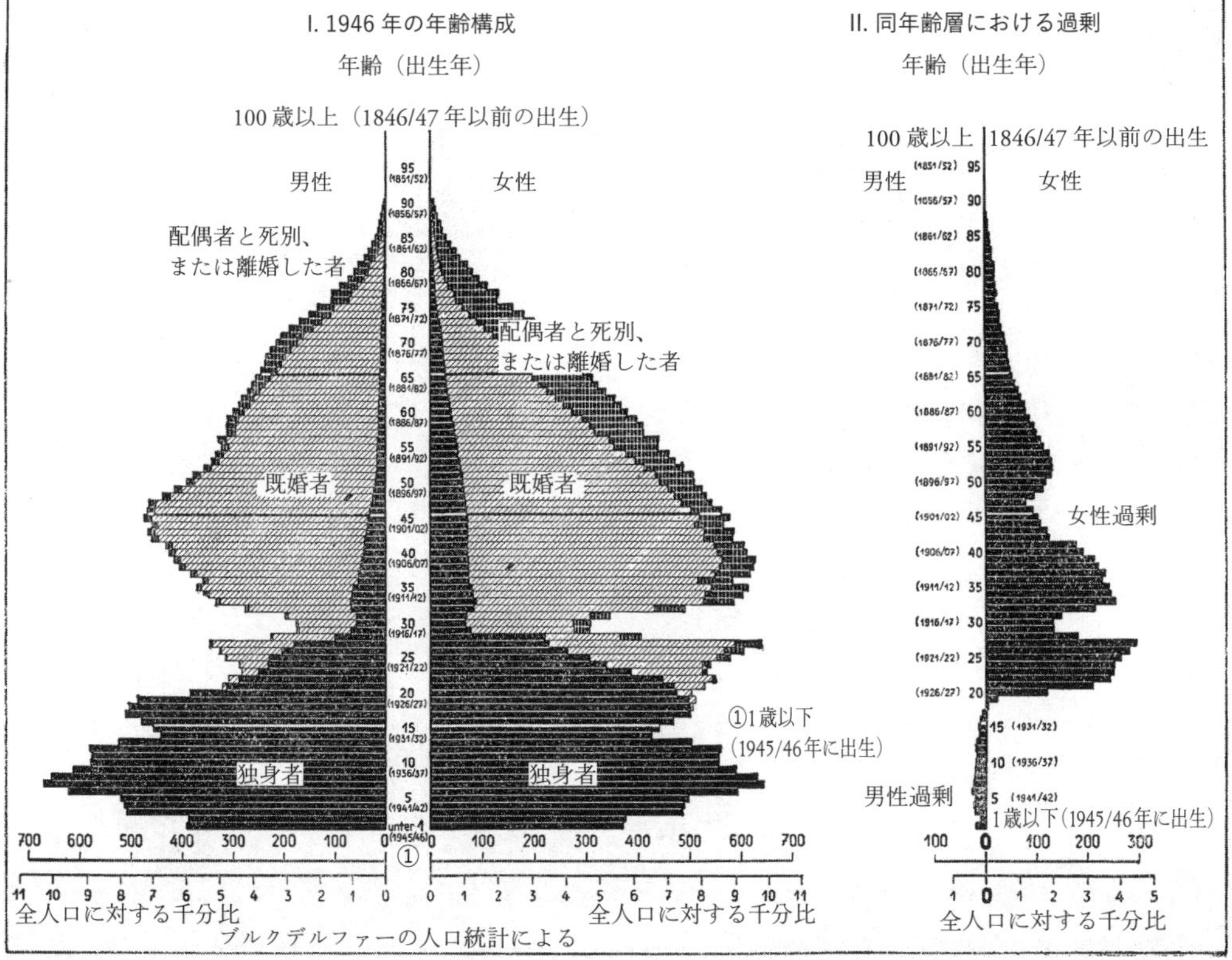

二、戦時の消耗と出生の現状

ドイツ人の戦争による消耗は、一九四五年一月三十一日までに、上に掲げた表のごとき数字になっていた。一九四五年二月から五月にかけてのドイツ国防軍の損耗は未詳である。同じく、戦争終結後に殺害されたり、餓死した民間人の数もわかっていない。

ドイツ人の戦争による消耗

敵の活動による戦死者	1,810,061 人
その他の理由による死者	191,338 人
負傷者	4,429,875 人
行方不明者	1,902,704 人
捕虜	1,900,000 人
民間人の犠牲者（推定）	900,000 人

戦争中に多数の男子が死亡したことにより、女性過剰が生じた。一九四六年には七百三十万人過剰と算定されたが、捕虜の多くが帰還したことにより、五百三十万人過剰まで下がった。だが、五十歳未満の年齢層ではなお三百三十万人の女性が過剰である（『医学の境界領域』、一九四九年第八号の教授ブルクデルファー博士の記述による）❖1。

この女性過剰は、主としてソ連占領地域で顕著である。

ドイツの人口密度は、戦前には一平方キロあたり百四十八人だった。現在の西ドイツ連邦共和国では、一キロあたり二百八人以上の住民数になっている。

現在の連邦共和国にあたる地域には、一九三九年の時点で三千九百四十万の住民がいた。これが旧ドイツ領からの被追放民の流入により、一九四六年には四千四百六十万になっている。さらに、旧領土外からの被追放民・帰国者が加わり、一九四九年には四千七百七十万となった。

一九四六年における西ドイツ連邦共和国とソ連占領地域の住民構成は、右記の雑誌から引用した概観図（三三四頁図二および三三五頁図三）を添えたので、それであきらかになろう〔本訳書六〇七頁および六一〇頁〕。

一九一〇年から一九七一年までの英国占領地域における年齢構成は、以下に掲げる、同じ雑誌から引用した図表（三八五頁図三）ではっきりする〔本訳書六一一頁〕。

一九四六年の西ドイツの人口構成については、一九五〇年十二月二十二日付『ミュンヘン医学週報』第三七／三八号の教授ブルクデルファー博士の図表に示されている〔本訳書六一二頁〕。

一九四〇年と一九四七年の人口を比べてみれば、さまざまな大陸における人口の増大と減少がわかる〔本訳書六一三頁〕。ソ連を除くヨーロッパは、人口減少が目立つ唯一の大陸なのである。

東西両ブロックの地域での人口増加にもかかわらず、われらドイツ国民がかかる勢力集団のただなかにあって深刻な状態にあるという像を描くには、こうした概観だけで充分だろう。わが国民を再び一九一〇年の状態に戻すには、妨げられることのない平和、そして、好適な社会環境のもとでの実り多い労働の十年間が必要であろう。二度の敗戦とそれに続く苦難の年月は、われわれの生活の実体をかくも後退させたのである。

かかる概観からまた、東側ブロックが人口増大という点で、西側に優っていることもわかる。

われわれドイツ人は、死亡に対する出生の超過という面では、よいほうに向かいつつある。この有利な展開は、戦争によって数年間妨げられてきたのだ（教授ブルクデルファー博士『出生減少[2]』の付図参照）。

われわれの観察にとって重要なのは、東西両陣営がこれまで、使用し得る人員をいかに軍事的に用いてきたかということである。ソ連軍師団は百七十五個。これは、諸衛星国の軍隊[3]によって強化され得る。また、

年齢、性別、戸籍上の身分で区分した 1946 年のロシア
占領下地区（ドイツ）における人口（単位 1,000 人）

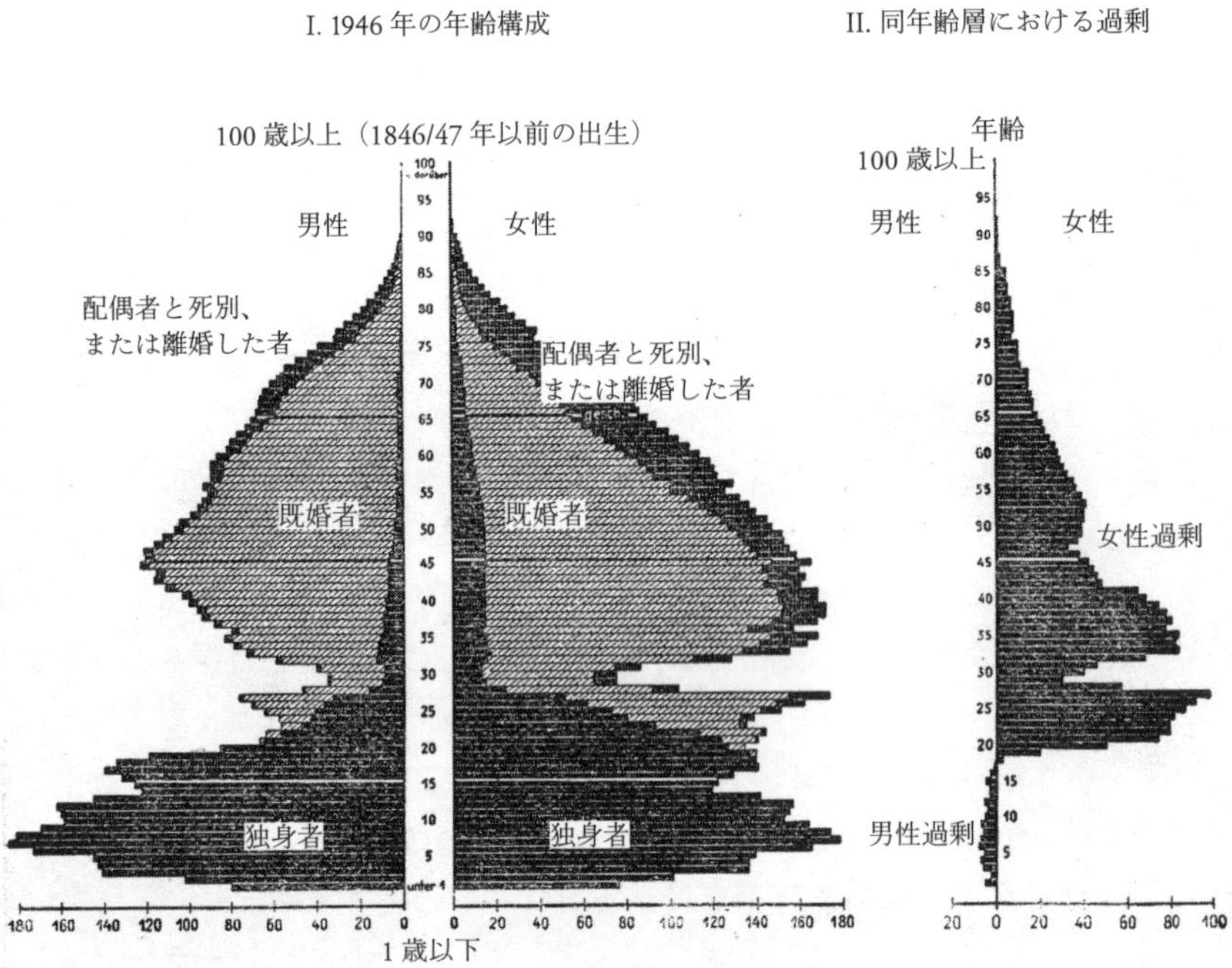

ブルクデルファーの人口統計による

1910年～1971年までの人口構成（単位 1,000 人）

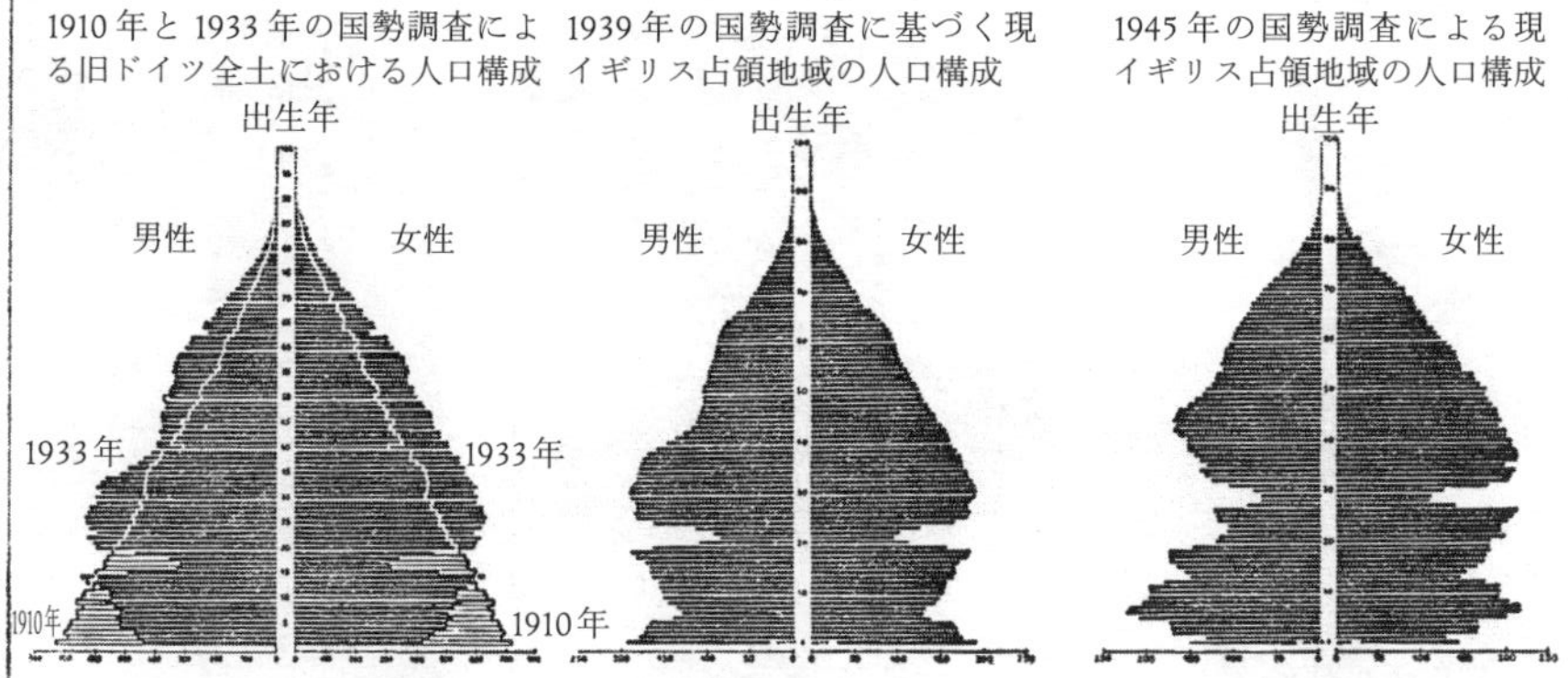

イギリス占領地域における公式推定による年齢別人口構成予想（単位 1,000 人）

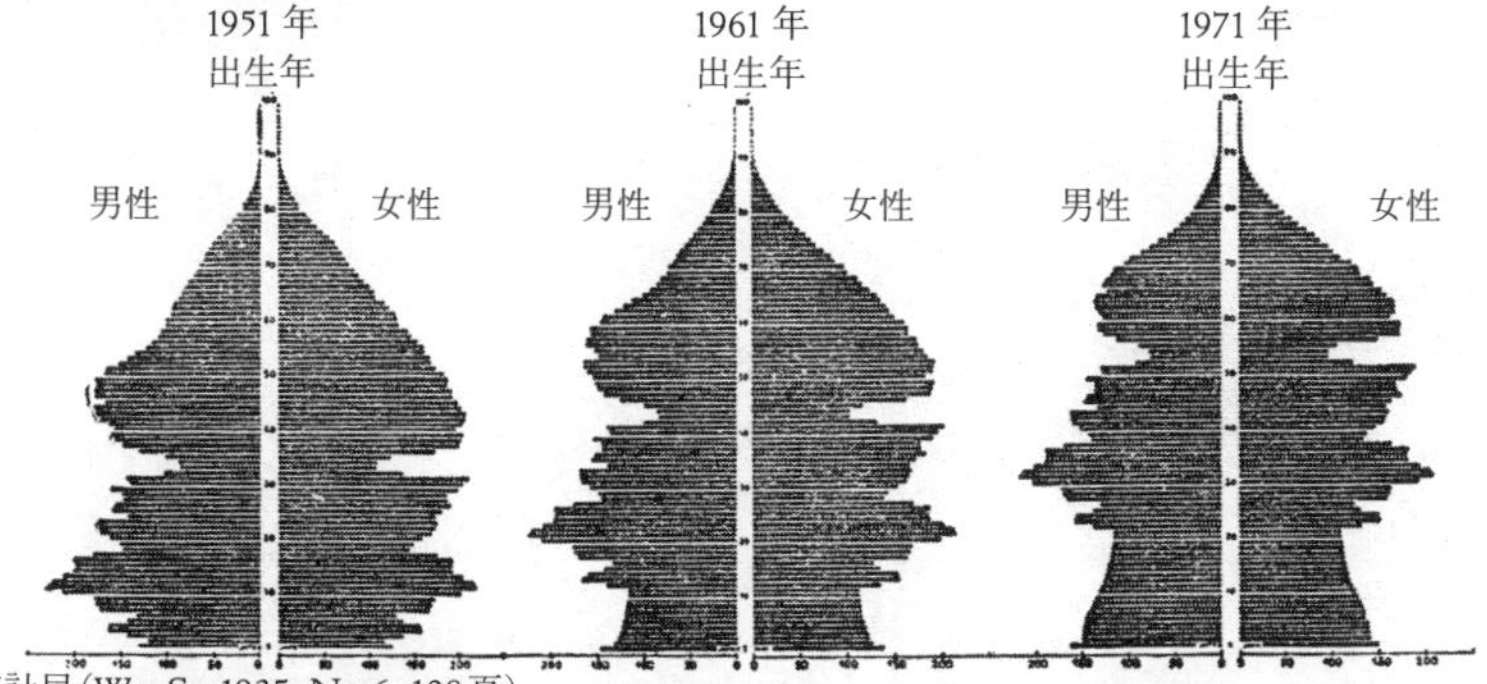

全国統計局（W.u.St. 1935, Nr. 6, 108頁）
およびイギリス占領地域統計局の文書による

ブルクデルファーの人口統計による

年齢、性別、戸籍上の身分で区分した1946年の西ドイツ（経済的には一体化した地域として）における人口（単位 1,000 人）

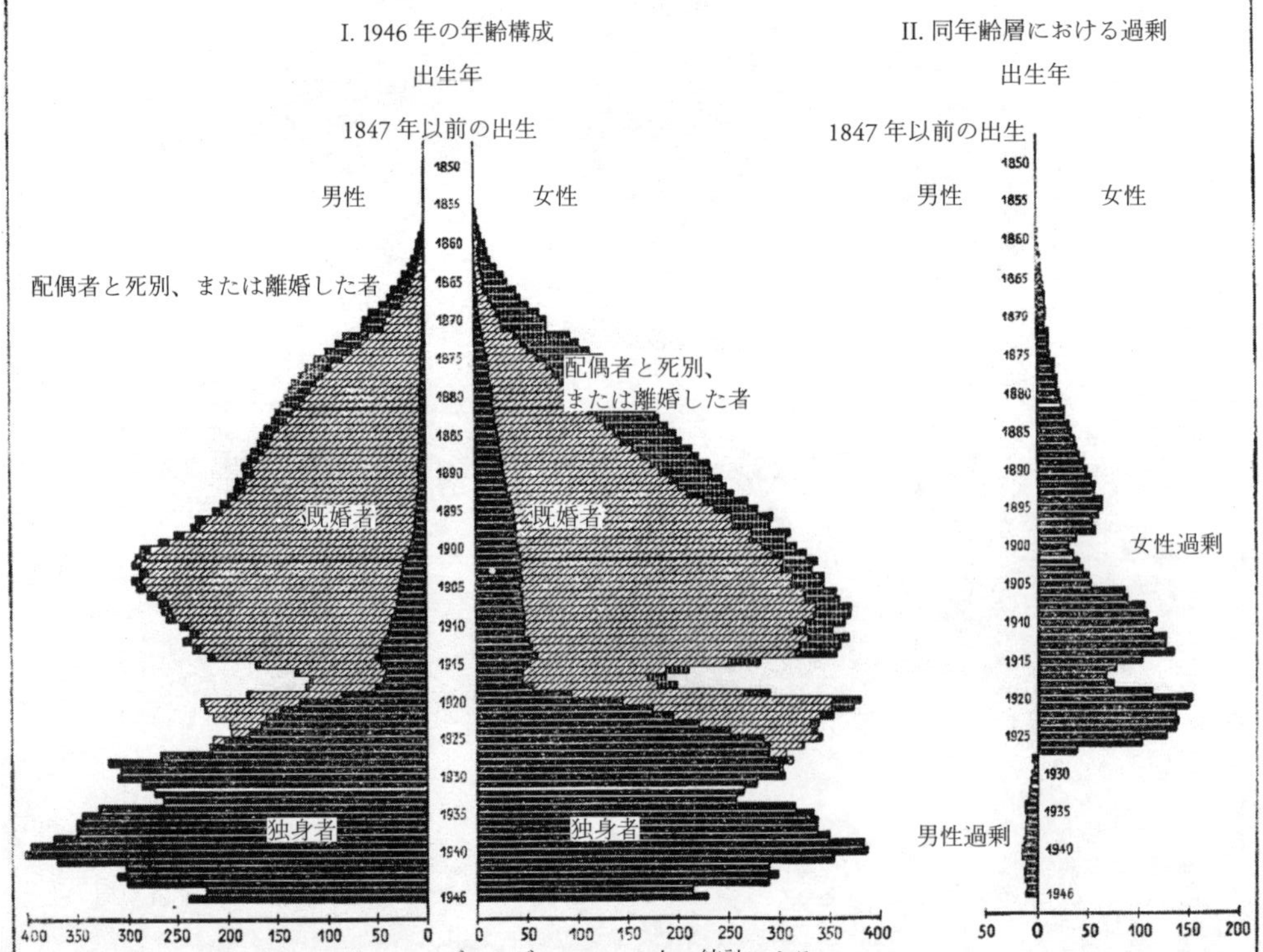

ブルクデルファーの人口統計による

1940年と1947年の人口比

	人口（100万単位）		人口増加もしくは減少	
	1940年	1947年	（100万単位）	パーセンテージ
全世界	2216	2326	110	5.0
以下詳細				
ソ連を除くヨーロッパ	405	384	-21	-5.2
ソ連のヨーロッパ地域	129			
〔合計〕	170	193	23	13.5
ソ連のアジア地域	41			
ソ連を除くアジア	1194	1240	46	3.9
アフリカ	160	188	28	17.5
北アメリカ	186	206	20	10.8
南アメリカ	90	103	13	14.4
オーストラリア	11	12	1	9.1

（1950年12月8日付『ミュンヘン医学週報』第35/36号所収の教授フリードリヒ・ブルクデルファー博士「ヨーロッパにおける第二次大戦の人口決算」より）

人口1000人中の生産児数

	1939年	1947年
アメリカ合衆国	17.3	25.8
カナダ	20.4	28.6
アルゼンチン	24.9	24.3
チリ	33.6	33.8
オーストラリア	17.6	24
スウェーデン	15.4	18.9
イタリア	23.6	21.9
ポーランド	24.3	?
これに対して……		
ドイツのアメリカ占領地域	22.2	18.5
ベルリン	15.7	9.6
これに対して……		
ソ連	37.0	?

1939年のデータによる、ドイツ、ベルリン市、ヨーロッパ諸国の調整済み・未調整出生割合（丸数字の順位は、1939年の調整済み出生割合に基づく）

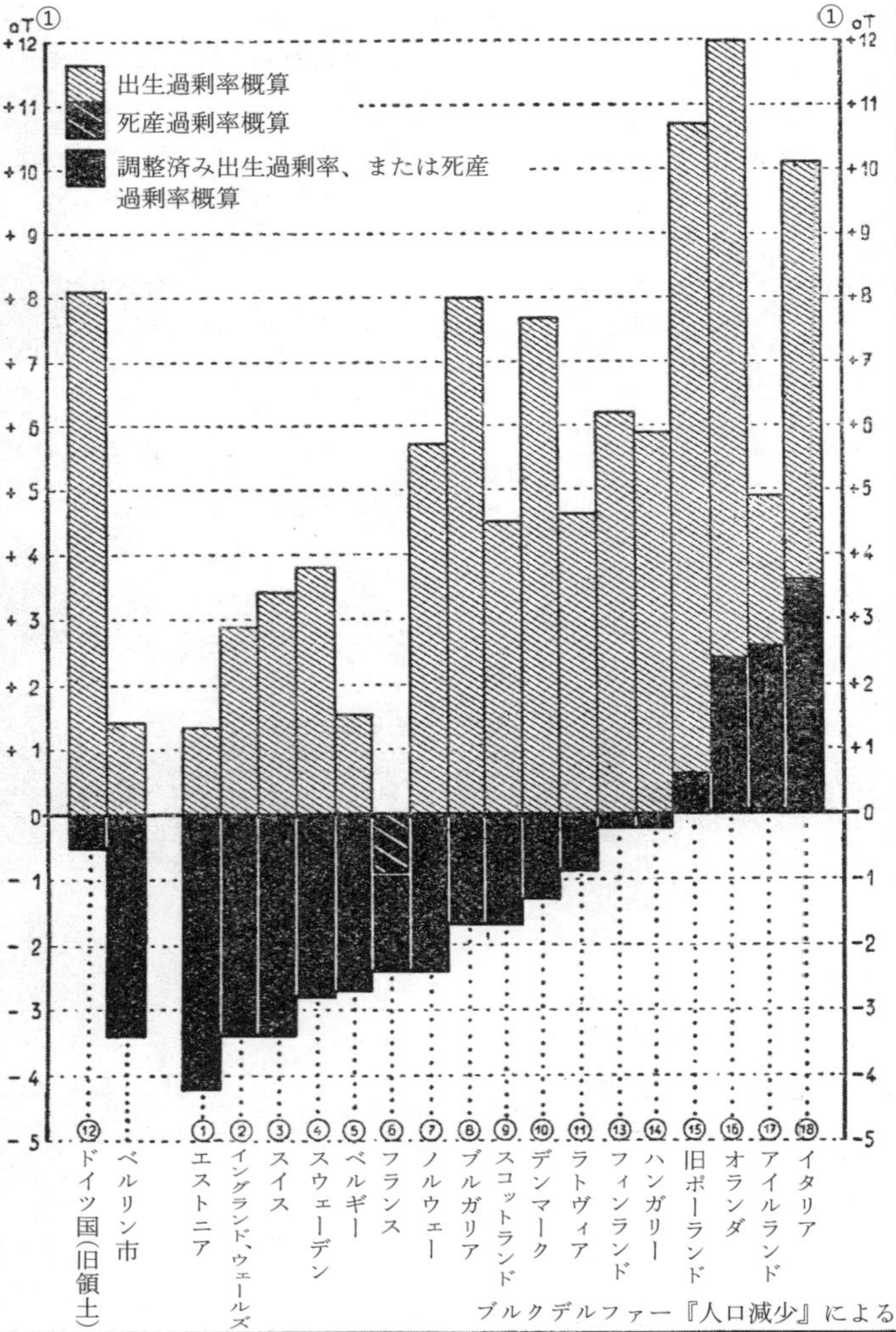

ブルクデルファー『人口減少』による

①〔原書に説明なし。出生過剰、あるいは死産の程度を示す度合か〕

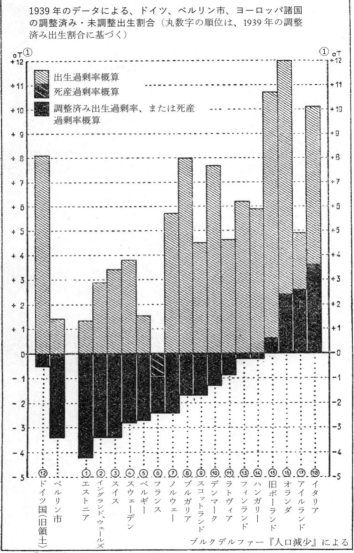

ヨーロッパにおける人口重心の移動（単位は 100 万人）

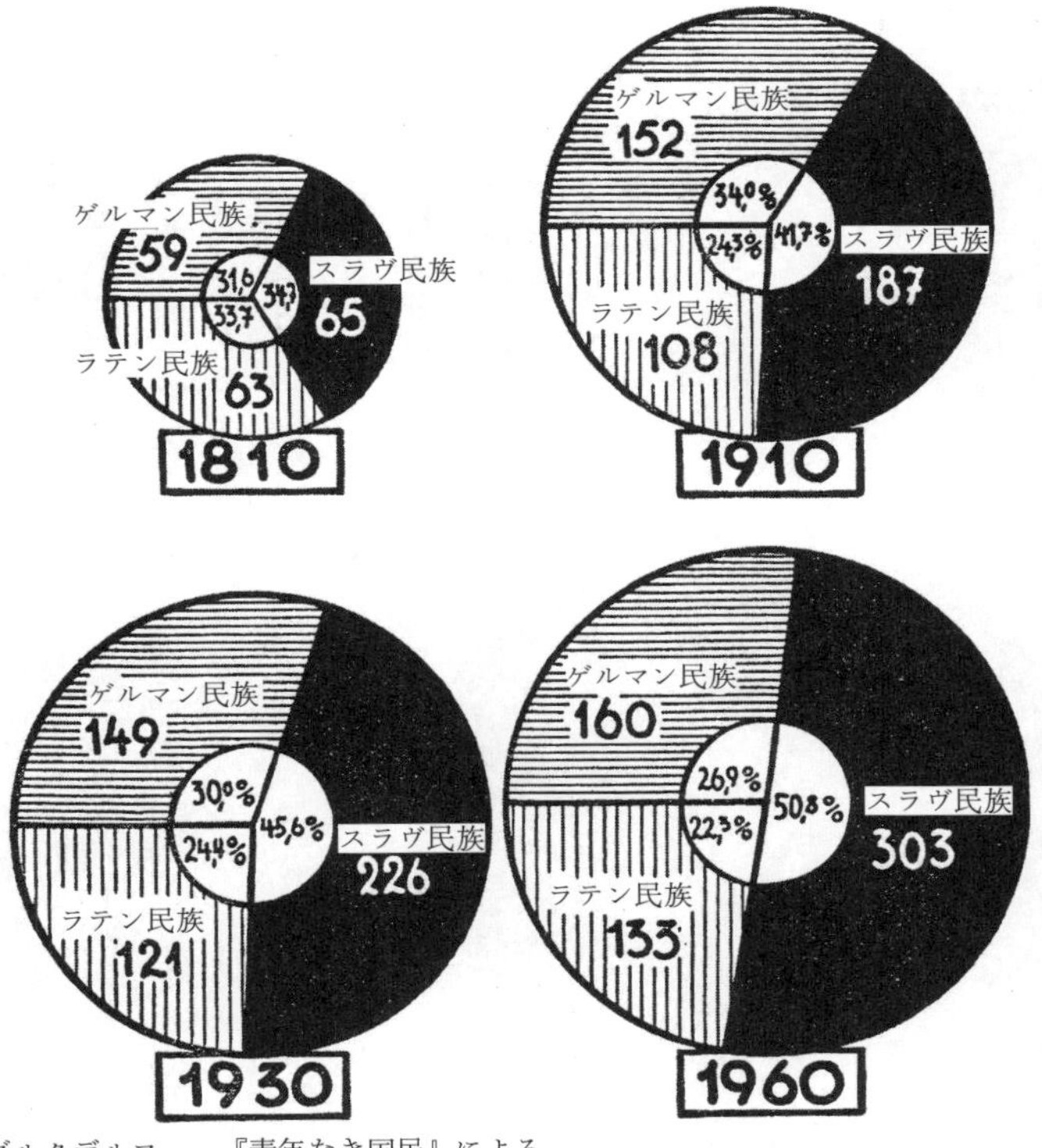

ブルクデルファー『青年なき国民』による

その規模や打撃力は不詳ではあるものの、ともあれ注目すべき勢力である中国と同盟しているのだ。西欧では、目下のところ、ヨーロッパ諸国の弱体で武装も乏しい十八個師団、英米の四個師団が、東側に対している。昨秋〔一九五〇年〕、ヨーロッパの軍備強化が宣言されたが（北アイルランドの一個旅団も含めて）、今日まで着手されていない。大西洋条約機構軍司令官が任命されただけだ。西側諸国の軍の主力はなお、朝鮮、インドシナ、マレーに拘束されている。朝鮮戦争の終結もいまだにみえてこない。

しかしながら、東側ブロックにおいては、北朝鮮、中国その他のアジアの諸軍によって、これまでの戦闘を遂行しており、ロシア軍自体は意識して、紛争から距離を置いている。一方、西側諸国は、一部は国際連合の名のもとに、また別の一部は自らの利益を守るために、著しい規模の軍隊を極東に配置し、しかも、現在に至るまで決定的な成果を達成できずにいるのだ。かかる政策と戦略が、西欧の安全保障の遅滞をもたらしたのである。

三、若干の原料

発電所
ソ連　七百五十億キロワット時
アメリカ合衆国　三千百二十億キロワット時
ヨーロッパ　七百二十億キロワット時

〔原料産出量〕

	銑鉄	鋼	石油	石炭	(100万トン単位)
ソ連	19	27.5	39	275	別の資料の計算によれば328
アメリカ合衆国	54	100	300	460	同上
鉄のカーテンのこちら側の欧州	27	50	——	451	同上

自動車

ソ連　四十四万両、うち八十パーセントがトラック

アメリカ合衆国　九百万両、うち一・五パーセントがトラック

『USニューズ・アンド・ワールド・レポート』誌による年間原油生産量

アメリカ　三十億七千五百万USバレル

中東　六億六千万USバレル

ソ連　三億二千四百万USバレル

東アジア　八千五百万USバレル

西欧およびアフリカ　三千百万USバレル

同誌は、ソ連の民間石油消費量を年間一億三千五百万バレルと見積もっている。その内訳は以下の通り。

トラクターおよび農業機械に五千五百万バレル

工業消費に四千四百万バレル

交通消費に三千六百万バレル

他の東側ブロック諸国への供給に三千万バレル

軍需消費は一億五千九百万バレルと推定される。その内訳は以下の通り。

空軍（一万九千機保有）の消費に一億二千五百万バレル
陸軍の消費に千九百万バレル
艦隊の消費に千三百万バレル

現在の石油備蓄量はおよそ五千五百万バレルと推定されている。

東側ブロックの状況は、人員に関しては現在および将来において有利なものとなっているが、原料や工業生産については、いまなお好都合な状態にない。ソ連と中国が最重要の原料、石炭、鉄鉱、石油を豊富に有していることは疑いないが、そうした地下資源はいまだ開発されていない地域に眠っているのである。それらは現状では採掘不能だし、工業が充分に発達していないために活用できずにいる。しかも、重要な石油生産地は、ソ連勢力圏の南部境界付近にあり、西側諸国の空軍の行動半径内に入っている。ソ連は、天然ゴム、羊毛、ウラン・インゴット、ジュラルミン・インゴット、生ゴムと人工ゴム、モリブデン、バナジウム、シームレスパイプ、鉄道レール、ボールベアリング、厚鉄板、ボイラー胴板ケーブル、セメント、制服・肌着用生地、ついには機関車に至るまで、買付・備蓄しており、それらはロシア経済の悩みの種、隘路として知られている。

四、緊張

完全とは程遠いが、こうしてアメリカ合衆国とソ連の人口ならびに最重要の原料の概況を急ぎ足でみただけで、東側ブロックが、一九四五年の休戦以来進められてきた軍備計画に従い、人員の大部分を軍事に投入していることがわかる。彼らは、住民の生活水準向上の要求を意識的に抑制しながら、西側ブロックに対する著しい優位を勝ち取ってきたのである。かかる軍事的優位は、高度の即応能力と結びついて、東側ブロックが、戦争と平和の境界線ぎりぎりまでも、その政策を推進することを可能たらしめている。

他方、より大量の原料を有していることは、工業力の優越と相俟って、長い眼でみれば、西側ブロックに圧倒的な強みを与えるにちがいない。それは明白だ。ただし、西側の政策が、そうした力を展開するのに必要な時をかせぎ、鉄のカーテンのこちら側にある中・西欧に、その人的・経済的ポテンシャルを以て、安全を保障することに成功すれば、という前提付きだが。

加えて、西欧諸国民は、人的・物質的な戦争の被害から回復する必要がある。あらゆる損失にかかわらず、西欧諸国の人員、原料、工業のポテンシャルは重要であり、その古い力が再建されたあかつきには、諸大国の思惑においても重要なファクターとなろう。それゆえに、西欧回復の必要はいっそう注目すべき価値があるのだ。

五、結論

ここまで述べてきたことから、西側ブロックにとって、時間をかせぐことがもっとも重要であるという結論が引き出されるにちがいない。自らの工業水準と原料供給を、実効性のある政策に必要とされる高みにもたらすための時間である。一九四五年以来なおざりにされてきた軍備を広範に促進し、よって西欧を含む西側ブロックを防衛可能とするための時間である。西欧に再び新しい生命を与え、抵抗能力を持たせるための時間である。時間、時間、時間、さらに時間だ！

西側ブロック、とりわけ西欧は、長期にわたって平和が保障されることを必要としている。人々に、二度にわたった血みどろの消耗戦争による、恐るべき失血からの回復を与えるためだ。それは喫緊の要なのである。その際、肉体的・物質的な回復同様、魂の回復も重要で不可欠なものだ。

この見方に賛成するなら、あらゆる政治的措置は、平和を安定させることに奉仕すべきであるという結論に達する。しかし、世界を見まわせば、まったく逆の事態が生起していることに気づく。なるほど、平和を語らぬ政治家はいないが、いつでも言行一致しているとはかぎらない。レイク・サクセス〔ニューヨーク州の都市。当時、国際連合本部の所在地〕において、国連は朝鮮の紛争に介入すると決定した。この介入はもともと、侵攻してきた北朝鮮軍を三十八度線の向こうに撃退するために実行された。だが、ひとたび勢いがつくや、国連軍部隊は撃破された北朝鮮軍を追撃、満洲国境の鴨緑江まで迫った。しかるのち、彼ら国連軍、そしてレイク・サクセスの最高会議は驚愕することになった。中国が介入し、国連軍は再び右記の緯度以南に撃退されてしまったのである。なんともやりきれぬことではあった。

今や、戦火の拡大を阻止することが問題になっている。とにかく、憂慮すべきことに、インドシナとマレーでは、すでに黒煙があがっているのだ。ところが、国連にとっては、将来のことに鑑みて、中国は「侵略者」であると宣言するほうが重要なのであった。むろん、かかる示威行為によって、全世界を炎に包み、疲弊しきった諸国民の平和的発展という望みをつぶしてしまうような火災をただちに封じ込められるかどうかは疑わしい。たとえ、こうした中国に対する排斥は物質的な封鎖をともなうものではないと明言したところで、この巨大で発展可能性を秘めた中原の帝国を侮辱したという事実は残るのだ。

そのような強硬策は、アメリカ合衆国によって主張され、英連邦の構成国であるオーストラリアとカナダも同調した。

イギリスの態度は、はるかに注意深かった。アトリー英首相〔クレメント・アトリー。一八八三～一九六三年〕は、抑制的な政策を取るように説得しようと、トルーマン大統領のもとに飛んだ。アトリーは部分的成功は得たものの、この同盟国に異議を唱えた上に、納得させることができず、西側ブロックの重要なパートナーである両国間の緊張を生じせしめたのだ。

イギリスの姿勢よりもさらに批判的なのは、アジア・アラブ諸国である。これらの国々は、ネルー師の指導のもと、中国に対する和解政策へとはっきり踏み出しており、脅威を増すばかりの紛争の仲介に真剣に努力してきた。インドの社会的状況、なかんずく食糧事情は、ネルー師をして、平和の維持こそ大きな重みを持つと認識することを余儀なくさせているのだ。彼の祖国は、ドイツのそれと比較対象になるような状況にある。戦争勃発は、かの国に破局をもたらすであろう。

ネルー師は、インドの議会で簡潔に述べている。「われわれは、西側のいくつかの国々よりも、ずっとうまくアジアの問題を説明し、他者を理解・説得することができる。わたくしは、そう主張するものであります。いかに控えめに申し上げるとしても、それらの国のやり方にはまったく精妙さが欠けているといえましょう」従来は、とても感じ取れぬ程度のものでしかなかったアジアの連帯が、この言葉に表されている。インド人が「白人」とともに「黄色人種」と戦うことを妨げている精神だ。かかるアジアの認識は、毛沢東の中国が無条件にソ連に従わず、独自の道を行くことを、インド人に期待せしめている。

しかし、中国は、朝鮮での成功ののち、モスクワとの同盟を基盤として、自覚的にレイク・サクセスに登場してきた。ゆえに、国際連合は突如、予想もしていなかった、まったく新しい情勢をみることになったのである。このあらたな状況は、以下の事実によって特徴づけられる。国連軍は実質上もはや存在せず、その一方で巨大な中国軍が、それよりもさらに大きなソ連・ロシア軍に支援され、朝鮮で勝利を収めたということだ。そのことは、もう看過できない事実となってしまったのである。

この深刻な現実に鑑みて、インド、そして、アジア・アラブ諸国はいかなる代価を払っても平和を維持したいと思っており、イギリスでさえ慎重な方向に傾いている。平和のためにどのような代価を払うべきか、また、誰が誰に払わなければならないのか。そうした問題をめぐって、西側の団結は今にも崩れそうになっている。ともかく、合衆国には譲歩する気はなさそうだ。同国は、極東で譲れば、あらたなミュンヘン〔一九三八年にミュンヘンで行われた英仏独伊の首脳会談のこと。この会議で、英仏はチェコスロヴァキアの犠牲によるドイツの領土拡張を認めた。が、ドイツは満足することなく領土要求を続け、第二次世界大戦に突入したのである〕につながるのは間違いないと確信している。それゆえ、合衆国は、東アジアにおける地位を強化しようと努めている。その手段の一つとして、日本を西側世界の防衛機構に組み込もうともくろんでいるのだ。アメリカの政治家、ジョン・フォスター・ダレス〔一八八八〜一九五九年。一九五三年から五九年まで米国務長官〕は、この島国帝国との講和条約締結の条件を打診する任務を帯びて、日本に送り込まれている。合衆国が力を注いでいる日本の強化は、またしても中国を不快がらせることは疑いない。長い抗日戦争の記憶はなお色あせてはいないのである。中国に向かう日本の進入路は、常に朝鮮と満洲を通っていた。毛沢東は、アメリカと日本の合意について不信を抱くであろう。しかし、合衆国は負担の軽減を期待している。

朝鮮における紛争から世界的な火災が惹起される危険は、従前通りに存在している。朝鮮戦争を局地化できるか否か、いまだ確実ではないのだ。従って、現在の政策の目標となる諸国民相互の信頼が、これまで取られてきた政策が目的にかなっているかという疑問から動揺しはじめたとしても、何ら不思議ではない。あるベルギーの新聞が、「ついに中国愛好趣味も終わりだ！」[4]との要求を掲げたとしても驚くにはあたらないのだ。

ここで、われらが小さな西ヨーロッパに戻るとしよう。

原註

❖1 Verlag Urban und Schwarzennberg, Berlin-München.

❖2 Kurt Vowinkel Verlag, Heidelberg.

❖3 ハンガリー軍は現在十六万五千人（講和条約の文言では七万人）。

ルーマニア軍は現在三十万人（講和条約の文言では十三万八千人）。

ブルガリア軍は現在十九万五千人（講和条約の文言では六万五千五百人）。

以上は、チトーのユーゴスラヴィア軍一九五一年度予算説明演説による。

これに、チェコスロヴァキア軍およびポーランド軍、それぞれ十八万と二十七万が加わる。

❖4　一九五一年一月二十八日付『メルキュール』紙掲載のロベール・リュールキンによる記事。

五、軍事同盟国か、外人部隊か？

西側諸国は、合衆国の指導のもと、西欧を防衛することに合意している。が、効果的かつ継続的な西欧の防衛は、ただ西ドイツ連邦共和国の協力のもとでのみ遂行し得る。それは西側諸国にとっても、明白なことである。

西欧防衛にとって重要なのは、以下の諸点だ。

ユーラシア大陸の西縁部にあるという地理的条件。大西洋沿岸部ならびに地中海北岸部の保有。豊富な地下資源、とくに石炭と鉄の保有。それらに基づく工業。質の高い国民が多数存在すること。

西ドイツ連邦共和国も、この西欧世界にある。西ドイツ連邦共和国は、かつてソ連占領地域とその東に隣接する農業地帯を併せ持ち、ビスマルクの「ドイツ帝国」として、ヨーロッパの心臓部を形成していたのである。今や、この国は、ヨーロッパの東に面した前哨陣地と化している。そこには、およそ五千万の人間がいるのだ。その男子は、かつて最良の兵士であった。敵となる可能性があるのは誰かを知っていたし、そうした敵の戦法もよく心得ていたのである。西ドイツ連邦共和国は、石炭と鉄鉱石という地下資源を豊富に有している。この国が失われれば、侵略者は大西洋に達するだろうし、西欧残余の防衛陣は弱体化し、ほとんど保持できなくなるであろう。

朝鮮戦争で西側諸国が眼を開かされたのちは、彼らとて、西ドイツ連邦共和国抜きで西欧を防衛することは不可能だろうと認識している。かかる認識の遅れは、結果として、諸占領国が五年間禁じてきたことをすべて、唐突にドイツ人に要求するという事態をもたらした。とはいえ、ドイツ人を精神的にこの急変に備えさせるということはなおざりにされている。そうした変化は、西側諸国の政府において生起したのであって、ドイツ人の世論に従い、実現されたものではないのだ。心の準備ばかりか、政治的、物質的な用意もできてはいないのである。

一九五〇年九月、ドイツ問題を協議するために、西側諸国の外務大臣がニューヨークに集まった。この会議は、ドイツ人に最大級の希望を抱かしめた。西ドイツの新聞には、以下のような見出しが躍ったものだ。「ドイツ政策の転換は目前」、「もはや占領国ではなく、守護国だ」、「アデナウアーは完全主権を期待している」、「被占領状態の解消」、「チャンスは非常に大きい」等々である。が、数日後に眼に付いたのは、つぎのごとき見出しであった。「ニューヨーク、ボンを失望させる」、「占領費用と引き換えの安全」、「連合国、否と告げる」、「安全保障のための新税」、「歩行バンド付きの自由」、「連邦首相の抑制」

ニューヨーク会議の見すぼらしい決定さえも実行されなかった。休戦から六年も経つというのに、〔法的な〕戦争状態は相も変わらず続き、終わらぬままだ。占領軍諸部隊の治安維持部隊への改編は起こらず、安全保障条約により占領状態が解消されることもなかった。ようやくドイツ外務省の設立は認められたが、行動の自由はまったく与えられていない。「禁じられた産業」（人工ゴムや人工燃料など）の操業開始も許されなかった。ドイツの造船や鉄鋼生産に課せられた制限も取り除かれてはいない。ルール地方を管理する官庁〔一九四九年に米英仏およびベネルクス諸国が締結した協定により、ルール地方の国際管理にあたる官庁〕は存続しているが、われらの石炭はその値打ち以下の価格で外国に輸出されている。

フランス

ニューヨークのそれに続き、ブリュッセルで会議が開催された。それは、以下のように特徴づけられる。フランス人は、ニューヨークですでに表明されていた否定的な姿勢を裏書きしたのだ。ドイツ人の共同防衛への貢献は、戦隊《カンプフグルッペ》のようなかたちでしか許さない、そして、大規模団隊やドイツ軍高級司令部、なかんずくドイツ参謀本部やドイツ陸軍省の設立には反対する旨、フランス人は明言したのである。

戦隊とはいかなるものなのだろうか？

先の戦争でのドイツ陸軍においては、それは師団隷下のさまざまな部隊から編合された。戦隊は、ある戦闘任務のため、一定期間、特定の地域で、建制の戦時編制を棚上げにしたかたちでつくられるが、任務を達成したら解散されるのであった。その構成や戦闘力から、師団こそが、独立して戦闘任務を遂行できる最小単位とみなされていたからである。ドイツ陸軍にあって、戦隊とは、かくのごとき存在だった。諸外国の軍隊すべて、そう、フランスのそれにおいても、戦隊はそのようであったし、現在でも同様だ。ところが、戦隊とは軍隊編制の最新形態であり、他国の軍隊もわれわれドイツ人の模範に従うだろうなどという主張で、ことをオブラートに包もうという試みがなされている。もしも戦隊編制がそんなに優れているならば、列強の陸軍は愚か者に指揮されているにちがいない。というのは、彼らはなお戦隊編制の導入に慎重なのである。とくに戦隊は師団よりも規模が小さく、四千ないし六千人で構成されているから、当然費用も少ない。少なくとも、見かけはそうだ。しかし、実際のところ、中欧の平原における教育訓練、さらには指揮統率や戦闘、兵站に鑑みて、戦隊編制は小さすぎる。従って、それらをより大きな団隊に編合し、ついには師団を編成することに着手しなければならないはめにおちいるだろう。けれども、別々の言語を使うさまざまな国民から成る師団を組めば、命令示達や通信だけでも著しい困難を来す。はるかに優越した敵と直面するものと想定されているのに、何故そのような障害を置こうとするのか、看過できない問題である。無線通話によって指揮される装甲団隊にあっては、バビロン的言語の混乱が支配することになろう〔旧約聖書「創世記」第一一章第九節より。人間が驕り高ぶり、天まで届く巨塔を建設せんとするのをみた神は、同じ言語を使っているから協同して能力を発揮するのだと考え、人々が多数の言語を使い、互いに意思疎通しにくくしてしまったという〕。専門家たるもの、こんな狼藉は拒否しなければならない。

西ドイツは戦隊を持てというフランスの要求は、従って、フランス政治のさまざまな口実の一つで、ドイツ人が同等の権利を持つことへの反対を表しているのである。ドイツ人に平等を認めると、フランス人は好んで口にする。が、その実現となると、常に妨害をたくらむのだ。

一九五一年一月七日、フランス国防相ジュール・モックはベジエで演説を行った。その際、彼は述べている。「われわれは、ドイツ軍もドイツ参謀本部も望まない。それらを創設すれば、裏切りの可能性を秘めているということになろう。一方、ドイツ青年を小部隊に編合し、ヨーロッパ連合軍に編入して用いることについては、われわれは了解している」こんな法外な侮辱があろうか！　が、モックは、しかるのちにこう続けている。「ブリュッセルにおいて、われわれが策定したようなヨーロッパ連合軍という構想はあきらめなければならなかった。しかし、師団の三分の一程度の兵力、いわゆる戦隊よりも大規模なドイツ軍がつくられることはないとの約束が得られた」同じ演説で、彼は宣言している。「目下のところ、ソ連は四年度分、一九二七年から一九三〇年生まれの者を兵役に服させているという事実を忘れることは許されない。その数は四百六十万にもなる。[1] ソ連は、ドイツにおいて三十個師団を維持しており、これは西側の師団二十個に相当する兵力である。[2] ロシア本土にはまた、百四十個師団がいる。フランスは、ドイツには三個師団を置いているだけだ。いつの日か、フランス軍の準備をなおざりにしたとの非難を受けるはめになることなど、私はごめんである」ジュール・モック氏が、そのように非難されることはおそらくあるまい。が、彼は、自らのルサンチマンによって独仏和解を阻害している。それによって、何よりも彼自身が共同責任を負っている西欧の効果的な防衛を妨げているのは、なんともいただけないことだ。

　一九五一年一月二十四日には、同じモック国防相が、ジャーナリストたちに対し、こう表明していた。「自由な諸国民の行動全体が、ある一つの目標に向けられている。あり得る侵攻に対し、大西洋条約加盟諸国の領土から可能な限り離れた地点で抵抗することだ。つまり、フランスの例でいえば、仏国境外で行うということである。抵抗はなるべく、あり得る侵略の発動点近くで実行されるべきだ……」それは、すなわちドイツの地において、ということではないか！　さらに、彼は以下のごとく発言する。「連合国は、自由なる諸国民を守るという点で一致しているのであって、侵略の四ないし五年後に解放戦争を行うなどということは考えていない。そんな戦争は、墓場とわれらが文明の廃墟を解放するだけのことになるであろう」ジュール・モックはまさしく、その後者の方向を組織しているのである。ひょっとしたら、アメリカ合衆国と大英帝国が助けてくれさえすれば、フランスは西ドイツを含む西欧を、ドイツ人抜きで防衛し得ると、モックは信じているのだろうか？　われわれは、そんなことは信じない。モックは「自由なる諸国民」という。だが、ドイツ人は自由ではない。

同じころ、プレヴァン首相はワシントンに滞在しており、トルーマン大統領との会談の成果に満足して、帰国した。その成果とは以下の通りである。

一、ヨーロッパが攻撃された場合、防衛義務を負うべしとの要求に対する合衆国の承認声明。
二、航空母艦一隻のインドシナへの派遣、フランス軍への兵器供給継続、極東支援のために求められた五億ドルの少なくとも半分をフランスに与えるといったことが、アメリカにより約束された。
三、シューマン・プランを支持するとのアメリカ合衆国の確約。
四、四か国会議の実現に取りかかるとの米大統領の保証。
五、原料を公正に分配する努力において、フランスその他の諸国と緊密に協力するとのアメリカの保証。

独仏関係については、何ら公表されていない。ヨーロッパを防衛するとの決断を下した一方で、西ドイツ連邦共和国の積極的な関与という問題は先延ばしにしているのである。ドイツ人に参加する用意があるか否か、まずはたしかめたいというのが、彼らの言いぐさだ。

一九五一年一月二十九日、フランソワ＝ポンセ高等弁務官は、キールにおける記者会見で、ついにドイツの国境問題について言明した。ザール地域を含む全ドイツ国境は暫定的なものだとの見解を述べ、フランス政府はザール地域を独仏のかすがいとすることを念頭に置いていると付け加えたのである。その地理的・経済的な位置ゆえに、東西に開かれたままにしておき、ルクセンブルクに似たかたちで、仏独いずれも固有の支配地としないようにするというのだ。この提案によって、フランスはソ連と同格になり、後者のオーデル・ナイセ国境線確認と同様のことをなした。ザール地域のドイツとの分離はただ経済的なそれであって、政治的なものではないという約束を破ったのである。そんな保証など、信じられるわけがない。しかし、ザールはドイツであり、ドイツにとどまるべきだ。フランス人がドイツ人を友人にしておきたいと望むなら、ドイツ領土を四分五裂させることに加担するなど、やめておいたほうがよかろう。

フランソワ＝ポンセはドイツ人に辛抱を勧め、ドイツのほうがよりたやすく過去を忘れられると思っている。「傷は数時間で癒合はしない」から、フランスにとって、和解の道はなお遼遠たるものだというのだ。どうして、フランス人の和解の道はドイツ人のそれよりもはるかだということになるのか、われわれには理解できない。フランスが、ザール地域、囚人〔戦争犯罪・ナチ犯罪で有罪判決を受けた囚人〕問題、平等化問題などで傷に傷を重ねるようなことを続けるのなら、なおさらだ。結局、八百年かけてオワーズ川とマルヌ川流域、ラングル高原を越えてローヌ流域までも国土を広めておきながら、さらに三百年にわたって一連の侵略戦争を繰り返し、その東方国境をドイツの地に推し進めてきたのはフランスなのである。今日、もっとも声高に、もっとも執拗に復讐を叫んでいるのもフランスだ。フランスは、「外交的な機転をめぐらせ、交渉をいっそう引き延ばすこと」を心得ている。「そのため、ドイツの補助部隊を持とうとするのはいかなる理由からか、そもそも誰もまだ適切にわかっていない」ということになるのだ（一九五一年二月二日付『新チューリヒ新聞』）。フランスの政策を見通すことはわれわれにはできないから、これ以上のことは述べられない。が、ヨーロッパ統合思想に関しては、彼らは負担を負っていない。フランスよ、ビスマルクの言葉を思い出すがいい。「平和を達成し、安定させることが、われわれにとって絶対に必要な時期に、さらに隣国を傷つけることがわれらの課題であるとは思わぬ。その逆だ。平和を利用し、自らの利害をそこなわない範囲で、この国を見舞った不幸から回復できるような平穏な状態を築くことに貢献するのが、われらの責務なのである」フランスは今、勝者の役回りにあるから、このビスマルクの言葉に従って行動し得る、幸せな状態にあるのだ。

囚人問題においても、フランス政府は、ドイツ人に下された判決をひるがえすつもりはないと宣言している。フランスの法廷で、戦争犯罪に関する告発を受けて、下された判決だ。この戦勝諸国による司法の問題については、のちにもっと全体的なかたちで論じよう。というのは、イギリスもまた同様の声明を発しているからである。

イギリス

極東におけるイギリスの外交政策をよく知ることができるようになると、イギリスの対独政策はいっそう理解しがたくなる。

イギリスの在独高等弁務官サー・アイヴォーン・カークパトリックは、最近独英間の問題について、繰り返し言及している。ハンブルクにおいて、彼は、ドイツ人はもっと明白に西側諸国に与するべきであったろうと、非難を加えた。西ドイツの選挙結果は、あきらかに彼の注意から抜け落ちているようだ。そこに眼を向けていれば、その結果からドイツ選挙民の態度を汲み取ることができたであろう。彼は続けて、ドイツ側の一連の発言を聞いたようで、それが、一九五一年一月三十日にあらためて船嘴演壇《ロストラ》〔船嘴《せんし》演壇とは、共和政・帝国時代のローマで、ローマ市内に建てられていた大演壇。戦利品の敵軍艦の艦首（船嘴）を飾っていたことから、この名で呼ばれた〕に立つきっかけとなったのだろう。連合国は、ドイツ人の同権を実現するための第一歩を踏みだし、イニシアチヴを取ろうとしているにちがいない。ここでは、それが認められる。けれども、カークパトリックはその際、かくのごとくに述べている。「しかしながら、今や、ドイツ側が連合国に対する怨みを捨て、彼らがわれわれに要求しているのと同等の権利をわれわれに認めることが必要なのです」わが耳が信じられぬというのは、このことだ。誰が怨みを抱いているのだろう？　ドイツ人か、それともフランス人やイギリス人か？　いかなる権利によれば、われわれが占領国を許すなどということができるのだろう？　彼らこそ、かつては自由だった国民のあらゆる権利をおのれの側に奪い取ったのではなかったか？　連合国がわれわれを批判することを認めるべきなのか？　そんなことは、早くも六年前から連合国側で過剰に行われてきたことではないか？　連合国側は、六年にもわたり、われらの過去をこきおろすような再教育《リエデュケーション》を、われわれに受けさせようとやっきになってきたのではなかったか？　われらが偉大なる過去について、われわれがイギリス人よりも愛着を持っていないとでも、サー・アイヴォーン・カークパトリックは信じているのか？

「ほとんどのドイツ人が共産主義に反対しているものと、私は確信している。しかし、ドイツ人の大部分が西側と行をともにしようとしているとの証明は、いまだ無条件に示されているというわけではない」訝いてもよいだろうか。ドイツ人が西側と歩調を合わせるような状況をもたらすために、イギリス政府、そして、サー・アイヴォーンは何をしてきたというのだろう？　ごく最近になるまで、民間人のための最後の防空壕が爆破されつづけてきた。その一方で、新しい防空壕の建設が要求されている。道理であり、人情というものだ。ごく最近になるまで、ヴァーテンシュテット＝ザルツギッターやドルトムント＝ヘルデで工場解体が進み、われわれの対外貿易の継続は競争上の理由から妨げられてきた。われらが在外資産は捨て値で売られたというのに、その一方では、西側諸国の狙いに応じて、ドイツ産業の能力を高める交渉がなされたのだ。アーサー・ヘンダーソン英航空相は、ヘルゴラント島において爆撃訓練を行う予定、同島の住民がそこに帰還できるかについては、何ら確たることは言えないとしている。ヘルゴラント島は理想的な爆撃目標であり、航空機搭乗員の基礎訓練上得られる利益からして放棄できないというのだ。大英帝国は数千の島々を領有しており、そのなかには多数の無人島もある。それらをよく調べてみれば、きっとヘルゴラント島よりもよほど爆撃訓練に適したところがあろう。イギリス側がヘルゴラント島を破壊するのであれば、フランスのザール地域分割同様の心理的な過ちを、ドイツに対してしでかすことになるはずだ。ヘルゴラント島問題におけるわれわれの立場の承認が、さまざまな付帯条件をつけられ、一年も引き延ばされていることは、繊細な心理や感情の存在を示しているわけではない。フランスと同じく、イギリス政府もその外務省の次官アーネスト・デイヴィスをして宣言せしめた。イギリスに拘置されているドイツの囚人を減刑するつもりはない、と。ドイツ、そして、ヨーロッパの問題を解決するためのことについて、イギリス当局は無為も同然なのである。いや、むしろ逆だと主張できよう。解決を不可能とするために、さまざまの手を打っているのだ。その際、賭けものにされるのは、まさしくイギリスの運命であり、ドイツのそれであろう。

イギリスのJ・F・C・フラー将軍が、注目すべき著作『いかにしてロシアを打倒するか〔*How to Defeat Russia*〕』に書いた内容は、けっしてささいなことではない。「ひとたびヨーロッパがロシアの暴政のもとに零落したならば、地中海は保持し得ないであろう」すなわち、ロシア人が「中東を勝ち取り、アフリカの革命をみちびくはずだ」フラーは、さらに続ける。「とどのつまり、旧世界全体がソヴィエト化されたならば、新世界の心理的征服を企てることが可能になるのであり、世界ソヴィエト共和国が建設されることになろう」このイギリスの経験豊かな軍人にして著述家でもある人物は、ヨーロッパこそ、あらたな世界大戦の脅威を受けている重点だとみなしている。それゆえ、精神的な観点からの完全な転換を求めるのである。なぜなら、「いわゆる『冷戦』は、本当の戦争であり、単なる暴力行為ではない。それはすでに第三次世界大戦となっているのであり、すでに開始されているばかりか、進行中である（It is the Third World War, not only in being but in action）」からだ。フラー将軍は、さらにドイツ問題にも触れている。「もし西ドイツに保持される価値があるとすれば、獲得されるに値するのは、西ドイツ人の良き意志だ。その意志は、大々的な恩赦によって先の戦争を心理的に終結させ、主権国家としての西ドイツを建設するのでなければ、けっして勝ち取れないであろう」

ドイツに対して友好的であるという点では、まったく疑うべくもないウィンストン・チャーチルは、下院でこう発言した。「ヨーロッパ防衛の進展は、なげかわしいほどに緩慢だとの由である。九か月前から、彼〔チャーチル〕は、ドイツの支持を得ることに賛成している。ヨーロッパのいかなる国よりも、ドイツは、共産主義とロシアの脅威に対して無防備な状態にあるのだ。数年の年月が浪費されてしまった。迫り来る危険の規模の大きさに対して、最低限度の対応策すらもなされていない」（一九五〇年十二月十四日付『新チューリヒ新聞』）

この、いわゆる「名誉にかかわる問題《エーレンブンクテ》」、ヘルゴラント爆撃その他のことは、われわれが自由ではないということを、外から見て取れるかたちで示している。が、もろもろの、とにかくひどい現実を表しているわけではない。その現実ゆえに、西側諸国との合意は挫折してきたし、今後もそうなる恐れがあるのだ。はるかに深刻なのは、ほとんど不可視となっている障害だ。第一に挙げられるのは、被占領状態改定の問題である。これまでのところ、すでに約束されていた「小改定」と呼ばれるものだけが実現された。いっそうあいまいになっているシューマン・プランのこともある。フランス人はこの計画を軍備問題と結びつけることを切望するだろうし、最低でもルール協定〔一九四九年、米英仏およびベネルクス諸国がルール地方の国際管理を取り決めた協定〕の廃止にみちびかれることになろう。

工業解体、「非カルテル化」の問題も、その現実に属する。それは、世界市場におけるドイツ工業の競争能力を破壊し、輸出入に頼るドイツを常に飢餓寸前の状態に置き、経済的に降伏したままにするために濫用されたのである。加工産業を基幹産業から切り離し、石炭と鉄鋼を分離することは、本来考えられていた非カルテル化とは、もはや縁もゆかりもないものとなった。非カルテル化はそもそも、経済力の過剰な集中とその濫用を防ぐはずだった。ところが、現在起こっていることは、競争の抑圧、物質的生存基盤を取り上げるやりようなのだ。いかにして、この「解体」を将来的にシューマン・プランと調和させるか、それを究明するのは専門家の仕事である。今のわれわれには、「解体」はモーゲンソー・プランの継続であるように思われる。かかる対独経済政策が続くのであれば、マーシャル・プランによって与えられた援助も無益だったことになる。ドイツ経済も長らく再建されないということになろうし、再び自立することもない。ドイツ国民を養えるような状態に持っていくこともできまい。

どのような清算結果になったかは、エッセン工場指導部の告知があきらかにしている。それによれば、デモンタージュ〔連合国が、ドイツの工場施設やインフラストラクチャーを解体撤去し、戦利品として自国に持ち去ったことを指す〕前には二億五千五百万マルク相当の価値があると認められた賠償財二十七万トンのうち、貸方記入されたのは、わずか四百万マルク分だけだったのである。

ドイツが払う代償を算入することなしに、対外負債を承認せよとの問題もある。押収・清算された海外資産や特許権は、弁済に含められないことになっているのだ。加えて、ドイツ側が占領規定の「小改定」を拒み、それによって法外な要求の承認を拒否すれば、連合国側の報復を受けることになろう。[3] 石炭産業の問題も、そうした現実の一つだ。現在の過剰輸出は、ドイツの経済と財政にとって、重い負担となっている。また、われわれの工業、造船、通商、交通に課せられている制限も問題だ。

このような疑問だらけの政策に鑑みれば、イギリスの政策に全面的に追随することなどごめんだ。ドイツ人がそう思ったとしても、サー・アイヴォーン・カークパトリックと労働党政府は驚いたりはしないだろう。イギリス人やフランス人にとって、われわれは味方なのだろうか。それとも、まだ敵なのか？　われわれにはわからない。英仏両政府もあきらかにわかっていない。彼らが本来何を欲しているのかを、両国の委員会が明快に示したところで、彼らは初めて、ドイツの森からはっきりと聞き取れる響きがこだまするのを確認し、驚愕することであろう。

「ヨーロッパのために、西欧の一部であるドイツが要求されている。そのヨーロッパに、物と人命を犠牲として捧げるのはどこか。ランツベルクの監獄〔ニュルンベルク国際軍事裁判およびその継続裁判で有罪判決を受けた者が収容された監獄〕、ニュルンベルクの絞首台〔ニュルンベルク国際軍事裁判の死刑判決を指す〕より生じる『第四帝国』、あるいはボンの『水槽』〔当時ボンにあった、西ドイツの連邦議会のこと。議事堂が大窓を多用した構造であったことから、「水槽」とあだ名された」ではないのか。廃墟と化した都市、爆破・撤去された作業場、避難民、傷痍軍人、戦争未亡人にみちみちたドイツが犠牲を払うのではないか？」（スウェーデン紙『日報《ダーグスポステン》』、一九五一年一月二十七日付「焦点」欄）

囚人問題

ここで、最近とくに世論を憤激させた囚人問題を論じよう。在独合衆国高等弁務官マクロイ氏は、感謝に値する方法で、アメリカの管轄のもとで下されたランツベルクの囚人たちに対する判決を軽減すべく努力している。従来の審理とそこで下された判決を、あらためて徹底的に吟味したのだ。結果は、七十九件につき減刑ということになったが、一連の禁錮刑や七件の死刑判決は変わらず残っている。いわゆるマルメディ裁判〔一九四四年十二月十七日に発生した米軍捕虜虐殺事件の裁判〕で有罪判決を受けた囚人に関するかぎり、彼らはハンディ将軍〔トーマス・T・ハンディ。一八九二～一九八二年。米陸軍大将。当時、在欧米軍総司令官〕の管轄下にあった。この判決も再検討され、死刑判決を受けたドイツ人も終身禁錮に減刑された。加えて、マクロイ氏は、シュパンダウに幽閉されている老男爵フォン・ノイラート〔男爵コンスタンティン・フォン・ノイラート。一八七三～一九五六年。一九三二年より一九三八年まで外務大臣を務め、ニュルンベルク国際軍事裁判では十五年の禁錮刑に処すとの判決を受けたが、刑期満了以前に釈放された〕を初めて訪問した。この有り難い行動により、彼は、その地の囚人たちの状態について、しかるべき印象を得たであろうから、きっとすぐに囚人に有利な結論を引き出してくれることだろう。

かつて下された判決が再検討され、それらの多くが減刑されたという事実は、心底歓迎すべきである。ただし、このアメリカの決定に添えられた理由付けは、ドイツ側からの反駁なしというわけにはいかない。われわれは、こうした人類の誤謬や葛藤の陰鬱な数章を完全に取り除くことを望んできたし、これまで実行された減刑はその道に踏み出した最初の一歩だとみなし得る。ドイツ人とその以前の敵のあいだで実り多い協力をなすべきだとすれば、大急ぎでこの道を進んでいかなければならないだろう。

犯罪を罰せられないままにしておけなどと要求しているのではない。だが、ニュルンベルクやダハウ、その他の地で行われた裁判が拠っていた法的基盤が揺らいでいることは確認されなければならぬ。最古の法の原則には、「法律無ければ刑罰無し《ヌラ・ポエナ・シネ・レーゲ》」とある。つまり、ある行動に対しては、当時、それを罰する法律あってこそ、判決を下すことが許されるのである。しかし、今、問題とされている行為の大部分は、それがなされた当時には合法であるばかりか、義務でさえあった。それらの判決は、ニュルンベルク裁判ならびに現在フランスで行われている裁判のため、とくにつくられた法律に基づいて、下されたものなのだ。法廷も、かつてのわれわれの敵だけで構成されていた。それ以来、有罪判決を受けたドイツ人と同じような行為に責任がある他国の人々を、等しく法廷に引き出し、ニュルンベルクその他の特別立法に従い有罪判決を下すといったことは、後ろめたいありさまで回避されている。すなわち、党派的な態度をとり、それゆえに不正なやりようをしたのだ。そんな振る舞いが今も続いている。

合衆国高等弁務官府による「ランツベルク報告書」には、ヒトラー政権によって遂行された移住計画についての記述がある。それは「二重の目的を追っていた。一つは、非ドイツ人をその故郷から放逐し、彼らの文化、さらには彼らの生存をも無に帰そうとするものだ。もう一つは、彼らの代わりにドイツ人を入植させることである」同報告書はまた、この移住について、以下のように特徴づけている。「故郷と家族への結びつきや自らの希望にいっさい顧慮することなく、根こそぎに移してしまおうという、この巨大な事業は、そうした目標のために特別に設置された政府の部局により、徹底的に秩序立てられた業務手順にのっとり、遂行されたのである」アメリカの裁判官は、当時のドイツの処置にかくも厳しい判決を下す。ならば、ポツダム協定〔一九四五年八月二日に、英米ソが締結した協定。戦後ヨーロッパ秩序とドイツの統治について取り決めた〕に署名した国々やポーランド、チェコ、ユーゴスラヴィアほかの罪ある官憲たちがしでかしたことは何だったのか。それによって、民族ドイツ人〔一九三七年当時のドイツおよびオーストリア国境外に居住していた外国籍のドイツ人〕とドイツ国籍を有する者の大量追放が引き起こされ、実行されたのではなかったか？　かかる大量追放も、故郷と家族への結びつきや自らの希望にいっさい顧慮することなく進められた。しかも、その規模ばかりか、野蛮で殺人的な実行方法という点で、有罪判決を受けたドイツの移住政策を上回っていたのである。それゆえ、この報告が「もし法が存在したなら、あるいは法が尊重されていたならば、もちろん、すべてのことが起こり得なかったであろう」とするのを、われわれは侮辱であると感じるのだ。また、このようにも特記されている。「権利と法とが認められるなら、当然の帰結として、犯罪者は責任を取らなければならない。いかなるとき、いかなる人物であろうと（国家元首、また、元首に服従するすべての者も）、権利と法はその上にあり、個人としても自らの行為を社会に対して釈明しなければならぬということを、ニュルンベルクの審理は確認しているのである」この見解は勝者にも適用されるのか、聞いてみたいものだ。

「正義のシンボルと考えられてきたニュルンベルク裁判は、復讐の道具に逆転した。……強い羞恥の念にかられながら、私は、ニュルンベルクでアメリカ軍司法当局が進めた侮辱行為をともに注視していた。……ニュルンベルクの審理で刑事訴追をゆだねられた人々の多くが、この悲しむべき事態に責任を負う。彼らは、ヒトラーが政権を握ったとき、一部はその後もなおしばらく、ドイツ国籍を有していたのだ。彼らのうち数名は社会的理由から、また別の者は政治的理由から迫害された。後者は主として、共産主義者だということにされたのだ。彼らが復讐の願望をみたそうとするのはわからぬでもない。……しかし、復讐の居場所は司法にはないし、この裁判は他の誰にとっても、復讐がなされているのではないかという疑いを差し挟ませないようなものであるべきだった。正義が論じられる場としては、ニュルンベルクの裁判所はお笑いぐさでしかなかったのである。共産主義政策の道具としては、それは効果的で強力だった」（引用はすべて、フレッド・ラクスが翻訳した、アール・J・キャロル〔?〜?。アメリカの法律家。収監されていたクルップ財閥の長アルフリート・クルップの釈放のため尽力した〕のルシアス・D・クレイ将軍〔一八九八〜一九七八年。アメリカの軍人、最終階級は大将。当時、アメリカ軍政長官〕宛一九四九年二月十九日付書簡による）「今日わかっていることを七か月前に知っていたなら、絶対にここに来なかっただろう！」（アイオワ州最高裁判所の構成員であるチャールズ・ウェンナストラム判事〔一八八九〜一九八六年。アメリカの法律家。ニュルンベルク継続裁判で判事を務めたが、裁判のあり方を厳しく批判した〕のアメリカ帰国に際しての発言）

ダハウもニュルンベルクと同様だった。マルメディ裁判の進行中、恫喝による被告への自白の強要、やはり証人を恫喝した上で得られた証言、弁護側の証人による証言の妨害といったことがきわだっていたのである。

ある党派が他の党派を裁く。非党派的判決が下されることは絶対にあり得ないし、公正であるなどとはけっして認められない。

ニュルンベルクとダハウでのやりようを知りさえすれば、先に触れたアメリカ人たちが、かの地で行われた司法について判断し、批判したことは完全に正しいとわかる。従って、マクロイ高等弁務官がついに介入し、当時決定していた刑罰を少なくとも減刑、一部は破棄したことは、まことに喜ばしい。とはいえ、当時の司法は大きな法的過ちを犯したとみる、われわれの基本的な立場は毫《ごう》も変わらない。ゆえに、われらは問いかける。偉大なる国民とその裁判官が、「われわれは間違っていた。だから、最終的には、少なくとも不法判決を受けた者を自由にすることを望む」と言うことは不可能なのだろうか。

アメリカ合衆国の状態はこうである。だが、フランスでは、もっとひどいことになっているようだ。一九四八年九月十五日、フランス政府は、ある法律を公布した。通常の法手続においては、提訴人が被告の有罪を証明する責を負う。しかし、この遡及効を持つ法律は、被告が自らの無罪を証明しなければならないと定めているのだ。加えて、このフランスの法律は、「犯罪的」とされた組織（たとえば武装親衛隊［ナチ親衛隊のヒトラー護衛隊から発展して、戦争中には陸海空三軍につぐ軍事力を持つに至った組織］）への加入を強制されたこと、また、そうした組織が責を負う犯罪に加担していないという証明ができなければ、共犯者機構であると指定された組織の構成員に有罪判決を下すことを許している。こんな、ずっとあとになって公布された法律に基づき、まったく無罪であることがあきらかな若いドイツ軍人の相当数が、死刑宣告を受けた。が、フランスの軍法会議は、真に罪ある者の名を知っていた。本当の犯罪者は、一部は戦争中に死亡し、一部は逃亡して、法的な追及をまぬがれていたのだ。かくて、リールのフランス軍法会議は、一九四九年八月、九人の無実の者に対し、意図的に死刑判決を下した。休戦から四年以上も経っているというのにである！　フランス陸軍参謀総長宛の恩赦嘆願により、その死刑執行は延期され、メスの上告裁において再審がなされることにはなった。が、またしても死刑が承認されてしまった。一九五〇年五月三十日付でフランス高等弁務官フランソワ＝ポンセ宛に出された嘆願願いは、いまだ回答を得ていない。

ドイツ人に対する司法に関するフランスの見解は、現在まで変わっていないのだ。こうした主張は、今日なお大勢を占めている状態、たとえばボルドー監獄のありさまによって裏付けられるであろう。

われわれの耳に達したニュースによれば、この監獄だけでも数百人におよぶドイツ軍人が虜囚の苦しみを味わっている。ボルドーの軍法会議は、すでに十二分に冷酷であった検察側の求刑よりも、さらに踏み込んだ。ドイツ人に判決を下す責を負う、法廷の陪席判事たちのほとんどは、先に触れた法により「抵抗運動《レジスタンス》」に参加した経験を持っていなければならなかった。従って、先入主に「囚われて」いたのである。偽証をしていることが証明されても、証人は罰せられなかった。一九五〇年十一月の時点で、ボルドーには、死刑を宣告されたドイツ人四十名が収監されている。ほかに、およそ三百名が日夜鎖につながれて、長時間の強制労働に従事しているのだ。また六百名もの未決囚が、およそ六年間も拘禁された上で、いまだに判決を下されずにいる。一九五〇年七月には、刑の執行を待って三年間も鎖につながれていたドイツ人警察官が、マルセイユにおいて銃殺された。

約千人のドイツ人が、ボルドーの監獄で苦しんでいる。フランスは、こうした憎悪の温床をまだいくつも持っている。ヴィトリヒ、フレンヌ、パリ近郊シェルシュ・ミディその他だ。この六年間というもの、幽閉されているドイツ人には、愛する人がどうなっているのかを知らされぬままに苦しんでいる罪なき妻子がおり、その数は数千におよぶ。

一九五一年二月五日になってもなお、メスにおいて、無実のドイツ人ヨーゼフ・ヴァイゼンゼーとシュトールライターが銃殺された。

かかる状態が続くかぎり、かつてのドイツ軍人がフランス人との協力に賛同することなどあり得ない。ここで、先の戦争におけるフランスのジュアン将軍〔アルフォンス・ジュアン。一八八八～一九六七年。フランス軍人、最終階級は元帥。一九四〇年にドイツ軍の捕虜となったのち、解放され、ヴィシー政権の北アフリカ駐屯軍司令官となった。が、米英軍の北アフリカ上陸に際して、枢軸軍に対する戦闘を命じ、以後、連合軍に身を投じた〕の振る舞いを引き合いに出してもよかろう！　フランス共和国がドイツ人との和解を誠実に希求するのならば、まずは監獄の門を開くことだ。

イギリスもまた、ヴァールの監獄に、何人ものドイツ軍将官を抑留している。そこで監房のドアの向こうにいるのは、勇名赫々《かっかく》たる人物ばかりだ。われわれは、この受刑者たちが人格豊かな最良の将校であることを知っている。にもかかわらず、イギリス外務次官アーネスト・デイヴィスは、一九五一年二月初めに、ドイツの「戦争犯罪人」はその刑期を満了しなければならないとし、減刑が期待できるのは模範囚として行動した場合のみであると宣言した。

オランダやギリシアにおいても、ドイツ人がなお収監されている。ルクセンブルクでは、最近死刑判決が下された。

最後に、ベルギー人によるフォン・ファルケンハウゼン将軍〔アレクサンダー・フォン・ファルケンハウゼン。一八七八～一九六六年。ドイツの軍人、最終階級は歩兵大将。一九四〇年から一九四四年まで、ベルギー占領軍司令官を務めた〕の扱いについては、まったく同意できない旨、明言できる。彼が、ベルギー住民のため、戦争による避けられない苦難を緩和してやろうと大きな働きをした人物であることは疑う余地がない。が、ファルケンハウゼンはまったく不名誉なやりようで数年間も拘禁され、収容所に入れられて、夫人の葬儀に際しての仮釈放も許されなかった。五年半も裁判の判決を待たされ、彼に加えられたあらゆる苦痛も顧慮されることなく、ひどい不正の対象とされたのである！

法を楯に取っている諸国に、なお言っておこう。彼らは、戦争中に民間人や無防備の都市に爆弾を投下し、休戦ののちは、彼らが承認した協定に従うのではなく、むしろ信じられないほどひどいやり方でドイツ軍捕虜を扱ったのだ。それによって、彼らはハーグ陸戦条約を破ったのである。このような爆撃や捕虜の扱いに責任を負う収容所や監獄の長、あるいは軍当局の司令部が法廷に引きずり出されたという話は寡聞にして聞かない。

目下のところ、そのような事態が生起するのはまだ遠いように思われる。勇敢なフランス人教授モーリス・バルデーシュ〔一九〇七～一九九八年。フランスの文芸批評家で、ファシズム思想に傾倒、代表的なホロコースト否定論者であった〕が、ニュルンベルク裁判の裁判権について講演し、万人にとっての公正を求めるためにドイツに旅した際、ゲッティンゲンにおいてイギリス人に逮捕され、他の占領二か国〔米仏〕との同意のもと、フランスに送還されたのだ。現在の占領されたドイツにおいては、言論の自由もかくのごとき状態である！希望はなお遠い。マルメディ裁判の評判の悪い主任捜査官W・R・パール〔ウィリアム・R・パール。一九〇六～一九九八年。アメリカの法律家・心理学者。マルメディ裁判で主任尋問官を務めた〕は、一九五〇年十月十七日付の『ニューヨーク・タイムズ』で、マルメディ裁判で下された死刑宣告の実行、とくにパイパー中佐〔ヨアヒム・パイパー。一九一五～一九七六年。武装親衛隊隊員で、最終階級は武装親衛隊大佐。マルメディ捕虜虐殺事件の責任者とされ、死刑判決を受けていたが、減刑された。グデーリアンは、彼の釈放運動に尽力している〕に対するそれを敢えて要求した。だが、この死刑判決は、パールの不法で卑劣な行動によって実現したものである。誰がパールを法廷に連れてくるのだろうか？　共犯者であるパールは、たしかに大言壮語している。かかる人物に対する裁判の話も寡聞にして聞かないのだ。

西欧の一致団結、そして、その西欧に連邦共和国が組み込まれることの利益に鑑みて、他の西欧諸国が合衆国代表の模範に従い、お互いを苦しめているプロセスを終わらせることは、われらの切なる願いである。国連に加盟している西欧諸国が、彼らの法手続の現状を批判する理由をロシア人に与えている以上、ドイツ捕虜の案件に関して国連がソ連に抗議したことがごくわずかなりと効果をあげられるなどとは、われわれには思えないのだ。

さて、どうなる？

マクロイ氏は、われわれに、いや、そればかりか、彼の国とその同盟国の政策に、いかにして平和とヨーロッパ文化の堅持という全員に共通の目標を達成するかを示す道しるべを立ててくれた。あらゆる西欧諸国民がこの道を行くと決心すること、遅ればせながら言葉に行動をともなわせることが大事なのだ。われわれは、アメリカ合衆国がこの道を認め、進もうとしているとの印象を得た。しかし、アメリカ合衆国において、西欧における米国の代表筋にまで感じ取れ、ブレーキとして働くほどの強力な反対運動があることは察せられる。ヨーロッパ列強中最重要の二国、英仏の政府については、どうひいき目に見ても、われわれと現実に了解に至る用意があることを示す兆候は確認できない。個々の私人の発言に、理解が認められるだけだ。これまでに実行されたすべてのことは、意に染まぬながらのこと、外的状況の強制によって、まったくその気がないとはいわぬまでも、不承不承なされたにすぎないのである。われわれは、及び腰の決定、半端な処置、不完全な行動に苦しめられている。が、われわれだけでなく、右記の両国もわれわれの扱いに悩んでいるのだ。われわれが期待し得るのは、アメリカ合衆国が必要とされていることを認識し、決然たる態度を取ること、その政治ゲームのパートナーたちに、もはや時間の浪費は許されないことを、全力をつくしてあきらかにしてくれることぐらいであろう。西欧諸国が総体として、手遅れになる前に、その理解力豊かな政治家や軍人の提言に従って行動することを望み得るだけなのだ。われわれにできるのは、自分たちにとって何が重要であるかを発言し、それに従って行動するように乞うことのみ。

一、西側諸国は、彼らとの協同に賛成すると、西ドイツ人が明瞭に宣言することを望んでいる。連邦首相アデナウアー博士の政府のみならず、国民全体の賛成だ。だが、そうして望まれているような明々白々たる宣言は、自由な国民の自由な選挙によってのみ発し得るのである。われわれは自由ではない。

二、西側諸国は、「自由なる諸国民」の防衛について、ひたすら語り、論述する。ドイツ国民は自由ではない。

三、われわれがパリ会議において、われわれ自身のことが決められるのを傾聴するのを「同権的に」許してやれば、公平に扱ったことになると、西側諸国は信じている。彼ら、とくにフランス人は、将来、ドイツ人傭兵が他国の軍人と同じ俸給、同じ給養を得られるようにすれば、「同権」だと考えている。しかし、われわれは、実り多い協同のために、いかなる点からみても平等であることを必要としているのだ。少なくとも、政治、経済、倫理における同権が、軍事のそれとひとしく、われわれには重要なのである。軍事的同権も、旅団長にまで及ぼされる程度で〔普通、戦略的に独立した行動が取れるのは師団以上とされるので、旅団レベルまでの同権ということは、低次の行動までしか自由でないことを意味する」とどまるのではなく、あらゆる点で同じでなければならない。

四、最近、西側諸国は繰り返し、総体としてのドイツ軍人の名誉は毀損されていないと発言している。なぜなら、個々人の「犯罪」は、職業身分全体の名誉を危うくしたり、損ねるものではないからというのだ。一般に、「名誉」について語ることは避けたい。けれども、その正反対のことがはじまった以上、一言述べぬわけにはいくまい。いわゆる「戦争犯罪」を口実に捕虜をおとしめるような扱いは、無防備な虜囚の名誉を傷つけるのではなく、休戦となり、戦闘行為が終わったというのに、何年ものあいだ、そんなことをやってきた責任者の破廉恥さだけをあきらかにしているのだ。毀損されているのは、ドイツ人虜囚の名誉ではなく、その看守どものそれである。

五、われわれが良き振る舞いをなし、また、あらかじめ、あらゆる種類の業績を出すことにより、長いプロセスを経て、漸進的に同権が得られるであろうと、西側諸政府の著名な代表者たちは保証している。前提となる業績はもう十二分に満たされているではないか。われわれは、身一つの暮らし以上のことはしていない。なのに、われわれは今や、最後の財産、すなわち最後の息子たちの流血を求められているのである。

最近六年間の経験ののちには、そうした犠牲が、現在のわれわれの保護領主たる西側諸国のみならず、われわれドイツ国民自身のためにもなるということが確実にならぬかぎり、われらが最後にして唯一の貴重な財産を差し出すのはためらわれる。そんなことは驚くにあたらない。そうした保証は、われわれが自由な国民として、ドイツの幸福のために、われらが成員を自由に使えるようになって、初めて得られるのである。しかし、われわれは自由ではない。

六、西欧の事案のためにかくも大きな犠牲を払っても構わぬと思わせる。そのためには、ドイツ国民、とりわけドイツ青年が、正当な目標、自分自身のためのことでもある目標に向けて働き、必然的に武器を執らなければならないものと納得しなければならない。今のところ、そのような確信がドイツ青年のあいだに広くみられるなどということはない。ゆえに、彼らに新しい理想を与えることが必要なのだ。現在、ドイツ青年はそんなものを持っていない。自ら望んで何かをなさんとし、何かを守ろうとする者は自由でいなければならぬ。われわれは自由ではない。

七、協同行動への自発的参加を得るために、西側諸国がドイツ人に示すことができる理想とは何であるか。自由という理想あるのみ！　約束がなされるだけで、それが守られないとしたら、その約束はまともなものなのだろうかと信用されなくなる。他の諸国民の問題がいまだ克服されていないことについて、なお忍耐しなければならないといわれるのであれば、ただ「すぐ与えれば有り難みも倍になる《ビス・ダト・クィー・チート・ダト》」と答えられよう。西側諸国がその諸問題を克服するのに長い時間を必要とするというなら、いつの日か、われわれのすべてが、まとめて東側ブロックに蹂躙されることになるだろう。

八、折に触れて、キリスト教という共通基盤があることが語られる。そうした基盤は、中世には現実に存在していた。だが、そのあとは粉砕されるばかりで、少なくとも、その共通基盤が国家政策上持っていた意義は失われている。キリスト教は個人の私的な問題になってしまい、もはや政治家の決断を支配しているわけではないのだ。キリスト教という紐帯は、西側ブロックを政治的・軍事的に統合するには、あまりにも緩んでしまったのである。あの大きな破局の直後には、宗教の強い波がドイツ人全体を見舞った。過大な苦難が、絶望した人々に教会の救いと祈りを求めさせたのだ。あいにく、この宗教熱の高まりは、改悛の意志、あらゆる罪の告白も、勝者の行動に何ら影響を与えないことがはっきりするや、すぐに退潮してしまった。国民の大部分はまたも、物質的どころか、ニヒリスティックな人生観に向かうようになっている。これに関しては、尊敬すべき牧師や司祭の慈愛にみちた行為によっても、何ごとも変えられなかった。国家政策への影響も、ごく限られたものである。

九、さらに、白人の団結ということが叫ばれている。もし、そんな共通性が存在するというなら、わが国民も別様に扱われねばならないだろう。なぜなら、とどのつまり、われわれといえども白人なのであり、白色人種の発展、いわんや全人類の文化にいくばくかの働きをしてきたからである。

一〇、西側同盟国は、機械対人間ではなく、人間対人間のより苛酷な闘争において、傑出した東方の敵を相手とするための兵士を必要としている。彼らは、西側の文化が危険にさらされているという大義名分のもと、われわれの協力を望んでいる。なるほど、西の文化はたしかに危険にさらされているし、われわれもそれと結びついているものと実感している。だが、その文化の本質的特徴とは自由なのだ。われわれは自由を持たぬ。そして、われわれの協力への対価として提供されるのは、外人傭兵の身分なのである！

従来はブラフにすぎなかったにせよ、今後、前方展開した西側諸国の軍隊に庇護されながら、われわれは、敵に対する軍備を整えることになる。戦争中の自らの経験から、われわれは、その敵〔ソ連軍〕の戦士としての特性を、諸占領国のそれよりもずっと高く評価する。この上、われわれが価値の低い戦隊を編成し、諸占領国と贅沢三昧に暮らしている占領軍諸部隊の払いを持つことになるとするなら、そこには現在のところ、何らの有用性も約束されていないとみるほかない。

西側連合国が、失業中の西ドイツ人から数千の外人部隊を得ることは可能であろうが、その価値は低い。

しかしながら、純粋の軍事同盟が提示されるなら、ドイツ青年は初めて、その待機的な姿勢を放棄するであろう。

われらの外交的な結びつき、障害、希望と展望などをよくよく考えてみれば、深い拒絶の意を表す「ぼくらはごめんだ《オーネ・ミヒ》」〔西ドイツの再軍備と徴兵制導入に際して起こった反対運動のスローガン〕という不吉な声が聞こえてきたとしても、何の不思議もない。「ぼくらはごめんだ」というのは、多くのものにとって、将来に対する怯み、おのれの狭隘な生活範囲さえ乱されなければいいというエゴイズムの表現なのである。だが、わが国民と西欧の生死がかかわる問題が解決されなければ、自らの暮らしが無傷で保たれるという望みもない。それゆえ、こうした拒絶に抗して、われわれは自分を守る。よって、われわれはドイツ国民に呼びかけるのだ。「われわれ抜きでは駄目だ。われわれとともに、そして、他の者ができないというなら、われわれがやる！」もちろん、「これまでのようにはいかない！」のである。

原註

❖1　ソ連は通常、一年あたりおよそ百二十万の新兵を得ることになる。

❖2　東側の師団三個と西側師団二個を等値する計算は疑問である。問題なのは戦闘員の数であり、西側師団は何よりも後方要員が多数であるため、より規模が大きいということになっているのだ。

❖3　奪われた特許や商標を除いたドイツの海外資産総額は七十億ないし百億マルクにもなる。デモンタージュされた資産は約三十億マルクである（フーバー論文、『地政学』第二二巻、一九五一年、第二号、八六頁）。

六、そして、われわれは？

「ぼくらはごめんだ」というスローガンは、諸占領国のみならず、われわれの政府にとっても、幾重にも当てはまる。まず、ドイツ国民は結局のところ、平和を求めている。長く続くことが見込まれる、現実的な本当の平和を欲しているのだ。だが、現在そうした見込みはないし、ドイツ側のみでそれを達成することはほとんど不可能なのだから、この点で政府を批判するのは的外れというものである。にもかかわらず、平和の希求は、ひたすら正当とされる。平和なしでは、わが国民の勃興もない。いつでも戦争をもてあそんでいるような予防戦争の思想ほど危険なものはなかろう。かかる情勢下、連邦政府が批判されるとするなら、何よりも、ドイツ人の小さな部隊を編成すべしとの西側諸国の要請に連邦首相が唯々諾々と応じようとしている点に反駁を加えることになろう。連邦首相は軍人ではない。彼自身、軍人に理解がある人物であるなどとは思っていないにちがいない。しかしながら、この、ドイツを継続的に防衛するためには、再び軍人が必要になるという、遅まきながらもあらわにされた理解は、表面的な認識以上のものなのだろうか。いくばくかの疑念を表明してもよかろう。無から国防軍を編成するには困難があり、多大な時間を必要とする。連邦首相が、そのことについて不完全なイメージしか持っていないことはあきらかだ。そもそも昔から、今日の軍備を明日のために刷新しておくことは、まず不可能であった。


「無から軍隊をつくりだすことなどできるだろうか?

私のために、穀物畑がやすやすと育つことなどあるのか?

私を引き裂き、心臓をえぐりぬけ
それを黄金の代わりにして、貨幣を鋳造せよ。

汝らのために流す血は持っている。

だが、銀は持たぬぞ、兵士たち!」〔フリードリヒ・シラー『オルレアンの乙女』よりの引用〕

近代軍を無から生じせしめることは、オルレアンの乙女〔ジャンヌ・ダルク〕の時代に槍とおもちゃのような弓矢で武装した軍隊をつくるよりもはるかに難しい。

ずっと以前から、連邦首相は諸占領国にドイツの安全を保障させると提議してきた。ペテルスベルク協定〔一九四九年十一月、連合国の高等弁務官とドイツ連邦首相のあいだで締結された協定。ペテルスベルクはボン近郊の町で、当時、連合国高等弁務官府が置かれていた〕では、「占領国の存在によりドイツの安全保障がなされる」との回答が得られている。ドイツのある有名な新聞は、それに対して問いかけてみたものだ。「占領国の存在はどうやって保障されるのか?」

従来、現実に存在している占領軍部隊の数は、とにかく、非常に不充分だった。[1] 米英側からの増強保証は、たしかになされている。しかし、軍事に経験あるドイツ人は、そうした部隊を実見し、かつて自らの国防軍の程度を測る際に親しんでいた物差しを使って評価したいと望んでいるのだ。事態が深刻になったとき、これらの軍人たちにどんな要求をできるか、知りたいと思うからである。

従って、望まれている貢献をなすために、ドイツ人の心底からの覚悟をみちびこうとするには、B・H・リデル＝ハートいうところの、かつての「紙の傘」とはまったく異なる、充分強力な連合国派遣軍が得られた場合にのみ、その守護のもとで、ようやくドイツの「貢献」軍編成を完了させることができる。同じ期間中に、組織上の準備もなされなければならない。細心の注意を払ってそれを遂行できるかどうかに、のちの編成の成功がかかっているのである。だが、かかる準備作業も、その前に国防軍再生のための政治的・軍事的・精神的前提が調えられてこそ、現実に即した実践が可能となるのだ。この前提を満たすことは、連邦政府の眼の前に据えられた第一の課題である。

すでに触れたような外交的前提を実現させるのはきわめて困難だということは、われわれも理解している。しかし、連邦政府にとって、確立されるべき一連の内政的前提は存在するのである。

誹謗中傷の排除

国家崩壊この方、ドイツのジャーナリストの大部分は、軍人という存在のすべてに対し、ことあるごとに、あらゆる種類の毒々しい侮蔑、愚弄、卑劣な言動を浴びせかけてきた。誹謗中傷や悪罵の量たるや、おそらくわが国民、あるいは地上のどれか他の国民の歴史にも類をみないほど、とほうもないものだった。それらが、自らの使命は神聖であると信じ、国民のためにおのれの命を懸けてきた人々に対して、まきちらされたのだ。そうした事態は、今日に至っても、ほとんど変わっていない。現在、いくつかの勇気ある報道機関は、真っ当な論調を導入し、公正を付そうと努力している。が、ジャーナリズムの多くは、古い憎悪と国民の恥や不名誉を流通させようと操作しているのだ。報道の自由がある国では、そんなことへの対応措置はないのか、などと言われることはない。すでに、そうした対策が存在しているはずだからだ。政府はそもそも、そのような汚物の氾濫をせきとめようとしたであろうか。報道においても議会の演壇にあっても、いくばくなりと、そんな対策がなされた痕跡をみることはできない。旧軍人たちは、相も変わらず、極端に辛辣な侮蔑と誹謗中傷を浴びせられていると感じている。六年も経ったのだから、連邦政府がついに真実を重んじ、少なくとも軍人的なものを心底侮辱し、軽蔑するのを妨げるような規範がジャーナリストに示されることを、旧軍人は期待しているのである。完全降伏による規定のおかげで、われわれは、自らの利益を守るような職業団体をつくることを許されていない。現在に至るまで、見境のない、特定目的を定めた敵対的プロパガンダによる名誉毀損に無防備にさらされているのだ。われわれの職業にまったく関わることもなく、少しも理解していないというのに、どんなちんぴら小僧でも、われわれを中傷することが許されている。軍事についての分厚い書物が、暖炉のそばでぬくぬくとしているか、せいぜい下級の地位や司令部勤務で戦争を経験しただけの著者によって記述されている。かくて、過去六年のあいだに、真実とは何ら関わることのない、しかし、われらが新旧の敵に奉仕する意図を持った像ができあがり、歴史に忍び込もうとしているのだ。

西欧防衛に貢献するという政策に旧軍人たちが従ってくれるだろうと連邦首相が期待するのであれば、こうした恥ずべき誹謗中傷を終わらせるよう配慮するべし。もっとも流通している日刊新聞の多くが毎日のように小馬鹿にしている職業に、ドイツ青年が就くことなど、どうして望めるだろうか？

生活保障問題

だが、解決の願いは聞き入れられずにいる。この不当な状態は世の中一般にあるだけではない。連邦政府においても、連邦首相殿が、軍人に関わる問題については、異なる立場に配慮しているのだ。職業軍人の権利について充分な手配をする機会は、ずっと以前からあった。諸占領国は、終戦時の憎悪のうちに旧ドイツ国防軍所属者に対する恩給をすべて停止するとの措置を布告していたが、早くも一九四八年には撤回している。が、それ以来、こうして敵に押しつけられた不正な状態を是正するようなことは、何もなされていないも同然であった。まったく生活保護を受けていないか、生きるには少なすぎ、死ぬには多すぎる程度の支援金を受けているだけの旧年金受給者、八十、九十にもなんなんとする老人、寡婦や孤児、戦争による身体障害者、就業不能者が、数十万もいるのだ。いよいよ悪化した事態に責任を負うのは、連邦財務大臣と財務省だ。かかる頑迷な官僚制が、あらゆる効果的な支援を妨げてきた。バイエルン州だけでも、およそ二十万人が、年金受給資格申請が処理されるのを待っている。こうしたお粗末な仕事の流儀がまかりとおる理由は、事務員と作業場の不足にある。その困難は、やる気をもってすれば、すぐに排除できるだろう。が、そうなったとしても、あとに職業軍人すべてが控えており、生活保護を受ける権利を認められ、それが発効するのを待っている。この職業身分は、ドイツにおけるあらゆる職業のうちで唯一、いっさいの権利を失ったものであるからだ。しかし、職業軍人は政党に入ることは許されず、ゆえに党派的政治に左右されることもない。政府、とくに連邦財務大臣は、それを知っている。職業軍人は、ただ彼らの義務を果たして、祖国防衛のために命を懸けてきた。今、まさに西欧のため、彼らは再び同じことを求められようとしている。ところが、六年にわたり権利を奪われてきたことを考えれば、そんな国家のためにあらためて働こうという気運が職業軍人のあいだで盛り上がらなくとも、何の不思議もなかろう。

年金の権利だけが問題になっているわけではない。元職業軍人で、下士官だった者の多くにとっては、社会的信用のある職が得られるかどうかがかかっている。昔は、そうした職に就くためには、十二年間の軍隊勤務が義務とされていた。われらが元下士官たちは、郵便局、鉄道、警察、税関、役所や自治体当局に働き口を求めたものである。彼らは、こうした機関で働く役人の大多数を形成し、また、それらの持ち場で真価を発揮してきた。元下士官以上に信頼でき、規律正しい役人など望めなかった。けれども、そんなことはみな忘れられてしまった。かかる理不尽で不法な権利剥奪状態をなくすための措置はこれまで、実行されていないか、さもなくば不充分な程度にとどまっている。最近、ボンにおいて、老提督ティトゥス・テュルク〔一八六八～一九五二年。最終階級は少将で、第一次世界大戦終結直後に退役するまで、ドイツ海軍で勤務した〕は、法的に証明されたかたちで合法的に年金が得られるよう要求した。その判決によって、連邦財務大臣の仕事もとうとう加速されるだろうか？　連邦財務大臣は、彼のぞんざいなやりようや善意の欠如ゆえに、どれだけの涙が流され、いかなる苦痛がもたらされたのかをわかっているのだろうか？

こうした要求をみたすには多くの金がかかり、そんな財源はない。そのように否定的な答えを返すことはできる。よろしい。ならば、官吏の俸給賃上げ交渉をするのではなく、すべての俸給を切り詰め、職業軍人の権利に応じて、それと同程度の金額を与えられるようにするがいい。われわれが望んでいるのは、真の民主主義にあっては当然のこととされている万人にとっての平等なのだ。ある罪なき職業身分が、その利益を公に守る可能性を奪われ、まったく権利をなくしていることは、民主主義の原則に反している。「貢献をなす」場合に備えて、いくばくかの傭兵や哀れな失業者のみならず、本当に有用な軍人を保持することに連邦政府が重きを置くのであれば、至急その態度を変えるべきだ。さもなくば、政府は、そうした傭兵団の戦闘力に対する幻想にひたることになり、それは有事における破局をもたらすことになろう。

目標

とはいえ、こうした希望は流された世代にみられるものであり、その世代の協力はごく限られたものであるとみなさざるを得ない。ずっと深刻なのは、おそらくドイツ青年が投げかけてきた諸問題だと思われる。ドイツ青年の自発的な協力がなければ、ドイツが国防能力を得ることなど考えられない。現在のところ、いくつかの人工的にひきだされたアピールを別とすれば、ドイツ青年は、外国の保護領主の呼びかけに応じて、ヨーロッパの旗に付き従おうという気にはなっていない。彼らは、先の戦争の恐ろしい結末を経験し、それからも、彼らの父であり兄弟である軍人がどのように扱われたのかを実見してきたのである。そのあととなっては、誰が彼らを責める気になるだろうか。

「ぼくらはごめんだ」というスローガンは、わが青年のあいだに、格別な生々しさを以て広まっている。勇気や自己犠牲の念の不足ではなく、目標と希望の喪失ゆえのことだ。

彼らは、良きことであり、必要で、まったく見込みがないわけではない仕事に投ぜられる。国家指導部と将来の国防軍は、明快なる目標を追求する。軍人は、必要かつ有用で、尊敬される国家の構成員となる。そういったことを納得させられないかぎり、ドイツ青年を獲得することなどできはしまい。

むろん、連邦内務省が無味乾燥なプロパガンダに数百万マルクをつぎこむなどということもなされるべきではなかった。国家の定見、なかんずく、右のごとき連邦政府の軍人に対する考えは変革を要する。連邦政府や連邦議会の構成員のほとんどに軍人がいないことは嘆かわしい。今まで、それらの地位は、諸占領国に対して、軽いものとされてきたかもしれぬ。しかし、現在まさに激論が交わされようとしているのだから、連邦共和国の重要な主体には、軍事問題を理解し、説明する能力がある人々がいることが望まれる。それによって、政府の「軍国主義的」姿勢があらわになるなどということはまったくない。真の軍人ならば、いわゆる「軍国主義」など、空虚な騒音、真面目なことがらの玩弄だとして、拒絶するものだ。が、ここで問題とされているのは国家のなりわい、そして残るヨーロッパのあり方なのである。だからこそ、失われてしまった自存の意志を取り戻すことが大切なのだ。さもなくば、われわれはすぐに没落してしまうことだろう。しかし、自存、暴力に対して自らを守らんとする意志は、大方に欠けているところである。そんな状態で、どうして自衛をなす気になるであろうか。

ドイツ青年を軍旗のもとに召集しようとするのなら、彼らがその呼びかけに自分から喜んで応じるようにしたいと望むなら、今のところはなお、まったく幻のようである西欧の残存部分、ライン川の線やピレネー山脈を守るだけのことではなく、彼らのドイツ、彼らの母や姉妹、彼らの家郷、彼らの財産は守られるべきで、また守ることができると納得させなければならない。自由を守る偉大なる同盟における同権のパートナーとして立ち現れることができると説得しなければならぬのだ。すなわち、彼らはまず何よりも自由でなければならない。

これまで、そのようなことは一度たりとも試みられてはいない。西欧の事案、あるいは連邦共和国だけのことについてでも、どうすれば、青年が情熱を注げるというのだろう？

中立問題

深刻な世界情勢と残存ヨーロッパの枠内におけるわが国民の現況での無力に鑑みて、多くのドイツ人が自国を中立化することに救いを見出している。すぐに横にのけてしまうには重要すぎる提案である。ドイツの中立化を提唱する人々は、東からの侵略に対する抵抗を可能とするため、西側諸国の部隊が時機に応じて充分な規模で増強されることなど、もはや信じていない。彼らは、合衆国において、声望ある人士が充分な数の米軍部隊を西欧に送り込むことを拒否する意見を述べているのを聞いているのだ。イギリスの『オブザーヴァー』紙には、西側諸国はモスクワに西ドイツ再軍備の抑制を申し入れ、その代償として全ドイツにおける自由選挙を要求すべしとの記事が載っている。労働党の機関紙『デイリー・ヘラルド』は、合衆国の出版人ジェイムズなるものの提案を報じた。全ドイツの再統一をみちびき、これを中立化する一方、ライン川後方に強力な大西洋条約軍を控えさせ、モスクワのドイツ進軍企図を拒止するという案だ。ベオグラードでは、ドイツならびにハンガリー、ルーマニア、ブルガリアの中立化を要求せよとの声が高くなってきた。

四大国（米国合衆国、大英帝国、フランス、ソ連邦）会議の準備にかかるのは目前である。が、そもそも、それが実現するかどうかもさだかではない。しかし、西側諸国がドイツの中立化によって戦争の猶予を買い取ろうとすることを、ソ連は望んでいる。それは間違いない。

西側諸国の政策の遅疑逡巡により、本年中に大西洋条約軍部隊が西欧を充分防衛できるようになることはありそうにない。この事実に、われわれは直面している。朝鮮は、西欧で使用できた戦力を呑み込んでしまい、そんな状態がさらに続いている。何度となく繰り返してきた設問を、ここであらためて提示しよう。西側諸国は、その政治的利害の重点、すなわち軍事的戦力強化と集中を行うところはどこだとみているのか。それは、本当に西欧なのだろうか。もしそうだとしたら、彼らの従前の政策は間違っている。ならば、これまでに犯された失敗は取り戻せるのか？

いかなる点からみてもドイツ人の同権が保障されていないという事実、フランスとイギリスが引き延ばし政策に出ているのは明瞭だということを考えれば、西ドイツは防衛可能なのかと疑うのは当然であるし、他の道に踏みだそうと願うのも理解できる。ヨーロッパの両大国は、すでにこんな事態をもたらしているのだ。彼らが好んで進めてきた、西ドイツを束縛し、搾取しようとする狭量な政策こそが、その責を負うのである。そうした政策は、ドイツ国民に絶望を味わわせ、別の解決方法を待ち望むことを余儀なくさせた。誰がドイツ国民を責められようか？　そうした発想が連邦首相のお気に召さなかったとしても、彼もまた国民を責めることはできない。連邦首相は、ドイツ人の自由を回復するための一連の措置を、最初から別のかたちで固めるべきだったのである。ドイツ軍の小部隊を編成することではなく、政治・経済の自由の獲得を最初に問題にすべきだったのだ。そのための時間がまだあるかどうかは疑わしいように思われる。いずれにせよ、迅速な行動のみが事態を救い得る。さもなくば、別の道に分け入らねばならないのだ。

その思想へと向かうのであれば、ドイツ軍の小部隊を編成することを優先するのではなく、一つの共通国家、自由で独立した自主中立のドイツ国として、全ドイツを再統一するという提案も理解できるのである。

ドイツ再統一

ドイツ再統一という問題があることは、連邦首相によって認められている。だが、今日に至るまで、連邦共和国では、この問題が有り難くも取り上げていただけることはない。その一方で、東側からのプロパガンダがなされている。非常に困難な問題で、東部出身ではない連邦首相にとっては、とりわけ、眠れぬ夜を過ごす原因となっていることだろう。関連して多くの錯綜した問題が現れ、それらが、さなきだに心配事を抱えている国家指導者のなりわいをさらに難しくすることは間違いないからである。しかしながら、真に自由で平等な秘密選挙が全ドイツで行われたならば、内政・外政において、新しい状況が現出するであろう。中立化論者の見解によれば、あらたな展開の見込みがあるような情勢だ。

全ドイツを一つの共通国家に統一することは、ドイツ国民が今後も存在し続けるものとするなら、遅かれ早かれ不可欠の条件になる。西部工業地域と東部農業地域の統合によってのみ、ドイツは、なるほど完璧ではないにせよ、高いアウタルキー状態に達することができる。よって、他国が、その経済的・政治的意志をドイツ国民に押しつけようと意図的に働きかけてくることは言うに及ばず、景気変動が経済や国民給養をゆるがすこともなくなるのだ。

だが、全ドイツの再統一が欠くべからざるものであるのは、そのためばかりではない。ソ連占領地域のわが同胞は、少なくとも西側地域で現在認められている程度の個人の自由が再び与えられる日を恋い焦がれている。われわれがそのことを知っているからこそ、なくてはならないことなのである。ソ連占領地域のドイツ人は、他の占領地域の人々とまったく同様に共産主義を拒絶しているものと、われわれは確信している。それゆえ、彼らはただ、心中では忌み嫌い、明日といわず今日にでも転覆してやりたいと思っているテロ体制に屈することを強いられているだけだ。そう信じる。

再統一実現が早いほど、六年にもなんなんとする間、互いに分裂に向かってきた東西地域の経済システムを内的に統合することも容易になるにちがいない。再統一が遅いほど、後者も困難になるだろう。著しい数の厄介ごと、抵抗があるのもたしかである。まず、人民警察〔東ドイツ警察〕と西側地域の警察の統合問題だ。共通議会のために、本当に自由で平等な秘密投票の普通選挙を保障するという問題、そして、軍隊、たとえば、対独戦争に参加しなかった国連加盟国のそれによる中立保護の問題もある。選挙が実行され、議会が結成されたのちは、共通政府の形成となり、しかるのちに共同の祖国再建に着手することになろう。

まもなく会議を催す予定である四大国から、この問題について了解を得ることができるかどうかは疑わしい。ソ連の了解なくしては、かかる政策は実行不可能である。しかし、一九四八年以来、まさにソ連側から同様の提案がなされているのだし、対立相手から出てきたからという理由で、そうした提案を拒否するというのは良い政策ではなかろう。

ドイツの中立護持も、ずっと先まで他の諸国民の軍隊に頼っているわけにはいかない。中欧の真ん中にあることに鑑みても、ドイツには国防なき中立など考えられないし、そんな状態にあったら、侵略の欲求を抱いている隣国にドイツを戦場に選ぶよう誘いをかけることになりかねない。

従って、中立国の防護軍が撤退する前に、自力で中立を守れるような戦力を持ったドイツ防衛部隊を編成すべきであろう。さもなくば、侵略者に蹂躙される危険を常に抱えることになってしまう。経済的・権力政治的理由で、そうした侵略が生起する可能性はあるのだ。

西欧における戦争の危険を抑制しようと望むなら、オーストリアも同様のかたちで中立化しなければならない。

このような道程は広遠で骨が折れるものではあるが、かかる純粋に西を指向した道が取られたことはこれまでないのだから、討究する価値はある。第三の道は、戦争に突き進むことになろうから、とにかく拒否されるべきである。

従来、前面に押し出されていた、西ドイツに関わる案件を西向きに進める路線同様、ここで議論の俎上にあげた再統一を実行し、同時に中立化するという主張も、機先を制することが重要だ。遺憾ながら、これまでのところ、西側諸国ならびにドイツ連邦政府は、ソ連の諸提案に後れを取ってばかりいる。本来ならば、彼らがまず第一に主張しなければならなかった構想に対して、不幸な拒否的立場に早くも追いやられているのだ。しかし、われわれドイツ人が、自らの運命がかかった問題を吟味するに際して、ソ連占領地域や帝国首都ベルリンを見過ごしていくことは不可能である。今まで勇気と矜持にみちた振る舞いをなし、偉大なる生命力と意志力の模範を世界に示してきたわが同胞を看過するわけにはいかないのである。

ドイツが再び生存能力を有するような形態を取ろうとするなら、分割された国土と割譲された地域を再統一することにしか道はない。ドイツ帝国は止むことなく存在すべきであるとの意見を、しかるべき筋から聞くとき[❖2]、そうした道の正当性はいっそう認められるのだ。

ゆえに、かくのごとき要求に合致しない講和条約を締結することは許されない。故郷を追放された人々の問題は、不法に割譲されてしまった故郷の地に、そのような不幸に見舞われた者たちの手に取り戻し、ドイツ人再移住の道が開かれるのでなければ、解決し得ないのである。西側諸国との戦争状態は正式に終わったと、さしあたりは宣言し得るかもしれない。きっと、国法的・国民経済的には当面のところ、それで充分なのであろう。しかし、西でも東でも、国境に関する条約により、「永遠に」拘束されることはない。われら国民集団の身体には、現状で回復可能とみなされる以上の、多すぎる傷口が開いている。ポツダム協定により、ドイツ国民に対する、ひどい不正が行われた。今や、人間らしくやれる範囲にあるかぎり、その不正を糺《ただ》すのは、しごく正当なことである。いずれにせよ、生命の損失は取り返しがつかない。少なくとも、生き残った者の秩序を回復すべきであろう――ヨーロッパの平和のために。

従って、今までのようにいかないのはあきらかなのだ。

原註

❖1 Kann Westeuropa verteidigt werden?〔本訳書所収『西欧は防衛し得るか?』〕, Plesse Verlag, Göttingen.

❖2 一九五一年二月二十日付『新報《ノイエ・ツァイトゥング》』掲載記事「米控訴審裁判所、ドイツ帝国存続の原則を確認する」。

七、アイゼンハワー

本書前二章の結びはこうであった。「そうはいかない！」それによって、内政的・外政的に、これまでとは異なる道を探し、見出さなければならないことを表現しようとしたのである。従来のやりようは、西欧の防衛に関してはごくわずかな進歩しか許さず、西側諸国という機械にたっぷりと砂をまいて、完全停止させる恐れがあるようなものであった。

連邦共和国は今まで、ペテルスベルクで希望された路線を、大きな意欲を以て、さよう、われわれにはしばしば過大で気が早すぎると思われたほどの意欲を以て追求してきた。われわれがそんなことは間違いであるとみなすようになっても、さらには、ドイツ人のみならず西欧や大西洋の諸国の観点からみても過ちとみられるようになってからも、それは続けられた。世界情勢の進展は真実を指し示し、その認識はゆっくりと広がりはじめたのである。昨年十一月にハーバート・フーヴァー元合衆国大統領は、以下のごとく発言している。「われわれは認識しなければならない。世界も認識しなければならない。一億六千万のアメリカ人だけで、アジアとヨーロッパにいる八億の共産主義者に対し、世界を守ることは不可能である。おそらく、あと二年か三年、そのあいだに非共産主義社会の一大戦線が結成され、全面的に防衛に参加してくれるのなら、現状の負担を担うことはできるだろう。だが、そのあとのことに関していえば、われわれは、かかる重荷から解放されなければならない。スターリンの希望を満たすことなしに、長らく負担を抱えていることはできない。その場合、われわれは消耗しきってしまう」なるほど、フーヴァー氏は、自国民の公式代表として語っているわけではない。が、彼は政治情勢を広く把握している人物であり、その言葉には注目し続けていきたいと思う。アメリカ合衆国の指導的な軍人も、昨年秋に、西欧増強のため、一九五〇年秋季のうちにも、ただちに米軍部隊を派遣せよと要求している。だが、おそらくは朝鮮戦争の経過がもたらした政治的影響ゆえに遅延が起こり、計画された増強部隊の派遣は実行し得なかった。❖1 現在までも、西欧の情勢は不分明なままにとどまっているのである。

こうした昨年〔一九五〇年〕晩秋の不安定さは、連邦共和国に代価を払わせるかたちで、ドイツ問題の妥協解決をもたらすため、モスクワを含む四か国会議をやれないかという考えを、すでにイギリスに持たしむるに至った。現在、二つの代償が検討されている。再軍備の放棄と、現今の東部占領地体制の承認だ。このような思考が、英仏においてどのような役割を演じているかはわからない。だが、いくら連邦首相に懇願されようと、われわれは、西側列強の対独計画はまったく不備であるとみなすし、その計画の多くは、適宜われわれの意見を反映させようとするには、あまりにも時期はずれになってから提示されたのである。今日、連邦共和国の外務省設立が許可されたことは、たぶん、かかる状態を緩和するのであろうが、根本的な変革はなし得ないはずだ。諸占領国が、あらゆる原則的な決定は自らに留保すると望んでいるからである。従って、それらの国々は、新しいドイツ外務省を単なる郵便箱の役目におとしめてしまうだろう。

現在、西側諸国の政治当局では、前章で討究した中立化思想が活発に語られている。そんな議論は、前出のイギリスの構想同様、防衛問題における西側列強の目標喪失と不決断をとくに示しているのであるが、ドイツ問題に関してはなおさらのこととなる。西欧列強の明瞭ならざる姿勢こそ、ドイツに広まる不安定な状態、わが国で高まるばかりの戦争恐怖、そこから出来する経済不安と神経過敏に関する罪を負うているのだ。目下のところ、西側連合国がわが国に対して抱いている企図への不信が西ドイツに蔓延しているのは正当なことなのである。われらの破損した船の針路をはっきりと確認することはできない。外国の水先案内人が、自分の仕事を理解していることを、充分かつ一貫したかたちで示したためしがないからだ。

それゆえ、西側諸国は、はからずも共産主義の仕事を手助けすることになる。ブリュッセル会議で唯一肯定的な意味があったのは、大西洋条約加盟諸国の軍隊に対し、共通の司令官を任命するということだけだった。予想された通り、その地位は、条約加盟国中の覇権国であるアメリカ合衆国に与えられた。トルーマン大統領は、アイゼンハワー将軍〔ドワイト・D・アイゼンハワー。一八九〇～一九六九年。アメリカの軍人にして政治家。最終階級は元帥。第二次大戦中に連合国欧州遠征軍司令官を務め、戦後、第三四代米国大統領に就任した（一九五三年）〕を任命したのである。

アイゼンハワー将軍の任命は、条約加盟国のすべてが賛成し、歓迎した。が、連邦共和国においては、それは冷ややかな留保を以て迎えられた。一九四五年にわれわれが崩壊したのち、かの将軍がわが国民、わが国防軍について述べたこと、休戦交渉とそれ以降の態度、彼の著作などが、われらの気分を害する方向に働いたのである。アイゼンハワー将軍自身も、こうした不人気に気づいた。彼は、詳しく実状を知った上で、一九四五年のそれとは異なるドイツ人観を得るに至った。そして大胆にも、ドイツ軍人との最初の会見に際して、そのあらためられた見解を、彼らに対して披露したのだ。[2] ドイツ国民ならびに旧軍人たちは、ホンブルク・フォン・デア・ヘーエ〔ドイツ西部ヘッセンの町。くだんの会見の場か〕において、アイゼンハワー将軍の姿勢を知るようになったのである。

アイゼンハワー将軍は、北大西洋条約加盟諸国の訪問飛行を以て、その責任ある仕事に手を付けた。それによって、心身ともに大きな負担を受けながらも、ごく短期間に（たとえ飛び歩きだったとはいえ）あらたな活動範囲における展開の可能性を掌握したのだ。その際、彼に課せられた困難な任務の全体像を認識したこともたしかであろう。条約加盟国の支援を求める彼の執拗な要請が、それを示している。

合衆国に戻ったのち、彼は議会において、自分が得た印象についての演説を行った。そのなかで、アイゼンハワーは、真っ先に取られるべき措置の輪郭を描いてみせた。そのあけすけで軍人らしい明快な描写は、細心の注意を払って研究するに値する。[3]

アイゼンハワーは、倫理が決定的な価値を持っていることを強調する。彼が理解するところによれば、倫理とは「理解、真心、勇気、根本的な目標」である。アイゼンハワーは、「個人の自由、その政治的自由、自由な企業家たちの土台となる経済システムの創出」を求める。西欧という集合体、つまり、専門労働者のストック、工業キャパシティ、その人員を「対立する側に利用させて」はならないともする。軍事的な力の均衡がそれによって急激にくずれ、合衆国の安全保障は「最悪の規模の危険にさらされるだろう」からだ。加えて、彼は、アメリカ合衆国が全世界の経済的、財政的、物質的な重荷を双肩に引き受け、支えていることができないとする、先に引用したフーヴァー氏の見解にも賛成した。それゆえ、「自由な諸国民」の共同防衛を打ち立てる政策の要求に至るのである。

将軍はしかるのちに、重要資源地帯保持という点から、西欧の重要性を説明する。

われわれにとって何よりも重要なのは、ドイツ問題に関する言及だ。「ドイツで交わした、さまざまな議論について、いちいち触れようとは思わない。それには、もう決まった理由がある。どんな軍隊であれ、ドイツ人部隊を受け入れられるようになるかどうかを論じられるようになる以前に、政治的な基盤をつくりだし、最終的にはドイツが名誉ある同権を得ることを予定するような合意に至らなければならない。それが、私自身の意見である。司令官の端くれとして、反抗的な部隊など指揮下に置きたくない。当然のことである。いかなるものであるにせよ、私の指揮する軍隊には、われらの独立戦争に従軍したヘッセン兵〔アメリカ独立戦争において、ヘッセン方伯は自国の軍隊を傭兵として、イギリス側に提供した〕のような働きをする兵隊は持ちたくないものだ。そんなものは、単に弱さをさらけだすだけのことになろう。政治家、外交官、国家指導者がこの問題に正しい答えを見いだせずにいる以上、軍人が勤務に精励するのは当然のことと決めつけるわけにはいかない」

アイゼンハワーは言う。「誰も他国民を防衛してやることはできない。ある国民にとって、本当の国防の用意とは、その魂のなかにある。われわれが気を配らなければならないのは、ヨーロッパを心身ともに確たる存在とすることだ」また、このように付け加えている。「われわれは、ヨーロッパを襲った失望、敗北、破壊の大部分をまぬがれている。われわれは、より若く、より新鮮な存在だ。もう一つ、重要なポイントがある。われわれは、直接の危険から、はるかに遠ざかっているのだ。『グレイ・ゾーン』にいるわけではない。……私が強調したいのは、以下のことである。現在の西欧の諸問題は、われわれの将来にとっても重要であり、そして、われわれの将来は西欧と結びついているのであるから、西欧の没落を防ぐため、最善を尽くさざるを得ない。もう一度、確認しておこう。必要な倫理が得られるとするなら、ひたすら顧慮しなければならない要素はただ一つ、時間だけだ！　われわれは一瞬たりとも無駄にできないということを忘れないようにしよう！」

アイゼンハワーは、最終的にドイツが名誉ある同権を得るべきだと提案した。それによって、彼は、束縛なき未来への見通しを示し、われらを励ましてくれたのである。とはいえ、それで何かがはじめられるわけではない。そういう留保があることを措けば、「われわれの世界は決定的な十年に際会している」との彼の意見に同意する。アイゼンハワー将軍とともに、アメリカ合衆国の大統領と政府が、決断を迫られていること、その際、時間の浪費はまったく許されないことを意識してほしいと望む。それゆえに、アメリカ合衆国、とりわけ、その政治に決定的な役割を演じる人々に、ドイツ問題において明快な決断に達するよう、いかなる点からみてもドイツ人が平等同権であるようにしてほしいと訴える。われらの協力と賛成なしに、われわれの人生に重大な意味をもつ決定を下さないでほしいとアメリカ合衆国に求める。われわれにとって良いようにと決まったことならば、諸列強のあらゆる抵抗に抗して貫徹することをアメリカ合衆国にアピールする。いいかい、それによってのみ西欧は救い得るのだし、そんな抵抗は西欧人自身の意思に反しているものと確信するからだ。

われわれ自身の小さな、しかし重要な国に関しては、軍事的貢献を要求する前に、倫理・人員・物質上の協力を得られなくとも、まず政治の前提を満たすことが必要なのである。われわれは自由になることを望む。アメリカ合衆国に対し、同国の政策がさらされるであろう、あらゆる抵抗を精力的に排除し、わが政府が平等なパートナーとして、われわれの運命に関する交渉に参加し得るようにすることにより、われわれの協力を確保するようにと求め、訴える。われわれは、この問題も時間が切迫していることにつき、アメリカ合衆国の注意を喚起するものである。

合衆国は疑うかもしれない。揺らぐことなく、明確で、かつ義務的に、健康な生活の前提、とりわけ、いかなる点からみても完全で制約のない同権と東西のドイツ領土の再確定は、ドイツ人の当然の権利であると、揺らぐことなく、はっきりと、かつ義務として認める。そういう政策によってこそ、ドイツ人の協力は獲得できるのではないかと。よしたとえそうなったとしても、戦争になったときには再び戦場になり、貴重な人命を犠牲に供さなければならぬという、とほうもない圧力が、ひどく苦しんでいるドイツ国民の上にのしかかってくる。だが、確実なものはなく、動揺するばかりの路線が続くなら、勇気も信頼も失われてしまうにちがいない。そのようになったとしたら、別の道を探すことは不可避で、不思議なことでもない。

決断は、今日なおアメリカ合衆国の手中にゆだねられている。時間は迫っている。彼らをして、時間を活用させたまえ。

だからこそ、これまでのようにはいかないのだ！

原註

❖1　一九五一年三月。

❖2　「これについては、フランクフルト・アム・マインにおいて、報道機関が行ったアイゼンハワーへのインタビューを引き合いにだしているわけではない」

❖3　一九五一年二月三日付『新報』に掲載されたドイツ語テキストによる。

結語

連合国は一九四五年に戦争に勝ったが、一九五一年にいたるまで平和を実現できずにいる。圧倒的な優勢によって、ドイツ国を圧殺することには成功した。しかし、何人たりとも、代わってその位置に就いた者はいないのである。中欧の瓦礫の山を排除しようとする建設的思考は現れていない。ローズヴェルトとあとを継いだトルーマン、チャーチルとその後任アトリーは、スターリンの政治術の優越に圧倒されてきた。その結果が、あらたな戦争の危険である。

自由と公正、人間らしさと幸福は、ドイツ人にとって、満たされない望みのままだ。われわれは戦争に敗れ、それによる苦難を六年間引きずってきた。しかし、われわれは、一九一九年のヴェルサイユ講和条約という憂鬱な体験から、勝者が何も学んでいないことも実見した。もはや物理的必然として、その当時よりもなお悪い事態がもたらされたのだ。休戦後の六年間においても、戦争状態はなお世界を支配していた。三十年戦争の余波がしだいに途絶えてからというもの、ヨーロッパはここ三百年にわたり、そのような外交の機能不全はもう経験していなかったのである。

一九五一年六月になるまでは、西側諸国の姿勢、そのドイツに対する憎悪もおそらく理解されていなかったのであろう。が、朝鮮戦争が勃発し、満足できない経緯をたどったあととなっては、もはやそうではない。昨年の夏に西側諸国が、もはや明確になった政治情勢より、ヨーロッパのための結論を遅滞なく引き出していたなら、なお多くのものを救えたであろう。今となっては、すべてに大きな疑問符が付く。今日、われわれは、あらたな先駆けとなるような作業を要求されている。今度は、不充分な土台しかない事案に、われらの息子たちを犠牲に差し出せというのである。なのに、われらがためらっていることに、彼らは驚いているのだ。西側諸国は、われわれの運命を決めるとされた、ソ連を含めた四大国の会議にのぞもうとしている。われわれは、このわれらの運命にとって重大な会議に参加できないことになっている。新しいドイツ外務省も、原則的な決定を下すことを許されていない。すべての重要な問題が、ペテルスベルクに左右されるのだ。

われらが運命を良きほうに向けることが可能な唯一の大国は、アメリカ合衆国である。それゆえに、われわれは、かの国に訴える。

平等と自由を与えたまえ！
ドイツが再び統一されるよう、われらを助けたまえ！
オーデル・ナイセ線をドイツの東部国境として承認してはいけない！

われわれ自身の政府には、つぎの要求を向けよう。

連邦共和国に真の民主主義を実現させよ！
万人の平等同権を確立せよ！
自覚したドイツ人の政治を推進せよ！

「日々、自由と生活とを闘い取らねばならぬ者こそ
自由と人生を享くるに値する」〔ゲーテ『ファウスト』よりの引用〕

内政・外政の観点からしても、時は切迫している。すぐにでも眼にみえる政治的成果が出るのでなければ、これまでの政策は破綻したものとみなされる。そうなったら、連邦議会は解散し、あらたな選挙が行われなければならない。なぜなら、われわれの状況と政策に関する国民の意見が過去二年間に激変したため、現在の議会は国民の意思を伝えてはいないということになるからである――。

数週間前、スイスの報道により、毛沢東が姿を現していないとのニュースが伝えられた。彼はモスクワに飛んだと推測されている。朝鮮戦争へのさらなる支援を要求し、かつソ連が西方で第二戦線を結成するよう提案する目的で、毛沢東が二月なかばにモスクワでスターリンに会ったというのは、ありそうなことだ！　このニュースが本当だとしたら、西欧の情勢は電撃的に深刻さの度合いを増したことになろう。そもそも、もうそんな刺激も要らないぐらいに、事態は急迫しているのである。

さて、西側は結局どのような行動を取るのだろうか？

「言葉は充分に交わされた。
いい加減、行動をみせてくれ」〔ゲーテ『ファウスト』よりの引用〕

解説

解説1

各国軍の戦車と機械化部隊について

田村尚也

「現在進行形」で書かれた用兵思想書

本書は、第二次世界大戦前からドイツ軍の装甲部隊の発展に力を注ぎ、「ドイツ装甲部隊の父」とも言われるハインツ・グデーリアン将軍が、第二次大戦前の一九三七年に出版した著書『戦車に注目せよ!』と、戦後に書かれたものを含むいくつかの短文を訳出し、一冊にまとめたものである。このうち、『戦車に注目せよ!』は、第一次世界大戦中の戦闘の様相の変化、その中でもとくに戦車部隊の戦術の分析を踏まえて、ドイツ軍の装甲部隊が採用すべき戦術や装備、編制などについて論じたものだ。そして、のちの第二次世界大戦では、グデーリアンらが本書に述べられているような装備や編制を持つ装甲部隊の指揮官となり、本書に記されているような戦術を採用。この装甲部隊を中核としてドイツ軍が展開した「電撃戦」は世界に大きな衝撃を与えた。

つまり、この書は、「ドイツ装甲部隊の父」とも言われる人物が、第一次大戦中の戦車部隊の戦術をどのように捉えていたのか、ドイツ装甲部隊をどのような構想に基づいて発展させようとしていたのかが、ともすれば後知恵が入りがちな過去の回想というかたちではなく、いわば「現在進行形」で記されたものなのだ。ここに本書のもっとも大きな価値がある。

とはいえ、本書は、グデーリアンが当時入手できた資料に基づいて書かれているため、史実の事象そのものの記述については誤りも散見される。例えば、文中でフランス軍の「3C戦車（原文ではChar 3C）」とされているものは正しくは「2C戦車（Char 2C）」であるし、第一次世界大戦後の各国軍の戦車部隊の編制についても近年の資料と突き合わせると不整合も見られる。当たり前の話だが、ドイツの近隣諸国の軍隊はドイツ軍を第一の仮想敵と考えており、そのドイツ軍の将校が他国の戦車の名称や機械化部隊の編制の全てについて正確な情報を入手できなかったとしても不思議はないだろう。

そこで、ここでは筆者の手元にある資料をもとに、グデーリアンの記述に誤りが比較的多く見られる各国の戦車のスペックと機械化部隊の編制を中心に解説していきたい。これを見れば、グデーリアンの認識と実態にどのようなズレがあったのか、が見えてくるだろう。

イギリス軍の機械化部隊

機械化部隊の編制については、イギリス軍からみていこう。

グデーリアンは、一九二七年に編成された「実験機械化旅団」の編制について、小型戦車中隊一個および装甲車中隊二個からなる捜索隊一個、中戦車大隊一個、自動車牽引野砲兵大隊一個、自走砲中隊一個、機関銃大隊一個、工兵中隊一個、通信中隊一個からなる主隊、と記している。

しかし、この部隊の正確な名称は「実験機械化部隊（Experimental Mechanized Force）」であり、正式な「旅団」ではない。その編制は、豆戦車中隊一個と装甲車中隊二個からなる戦車大隊一個、中戦車大隊一個、半装軌車（ハーフトラック）や全装軌車（フルトラック、いわゆるキャタピラ車）で牽引される野砲兵中隊三個と自走砲中隊一個からなる野砲兵旅団一個、ハーフトラックで運搬される軽砲中隊二個からなる軽砲兵大隊一個、機関銃大隊一個、工兵中隊一個を基幹としており、加えて空軍から支援の航空部隊が配属された。

グデーリアンのいう「捜索隊」と「主隊」という区分だが、これを運用上のもので編制上のものではないと捉えれば、砲兵部隊の一部を除いてほぼ正確な編制を把握していたことがわかる。

そしてグデーリアンは、実験歩兵旅団が二個、次いで各種兵科が増強された機甲部隊が初めて編成されたとしている。

このうち機甲部隊は常設のものではなく、戦車旅団一個（第一戦車旅団）に、部分的に機械化された歩兵旅団（第七歩兵旅団）一個や野砲兵旅団（第九野砲兵旅団）一個、装甲車を装備して機械化された軽騎兵連隊（第一軽騎兵連隊）などを組み合わせて実験が行われたものであり、やや説明不足に感じられる。

続いてグデーリアンは「機械化機動師団（Mechanized Mobile Division）」の編制を記しているが、正確な名称は「機動師団（Mobile Division）」である。そして、一九三七年にイギリス本国で編成された第一機動師団は、のちに第一機甲師団に改称され、一九三八年にエジプトで編成されたエジプト機動師団は、のちにエジプト機甲師団を経て第七機甲師団へと改称されることになる。

このうち、第一機動師団は、装甲車連隊、軽戦車連隊、機械化された軽騎兵ないし龍騎兵（小銃兵）連隊各一個を基幹とする軽機甲旅団二個、軽戦車大隊一個および混成戦車大隊三個を有する第一戦車旅団、それに師団直轄部隊から成っており、グデーリアンの記述と一致する。

問題は、この師団直轄部隊に装甲車連隊一個と機械化された龍騎兵（小銃兵）連隊二個（いずれの連隊も名誉称号的なもので実質は大隊規模とみなせる）が含まれていることで、これを含めた兵力の内訳は装甲車大隊三個、軽戦車大隊三個、混成戦車大隊三個、小銃兵大隊四個となる。そのため、グデーリアンが同師団の兵力の内訳として挙げている捜索大隊二個、軽戦車大隊三個、混成戦車大隊三個、小銃大隊二個とは、師団直轄部隊の分だけ合致しない。

これに関する情報が抜け落ちていたように思われるが、それ以外は正確ともいえる。

なお、本書が出版された翌年に編制を完結するエジプト機動師団は第一機動師団より弱体で、装甲車連隊、軽戦車連隊、機械化された軽騎兵（小銃兵）連隊各一個を基幹とする軽機甲旅団一個と、軽戦車大隊一個および混成戦車大隊一個を基幹とする重機甲旅団一個、機械化された騎砲兵連隊などからなる師団支援群を基幹としており、こちらもグデーリアンの記述とは合致しない。

まとめると、イギリス軍の機械化部隊に関するグデーリアンの記述は、多少の説明不足を感じるものの比較的正確といえるだろう。

フランス軍の機械化部隊

つぎにフランス軍の機械化部隊をみていこう。

グデーリアンは、一九三二年型騎兵師団の編制について「判明している限りでは」と留保したうえで、次のように記している。

それぞれ二個連隊からなる騎兵旅団二個。

戦車一個連隊および三個大隊編制の自動車化龍騎兵連隊一個よりなる自動車化旅団一個。

軽砲兵大隊二個および重砲兵大隊一個を有する砲兵連隊一個。

工兵、通信、対戦車、後方勤務隊。

しかし、実際のフランス軍の三二年型騎兵師団は、次のような編制をとっていた。

それぞれ二個連隊からなる騎兵旅団二個。

偵察装甲車中隊二個および捜索装甲車中隊、戦闘装甲車中隊、オートバイ中隊各一個からなる装甲車群（Groupe d'Autos-Mitrailleuses. 略してＧＡＭ）一個。

非装甲のハーフトラック（半装軌車）に乗る龍騎兵中隊二個、同重装備中隊一個、オートバイ中隊一個からなる自動車化龍騎兵大隊（Bataillon de Dragons Portés. 略してＢＤＰ）一個。

同じく非装甲のハーフトラックで牽引される軽砲兵大隊二個および重砲兵大隊一個を有する砲兵連隊一個。

自動車化された工兵二個中隊および架橋段列一個からなる工兵大隊一個。

その他の諸隊。

グデーリアンは、騎兵旅団二個と自動車化旅団一個の組み合わせとしているが、実際には諸兵科連合の自動車化旅団は存在せず、旧来の騎兵旅団二個に装甲車群と自動車化された龍騎兵大隊を追加したものにすぎなかったのである。

また、グデーリアンは、自動車化旅団に所属する戦車連隊は、オートバイ小銃兵と装甲捜索車十二両を有する自動車化捜索大隊一個と、偵察戦車二十両と、戦車二十四両を持つ戦車大隊一個で構成される、と記している。

しかし、三二年型騎兵師団には、前述のように装甲車群（BDP）の隷下に、捜索装甲車（Automitrailleuses de découverte. 略してAMD）中隊と戦闘装甲車中隊（Automitrailleuses de combat. 略してAMC）が各一個、偵察装甲車（Automitrailleuses de reconnaissance. 略してAMR）中隊が二個あるだけで、戦車連隊も戦車大隊もなかった。

また、これらの部隊の初期の装備車両を見ると、捜索装甲車（AMD）は三十七ミリ砲と機関銃搭載のラフリー50AM四輪装甲車、偵察装甲車（AMR）は機関銃搭載のシトロエン＝ケグレスP28ハーフトラック、戦闘装甲車（AMC）は三十七ミリ砲と機関銃搭載のパナール＝シュナイダー＝ケグレスP16ハーフトラックが主力であり、全装軌式の本格的な戦車は装備していなかったのである。

ただし、のちにAMRやAMCとして、全装軌式のルノーAMR33やAMC35、さらにはオチキスH35やソミュアS35など本格的な戦車も配備されるようになる。

続いて、軽機械化師団（Division légère méchanique. 略してDLM）をみてみよう。

グデーリアンによると、一九三三年に完全機械化師団として編成が試みられ、一九三六年に騎兵師団がもう一個改編され、一九三七年までに三個目の師団が改編される予定、とされている。

事実、一九三三年には三二型騎兵師団である第四騎兵師団を軽機械化師団に改編するよう指令が発せられているのだが、第一軽機械化師団に改編されたのは一九三五年のことである。また、同じく三二型騎兵師団である第五騎兵師団が第二軽機械化師団に改編されたのは一九三七年であった（本書に引用されている一九三七年のダラディエ陸軍大臣の演説でも「編成中」とされている）。さらに第三軽機械化師団の編成は、第二次世界大戦勃発後の一九四〇年であった。

このDLMの編制について、グデーリアンは「最終的な情報はまだ得られていない」と留保したうえで、概要として、補助組織を備えた師団司令部、航空隊、捜索戦車連隊（Panzerregiment für Aufklärung）、戦闘戦車旅団（Panzerbrigade für Gefecht）、自動車化龍騎兵旅団、軽砲兵大隊二個と重砲兵大隊一個を有する砲兵連隊、工兵隊、通信隊、後方兵站機関で構成される、としている。

これに対して、実際の一九三五年型DLMの編制は、以下のようなものだった。

師団司令部。

捜索装甲車（AMD）中隊二個とオートバイ中隊二個を有する捜索連隊。

装甲車連隊二個からなる戦闘旅団一個。各連隊は、偵察装甲車（AMR）中隊二個と戦闘装甲車（AMC）中隊二個を有する。

自動車化龍騎兵連隊二個からなる自動車化旅団一個。各連隊は、自動車化龍騎兵大隊二個を有する。

砲兵連隊やその他の諸隊。

これを見ると、DLMに関してグデーリアンの入手していた情報がかなり正確だったことがわかる。加えて、このDLMは、新型の戦車や装甲車などの開発と並行して装備や編制を逐次更新していくことになる。例えばAMCは、第二軽機械化師団が編成される頃には全装軌式の本格的な戦車であるオチキスH35が採用されており、次いでその改良型や、さらに高性能のソミュアS35も採用されることになる。したがって「戦闘戦車旅団」の名称も大げさではないだろう。

続いてグデーリアンは、フランス軍が重機甲師団の新編を試みる企図を持っている、としている。

事実、一九三八年十一月には、フランス軍の陸軍最高会議で、のちに装甲予備師団（Division Cuirassée de Réserve. 略してDCR）と呼ばれることになる戦車師団の編成が正式に討議されており、同年十二月には戦車師団の運用についても突っ込んだ討議が行われている。もっとも、このDCRの最初の二個師団が動員されたのは、第二次世界大戦勃発後の一九四〇年一月のことであった。

まとめると、フランス軍の機械化部隊に関するグデーリアンの記述は、戦車戦力についてはやや誇大ぎみに感じられる部分もあるが、イギリス軍と同様に比較的正確といえる。

ソ連軍の機械化部隊

続いてソ連軍の機械化部隊についてみてみよう。

グデーリアンは、ソ連軍の自動車・機械化兵力を「NPP」＝歩兵に対する直接支援を行う車両、「DPP」＝歩兵に対する間接支援を行う車両、「DD」＝長距離機動車両、という三種類の部隊に分類される、としている。

このうち、NPP部隊が装備する戦車として、ヴィッカース＝アームストロング社の六トン戦車のロシア版であるAT26戦車と、ヴィッカース＝カーデン＝ロイド社製戦車のロシア版であるT27機関銃装備戦車を挙げている。

実際は、ヴィッカース六トン戦車のロシア版の名称はT‐26であり、グデーリアンの記述は間違っているのだが、カーデン＝ロイド社（ヴィッカース＝アームストロング社に吸収された）で開発された機関銃運搬車のロシア版の名称はT‐27で、こちらは（シングルハイフンの欠落をのぞけば）正しい。

一方、DPP部隊の戦車については、グデーリアンは、七十五ミリ・カノン砲と、より口径の小さい対戦車砲一門ないし二門と数挺の機関銃を装備する重突破戦車M1型およびM2型を主力としており、前述の六トン戦車やヴィッカース＝カーデン＝ロイド水陸両用戦車も含まれる、としている。

ところが、このような武装を持つM1型やM2型といった名称の戦車は存在しない。

当時のソ連軍の陣地突破用の戦車としては、七十六・二ミリ砲を装備する主砲塔に加えて四十五ミリ対戦車砲を装備する副砲塔二基と機関銃塔二基を備えるT－35重戦車や、同じく口径七十六・二ミリ砲を装備する主砲塔に加えて機関銃塔二基を備えるT－28中戦車がある。これ以前に、七十六・二ミリ砲と三十七ミリ砲を各一門、機関銃数挺を装備するTA－1やTA－2といった中戦車も設計されており（設計のみで試作車も製作されず）、グデーリアンはこれらと混同したのかもしれない。

また、ソ連は、イギリスからヴィッカース＝カーデン＝ロイド水陸両用戦車を輸入しており、これを参考にして独自の水陸両用戦車（浮航戦車）であるT－37やT－37A、T－38などを開発している。よく間違えられるのだが、ヴィッカース＝カーデン＝ロイド水陸両用戦車のライセンス生産やコピーではない。

最後のDD部隊については、グデーリアンは、アメリカから購入してライセンス生産されたクリスティー34戦車に加えて、三十七ミリ砲と機関銃を装備する六輪型のフォード装甲車や同水陸両用装甲車を多数装備している、と記している。このうち、クリスティー34戦車は、装甲は比較的弱いが四十七ミリ砲と機関銃を装備しており、装輪・装軌両用であることも記している。

事実、ソ連軍は、一九三〇年にアメリカ人技師のジョン・ウォルター・クリスティーが開発した、いわゆるクリスティー戦車を輸入するとともに生産ライセンスの契約を締結しており、翌年には輸入された車両をベースに国産化したBT－2快速戦車の生産を開始。続いて発展型のBT－5快速戦車やBT－7快速戦車を生産している。このBT快速戦車系列は、その名のとおり快速を誇っただけでなく、履帯（いわゆるキャタピラ）を外して車輪で走行することもでき、平坦地では高速で長距離移動が可能だった。

さらにソ連軍は、A-20やA-32などの戦車を試作し、両者の比較試験で優位が明らかとなったA-32の装甲を強化したA-34が開発されることになった。このA-34がT-34中戦車として制式採用され、のちの独ソ戦で高性能を発揮してドイツ軍の戦車関係者を驚愕させることになる。

ソ連で量産された戦車を見ると、BT-5やBT-7は四十五ミリ砲と機関銃装備で装輪・装軌両用、T-34は七十六・二ミリ砲と機関銃装備で車輪での走行は不可能だった。したがって、いずれも、グデーリアンのいうクリスティー34戦車のスペックとは合致しない。

また、試作戦車であるA-20とA-32の比較試験が行われたのは一九三九年秋のことであり、A-34（のちのT-34）の試作一号車は一九四〇年初めに完成した。つまり、本書が出版された一九三七年時点では（少なくとも現在の定説では）A-34の配備は確定していなかったはずなのに、グデーリアンはクリスティー34戦車と記している。この「34」がどこから来たのか、謎としかいいようがない。

さて、話をソ連軍のDD部隊の装甲車に移そう。

グデーリアンのいう六輪型のフォード装甲車に該当する車両としては、フォード社製の六輪トラックをベースにした三十七ミリ砲搭載のBA-27M、D-13、BAIなどの装甲車があげられる。次いで一九三四～三五年に、フォード六輪トラックの国産型であるGAZ-AAAをベースにした新型の装甲車BA-3やBA-6なども開発されているが、これらはT-26軽歩兵戦車やBT-5快速戦車と同じ四十五ミリ砲を搭載していた。

一方、水陸両用装甲車としては、フォード社製の四輪トラックをベースにしたBAD－1、同六輪トラックをベースにしたBAD－2、前述のBA－3をベースにしたPB－4、PB－7などが開発されている。ただし、これらの水陸両用装甲車はいずれも試作や少数生産にとどまっている。

このようにグデーリアンのソ連の装甲車両に関する記述は、全般的に不正確に感じられる。

次に、各部隊の編制を見ていこう。

グデーリアンは、NPP（歩兵に対する直接支援を行う車両）部隊について、ヴィッカース＝アームストロング社の六トン戦車のロシア版であるAT26戦車が中核、としている。また、この戦車の支援のもとでヴィッカース＝カーデン＝ロイド社製戦車のロシア版であるT27機関銃装備戦車が戦闘する、としている。

ここで当時のソ連軍の編制を見ると、NPPという名称を持つ機械化部隊は存在しない。ただし、各狙撃師団（日本ではソ連軍の歩兵師団をこう記すことが多い）には戦車大隊が一個所属することになっていた。また、当時の戦術マニュアルである一九三六年版の『赤軍野外教令』を見ると「師団戦車大隊は歩兵支援戦車たるべきものとす」、「兵団配属戦車はその性能により、あるいは歩兵支援戦車群を増加するため歩兵にこれを配属し、あるいは敵の縦深深く突入させるため、これをもって遠距離行動戦車群を構成す」と定められている。

つまり、編制上はNPPという名称の部隊は存在しないが、運用上は各狙撃師団所属の戦車大隊がそれに該当するのだ。言い方を換えると、各狙撃師団所属の戦車大隊が「歩兵戦車支援群」として運用されるのである。

その狙撃師団所属の戦車大隊は、T－26軽歩兵戦車またはT－37Aなどの水陸両用戦車を主力としていた。

したがって、グデーリアンのNPP部隊に関する記述は、あたらずとも遠からず、といったところであろう。

次のＤＰＰ（歩兵に対する間接支援を行う車両）部隊については、グデーリアンは、重突破戦車Ｍ１型およびＭ２型を主力としており、六トン戦車やヴィッカース＝カーデン＝ロイド水陸両用戦車も含まれる、としている。

実際には、堅陣突破用のＴ‐28中戦車やＴ‐35重戦車は、一九三三年の生産当初は独立の重戦車連隊に配備され、一九三五年の改編以降はこれを発展させた独立の重戦車旅団に配備された。この重戦車旅団は、重戦車大隊三個と教導大隊一個を基幹とするもので、第五重戦車旅団にだけＴ‐35の実戦部隊が置かれていた（このほかに第三重戦車旅団に教育用のＴ‐35がごく少数配備されていた）。

つまり、編制上はＤＰＰという名称の部隊は存在しないが、運用上は独立の重戦車旅団がこれに該当する。この重戦車旅団には、Ｔ‐26軽歩兵戦車やＴ‐37Ａなどの水陸両用戦車も配備されていた。したがって、グデーリアンのＤＰＰ部隊に関する記述は、主力である戦車の名称を除けば正確といえる。

最後のＤＤ（長距離機動車両）部隊については、グデーリアンは、アメリカから購入してライセンス生産されたクリスティー34戦車に加えて、三十七ミリ砲と機関銃を装備する六輪型のフォード装甲車や同水陸両用装甲車を多数装備している、と記している。

当時、ソ連軍の機械化部隊の中核は、戦車旅団二個と狙撃旅団一個を基幹とする機械化軍団で、この戦車旅団はＴ‐26軽歩兵戦車またはＢＴ快速戦車を主力としていた（そして本書の出版後の一九三八年には機械化軍団の編制が大幅に改められ、一九四〇年から新型のＴ‐34中戦車の配備が進められていくことになる）。

ここで再び一九三六年版の『赤軍野外教令』をみると、「兵団配属戦車はその性能により、あるいは歩兵支援戦車群を増加するため歩兵にこれを配属し、あるいは敵の縦深深く突入させるため、これをもって遠距離行動戦車群を構成す。……遠距離行動戦車群は、状況に応じ軍団長又は師団長に直属す」とある。（一部繰り返しになるが）ここでいう「歩兵支援戦車群」や「遠距離行動戦車群」は、機械化軍団や戦車旅団のような編制上の名称ではなく、運用上の名称である。

このようにソ連軍では、軍団や師団等に配属された戦車を、その性能によって歩兵支援戦車群か遠距離行動戦車群で運用することになっていた。このうち、歩兵の支援に適した性能を持っていた戦車はT－26軽歩兵戦車であり、遠距離行動に適した性能を持っていた戦車はBT快速戦車であった。このうちBT快速戦車は、クリスティー戦車を発展させたものであることは前述したとおりだ。

遠距離行動戦車群に加わることのできる装甲車については、前述したように四十五ミリ砲搭載の新型装甲車BA－3やBA－6が開発されており、三十七ミリ砲搭載の装甲車は旧式化していた。また、水陸両用装甲車は、前述したようにいずれも試作や少数生産どまりで、大量配備された事実はない。

まとめると、ソ連軍の機械化部隊に関するグデーリアンの記述は、イギリス軍やフランス軍のそれと比べると不正確であり、とくに戦車の名称については大きな誤りがある。

歴史学の研究書にはない価値

さて、これまで述べてきたように、『戦車に注目せよ！』には、史実の事象そのものの記述については誤りが散見される。

またグデーリアンは、例えば一九一八年八月の「アミアンの戦い」での英軍の騎兵部隊について、

„Schlachten des Weltkriedes（世界大戦の諸戦闘）"を引用して「その騎行の光景は忘れられぬ。堂々たる攻撃が、一瞬ののちには、混乱して転がりまわり、よろぼうだけの群集、わが小銃兵の射撃で騎手を失い、走り回る馬の群れに変わってしまったのだ」と記して、騎兵部隊の攻撃の失敗を読者に強く印象づけている（付け加えると、本文中に記されている「第二七槍騎兵連隊」は、おそらく「第一七槍騎兵連隊」の誤り）。

ところが、実際にはカナダ軍を含む英連邦軍の騎兵部隊は、この戦いでもある程度の活躍を見せており、グデーリアンが意図的に騎兵部隊の無力さを誇張した、ととれなくもない。

しかし、そもそもグデーリアンは軍人であり、用兵思想家ではあっても歴史学者ではないし、本書は史実の事象の検証を主目的とする歴史の研究書ではない。さらにいえば本書は、グデーリアンが装甲部隊の重要性を訴えた一種のプロパガンダ文書だった、ともいえる。

したがって、これら史実の事象に関しては、やはり歴史学者による最新の論文や研究書などを参照すべきであろう。

ただし、本書の史実の事象に関する記述に多少の誤りや誇張があったとしても、それらの事象に対するグデーリアンの主張は本書に記されているとおりである。グデーリアンは、その主張に沿ってドイツ装甲部隊の発展に力を尽くし、その装甲部隊は実際に大きな戦果をあげた。

言い方を換えると、グデーリアンは、第一次大戦中に始まった戦いの変化の本質をよく理解しており、それを踏まえて発展させたドイツ装甲部隊の用兵思想は、のちの勝利につながったという意味で「正しい」ものだったのである。

また、『戦車に注目せよ!』は、当時の世界各国の戦車関係者に大きな影響を与えている。たとえグデーリアンの記述に多少の誇張があったとしても、本書を読んだ各国の戦車関係者はそうした記述に影響を受けて、それぞれの機甲部隊の用兵思想を発展させていったのだ。

その意味で本書は、機甲部隊の用兵思想の発展を理解する上で欠かせない文献なのである。

解説2

彼自身の言葉で知るグデーリアン

大木 毅

ヨーロッパにおける第二次世界大戦の歴史は、おおかたの日本人にとっては、必ずしもなじみ深い事象ではないかもしれない。それでも、ドイツのハインツ・グデーリアンといえば、相当数のひとが、聞いたことがあるとうなずくはずだ。自ら育て上げたドイツ装甲部隊を率いて東西に転戦、大戦果をあげた電撃戦の立役者、装甲兵総監、のちには参謀総長代理として、敗色濃厚となった戦線を支えた名将というあたりが、その最大公約数的イメージであろう。

かかるグデーリアン像は、百パーセント間違いというわけではない。しかしながら、過去四半世紀の軍事史研究の進展は、彼の実体をしだいにあきらかにしつつある。結論から述べるならば、右記に示したような姿は、グデーリアン本人がドイツの敗戦直後に広めたセルフイメージにほかならず、「砂漠の狐」エルヴィン・ロンメルや「ドイツ国防軍最優秀の頭脳」エーリヒ・フォン・マンシュタインの場合同様、多くの誇張や虚偽が混じり込んでいるのである。

後世の視点から、そうしたグデーリアンの主張を吟味する際、彼自身の著作を俎上《そじょう》に載せることが必要不可欠であることはいうまでもない。従って、本書の目的は、日本の読者にグデーリアンの主要著作を翻訳提供し、ドイツ軍事史の再評価に資することにある。ここに収録されたグデーリアンの著作は、一九三〇年代から、戦後、西ドイツの再軍備が問題となった時代の一九五〇年代までのあいだに書かれたのであるが、そのそれぞれが、彼の軍事思想の展開、さらには政治・歴史観までをも、おのずから物語らずにはおかないだろう。

以下、グデーリアンの生涯を素描し、❖1 また、それに現在の研究が指摘するところを補足しつつ、本書に収録した諸論考について解説していくこととしたい。

ハインツ・ヴィルヘルム・グデーリアンは、一八八八年六月十七日、西プロイセンのクルムに生まれた。貴族ではなく、プロイセンの中産階級に属する家庭の出身ではあったものの、父も祖父も陸軍将校であり、ハインツもまた軍人となる定めにあったといってよい。一九〇三年に陸軍幼年学校生徒となったグデーリアンは、一九一〇年、第一〇猟兵大隊の士官候補生となり、軍歴の第一歩を踏み出す。一九一三年には同期中最年少として、陸軍大学校に入学した。ちなみに、同期生にはマンシュタインや、のちに装甲部隊の指揮官となったエーリヒ・ヘープナーがいる。

しかし、グデーリアンが陸軍大学校を卒業することはなかった。一九一四年の第一次世界大戦勃発とともに陸軍大学校は閉鎖され、在校生も出征することになったのである。ただし、グデーリアンに関していえば、いわゆる「スダン講習」❖2 によって、参謀将校の資格を得ている。また、一九一〇年代初めから世界大戦前半において通信部隊勤務が多かったことも、無線による指揮や敵のコミュニケーション遮断を重視したその機械化戦理論との関連で見逃せないところだろう。グデーリアンは、第一次大戦後半ではおもに参謀職を歴任し、第一〇軍団司令部付で敗戦を迎える。

問題なのは、このあとのグデーリアンの行動だった。当時、ドイツの東部国境地帯には、「義勇軍《フライコーア》」が多数存在していた。第一次大戦に敗れたのち、陸海軍の将校や国粋主義的政治家によって募兵された元下士官兵を中心に編成された私兵集団である。彼らは、敗戦前後にドイツが占領していた地域（ロシア、あるいは講和条約後にバルト三国やポーランドとなる領域）からの撤退を拒否、白軍とともに赤軍に抗して戦闘を継続、さまざまな残虐行為を犯していた。そのなかでも、とくに悪名の高い「鉄師団」を統制するため、グデーリアンは参謀として派遣されたのだ。が、義勇軍の思想に感化されたグデーリアンは、敗戦後のドイツ陸軍の指導者となったハンス・フォン・ゼークト少将が下した鉄師団撤退命令（一九一九年七月）に背いて、集団脱走と白軍参加を策したのである。その結果、グデーリアンは召還され、隊付勤務を重ねてから、自動車部隊に配置されることになった。当時のドイツ陸軍内における自動車部隊のステータスからみれば、これはエリートコースとはいえない。❖[3]

だが、歴史のアイロニーというべきか、自動車部隊に所属したグデーリアンは、機械化戦争の可能性に注目するようになる。戦車が陸戦の様相を一変させる威力を持っていることを確信し、理論の確立とその実践の深化に努めたのだ。以後、彼の経歴は、ドイツ装甲部隊の発展と軌を一にするようになる。国防省の自動車部隊課勤務や自動車教導部付戦術教官、自動車部隊司令部参謀長などを歴任したグデーリアンは、一九三五年、新設された第二装甲師団の長に就任するのである。

この間に、彼が練り上げた装甲部隊の運用理論を世に問うたのが、本書に収めた『戦車に注目せよ！』[4]と『戦車部隊と他兵科の協同』[5]（いずれも一九三七年に刊行）だった。とくに『戦車に注目せよ！』は、グデーリアンが第二次世界大戦で行ったことを、いわば予言する書であった。そこにおいて、彼は、戦車による攻撃成功の前提は、奇襲、集中使用、適切な地形の選定であると喝破し、さらには航空機との協同や通信指揮の問題といった要点までも指摘している。むろん、『戦車に注目せよ！』に記された各国戦車のデータ等については、当時のグデーリアンが課せられていた諸制約や、同時代の軍事機密は完全には知り得ないという事情からの誤認や欠落がある（本訳書所収の田村尚也による解説1を参照）。にもかかわらず、『戦車に注目せよ！』の持つ軍事思想上の先進性は今日なお光彩陸離《こうさいりくり》たるものであろう。加えて、グデーリアンが同時代の世界情勢や軍事をいかに理解し、その時点では未来に属する時間において何をなそうとしていたかを明瞭に示しているという点で、歴史的史料としても高い価値を有しているのである。

さらに、グデーリアンは『戦車に注目せよ！』を上梓したあとも、第一六（自動車化）軍団長、快速部隊長官など、装甲兵科の要職を歴任し、第二次世界大戦初期までにさまざまな現場を踏み、その経験を反映した論文を書いている。これについては、日本陸軍が訳出したものが残されているので、本訳書では、そこから三編[6]を選んで掲載した。いずれも、グデーリアンの思考の発展をうかがわせるものであることはいうまでもない。

しかしながら、こうした輝かしい実績や著述活動は認めるとしても、近年の研究は、ドイツ装甲部隊創設・育成の功績は、けっしてグデーリアン一人に帰せられるものではないことを実証している。彼の回想録『電撃戦』[7]では、ごく簡単にしか触れられていないが、彼の上官であり、自動車部隊総監を務めたオスヴァルト・ルッツ装甲兵大将こそ、もう一人のキーパーソンだったのだ。ルッツは、グデーリアン以前に、戦車の独立集中使用や奇襲的投入などの発想を得ており、いまだ懐疑的な軍首脳部を粘り強く説得して、その思想の実現をはかっていた。機械化戦のドクトリンを最初に文書化したのも、ルッツだった。[8]つまり、グデーリアンはドイツ装甲部隊の創設者の一人ではあったけれども、彼自らが戦後に演出したようなオンリーワンではなかったのだ。

また、グデーリアンは、戦後になってから、自分は早くよりイギリスの軍事思想家であるB・H・リデル＝ハートの著作に注目し、これを咀嚼して、ドイツ装甲部隊の指揮と運用に応用したと主張している。だが、こうした議論は、第二次世界大戦後のグデーリアンとリデル＝ハートの協力関係から来る後付けの誇張であるとの指摘がなされていることも見逃せまい。[9]

かかる虚像の問題は後段でまた触れるとして、グデーリアンの経歴の記述に戻ろう。右に示したような活動により、装甲部隊の作戦・戦術の専門家とみなされるに至ったグデーリアンは第一九（自動車化）軍団長に就任、その配置において第二次世界大戦の勃発を迎える。グデーリアンが戦史に名を残す功績をあげたのは、この大戦の前半、一九四〇年のフランス侵攻作戦であった。参謀本部が第一次世界大戦開戦時の作戦計画の焼き直しともいうべき案を策定していたのに対し、当時A軍集団参謀長だったマンシュタインは、ベルギー領アルデンヌ森林地帯を突破し、連合軍主力を分断、包囲殲滅するという構想を練った。その際、装甲部隊はアルデンヌを通過できるか否かという問題の検討を依頼され、充分可能との判断を下したのがグデーリアンだったのである。事実、グデーリアンは対仏戦において、第一九軍団のアルデンヌ踏破を指揮、英仏海峡に突進した。結果として、連合軍主力は撃滅され、ダンケルクの敗北という苦杯を喫することになる。

続くソ連侵攻「バルバロッサ」作戦においても、グデーリアンは軍規模の大規模団隊である第二装甲集団を率いて快進撃を示し、ミンスクやスモレンスクの包囲戦、キエフの戦いで大きな戦果をあげた。が、モスクワ占領をめざす「台風《タイフーン》」作戦に挫折し、麾下部隊の後退を命じたため、現戦線の死守を唱える総統アドルフ・ヒトラーに解任されることとなった。しかしながら、装甲部隊の指揮運用の第一人者グデーリアンを、髀肉《ひにく》の嘆《たん》をかこつままにさせておくわけにはいかないとの声はもだしがたく、一九四三年二月、装甲部隊全体の編成や装備、訓練を管轄する装甲兵総監に就任する。翌一九四四年七月には、心臓発作で倒れたクルト・ツァイツラー上級大将の職務を引き継ぎ、陸軍参謀総長代理を兼任した。以後、ヒトラーの軍事的合理性を無視した戦争指導に抗して、ドイツの破局を回避せんと努力したものの、一九四五年三月には再び解任され、五月には米軍の捕虜となる。

グデーリアンの回想録『電撃戦』に描かれた彼の第二次世界大戦史をまとめてみれば、以上のような要約になろう。大筋において歪曲されているわけではない。けれども、すべての回想録がそうであるように、『電撃戦』もまた自己正当化や恣意的記述をまぬがれてはいなかった。だが、何といっても第二次大戦の重要舞台にいた当事者の記録であるから、その回想録は高く評価されたのである。とくに、リデル＝ハートが、華々しい勝利を得たドイツの将軍たちが自分の理論にのっとって行動していたとの評判を広めるのは得策であると考え、尽力した末に英訳版の発行にこぎつけたとあってはなおさらであった。結果として、多くのグデーリアン伝も、若干の懐疑が含まれたものもあったとはいいながらも、おおむね『電撃戦』が打ち出した線に沿って書かれていく。[10] 日本においても、旧陸軍軍人が『電撃戦』を訳出刊行し、これをもとにして戦史記事などを発表したから、グデーリアンが演出したイメージが流布することになる。『電撃戦』の訳者、本郷健元陸軍大佐の評価は、その典型であろう。

「グデーリアン将軍は、ひたむきで情熱的、創造的な想像力に恵まれた真の意味におけるプロフェッショナルな軍人であった。軽易に就かずあえて難局に挑戦しようとする積極果敢な資質の持主であり、みずからに課された職務を全うするためには猪突猛進する……そこには地位や名誉を追い求める野心などみじんも感じられない[11]」

資料的・時代的制約を思えば、このような理解がなされたのも無理からぬことではあった。だが、新しい研究は、かかるポジティヴなグデーリアン像に疑問を投げかけている。

イギリスの戦史家で、スモレンスク戦（一九四一年）を独ソ戦の転回点として捉える画期的な研究書を著したジョン・ストーエルは、グデーリアンの書簡などの一次史料にあたり、『電撃戦』の誇張や恣意的記述を暴露した。ストーエルによれば、『電撃戦』に圧勝したと書かれているいくつかの戦闘のあいだも、グデーリアンは実際には悲観と苦渋をあらわにしているというのである[12]。同様にグデーリアンの私文書を含む一次史料を博捜したヨハネス・ヒュルターも、グデーリアンは自らが提示したような非政治的軍人ではなく、ナチスの東方征服を支持する存在であったことをあきらかにした[13]。加えて、『電撃戦』の出版は、戦争指導をめぐるヒトラーその他との軋轢、あるいは敗戦の責任に関して、おのれを弁護する活動の一環だったこともわかってきている[14]。

さりながら、より深刻だったのは、グデーリアンの偏頗《へんぱ》な政治思想が指摘されたことであったろう。そのプロイセン中産階級の出自ゆえの封建的階級認識ゆえに、大衆運動としての側面を持つナチズムとは全面的に一致し得なかったにせよ、グデーリアンは、ヒトラーに共鳴する国粋主義者だったといえる。すでに述べた義勇軍「鉄師団」の叛乱未遂から、ナチ時代、さらには戦後を通じて、彼の政治・歴史観は一貫していたのだ。[15] 敢えて卑俗な表現を使うならば、問うに語らず、語るに落ちるとでもいうべきありようで、その心情を露呈しているのが、戦後の政治パンフレット『西欧は防衛し得るか？』[16]と『そうはいかない！　西ドイツの姿勢に関する論考』[17]である。

この二冊の小冊子において、グデーリアンは、侵略・絶滅戦争であった独ソ戦について、一片の後ろめたさも示していない。対ソ戦争はゲルマン民族とスラヴ民族のあいだで古代から繰り広げられてきた闘争の帰結であり、ヒトラーのロシア侵攻は西欧防衛を目的とするものだったと公言しているのだ。その他、ワルシャワ条約機構に対するドイツ防衛の議論についても、冷戦という時代背景があるとはいえ、彼が披露する単純な反共主義には驚かされる。一九四八年に釈放されてから、一九五四年五月十四日に南独シュヴァンガウで没するまで、晩年のグデーリアンは、その時代錯誤の政治認識を隠そうとしなかった。イギリス情報機関の報告によれば、一九五〇年代前半には、元ナチ党ハンブルク大管区指導者カール・カウフマンを中心とする旧ナチスの組織「兄弟団《ブルーダーシャフト》」に加盟していたとされているが、[18] それもまたゆえなきことではあるまい。

かくのごとく、今日の歴史学界におけるグデーリアン像は、かつての非政治的な軍事の「職人」といった評価から、作戦・戦術の指導者としては卓越しているが、政治的にはショーヴィニストであり、それゆえに軍事以外では大きな問題を抱えた人物であるとの理解に変わっているとみてよい。本訳書に収録された諸著作からは、そうしたグデーリアンという歴史的存在のさまざまな側面、光と影を、彼自身の言葉で読み取ることができるはずである。

本書編訳にあたり、旧軍が翻訳したグデーリアン論文の収集にあたっては、葛原和三氏（靖国偕行文庫）ならびに長南政義氏（戦史研究家）のご助力を賜った。技術的な側面などについて、解説を寄稿してくださった田村尚也氏（軍事ライター）にも感謝したい。また、ベルギーの固有名詞は、オランダ語、フランス語、ドイツ語の表記が並立し、カナ表記は非常に困難だ。まがりなりにもそれらを定めることができたのは、現在ブリュッセル自由大学留学中の関大聡氏（東京大学総合文化研究科博士課程）のご教示のおかげである。編集作業については、編訳者のこれまでの著書同様、作品社の福田隆雄氏のお手をわずらわせた。

ただし、本書に存在するやもしれぬ誤記、誤植、謬見などは、すべて編訳者が責を負うことはいうまでもない。

二〇一六年十一月

❖註

❖1 グデーリアンの経歴等のデータについては、Dermot Bradley et al. (Hrsg.), *Deutschlands Generale und Admirale*〔ドイツの将軍提督〕, Teil IV, *Die Generale des Heeres 1921–1945*〔陸軍の将軍たち　一九二一～一九四五年〕, Bd. 4, S. 472–474 に依拠した。

❖2 戦争の長期化に直面したドイツ軍首脳部は、参謀将校の不足を補うため、フランス占領地区にあったスダンで、有望な将校に四週間の講習を受けさせ、合格者に参謀将校の資格を与えた。これが「スダン講習」である。

❖3 詳しくは、拙著『ドイツ軍事史——その虚像と実像』（作品社、二〇一六年）所収の「書かれなかった行動」をみられたい。

❖4 Heinz Guderian, *Achtung-Panzer!: Die Entwicklung der Panzerwaffe, ihre Kampftaktik und ihre operativen Möglichkeiten*, Stuttgart, 1937. 副題は「装甲兵科の発展、その戦術、作戦的可能性」である。『戦車に注目せよ!』は、日本陸軍による抄訳が「視よ、戦車」として、一九四二年に軍機関誌『機甲』に掲載されている。ただし、編訳者が確認したのは、『機甲』同年五月号（第七号）掲載分のみ。また、『機甲』一九四二年八月号（第九号）には、『戦車に注目せよ!』の内容を要約した記事「視よ、戦車（解説）」もある。本訳書では、原書第三版（発行年不詳）よりあらたに全訳した。

❖5 Heinz Guderian, *Die Panzertruppen und ihr Zusammenwirken mit den anderen Waffen*, Berlin, 1937. この著作も日本陸軍による抄訳が「大機甲兵団に関する独国の思想」として、『機甲』一九四二年八月号から十一月号（第九号〜第十二号、七月号は休刊）に連載されている。本訳書では、原書第三版からあらたに全訳した。

❖6 『機械化』機械化概観」、『騎兵月報』第九六号（一九三九年）。「快速部隊の今昔」、「近代戦に於けるモーターと馬」、陸軍大学校研究部編『最近に於けるドイツ兵学の瞥見』（陸軍大学校将校集会所、一九四一年）。

❖7 Heinz Guderian, *Erinnerungen eines Soldaten*〔一軍人の回想〕, Heidelberg, 1951. ハインツ・グデーリアン『電撃戦——グデーリアン回想録』上下巻、本郷健訳、中央公論新社、一九九九年。

❖8 Russell A. Hart, *Guderian. Panzer Pioneer or Myth Maker?*〔グデーリアン——装甲部隊のパイオニアか、それとも神話の書き手か?〕, Washington, D.C., 2006, p. 28. ドイツ装甲部隊創設に関する現時点でのスタンダードな研究としては、Robert Citino, *The Path to Blitzkrieg. Doctrine and Training in the German Army, 1920-1939*〔電撃戦への道——ドイツ陸軍のドクトリンと訓練、一九二〇〜一九三九年〕, Boulder, 1999を参照されたい。

❖9 イスラエルの軍事思想家アザー・ガットは、リデル＝ハートの要請により、グデーリアンが『電撃戦』英訳版に加筆した部分があることをあきらかにしている。むろん、ドイツ装甲部隊の成功にリデル＝ハートの思想が寄与していたことを、実際以上に強調したのである。Azar Gat, *British Armour Theory and the Rise of the Panzer Arm. Revising the Revisionists*〔イギリス機甲戦理論と装甲兵科の勃興——修正論者を修正する〕, London et al., 2000, pp. 46-47. ただし、ガットは、両大戦間期のドイツ装甲部隊の作戦・戦術ドクトリンに、イギリスの新しい軍事思想が決定的な影響を与えていること自体は間違いないと論じている。

❖10 以下、おもなグデーリアン伝を挙げておく。John Keegan, *Guderian*〔グデーリアン〕, New York, 1973（ジョン・キーガン『ドイツ装甲軍団——グデーリアン将軍の戦車電撃戦』加登川幸太郎訳、サンケイ出版、一九八〇年）; Kenneth Macksey, *Guderian. Panzergeneral*〔グデーリアン——装甲部隊の将〕, London, 1975（ケネス・マクセイ『ドイツ装甲師団とグデーリアン』加登川幸太郎訳、圭文社、一九七七年）; ditto, *Guderian. Creator of the Blitzkrieg*〔グデーリアン——電撃戦の創始者〕, New York, 1976; Karl J. Walde, *Guderian. Eine Biographie*〔グデーリアン——ある伝記〕, Berlin et al., 1976; Dermot Bradley, *Generaloberst Heinz Guderian und den Entstehungsgeschichte des modernen Britzkrieges*〔ハインツ・グデーリアン上級大将と現代電撃戦の生成史〕, Osnabrück, 1978.

❖11 本郷健「訳者あとがき」、前掲訳書二九五～二九六頁。

❖12 David Stahel, *Operation Barbarossa and Germany's Defeat in the East*〔バルバロッサ作戦と東方におけるドイツの敗北〕, Cambridge et al., 2009. たとえば、一八一頁では、『電撃戦』の記述とグデーリアン書簡（夫人宛）のそれとの懸隔が指摘されている。

❖13 Johannes Hürter, *Hitlers Heerführer. Die deutschen Oberbefehlshaber im Kriege gegen die Sowjetunion 1941/42*〔ヒトラーの陸軍指導者たち——対ソ戦におけるドイツ軍司令官　一九四一～四二年〕, München, 2007.

❖14 米陸軍歴史局（Historical Division）は、戦史研究にかつての敵側の視点や情報を取り入れるため、一九四五年七月より、ドイツ国防軍の元高級将校に対する調査や報告書作成の依頼を行っていた。やがて、その規模は拡大され、元国防軍高級将校がヒトラーに敗戦の責を押しつけ、自分たちは誤らなかったとする弁明論を唱える場という性格を帯びていくことになる。グデーリアンも、この米軍による調査に協力的であった。Ester-Julia Howell, *Von den Besiegten lernen?: Die Kriegsgeschichtliche Kooperationen der U.S.Armee und der ehemaligenWehrmachtselite 1945–1961*〔敗者より学ぶ?——合衆国陸軍と元国防軍エリートの戦史研究上の協力　一九四五～一九六一年〕, Berlin et al., 2016, S. 75, S. 102. その動機の一つは、自己弁護の機会を得ることだという推測が成り立つであろう。

❖15 グデーリアンの戦後の著作が持つ政治的傾向については、その当時から一部には見透かされていた。一例をあげれば、『電撃戦』の英訳版発行のため、リデル＝ハートは、コリンズ社とカッセル社の二つの出版社に接触したが、両社の編集者から「自己憐憫と民族主義派のドイツ将校に典型的な、反省のないナショナリズム」ゆえに刊行を拒絶されたのである（一九五〇年五月六日付グデーリアン宛リデル＝ハート書簡）。Gat, p. 46.

❖16 Heinz Guderian, *Kann Westeuropa verteidigt werden?*, Göttingen, 1950.

❖17 Heinz Guderian, *So geht es nicht!*, Heidelberg, 1951.

❖18　Ernst Klee, *Das Personenlexikon zum Dritten Reich. Wer war was vor und nach 1945*〔第三帝国人名辞典　一九四五年以前と以後に誰が何をしていたか〕, 2. Aufl., Frankfurt a. M., 2005, S. 208. カウフマンは、その極右政治運動ゆえに、一九五三年、英占領当局に逮捕された。

解説者＝田村尚也（たむら・なおや）
法政大学経営学部出身。マツダ株式会社、日産コンピュータテクノロジー株式会社（現・日本アイ・ビー・エム・サービス株式会社）を経てライターとして独立。「萌えよ！戦車学校」シリーズや、『ガールズ&パンツァー』の解説者としても、高い評価を得ている。
二〇一六年より陸上自衛隊幹部学校講師。
近著に『各国陸軍の教範を読む』（イカロス出版、二〇一五年）、『用兵思想史入門』（作品社、二〇一六年）など。雑誌『歴史群像』（学研パブリッシング）、『軍事研究』（ジャパン・ミリタリー・レビュー）などに執筆。

編訳・解説者＝大木毅（おおき・たけし）
一九六一年生まれ。立教大学大学院博士後期課程単位取得退学。ＤＡＡＤ（ドイツ学術交流会）奨学生としてボン大学に留学。千葉大学その他の非常勤講師、防衛省防衛研究所講師を経て、現在著述業。二〇一六年より陸上自衛隊幹部学校講師。
近著に『ドイツ軍事史――その虚像と実像』、『第二次大戦の〈分岐点〉』（ともに作品社、二〇一六年）、訳書にマンゴウ・メルヴィン『ヒトラーの元帥　マンシュタイン』（上下巻、白水社、二〇一六年）など。

著者＝ハインツ・ヴィルヘルム・グデーリアン（Heinz Wilhelm Guderian, 1888-1954）
ドイツ国防軍の軍人。最終階級は上級大将。機甲戦の理論を発展させ、またドイツ装甲部隊の創設に功績があった。第二次世界大戦では野戦軍指揮官として、フランスやソ連に対する侵攻作戦に従軍。作戦指導をめぐるヒトラーとの対立により軍司令官職から解任されたが、のち装甲兵総監、さらには陸軍参謀総長代理に登用された。『電撃戦──グデーリアン回想録』（上下巻、本郷健訳、中央公論新社、一九九九年）などの著作がある。

Achtung – Panzer!

戦車に注目せよ——グデーリアン著作集

二〇一六年十二月三十日　初版第一刷発行
二〇一八年二月五日　初版第二刷発行

著者　ハインツ・グデーリアン
編訳・解説者　大木毅
解説者　田村尚也

発行者　和田肇
発行所　株式会社作品社
〒一〇二-〇〇七二　東京都千代田区飯田橋二-七-四
電話　〇三-三二六二-九七五三
ファクス　〇三-三二六二-九七五七
振替口座　〇〇一六〇-三-二七一八三
ホームページ　http://www.sakuhinsha.com

装幀　小川惟之
本文組版　大友哲郎
地図作成協力　閏月社
印刷・製本　シナノ印刷株式会社

ISBN978-4-86182-610-8　C0098　Printed in Japan

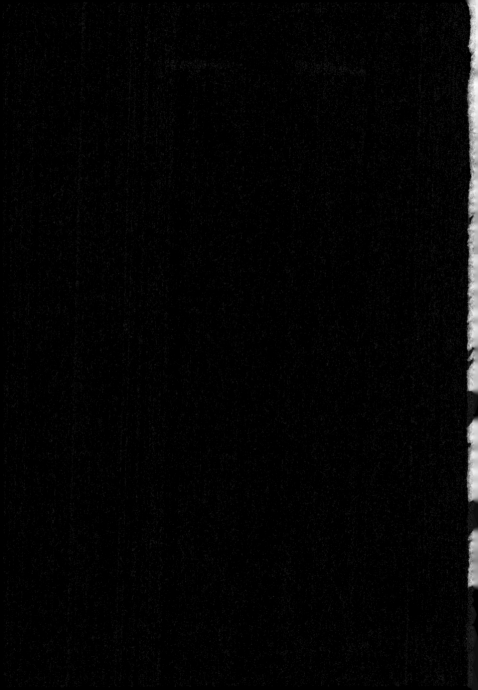